TASCHENBUCH DER GIESSEREI-PRAXIS

Simone Franke (Hrsg.)

Bibliografische Information der Deutschen Nationalbibliothek
Die Deutsche Nationalbibliothek verzeichnet diese Publikation in der Deutschen Nationalbibliografie; detaillierte bibliografische Daten sind im Internet über www.dnb.de abrufbar.

TASCHENBUCH DER GIESSEREI-PRAXIS
Simone Franke (Hrsg.)
1. neu bearbeitete Auflage 2025

ISBN: 978-3-8027-3190-7 (Print)
ISBN: 978-3-8027-3191-4 (eBook)

Friedrich-Ebert-Straße 55, 45127 Essen, Deutschland
E-Mail: bestellung@vulkan-verlag.de
Telefon: +49 201 820 02-0
Internet: www.vulkan-verlag.de

Projektmanagement:
Marie-Therese Hanschmann, Vulkan-Verlag GmbH, Essen
Herstellung: Melanie Zöller, Vulkan-Verlag GmbH, Essen
Umschlaggestaltung/Titelbild: © Concept lay out Karen Weirich, Berlin
Satz: Daniel Klunkert, Vulkan-Verlag GmbH, Essen
Druckerei: Scandinavianbook c/o Druckhaus Nord GmbH, Neustadt a. d. Aisch

Mitwirkende Ausgabe 2025:

Fachliche Beratung und redaktionelle Mitarbeit:

Dr.-Ing. Horst Bramann,
MAGMA Gießereitechnologie GmbH, Aachen

Dipl.-Ing. Tadeusz Godlewski, Rzeszów

Dr.-Ing. Boris Nogowizin, Berlin

Dr.-Ing. Veneta Schubert,
TU Dresden, Institut für Werkstoffwissenschaft

Fabian Morgenstern,
VEM Sachsenwerk GmbH, Dresden

Dipl.-Ing. Peter Irmscher,
Formstoffhilfe und Gießereibedarf, Burgstädt

Dr.-Ing. Michael Franke,
Franke-Giessereitechnik, Dresden

Dr.-Ing. Birgit Vetter,
TU Dresden, Institut für Werkstoffwissenschaft

Dipl.-Ing. Andrea Ostwaldt,
Fraunhofer-Institut für Werkstoff- und Strahltechnik IWS, Dresden

Informationen zur Herausgeberin:
Simone Franke hat Gießereitechnik an der TU-Bergakademie in Freiberg in Deutschland studiert.
Seit 1980 in der Praxis tätig, verfügt sie insbesondere über Erfahrungen auf den Gebieten Kokillenguss, Prozesstechnik, Formstoffaufbereitung, Werkstoffprüfung/Metallographie sowie betriebliche Umweltberatung.
Heute arbeitet sie als selbstständige Ingenieurin mit Partnern der Bereiche Anlagentechnik und Prozessgestaltung und als Autorin für Fachpublikationen.

Inhaltsverzeichnis:

SI-Basiseinheiten

Größe	SI-Basiseinheit	
	Einheitenname	Einheitenzeichen
Länge	Meter	m
Masse	Kilogramm	kg
Zeit	Sekunde	s
elektrische Stromstärke	Ampere	A
thermodynamische Temperatur	Kelvin	K
Stoffmenge	Mol	mol
Lichtstärke	Candela	cd

Vorsätze für dezimale Teile und Vielfache von SI-Einheiten

Vorsatzname	Vorsatzzeichen	Faktor
Deka	da	10^{1}
Hekto	h	10^{2}
Kilo	k	10^{3}
Mega	M	10^{6}
Giga	G	10^{9}
Tera	T	10^{12}
Peta	P	10^{15}
Exa	E	10^{18}
Zetta	Z	10^{21}
Yotta	Y	10^{24}
Dezi	d	10^{-1}
Zenti	c	10^{-2}
Milli	m	10^{-3}
Mikro	µ	10^{-6}
Nano	n	10^{-9}
Piko	p	10^{-12}
Femto	f	10^{-15}
Atto	a	10^{-18}
Zepto	z	10^{-21}
Yokto	y	10^{-24}

Abgeleitete Si-Einheiten mit besonderen Einheitennamen und -zeichen

Größe	SI-Einheit		Beziehung
	Einheiten-name	Einheiten-zeichen	
ebener Winkel	Radiant	rad	$1\,\text{rad} = 1\frac{\text{m}}{\text{m}} = 1$
Raumwinkel	Steradiant	sr	$1\,\text{sr} = 1\frac{\text{m}^2}{\text{m}^2} = 1$
Frequenz eines periodischen Vorgangs	Hertz	Hz	$1\,\text{HZ} = \frac{1}{\text{s}}$
Kraft	Newton	N	$1\,\text{N} = 1\frac{\text{J}}{\text{m}} = 1\frac{\text{m}\cdot\text{kg}}{\text{s}^2}$
Druck, mechanische Spannung	Pascal	Pa	$1\,\text{Pa} = 1\frac{\text{N}}{\text{m}^2} = 1\frac{\text{kg}}{\text{m}\cdot\text{s}^2}$
Energie, Arbeit, Wärme	Joule	J	$1\,\text{J} = 1\,\text{N}\cdot\text{m} = 1\,\text{W}\cdot\text{s} = 1\frac{\text{m}^2\cdot\text{kg}}{\text{s}^2}$
Leistung, Wärmestrom	Watt	W	$1\,\text{W} = 1\frac{\text{J}}{\text{s}} = 1\,\text{V}\cdot\text{A} = 1\frac{\text{m}^2\cdot\text{kg}}{\text{s}^3}$
elektrische Ladung	Coulomb	C	$1\,\text{C} = 1\,\text{A}\cdot\text{s}$
elektrisches Potenzial, elektrische Spannung	Volt	V	$1\,\text{V} = 1\frac{\text{J}}{\text{C}} = 1\frac{\text{m}^2\cdot\text{kg}}{\text{s}^3\cdot\text{A}}$
elektrische Kapazität	Farad	F	$1\,\text{F} = 1\frac{\text{C}}{\text{V}} = 1\frac{\text{s}^4\cdot\text{A}^2}{\text{m}^2\cdot\text{kg}}$
elektrischer Widerstand	Ohm	Ω	$1\quad = 1\frac{\text{V}}{\text{A}} = 1\frac{\text{m}^2\cdot\text{kg}}{\text{s}^3\cdot\text{A}^2}$
elektrischer Leitwert	Siemens	S	$1\,\text{S} = \frac{1}{\Omega} = 1\frac{\text{s}^3\cdot\text{A}^2}{\text{m}^2\cdot\text{kg}}$
magnetischer Fluss	Weber	Wb	$1\,\text{Wb} = 1\,\text{V}\cdot\text{s} = 1\frac{\text{m}^2\cdot\text{kg}}{\text{s}^2\cdot\text{A}}$

Fortsetzung

Größe	SI-Einheit		Beziehung
	Einheiten-name	Einheiten-zeichen	
magnetische Flussdichte	Tesla	T	$1\,\mathrm{T} = 1\frac{\mathrm{WB}}{\mathrm{m}^2} = 1\frac{\mathrm{kg}}{\mathrm{s}^2 \cdot \mathrm{A}}$
Induktivität	Henry	H	$1\,\mathrm{H} = 1\frac{\mathrm{WB}}{\mathrm{A}} = 1\frac{\mathrm{m}^2 \cdot \mathrm{kg}}{\mathrm{s}^2 \cdot \mathrm{A}^2}$
Celsius-Temperatur	Grad Celsius	°C	$1\,^\circ\mathrm{C} = 1\,\mathrm{K}$
Lichtstrom	Lumen	lm	$1\,\mathrm{lm} = 1\,\mathrm{cd} \cdot \mathrm{sr}$
Beleuchtungsstärke	Lux	lx	$1\,\mathrm{lx} = 1\frac{\mathrm{lm}}{\mathrm{m}^2} = 1\frac{\mathrm{cd} \cdot \mathrm{sr}}{\mathrm{m}^2}$
Aktivität einer radioaktiven Substanz	Becquerel	Bq	$1\,\mathrm{Bq} = \frac{1}{\mathrm{s}}$
Energiedosis	Gray	Gy	$1\,\mathrm{Gy} = 1\frac{\mathrm{J}}{\mathrm{kg}} = 1\frac{\mathrm{m}^2}{\mathrm{s}^2}$
Äquivalentdosis	Sievert	Sv	$1\,\mathrm{Sv} = 1\frac{\mathrm{J}}{\mathrm{kg}} = 1\frac{\mathrm{m}^2}{\mathrm{s}^2}$
katalytische Aktivität	Katal	kat	$1\,\mathrm{kat} = 1\frac{\mathrm{mol}}{\mathrm{s}}$

Allgemein anwendbare Einheiten außerhalb des SI

Größe	Einheitenname	Einheiten-zeichen	Definition
ebener Winkel	Vollwinkel Gon Grad Minute Sekunde	 gon ° ' "	1 Vollwinkel = 2 π rad 1 gon = (π/200) rad 1° = (π/180) rad 1' = (1/60)° 1" = (1/60)'
Volumen	Liter	l, L	1 l = 1 dm^3 = 1 L
Zeit	Minute Stunde Tag	min h d	1 min = 60 s 1 h = 60 min 1 d = 24 h
Masse	Tonne Gramm	t g	1 t = 10^3 kg 1 g = 10^{-3} kg
Druck	Bar	bar	1 bar = 10^5 Pa

Dezimale Teile von massebezogenen Einheiten

Einheiten		Beispiele	
Prozent	1 % = 1 Teil von 100 Teilen	1 % = 10 g/kg	1 % = 10 kg/t
Promille	1 ‰ = 1 Teil von 1000 Teilen	1 ‰ = 1 g/kg	1 ‰ = 1 kg/t
part per million	1 ppm = 1 Teil von 1 Million Teilen	1 ppm = 10^{-3} g/kg = 1 mg/kg	1 ppm = 1 g/t
part per billion	1 ppb = 1 Teil von 1 Milliarde Teilen[1)]	1 ppb = 10^{-6} g/kg = 1 µg/kg	1 ppb = 1 mg/t
part per trillion	1 ppt = 1 Teil von 1 Billion Teilen[2)]	1 ppt = 10^{-9} g/kg = 1 ng/kg	1 ppt = 1 µg/t
part per quadrillion	1 ppq = 1 Teil von 1 Billiarde Teilen[3)]	1 ppq = 10^{-12} g/kg = 1 pg/kg	1 ppq = 1 ng/t

[1)] b = billion, amerikanisch für Milliarde
[2)] t = trillion, amerikanisch für Billion
[3)] q = quadrillion, amerikanisch für Billiarde

Element	Symbol	Raumgitter [1]	Dichte bei 20 °C [kg/dm³]	Schmelzpunkt [°C]	Siedepunkt bei 1,013 bar [°C]	Spez. Schmelzwärme bei 1,013 bar [kJ/kg]	Spezifische Wärmekapazität bei 20 °C [J/(kg·K)]	Wärmeleitfähigkeit bei 25 °C [W/(m·K)]	linearer Wärmeausdehnungskoeffizient 0-100 °C [1/(K·10⁶)]
Aluminuim	Al	kfz	2,70	660,4	2467,0	398	896	237,0	23,9
Antimon	Sb	rho	6,69	630,7	1635,0	163	210	24,4	10,5
Argon	Ar	-	1,78	-189,3	-185,9	-	519	17,7	-
Arsen	As	rho	5,72	817 [2]	616,0	-	343	50,2	4,7
Barium	Ba	krz	3,62	726,0	1696,0	56	192	18,4	19,0
Berylium	Be	hex	1,85	1285,0	2477,0	1390	1590	201,0	10,6
Bismit	Bi	rho	9,80	271,0	1580,0	52	124	7,9	13,3
Blei	Pb	kfz	11,34	327,4	1751,0	24	129	35,3	29,3
Bor	B	ort	2,46	2180,0	3360,0	-	1043	27,4	8,3
Cadmium	Cd	hex	8,64	320,9	767,3	54	231	96,9	29,8
Calzium	Ca	kfz	1,54	845,0	1483,0	216	654	201,0	22,3
Cer	Ce	kfz	6,77	798,0	3257,0	92	205	11,3	8,0
Chlor	Cl	-	3,21	-101,0	-34,0	-	486	8,9	-
Chrom	Cr	krz	7,14	1903,0	2640,0	314	440	93,9	6,2
Eisen	Fe	krz	7,87	1539,0	2750,0	276	450	75,4	11,7
Fluor	F	-	1,69	-219,7	-187,5	-	824	27,9	-
Gold	Au	kfz	19,32	1063,0	2660,0	67	129	318,0	14,2
Helium	He	-	0,18	-272,2	-268,9	-	5191	152,0	-
Jod	J	rho	4,94	113,6	185,2	62	428	449,0	93,0
Iridium	Ir	kfz	22,65	2454,0	4130,0	135	130	147,0	6,6
Kalium	K	krz	0,86	63,6	753,8	58	750	100,5	83,0
Kobalt	Co	hex	8,89	1492,0	2870,0	243	422	100,0	12,3
Kohlenstoff	Co	hex	2,27	3550,0	4827,0	-	720	23,9	-
Kupfer	Cu	kfz	8,92	1083,0	2595,0	205	383	401,0	16,5
Lanthan	La	hex	6,16	920,0	3454,0	81	184	13,4	-

[1] hex: hexagonal
kfz: kubisch-flächenzentriert
krz: kubisch-raumzentriert
ort: ortho-rhombisch
tet: tetragonal
mon: monoklin
rho: rhombisch
[2] bei 28 bar

Element	Symbol	Raumgitter [1]	Dichte bei 20 °C [kg/dm³]	Schmelzpunkt [°C]	Siedepunkt bei 1,013 bar [°C]	Spez. Schmelzwärme bei 1,013 bar [kJ/kg]	Spezifische Wärmekapazität bei 20 °C [J/(kg·K)]	Wärmeleitfähigkeit bei 25 °C [W/(m·K)]	linearer Wärmeausdehnungskoeffizient 0-100 °C [1/(K·10⁶)]
Magnesium	Mg	hex	1,74	650,0	1105,0	373	1017	156,0	24,5
Mangan	Mn	krz	7,44	1247,0	2030,0	264	476	78,1	22,0
Molybdän	Mo	krz	10,28	2620,0	4825,0	273	251	138,0	2,7
Natrium	Na	krz	0,97	97,8	881,3	113	1220	102,5	72,0
Nickel	Ni	kfz	8,90	1452,0	2730,0	301	448	90,0	13,3
Niob	Nb	krz	8,58	2468,0	4930,0	288	268	53,7	7,1
Phosphor	P	kfz	1,82	44,2	280,0	21	750	0,2	-
Platin	Pt	kfz	21,45	1769,0	3830,0	100	133	71,6	9,0
Quecksilber	Hg	-	13,53	-38,8	357,0	11	138	83,0	-
Rhodium	Rh	kfz	12,40	1960,0	3670,0	211	248	150,0	8,3
Sauerstoff	O	-	1,43	-218,8	-183,0	-	916	26,7	-
Schwefel	S	rho	2,06	119,6	444,6	38	733	0,2	64,0
Selen	Se	mon	4,82	220,5	684,8	83	320	0,5	37,0
Silber	Ag	kfz	10,50	960,8	2212,0	105	235	429,0	19,7
Silizium	Si	kfz	2,33	1414,0	2355,0	142	703	149,0	-
Stickstoff	N	-	1,25	-210,0	-195,8	-	1034	25,9	-
Tantal	Ta	krz	16,69	2996,0	5425,0	172	138	57,5	6,6
Thorium	Th	kfz	11,72	1755,0	4800,0	67	118	54,0	11,0
Titan	Ti	hex	4,51	1677,0	3262,0	88	520	21,9	8,4
Uran	U	ort	18,97	1132,0	3900,0	356	115	27,5	-
Vanadium	V	krz	6,09	1919,0	3400,0	343	490	31,0	8,3
Wassestoff	H	-	0,09	-259,1	-252,8	-	14445	181,5	-
Wolfram	W	krz	19,26	3410,0	5700,0	193	134	173,0	4,6
Zink	Zn	hex	7,14	419,4	908,5	100	385	116,0	39,7
Zinn	Sn	tet	7,29	321,9	2270,0	59	227	66,9	23,0
Zirkonium	Zr	hex	6,51	1852,0	4377,0	252	275	22,7	5,8

Bezeichnung ausgewählter chemischer Verbindungen

Bezeichnung		Formel
technisch	**chemisch**	
Aceton	Propanon	$(CH_3)_2CO$
Acetylen	Ethin	C_2H_2
Borax	Natriumtetraborat	$Na_2B_4O_7 \cdot 10H_2O$
Butan	Butan	C_4H_{10}
Eisenrost	Eisenoxidhydrat	$FeO \cdot Fe_2O_3 \cdot H_2O$
Ethan	Ethan	C_2H_6
Gips	Calziumsulfat	$CaSO_4 \cdot 2H_2O$
Grünspan	basische Kupferacetat	$Cu(OH)_2 \cdot (CH_3COO)_2Cu$
Kalk gebrannt	Calziumoxid	CaO
gelöscht	Calziumhydroxid	$Ca(OH)_2$
Kalkstein	Calziumkarbonat	$CaCO_3$
Kalziumhydrogenkarbonat	Kalziumhydrogenkarbonat	$Ca(HCO_3)_2$
Kalziumsulfat	Kalziumsulfat	$CaSO_4$
Kochsalz	Natriumchlorid	$NaCl$
Kohlensäure	Kohlensäure	H_2CO_3
Kohlenstoffdioxid	Kohlenstoffdioxid	CO_2
Kohlenstoffmonoxid	Kohlenstoffmonoxid	CO
Lötwasser	Zinkchlorid	$ZnCl_2$
Magnesiumkarbonat	Magnesiumkarbonat	$MgCO_3$
Magnesium-hydrogenkarbonat	Magnesium-hydrogenkarbonat	$Mg(HCO_3)_2$
Magnesiumsulfat	Magnesiumsulfat	$MgSO_4$
Methan	Methan	CH_4
Natriumacetat	Natriumacetat	CH_3COONa
Patina Kupfer	basisches Kupferkarbonat	$CuCO_3 \cdot Cu(OH)_2$
Blei	basisches Bleikarbonat	$PbCO_3 \cdot Pb(OH)_2$
Zink	basisches Zinkkarbonat	$ZnCO_3 \cdot Zn(OH)_2$
Propan	Propan	C_3H_8
Salzsäure	Salzsäure	HCl
Schwefeldioxid	Schwefeldioxid	SO_2
Schwefelsäure	Schwefelsäure	H_2SO_4
Schweflige Säure	Schweflige Säure	H_2SO_3
Stickstoffdioxid	Stickstoffdioxid	NO_2
Teflon	Polytetrafluorethylen	$(F_2C\text{-}CF_2)_n$
Wasser	Wasser	H_2O

Schüttdichte und Schüttvolumen von Rohstoffen

Stoff		t/m³	m³/t
Aluminuim	Barren	1,50	0,67
	Späne	0,75	1,33
Gusseisenbruch		3,30	0,30
Gusseisenspäne		2,1–3,2	0,31–0,48
Stahlspäne		1,5–2,4	0,42–0,67
Walzzunder		2,4–2,6	0,38–0,42
Roheisenmasseln		3,30	0,30
	gestapelt	4,00	0,25
Braunkohle	roh	0,58	1,72
	Staub	0,50	2,00
Holzkohle		0,20	5,00
Steinkohle	Kokskohle (<2mm Korngröße)	0,80	1,25
	Stückkohle	0,79	1,27
	Feinkohle	0,84	1,19
	Staub	0,60	1,67
Koks	Hochofenkoks	0,42	2,39
	Brechkoks III,IV	0,48	2,05
	Brechkoks I,II	0,51	1,95
	Grus	0,59	1,69
Graphit Pulver		0,35	2,85
Glanzkohlenstoff/Bentonit-Gemisch		0,6–0,7	1,43–1,67
Gießereialtsand		1,4	0,71
Formstoff 3,5 % Wassergehalt		0,9	1,11
Quarzsand trocken/körnungsabhängig		1,4–1,5	0,67–0,71
Zirkonsand		2,7–2,9	0,30–0,44
Olivinsand		1,6–1,8	0,55–0,63
Cerabeads		1,5	0,67
Cromitsand		2,4–2,8	0,36–0,42
Schamotte		1,1–1,3	0,77–0,91
Dolomit		2,0	0,5
Flußspat		2,2	0,45
Kalkstein		1,7	0,59
Kies trocken		1,8	0,56
Magnesit		2,2	0,45
Hochofenschlacke (Schotter 24/45 mm)		1,25	0,80
Walzschlacke		3,00	0,33
Stahlwerkskalk		1,00	1,00
Stampfmasse		1,25	0,80
Silikatsteine		1,70	0,59
Zement		1,20	0,83

Schwindmaße [2, 3, 7] siehe Kapitel 3, Modell- und Formenbau, Quellenverzeichnis

Gusswerkstoff	Schwindmaß in [%]			
	Sandguss*		Kokillenguss	Druckguss
	Streuband	Richtwert		
Gusseisen				
mit Lamellengraphit	0,9–1-1	1,0	0,7–0,9	
mit Kugelgraphit, Gusszustand	0,8–1,6	1,2		
mit Kugelgraphit, ferritisch geglüht	0,3–0,7	0,5		
mit Vermiculargraphit	0,8–1,4	1,1		
austenitisches Gusseisen	1,5–2,5	2,0		
Gusseisen, verschleißfest Ni-Resist	1,4–1,6	1,5		
Gusseisen, verschleißfest Ni-Hard	1,8–2,1	1,9		
Temperguss				
nicht entkohlend geglüht (EN-GJMB)	0,3–0,7	0,5		
entkohlend geglüht (EN-GJMW)	1,0–2,0	1,6		
Stahlguss				
unlegiert und niedriglegiert	1,6–2,0	2,0		
nichtrostend, ferritisch	1,5–2,5	2,0		
nichtrostend, austenitisch	2,4–2,8	2,6		
Manganhartstahlguss	2,4–2,8	2,3		
Aluminium-Gusslegierungen				
Al-Si-(Cu)-Legierungen	0,9–1,3	1,2	0,6–1,0	0,5–0,7
Al-Mg-Legierungen	1,0–1,4	1,2	0,8–1,2	0,6–0,9
Magnesium-Gusslegierungen	0,8–1,6	1,2	0,8–1,2	0,6–1,0

* Werte sind abhängig von der Formstoffqualität und dem Verdichtungsdruck bei der Formherstellung

Schwindmaße [2, 3, 7] siehe Kapitel 3, Modell- und Formenbau, Quellenverzeichnis

Gusswerkstoff	Schwindmaß in [%]			
	Sandguss*		Kokillenguss	Druckguss
	Streuband	Richtwert		
Kupfer-Gusswerkstoffe				
Kupfer, unlegiert und niedriglegiert	1,6–2,2	1,9	1,6–2,0	
Cu-Al-Legierungen	1,8–2,4	1,9	1,6–2,2	
Cu-Ni-Legierungen	1,6–2,4	2,0		
Cu-Ni-Zn-Legierungen	0,8–1,4	1,1		
Cu-Pb-Sn-Legierungen	1,2–1,7	1,4		
Cu-Sn-Legierungen	1,0–1,8	1,5		
Cu-Sn-Zn-Legierungen	1,0–1,5	1,3		
Cu-Zn-Legierungen	0,8–1,5	1,2	0,8–1,2	0,7–1,1
Nickel- und Nickel-Kupfer-Gusslegierungen	1,6–2,4	2,0		
Zink-Gusslegierungen	0,8–1,6	1,3	0,6–1,0	0,4–0,6
Blei-Gusslegierungen				
Druckgusslegierungen				0,2–0,5
Lagermetall	0,3–0,8	0,6	0,3–0,8	
Zinn-Gusslegierungen				
Druckgusslegierungen				0,2–0,4
Lagermetalle	0,4–0,6	0,5	0,4–0,6	

* Werte sind abhängig von der Formstoffqualität und dem Verdichtungsdruck bei der Formherstellung

Längenausdehnungskoeffizienten ausgewählter Gusswerkstoffe/Anhaltswerte

Gusswerkstoff	Längenausdehnungskoeffizient α $10^{-6} \cdot K^{-1}$		
	20–100 °C	20–200 °C	20–400 °C
Gusseisen mit Lamellengraphit perlitisch	9,8	10,1	11,0
Gusseisen mit Kugelgraphit	10,4	10,8	11,5
Austenitischen Gusseisen mit Lamellengraphit		12–19	
Austenitischen Gusseisen mit Kugelgraphit		15–18	
Verschleißbeständiges Gusseisen	12–15		
Korrosionsbeständiger Stahlguss			
ferritisch	10,5	11	11,5
austenitisch	16,5	17,5	17,5
Hitzebeständiger Stahlguss			12,5–17,5
Aluminium-Gusslegierungen		21–25	
Kupfer-Aluminium-Gusslegierungen		17–19	
Kupfer-Zink-Gusslegierungen		18–20	
Kupfer-Zinn-Gusslegierungen		18–19	
Zink-Gusslegierungen		27	

Spezifische Wärmekapazität von Gusswerkstoffen

Gusswerkstoff	Spezifische Wärmekapazität J/(g · K)
Gusseisen mit Lamellengraphit 20–200 °C 20–600 °C	 0,46 0,535
Gusseisen mit Kugelgraphit 20–100 °C	0,46–0,50
Temperguss (20 °C)	0,46–0,50
Stahlguss, korrosionsbeständig (20 °C) ferritisch austenitisch	 0,46 0,50
Stahlguss, hitzebeständig (20 °C)	0,50
Aluminium-Gusslegierungen (20 °C)	0,90–0,94
Zink-Gusslegierungen 20–100 °C	0,42
Kupfer-Aluminium-Gusslegierungen (20 °C)	0,44
Kupfer-Nickel-Gusslegierungen (20 °C)	0,38
Kupfer-Zink-Gusslegierungen 20–200 °C	0,40–0,41
Kupfer-Zinn-Gusslegierungen (20 °C)	0,38
Magnesium-Gusslegierungen (20 °C)	1,05

Dichte technischer Eisenlegierungen

Legierung	Dichte [g/cm³]
Roheisen, weiss	7,0–7,8
Roheisen, grau	6,7–7,6
Graphitisches Gusseisen	7,15–7,25
Siliziumeisen mit 7,5 % Si	7,35
Siliziumeisen mit 20 % Si	6,70
Siliziumeisen mit 46 % Si	4,87
Siliziumeisen mit 95 % Si	2,32
Spiegeleisen mit 10 % Mn	7,6
Ferromangan mit 80 % Mn	7,5
Armco-Eisen	7,87
Unlegierter Stahl mit 0,1 % C (geglüht)	7,86
Unlegierter Stahl mit 0,2 % C (geglüht)	7,85
Unlegierter Stahl mit 0,5 % C (geglüht)	7,84
Unlegierter Stahl mit 1,0 % C (geglüht)	7,82
Dynamoblech mit 1 % Si, entzundert	7,80
Dynamoblech mit 1% Si, mit Zunder	7,75
Transformatorenble ch mit 4,3 % Si, entzundert	7,55
Manganhartstahl mit 12 % Mn	7,9
Nichtrostender Stahl mit 12 % Cr	7,7
Nichtrostender Stahl mit 18 % Cr und 8 % Ni	7,9
Hitzebestämndiger Stahl mit 25 % Cr und 20 % Ni	7,9
Werkzeugstahl mit 12 % Cr	7,6
Werkzeugstahl mit 9 % W	8,4
Schnellarbeitsstahl mit 18 % W	8,7
Dauermagnetstahl mit 30 % Co	8,1
Dauermagnetlegierung mit 13 % Al und 27 % Ni	6,8
Dauermagnetlegierung mit 8 % Al, 24 % Co, 4 % Cu und 15 % Ni	7,2
Nickelstahl mit geringster Ausdehnung (38 % Ni)	8,2
Hartmetallegierungen	
WC+TiC mit 6 bis 8 % Co	11,2–13,3
WC mit 6 bis 12 % Co	13,7–14,7
WC mit 7 % Co, 1 % Nb,Ta +0,5 % VC	14,4
WC + TiC mit 6 % Co + 0,5 bis 1,2 % N	6,8– 9,9

Dichte flüssiger Metalle

	Temperatur [°C]	Dichte [g/cm³]
Aluminium	700	2,38
Aluminium	1000	2,30
Blei	327	10,65
Blei	731	10,19
Eisen, rein	1550	7,01
Eisen, rein	1600	6,94
Eisen mit 0,1 % C	1600	6,93
Eisen mit 0,5 % C	1600	6,90
Eisen mit 1 % C	1600	6,87
Eisen mit 2 % C	1600	6,82
Eisen mit 3,5 % C	1600	6,77
Eisen mit 9,4 % Ni	1600	7,18
Eisen mit 8,5 % Mn	1600	7,12
Eisen mit 13,7 %Cr	1600	7,04
Eisen mit 3,6 % Si	1600	6,92
Eisen mit 1,15 % Al	1600	7,03
Kupfer	1100	7,92
Kupfer	1600	7,53
Nickel	1500	7,76
Zink	419	6,92
Zinn	232	6,99

Anhaltswerte für Gießtemperaturen

Gießwerkstoffbezeichnung	**Gießtemperatur [°C] dickwandig-dünnwandig**
Aluminium-Gusslegierungen	620 bis 730
Magnesium-Gusslegierungen	620 bis 730
Kupfer G-Cu	1150 bis 1290
Kupfer-Chrom-Gusslegierung G-CuCr	1200 bis 1260
Kupfer-Beryllium-Gusslegierung G-CuBe0,5 G-CuBe0,5Ag G-CuBe2Co(Ni)	 1180 bis 1260 1120 bis 1230 1010 bis 1120
Kupfer-Zinn-Gusslegierung G-CuSn12 G-CuSn10,G-CuSn7ZnPb, G-CuSn5ZnPb	 1060 bis 1260 1050 bis 1230
Kupfer-Blei-Zinn-Gusslegierung G-CuPb10Sn, G-CuPb15Sn	 1010 bis 1150
Kupfer-Aluminium-Gusslegierung G-CuAl10Fe, G-CuAl10Ni, G-CuAl11Ni	 1120 bis 1260
Kupfer-Zink-Gusslegierung G-CuZn33Pb G-CuZn35Al1, G-CuZn15Si4 G-CuZn33Al2, G-CuZn25Al5	 1040 bis 1160 980 bis 1140 960 bis 1120
Kupfer-Nickel-Gusslegierung G-CuNi10 G-CuNi30	 1350 bis 1430 1370 bis 1450
Nickel-Kupfer-Gusslegierung G-NiCu30Nb, G-NiCu30Si3	 1370 bis 1500
Gusseisen unlegiert und niedriglegiert	 1340 bis 1480
Stahlguss unlegiert und niedriglegiert hochlegiert	 1560 bis 1700 1500 bis 1640
Titan-Gusslegierung	1700 bis 1800
Zink-Gusslegierung GD-ZnAl4, GD-ZnAl4Cu1 (Druckguss) G-ZnAl4Cu3 GD-ZnAl8Cu1 (ZA-8) (Druckguss) GD-ZnAl12Cu1 (ZA-12) (Druckguss) GD-ZnAl27Cu2 (ZA-27) (Druckguss)	 420 bis 440 420 bis 480 420 bis 440 475 bis 530 525 bis 580

Auswahl thermophysikalischer Eigenschaften von reinen Metallen

Eigenschaften	reines Metall		
	Aluminium	**Magnesium**	**Kupfer**
Schmelztemperatur [K] Schmelztemperatur [°C]	933 660	923 650	1357 1084
Dichte [kg/m^3] bei der Raumtemperatur bei der Schmelztemperatur (fest) bei der Schmelztemperatur (flüssig)	 2686 2553 2386	 1740 1648 1580	 8940 8345 8000
spezifische Wärmekapazität [J/(kg·K)] bei der Raumtemperatur bei der Schmelztemperatur (fest) bei der Schmelztemperatur (flüssig)	 904 1195 1086	 1025 1328 1360	 385 482 495
Wärmeleitfähigkeit [W/(m·K)] bei der Raumtemperatur bei der Schmelztemperatur (fest) bei der Schmelztemperatur (flüssig)	 235 186 90	 156 141 78	 401 330 166
spezifischer elektrischer Widerstand $\rho_{EW} \cdot 10^{-8}$ [Ω·m] bei der Raumtemperatur bei der Schmelztemperatur (fest) bei der Schmelztemperatur (flüssig)	 2,67 12,3 25,4	 4,51 15,4 27,4	 1,73 10,0 20,0
spezifische Schmelzwärme [kJ/kg]	380	360	208
lineare Wärmeausdehnungskoeffizient $\alpha \cdot 10^{-6}$ [1/K] von 293 bis 400 K von 293 K bis Schmelztemperatur	 23,8 29,2	 26,0 30,9	 17,0 22,7
Volumenschrumpfung während der Erstarrung [%]	6,5	4,1	4,1
Volumenschwindung von der Schmelztemperatur bis 293 K [%]	5,5	5,5	6,75
lineare Schwindung von der Schmelztemperatur bis 293 K [%]	1,85	1,85	2,25
Oberflächenspannung bei der Schmelztemperatur [mN/m]	875	577	1330
dynamische Viskosität bei der Schmelztemperatur [mPa·s]	1,344	1,32	4,03

Sicherheitskennzeichnung nach DIN EN ISO 7010 und Technische Regeln für Arbeitsstätten ASR A1.3

Geometrische Formen	 Kreis mit Diagonalbalken	 Kreis	 gleichseitiges Dreieck mit gerundeten Ecken	 Quadrat	 Quadrat
Sicherheitsfarbe	rot	blau	gelb	grün	rot
Bedeutung	Verbot	Gebot	Warnung	Gefahrlosigkeit	Brandschutz
Kontrastfarbe	weiß[1]	weiß[1]	schwarz	weiß[1]	weiß[1]
Farbe des gra-fischen Symbols	schwarz	weiß[1]	schwarz	weiß[1]	weiß[1]

[1] Die Farbe weiß schließt die Farbe für langleuchtende Materialien unter Tageslichtbedingungen ein. (siehe ISO 3864-4:2011) Die Farben müssen den Spezifikationen von ISO 3864-1:2011 entsprechen.

Verbotsschilder

 Allgemeines Verbotszeichen	 Rauchen verboten	 Fotografieren verboten	 Für Fußgänger verboten	 Kein Trinkwasser	 Mit Wasser löschen verboten
 Zutritt für Unbefugte verboten	 Für Flurförderzeuge verboten	 Kein Zutritt für Personen mit Herzschrittmachern oder implantierten Defibrillatoren	 Berühren verboten	 Hineinfassen verboten	 Keine offene Flamme, Feuer, offene Zündquelle und Rauchen verboten
 Abstellen oder Lagern verboten	 Personenbeförderung verboten	 Betreten der Fläche verboten	 Mitführen von Metallteilen oder Uhren verboten	 Eingeschaltete Mobiltelefone verboten	 Essen und Trinken verboten
 Besteigen für Unbefugte verboten	 Nicht zulässig für Seitenschleifen	 Nicht zulässig für Nassschleifen	 Nicht zulässig für Freihand- und handgeführtes Schleifen	 Hinter den Schwenkarm treten verboten	 Schalten verboten

Sicherheitskennzeichnung nach DIN EN ISO 7010 und Technische Regeln für Arbeitsstätten ASR A1.3

Warnschilder

 Allgemeines Warnzeichen	 Warnung vor feuergefährlichen Stoffen	 Warnung vor explosionsgefährlichen Stoffen	 Warnung vor giftigen Stoffen	 Warnung vor ätzenden Stoffen	 Warnung vor radioaktiven Stoffen oder ionisierender Strahlung
 Warnung vor brandfördernden Stoffen	 Warnung vor magnetischem Feld	 Warnung vor elektrischer Spannung	 Warnung vor optischer Strahlung	 Warnung vor Laserstrahl	 Warnung vor nicht ionisierender Strahlung
 Warnung vor Gasflaschen	 Warnung vor Gefahren durch das Aufladen von Batterien	 Warnung vor niedrieger Temperatur/ Frost	 Warnung vor Biogefährdung	 Warnung vor ätzenden Stoffen	 Warnung vor heißer Oberfläche
 Warnung vor schwebender Last	 Warnung vor Flurförderzeugen	 Warnung vor Hindernissen am Boden	 Warnung vor Absturzgefahr	 Warnung vor Rutschgefahr	 Warnung vor Hindernissen im Kopfbereich
 Warnung vor explosionsfähiger Atmosphäre	 Warnung vor Quetschgefahr	 Warnung vor automatischem Anlauf	 Warnung vor spitzem Gegenstand	 Warnung vor Handverletzungen	 Warnung vor gegenläufigen Rollen

Sicherheitskennzeichnung nach DIN EN ISO 7010 und Technische Regeln für Arbeitsstätten ASR A1.3

Gebotsschilder

 Allgemeines Gebotszeichen	 Augenschutz benutzen	 Kopfschutz benutzen	 Gehörschutz benutzen	 Atemschutz benutzen	 Fußschutz benutzen
 Handschuhe benutzen	 Schutzkleidung benutzen	 Gesichtsschutz benutzen	 Rückhaltesys-tem benutzen	 Fußgängerweg benutzen	 Auffanggurt benutzen
 Übergang benutzen	 Netzstecker ziehen	 Vor Wartung oder Reparatur freischalten	 Rettungsweste benutzen	 Hupen	 Anleitung beachten

Rettungsschilder

 Richtungspfeil gerade/schräg (Pfeil ist nur noch Zusatzzeichen, nicht mehr genormtes Sicherheits-zeichen)		 Erste Hilfe	 Krankentrage	 Notdusche	 Augenspül-einrichtung
 Notruftelefon	 Arzt	 Automatischer externer De-fibrillator (AED)	 Notausgang rechts	 Notausgang links	 Sammelstelle
 Notausgangs-vorrichtung, die nach Zer-schlagen einer Scheibe zu erreichen ist	 Notausstieg über Fluchtlei-ter links	 Notausstieg über Fluchtlei-ter rechts	 Rettungs-ausstieg	 Notausstieg	 Öffentliche Rettungsaus-rüstung

Sicherheitskennzeichnung nach DIN EN ISO 7010 und Technische Regeln für Arbeitsstätten ASR A1.3

Brandschutzschilder

 Richtungspfeil gerade/schräg (Pfeil ist nur noch erforderliches Zusatzzeichen, nicht mehr genormtes Sicherheitszeichen)	 Löschschlauch	 Feuerleiter	 Feuerlöscher	 Brandmelde-telefon
 Mittel und Gerät zur Brandbekämp-fung	 Brandmelder			

Kombinationszeichen

Kombinationen von Rettungsschildern „Notausgang" und Zusatzschildern Richtungsangabe	 abwärts gehen nach rechts (Etagenwechsel anzeigen)	 a) aufwärts gehen nach rechts (Etagenwechsel anzeigen) b) eine freie Fläche nach schräg rechts überqueren
 abwärts gehen nach links (Etagenwechsel anzeigen)	 a) aufwärts gehen nach links (Etagenwechsel anzeigen) b) eine freie Fläche nach schräg links überqueren	 a) Geradeaus gehen (Laufrichtung anzeigen) b) Geradeaus und durch eine Tür gehen; wenn das Zeichen über einer Tür angebracht ist (Laufrichtung anzeigen) c) aufwärts gehen (Etagenwechsel anzeigen)
 nach rechts gehen (Laufrichtung anzeigen)	 Nach links gehen (Laufrichtung anzeigen	 Abwärts gehen (Etagenwechsel anzeigen)

Die Betriebssicherheitsverordnung (BetrSichV) [1]

Die Betriebssicherheitsverordnung ist die deutsche Umsetzung der Arbeitsmittelrichtlinie 89/655/EWG. Die seit ihrem Erlass im Jahr 2002 im Wesentlichen unveränderte Betriebssicherheitsverordnung wurde neu gefasst und ist am 7. Januar 2015 von der Bundesregierung beschlossen worden.

Anwendungsbereich und Zielsetzung

Diese Verordnung gilt für die Verwendung von Arbeitsmitteln. Ziel dieser Verordnung ist es, die Sicherheit und den Schutz der Gesundheit von Beschäftigten bei der Verwendung von Arbeitsmitteln zu gewährleisten.

Dies soll insbesondere erreicht werden durch:
- die Auswahl geeigneter Arbeitsmittel und deren sichere Verwendung,
- die für den vorgesehenen Verwendungszweck geeignete Gestaltung von Arbeits- und Fertigungsverfahren sowie
- die Qualifikation und Unterweisung der Beschäftigten.

Begriffsbestimmung

Arbeitsmittel sind Werkzeuge, Geräte, Maschinen oder Anlagen, die für die Arbeit verwendet werden, sowie überwachungsbedürftige Anlagen. Zu den überwachungsbedürftigen Anlagen gehören:
- Dampfkesselanlagen
- Druckbehälteranlagen
- Füllanlagen
- Aufzugsanlagen
- Anlagen in explosionsgefährdeten Bereichen
- Lageranlagen
- Füllstellen
- Tankstellen und Flugbetankungsanlagen
- Entleerstellen
- Feuerlöscher

Die Betriebssicherheitsverordnung schreibt in den § 15 (Prüfung vor Inbetriebnahme) und § 16 (wiederkehrende Prüfungen) Prüfungen vor, die durch zugelassene Überwachungsstellen vorzunehmen sind.

Gefährdungsbeurteilung

Beurteilung der auftretenden Gefährdungen vor der Verwendung von Arbeitsmitteln durch den Arbeitgeber und Ableitung von geeigneten Schutzmaßnahmen.

Grundpflichten des Arbeitgebers

Arbeitsmittel dürfen erst verwendet werden, nachdem der Arbeitgeber

1. eine Gefährdungsbeurteilung durchgeführt hat,
2. die dabei ermittelten Schutzmaßnahmen nach dem Stand der Technik getroffen hat und
3. festgestellt hat, dass die Verwendung der Arbeitsmittel nach dem Stand der Technik sicher ist.

Anforderungen an die zur Verfügung gestellten Arbeitsmittel

Die Arbeitsmittel müssen

1. für die Art der auszuführenden Arbeiten geeignet sein,
2. den gegebenen Einsatzbedingungen und den vorhersehbaren Beanspruchungen angepasst sein und
3. über die erforderlichen sicherheitsrelevanten Ausrüstungen verfügen.

Schutzmaßnahmen bei Gefährdungen durch Energien, Ingangsetzen und Stillsetzen

Der Arbeitgeber darf nur solche Arbeitsmittel verwenden lassen, die gegen Gefährdungen ausgelegt sind durch

1. die von ihnen ausgehenden oder verwendeten Energien,
2. direktes oder indirektes Berühren von Teilen, die unter elektrischer Spannung stehen oder
3. Störungen ihrer Energieversorgung

Besondere Betriebszustände, Betriebsstörungen und Unfälle

- Verhinderung unzulässiger und instabiler Betriebszustände von Arbeitsmitteln,
- Information und Organisation der Verhaltensweisen bei Unfällen und Notfällen.

Unterweisung und besondere Beauftragung von Beschäftigten vor der erstmaligen Verwendung der Arbeitsmittel

Prüfung von Arbeitsmitteln

Zusätzliche Vorschriften für überwachungsbedürftige Anlagen

- Prüfung vor Inbetriebnahme und vor Wiederinbetriebnahme nach prüfpflichtigen Änderungen
- Wiederkehrende Prüfung
- Prüfaufzeichnungen und -bescheinigungen
- Erlaubnispflicht

Die Betriebssicherheitsverordnung verlangt vom Arbeitgeber bei Errichtung, Auf- und Abbau, Erprobung sowie Instandsetzung von Arbeitsmitteln eine ständige Aktualität. Es gibt keinen Bestandsschutz.

Regelungen für Prüfungen im Explosionsschutz

BetrSichV, Anhang 2, Abschnitt 3, Explosionsgefährdungen [1]

Dieser Anhang befasst sich mit den **Prüfvorschriften für überwachungsbedürftige Anlagen** und konkretisiert damit die §§ 15 und 16 der BetrSichV.

Abschnitt 3 enthält die Regelungen für Prüfungen im Explosionsschutz.

Erstmals enthalten sind hohe Anforderungen an die Prüfer. Es werden die unterschiedlichen Prüfungen hinsichtlich Umfang und den erforderlichen Prüffristen näher definiert.

Anlagen in explosionsgefährdeten Bereichen sind die Gesamtheit der explosionsschutzrelevanten Arbeitsmittel einschließlich der Verbindungselemente sowie der explosionsschutzrelevanten Gebäudeteile.

Materielle Anforderungen zum Brand- und Explosionsschutz

Diese Regelungen zum Explosionsschutz wurden in die **Gefahrstoffverordnung** verlagert. [2]

§ 2 Absatz 14 der Gefahrstoffverordnung:

Prüfungen von Arbeitsmitteln und Prüfungen der technischen Maßnahmen in explosionsgefährdeten Bereichen

Technische Regeln für Betriebssicherheit (TRBS) konkretisieren die Betriebssicherheitsverordnung hinsichtlich der Ermittlung und Bewertung von Gefährdungen sowie der Ableitung von geeigneten Maßnahmen. Es handelt sich um Dokumente, die den Stand der Technik, Arbeitsmedizin und Hygiene für die Bereitstellung und Benutzung von Arbeitsmitteln, sowie den Betrieb überwachungsbedürftiger Anlagen um Zeitpunkt ihrer Veröffentlichung enthalten. (Sie lösen die in den bisherigen technischen Regeln vorhandenen Betriebsvorschriften wie TRA, TRB, TRR, TRD und TRAC vollständig ab.) Siehe dazu:

TRBS 1001 Struktur und Anwendung der Technischen Regeln für Betriebssicherheit

Technische Regel für Betriebssicherheit

Ausgabe: März 2018

https://www.baua.de/

Regelwerk der Deutschen Gesetzlichen Unfallversicherung DGUV

Quelle: https://www.dguv.de

DGUV Regeln

Regeln sind Zusammenstellungen bzw. Konkretisierungen von Inhalten aus

- staatlichen Arbeitsschutzvorschriften (Gesetze, Verordnungen) und/oder
- Unfallverhütungsvorschriften und/oder
- technischen Spezifikationen und/oder
- den Erfahrungen der Präventionsarbeit der UV-Träger.

Das umfangreiche Regelwerk wurde auch branchenbezogen zusammengestellt:

Branche Metallhütten: DGUV Regel 109-604 (März 2019)
Sachgebiet „Hütten-, Walzwerksanlagen, Gießereien und Hebetechnik" im Fachbereich „Holz und Metall" der DGUV
https://publikationen.dguv.de/

Branche Gießereien: DGUV Regel 109 – 608 (August 2020)
Sachgebiet Hütten-, Walzwerksanlagen, Gießereien und Hebetechnik des Fachbereichs Holz und Metall der DGUV,
https://publikationen.dguv.de/

DGUV Informationen

Informationen enthalten Hinweise und Empfehlungen, die die praktische Anwendung von Regelungen zu einem bestimmten Sachgebiet oder Sachverhalt erleichtern sollen und die z. B. für bestimmte Branchen, Tätigkeiten, Zielgruppen konkrete praxisgeeignete Arbeitsschutzmaßnahmen vorstellen.

Beispielsweise:

DGUV Information 209-006, Gießereiarbeiter

DGUV Information 209-070, Sicherheit bei der Hydraulik-Instandhaltung

DGUV Information 209-092, Risikobeurteilung von Maschinen und Anlagen – Maßnahmen gegen Manipulation von Schutzeinrichtungen

DGUV Information 209-091, Führung von Kranen – Innerbetrieblicher Transport mit Kranen in Hüttenwerken, Walzwerken und Gießereien

Das Global Harmonisierte System (GHS) in der EU die Einstufung und Kennzeichnung nach Verordnung (EG) Nr. 1272/2008 (CLP-VO) · Einstufung und Kennzeichnung (Stand: Juli 2019)

Die vorliegende Version des BAuA-Posters enthält alle Neuerungen bis zur Verordnung (EU) 2019/521 vom März 2019 (12. ATP). Einbezogen sind damit die neue Gefahrenklasse „Desensibilisierte explosive Stoffe/Gemische" in Kap. 2.17 des Anh. I der CLP-VO und die um pyrophore Gase erweiterte Gefahrenklasse „Entzündbare Gase" in Kap. 2.2.

Für die Gefahrenhinweise (H-Sätze), die in den Kap. 3.6–3.9 vergeben werden, ist der Expositionsweg anzugeben, sofern schlüssig belegt ist, dass die Gefahr bei keinem anderen Expositionsweg besteht, z. B. H350i. Die Buchstaben F,f und D,d in Kap. 3.7 geben spezifische Hinweise zur Fertilität (F,f) oder Entwicklung im Mutterleib (D,d). Die Kleinschreibung zeigt dabei eine vermutliche Wirkung an. Kombinierte Groß- und Kleinschreibung (Fd oder Df) werden der Kategorie 1A/1B zugeordnet. In den H-Sätzen der Kap. 3.8/3.9 sind, sofern bekannt, alle betroffenen Organe zu nennen.

Weitere Informationen: www.baua.de/ghs

Kap.	Einstufung			Kennzeichnung			
	Gefahren-klasse	Gefahren-kategorie	Kodierung	Piktogramm, Kodierung	Signal-wort	Gefahrenhinweis Kod.	Gefahrenhinweis Wortlaut
2.1	Explosive Stoffe/ Gemische und Erzeugnisse mit Explosivstoff	Instabil, explosiv	Unst. Expl.	 GHS01	Gefahr	H200	Instabil, explosiv
		Unterklasse 1.1	Expl. 1.1			H201	Explosiv; Gefahr der Massenexplosion
		Unterklasse 1.2	Expl. 1.2			H202	Explosiv; große Gefahr durch Splitter, Spreng- und Wurfstücke
		Unterklasse 1.3	Expl. 1.3			H203	Explosiv; Gefahr durch Feuer, Luftdruck oder Splitter, Spreng- und Wurfstücke
		Unterklasse 1.4	Expl. 1.4		Achtung	H204	Gefahr durch Feuer oder Splitter, Spreng- und Wurfstücke
		Unterklasse 1.5	Expl. 1.5	*Kein Piktogramm*	Gefahr	H205	Gefahr der Massenexplosion bei Feuer
		Unterklasse 1.6	Expl. 1.6		—	—	*Kein Gefahrenhinweis*

2.2	Entzündbare Gase	1A	Entzündbares Gas	Flam. Gas 1A	 GHS02	Gefahr	H220	Extrem entzündbares Gas
			Selbstentzündliches (pyrophores) Gas	Pyr. Gas			H220 H221	Extrem entzündbares Gas Kann sich bei Kontakt mit Luft spontan entzünden
			Chemisch instabiles Gas A	Chem. Unst. Gas A			H220 H230	Extrem entzündbares Gas Kann auch in Abwesenheit von Luft explosionsartig reagieren
			Chemisch instabiles Gas B	Chem. Unst. Gas B			H220 H231	Extrem entzündbares Gas Kann auch in Abwesenheit von Luft bei erhöhtem Druck und/oder erhöhter Temperatur explosionsartig reagieren
		1B	Entzündbares Gas	Flam. Gas 1B			H221	Entzündbares Gas
		2		Flam. Gas 2	*Kein Piktogramm*	*Achtung*		
2.3	Aerosole	Kategorie 1		Aerosol 1	 GHS02	Gefahr	H222 H229	Extrem entzündbares Aerosol Behälter steht unter Druck: Kann bei Erwärmung bersten
		Kategorie 2		Aerosol 2		Achtung	H223 H229	Entzündbares Aerosol Behälter steht unter Druck: Kann bei Erwärmung bersten
		Kategorie 3		Aerosol 3	*Kein Piktogramm*	Achtung	H229	Behälter steht unter Druck: Kann bei Erwärmung bersten
2.4	Oxidierende Gase	Kategorie 1		Ox. Gas 1	 GHS03	Gefahr	H270	Kann Brand verursachen oder verstärken; Oxidationsmittel
2.5	Gase unter Druck	Verdichtetes Gas		Comp. – Press. Gas (...)	 GHS04	Achtung	H280	Enthält Gas unter Druck; kann bei Erwärmung explodieren
		Verflüssigtes Gas		Liq. – Press. Gas (...)				
		Gelöstes Gas		Diss. – Press. Gas (...)				
		Tiefgekühlt verflüssigtes Gas		Ref. Liq. – Press. Gas (...)			H281	Enthält tiefkaltes Gas; kann Kälteverbrennungen oder -verletzungen verursachen

Kap.	Einstufung			Kennzeichnung			
	Gefahren-klasse	Gefahren-kategorie	Kodierung	Piktogramm, Kodierung	Signal-wort	Gefahrenhinweis Kod.	Gefahrenhinweis Wortlaut
2.6	Entzündbare Flüssigkeiten	Kategorie 1	Flam. Liq. 1	GHS02	Gefahr	H224	Flüssigkeit und Dampf extrem entzündbar
		Kategorie 2	Flam. Liq. 2			H225	Flüssigkeit und Dampf leicht entzündbar
		Kategorie 3	Flam. Liq. 3		Achtung	H226	Flüssigkeit und Dampf entzündbar
2.7	Entzündbare Feststoffe	Kategorie 1	Flam. Sol. 1		Gefahr	H228	Entzündbarer Feststoff
		Kategorie 2	Flam. Sol. 2		Achtung		
2.8 2.15	Selbstzersetzliche Stoffe und Gemische Organische Peroxide	Typ A	Self-react. A	GHS01	Gefahr	H240	Erwärmung kann Explosion verursachen
			Org. Perox. A				
		Typ B	Self-react. B	GHS02 + GHS01	Gefahr	H241	Erwärmung kann Brand oder Explosion verursachen
			Org. Perox. B				
		Typ C Typ D	Self-react. CD	GHS02	Gefahr	H242	Erwärmung kann Brand verursachen
			Org. Perox. CD				
		Typ E Typ F	Self-react. EF		Achtung		
			Org. Perox. EF				
		Typ G	Self-react. G	*Kein Piktogramm*	—	—	*Kein Gefahrenhinweis*
			Org. Perox. G				

2.9	Pyrophore Flüssigkeiten	Kategorie 1	Pyr. Liq. 1	 GHS02	Gefahr	H250	Entzündet sich in Berührung mit Luft von selbst
2.10	Pyrophore Feststoffe	Kategorie 1	Pyr. Sol. 1				
2.11	Selbsterhitzungsfähige Stoffe und Gemische	Kategorie 1	Self-heat.1		Gefahr	H251	Selbsterhitzungsfähig; kann in Brand geraten
		Kategorie 2	Self-heat. 2		Achtung	H252	In großen Mengen selbsterhitzungsfähig; kann in Brand geraten
2.12	Stoffe und Gemische, die in Berührung mit Wasser entzündbare Gase entwickeln	Kategorie 1	Water-react. 1		Gefahr	H260	In Berührung mit Wasser entstehen entzündbare Gase, die sich spontan entzünden können
		Kategorie 2	Water-react. 2		Gefahr	H261	In Berührung mit Wasser entstehen entzündbare Gase
		Kategorie 3	Water-react. 3		Achtung		
2.13 2.14	Oxidierende Flüssigkeiten Oxidierende Feststoffe	Kategorie 1	Ox. Liq. 1 Ox. Sol. 1	 GHS03	Gefahr	H271	Kann Brand oder Explosion verursachen; starkes Oxidationsmittel
		Kategorie 2	Ox. Liq. 2 Ox. Sol. 2		Gefahr	H272	Kann Brand verstärken; Oxidationsmittel
		Kategorie 3	Ox. Liq. 3 Ox. Sol. 3		Achtung		
2.16	Korrosiv gegenüber Metallen	Kategorie 1	Met. Corr. 1	 GHS05	Achtung	H290	Kann gegenüber Metallen korrosiv sein
2.17	Desensibilisierte explosive Stoffe/Gemische	Kategorie 1	Desen. Expl. 1	 GHS02	Gefahr	H206	Gefahr durch Feuer, Druckstoß oder Sprengstücke; erhöhte Explosionsgefahr, wenn das Desensibilisierungsmittel reduziert wird
		Kategorie 2	Desen. Expl. 2		Gefahr	H207	Gefahr durch Feuer oder Sprengstücke; erhöhte Explosionsgefahr, wenn das Desensibilisierungsmittel reduziert wird
		Kategorie 3	Desen. Expl. 3		Achtung	H207	
		Kategorie 4	Desen. Expl. 4		Achtung	H208	Gefahr durch Feuer; erhöhte Explosionsgefahr, wenn das Desensibilisierungsmittel reduziert wird

Kap.	Einstufung			Kennzeichnung			
	Gefahren- klasse	Gefahren- kategorie	Kodierung	Piktogramm, Kodierung	Signal- wort	Gefahrenhinweis Kod.	Gefahrenhinweis Wortlaut
3.1	Akute Toxizität	Kategorie 1	Acute Tox. 1	 GHS06	Gefahr	H300 H310 H330	Lebensgefahr bei Verschlucken Lebensgefahr bei Hautkontakt Lebensgefahr bei Einatmen
		Kategorie 2	Acute Tox. 2				
		Kategorie 3	Acute Tox. 3			H301 H311 H331	Giftig bei Verschlucken Giftig bei Hautkontakt Giftig bei Einatmen
		Kategorie 4	Acute Tox. 4	 GHS07	Achtung	H302 H312 H332	Gesundheitsschädlich bei Verschlucken Gesundheitsschädlich bei Hautkontakt Gesundheitsschädlich bei Einatmen
3.2	Ätz-/ Reizwirkung auf die Haut	Kategorie 1	Skin. Corr. 1	 GHS05	Gefahr	H314	Verursacht schwere Verätzungen der Haut und schwere Augenschäden
		Kategorie 1A	Skin. Corr. 1A				
		Kategorie 1B	Skin. Corr. 1B				
		Kategorie 1C	Skin. Corr. 1C				
		Kategorie 2	Skin Irrit. 2	 GHS07	Achtung	H315	Verursacht Hautreizungen
3.3	Schwere Augen- schädigung/ Augenreizung	Kategorie 1	Eye Dam. 1	 GHS05	Gefahr	H318	Verursacht schwere Augenschäden
		Kategorie 2	Eye Irrit. 2		Achtung	H319	Verursacht schwere Augenreizung

3.4	Sensibilisierung der Atemwege	Kategorie 1	Resp. Sens. 1	GHS08	Gefahr	H334	Kann bei Einatmen Allergie, asthmaartige Symptome oder Atembeschwerden verursachen
		Unterkategorie 1A	Resp. Sens. 1A				
		Unterkategorie 1B	Resp. Sens. 1B				
	Sensibilisierung der Haut	Kategorie 1	Skin Sens. 1	GHS07	Achtung	H317	Kann allergische Hautreaktionen verursachen
		Unterkategorie 1A	Skin Sens. 1A				
		Unterkategorie 1B	Skin Sens. 1B				
3.5	Keimzell-Mutagenität	Kategorie 1A	Muta. 1A	GHS08	Gefahr	H340	Kann genetische Defekte verursachen
		Kategorie 1B	Muta. 1B				
		Kategorie 2	Muta. 2		Achtung	H341	Kann vermutlich genetische Defekte verursachen
3.6	Karzinogenität	Kategorie 1A	Carc. 1A		Gefahr	H350 H350i	Kann Krebs erzeugen Kann bei Einatmen Krebs erzeugen
		Kategorie 1B	Carc. 1B				
		Kategorie 2	Carc. 2		Achtung	H351	Kann vermutlich Krebs erzeugen
3.7	Reproduktions-toxizität	Kategorie 1A	Repr. 1A	GHS08	Gefahr	H360 H360F H360D H360FD	Kann die Fruchtbarkeit beeinträchtigen oder das Kind im Mutterleib schädigen Kann die Fruchtbarkeit beeinträchtigen Kann das Kind im Mutterleib schädigen Kann die Fruchtbarkeit beeinträchtigen Kann das Kind im Mutterleib schädigen
		Kategorie 1B	Repr. 1B				
		Kategorie 2	Repr. 2		Achtung	H361 H361f H361d H361fd	Kann vermutlich die Fruchtbarkeit beeinträchtigen oder das Kind im Mutterleib schädigen Kann vermutlich die Fruchtbarkeit beeinträchtigen Kann vermutlich das Kind im Mutterleib schädigen Kann vermutlich die Fruchtbarkeit beeinträchtigen Kann vermutlich das Kind im Mutterleib schädigen
		Zusatzkategorie für Wirkungen auf/über Laktation	Lact.	*Kein Piktogramm*	—	H362	Kann Säuglinge über die Muttermilch schädigen

Kap.	Einstufung			Kennzeichnung			
	Gefahren-klasse	Gefahren-kategorie	Kodierung	Piktogramm, Kodierung	Signalwort	Gefahrenhinweis Kod.	Gefahrenhinweis Wortlaut
3.8	Spezifische Zielorgan-Toxizität (einmalige Exposition)	Kategorie 1	STOT SE 1	 GHS08	Gefahr	H370	Schädigt *die Organe* *(bei Einatmen/Hautkontakt/Verschlucken)*
		Kategorie 2	STOT SE 2		Achtung	H371	Kann *die Organe* schädigen *(bei Einatmen/Hautkontakt/Verschlucken)*
		Kategorie 3	STOT SE 3	 GHS07	Achtung	H335	Kann die Atemwege reizen
						H336	Kann Schläfrigkeit und Benommenheit verursachen
3.9	Spezifische Zielorgan-Toxizität (wiederholte Exposition)	Kategorie 1	STOT RE 1	 GHS08	Gefahr	H372	Schädigt *die Organe* bei längerer oder wiederholter Exposition *(bei längerem oder wiederholtem Einatmen/Hautkontakt/Verschlucken)*
		Kategorie 2	STOT RE 2		Achtung	H373	Kann *die Organe* schädigen bei längerer oder wiederholter Exposition *(bei längerem oder wiederholtem Einatmen/Hautkontakt/Verschlucken)*
3.10	Aspirations-gefahr	Kategorie 1	Asp. Tox. 1	 GHS08	Gefahr	H304	Kann bei Verschlucken und Eindringen in die Atemwege tödlich sein

4.1	Akut gewässergefährdend	Akut 1	Aquatic Acute 1	 GHS09	Achtung	H400	Sehr giftig für Wasserorganismen
	Langfristig gewässergefährdend	Chronisch 1	Aquatic Chronic 1		Achtung	H410	Sehr giftig für Wasserorganismen, mit langfristiger Wirkung
		Chronisch 2	Aquatic Chronic 2		—	H411	Giftig für Wasserorganismen, mit langfristiger Wirkung
		Chronisch 3	Aquatic Chronic 3	*Kein Piktogramm*	—	H412	Schädlich für Wasserorganismen, mit langfristiger Wirkung
		Chronisch 4	Aquatic Chronic 4		—	H413	Kann für Wasserorganismen schädlich sein, mit langfristiger Wirkung
5.1	Die Ozonschicht schädigend	Kategorie 1	Ozone 1	 GHS07	Achtung	H420	Schädigt die öffentliche Gesundheit und die Umwelt durch Ozonabbau in der äußeren Atmosphäre

Herausgeber: Bundesanstalt für Arbeitsschutz und Arbeitsmedizin (BAuA), Friedrich-Henkel-Weg 1–25, 44149 Dortmund, Telefon helpdesk: 0231 9071-2971, E-Mail: reach-clp-biozid@baua.bund.de, Internet: www.baua.de

Gestaltung: eckedesign, Berlin | doi:10.21934/baua:praxis20190720 | Juli 2019

baua:

Die neuen Gefahrenklassen in der EU

Die Einstufung und Kennzeichnung nach Verordnung (EG) Nr. 1272/2008 (CLP-VO)

Die neuen Gefahrenklassen

Die Europäische Kommission hat die delegierte Verordnung (EU) 2023/707 zur Änderung der CLP-Verordnung (Classification, Labelling and Packaging) veröffentlicht, die am 20. April 2023 in Kraft getreten ist. Darin werden **neue Gefahrenklassen** für Stoffe und Gemische in der Europäischen Union (EU) festgelegt:

- **ED HH in Kategorie 1 und Kategorie 2.** Endokriner Disruptor (ED) mit Wirkung auf die menschliche Gesundheit (human health: HH).
- **ED ENV in Kategorie 1 und Kategorie 2.** Endokriner Disruptor (ED) mit Wirkung auf die Umwelt (environment: ENV).
- **PBT** (persistent, bioakkumulierbar, toxisch), **vPvB** (sehr persistent, sehr bioakkumulierbar).
- **PMT** (persistent, mobil im Wasserkreislauf, toxisch), **vPvM** (sehr persistent, sehr mobil im Wasserkreislauf).

Diese EU-Vorschrift ist für Hersteller, Importeure, nachgeschaltete Anwender und Händler verbindlich, die Stoffe und Gemische auf dem Markt der EU in Verkehr bringen.

Endokrine Disruptoren gefährden das Hormonsystem

Endokrine Disruptoren sind synthetische oder natürliche Stoffe und Gemische, die Funktionen des Hormonsystems so beeinflussen, dass sie in einem intakten Organismus, seiner Nachkommenschaft oder in Populationen schädliche Wirkungen hervorrufen. Dies kann beim Menschen gesundheitliche Störungen verursachen: Geburtsschäden, Entwicklungs- und Fortpflanzungsstörungen, neurologische Entwicklungsstörungen, Krebs, Diabetes, Fettleibigkeit etc. Ähnliche Wirkungen wurden auch für Tiere in der Umwelt beschrieben.

PBT- und vPvB-Stoffe gefährden die Umwelt und den Menschen

Stoffe und Gemische mit **PBT**-Eigenschaften sind schwer biologisch abbaubar (persistent: P), reichern sich in lebenden Organismen an (bioaccumulative: B) und sind giftig (toxic: T). Zudem gibt es Stoffe und Gemische, die sehr persistent (very persistent: vP) und sehr bioakkumulierbar (very bioaccumulative: vB) sind. Diese haben **vPvB**-Eigenschaften. Einmal freigesetzt ist ihre Anreicherung in der Umwelt schwer umkehrbar. Ihre Konzentration verringert sich auch dann nicht ohne Weiteres, wenn sie nicht weiter freigesetzt werden. Die langfristigen Auswirkungen von PBT- und vPvB-Stoffen für Mensch und Umwelt sind nicht absehbar.

PMT- und vPvM-Stoffe gefährden den Wasserkreislauf und das Trinkwasser

Stoffe und Gemische mit **PMT**-Eigenschaften sind schwer biologisch abbaubar (persistent: P), können sich im Wasserkreislauf bewegen, ohne am Boden, an Sedimenten oder Schwebstoffen zu haften (mobile: M) und sind giftig (toxic: T). Zudem gibt es Stoffe und Gemische, die sehr persistent (very persistent: vP) und sehr mobil im Wasserkreislauf (very mobile: vM) sind. Diese haben **vPvM**-Eigenschaften. PMT- und vPvM-Stoffe stellen eine Gefahr dar, weil sie in den Wasserkreislauf und in das Trinkwasser eindringen und sich über große Entfernungen ausbreiten können. Diese Stoffe werden selbst durch fortschrittlichste Methoden der Abwasserbehandlung nur zum Teil herausgefiltert. Unvollständige Entfernung und neue Freisetzungen bewirken, dass die Konzentration dieser Stoffe ständig ansteigt. Sind sie einmal in die Umwelt gelangt, können ihnen Mensch und Tier stetig zunehmend ausgesetzt sein (**kumulative Exposition**).

Einstufung und Kennzeichnung der neuen Gefahrenklassen

Kap.	Einstufung			Kennzeichnung			
	Gefahren-klasse	Gefahren-kategorie	Kodierung	Piktogramm, Kodierung	Signal-wort	Gefahrenhinweis Code	Gefahrenhinweis Wortlaut
3.11	Endokrine Disruption mit Wirkung auf die menschliche Gesundheit	Kategorie 1	ED HH 1	Kein Piktogramm	Gefahr	EUH380	Kann beim Menschen endokrine Störungen verursachen
		Kategorie 2	ED HH 2		Achtung	EUH381	Steht in dem Verdacht, beim Menschen endokrine Störungen zu verursachen
4.2	Endokrine Disruption mit Wirkung auf die Umwelt	Kategorie 1	ED ENV 1	Kein Piktogramm	Gefahr	EUH430	Kann endokrine Störungen in der Umwelt verursachen
		Kategorie 2	ED ENV 2		Achtung	EUH431	Steht in dem Verdacht, endokrine Störungen in der Umwelt zu verursachen
4.3	Persistente, bioakkumulierbare und toxische Eigenschaften oder sehr persistente und sehr bioakkumulierbare Eigenschaften		PBT	Kein Piktogramm	Gefahr	EUH440	Anreicherung in der Umwelt und in lebenden Organismen einschließlich Menschen
			vPvB		Gefahr	EUH441	Starke Anreicherung in der Umwelt und in lebenden Organismen einschließlich Menschen
4.4	Persistente, mobile und toxische Eigenschaften oder sehr persistente und sehr mobile Eigenschaften		PMT	Kein Piktogramm	Gefahr	EUH450	Kann lang anhaltende und diffuse Verschmutzung von Wasserressourcen verursachen
			vPvM		Gefahr	EUH451	Kann sehr lang anhaltende und diffuse Verschmutzung von Wasserressourcen verursachen

Neue Vorschriften zur Kennzeichnung

Mit den neuen Gefahrenklassen hat die Europäische Kommission neue Vorschriften zur Kennzeichnung eingeführt. Demnach sind für diese Klassen neben den Signalwörtern Gefahr oder Achtung die Wortlaute der „EUH-Hinweise" (EU-Gefahrenhinweise) auf dem Kennzeichnungsetikett in den Abschnitt für relevante **Gefahrenhinweise** (H-Hinweise, die Gefährdungen von Gefahrstoffen beschreiben, hazard statements) anzubringen. Die EUH-Hinweise sind hier **Hauptgefahrenhinweise** (anders als die EUH-Hinweise in Anhang II der CLP-Verordnung). Für die neuen Gefahrenklassen sind keine Gefahrenpiktogramme vorgesehen.
Im **Sicherheitsdatenblatt**, Unterabschnitt 2.1 „Einstufung des Stoffs oder Gemischs", ist die Einstufung nach den neuen Gefahrenklassen gleichwertig mit den bestehenden Klassen aufzuführen. In Unterabschnitt 2.2 „Kennzeichnungselemente" werden die EUH-Hinweise der neuen Klassen gleichwertig zu den Gefahrenhinweisen der bestehenden Gefahrenklassen aufgenommen.
Die den neuen Gefahrenklassen zugeordneten **Sicherheitshinweise** (P-Hinweise, die den sicheren Umgang mit Gefahrstoffen beschreiben, precautionary statements) sind Kennzeichnungselemente aus dem Anhang IV der CLP-Verordnung.

Impressum | Herausgeber: Bundesanstalt für Arbeitsschutz und Arbeitsmedizin (BAuA), Friedrich-Henkel-Weg 1–25, 44149 Dortmund, Telefon helpdesk: 0231 9071-2971, E-Mail: reach-clp-biozid@baua.bund.de, Internet: www.baua.de | Autorin: Dr. Linda Ingendahl, Redaktion: Tobias Frindte, Gestaltung: Susanne Graul | doi:10.21934/baua:praxis20241008 | Januar 2025

Maßnahmen zur Wärmerückgewinnung bei Absaugprozessen in Gießereien [3]

Es ist Stand der Technik, bei Arbeitsprozessen in Gießereien entstehende Emissionen weitestgehend zu erfassen und das Abgas einer Filteranlage zur Abscheidung der Verunreinigungen zuzuführen. Durch vorteilhafte Ausbildung der Erfassungsvorrichtungen werden die aus den Produktionshallen abgesaugten Volumenströme möglichst gering gehalten. Trotzdem sind Absaugmengen in Gießereien von mehreren 100.000 m^3/h keine Seltenheit. Diese aus den Hallen abgesaugten Volumenströme müssen durch Zuluft ersetzt werden. Gerade in den Wintermonaten ist dies mit erheblichen Heizkosten verbunden. Bei einer Außentemperatur von zum Beispiel 0 °C liegt die notwendige Heizleistung in der Größenordnung von 72 kWh/10.000 m^3/h. Um die entstehenden Heizkosten ganz zu vermeiden bzw. auf ein Minimum zu reduzieren, werden verschiedene Lösungen für Gießereien angeboten.

Bild 1: LUEHR-Flachschlauchfilter mit Reinluftrückführung in den Arbeitsraum

Direkte Rückführung der Luft nach Reinigung in einem Filter

Dieses Verfahren wird bei Absaugung von partikelbeladener Luft ohne weitere gasförmige Verunreinigungen in der Luft angewendet (Beispiel Putzerei). Die in einem regenerierbaren Filter gereinigte Luft wird über eine zweite, nicht regenerierbare Filterstufe der Halle direkt zugeführt. Die Luftqualität der zugeführten Luft entspricht mindestens der Qualität von Außenluft (Bild 1).

Aufheizung von Außenluft durch rekuperativen Wärmetausch mit dem Abgas

Bei diesem Verfahren gibt das von den Produktionsprozessen abgesaugte Gas, das neben Partikeln auch andere gasförmige Verunreinigungen enthält, nach Passieren eines regenerierbaren Filters einen Teil der enthaltenen Wärme über einen rekuperativen Wärmetausch an die Zuluft ab (Einsatzbeispiel für Gieß- und Kühlstrecken). Die erwärmte Luft wird dann der Halle zugeführt (Bild 2). Das abgesaugte Gas kommt bei diesem Prozess nicht mit der Zuluft in Berührung (Vorteil gegenüber Wärmerädern).

Bild 2: LUEHR-Flachschlauchfilter mit nachgeschaltetem Wärmetauscher zur Zuluftvorwärmung

Gießerei Controlling [4]

„Die Zeit des einfachen Finanzcontrollers ist auch in der Gießerei vorbei. Der Controller der Zukunft ist Unternehmensberater, Veränderungsexperte, Produktions- und Prozessprofi und kann mit seinen handwerklich korrekt erstellten Zahlen kommunikations- und durchsetzungsstark der entscheidende Navigator für das Management werden.
Controlling ist nicht die Kontrolle und Fortschreibung der Buchführung.“ [4]

Controlling heißt, Unterstützung der Unternehmensführung zur Durchführung von Planung, Kontrolle und Steuerungsaufgaben.

Controlling von Erfolgsfaktoren kann unnötigen Managementaufwand durch Schaffung nur weniger Stellhebel verhindern.

Richtig implementiertes Controlling ist ein Schlüssel zu ruhigem Prozessmanagement und Sicherung langfristiger Erfolgspotentiale.

Ziele eines zeitgemäßen Controlling Prozesses:
- Erfolgsfaktoren diagnostizieren und aktuell überprüfen
- Transparenz in den betrieblichen Ebenen schaffen
- Vielschichtigkeit darstellen, koordiniertes Informationssystem installieren
- Einfluss nehmen auf technologische Leistungsfähigkeit, Produktivität und Personalproduktivität
- Synchronisieren von Prozeßbereichen

aktuell entscheidende Erfolgsfaktoren der Branche Gießerei:
- Entwicklungskompetenz
- Humankapital
- Investitionsverhalten
- Management
- Produktions-Knowhow
- Qualität
- Transparenz

Erfolgsfaktoren nach Betriebsgröße

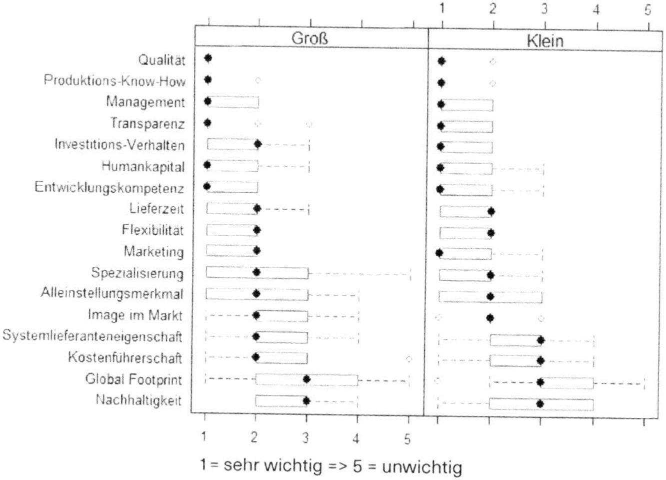

Interne Erfolgsfaktoren:

- Betriebsdatenerfassung:
  Die Echtzeit-Transparenz über die wesentlichen Zahlen der Produktion, d. h. Produktionsleistung, Qualitätsziffern, Anlagenverfügbarkeiten und Bestände, ist für die industriell produzierenden Großbetriebe von hoher Wichtigkeit, um kurzfristig und produktionsnah steuern zu können.
- Betriebsgröße:
  Eine überschaubare Betriebsgröße wird insbesondere von kleineren Gießereien wegen kurzer Wege und schnellen Reaktionszeiten auf Kundenwünsche als Erfolgsmerkmal genannt. Die größeren Betriebe wiederum nennen ihre Größe und die damit verbundenen Vorteile im konzerninternen Benchmarking sowie durch die Bündelung von Einkaufsvolumina oder anderer Verbundeffekte (z. B. im Vertrieb oder der IT) als Erfolgsfaktor.

- Einkaufskompetenz:
  Da in den meisten Betrieben der Einkauf von Material, Energie und mitunter externer Bearbeitungsdienstleistung weit über fünfzig Prozent des Umsatzes umfasst, ist die besondere Kompetenz im Einkauf unabdingbar. Insbesondere das Management von Rohstoffen in der Ver- und Entsorgung von Metallen ist hier als zentrales Erfolgsmerkmal genannt worden.
- Kontinuierliche Verbesserung und Veränderungsbereitschaft: Hierunter verstehen die Experten das permanente Hinterfragen existierender Prozesse und die organisierte Veränderung insbesondere unter Zuhilfenahme der eigenen Mitarbeiter. Ideen und Veränderungen werden hierzu in einem organisierten Prozess eingefordert, analysiert und umgesetzt. Veränderungsbereitschaft wiederum beschreibt die Offenheit gegenüber Veränderungen im Allgemeinen.
- Liefertreue:
  Hierunter ist das dauerhaft pünktliche Beliefern der Kunden zu verstehen. Gemessen wird Liefertreue in der Regel als Verhältniszahl der pünktlichen, d. h. termingerecht erfolgten Lieferungen zu allen Lieferungen.
- Logistik:
  Eine auf die Bedürfnisse des Kunden und den gesamten Wertschöpfungsprozess abgestimmte Logistik wird vor allem von Automotive-Gießereien als Erfolgsfaktor gesehen.
- Management-Konzept:
  Hier verwiesen die befragten Manager darauf, dass neben Ausbildung, Erfahrung und Kompetenz des Managements auch ein Managementkonzept eingesetzt werden sollte, das nachhaltig und immer wieder den Begebenheiten bzw. der aktuellen Lage angepasst und weiterentwickelt wird.
- Materialkompetenz:
  Dies bezeichnet die besondere Kenntnis bestimmter Materialien und Innovationsmöglichkeiten, um den Kunden bessere Materialien für den Gießprozess oder die Kundenanwendung anbieten zu können.

- Offenheit:
  Darunter versteht der Gießereimanager die Bereitschaft, die eigenen Zahlen gegenüber Kunden und insbesondere Schwesterunternehmen und Wettbewerbern offenzulegen, um in einen konstruktiven Prozess über Verbesserungspotenziale zu treten. In einem Benchmarking sollten sich vergleichbare Unternehmen messen können.
- Sozialkompetenz:
  Hier wurde auf die Wichtigkeit der Führung und des Umgangs mit Kunden und insbesondere mit den eigenen Mitarbeitern verwiesen. Häufig sind in den Gießereibetrieben unterschiedlichste soziale Strukturen vorzufinden, viele Nationalitäten mit unterschiedlichen Gewohnheiten und verschiedenen Kulturen arbeiten in den unterschiedlichsten Situationen zusammen. Keine Gießerei, so die Aussage zahlreicher Experten, funktioniere auf Dauer, ohne dass man die Mitarbeiter mit all ihren Detailkenntnissen und Einflussmöglichkeiten auf Produktivität und Qualität gewinnt. Dieser Führungsprozess ist ohne entsprechende Sozialkompetenz nicht zu absolvieren.
- Standort:
  Insbesondere bei lohnintensiveren Gussteilen wird der Standort in Verbindung mit der Produktivität als Erfolgsmerkmal im Hinblick auf günstigere Lohnkosten genannt.
- Strategie:
  Eine sinnvolle und professionell entwickelte strategische Ausrichtung des Unternehmens, die regelmäßig überprüft und ggf. angepasst wird.
- Werkzeugbau:
  Aufgrund der hohen Relevanz für eine gute Qualität und kurze Wege, insbesondere in der Phase von Produktneuanläufen, wird ein eigener und sehr kompetenter Werkzeug-/Formenbau von einigen Experten als Erfolgsmerkmal gesehen.

Verwendete Kennzahlen von Gießereibetrieben

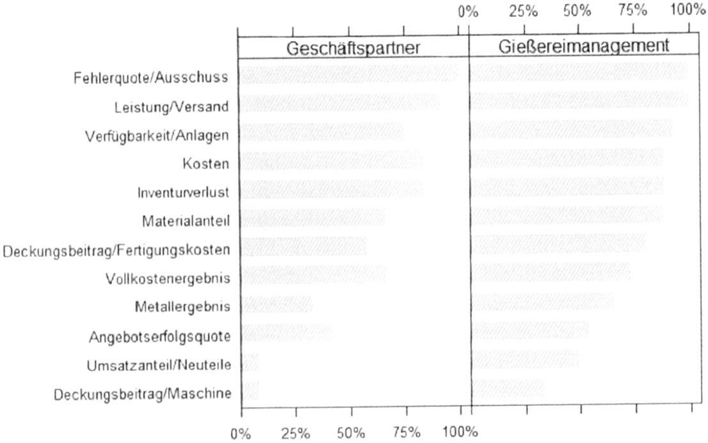

Bedeutsame weitere Kennzahlen:

- Belegschaftsstruktur
- Break-Even-Analysen bei Serienteilen
- Einhaltung von Vorgabezeiten
- Flächennutzung
- Geplante und ungeplante Nacharbeit
- Ideen-Rate oder KVP-Kennzahlen
- Krankenstand
- Liefertreue
- Produktivität (sowohl als Personaleinsatz pro Menge oder Wertschöpfung pro Mitarbeiter)
- Rüstzeiten
- Schrott- bzw. Metalleinkaufspreise (als wesentliche Größe der Beobachtung des Metallergebnisses auf das Unterneh-mens-ergebnis)
- Spezielle Verbräuche
- Störstellen- und Störgrund-Protokoll

- Stundensatz-Entwicklung (für Personal und Maschinen)
- Umschlagshäufigkeit und Lager- bzw. Bestandskennziffern
- Werkzeug-Wartungs-Kennzahlen (Häufigkeit, Umfang, Kosten)

Allgemeine Controlling Konzepte für produzierende Unternehmen

- Beschaffungscontrolling
- Produktionscontrolling
- Qualitätscontrolling
- Marketing- und Vertriebscontrolling
- Logistikcontrolling
- Personalcontrolling
- Finanz-, Investitions- und Ergebniscontrolling

Controllingbereiche mit Relevanz im Gießereiumfeld

- Projektcontrolling
- Forschungs- und Entwicklungscontrolling
- IT-Controlling
- Umweltcontrolling

Controllingbereiche mit hohen Erfolgsfaktoren

Strategiecontrolling heißt aktiv prozessuale Analyse von strategischen Managemententscheidungen durchführen:
Controllen Sie die Unternehmensstrategie in irgendeiner Form?
Gibt es einen Strategieprozeß?

Marktfähigkeitscontrolling

Kennen bzw. prüfen Sie regelmäßig die Leistungsfähigkeit ihrer eigenen Entwicklungsabteilungen?
Kennen bzw. prüfen Sie regelmäßig die Leistungsfähigkeit Ihres Wettbewerbs?
Kennen bzw. prüfen Sie regelmäßig die technologischen Veränderungen in Ihrer Branche?

Investitionscontrolling:

Gibt es einen Controllingprozess für Investitionen?
Wird eine Wirtschaftlichkeitsrechnung durchgeführt?
Ist Strategiebezug relevant im Investitionscontrolling?
Wird die Umsetzung überwacht (Termin, Kosten, Zielsetzung, Risiken)?
Erfolgt eine Nachkalkulation, ob die Investition die Ziele erreicht hat?

Controlling des Humankapitals:

Messen Sie die Motivation Ihrer Mitarbeiter?
Messen Sie das Knowhow Ihrer Mitarbeiter?
Messen Sie die Fluktuation?
Planen und controllen Sie Schulung, Aus- und Weiterbildung?
Überwachen Sie Ausfall- und Stellvertreter-Risiken bei Mitarbeitern?

Qualitätscontrolling:

Haben Sie einen klar definierten Qualitätsbegriff in Ihrem Unternehmen kommuniziert?
Haben Sie ehrliche, stetige und verlässliche Mengenzahlen und messen Sie auch Qualitätskosten?
Inkludieren Sie die Kundenzahlen in Ihr Qualitätsbeurteilungssystem?
Spielen strategische bzw. kulturelle Aspekte in Ihren Qualitätsvorgaben eine Rolle?

Transparenz in Gießereien

besteht Transparenz für folgende Parameter?

- Bestände
- Einkauf
  - Einkaufserfolg
  - Entwicklung der EK-Preise nach Herausrechnung von Veränderungen beim Einkaufsmix, periodischen oder Markteffekten oder technisch bedingten Verbrauchsveränderungen

- Humankapital
  - Entwicklungskompetenz
  - Qualität und Motivation der Belegschaft, insbesondere der Führungsmannschaft
  - HR-Risiken durch Ausfall/Verlust eines Mitarbeiters
- Produktkosten
  - Mitlaufende Soll-/Plan- und Ist-Produktkostenkalkulation
  - Controlling von Abweichungen zur Kalkulation
  - Produktionsprogramm (d.h. Änderungen und Gründe von Änderungen)
  - Störprotokolle und -analysen des Fertigungsprozesses
  - Instandhaltungskosten und -risiken (z.B. durch mangelhaft oder nur oberflächlich durchgeführte Reparaturen)
- Projektcontrolling, insbesondere bei
  - Werkzeugbau
  - Prototypenfertigung
  - Neuanläufen
  - Investitions- und Maßnahmencontrolling
- Qualitätszahlen und -kosten
  - Geplante und ungeplante Nacharbeit
  - Geplanter und ungeplanter Ausschuss
  - Ertragsverluste durch Kreislaufmetall
  - Ertragsverluste durch Belastungen und Retouren
  - Ertragsrisiken durch Mengen im Qualitäts-Sperrlager
- Vertriebscontrolling
  - Kundenbesuche, Besuchshäufigkeit und Gesprächsinhalte
  - Stand von Angeboten und Erfolgswahrscheinlichkeiten
  - Entwicklung/Veränderungen von Kundenbedürfnissen
  - Neuentwicklungen bei Kunden
  - Mengen-Forecasting

Verbesserungspotenzial im Bereich Controlling:

- Häufigkeit der Berichte
- Verzahnung der Berichte, d. h., dass die einzelnen Berichte auf die kaufmännischen Auswirkungen im monatlichen Ergebniscontrolling überführt werden können
- Verzahnung der Controllinginstrumente von der Planung zum Ist, d. h. dass Planabweichungen auch ursachengemäß und richtig erklärt werden können
- Zusammenführung der verschiedenen Controllingsegmente zu einem integrierten, möglichst einfachen und IT-unterstützten System, z. B. im Rahmen eines monatlichen Management-Informationssystems oder einer Balanced-Scorecard

Literatur zum Thema:

Mark M. Rösch
Gießerei-Controlling
Erfolgsfaktoren von Gießereien und deren Steuerung
Fachverlag Schiele & Schön, 2013

Energieeffizienz im Gießereibetrieb [5]

Hohe Energiekosten, zunehmende Umweltbelastung und politische Vorgaben sind wesentliche Aspekte, die Unternehmen im Bereich Energieeffizienz und Ressourceneinsparungen immer mehr zum Umdenken bewegen. Vor allem Betriebe mit hohem Energiebedarf können dabei von den gesetzlichen Regelungen im Hinblick auf ein zertifiziertes Energiemanagement profitieren. Nur wer weiß, welche Energie wie, wann und wo in der Produktion verbraucht wird, kann reagieren und nachhaltig handeln. Das Kapitel Energieeffizienz gibt Einblick in die energetische Situation im Gießereibetrieb, zeigt Effizienzpotenziale auf und gibt Handlungsanweisungen zur Umsetzung von Effizienzmaßnahmen.

1. Energiebedarf der Gießereibranche

Die Gießereibranche ist eine der energieintensivsten Branchen in Deutschland. Aus diesem Grund hat eine Vielzahl an Gießereien frühzeitig die Entwicklungen auf dem Energiemarkt sowie auf politischer Ebene wahrgenommen und damit begonnen, die benötigte Energie in Form eines Energiemanagements effizient zu gestalten. Steigende Energiepreise, sowie zunehmender internationaler Wettbewerb haben des Weiteren dazu geführt, dass das Thema Energieeffizienz in Gießereien als Potential zur Kostenreduzierung gilt.

Die Branche Metallerzeugung und -bearbeitung steht in der Liste der zehn Industriebranchen mit dem höchsten Energieverbrauch mit einem Jahresbedarf von 255.473 GWh (2012) / 228.458 GWh (2020), an zweiter Stelle.

Bild 1 verdeutlicht, dass die Metallerzeugung und -bearbeitung 2020 allein 23,9 % des Gesamtenergieverbrauchs in Deutschland beanspruchte und bleibt gegenüber 2012 auf einem vergleichbaren Niveau.

Betrachtet man die Zusammensetzung der verwendeten Energieträger so zeigt sich, dass $^2/_3$ des gesamten Energieverbrauchs auf die Energieträger Erdgas, Strom und Kohle zurückzuführen ist (Bild 2).

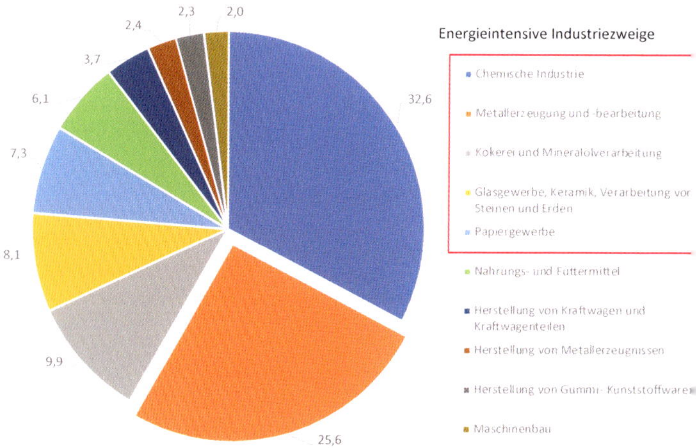

Bild 1: Industrieller Energieverbrauch nach Branchen in Deutschland 2021 in %
Datenbasis: Statistisches Bundesamt (Destatis), 2025

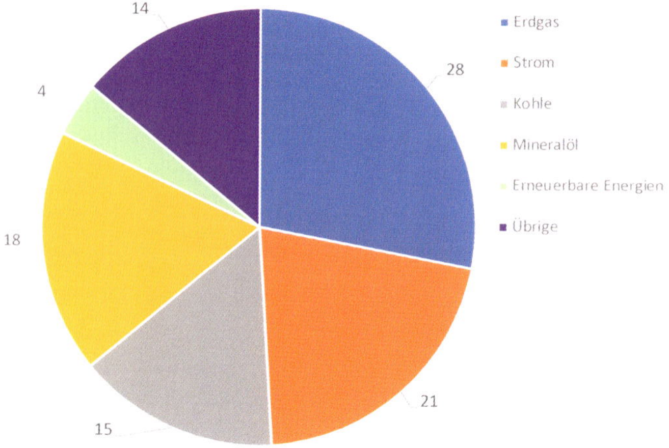

Bild 2: Industrielle Energieverwendung nach Energieträgern 2022 in % an der gesamt verwendeten Energiemenge
Datenbasis: Statistisches Bundesamt (Destatis), 2025

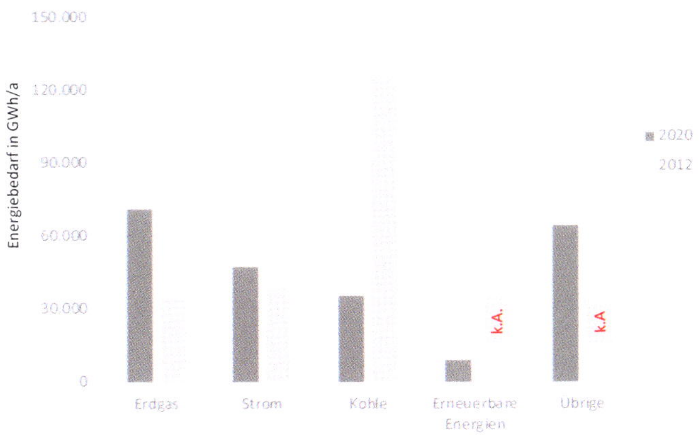

Bild 3: Ergiebedarf der Branche Metallerzeugung und -bearbeitung im Vergleich 2020 [1] [2] zu 2012

Bild 3 zeigt die Energieträger bezogene Entwicklung von 2012 bis 2020 und macht die Reduzierung des Kohleanteils deutlich. Der Verbrauch von Erdgas und Strom erhöhte sich.

Demzufolge hat das Energiemanagement für das Energiemedium Strom in der Metallerzeugung und -bearbeitung einen erhöhten Stellenwert.

1.1 Energieintensive Prozesse der Gießerei

Der Gießereiprozess gehört zu den komplexesten technologischen Prozessen (Bild 4). Charakteristisch sind hohe Verarbeitungstemperaturen und energieintensive Verfahrensschritte. Betrachtet man die wichtigsten fünf Prozessbereiche

- Kern- und Formherstellung (incl. Aufbereitung),
- Schmelzen,
- Gießen,
- Nach- und Wärmebehandlung (Strahlen, Putzen, Sortieren, Glühen, CNC),
- sowie Querschnittstechnologien.

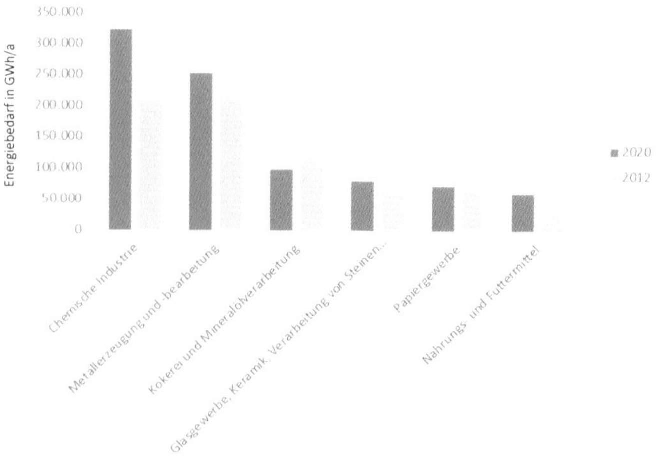

Bild 4: Gesamtenergiebedarf der sechs Wirtschaftszweige mit dem größten Bedarf im Vergleich 2020 [1][2] zu 2012

in Abhängigkeit ihres Energiebedarfs, so zeigt sich, dass das Schmelzen und die Querschnittstechnologien den größten Energiebedarf besitzen. In Bild 5 ist der Energiebedarf einer exemplarischen Eisengießerei mit Kupolofenschmelzbetrieb dargestellt.

In Bezug auf die energetische Relevanz von Querschnittstechnologien in der Gießereibranche sind folgende Technologien von Bedeutung:

- Drucklufterzeugung
- Entstaubung
- Maschinen, Motoren
- Pumpen
- Lüftung, Klima
- Kühlung
- Hydraulik

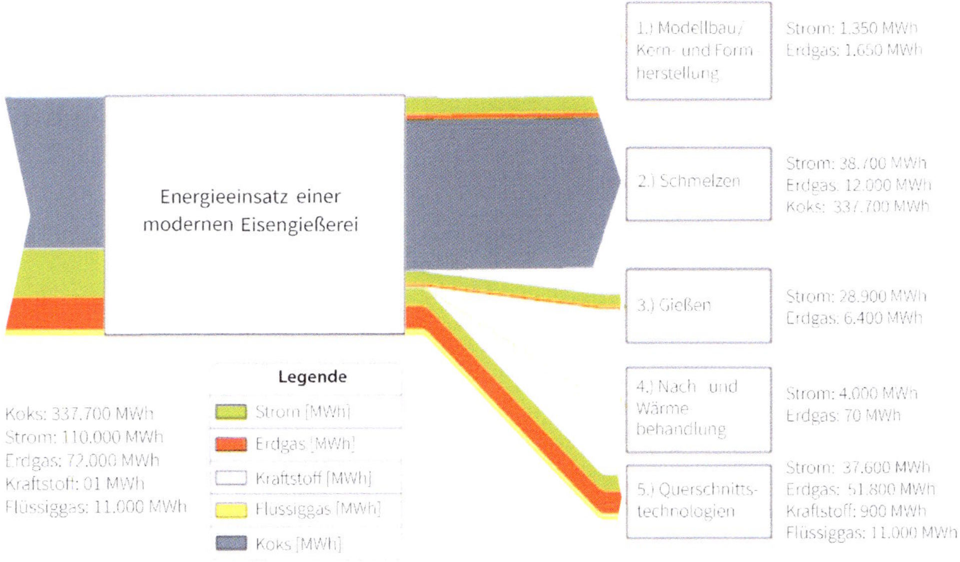

Bild 5: Energieflussdiagramm des Energieeinsatzes einer modernen Eisengießerei mit Kupolofen

Tabelle 1: Bewertungsmatrix der Einflussfaktoren auf den Energiebedarf der Modell-Gießerei

Anlagenliste (Topverbraucher)	Einfluss auf den Energiebedarf 5	3	1		Einflussfaktoren: Klima	Produktion				Anlagentechnik					
	Strom	Erdgas	Koks	Summe Energiebedarf	[illegible]	[illegible]	[illegible]	[illegible]	[illegible]	Stand der Technik	Wartung, Instandhaltung	[illegible]	[illegible]	Summe Einflussfaktoren	Gesamtergebnis
Kupolofen	1	1	5	13	0	3	3	1	3	3	3	1	1	18	234
Tiegelofen	5	1	0	28	0	3	5	5	3	3	3	1	1	24	672
Rinnofen	5	0	0	25	0	3	5	5	3	3	3	1	1	24	600
Hydraulikstation	3	0	0	15	0	3	5	0	3	1	3	3	3	21	315
Druckluftkompressoren	3	0	0	15	3	0	5	0	0	5	3	3	3	22	330
Strahlanlagen	1	0	0	5	0	1	5	0	1	3	1	1	3	15	75
Beleuchtung	3	0	0	15	3	0	3	0	0	3	1	3	3	16	240
Fördergeräte	3	0	0	15	0	3	5	0	3	1	1	1	1	15	225
Fräsmaschinen	3	0	0	15	0	3	5	0	3	1	1	1	1	15	225

Querschnittstechnologien im Einzelprozess haben keinen großen Anteil am Gesamtenergieanteil einer Gießerei. In der Summe jedoch ist der Anteil vieler kleinerer Verbraucher nicht zu vernachlässigen und nimmt den zweitgrößten Energieanteil der Prozesse einer Gießerei ein.

1.2 Einflussfaktoren auf den Energiebedarf

Zur Vergleichbarkeit verschiedener Energieverbraucher oder Bereiche reicht es nicht aus, die verschiedenen Energiekennzahlen genau zu erfassen und gegenüberzustellen. Energiekennzahlen unterliegen einer Vielzahl von Einflussfaktoren, die auf den ermittelten Zahlenwert einwirken. So ist beispielsweise die Kennzahl des spezifischen Energiebedarfs einer Anlage nicht konstant über die Zeit, sondern von Einflussgrößen abhängig, wie beispielsweise der Produktionsgeschwindigkeit. Die wesentlichen Einflussgrößen der Energiekennzahlen müssen daher beschrieben, erhoben und dokumentiert werden. Vergleiche zwischen Zahlenwerten von Energiekenngrößen insbesondere über mehrere Perioden sind nur dann sinnvoll, wenn auch die wesentlichen Einflussgrößen übereinstimmen.

Einfluss auf den Energiebedarf von Schmelzaggregaten haben insbesondere die Betriebsweise und die Produktionsorganisation, das zu erschmelzende Metall, die Chargenzusammensetzung, Chargierung und insbesondere die zusätzlichen Warmhaltezeiten beim Schmelzen. Weitere Faktoren werden durch den Stand der Anlagentechnik, die Wartung und Instandhaltung der Anlagen sowie die Einstellung und Regelung der Anlagen beeinflusst. Als Außenparameter müssen Klimafaktoren, wie Außentemperatur und Helligkeit berücksichtigt werden.

Den größten Einflussfaktor hat die Produktionsmenge. In diesem Zusammenhang sollten Kennzahlen mit der Produktionsmenge bei allen Verbrauchern korreliert werden. Für den Energieverbrauch der Öfen (Kupol-, Tiegel- und Rinnenöfen) spielt die Zusammensetzung der Chargen eine wichtige Rolle.

2 Energiedatenmanagement & Monitoring

Die Transparenz der Energieströme und die daraus folgende Analyse des Energiebedarfes sowie die Verteilung und die Nutzung der Energie im Unternehmen sind entscheidend für eine effiziente Energienutzung im Gießereibetrieb.

2.1 Datenerfassung und Messkonzept

Als grundlegende Voraussetzung zur Steigerung der Energieeffizienz ist eine Transparenz der Energieströme und eine damit einhergehende verlässliche und aussagekräftige Datenbasis notwendig. In diesem Zusammenhang ist die Verwendung eines softwaregestützten Energiemonitorings und die damit verbundene automatisierte Datenerfassung und Auswertung für Gießereien zunehmend unumgänglich.

Im Zuge einer Zertifizierung nach DIN EN ISO 50001 sind Unternehmen bereits verpflichtet, eine Zielsetzung für die Energiemessung, entsprechend der Größe und Komplexität der Organisation und seiner Einrichtungen festzulegen und zu verwirklichen. Die Anforderungen an die Energiemessung sind durch die Organisation zu prüfen und in einem angemessenen Umfang verständlich zu dokumentieren. Als Ausgangspunkt für eine angemessene Ausrüstung mit Systemen zur Energiedatenerfassung im Rahmen der Einführung eines Energiemanagements empfiehlt die Deutsche Akkreditierungsstelle GmbH (DAkkS) eine Abstufung nach Energiekosten je Standort pro Jahr.

Für eine systematische und verlässliche Messung ist die Definition aussagekräftiger Kennzahlen notwendig. Innerhalb eines Unternehmens entstehen dann eine Reihe von Daten, die im Wesentlichen die Themengebiete Strom- und Gasverbräuche, Wärme- und Kältemengen, Luft- bzw. Wasservolumenströme, Druck und Temperatur sowie Produktionsdaten erfassen.

Verdeutlicht man diesen Sachverhalt an einem Beispiel, wäre es für den Energiebedarf pro Tonne geschmolzenen Stahl sinnvoll, den Strom- oder Kohlebedarf des jeweiligen Aggregates durch geeignete Messtechnik zu messen und anschließend mit der produzierten Stahlmasse abzugleichen.

Bei der Entscheidung der zu messenden Daten empfiehlt es sich einer Strukturierung nach Ebenen zu folgen. Je nach Betriebsgröße und unternehmensspezifischer Gewichtung sind mehr oder minder komplexe Konfigurationen von Messstellen notwendig.

Für eine systematische Konzipierung von Messsystemen eignet sich in Bezug auf den Detailierungsgrad der aus der Fabrikplanung bekannte Top-Down Planungsgrundsatz. Dementsprechend sollte ein Messsystem dem Leitsatz „vom Gesamten hin zum Detail" folgen. Eine mögliche Gliederung zur Ermittlung von Kennzahlen verdeutlicht Tabelle 2.

2.2 Anforderungen an ein Monitoringsystem

Bei der Wahl einer geeigneten Monitoring-Software sollte grundlegend auf die einfache Einbindung der zu erhebenden Energiewerte geachtet werden.

Die gemessenen Energiewerte können mittels Übertragungstechnik über verschiedene Protokolle wie M-Bus, CAN, OPC, Modbus, BacNet transportiert werden. Für die Energiemonitorisierungsoftware ist es daher wesentlich, die Anbindung über eine Vielzahl von Schnittstellen zu den verschiedenen Messwertprotokollen und Übertragungstechniken zu ermöglichen.

Die wichtigsten Anforderungen an eine geeignete Software sollten sein:

- Datenaufbereitung
- Auswertung
- Visualisierung

Zur Aufbereitung und Auswertung der Daten sollte die Software die Möglichkeit bieten, Kennzahlen bzw. Verhältniszahlen zur Korrela-tionsanalyse zu bilden, die eine Aussage über die Effizienz oder die Betriebspunkte ermöglichen. Auch das Festlegen von Maximal- oder Minimalwerten sollte mittels der Software möglich sein, um Frühwarnsysteme zur sofortigen Fehlererkennung sicherzustellen.

In Bezug auf die Abbildung der Energieströme sind folgende Anforderungen an ein Energiemonitoringsystem zu beachten :

- die Anzeige des Ist- sowie Sollenergiebedarfs nach Anlagen, Zeitraum oder sonstigen Kriterien
- Ermittlung des spezifischen Energiebedarfs durch zeitbezogene Verknüpfung der vorhandenen Betriebsdaten
- Abbildung der spezifischen Kosten pro Tonne, Quadratmeter, Betriebsstunden, Anlagenstillstand, Anlagengeschwindigkeit
- zeitbezogene Anzeige des Energiebedarfs, Lastgang-Analysen (Minute, Stunde, Tag, Monat, Jahr)
- Generieren von Energieverbrauchreports, individuellen Berichten, eigenen Kennzahlen
- Benchmark und Filterfunktionen z. B. nach Produkt, Anlage, Schichten

Tabelle 2: Empfohlene Abstufung zur angemessene Ausrüstung mit Systemen zur Energiedatenerfassung im Rahmen der Einführung eines Energiemanagements (DAkkS)

Energiekosten je Standort* und Jahr (Orientierungswerte)	**Überwachung der energetischen Hauptmerkmale und der energetischen Leistung**
bis 10.000 €	EVU-Messung, theoretische Abschätzung, Messkonzept
10.000–100.000 €	EVU-Messung, theoretische Abschätzung, verifizierung durch mobile Messung, Messkonzept und ggf. Nachrüstung einzelner Zähler
100.000–1.000.000 €	EVU-Messung, theoretische Abschätzung, verifizierung durch mobile Messung, kontinuierliche Untermessung, Messkonzept, langfristige automatische Datenerfassung empfohlen
über 1.000.000 €	EVU-Messung, theoretische Abschätzung, theoretische Abschätzung für Unterverteilung möglich, mobile Messung, Messkonzept, automatische Datenerfassung

* Die in der Tabelle oben genannte Summe der jährlichen Energiekosten verstehen sich je nach Standort eines Unternehmens – auch Verbrauchsstellen ohne Mitarbeiter z. B. lokal betriebene technische Anlagen wie Pumpstationen, BHKW, Umspannwerke, etc. sind in diesem Sinne als Standorte zu werten

2.3 Energiekennzahlen im Gießereigewerbe

Die benötigten Kennzahlen sollten von definierten Zielen abgeleitet werden und messbar sein. Energiekennzahlen für das betriebliche
Energiemanagement sind Mittel zum Zweck und dienen der Bewertung der Energieperformance eines Betriebes. So stellen sogenannte Energy Performance Indicators (EnPI) energiebezogene Kennzahlen aus der Produktion bereit, anhand derer Entscheidungen zum effizienten Energieeinsatz getroffen werden können. Das Erfassen von relevanten Kennzahlen ist die Grundlage für die Bewertung von energetischen Optimierungsmaßnahmen sowie die Basis für die Etablierung eines betrieblichen Energiemanagementsystems. Gerade in energieintensiven Branchen wie der Gießereibranche gewinnen Energiekennzahlen zunehmend an Bedeutung.

Im Allgemeinen nehmen Kennzahlen im Unternehmen zwei grundlegende Funktionen ein. Sie dienen der Analyse oder der Steuerung.

Die S t e u e r u n g s f u n k t i o n von Energiekenngrößen dient der Planung und der Kontrolle. Durch die in der Analyse gewonnenen Kenntnisse können Kennwerte gebildet werden. Diese dienen beispielsweise der Erstellung und der regelmäßigen Pflege von energiestatistischen Unterlagen. Diese Statistik bildet die Grundlage operativen Analyse-tätigkeit in Form von Soll-Ist-Vergleichen zur Unterstützung des betrieblichen Energiemanagements.

Die A n a l y s e f u n k t i o n der Energiekennzahlen kann als Zeitvergleich oder als Querschnittsvergleich erfolgen. Mittels Zeitvergleich wird die chronologische Entwicklung einer Kenngröße betrachtet. Spezifische Energieverbräuche sind das bekannteste Beispiel und dienen unter anderem zur Information über Veränderung der Betriebsweise, der Auslastung oder weisen auf mögliche Betriebsstörungen hin. Gleichzeitig dienen sie zur Information und Bewusstseinsbildung des Betriebspersonals.

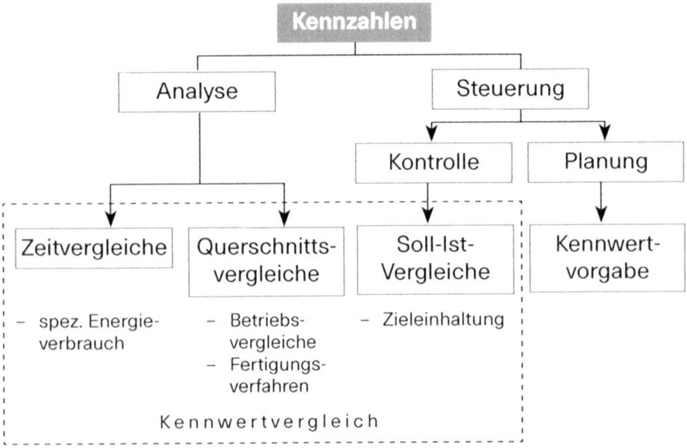

Bild 6: Anwendungsmöglichkeiten von Kenngrößen

Kennzahlen zur Unternehmensbewertung (Steuerung)

Für das Gießereigewerbe werden an dieser Stelle Kennzahlen dar-gestellt, die dem Energiecontrolling dienen. Unternehmen, die ein Energiemanagementsystem nach der Norm DIN EN 50001 einführen, sind nach Normkapitel 4.4.6. verpflichtet, dokumentierte strategische und operative Energieziele für die relevanten Funktionen, Ebenen, Prozesse und Anlagen/Standorte innerhalb der Organisation einzuführen, sie zu verwirklichen und aufrechtzuerhalten. Für die Erreichung der strategischen und operativen Ziele muss ein Zeitrahmen festgelegt werden. Zur Analyse und Bewertung dieser Ziele werden Energiekennzahlen verwendet.

In der folgenden Übersicht sind Energiekennzahlen einer Modell-Gießerei abgebildet. Es wurden für die Branche typische Energieziele formuliert und diese in Form von Kennzahlen dargestellt. Idealerweise werden die Kennzahlen mittels der Monitoring Software erfasst und beispielsweise in Form einer Balanced Scorecard ins betriebliche Unternehmenscontrolling überführt.

2.3.1 Kennzahlen zur Prozessanalyse und -steuerung

Für das Gießereigewerbe haben Energieleistungskennzahlen im Anlagenbereich eine wichtige Kontrollfunktion. Über geeignete Kennzahlen können Prozesse überwacht und gesteuert werden. Viele der im Controlling verwendeten Kennzahlen werden hier erneut auf die Prozesse angewandt. Die folgende Matrix gibt Auskunft darüber, welche Kennzahlen auf die verschiedenen Prozessebenen angewandt werden können.

Mittels der Kennzahl „Zeitvergleiche" werden zeitliche Entwicklungen einer Kenngröße mit den Werten vergangener Perioden verglichen, um beispielsweise Fehlentwicklung auf Prozess- und Anlagenebene zu identifizieren.

Ein Querschnittsvergleich stellt einen Kenngrößenvergleich zur Performancebewertung von gleichartigen Betrieben oder Anlagen sowie von alternativen Fertigungsverfahren zu einem bestimmten Zeitpunkt oder in einem festen Zeitraum dar.

Die Kennzahl des spezifischen Energiebedarfs stellt den Gesamtenergiebedarf eines Bereiches, einer Anlage oder eines Prozesses der produzierten Einheit, in diesem Fall Tonnen Guter Guss, gegenüber.

Die Betrachtung von Kennzahlen führt somit zu wichtigen Anhaltspunkten zur Potenzialfindung. Dennoch empfiehlt es sich, neben einem IT-gestützten Energiemanagement, sich mit anderen Unternehmen der gleichen Branche zu vergleichen. Ein gezieltes Benchmarking versetzt Gießereien in Bezug auf ihre Energieeffizienz in die Lage, die eigenen Leistungen zu steigern und Kosten langfristig zu reduzieren. Nur durch eine professionelle Vergleichsmethode können darauf aufbauend energieeffiziente Verbesserungs- und Entwicklungspotenziale umgesetzt und die Wettbewerbsfähigkeit gesichert werden.

Tabelle 3: Energiekennzahlen zum Unternehmenscontrolling auf der Globalen und Standort Unternehmensebene der Modell-Gießerei in Anlehnung an Posch (2011) Kennzahlen selektiv entnommen aus: Schieferdecker (2006) Kahlenborn (2012), Bauer (1988), Overath (2001), Gneuß (199

Kennzahl	**Berechnung**
strategisches Ziel – Ausbau des Energiemonitoring (Monitoringabdeckung von 70 %)	
Monitoringabdeckung	Monitoringabdeckung [kWh]/ Gesamtenergieverbrauch[kWh] · 100
strategisches Ziel – Optimierung der Energiebeschaffung und -bereitstellung	
Einheits-Einsatzenergiekosten	Energiegesamtkosten [€]/Einsatzenergie [kWh]
Energieträgerkostenintensität	Energieträgerkosten [€]/Umsatz [€] · 100
Energieträgeranteil	Verbrauch pro Energieträger [kWh]/ Gesamtenergieverbrauch [kWh] · 100
strategisches Ziel – Erhöhung des Anteils erneuerbarer Energien	
Anteil erneuerbarer Energieträger	Energieträger erneuerbar [kWh]/ Energieträger gesamt [kWh] · 100
Rückgewinnungsanteil	Einsatzenergie Rückgewinnung [kWh]/ Einsatzenergiegesamt [kWh] · 100
strategisches Ziel – Kontinuierliche Verbesserung der Energieeffizienz	
Energie-ökonomische Effizienz	Gesamtenergieeinsatz [kWh]/Umsatz [€]
Spezifischer Energieverbrauch	Gesamtenergieverbrauch [kWh]/ Produktionsmenge [kg]
Energetische Ausstattung der Beschäftigten	Summe der Nennleistungen aller betrieblichen Anlagen [kW]/ Anzahl der Arbeitskräfte im Unternehmen
Energieproduktivitat	Nutzenergie [kWh]/ Energiebedarfgesamt [kWh] · 100
Energieintensität Prozess	Energieeinsatz Prozess X [kWh]/ Gesamtenergieeinsatz [kWh] · 100
Spezifische Energiekosten pro PM	Energiekosten [€]/Herstellungskosten [€] · 100
strategisches Ziel – Reduzierung der benötigten CO_2 Zertifikate, verbessern der Umwelt	
CO_2-Emissionen	CO_2-Aquivalent [kWh]/Produktionsmenge [kg]
CO_2-Emissionen pro Umsatz	CO_2-Aquivalent [kWh]/Umsatz [€]
CO_2-Emissionen pro Energieträger	CO_2-Aquivalent [kWh]

Beschreibung	Globale Unternehmensebene	Standort-Ebene	Produktions-Ebene	Prozessebene	Anlagenbereichs-Ebene	Einzel-Anlagen-Ebene
	Erfassungsebenen der Gießerei					
Monitoringabdeckung von Energieverbräuchen	X	X	X		X	X
Kosten (Energieträger- und Energiesystemkosten) pro Mengeneinheit Einsatzenergie	X	X				
Verhältnis der Energieträgerkosten zum Umsatz	X	X				
Verhältnis des Verbrauchs pro Energieträger am Gesamtenergieverbrauch	X	X	X			
Energieinhaltsbezogener Anteil energetisch verwerteter, erneuerbarer Energieträger am gesamten Energieträgerbezug für energetische Verwertung	X	X				
Beitrag der Energierückgewinnung zur Einsatzenergie	X	X	X			X
Gesamtenergieeinsatz pro Umsatz des Unternehmens	X	X	X			
Energieverbrauch pro Maßeinheit des erzeugten Produkts	X	X	X		X	X
Analyse des Energiebedarfs pro Mitarbeiter der Standorte	X	X	X			
Anteil der Nutzenergie an der gesamten Energiebereitstellung	X	X	X			X
Anteil des Energieeinsatz eines Prozesses am Gesamtenergieeinsatz					X	X
Anteil der Energiekosten an den Herstellungskosten einer Produktionsmenge		X	X		X	X
CO_2-Emissionen des Gesamtenergieverbrauchs im Verhältnis zur Produktionsmenge	X	X	X			
CO_2-Emissionen des Energieverbrauchs im Verhältnis zum Umsatz	X	X	X			
CO_2-Emissionen des Energieverbrauchs in Bezug auf die verwendeten Energiemedien	X	X	X		X	

Tabelle 4: Energiekennzahlen zur Produktions- und Prozessbewertung der Modell-Gießerei in Anlehnung an Posch (2011) Kennzahlen selektiv entnommen aus: Schieferdecker (2006) Kahlenborn (2012), Bauer (1988), Overath (2001), Gneuß (1997)

Kennzahl	**Berechnung**
Absolute Kennzahlen	Gesamtenergiebedarf pro Energieträger [kWh/a]
Monitoringabdeckung	Monitoringabdeckung [kWh]/Gesamtenergieverbrauch [kWh] · 100
Einheits-Einsatzenergiekosten	Energiegesamtkosten [€]/Einsatzenergie [kWh]
Energieträgeranteil	Verbrauch pro Energieträger [kWh]/ Gesamtenergieverbrauch [kWh] · 100
Rückgewinnungsanteil	Einsatzenergie Rückgewinnung [kWh]/ Einsatzenergiegesamt [kWh] · 100
Spezifischer Energieverbrauch	Gesamtenergieverbrauch [kWh]/ Produktionsmenge [kg]
Energieproduktivität	Nutzenergie [kWh]/ Energiebedarfgesamt [kWh] · 100
Energieintensität Prozess	Energieeinsatz Prozess X [kWh]/ Gesamtenergieeinsatz [kWh] · 100
Soll-Ist-Vergleich	Vordefinierter Kennwert [kWh] – Prozesskennwerte [kWh]
Querschnittsvergleich	Energiebedarf Anlage A_Jahr 2016 [kWh] – Energiebedarf Anlage B_Jahr 2016 [kWh]
Zeitvergleiche	Energiebedarf Anlage A_Jahr 2016 [kWh] – Energiebedarf Anlage A_Jahr 2015 [kWh]
CO_2-Emissionen	CO_2-Aquivalent [kWh]/Produktionsmenge [kg]
CO_2-Emissionen pro Energieträger	CO_2-Aquivalent [kWh]

Beschreibung	Gesamtproduktionsbereich	Schmelzen	Formerei/Gießerei	Nach- und Wärmebehandlung	Kern- und Formherstellung/ Sandaufbereitung	Querschnittstechnologie	Kleinverbrauchergruppen (Beleuchtung, Roboter, Bürogeräte etc.)
Absolute Kennzahlen dienen dem groben Vergleich und Kathegorisierung der einzelnen Produktionsbereiche	X	X	X	X	X	X	X
Monitoringabdeckung von Energieverbräuchen	X	X	X	X	X	X	X
Kosten (Energietrager- und Energiesystemkosten) pro Mengeneinheit Einsatzenergie	X	X					
Verhältnis des Verbrauchs pro Energietrager am Gesamtenergieverbrauch des Produktionsbereich	X	X	X				
Beitrag der Energierückgewinnung zur Einsatzenergie	X	X	X		X	X	X
Energieverbrauch pro Einheit des erzeugten bzw. behandelten Produkts	X	X	X	X	X	X	X
Anteil der Nutzenergie an der gesamten Energiebereitstellung	X	X	X		X	X	X
Anteil des Energieeinsatz eines Prozesses am Produktionsenergiebedarf				X	X	X	X
Abweichung von Prozesskennwerten von Vordefinierter Kennwert	X	X	X	X	X	X	X
Performancebewertung von gleichartigen Anlagen	X	X	X	X	X	X	X
Performancebewertung unterschiedlicher Zeiträume	X	X	X	X	X	X	X
CO_2-Emissionen des Gesamtenergie-verbrauchs im Verhältnis zur Produktionsmenge	X	X	X				
CO_2-Emissionen des Energieverbrauchs in Bezug auf die verwendeten Energiemedien	X	X	X	X			

Tabelle 5: Checkliste mögliche Effizienzpotentiale im Gießereibetrieb (Auswahl)

Effizienzpotentiale im Gießereibetrieb			
Bereich	Maßnahme	Potenzial	Bemerkung
Kupolofen	Abwärmenutzung des Abgas des Kupolofens	***	Auskopplung für Heizzwecke, in seltenen Fällen Nachverstromung
Gießpfannen	Optimierung der Innenisolation	**	Ggf. kann durch eine Optimierung der Innenisolation kann die Aufheizzeit und die Auskühlung der Pfanne reduziert werden. Schließen von offenen Pfannen bei Stand-By-Zeiten und längeren Transporten zur Vermeidung von Wärmeverlusten
Glühofen	Wärmeenergie aus dem Abgas der Glühöfen	**	Das Abgas der Glühöfen liegt auf nutzbarem Temperaturniveau. Eine Abwärmenutzung zur Hallenbeheizung der Nebengebäude ist möglich.
Kernmacherei	Wärmeenergie aus der thermischen Nachverbrennung	**	
Kupolofen	Wärmeenergie aus dem Rohgasstrom des Heißwindkupolofens	**	z.B. Speicherung der Wärme in Latentwärmespeicher z. B. Trocknung von Wasserlack
Prozess	Pfannenvorwärmung	**	Einsatz effizienter Gasbrenner
Prozess	Optimierung der Steuerung von Öfen	**	Überhitzung der Schmelze vermeiden. Genaue Temperaturüberwachung, keine höheren Temperaturen fahren als notwendig.
Schachtschmelzöfen	Wärmerückgewinnung aus dem Abgas der Schachtschmelzöfen	**	Wärmerückgewinnung mittels Wärmeübertrager

Tiegel-ofen	effizienter Brenner Betrieb	**	Der effiziente Betrieb der Brenner im Ofen (zirkulierende Zuschaltung) ermöglicht eine effiziente Betriebsweise.
Tiegel-öfen	Wärmerückgewinnung aus dem Abgas der Tiegelöfen	**	Wärmerückgewinnung mittels Wärmeübertrager
Ab-wärme-nutzung	Abwärmenutzung zur Käl-teerzeugung	*	Die Wärmeenergie der Nachverbrennung kann zur Speisung einer Absorptionskältemaschine dienen.
Ab-wärme-nutzung	Wärmerückgewinnung bei Wärmebehandlung	*	Nutzung der Wärmeenergie aus Abschreckbecken.
Gieß-pfannen	Pfannenvorwärmung	*	Gezielte Ausrichtung der Brenner, Einhausung der Vorwärmung
Kupol-ofen	Wärmeenergie aus dem Transportwasser der Schlacke	*	Einsatz nur für Vorheizzwecke; Nutzung häufig schwierig.
Prozess	Zerkleinerung des Schrotts vor dem Aufschmelzen	*	Vorzerkleinerung Gattierungsmaterial um die Packungsdichte vor dem Kupolofen zu erhöhen. Stückigkeit zu verbessern und damit eine schnelleres Aufschmelzen zu ermöglichen. (Schrottbrecher kaufen; Schrottbrecher mieten; Schrott von anderem Händler kaufen; Fremdfirma Zerkleinern lassen).

Tabelle 6: Checkliste mögliche Effizienzpotentiale der Querschnittstechnologien im Gießereibetrieb (Auswahl)

Effizienzpotentiale der Querschnittstechnologien		
Bereich	**Maßnahme**	**Potenzial**
Beleuchtung	Stellen Sie eine optimale Nutzung des Tageslichts sicher. Lampenposition prüfen (direkt am Fenster, nahe Oberlichtern).	***
Beleuchtung	Prüfung von alternativen Leuchtmitteln (LED etc.) lohnen ab einer Brenndauer von 500 Stunden/a oder 15 Minuten/d.	***
Beleuchtung	Ist eine Tageslicht abhängige Regelung vorhanden? Lichtsensoren pro Leuchte oder Bereich sind möglich.	**
Beleuchtung	Regelmäßiges Reinigen der Lampen.	*
Heizung	Ist der Heizkessel den Anforderungen entsprechend ausgelegt?	**
Heizung	Prüfen Sie die Nutzung von Strahlungsheizung bei stark durchlüfteten Räumen (alternativ zu Deckluft-erhitzern).	**
Heizung	Prüfen Sie die Isolation der Heizungs-/Warmwasserrohrleitungen. Bis zu 90 % der verteilverluste können reduziert werden.	*
Kälte	Ist die Anlage richtig ausgelegt? Gewährleisten Sie eine vollständige Auslastung der Anlage (optimaler Betriebspunkt).	**
Kälte	Steht Wärme auf einem hohen Temperaturniveau (> 80 °C) als Abwärme zur Verfügung, kann ggf. eine Absorptionskälteanlage zur Kühlung eingesetzt werden?	**
Allgemein	Prüfen Sie eine Auslegung der Pumpen im Unternehmen ohne Überdimensionierung.	***
Allgemein	Aufbau eines Messsystems um Energieströme transparenter zu gestalten und zu bewerten.	**
Allgemein	Führen Sie eine Analyse des Lastganges durch, z. B. zum Thema Lastspitzenmanagement.	*
Wärme-Erzeugung	Nutzen Sie die Abwärme Ihrer Stromerzeugung? Einsatz eines BHKW?	**
Abwärme-nutzung	Wärmeenergie aus Hydraulikanlagen	*

Fortsetzung Tabelle 6

Effizienzpotentiale der Querschnittstechnologien		
Maßnahme	**Potenzial**	**Potenzial**
Lüftungsanlagen und Absaugung	Sicherstellen, dass die Lüftungsanlagen und Absaugungen (z. B. in der mech. Nachbearbeitung) bedarfgerecht geregelt sind (z. B. Absaugungsmanagement)	***
Lüftung	Ist eine Schadstoffabsaugung direkt vorort realisierbar?	**
Lüftung	Stellen Sie eine optimale Dimensionierung der Lüftungskanäle sicher, um den Strömungswiderstand gering zu halten.	**
Lüftung	Vermeiden Sie rechteckige Lüftungskanäle. Krümmungen und Querschnittsänderungen bedeuten zusätzlichen Strömungswiderstand.	**
Lüftung	Stellen Sie eine regelmäßige Kontrolle der Filter sicher. Differenzdruckmessungen geben Aufschluss über Verunreinigung.	*
Druckluft	Prüfen aller Verbraucher/des Netzes auf Leckagen. Einsparungen von 20–30 % sind die Regel.	***
Druckluft	Benötigtes Druckniveau prüfen. Benötigen einzelne Verbraucher einen höheren Druck, sollte ein eigenes Netz oder eine dezentrale Druckerhöhung verwendet werden. Einsparung von 6 bis 10 % können durch 1 bar Druckabsenkung realisiert werden.	***
Druckluft	Einteilung des Systems in Zonen (nach Nutzung) mit geeigneter Druckregelung oder Absperrventilen. Nicht benutzte Leitung durch Absperrschieber stilllegen.	***
Druckluft	Betrieb der Kompressoren prüfen. Wechseln diese oft zwischen Last- und Leerlaufbetrieb oder laufen drehzahlgeregelte Kompressoren am unteren oder oberen Liefermengenbereich, passt die Drucklufterzeugung nicht zum Verbrauchsprofil und/oder das Zusammenspiel der Kompressoren ist nicht optimal gewählt.	***
Druckluft	Auf optimale Rohrdimensionierung d. h. ausreichend Querschnitt achten. Vermeidung von Bögen. Nutzung von Rohren mit geringer Innenrauhigkeit. Der Druckabfall vom Druckluftbehälter zur Kupplung sollte 0,1 bar nicht übersteigen.	***

Fortsetzung Tabelle 6

Effizienzpotentiale der Querschnittstechnologien		
Maßnahme	**Potenzial**	**Potenzial**
Druckluft	Produktionsanlagen auf Änderung der Druckluftanforderung überprüfen. Werden neue Maschinen oder Werkzeuge betrieben? Haben sich dadurch die Anforderungen an Druckniveau oder Druckluftqualität geändert?	**
Druckluft	Verbraucher, die bei Nicht-Produktion keine Druckluft benötigen vom Netz trennen (z. B. durch Magnetventile).	**
Druckluft	Missbräuchliche Nutzung prüfen. Druckluft nicht zur Trocknung oder Reinigung verwenden (Schmutz wird nur verlagert). Mitarbeiter sensibilisieren.	**
Druckluft	Abwärmenutzung der Drucklufterzeugung	**

3 Effizienzmaßnahmen

Energieeffizienz in Gießereien lässt sich im Allgemeinen nicht auf das Formulieren von Einsparpotentialen für einzelne Anlagen, Prozesse oder Produktionsabläufe reduzieren. Der Themenkomplex umfasst vielmehr das Analysieren von ganzheitlichen Bewertungen zur Einsparung und weiterführenden Nutzung von Energie.

Die folgenden Tabellen geben eine Übersicht über Effizienzpotentiale, die spezifisch für die Gießereibranche untersucht wurden. In Tabelle 5 finden sich die Maßnahmen die den Gießereiprozess betreffen.

Tabelle 6 umfasst grundlegende Einsparmaßnahmen im Bereich der Querschnittstechnologien im Unternehmen. Anhand einer allgemeinen Potenzialbewertung lässt sich im ersten Schritt eine Grobbewertung eines Gießereiunternehmens durchführen. Je nach Betrieb kann die Wirtschaftlichkeit der Maßnahmen variieren. Zur Umsetzung und Planung der Effizienzmaßnahmen im Rahmen einer ganzheitlichen Betrachtung ist es häufig hilfreich, sich externe Dienstleister hinzuzuziehen.

Die vorangegangenen Handlungsempfehlungen, stellen einen allgemeinen Überblick über mögliche Potenziale im Gießereibetrieb dar. Dennoch ist eine ganzheitliche Betrachtung aller produktionsrelevanten Prozesse im Unternehmen unumgänglich. Hauptaugenmerk muss dabei auf die Datenerhebung im Unternehmen gelegt werden. Beständige Messungen sind der Grundstein zur Potenzialfindung. Hierzu gehören mobile Messungen, aber vor allem Daten aus stationärer Messtechnik, die kontinuierlich in ein Energiemonitoringsystem fließen. Hierdurch können Kennzahlen und Verhältniszahlen zur Effizienzbewertung erstellt und weitere Einsparpotenziale analysiert werden. Gepaart mit einer intelligenten Steuerung können so Betriebskosten kontinuierlich reduziert und der Primärenergie-einsatz langfristig effizient gesenkt werden.

4 Literaturverzeichnis

Ambos, Eberhard (2003): Erkenntnisse und Erfordernisse zur verstärkten Integration der fertigungstechnischen Arbeitsvorbereitung in die Entwicklung höchstbeanspruchter gegossener Automobilteile. In: Gießerei-Erfahrungsaustausch 2003, S. 13–17.

Bauer, U. (1988): Kennzahlensystem im betrieblichen Energiemanagement. Dissertation. Technischen Universität, Graz. Fakultät für Maschinenbau.

Bosse, Manuel; Steinhäuser, Mirko; Wolff, Horst (2012): Energieeffi-zienter Gießereibetrieb 2.0. eine Studie des IfG im Auftrag des BDG. Hg. v. Bundesverband der Deutschen Gießerei-Industrie (BDG). IfG – Institut für Gießereitechnik gGmbH. Online verfügbar unter http://www.bdguss.de/fileadmin/content_bdguss/BDG-Service/Infothek/Sonderpublikationen/BDG-Umwelttage/2._Umwelttag/Wolff_IfG_Energieeffizienter_Giessereibetrieb_2.0_BDG-Umwelttag-11.2012.pdf, zuletzt aktualisiert am 15.11.2012, zuletzt geprüft am 19.07.2016.

Bundesministerium für Umwelt, Naturschutz und Reaktorsicherheit (BMU) (Hg.) (2012): Energiemanagementsysteme in der Praxis. ISO 50001: Leitfaden für Unternehmer und Organisationen. Unter Mitarbeit von Walter Kahlenborn, Sibylle Kabisch, Johanna Klein, Ina Richter und Silas Schürmann. Deutschland. 2. Aufl., Stand: Juni 2012. Berlin: BMU.

Deutsche Norm DIN EN ISO 50001, 10. 2011: DIN EN ISO 50001 – Energiemanagementsysteme – Anforderungen mit Anleitung zur Anwendung.

Richtlinie VDI 4661: Energiekenngrößen.

Gneuß, Stefan (1997): Interfunktionale Energiehandhabung. Entwicklung eines Handlungs- und Gestaltungsrahmens für industrielle Energiesysteme.

Müllers, Peter (2014): Energiemanagement in Anlehnung an ISO 50001 in einem energieintensivenUnternehmen einführen. In: Ronald Gleich (Hg.): Energiecontrolling. Grundlagen, Aufgaben und Instrumente, Energiekennzahlen und Energiebilanzen, Energiemanagement in Anlehnung an ISO 50001. IT-Unterstützung für Erfassung und Reporting. Freiburg [im Breisgau], München: Haufe-Gruppe (Der Controlling-Berater, 33), S. 139–160, zuletzt geprüft am 24.06.2015.

Posch, Wolfgang (2011): Ganzheitliches Energiemanagement für Indus-triebetriebe. Montanuniv., Habil.-Schr.-Leoben, 2010. 1. Aufl. Wiesbaden: Gabler Verlag/Springer Fachmedien Wiesbaden GmbH Wiesbaden (Techno-ökonomische Forschung und Praxis). Online verfügbar unter http://dx.doi.org/10.1007/978-3-8349-6645-2.

Schieferdecker, Bernd; Fuenfgeld, Christian; Bonneschky, Alexis (2006): Energiemanagement-Tools. Anwendung im Industrieunternehmen. Berlin: Springer (VDI-Buch).

Statistisches Bundesamt (Hg.) (2014): Wirtschaftsbereiche – Energie – Energieverwendung – Statistisches Bundesamt (Destatis). Online verfügbar unter https://www.destatis.de/DE/ZahlenFakten/Wirtschaftsbereiche/Energie/Verwendung/Tabellen/EnergieverwendungBeschaeftigte12.htm, zuletzt aktualisiert am 25.02.2015, zuletzt geprüft am 25.02.2015.

Stephan, Wolfram; Zitzmann, Kai; Pröbstle, Günther; Kapischke, Jörg (2005): Effiziente Energieverwendung in der Industrie – Teilprojekt „Metallschmelzbetriebe“. Effiziente Energienutzung in Nicht-Eisen-Metall-Schmelzbetrieben. Hg. v. Bayerisches Landesamt für Umweltschutz, zuletzt geprüft am 16.04.2015.

Daten aus: https://de.statista.com/statistik/daten/studie/432596/umfrage/energieverbrauch-im-verarbeitenden-gewerbe-in-deutschland-nach-sektor/26-10-2022 (1)

Daten aus: https://www.destatis.de/DE/Themen/Branchen-Unternehmen/Energie/_Grafik/Interaktiv/energieverbrauch-verarbeitendes-Gewerbe.html-26-10-2020 (2) und Statistisches Bundesamt (Destatis), 2025 und 2015

Abluftbehandlung für Gießereien [6]

Beim Druckgießprozess fallen, insbesondere durch das Formsprühen hohe Mengen an Gasen und Dämpfen an, die ein Gemisch aus Aerosolen und feinen Rauchpartikeln darstellen und eine Abluftbehandlung zwingend erforderlich machen. Für eine ideale Abluftreinigung ist immer eine Kombination aus den beiden technischen Bausteinen Absaughaube und Abluftfilter vorgesehen. Im ersten Schritt wird der Rauch an der Emissionsquelle erfasst und im zweiten durch den Filter hocheffizient gereinigt.

Ablufterfassung
Um zu verhindern, dass sich die Emissionen im Produktionsgebäude verteilen, werden die Ablufterfassungssysteme möglichst direkt an der Entstehungsquelle angebracht. Auf diese Weise wird die Menge der zu behandelnden Abluft begrenzt. Eine Abluftreinigung kann wirksamer und mit geringerem Energieaufwand realisiert werden.

Als Ablufterfassungssysteme können Absaughauben über den Druckgießmaschinen angebracht werden.

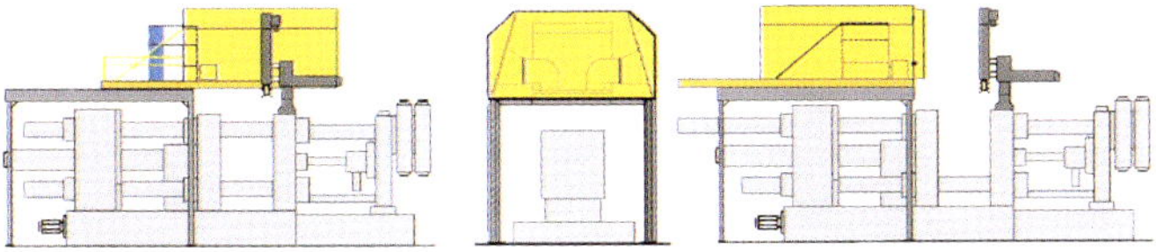

Haube geschlossen | Frontansicht | Haube geöffnet

Raucherfassungshaube – einteilig

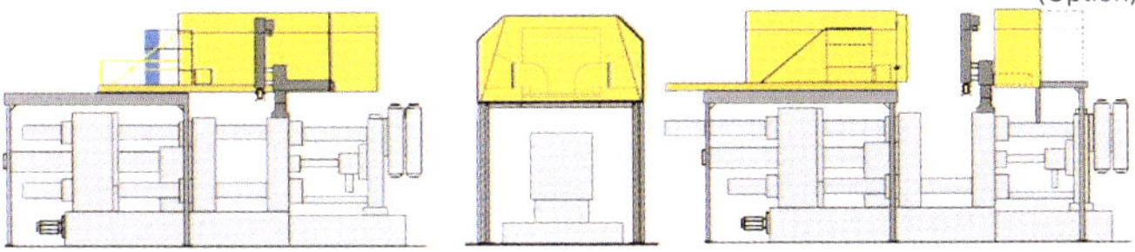

Haube geschlossen | Frontansicht | Haube geöffnet

Raucherfassungshaube – zweiteilig

Durch eine spezielle Konstruktion im Haubeninneren, werden die im Druckgießverfahren stoßweise auftretenden, intensiven Rauchentwicklungen sicher erfasst und abgeführt. Strömungsbleche sorgen dafür, dass die Saugkraft der Anlage auf die emissionskritischen Randbereiche konzentriert wird.

Einteilige Absaughaube mit Doppeltür zum Queren eines Sprühroboters bei Haubenbewegung

Luftschleieranlage

Für Gießereien ist es wichtig, dass die Abläufe, wie beispielsweise das Rüsten und die Durchführung von Wartungen oder Reparaturen, nicht behindert werden. Daher werden die Absaughauben beweglich als einteilige oder zweiteilige Ausführung realisiert, sodass der Bereich über der Fertigungsmaschine frei zugänglich ist. Die Hauben sind auf Schienen verfahrbar, wodurch ein störungsfreier Kranzugang beim Formenwechsel sowie bei Servicearbeiten an der Gießmaschine sichergestellt wird.

Eine wirksame Raucherfassung kann auch über eine Luftschleieranlage erreicht werden. Diese kommt zum Einsatz, wenn eine Absaughaube aufgrund räumlicher Enge oder anderer Einschränkungen nicht praktikabel ist. Eine Luftschleieranlage besteht aus einer Gebläseeinheit und einer Absaugeinheit. Die Gebläseeinheit erzeugt von der einen Seite einen Querluftstrom über der Emissionsquelle. Die Absaugeinheit nimmt auf der anderen Seite den emissionsbelasteten Abluftstrom auf. Luftschleieranlagen benötigen in der Regel eine höhere Absaugleistung als eine vergleichbare Absaughaube, denn sie verfügen nicht über die Möglichkeit, den durch Thermik nach oben aufsteigenden Rauch zu puffern. Dem steht der Vorteil entgegen, dass sie weniger Platz innerhalb der Produktion benötigen.

Abluftfiltration

Nach der Absaugung der Abluft an der Emissionsquelle erfolgt die Abluftfiltration zur Partikelabscheidung. Der Einsatz von elektrostatischen Abluftfiltern erlaubt die hochgradige Abscheidung von Aerosolen und feinen Rauchpartikeln sowie von klebrigen oder fettigen Substanzen, ohne die üblichen Nachteile klassischer Hocheffizienzfilter, wie hohe Druckverluste und begrenzte Lebensdauer, durch Verkleben oder Verschließen der Filteroberflächen.

Die Ionisationselektrode der Filterzelle erzeugt mit sehr geringem Energieaufwand ein starkes elektrisches Feld. Durch die elektrostatische Aufladung innerhalb des Elektrofilters werden Staubpartikel, Rauch und Aerosole an die Kollektorplatten gezogen und schlagen sich dort nieder. Die Abluft kann die Filterzelle dabei frei durchströmen. Der elektrostatische Abluftfilter weist daher einen sehr geringen Druckverlust auf. Der Energieverbrauch für die Abluftventilatoren kann darüber hinaus weiter gesenkt werden, wenn deren Frequenz an den schwankenden Abluftausstoß des

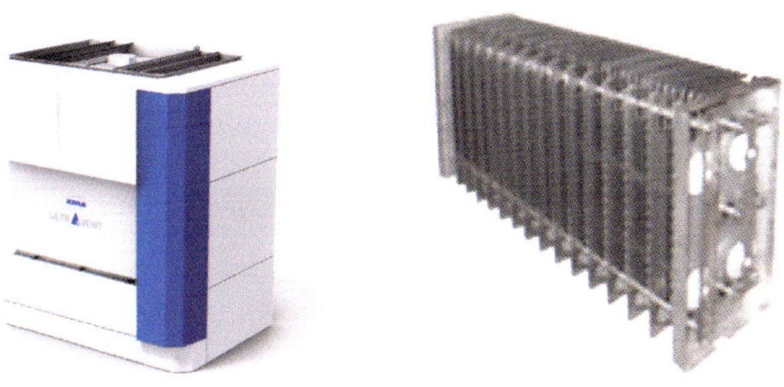

Abbildung eines KMA ULTRAVENT® und einer Elektrofilterzelle

Druckgieß-maschinen ausgestattet mit KMA Absaug-hauben und energieeffi-zienten KMA ULTRAVENT® Abluftfilter im Umluftbetrieb.

Gießzyklus dynamisch angeglichen werden. Um die Filterzelle von den angesammelten Substanzen zu befreien und die hohe Abscheideeffizienz des elektrostatischen Filters zu gewährleisten, wird dieser regelmäßig gereinigt. Integrierte Reinigungssysteme ermöglichen eine automatische Nassreinigung, die in die Rüst- und Wartungs-intervalle der Gießzelle eingetaktet werden können.

Umluftbetrieb

Das energieeffizienteste Verfahren zur Abluftbehandlung ist der Umluftbetrieb. Durch den Einsatz leistungsstarker Elektrofilter-technik, wird eine so hohe Reinluftqualität geschaffen, dass die gefilterte Abluft am Filterausgang wieder zurück in das Arbeits-umfeld geführt werden kann. Die Luft zirkuliert in der Halle. So werden im energiesparenden Umluftbetrieb Abluftventilatoren und hohe Wärmeverluste in den Wintermonaten weitgehend vermieden. Auf diese Weise sinken die Energiekosten um über 80 %. Dementsprechend ist bei dieser Methode der Abluftbehandlung das größte Energieeinsparpotenzial vorhanden. Gleichzeitig verbessert sich die CO_2-Bilanz der Gießerei, d. h. für eine Druckgießmaschine mittlerer Größe (800–900 t) kann der jährliche CO_2-Ausstoß aufgrund eingesparter Heizenergie um über 25 Tonnen gesenkt werden.

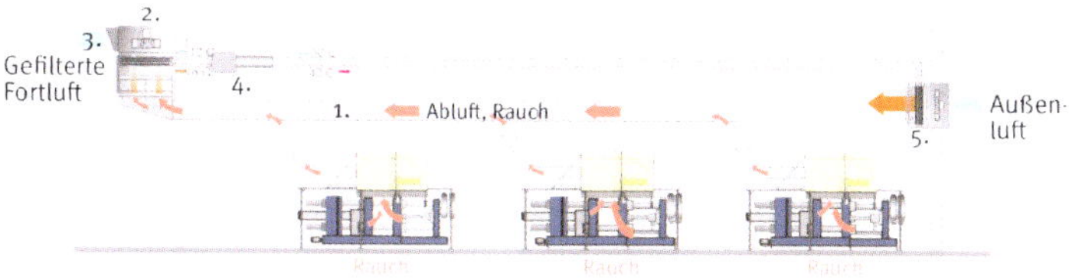

Abluftfiltration mit Wärmerückgewinnung durch Wärmepumpe:

1. Rauchhaltige Abluft aus der Druckgießmaschine; 2. Zentrale Filterstation: die Abluft wird gefiltert. Anschließend wird über einen Wärmetauscher die Wärme entzogen; 3. Die gefilterte und abgekühlte Luft wird ins Freie geblasen; 4. Mit Hilfe der Wärmepumpe wird Heizwasser (40 °C) erzeugt; 5. Außenluft wird über einen Zuluft-Wärmetauscher erwärmt und in die Halle geblasen

*Daten im Schaubild sind beispielhaft

Abluftbetrieb mit Wärmerückgewinnung zur Frischlufterwärmung

Im Falle des Abluftbetriebs wird die gefilterte Abluft über Rohrleitungen nach außen geführt. Sie muss durch frische Luft von außen ersetzt werden, um Unterdruck sowie lokalen starken Luftzug im Produktionsgebäude zu vermeiden. In modernen Abluftfiltersystemen wird die Prozessabwärme aus der Abluft durch ein Wärmetauschersystem zurückgewonnen. Die Wärmetauscher können entweder im Kreuzstromprinzip konstruiert sein und die Wärmeenergie der Abluft direkt auf einen querströmenden Frischluftstrom übertragen oder sie können die Wärmeenergie der Abluft auf ein flüssiges Medium übertragen, von dem die Energie dann in umgekehrter Funktionsweise zur Erwärmung von Frischluft genutzt wird. Schließlich können die Wärmetauschersysteme auch in Verbindung mit einer Wärmepumpe betrieben werden. Die Wärmepumpe bezieht ihre Energie aus der, auch an kalten Tagen stets relativ warmen, Hallenabluft. Daher erzielt dieses Prinzip extrem hohe Leistungszahlen von über 6 COP (Coefficient of performance). Dies bedeutet, aus 1 kW elektrischem Strom für den Betrieb der Wärmepumpe werden 6 kW thermische Energie gewonnen. Eine derartige Anlage ist deutlich wirtschaftlicher als vergleichbare Heizsysteme und ermöglicht eine direkte Energieübertragung (ohne Pufferspeicher) an die zu erwärmende Zuluft.

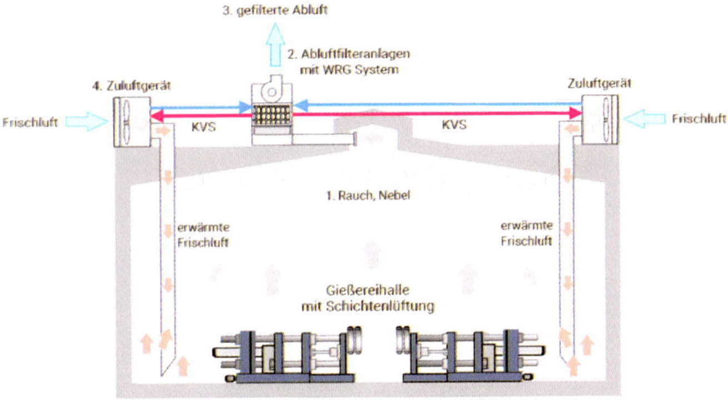

Abluftfiltration mit Wärmerückgewinnung durch Schichtenlüftung:

1. Rauchhaltige Abluft aus der Druckgießmaschine; 2. Zentrale Filterstation: die Abluft wird gefiltert. Anschließend wird über einen Wärmetauscher die Wärme entzogen; 3. Die gefilterte und abgekühlte Luft wird ins Freie geblasen; 4. Außenluft wird über einen Zuluft-Wärmetauscher erwärmt und in die Halle geblasen

Die Verbindung von Abluftfiltration und Frischluftversorgung kann auf zweierlei Weise erfolgen. Sofern eine Erfassung der Emissionen, wie beschrieben mittels Erfassungshauben oder Luftschleiern, am Ort der Entstehung möglich ist, so kann das Einspeisen der Frischluft relativ frei an geeigneter Stelle erfolgen.

Wenn dagegen keine direkte Erfassung der Emissionen an den Druckgießmaschinen möglich oder gewünscht ist, so wird die gesamte Luft im Produktionsgebäude nach dem Prinzip der Schichtenlüftung ausgetauscht. An der Hallendecke wird der durch Thermik aufsteigende Rauch abgesaugt und dem Abluftfilter mit Wärmerückgewinnung zugeführt.

Die erwärmte Frischluft wird nahe am Hallenboden über Quellauslässe in die Halle gegeben. Auf diese Weise entsteht im unteren Bereich der Halle eine Zone mit geringen Emissionen, während sich im oberen Bereich die Emissionen sammeln, bevor sie abgesaugt werden. Dabei ist zu beachten, dass eine ausreichend hohe Luftwechselrate im Produktionsgebäude realisiert wird, um die angestrebte Luftqualität zu verwirklichen.

[1] Verordnung über Sicherheit und Gesundheitsschutz bei der Verwendung von Arbeitsmitteln (Betriebssicherheitsverordnung – BetrSichV) Novellierung 2015

[2] Verordnung zum Schutz vor Gefahrstoffen (Gefahrstoffverordnung – GefStoffV) www.bmas.de/DE/Service/Gesetze/gefahrstoffverordnung.html

[3] Margraf, R.: Maßnahmen zur Wärmerückgewinnung bei Absaugprozessen in Giessereien; LUEHR FILTER GmbH.

[4] Rösch, M.: Gießerei-Controlling – Erfolgsfaktoren von Gießereien und deren Steuerung, Fachverlag Schiele & Schön, 2013.

[5] Tobisch, J., Junge, M.: Energieeffizienz im Gießereibetreib; Fachbericht Limòn GmbH, aktualisiert nach [1) 2)] 2022

[6] Schmedding, F.: Abluftbehandlung in Gießereien; KMA Umwelttechnik GMBH, Königswinter

Spezielle Hinweise zu Arbeitssicherheit und Umweltschutz im Modellbau sind enthalten in:

DGUV 209-082
„Gefahrstoffe im Modell- und Formenbau – Handhabung und sicheres Arbeiten“ Fachbereich Holz und Metall der DGUV, https://publikationen.dguv.de/

Das Global Harmonisierte System (GHS) in der EU
die Einstufung und Kennzeichnung nach Verordnung (EG) Nr. 1272/2008 (CLP-VO)
Einstufung und Kennzeichnung

Verordnung zum Schutz vor Gefahrstoffen
(Gefahrstoffverordnung – GefStoffV)

Technische Regeln für Gefahrstoffe:

TRGS 400 Gefährdungsbeurteilung für Tätigkeiten mit Gefahrstoffen

TRGS 401 Gefährdung durch Hautkontakt, Ermitteln und Beurteilen der Gefährdung

TRGS 402 Inhalative Exposition, Ermitteln und Beurteilen der Gefährdung

TRGS 500 Schutzmaßnahmen

TRGS 900 Arbeitsplatzgrenzwerte

Normenübersicht Modell- und Formenbau im Gießereiwesen [1]

DIN EN 12890 Ausgabedatum: 2000-06
mit Berichtigung 1: Ausgabedatum: 2002-05
Gießereiwesen:
Modelle, Modelleinrichtungen und Kernkästen zur Herstellung von Sandformen und Sandkernen

DIN EN 12892 Ausgabedatum: 2000-05
Gießereiwesen:
Einrichtungen zur Herstellung von verlorenen Modellen für das Vollformgießverfahren

DIN EN 12883 Ausgabedatum: 2001-02
Gießereiwesen:
Einrichtungen zur Herstellung von verlorenen Modellen für das Wachsausschmelzverfahren

Technische Regel
VDI 3381
Schaumstoffmodelle – Konstruktionshinweise für Werkzeugteile aus Gusseisen und Stahlguss
Zitat „Die Richtlinie gibt Konstruktionsempfehlungen für die Herstellung von Schaumstoff-Gussmodellen für Werkzeuge, die im Vollformverfahren gegossen werden. Neben allgemeinen Empfehlungen wie Schwindmaßkorrekturen und Bearbeitungszugaben werden Empfehlungen für einzelne Strukturelemente gegeben. Aus dem Gussverfahren begründete konstruktive Anforderungen, z. B. zur Vermeidung von Materialanhäufungen oder zum Bau von Speisern, werden begründet und aufgeführt. Insbesondere wird auch die Modellabnahme im Detail diskutiert."

DIN EN ISO 8062-1 Ausgabedatum: 2008-01
Geometrische Produktspezifikation (GPS) – Maß-, Form- und Lagetoleranzen für Formteile – Teil 1: Begriffe

Zitat
„Die Norm enthält zahlreiche neue Begriffe aus dem Gießereiwesen, die erstmalig in einer Norm festgelegt sind. Diese sind wie folgt gegliedert, und zwar in Begriffe für
- Formteile
- Fertigungseinrichtungen
- Fertigungsverfahren
- Versatz
- Oberflächenunvollkommenheiten
- Endbearbeitungen.

Einige Begriffe sind durch Zeichnungen veranschaulicht. Zur besseren Übersicht sind den Begriffen Referenznummern
und ein Stichwortverzeichnis zugeordnet."

Technische Regel
DIN CEN ISO/TS 8062-2 Ausgabedatum: 2014-03
Geometrische Produktspezifikationen (GPS) – Maß-, Form- und Lagetoleranzen für Formteile – Teil 2: Regeln
Dieser Teil der ISO 8062 gibt die Regeln zur geometrischen Bemaßung und Tolerierung für fertige Formteile und aus Formteilen gefertigte Teile an.

DIN EN ISO 8062-3 Ausgabedatum: 2023-05
Geometrische Produktspezifikationen (GPS) – Maß-, Form- und Lagetoleranzen für Formteile – Teil 3: Allgemeine Maß-, Form- und Lagetoleranzen und Bearbeitungszugaben für Gussstücke

Zitat
„Dieses Dokument legt allgemeine Maß-, Form- und Lagetoleranzen sowie Grade für Bearbeitungszugaben für Gussstücke im Lieferzustand fest, die dem Käufer nach ISO 8062-2 geliefert werden. Sie ist anwendbar für die Maß-, Form- und Lagetolerierung von Gussstücken aus allen metallischen Werkstoffen und deren Legierungen, die mit unterschiedlichen Gießverfahren hergestellt wurden."

Angabe der Oberflächenbeschaffenheit in Zeichnungen

Die neue Norm ISO 21920 zur profilhaften Messung, Charakterisierung und Angabe der Oberflächenbeschaffenheit (Rauheit, Welligkeit) von Bauteilen hat u. a. DIN ISO 1302 abgelöst.

Damit bildet diese ISO-Norm international eine eindeutige Basis zur Beschreibung und Charakterisierung von Oberflächenprofilen und flächenbezogenen Oberflächenbeschaffenheiten.

DIN EN ISO 21920-1-3 (12-2022):
Geometrische Produktspezifikation (GPS) –
Oberflächenbeschaffenheit: Profile –
(nach dem Tastschnittverfahren):
Teil 1: Angabe der Oberflächenbeschaffenheit
Teil 2: Begriffe und Kenngrößen für die Oberflächenbeschaffenheit
Teil 3: Spezifikationsoperatoren
(www.dinmedia.de)

Grafische Symbole zur Angabe der profilhaften Oberflächenbeschaffenheit

Oberflächenzeichen	Bedeutung/Erläuterung
	Alle Fertigungsprozesse zulässig
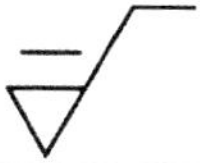	Material muss abgetragen erden
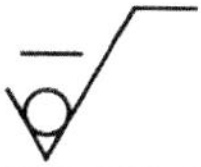	Materialabtragung ist unzulässig

Die Anforderungen an die Oberflächenbeschaffenheit eines Bauteils werden am Symbol für Oberflächen (Oberflächenzeichen) angegeben. Das betrifft die Kennwerte, Grenzwerte und Messbedingungen. Durch exakte Angaben zu den Messbedingungen am Oberflächenzeichen können Fehler bei der Durchführung der

Messung vermieden werden.
Beispiel: Anwendung der neu durch ISO 21920-1 eingeführten Median-Toleranzakzeptanzregel.
Für die Definition exakter und eindeutiger Anforderungen an die Beschaffenheit einer Oberfläche können nun am grafischen Sym-

[s][t]
[a]⟨b⟩⟨c⟩[d]/[e][f]-[g][h]([m])[n][p]/[q][r][u]

bol folgende Parameter eingetragen werden:
Legende:
a: Toleranztyp
b: Symbol für R-Kenngröße
c: Toleranzgrenzwert der Kenngröße der profilhaften Oberflächenbeschaffenheit
d: Toleranzakzeptanzregel
e: Typ des Profil-S-Filters
f: Nesting-Index des Profil-S-Filters
g: Typ des Profil-L-Filters
h: Nesting-Index des Profil-L-Filters
m: Auswertelänge
n: Assoziationsverfahren und Element des Profil-F-Operators
p: Nesting-Index des Profil-F-Operators
q: Verfahren der Profilerfassung
r: Platzhalter für das OR(n)-Symbol für andere Anforderungen
s: Fertigungsprozess
t: Oberflächenrillen und Richtung der Bearbeitungsspuren
u: Profilrichtung im Verhältnis zu den Oberflächenrillen

In der Zeichnung kann die Positionierung und Ausrichtung der Oberflächenzeichen mit Kenngrößen nach (1)–(8) erfolgen:
(1) Auf der Oberfläche
(2) Auf einer Hinweislinie mit Pfeil
(3) Mittels divergierenden Hinweislinien
(4) Auf einer Hinweislinie mit Punkt
(5) Auf einer Maßlinie eines Größenmaßes
(6) Auf einer Hinweislinie auf einer Maßlinie
(7) Auf einer Maßhilfslinie
(8) Auf einem Toleranzrahmen.

Bezeichnung für die Richtung von Oberflächenrillen

Bezeichnung	Rillenrichtung	Beispiel
M	Viele Richtungen	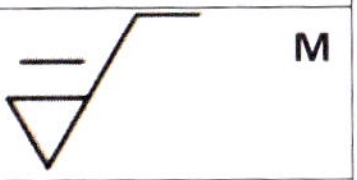
C	Annähernd zentrisch zum Mittelpunkt der Oberfläche	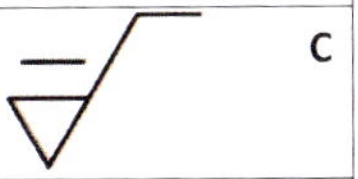
R	Radial in Bezug auf den Mittelpunkt der Oberfläche	
P	Nicht rillige Oberfläche, ungerichtet oder hervortretend	

Symbole für die Richtung von Oberflächenrillen

Bezeichnung	Beispiel	Rillenrichtung
=	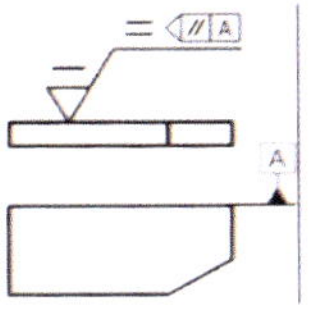	Parallel zur Projektionsebene
⊥	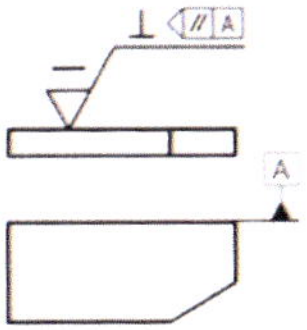	Senkrecht zur Projektionsebene
X	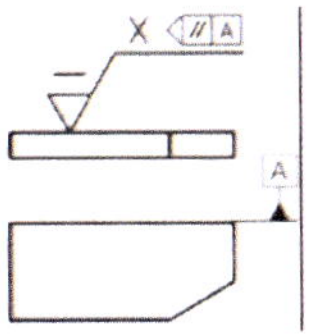	Gekreuzt in zwei schrägen Richtungen

Verwendete Werkstoffe im Modellbau [5]

Werkstoff	Anwendung
nichtmetallische Werkstoffe	
Holz	Modelleinrichtungen für geringe Abformzahlen, Großmodelle, Schablonen, Großkernkästen, Modellplatten
Kunststoffe Plastik	für Modelle, Modelleinrichtungen, Beschlagmaterial, Modellplatten, Verbindungsmaterial (Klebetechnik, verlorene (vergasbare) Modelle
Leime	Verbindungsmaterial für den Holzmodellbau
Lacke	Überzugsmittel für den Modellbau
Gips- und Steinmassen	Modellplatteneinrichtungen, z. T. Modelle

Verwendete Werkstoffe im Modellbau [5]

Werkstoff	Anwendung
metallische Werkstoffe	
Gusseisen (GJL, GJS)	Modelle, Modellplatten, Kokillen, Kernkästen
Stahl und Stahlguss	Modelle, Druckgussformen, Präzisionsgussformen, Beschlagmaterial, Zubehörteile
Leichtmetalllegierungen	Modelle, Modellplatteneinrichtungen, Kernkästen
Buntmetalllegierungen	für hochbeanspruchte Modellpartien, für Automatenmodelle, Kokillen- und Druckgussformenbau

Übersicht Modelle und Urformwerkzeuge [2]

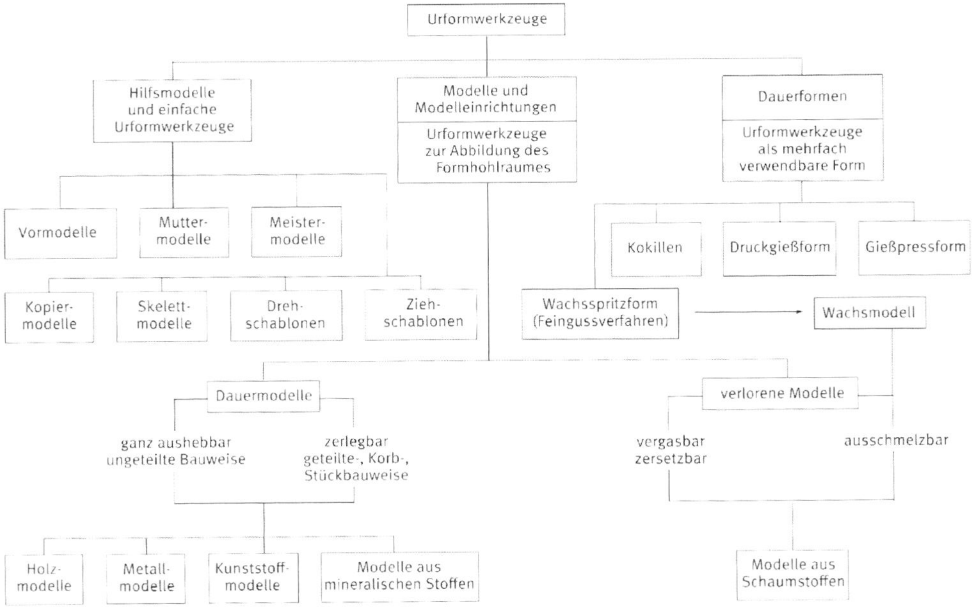

Auswahl von Fachbegriffen [2]

Modell

Formeinrichtung zum direkten Abformen des Formhohlraumes einer Gießform. Das Modell ist eine maß- und konturengenaue Nachbildung des herzustellenden Gußstückes, wobei die Schwindung des Gießwerkstoffes bei der Gussstückabkühlung bei der Modellherstellung berücksichtigt werden muss.

Modelleinrichtung

Alle Teile, die zur Anfertigung von abgussfähigen Formen benötigt werden, entsprechend Tabelle „Elemente einer Modelleinrichtung".

Kernkasten

Ein- oder mehrteiliges Formwerkzeug aus Holz, Metall oder Kunststoff zum Ausformen von Kernen und Kernformen.

Schwindmaß

Entsprechende maßliche Vergrößerung der Abmessungen des Modells, um den Betrag der Schwindung des Gießwerkstoffes bei der Gussstückabkühlung von Solidustemperatur auf Raumtemperatur auszugleichen. Das Schwindmaß ist von der Art des Gusswerkstoffes, der Konstruktion, sowie der Festigkeit der Form abhängig.
Entsprechend Tabelle „Schwindmaße ..."

Formschräge

Geringe Neigung senkrechter bzw. in Ausheberichtung befindlicher Modellflächen damit sich das Modell ohne Formschädigung ausheben lässt. Ebenso gültig für Kernkästen, Kokillen und Druckgießformen. Die Formschräge wird auch als Aushebeschräge bezeichnet.

Spiel

Festgelegter Spielraum, der an bestimmten Flächen von Modellen oder Kernkästen vorgesehen ist, um den Zusammenbau der Form und/oder des Kerns zu erleichtern.

Elemente einer Modelleinrichtung [2]

Haupt-gruppe	Erläuterung	Begriffe und Einzelbestandteile
Modelle	Modelle werden benötigt zur: – Herstellung verlorener Formen – Anfertigung von Dauerformen	– ungeteilte, geteilte Modelle – Dauermodelle, verlorene Modelle – Natur-, Maschinen-, Kernmodelle – Holz-, Metall-, Plastikmodelle – Ur-, Mutter-, Meistermodelle
Kernkästen	Kernkästen dienen zur Herstellung verlorener Kerne. Die Kernkästen enthalten das räumliche Negativ der anzufertigen Kerne	– Schütt- und Schießkernkästen – Holz-, Metall-, Plastikkernkästen – Kernkästen mit Begasungs- bzw. Heizeinrichtung – einteilige, zweiteilige, mehrteilige Kernkästen – Sektoren-, Mehrfachkernkästen
Form-technische Elemente	Diese Elemente sind aus formtechnischen Gründen in der entsprechenden Ausführung am Modell oder Kernkasten anzubringen, um die saubere und exakte Herstellung der Formteile zu ermöglichen	– Kernmarken – Losteile – Einleger, Anleger – Dämmleisten, Dämmstücke
Modell-zubehör	Diese Elemente sind nicht oder nur zum geringen Teil konturenbildend. Sie sind jedoch aus form- oder gießtechnischen Gründen erforderlich.	– Modellplatten – Gießsystem, Speiser – Aufstampfböden – Kühlkörper, Dauerkerne
Hilfsmittel	Diese Teile werden nicht direkt zur Form- oder Kernherstellung benutzt. Sie dienen zur genauen und rationellen Herstellung von Formteilen.	– Trockenschalen – Kernmontagelehren, Prüflehren – Pressklötzer, Formkastenrahmen – Heiz- und Begasungs-einrichtungen

Anforderungen und Klassifizierungen [3]
verbindliche Vereinbarungskriterien

- Gusswerkstoff(e) und dessen (deren) Kennzeichnung;
- Form- und/oder Kernherstellungsverfahren;
- Maßtoleranzen;
- Form- und Kernteilungslinien;
- Kennzeichnung der Modelleinrichtung;
- Beschichtung der Modelloberfläche;
- Schwindmaße;
- Spiele;
- Formschrägen;
- erforderliche Bearbeitungszugaben;
- Modellwerkstoff(e);
- Güteklasse(n) des Modellwerkstoffs (der Modellwerkstoffe)
- Umfang und Art der Qualitätsprüfung;
- Schutz und Verpackung für Transport und Lagerung.

Modelle, Modelleinrichtungen und Kernkästen müssen nach [3] in Güteklassen eingeteilt werden:

Güteklassen für Modelle, Modelleinrichtungen und Kernkästen
Werkstoff Holz: H1, H2, H3
Werkstoff Metall: M1, M2
Werkstoff Kunststoff: K1, K2

Eigenschaften von Modellen nach Werkstoffen [nach 3]

Werkstoff Holz	Güteklassse		
trocken Feuchte 8 % bis 12 % Massenanteil	H1	H2	H3
Verwendung	Für hohe Stückzahlen in der Hand- und Maschinenformerei mit höchsten Ansprüchen an die Ausführung.	Für kleine Stückzahlen und wiederkehrende Einzelgußstücke in der Hand- und Maschinenformerei.	Für Einzelgußstücke in der Handformerei.
Anzahl der Formen nach Modelgröße:			
– groß Volumen über 30 dm^3	bis 200	5 bis 20	bis 10
– mittel Volumen über 10 dm^3 bis einschließlich 30 dm^3	200 bis 5 000	20 bis 100	10 bis 20
– klein Volumen bis einschließlich 10 dm^3	1 000 bis 10 000	100 bis 200	20 bis 50
Werkstoffart	Sperrholzplatten, Verbundplatten, Hart- oder Weichholz	Furnierplatten Weichschnittholz	Weichschnittholz Spanplatten

Eigenschaften von Modellen nach Werkstoffen [nach 3]

Werkstoff Metall	**Güteklassse**	
	M1	M2
Verwendung	Serienfertigung mit hohen Anforderungen an die Ausführung	Serienfertigung.
Werkstoffart	Kupfer-Zinn-Zink-Legierungen, Kupfer-Zink-Legierungen, Aluminiumlegierungen, Gusseisen oder Stahl	Wie Güteklasse M1, jedoch auch Hartblei und Modellmetall (83 % Sn, 17 % Sb)
Oberflächenbeschaffenheit	Sollte allseitig mechanisch bearbeitet und geschliffen sein, Rautiefe Ra = 1,6 µm, Mittenrauwert nach ISO 1302	Lediglich Teil- und Führungsflächen sollten mechanisch bearbeitet sein, Modeloberflächen sollten von Hand geglättet und geschliffen sein, Rautiefe Ra = 12,5 µm, Mittenrauwert nach ISO 1302

Eigenschaften von Modellen nach Werkstoffen [nach 3]

Werkstoff Kunststoff	Güteklassse	
	K1	K2
Verwendung	Serienfertigung mit hohen Anforderungen an die Ausführung Bei Hochdruck-Formmaschinen muss entsprechende Druckfestigkeit sichergestellt sein.	Große Modelle und Kernkästen für das Handformen sowie kleine bis mittlere Serien.
Werkstoffart	Es sollten Kunststoffe mit hoher Formbeständigkeit und Abriebfestigkeit, z. B. Epoxidharze oder Polyurethane mit metallischen oder inerten Füllstoffen, unter Berücksichtigung der Verfahrenstemperatur verwendet werden. Die Kunststoffe müssen mit den zu verarbeitenden Materialien (Formstoffbindemittel, Trennmittel usw.) kompatibel sein.	
Herstellung Frontgießverfahren (Oberflächengießverfahren)	Die Kunststoffbeschichtung muß auf einen metallischen Trägerkörper gegossen werden; die Schichtdicke muß mindestens 5 mm betragen.	Die Kunststoffbeschichtung muß auf einen Körper gegossen werden, der mit einer Verrippung aus Furnierplatten oder Sandwichplatten verfestigt ist; die Beschichtung kann aus Gießharzen mit Füllstoffen oder Schnellgießharzen bestehen.
Aufbauverfahren	Aufeinanderfolgendes Beschichten sollte mit Epoxidharzen und Glasgeweben ausgeführt werden; je nach Größe der Einrichtung und Formverfahren sollten Schalen mit metallischen bzw. inerten Füllstoffen hinterfüllt werden.	
Vollmaterial	Die Einrichtung sollte aus Vollmaterial hergestellt sein, z. B. Polypropylen gefräst oder kopiert.	
Farbgebung	Im allgemeinen keine Festlegungen; helle Farben werden bevorzugt, um anhaftenden Formstoff besser zu erkennen.	

Schaumstoffmodelle für die Gussfertigung [4]

Modellbauwerkstoff: Polystyrol
Dichte: 16-18 kg/m³

Modellfugen: bei zusammengesetzten Modellkörpern (z.B. Plattenmaterial) sind die Fugen sauber zu verkleben

Modellradien: ≥ 1/3 Wanddicke

Bearbeitungszugaben:

Gusswerkstoff	Modelllänge in mm	Bearbeitungszugabe in Gießlage in mm	
		oben	unten
GJL/GJS	< 2500	10	10
	3500–5000	20	15
GS	< 2500	20	17
	> 3500	25	20

Schwindmaße: für GJL: 1,25 %
für GS: 2 %

Mindestdurchmesser für Wanddurchbrüche:

Kerntiefe	Durchmesser in mm
< 200	50
200–400	60
> 400	70

Schwindmaße [2, 3, 7]

Gusswerkstoff	Schwindmaß in [%]			
	Sandguss*		Kokillenguss	Druckguss
	Streuband	Richtwert		
Gusseisen				
mit Lamellengraphit	0,9–1-1	1,0	0,7–0,9	
mit Kugelgraphit, Gusszustand	0,8–1,6	1,2		
mit Kugelgraphit, ferritisch geglüht	0,3–0,7	0,5		
mit Vermiculargraphit	0,8–1,4	1,1		
austenitisches Gusseisen	1,5–2,5	2,0		
Gusseisen, verschleißfest Ni-Resist	1,4–1,6	1,5		
Gusseisen, verschleißfest Ni-Hard	1,8–2,1	1,9		
Temperguss				
nicht entkohlend geglüht (EN-GJMB)	0,3–0,7	0,5		
entkohlend geglüht (EN-GJMW)	1,0–2,0	1,6		
Stahlguss				
unlegiert und niedriglegiert	1,6–2,0	2,0		
nichtrostend, ferritisch	1,5–2,5	2,0		
nichtrostend, austenitisch	2,4–2,8	2,6		
Manganhartstahlguss	2,4–2,8	2,3		
Aluminium-Gusslegierungen				
Al-Si-(Cu)-Legierungen	0,9–1,3	1,2	0,6–1,0	0,5–0,7
Al-Mg-Legierungen	1,0–1,4	1,2	0,8–1,2	0,6–0,9
Magnesium-Gusslegierungen	0,8–1,6	1,2	0,8–1,2	0,6–1,0

* Werte sind abhängig von der Formstoffqualität und dem Verdichtungsdruck bei der Formherstellung

Schwindmaße [2, 3, 7]

Gusswerkstoff	Schwindmaß in [%]			
	Sandguss*		Kokillenguss	Druckguss
	Streuband	Richtwert		
Kupfer-Gusswerkstoffe				
Kupfer, unlegiert und niedriglegiert	1,6–2,2	1,9	1,6–2,0	
Cu-Al-Legierungen	1,8–2,4	1,9	1,6–2,2	
Cu-Ni-Legierungen	1,6–2,4	2,0		
Cu-Ni-Zn-Legierungen	0,8–1,4	1,1		
Cu-Pb-Sn-Legierungen	1,2–1,7	1,4		
Cu-Sn-Legierungen	1,0–1,8	1,5		
Cu-Sn-Zn-Legierungen	1,0–1,5	1,3		
Cu-Zn-Legierungen	0,8–1,5	1,2	0,8–1,2	0,7–1,1
Nickel- und Nickel-Kupfer-Gusslegierungen	1,6–2,4	2,0		
Zink-Gusslegierungen	0,8–1,6	1,3	0,6–1,0	0,4–0,6
Blei-Gusslegierungen				
Druckgusslegierungen				0,2–0,5
Lagermetall	0,3–0,8	0,6	0,3–0,8	
Zinn-Gusslegierungen				
Druckgusslegierungen				0,2–0,4
Lagermetalle	0,4–0,6	0,5	0,4–0,6	

* Werte sind abhängig von der Formstoffqualität und dem Verdichtungsdruck bei der Formherstellung

Formschrägen an Modellen [3]

Höhe H	Formschräge T					
	kleine Aushebeflächen (H/W ≤1)			hohe Aushebeflächen (H/W >1)		
	Handformerei		Maschinen-formerei	Handformerei		Maschinen-formerei
	tongebunde-ner Formsand	chemisch gebundener Formsand		tongebunde-ner Formsand	chemisch gebundener Formsand	
bis 30	1,0	1,0	1,0	1,5	1,0	1,0
über 30 bis 90	2,0	2,0	2,0	2,5	2,0	2,0
über 90 bis 180	3,0	2,5	2,5	3,0	3,0	3,0
über 180 bis 250	3,5	3,0	3,0	4,0	4,0	4,0
über 250 bis 1000	+ 1,0 je 250-mm-Stufe	+ 1,0 je 250-mm-Stufe	+ 1,0 je 250-mm-Stufe	+ 1,0 je 250-mm-Stufe	+ 1,0 je 250-mm-Stufe	+ 1,0 je 250-mm-Stufe
über 1 000 bis 4 000	+ 2,0 je 1 000-mm-Stufe	+ 2,0 je 1 000-mm-Stufe	+ 2,0 je 1 000-mm-Stufe	+ 2,0 je 1 000-mm-Stufe	+ 2,0 je 1 000-mm-Stufe	+ 2,0 je 1 000-mm-Stufe
W = Innenmaß, Maße in mm						

Aushebeschrägen für Druckguss (Richtwerte) [7]

Werkstoffgruppe	Außenflächen	Mindestneigung für Innenflächen *)			
		bei beweglichem Kern		bei festem Kern	
	k_1 = % der Tiefe t	k_1	nicht kleiner als ... mm	k_1	nicht kleiner als ... mm
Aluminium	0,2 ... 0,5 %	0,5 %	0,05	1,0 %	0,1
Zink	0,0 ... 0,2 %	0,2 %	–	0,4 %	0,03
Magnesium	0,0 ... 0,3 %	0,3 %	0,03	0,6 %	0,05
Kupfer	1,0 ... 1,5 %	2,0 %	0,1	4,0 %	0,2
Blei und Zinn	0,0 ... 0,1 %	0,1 %	–	0,2 %	–

*) Bis zu einer Kernbreite von 100 mm je Fläche gültig

Richtwerte für eingegossene Bohrungen [7]

Werkstoffgruppe	Mindest-Durchmesser d [mm]	max. Länge durchgehend in Relation zu d	max. Länge Sackloch in Relation zu d
Aluminium	2,5	5 x d	3 x d
Zink	0,8	8 x d	4 x d
Magnesium	2	5 x d	3 x d
Kupfer	4	3 x d	2 x d

Oberflächenbeschichtungen (Farbe und Farb-Kennzeichnungen) von Modellen, Modelleinrichtungen und Kernkästen nach DIN EN 12890: 2000-06

Merkmal	Stahlguss	Gusseisen mit Kugelgraphit	Gusseisen mit Lamellengraphit	Temperguss	Schwermetallguss[1]	Leichtmetallguss[2]
Farbe für Flächen, die am Gussstück unbearbeitet bleiben	blau	violett	rot	grau	gelb	grün
Farbe für Flächen, die am Gussstück zu bearbeiten sind	gelbe Streifen[3]	gelbe Streifen[3]	gelbe Streifen[3]	gelbe Streifen[3]	rote Streifen[3]	rote Streifen[3]
Sitzstellen für Losteile und deren Befestigung	schwarz umrandet					
Stellen für Abschreckplatten	rot	rot	blau	rot	blau	blau
Kernmarken und/oder Kernlage	schwarz					
Hohlkehlen	Falls in die Einrichtung keine Hohlkehlen eingearbeitet sind, diese am Gussstück jedoch erforderlich sind, müssen sie durch eine schwarz gestrichelte Linie unter Angabe der Radien angedeutet werden.					
Speiser	gelbe Streifen					
Aushebeeinrichtungen mit Gewinde[4]	Angaben der Gewindegrösse auf der Modellfläche					
Schablonen	Klarlack					

[1] Kupfer, Nickel, Blei und Zink und deren Legierungen
[2] Aluminium, Magnesium und Titan und deren Legierungen
[3] Kleine und mittelgroße Flächen sollten ganzflächig gestrichen werden
[4] M18 sollte vermieden werden

Gießereitechnik trifft Messtechnik [8]

Die berührungslose Messtechnik eröffnet für Prototypen, Musterteile, Kleinserien- und Großseriengussteile sowie für alle Vor- und Zwischenprodukte der Gießereifertigung einen breiten Anwendungsbereich und führt zu durchgängigen Qualitätsinformationen.

Die optische 3D-Messtechnik bietet die Möglichkeit, einen nutzergerechten Informationsgehalt individuell darzustellen. Numerische als auch optische Messergebnisse können am 3D-Modell sichtbar gemacht werden.

Funktionsprinzip – „See What You Measure"

Die Leistungsfähigkeit der Streifenprojektion war bisher maßgeblich von den Oberflächeneigenschaften des zu scannenden Objektes abhängig. Farbe und Reflexionseigenschaften der Objektoberfläche haben die Qualität der Messergebnisse maßgeblich beeinflusst.

Mit der digitalen adaptiven Vollfarb-Projektionstechnik des StereoScan neo, die sich durch Intensitätskontrolle optimal an die Oberflächeneigenschaften anpasst, kann eine sensible Mess- und Auswertetechnik implementiert werden.

Die Projektionseinheit projiziert nicht nur die zum Scannen notwendigen Muster in Farbe auf die Oberfläche, sondern auch die erzielten Messergebnisse. Die Ergebnisse einer Messung einschließlich der Abweichungen von den Maß- und Toleranzvorgaben können direkt nach der Messung farblich auf der Objektoberfläche dargestellt werden.

Der StereoScan neo eignet sich für verschiedenste Anwendungen, unter anderem die Prüfung der Maßhaltigkeit und die geführte Nachbearbeitung von Bauteilen. Im Modell-, Werkzeug- und Formenbau lassen sich schnell und präzise Abweichungen der Bauteiloberfläche messen und darstellen. Durch die projizierten Abweichungsbilder können umgehend und vor Ort Korrek-

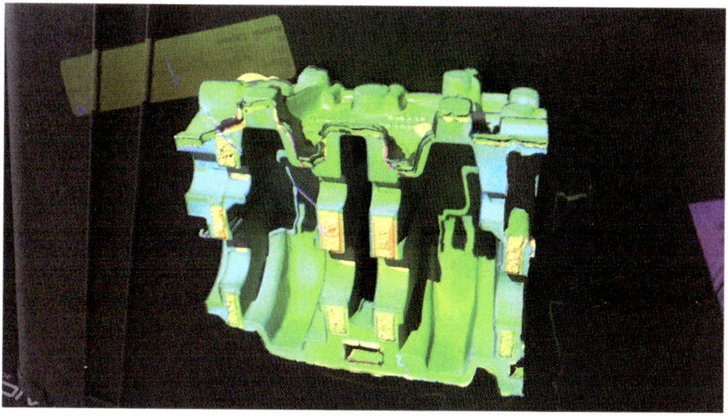

Bild 1: Der StereoScan neo projiziert die Messergebnisse direkt auf das Lagergehäuse

turen am Objekt vorgenommen werden, z. B. kann ein Übermaß manuell abgetragen werden. Auch Maßabweichungen durch Werkzeugverschleiß können bei Inspektionsaufgaben sofort sichtbar gemacht werden. Erforderliche Korrekturen lassen sich so in den Teilbereichen quantifizieren.

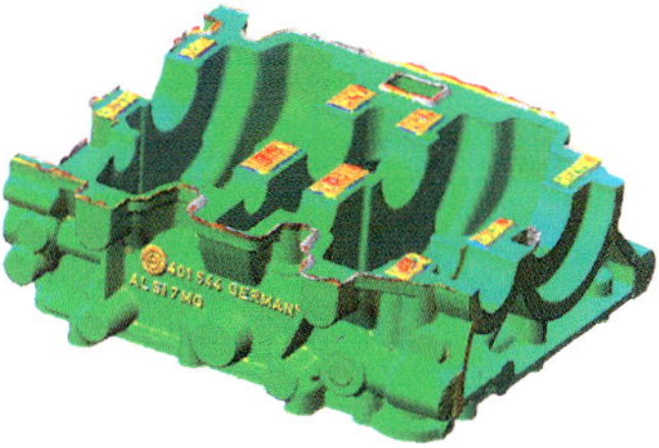

Bild 2: Abweichung des vermessenen Gehäuses von den Solldaten (3D-Falschfarbenvergleich)

Bild 3: 2D-Visualisierung des Lagergehäuses im Schnitt

Höchstauflösende Sensorik für maximalen Detailgrad

Der StereoScan neo liefert mit seinen 8 Megapixel oder 16 Mega-pixel Digitalkamera-Varianten die Voraussetzung für einen maximalen Detaillierungsgrad bei der Objekterfassung. Die Auflösung eines derartigen Weißlichtscanners erreicht dabei wenige Mikrometer bei einer Genauigkeit in derselben Größenordnung. Zusätzlich können durch Objektiv- und Basislängenwechsel Messfeldgrößen von 75 mm bis 1.100 mm erfasst werden.

Erfolgreiche Anwendungen sind vom Feinguss bis zum Druckguss zu finden und der Anwenderbereich wird sich weiter ausbauen.

Der StereoScan neo überzeugt durch

- kurze Scanzeiten
- schnelle digitale Projektion
- maximalen Detaillierungsgrad
- hohe Zuverlässigkeit und Präzision

3D-Digitalisierung spart Zeit und Kosten

Zunächst werden Einzelaufnahmen des Gussteiles mit Hilfe der Software OptoCat erstellt, ausgerichtet und zu einem einheitlichen Dreiecksnetz verbunden. Die so erzeugten Daten werden anschließend mit einer Inspektionssoftware ausgewertet, um die Geometrie zu beurteilen. Mit einem Drehteller wird der Scanvorgang teilweise automatisiert. Mit dem 3D-Scanner wird das zu prüfende Teil digitalisiert und mit vorliegenden CAD-Referenzdaten verglichen. So können kleine Formabweichung schnell und bequem erkannt werden. Mit dem StereoScan neo werden die Ergebnisse direkt auf das Bauteil projiziert, so dass der Anwender auf einen Blick erkennt, an welcher Stelle nachgearbeitet werden muss. So spart der Digitalisierungsprozess mit anschließendem Datenvergleich Zeit und Kosten.

Qualitätsprüfung als messtechnische Herausforderung

Detaillierte, frei gestaltbare Messprotokolle stehen zur Verfügung, welche sich als zwei- oder dreidimensionale Falschfarbendarstellungen, Tabellen mit Nominalwerten und Toleranzen oder Schnitte ausgeben lassen. Kleinste Formabweichungen lassen sich schnell und bequem erkennen und beheben.

Die direkt interpretierbaren Messergebnisse kann der Anwender umgehend zur Optimierung der Prozessparameter heranziehen. Damit unterstützen die AICON-Scanner Produktionsabteilungen in ihrer konstanten Effizienz bei der Produktion hochwertiger Gussteile.

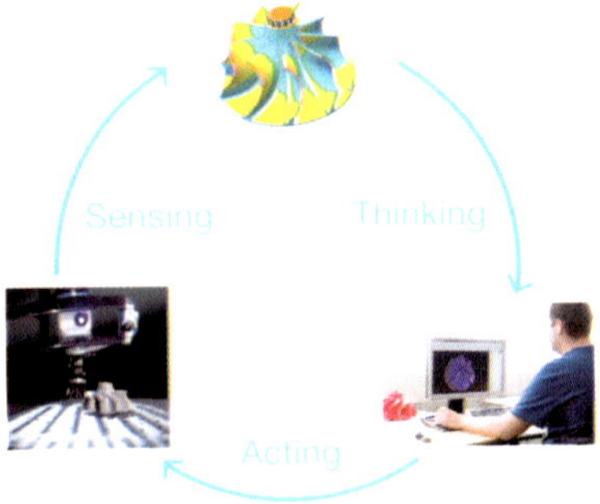

Bild 4:
Intelligenter
Produktionskreislauf

Intelligenter Produktionskreislauf: Sensing – Thinking – Acting

Technologien und Ideen werden kombiniert, um einen intelligenten, integrierten Fertigungskreislauf zu schaffen. Dem zugrunde liegt die Formel „Sensing – Thinking – Acting" als Leitmotiv. Durch das Verknüpfen dieser Fähigkeiten entsteht ein geschlossener Kreislauf, in dem mehr Qualität zu mehr Produktivität führt.

Ein Beispiel:

Sensing: Das Wachsmodell des Turbinenlaufrades wird mit dem AICON Scanner dreidimensional erfasst und eine Punktewolke erstellt.

Thinking: Die gescannten Daten werden mit einer Inspektionssoftware evaluiert. Ein Soll-Ist-Abgleich gegen die CAD-Konstruktionsdaten wird durchgeführt

Acting: Eventuelle Abweichungen von den Solldaten, beispielsweise ein Übermaß, werden am Wachsmodell korrigiert.

Elektrochemisches Senken im Formen- und Werkzeugbau [9]

Electrochemical Machining ist ein Bearbeitungsverfahren bei dem durch elektrolytische Auflösung Metallschichten konturgenau abgetragen werden. Das Werkzeug ist eine vorgefertigte, formgebende Elektrode, welche am negativen Pol und das zu bearbeitende Werkstück am positiven Pol einer Gleichstromquelle angeschlossen wird. Unter Verwendung von Vorrichtungskomponenten wird zwischen Elektrode und Werkstück unter hohem Druck (bis 20 bar) eine Elektrolytlösung gespült, die für eine kontinuierlichen Umspülung der zu bearbeitenden Oberflächen des Werkstückes sorgt.

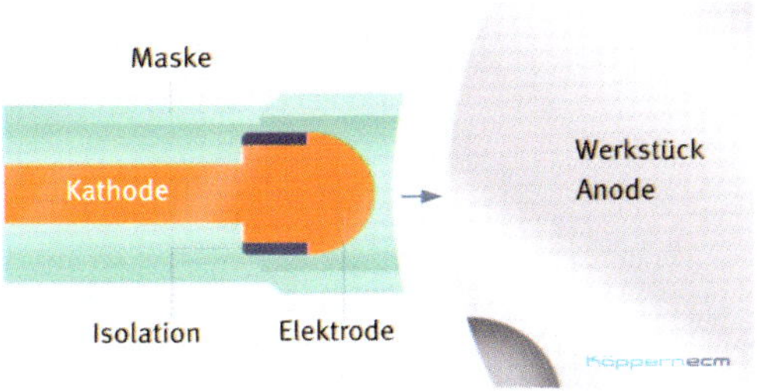

Schritt 1: Elektrode nähert sich dem Werkstück

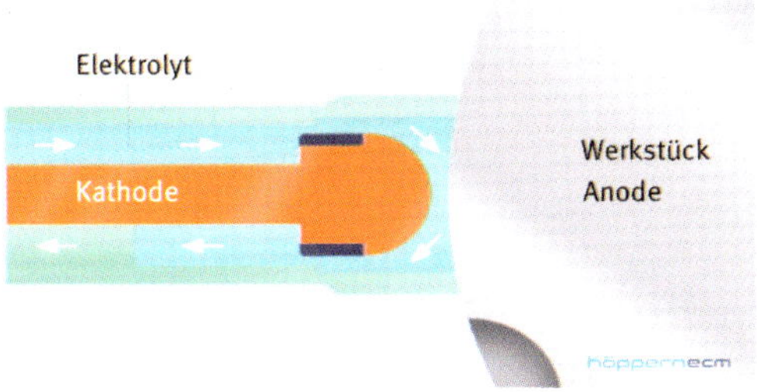

Schritt 2: Elektrolyt strömt in die Elektrode, der Prozess beginnt

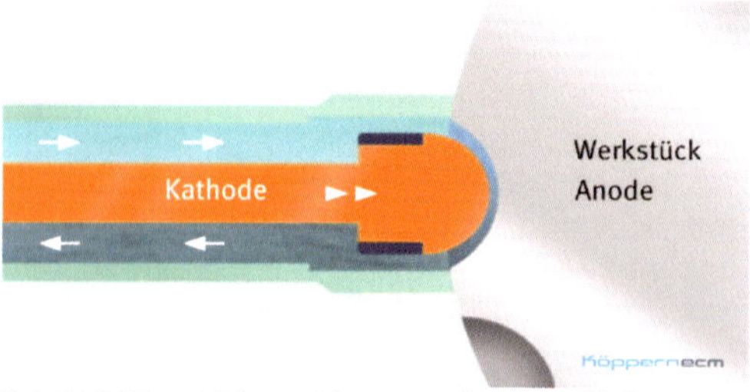

Schritt 3: Materialabtrag bis zur gewünschten Tiefe

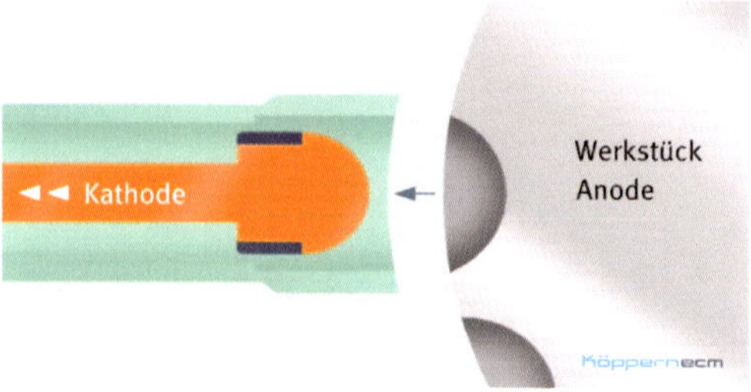

Schritt 4: Rückzug der Elektrode

Diese Elektrode wird mit einstellbarer konstanter Geschwindigkeit berührungslos in das Werkstück eingesenkt, wobei der Werkstoff an der Bearbeitungsstelle von der Elektrolytlösung unter der Wirkung des Gleichstroms und der Elektrolytlösung elektrochemisch aufgelöst wird, wie im Ablaufschema gezeigt. Alle elektrisch leitenden Werkstoffe lassen sich mit diesem Verfahren bearbeiten.

ECM findet Anwendung im Formenbau zur Herstellung von Formeinsätzen sowie beispielsweise zur Bearbeitung von Verzahnungen, Triebwerksschaufeln oder zur Gehäusebearbeitung.

[1] www.dinmedia.de
[2] GIESSEREI LEXIKON, Schiele & Schön
[3] DIN EN 12890 2000-06 Gießereiwesen: Modelle, Modelleinrichtungen und Kernkästen zur Herstellung von Sandformen und Sandkernen
[4] VDI 3381: Schaumstoffmodelle; Konstruktionshinweise für Werkzeuge aus Gusseisen und Stahlguss; 2012.
[5] Flemming, E.; Tilch, W.: Formstoffe und Formverfahren; Deutscher Verlag für Grundstoffindustrie 1993 S. 120
[6] DIN EN ISO 1302 2002-06 Geometrische Produktspezifikation (GPS) – Angabe der Oberflächenbeschaffenheit in der technischen Produktdokumentation
[7] Nogowizin, B.: „Theorie und Praxis des Druckgusses“ Fachverlag Schiele & Schön, Berlin 2011
[8] Kahlmann, T.: Stereo Scan Neo; AICON 3D Systems GmbH, Part of Hexagon
[9] Heuer, J.: ECM Technologie; Maschinenfabrik Köppern GmbH & Co. KG

Spezielle Hinweise zu Arbeitssicherheit und Umweltschutz sind enthalten in:

DGUV Regel

Branche Metallhütten: DGUV Regel 109-604 (März 2019)
Sachgebiet „Hütten-, Walzwerksanlagen, Gießereien und Hebetechnik" im Fachbereich „Holz und Metall" der DGUV.

Branche Gießereien: DGUV Regel 109-608 (August 2020)
Sachgebiet Hütten-, Walzwerksanlagen, Gießereien und Hebetechnik des Fachbereichs Holz und Metall der DGUV, https://publikationen.dguv.de/

DGUV Information:

- 209-006 „Gießereiarbeiter"

Handlungsanleitung zur guten Arbeitspraxis

„Schutz der Beschäftigten vor Stäuben und Aerosolen an Gießereiarbeitsplätzen"

Diese Handlungsanleitung zur guten Arbeitspraxis wurde durch die Ländermessstellen Hessen, Niedersachsen und Rheinland-Pfalz
in Zusammenarbeit mit der Metall Berufsgenossenschaft Nord-Süd erstellt. Der Verein Deutscher Gießereifachleute (VDG) hat die
Bearbeitung der Handlungsanleitung beratend unterstützt.

Herausgeber: Hessisches Sozialministerium, Dostojewskistraße 4, 65187 Wiesbaden

Ausgabe Mai 2008

Gießprozess-Simulation [1]

Gießprozess-Simulation bezeichnet die virtuelle Abbildung (Modellierung) des Urformverfahrens „Gießen“ am Computer. Mit dem sogenannten digitalen Zwilling können auf Basis technischer, physikalischer und chemischer Zusammenhänge virtuelle Experimente eines realen Gießprozesses durchgeführt werden. Als Ergebnis der Gießprozess-Simulation erhält man grafische Darstellungen des Formfüllungs- und Erstarrungsverlaufes, des lokalen Gussgefüges und der resultierenden mechanischen Eigenschaften. Außerdem werden unterschiedliche Qualitätskriterien zu potentiellen Gussdefekten dargestellt.

Genutzt werden können diese Ergebnisse über den gesamten Lebenszyklus eines Gussteils hinweg. Vom ersten Designentwurf, über die Werkzeugkonstruktion bis hin zur Auslegung und kontinuierlichen Optimierung eines robusten und wirtschaftlichen Fertigungsprozesses.

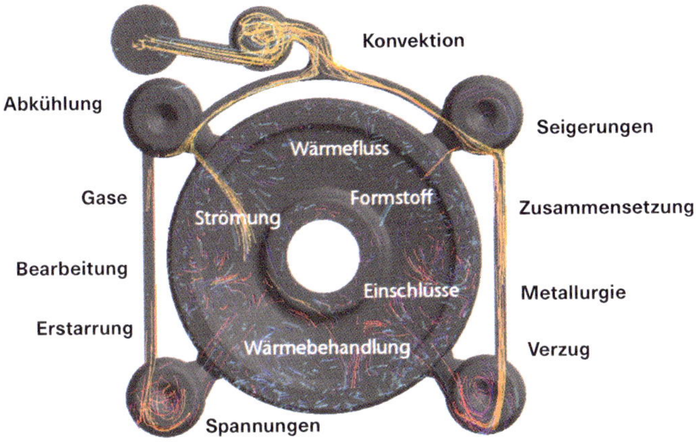

Gießen ist das Fertigungsverfahren mit der größten Vielfalt an Variablen. Das macht es für die Simulation umso anspruchsvoller, alle maßgeblichen Einflussgrößen umfänglich zu berücksichtigen

Moderne Gießprozess-Simulation erlaubt zu jedem Zeitpunkt der Entwicklung einen transparenten Blick in den Prozess, und ersetzt damit zunehmend mehr den realen Versuch.

Grundlagen der Gießprozess-Simulation

Die Grundlage der Gießprozess-Simulation bildet die Kopplung der numerischen Gleichungen zur Beschreibung der Strömungsdynamik (Newton), des Wärmetransportes (Fourier), der

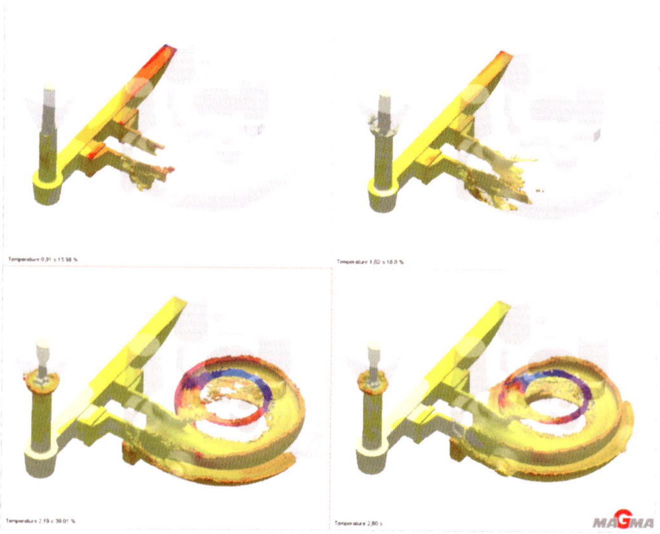

Simulierte Formfüllung für ein Pumpengehäuse. In nur einem Programmfenster läs sich die simulierte Formfüllung zu verschiedenen Zeitpunkten vergleichen (Simulation MAGMASOFT®, Bilder: Componenta B.V., Niederlande)

Eigenspannungsentwicklung sowie weiterer teilweise empirisch beschriebener Vorgänge, die die Gussteilqualität beeinflussen.

Die Simulationsergebnisse werden üblicherweise als 3-dimensionale Farbgrafik dargestellt. Mit Hilfe unterschiedlicher Skalen können den Farben quantitative Werte beispielsweise für die Temperatur, Geschwindigkeit oder Fließlänge der Metallschmelze zugewiesen werden. Die Simulationsberechnung liefert Ergebnisse in jedem Punkt des 3D-Volumens für den gesamten Gießprozess, wodurch sich insbesondere dynamische Vorgänge, wie das Einströmen der Schmelze in den Formhohlraum, transparent als Animation darstellen lassen.

Effiziente Anwendung von Gießprozess-Simulation

Der effiziente Einsatz von Gießprozess-Simulation erfolgt in der Regel auf Basis klarer Zielvorgaben hinsichtlich Qualität und Kosten. Eine strukturierte Vorgehensweise umfasst folgende Schritte:

Ziele – Welche Frage und/oder Problemstellung soll die Berechnung beantworten? Einige klassische Ziele und Aufgabenstellungen der Gießprozess-Simulation sind beispielsweise:
- Prüfung und Verbesserung des Gussteildesigns in Richtung stabiler, robuster Herstellbarkeit (gießgerechte Konstruktion)
- Identifizierung potentieller Fehlerrisiken, Analyse der wesentlichen Ursachen und Beurteilung möglicher Vermeidungsmaßnahmen (Vermeidung von Gussfehlern)
- Analyse und Minimierung von Gussteilverzug (Maßhaltigkeit)
- Optimierung der Fertigungsparameter von Gieß- und Wärmebehandlungsprozessen
- Auslegung einer wirtschaftlichen Gießtechnik mit minimalem Rohstoff- und Energieeinsatz (Ressourceneffizienz)
- Systematische Erzeugung von Informationen als Ergänzung von Erfahrung (Wissensmanagement)

Simulationsmodell – Ausgangspunkt der Berechnung sind 3D-CAD-Daten (Volumenmodell) des zu simulierenden Gussbauteils sowie relevanter Komponenten des Gießsystems (Lauf, Anschnitte, Filter, Speiser, Entlüftung usw.) der Form (Formhälften, Kerne, Schieber usw.), verwendeter Eingießteile und gegebenenfalls wichtiger Anlagenbestandteile (Gießkammer im Druckguss, Tiegel im Kippguss usw.)

Vernetzung – Die Vernetzung teilt die zu betrachtende Geometrie für die mathematische Behandlung in infinitesimale Elemente (Diskretisierung des 3D-Volumenmodells). Heutzutage erfolgt die Vernetzung weitestgehend vollautomatisch nach vordefinierten Algorithmen, die kritische Geometriemerkmale des Bauteils berücksichtigen (bspw. Wandstärke). Generell ist die Vernetzung im Sinne größtmöglicher Effizienz der Simulations-Aufgabenstellung anzupassen nach dem Motto „nur so fein wie nötig". Grundsätzlich ist zur Steigerung der Effizienz und Minimierung der Durchlaufzeit der Simulation das gesamte Simulationsmodell auf die Fragestellung anzupassen. Die Nutzung von Modellsymmetrie kombiniert mit Werkzeugen zur automatischen Elementvergröberung unterstützt hier den Anwender.

Prozessdefinition – Durch die Festlegung von Prozessparametern, wie beispielsweise Gießleistung, Schusskurve, Legierung, Gießtemperatur, Formwerkstoff, Temperiermedien und deren Temperaturen etc., komplettiert der Nutzer die notwendigen Simulationsangaben. Mit zunehmender Anzahl der definierten

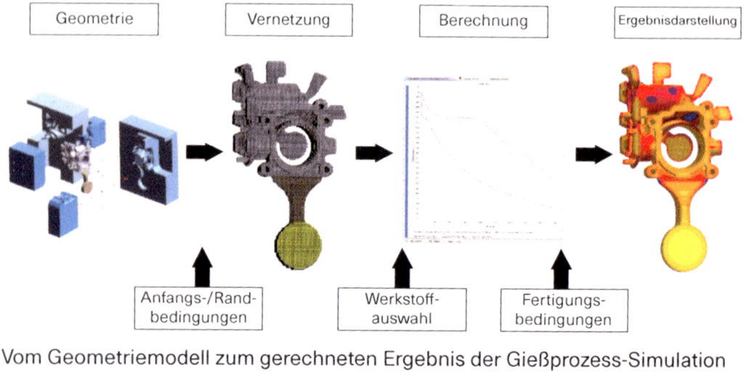

Vom Geometriemodell zum gerechneten Ergebnis der Gießprozess-Simulation

Randbedingungen und Parameter wird die Genauigkeit der Prozessabbildung und der Simulationsvorhersage erhöht. Dennoch kann auch ein stark vereinfachtes Simulationsmodell in der entsprechenden Entwicklungsphase bereits zuverlässig qualitative Tendenzen aufzeigen.

Variablen – Die schrittweise, automatisierte oder autonome Optimierung kann durch Variation des Bauteildesigns, der Gießtechnik oder unterschiedlicher Prozessbedingungen erfolgen. Hierzu muss der Simulationsanwender die Variablen, deren Freiheitsgrade und gegebenenfalls einschränkende Randbedingungen definieren.

Berechnung – Die Gesamtdauer eines Simulationsprojektes variiert mit der Komplexität und Ganzheitlichkeit des zu betrachtenden Prozessmodells. Beispielsweise erfolgt die rein thermische Berechnung während der Erstarrung eines Gussbauteils innerhalb von wenigen Minuten, wohingegen die Berechnung der Formfüllung, Erstarrung und Eigenspannungsbildung über mehrere Produktionszyklen hinweg einige Tage in Anspruch nehmen kann. Heutige PC-Plattformen oder Clustersysteme mit Mehrkernprozessoren ermöglichen die Berechnung zahlreicher Simulationsvarianten auch komplexerer Projekte innerhalb von kurzer Zeit. Vor diesem Hintergrund wird die Effektivität eines Simulationswerkzeuges im Wesentlichen von der intuitiven, schnellen und sicheren Simulationsvorbereitung und Ergebnisaufbereitung definiert.

Qualitäts- und Ergebniskriterien – Die Berechnung liefert in Abhängigkeit des Modells Informationen zum Gussteil, zu den Prozessphasen und zum Werkzeug. Durch die Definition von Auswertegebieten kann die Ergebnisauswertung auf kritische Bereiche im Bauteil oder Werkzeug fokussiert werden.

Einige Ergebnisse für die Formfüllung des Gussteils sind:

- Temperatur und Geschwindigkeit der Schmelzeströmung (Turbulenzen, Totgebiete)
- Zuletzt gefüllte Bereiche (Entlüftung der Form)
- Aufeinandertreffen von Schmelzefronten (Kaltschweissstellen, Fließfiguren)
- Ansammlung von Trennmittelrückständen (nur bei Druckguss)

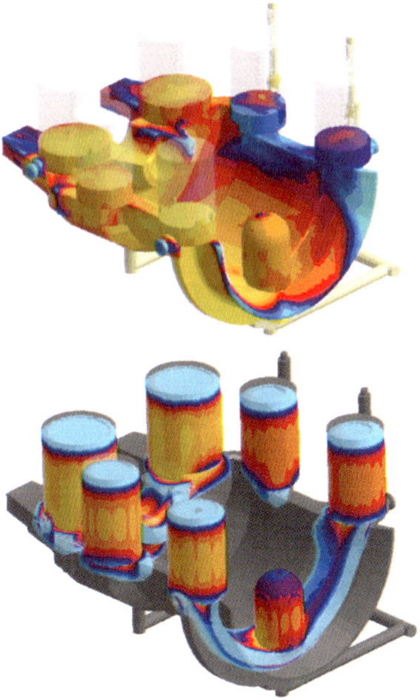

Simulierte Temperaturverteilung eines Stahlguss-Turbinengehäuses zu einem bestimmten Zeitpunkt nach der Formfüllung und während der Erstarrung MAGMASOFT®

Ergebnisse der Gussteilerstarrung sind:

- Temperatur und Phasenanteile im Erstarrungsverlauf (Nachspeisungsverhalten)
- Lunker und Poren
- Gefügeausbildung
- Bildung von Eigenspannungen (Warmrisse) und resultierendem Verzug

Informationen über das Werkzeug sind:

- Temperaturverteilung über dem Prozessverlauf (Wirksamkeit von Temperierung)
- Wärmebilanz (Wärmeverluste beim Sprühen)
- Verschleiß und Schädigung (Erosion, Klebeneigung, Kavitation)
- Lokale Lebensdauer der Form

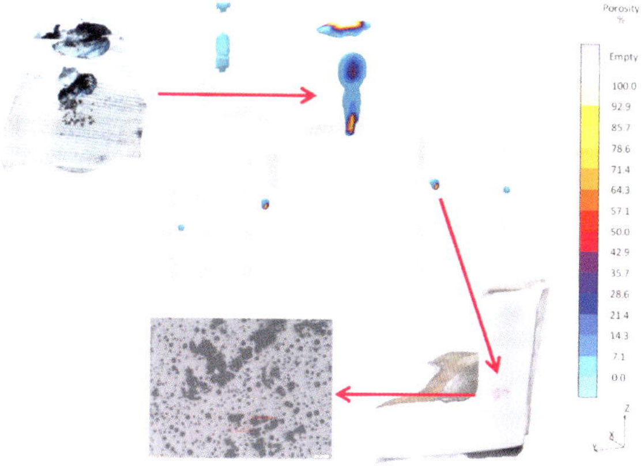

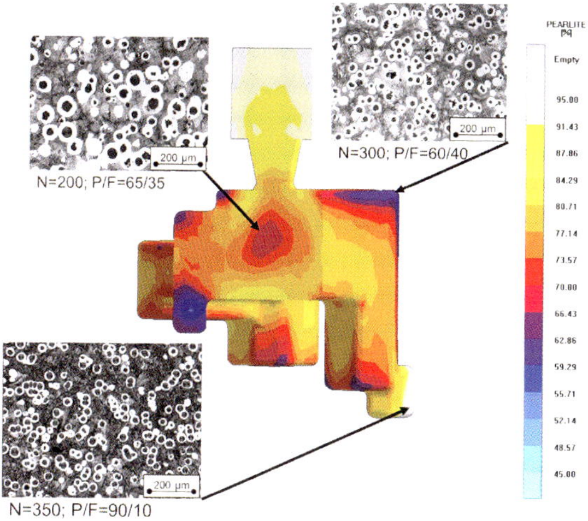

Oben: Vorhersage von Makro- und Mikroporosität im Abgleich mit realen Gussteilen

Unten: Quantitative Gefügevorhersage (hier: lokaler Perlitanteil im Gefüge) für ein Gussteil aus Gusseisen mit Kugelgraphit (Simulation: MAGMASOFT®).

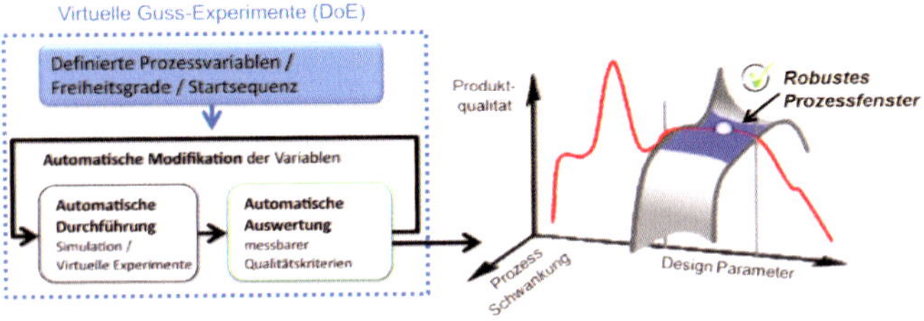

Die „klassische" iterative Vorgehensweise zur manuellen Optimierung der Gießtechnik kann ergänzt oder ersetzt werden durch virtuelle Versuchspläne – automatisierte Berechnung und Analyse eines Prozessfensters

Simulationsmethodik – Gießprozess-Simulation verlagert die klassische schrittweise Auslegung oder Optimierung gießtechnischer Fragestellungen nach dem Prinzip „Versuch und Irrtum" aus der Realität in die virtuelle Gießerei. Die manuellen Optimierungsschritte basieren damit nicht mehr nur auf den Erfahrungen eines Gießers, sondern auf reproduzierbaren, belastbaren Daten und allgemeingültigen physikalisch-technischen Prinzipien. Dieser Simulationsansatz vermeidet seit vielen Jahren Kosten und Zeit für aufwendige Gießversuche.

Fortschrittliche Rechner- und Softwaretechnik gestattet es heute, die iterative manuelle Optimierung mit modernen statistischen Methoden zur Versuchsplanung (Design of Experiments) zu koppeln. Hierzu werden der Software die zu variierenden Prozessgrößen oder geometrischen Designparameter der Gießtechnik beziehungsweise des Bauteils sowie deren Freiheitsgrade mitgeteilt.

Das definierte Versuchsfeld wird dann nahezu frei von wirtschaftlichen oder fertigungstechnischen Risiken automatisch abgearbeitet und ausgewertet. Die Methodik ermöglicht eine frühzeitige, effiziente Identifizierung von signifikanten Einflussgrößen auf Gussteilqualität und Wirtschaftlichkeit sowie die Bewertung der Robustheit unterschiedlicher Lösungen.

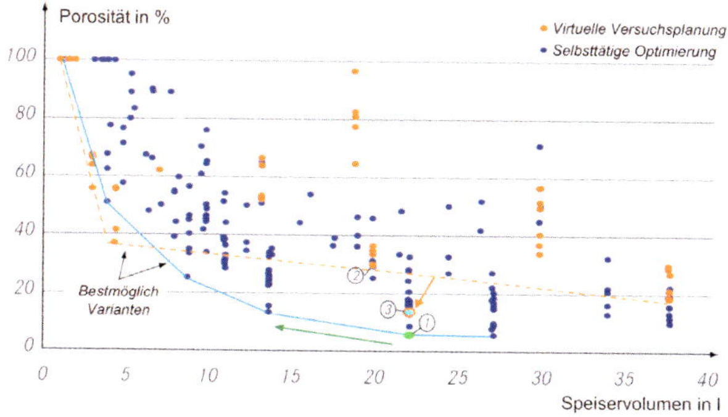

Vergleich einer methodischen virtuellen Speiseroptimierung (DoE) mit einer autonomen Optimierung für ein Stahlgussteil. Das Optimierungsprogramm bewertet die aktuelle Porosität und stellt zu Beginn den vermehrten Speisungsbedarf fest. Mit einer Modifikation schießt es ggf. über das Ziel hinaus und justiert sich am Ende bei einem optimalen Kompromiss aus Speisungsbedarf und Gussteilqualität ein.

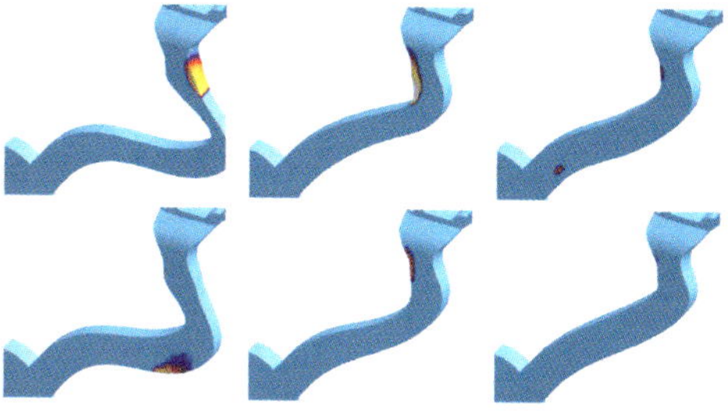

Autonome Optimierung eines Gießlaufes. Auf Basis einer Zielfunktion (hier: Vermeidung von Lufteinschlüssen) und einer parametrisierten Geometrie des Laufes „lernt“ das Programm mit Hilfe von genetischen Optimierungsalgorithmen aus einzelnen virtuellen Experimenten und schlägt eigenständig eine Laufgeometrie vor, die während der Formfüllung frei von Lufteinschlüssen ist (Simulation: MAGMASOFT®).

Die Erweiterung des Versuchsplans um Ziele und Bewertungskriterien gestattet einer autonom optimierenden Software, verschiedene Szenarien mit variierenden Prozessparametern oder Designmodifikationen automatisch zu analysieren.
Parametervariationen können Fertigungsgrößen wie Gießtemperatur, Legierungszusammensetzung, Zykluszeiten oder kritische Simulationsrandbedingungen (Wärmeübergänge) oder auch parametrische Geometrien des Gießsystems und Gussteils sein.

Die autonome Optimierung kann auf verschiedene, miteinander in Konflikt stehende Kriterien zielen, etwa die Verbesserung von Gussteilqualität bei gleichzeitiger Reduzierung des Materialeinsatzes (bspw. Speiservolumen). Als Ergebnis liefert der Optimierungsalgorithmus konkrete fertigungstechnische Lösungen, also Kombinationen aus Gießsystem und passenden Parametern, die der Gießer als Kompromiss hinsichtlich Qualität und Wirtschaftlichkeit anstrebt.

Bewertung und Ableitung von Maßnahmen – Erst mit der Analyse und Ableitung zielführender Maßnahmen erzeugt Gießprozess-Simulation einen konkreten Nutzen und Mehrwert im Unternehmen. Die Verfolgung der Wirksamkeit getroffener Maßnahmen ist unverzichtbarer Bestandteil des kontinuierlichen Verbesserungsprozesses der Gießprozess-Simulation.

Die Analyse eines virtuellen Versuchsplans oder einer autonomen Optimierung ist nur unter Verwendung statistischer Methoden effektiv durchführbar. Die Vorbereitung der statistischen Auswertungen erfolgt üblicherweise vollautomatisch ohne weiteres Zutun des Anwenders. Der quantitative Vergleich aller betrachteten Varianten liefert fundierte Ergebnisse ohne subjektive Einflüsse. Dies ermöglicht nicht nur eine detaillierte Auswertung relevanter Qualitätsmerkmale sondern auch wirtschaftlicher Aspekte wie beispielsweise Zykluszeit und Rücklaufanteil. Damit unterstützt die Simulationsmethodik ein umfassendes Prozessverständnis durch transparente Erkenntnisse über die quantitativen Zusammenhänge von Prozessgrößen und Qualitätskriterien.

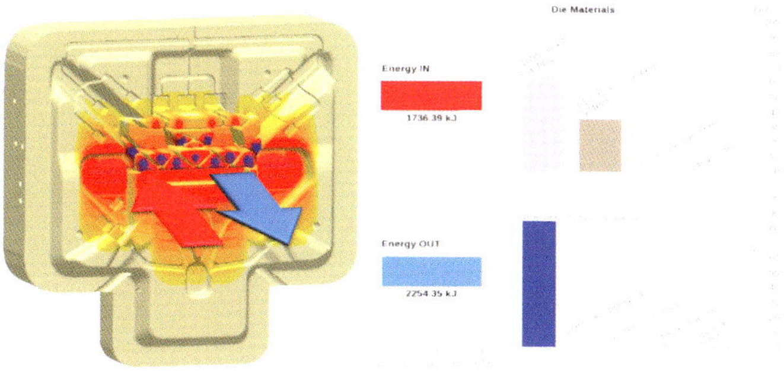

Energiebilanz – detaillierte Visualisierung des Energieaustausches zwischen unterschiedlichen Materialien, bspw. Gussteil oder Werkzeugbestandteil, über dem Produktionszyklus, einzelnen Prozessphasen oder definierten Zeitabschnitten (Simulation: MAGMASOFT®).

Energiebilanz des Gießprozesses – Aus der Gießprozess-Simulation kann eine Energiebilanz für den Gesamtprozess ermittelt werden. Dies ermöglicht die Bewertung des Wärmehaushalts der Form sowie der thermischen Stabilität des Gesamtsystems oder zwischen allen Materialgruppen (z. B. Gussteil, Gießsystem, Werkzeugbestandteil) über den ganzen Prozesszyklus. Für Dauerformen können die über den Prozesszyklus abgeführten Energiemengen durch innere Werkzeugtemperierung und äußere Kühlung wie bspw. das Aufsprühen des Trennmittels unmittelbar miteinander verglichen und auf Energie- und Kosteneffizienz optimiert werden.

Basis für eine zielführende Werkzeug- und Prozessauslegung ist die realitätsnahe Abbildung des Temperaturhaushaltes in der Form. Parallel zur eigentlichen Simulation der Formfüllung und Erstarrung des Gussbauteils werden daher die lokalen Strömungsbedingungen in den Temperierkänalen des Werkzeuges simuliert.

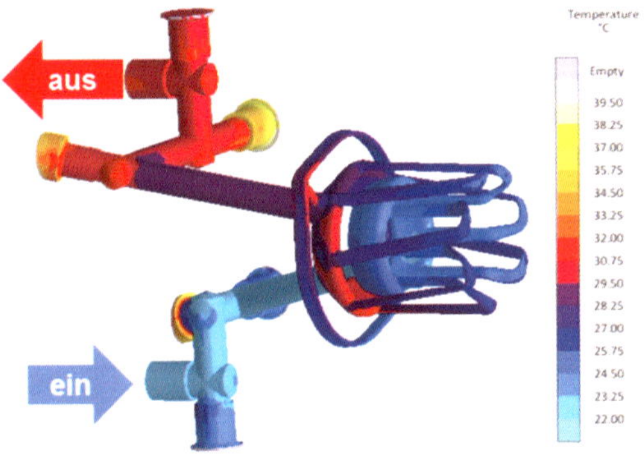

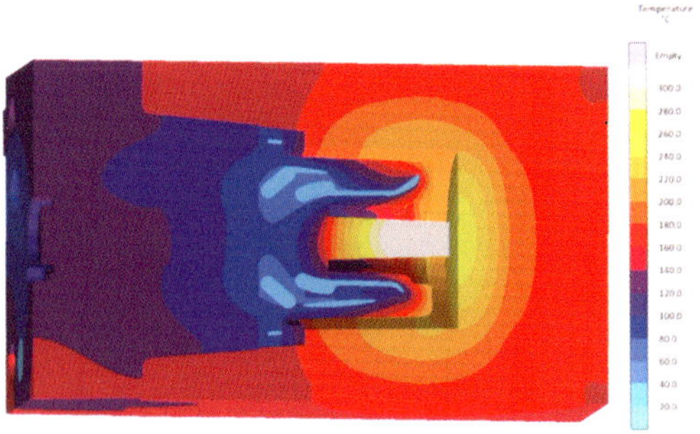

Strömung durch Temperierkanäle – aus der Simulation der lokalen Strömungsbedingungen im Kühlkanal werden die an der Grenzfläche zur Schmelze resultierenden wirksamen Wärmeübergangskoeffizienten berechnet (Simulation: MAGMASOFT®).

Hieraus werden die an der Grenzfläche zur Schmelze resultierenden wirksamen Wärmeübergangskoeffizienten berechnet, die eine exakte Nachbildung der Wärme- und Energieströme in der Form ermöglichen. Die genaue Kenntnis der wirksamen Wärmeübergangskoeffizienten ist insbesondere für die Auslegung innovativer konturnaher Kühlung wichtig.

Die Simulation liefert darüber hinaus Informationen zum Druckverlust in den teilweise nur wenige Millimeter dünnen Temperierkanälen sowie zur thermischen Belastung des Kühlmediums (Wasser, Öl).

Gießprozess-Simulation generiert umfassende Informationen für die frühzeitige Auslegung von robusten Dauerformen und deren Temperierung sowie zu potentiellen Schädigungen des Werkzeuges wie bspw. Verschleiß durch Erosion, Klebeneigung, Kavitation oder thermo-mechanisch induzierte Brandrisse.

Simulation der Prozesskette

Gussteile erhalten ihre endgültigen Eigenschaften häufig aus vor- und nachgelagerten Fertigungsschritten, wie zum Beispiel der Herstellung von Sandkernen und -formen, einer Wärmebehandlung oder durch mechanische Bearbeitung. Moderne Gießprozess-Simulation muss daher zwingend die wesentlichen Merkmale der relevanten Prozessschritte berücksichtigen, um aussagefähig hinsichtlich der tatsächlichen Eigenschaften eines Gussteils im Lieferzustand zu sein.

Sandkerne sind in vielen Gussteilen unverzichtbar, um komplexe Innenkonturen und Hohlräume abbilden zu können. Die Herstellung erfolgt überwiegend durch Schießen eines Sand-Luft-Gemisches in ein Kernwerkzeug und anschließendes Aushärten.

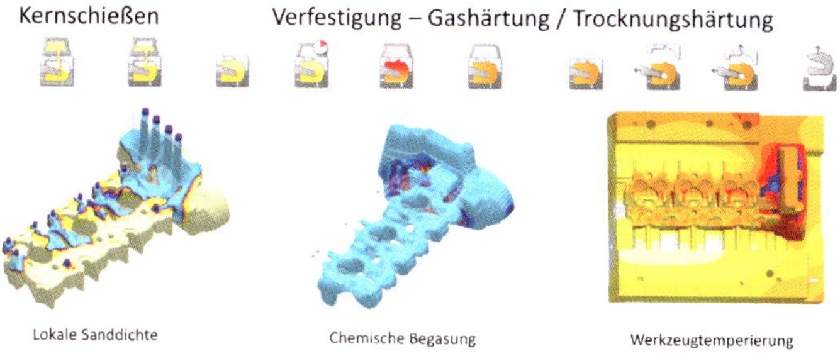

Simulation von Kernherstellungsverfahren: Die Simulation des Kernschießens erfolgt durch Berechnung der zwei interagierenden Phasen Luft und Sand. Bei der Aushärtung wird zwischen kalten Werkzeugen für die chemische Aushärtung organischer Bindersysteme und temperierten Werkzeugen für die physikalische Trocknung anorganischer Binder unterschieden (Simulation: MAGMASOFT®).

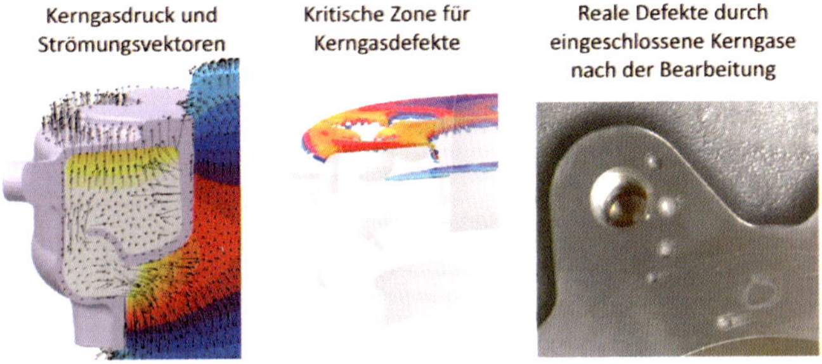

Simulation der Binderzersetzung während des Gießprozesses: Die Berechnung des lokalen Kerngasdrucks und der Strömungsvektoren ermöglichen die Vorhersage kritischer Bereiche für Gaseinschlüsse im Gussteil (Simulation: MAGMASOFT®).

Die Strömungsverhältnisse im Sand und der Luft beeinflussen maßgeblich die lokale Verdichtung des Sandes und damit die Qualität des Sandkerns. Die Sanddichte ist wesentliche Einflussgröße für die nachgeschaltete chemische oder thermische Aushärtung des Bindersystems, das für ausreichende Stabilität und gleichzeitig gute Entformbarkeit des Sandkerns während des Gießprozesses sorgt.

Während des Gießvorgangs verbrennt der Sandbinder und bildet, abhängig von der lokalen Temperatureinwirkung durch die

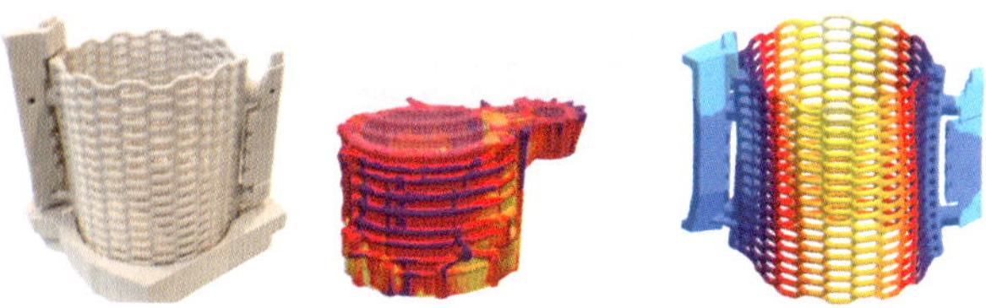

Die virtuelle Vorhersage der geometrischen Maßhaltigkeit komplexer Sandkerne muss vollständig mit der Füll- und Erstarrungssimulation gekoppelt sein, um die wirkenden Phänomene wie Strömungskinetik, Auftriebskräfte, thermische Ausdehnung des Sandes sowie die Kernlagerung zu berücksichtigen(Simulation: MAGMASOFT®) .

Schmelze im Sand, sogenannte Gießgase. Der Formfüllprozess und die Entlüftungsbedingungen in der Form sowie die Sanddichte der Kerne sind wesentliche Einflussfaktoren auf potentielle Bauteildefekte hinsichtlich eingeschlossener Gießgase.

Neben den Gießgasen führen die thermische Ausdehnung des Sandes, die Zersetzung des Binders sowie die Kontaktkräfte durch

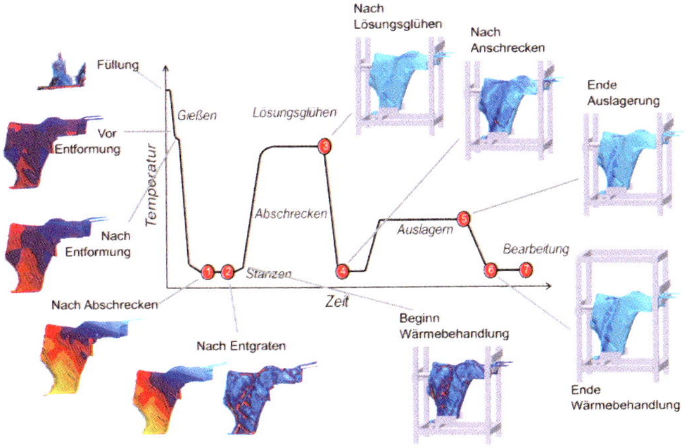

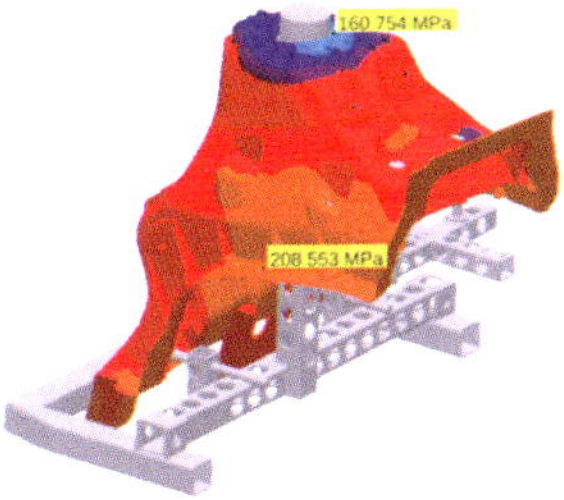

Virtuelle Berücksichtigung der gesamten Prozesskette im Strukturgießprozess inklusive der Wärmebehandlung. Das Simulationsmodell kann Einzelteile oder gesamte Gestelle für die Vorhersage des Bauteilverzuges oder der lokalen mechanischen Eigenschaften in Betracht ziehen(Simulation: MAGMASOFT®).

die einströmende Schmelze und die Kernlagerung zum Verzug des Sandkerns während der Formfüllung und Erstarrung. Die Zugfestigkeit des Kerns wird durch das Bindersystem bestimmt, das abhängig ist von Temperatur, Aushärtung, Zersetzung, und, bei anorganischen Systemen, auch von der Trocknung und Restfeuchte. Unter Druck bestimmt der Kontakt zwischen den Körnern die Festigkeit, wobei die Art des Sandes großen Einfluss hat.

Unter Berücksichtigung der entsprechenden Materialdaten können über dem gesamten Gießprozess die Kernausdehnung und der Kernverzug quantitativ beurteilt werden. Insbesondere bei dünnwandigen Cold-Box-Kernen oder auch 3D gedruckten Kerne mit fragiler Kernlagerung können so frühzeitig Maßnahmen zur Stabilisierung der Maßhaltigkeit oder Vermeidung von Kernbruch eingeleitet werden.

Die Wärmebehandlung als nachgelagerter Prozessschritt des Gussbauteils verändert die Struktur des Gussgefüges und die resultierenden mechanischen Eigenschaften des Bauteils. Die numerische Kopplung von Diffusionsrechnung und Phasenumwandlung ermöglicht die Vorhersage von Gefüge und Eigenschaften zu jedem Zeitpunkt in einer Wärmebehandlung. Dies hilft dem Stahlgießer beispielsweise bei der frühzeitigen Identifizierung von Durchhärtungsproblemen, und dem Aluminiumgießer bei der Festlegung optimaler Auslagerungsparameter bezüglich Festigkeit oder Dehnung.

Neben der Eigenschaftsvorhersage kann heutzutage die Simulation der Wärmebehandlung unter Verwendung entsprechender Materialmodelle und Berücksichtigung des Schwerkrafteinflusses den geometrischen Verzug des Bauteils berechnen. Dies ermöglicht die virtuelle Auslegung und Optimierung von Wärmebehandlungsgestellen und Prozessparametern lange Zeit, bevor das erste reale Gussteil produziert wird.

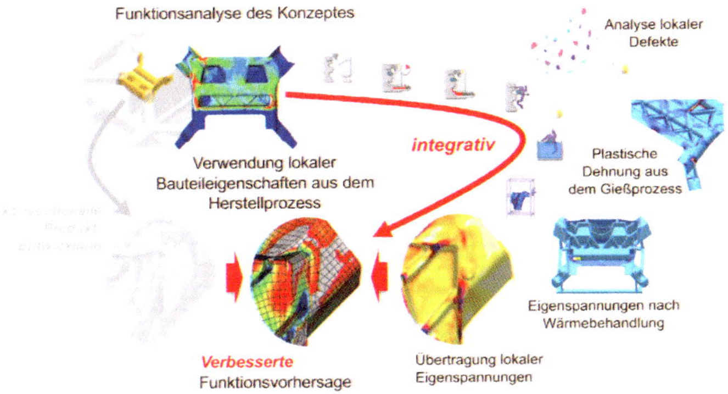

Innovativer CAE-Prozess: verbesserte Funktionsvorhersage und Risikoabschätzung durch Verwendung lokaler Bauteileigenschaften aus der Gießprozess-Simulation. Virtuell generiertes Wissen als Basis für abgesicherte Entscheidungen in der Konzept- und Designphase führt zu robusten Produkten und Prozessen.

Integration der Simulation in den Produktlebenszyklus

Je tiefer und umfassender die Simulation in den Lebenszyklus eines Gussteils integriert ist, desto höher ist ihr technischer und wirtschaftlicher Nutzen. Da der Lebenszyklus in der Regel unternehmensübergreifend ist, sollte die Gießprozess-Simulation nicht nur in die Prozesse der Gießerei, sondern auch in die Abläufe der Bauteilentwicklung und -konstruktion beim Gussabnehmer sowie in die Auslegungsprozesse von Betriebsmittellieferanten (Werkzeugbau) integriert werden.

In der Design- und Konstruktionsphase unterstützt Gießprozess-Simulation die etablierten Methoden der virtuellen Funktionsvalidierung (FEM) durch eine frühzeitige Analyse und Berücksichtigung von Fertigungseinflüssen auf die Bauteileigenschaften. Potentielle Probleme beim Gießen können idealerweise durch konstruktive Maßnahmen in der Bauteilgeometrie eliminiert oder in der Bauteil- und Qualitätsspezifikation berücksichtigt werden.

Dies reduziert Überarbeitungsschleifen und beschleunigt damit den Entwicklungsprozess bis zum Serienstart.

In der Phase der Werkzeug- und Prozessauslegung liefert die Simulation fundierte Informationen für die Anfertigung der Formen und verlässliche Vorgaben für die Produktion, beispielsweise zu Füllkurven, Temperatureinstellungen und Zykluszeiten. Systematische Gießprozess-Simulation ersetzt den klassischen realen „Versuch und Irrtum". Virtuell erzeugtes Wissen wird Basis für abgesicherte Entscheidungen und die Auslegung robusterer Werkzeuge und Fertigungsprozesse.

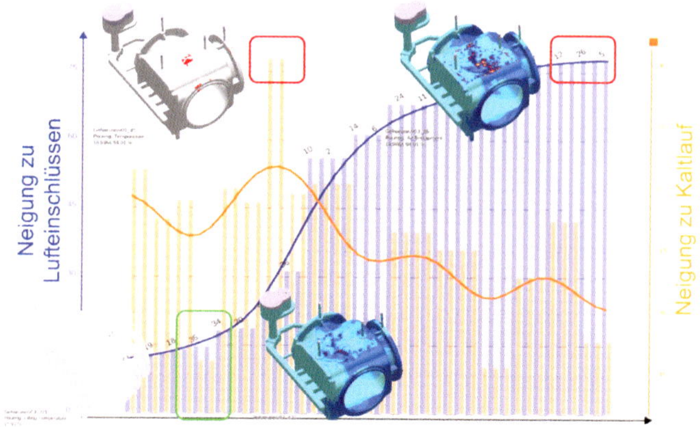

Gemeinsame Bewertung von konstruktiven und gießtechnischen Maßnahmen zur Vermeidung von Lufteinschlüssen und Fließfehlern (Kaltlauf) bei einem Stahlgussteil (Simulation: MAGMASOFT®).

Gießprozess-Simulation als Kommunikationswerkzeug zwischen Gießer, Gussabnehmer und Gießereizulieferer

Neben dem direkten Einfluss, den die Gießprozess-Simulation auf die Entwicklungs- und Fertigungsprozesse von Gussteilen hat, spielt sie auch eine entscheidende Rolle in der unternehmensinternen und -übergreifenden Kommunikation. Die Ergebnisse der Gießprozess-Simulation dienen als fundierte, verbindliche Gesprächsbasis und unterstützen damit, mehr als je zuvor, eine:

- schnelle Produkt- und Prozessentwicklung,
- optimale Prozess- und Werkzeuggestaltung im Hinblick auf Qualität, Ausbringung und Kosten, sowie
- robuste Prozessauslegung mit maximaler Reproduzierbarkeit der Qualität.

Die methodische Durchführung virtueller Versuchspläne erzeugt systematisches Wissen zu Korrelationen zwischen Fertigungsparametern und Qualitätsmerkmalen des Gussteils, nahezu frei von wirtschaftlichen oder produktiven Risiken. Mit Hilfe von Gießprozess-Simulation kann nachhaltiges, jederzeit abrufbares Produkt- und Prozesswissen noch vor dem ersten realen Abguss generiert werden.

Literatur

J. Hattel (Herausgeber), Fundamentals of Numerical Modelling of Casting Processes, Polyteknisk Forlag (2005), Kgs. Lyngby, Dänemark, ISBN 87-502-0969-8

P. R. Sahm und P. N. Hansen: Towards Integrated Modeling for “Intelligent Castings”; Modeling of Casting, Welding and Advanced Solidification Processes – IX, pp. LXXXI-XCIII, Copyright Shaker Verlag (2000), Aachen, Deutschland, ISBN 3-8265-7230-0

J. C. Sturm und E. Flender: 30 Jahre Gießtechnische Simulation; Giesserei 96 (2009), Heft 05/2009, S. 94–109

J. C. Sturm, I. Wagner: Praktischer Einsatz der Kernsimulation zur Prozessoptimierung, Giesserei Rundschau, Heft 9–10/2012, S. 246–252

J.C. Sturm und I. Hahn: Von der Simulation zur Optimierung. Giesserei (2015), Heft 06/2015, S. 86–100

Bramann, H., Leineweber, L. und Sturm, J. C.: Innovatives Produktdesign und robuste Prozessauslegung im Druckgießprozess mit Autonomous Engineering, Giesserei, Vol. 01/2018, S. 34 ff.

Thorborg, J: The virtual core – modelling and optimization of core manufacturing and application, MCWASP XV 2020 15th edition: in Proceedings of Modelling of Casting Welding and Advanced Solidification Processes

Additive Fertigungsverfahren in der Gießereipraxis

Additive und werkzeuglosen Fertigung von Werkstücken wie zum Beispiel Modellen, Kernen, Formteilen, Mustern, Prototypen, Werkzeugen und Endprodukten. Die Herstellung dieser Werkstücke erfolgt direkt aus 3D-CAD-Daten. Die Bauteilkosten sind unabhängig von der Komplexität, weshalb die Herstellung individualisierter Einzelteile oder Kleinserien im Gegensatz zu konventionellen Verfahren kostengünstig erfolgen kann. Aus formlosen Formstoffen (Flüssigkeiten, Pulver, Partikelmaterialen, Sande u. Ä.) oder formneutralen Formstoffen werden mit chemischen und/oder physikalischen Prozessen Werkstücke hergestellt.

Verfahren und Werkstoffe

Verfahren	Werkstoffe	Klassifizierung
Stereolithografie (STL oder SLA)	flüssige Duromere oder Elastomere	Flüssigmaterial-verfahren
Selektives Lasersintern (SLS)	Thermoplaste (Polycarbonate, Polyamide, Polyvinylchlorid), Metalle, Keramiken, Croning-Sande	Pulverbettverfahren
Selektives Laserschmelzen (SLM)	Metalle, Kunststoffe, Keramiken	Pulverbettverfahren
Elektronenstrahlschmelzen (EBM)	Metalle	Pulverbettverfahren
Laser Engineered Net Shaping (LENS)	Metalle	Pulverbettverfahren
Binder Jetting (3D-Druck von Pulvermaterial mit Binder)	Sand, Metalle, Kunststoffe	Pulverbettverfahren
Multi Jet Modelling (MJM)	Photopolymere, Sande, Metallpulver, Glaspulver	Pulverbett- oder Freiraumverfahren,
Laminated Object Modelling (LOM)	Papier, Kunststoffe, Keramik, Metalle	Freiraumverfahren
Fused Deposition Modelling (FDM)	Thermoplaste ABS, Polylactide	Freiraumverfahren
Laserauftragsschweißen	Metalle	Freiraumverfahren
Wax Deposition Modelling (WDM)	Wachse	Freiraumverfahren

Die Anwendungsgebiete dieser Fertigungsverfahren haben sich sprunghaft erweitert und lassen sich wie folgt einordnen:
- Einsatz als Modell, Prototyp: Rapid Prototyping
- Einsatz als Werkzeug: Rapid Tooling
- Einsatz als Bauteil: Rapid Manufacturing

3D-Druck

Der 3D-Druck ist ein Produktionsprozess bei dem Schichten über-einandergelegt werden, um einen dreidimensionalen festen Gegenstand, ausgehend von einem digitalen Modell, zu erstellen. Bei Drucksystemen auf Metall- oder Kunststoffbasis, ist die gedruckte Masse in der Regel das Teil selbst. Bei Drucksystemen auf Sandbasis (siehe Tabelle „Bindersysteme") werden dagegen Kerne und Formteile hergestellt, die anschließend mit flüssigen Metallen abgegossen werden können. Daher findet der 3D-Druck auf Sandbasis in der Gießereiindustrie häufig Anwendung.

Aus diesem Grund befassen sich die nachfolgenden Abschnitte ausschließlich mit dem Thema Sanddruck mittels Binder-Jetting-Verfahren.

Binder-Jetting-Technologie am Beispiel vom Sanddruck [2]

Binder Jetting ist ein generativer Produktionsprozess, bei dem ein flüssiges Bindemittel gezielt auf eine Sandschicht (natürlicher oder synthetischer Sand) aufgetragen wird, um sich mit dem Sand zu verbinden. Der Druckkopf sprüht dabei den Binder gemäß der zugeordneten 2D-Fläche auf die Sandschicht auf. Anschließend wird die nächste Sandschicht aufgetragen und wieder gezielt mit Binder bedruckt. Mit der Zeit werden so die Kerne oder Formteile über mit-einander verbundenen Sandschichten Schicht für Schicht aufgebaut. Der Auftrag von Binder funktioniert dabei analog zum Auftrag von Tinte beim herkömmlichen Tintenstrahldruckverfahren. Mit dem Unterschied, dass bei der Binder-Jetting-Technologie mehrere Sandschichten übereinandergelegt werden, bis der Bauvorgang abgeschlossen ist.

Ein wesentlicher Vorteil des Binder-Jetting-Verfahrens ist die hohe Festigkeit, die damit erreicht werden kann. Außerdem ist das Verfahren dadurch gekennzeichnet, dass keine weitere Hitzequelle während des Druckprozesses erforderlich ist. Lediglich bei den beiden Phenolbinderarten (heißhärtendes und kalthärtendes System) ist eine Baufeldheizung nötig. Beim Furanbinder dient eine Baufeldheizung zur Steigerung der Endfestigkeit und erleichtert zudem die Nachbearbeitung. Bei anderen additiven Fertigungsverfahren werden stets zusätzliche Hitzequellen eingesetzt, was innerhalb der Kerne und Formteile zu Spannungen führen kann. Diese Spannungen müssen dann in einem Nachbearbeitungsprozess wieder gelöst werden.

Darüber hinaus sind beim Binder-Jetting-Verfahren keine Stützstrukturen erforderlich, denn die Kerne und Formteile werden beim Druckvorgang vom losen Sand selbst in der Jobbox gestützt. Zudem ist die Druckzeit deutlich kürzer als bei anderen 3D-Druckverfahren. Mit dem Binder-Jetting-Verfahren können sowohl große Kerne und Formteile als auch mehrlagige (z. B. Kerne/Formen in der Jobbox übereinandergestapelt) Druckjobs gefertigt werden, weshalb das Verfahren kostengünstiger als andere additive Herstellungsverfahren ist.

Einsetzbare Binder:

Furanbinder

Furanbinder ist ein typisches Bindemittel für massive und großvolumige Kerne und Formteile, die in herkömmlichen Sandgussanwendungen bei mittleren bis hohen Temperaturen zum Einsatz kommt. Daher sind keine zusätzlichen thermischen Nachbearbeitungsprozesse in der Gießerei erforderlich, um dieses Bindematerial zu verwenden.

Phenolbinder

Phenolbinder wird für den Druck von filigranen Kernen und Formteilen mit großer Streckung verwendet und ist für das Gießen von Gussteilen bei hohen Temperaturen am besten geeignet. Sehr dünne Wände oder Röhren können dank der hohen Hitzebeständigkeit der Kerne und Formteile leicht gedruckt werden. Die Aushärtung der Kerne und Formteile erfolgt bei heißhärtendem Phenol in einem speziellen Mikrowellenofen. Bei kalthärtendem Phenol erfolgt eine Ofenaushärtung. Bei der Lagerung von Kernen und Formteilen aus kalthärtendem Phenol ist darauf zu achten, dass der zeitliche Ab-stand zwischen der Kern- und Formteilherstellung und dem Abguss möglichst gering ist, da eine Feuchtigkeitsaufnahme über die Umgebungsluft zu einer Reduzierung der Festigkeit führt.

Eine korrekte Lagerung und das Klima haben einen wesentlichen Einfluss auf die Haltbarkeit der phenolbasierten Kerne und Formteile. Grundsätzlich bedeutet eine trockene Atmosphäre eine Verbesserung der Lagerbeständigkeit.

Silikatbinder

Im Rahmen ständig neuer Verschärfungen der Umweltauflagen, verlangen große Gießereien und OEMs immer stärker nach Alternativen zu organischen Bindern. Die Kerne und Formteile, die unter Verwendung von Silikatbindern gedruckt wurden, zeichnen sich durch ungiftige Bestandteile und geringe Gasemissionen während des Gießprozesses aus. Die Aushärtung der Kerne und Formteile erfolgt dank der Mikrowellentechnologie durch das Austreiben des Wassers aus den Kernen und Formteilen.

3D-Druckverfahren mittels Binder Jetting [2]

Wesentliche Komponenten des 3D-Druckers:

Jobbox	Druckkopf	Recoater
Ort in der Maschine, in dem die Kerne und Formteile gedruckt werden; mit Motor; Boden (Bauplattform) mechanisch höhenverstellbar	Druckt das zur jeweiligen Schichthöhe zugehörige 2D-Bild mit Binder auf; unterscheiden sich in Modulart und Anzahl von Modulen/Modulreihen	Beschichtet das Baufeld mit dem Sand; mit Activator aktivierter Sand wird per Recoater in einer dünnen Schicht aufgetragen und gleichzeitig verdichtet

CAD-Daten

Voraussetzungen für den Druckprozess sind 3D-CAD-Daten. Dazu wird der Kern oder das Formteil, ausgehend von den Daten der Positivform, mit allen Teilungen, Anschnitten, Angüssen, Steigern, Speisern etc. im 3D-CAD konstruiert und über das STL-Dateiformat an die Prozessvorbereitungssoftware übergeben. Der Bediener platziert dann den Kern oder das Formteil am Bildschirm im virtuellen Bauraum.

Schritt 1: Sandzufuhr

Nach der Konstruktionsphase wird der Druckprozess gestartet. Dazu wird zunächst der entsprechende Sand (natürlicher oder synthetischer Sand) in einem Mischer chargenweise mit Activator vermischt. Anschließend wird der Recoater mit dem aktivierten Sand befüllt.

Schritt 2: Startschicht

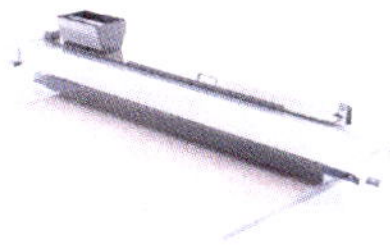

Der Sand wird flächig über die gesamte Breite des Baufeldes schichtweise aufgetragen. Der Recoater trägt zunächst einige leere Sandschichten auf die Bauplattform der Jobbox auf.

Schritt 3: Drucken

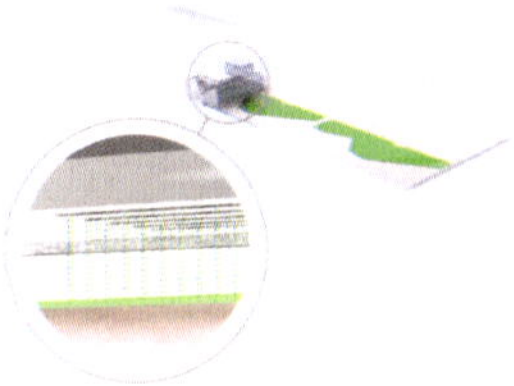

Der Druckkopf bewegt sich zeilenweise über das Baufeld und Binder wird selektiv aufgetragen. Der Druckkopf trägt genau an den Stellen Binder auf, an denen sich später der Kern oder das Formteil befinden soll. Es können sowohl Teilbereiche, als auch ganze Kerne und Formteile gedruckt werden. In der Jobbox selbst können verschiedene Kerne und Formteile beliebig angeordnet werden.

Schritt 4: neue Schicht

Durch die Absenkung der Bauplattform wird Platz für eine neue Schicht geschaffen.

Schritt 5: Recoating

Anschließend trägt der Recoater eine neue Schicht mit aktiviertem Sand auf.

Schritt 6: Wiederholung

Die Schritte 2–4 werden so lange wiederholt, bis die Kerne bzw. Formteile fertiggestellt sind. Dabei hängt die Druckgeschwindigkeit unter anderem von der gewählten Sand-Binder-Kombination ab.

Schritt 7: Fertigstellung

Nach Abschluss des Druckprozesses muss der umliegende nicht mit Binder benetzte Sand manuell entfernt und die Kerne bzw. Formteile gesäubert werden.

Nach dem Säubern der Kerne bzw. Formteile können diese montiert und für den Abguss vorbereitet werden. Je nach Bindersystem, wird das Produkt gegebenenfalls thermisch nachbehandelt.

Vorteile des Binder-Jetting-Verfahrens

Das Binder-Jetting-Verfahren bietet immense fertigungstechnische Vorteile, die sich in puncto Qualität, Fertigungszeit und Wirtschaftlichkeit gleichermaßen auswirken. Im konkreten Fall führt der 3D-Druck zu einer erhöhten Formgenauigkeit, einer signifikant reduzierten Nacharbeit sowie zu einer exzellenten Oberflächenqualität und Konturentreue. Durch Festigkeiten von bis zu 600 N/cm^2, sind die Kerne und Formteile mit denen aus der konventionellen Serienfertigung vergleichbar oder besser. Die Kerne und Formteile können sofort weiterverarbeitet werden und sind für den Abguss bereit. Im Gegensatz zur konventionellen Herstellung von Kernen und Formteilen, bei der allein die Fertigung von Modellplatten oder Kernkästen mehrere Wochen in Anspruch nehmen kann, lassen sich diese im 3D-Druck bereits innerhalb weniger Stunden drucken.

Weitere Vorteile des Binder-Jetting-Verfahrens:

- Kosteneffiziente Herstellung von Kernen und Formteilen für Prototypen, Einzelteile, Ersatzteile und Kleinserien:
- Keine Modellkosten für Modellherstellung und -lagerung
- Kürzeste Durchlaufzeiten
- Herstellungskosten hängen vom Umhüllungsvolumen des jeweiligen Kerns oder Formteils ab. Die Komplexität spielt dabei nur eine untergeordnete Rolle.
- Auslastung des Bauvolumens der Maschine kann durch geschickte Stapelung mehrerer Kerne und Formteile optimiert werden
- Geringe Änderungskosten und kürzeste Änderungszeiten

Keine Grenzen für Form, Gewicht und Größe:

- Fertigung komplexer, leichter und stabiler Strukturen
- Hohes Maß an Designfreiheit
  Da ohne ein physisches Modell gearbeitet wird, kann auf die sonst zur Modellentformung benötigten Schrägen verzichtet werden. Wesentlich filigranere, aber auch komplexere Geometrien lassen sich dadurch realisieren.
- Bionische Strukturen können naturnah nachgebildet werden
- Starke Individualisierung der Produkte möglich

Funktionsoptimierung und -integration:

- Hohe Qualität durch reibungslosen Zusammenbau von einzelnen Kernen und Formteilen
- Große Kerne und Formteile mit komplexen Geometrien können aufgrund der geringen Maßtoleranzen passgenau zusammengefügt werden
- Größe der Kerne und Formteile hängt vom verfügbaren Bauvolumen der Maschine ab
- Aufwendige und schwere Kerne und Formteile lassen sich durch Bewehrungen herstellen und stabilisieren

Bindersysteme [2]

	Furan	Phenol (heißhärtend)	Anorganik	Phenol (kalthärtend)
mittlere Korngröße des Formstoffs (µm)	Passende Korngrößenverteilung vorausgesetzt; 100–220			
Schichtdicke (µm)	200–400			
Biegefestigkeit (N/cm²)	> 250	> 400	> 250	> 300
Gasdurchlässigkeit	Sandabhängig; 100–350			
Glühverlust (%)	Über Bindereintrag einstellbar; erwartungsgemäß 1,3–2,3			
Gusswerkstoffe				
Gusseisen	✓	✓		✓
Aluminiumlegierung	✓	✓	✓	✓
Nichteisenwerkstoff	✓	✓		✓
Stahl	✓	✓		✓
Branchen	Automobilindustrie, Luft- & Raumfahrt, Pumpenindustrie etc.	Hydraulikbranche, Automobilindustrie etc.	Automobilindustrie, Luft- & Raumfahrt, Pumpenindustrie, Hydraulik etc.	Automobilindustrie, Luft- & Raumfahrt, Hydraulik etc.
Anwendungsbeispiele	große Motoren, Ventile	Motorkomponenten, Maschinenbau	Ventile, Wassermantelkerne	Motorkomponenten, Maschinenbau
Vorteile	keine thermische Nachbehandlung; hohe Sofortfestigkeit	Hochtemperaturguss; geringe Ausdehnung des Formstoffs	Emissionsfrei	Vermeidung von Blattrippen; Hochtemperaturguss
Sande*	Quarzsand und synthetischer Sand			

* Sande können in Abhängigkeit von Qualität, Aufbereitung und Kompatibilität mit Bindern verwendet werden

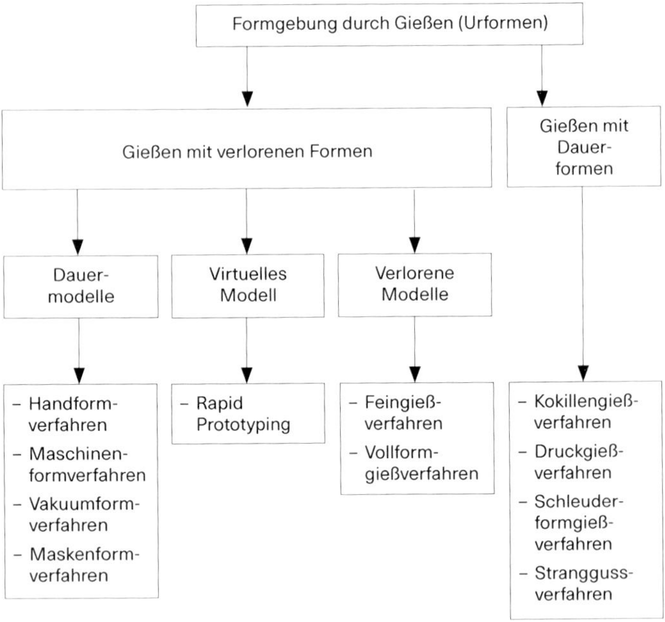
Formgebung durch Gießen (Urformen)
Gießen mit verlorenen Formen
Gießen mit Dauerformen
Dauermodelle
Virtuelles Modell
Verlorene Modelle
– Handformverfahren
– Maschinenformverfahren
– Vakuumformverfahren
– Maskenformverfahren
– Rapid Prototyping
– Feingießverfahren
– Vollformgießverfahren
– Kokillengießverfahren
– Druckgießverfahren
– Schleuderformgießverfahren
– Stranggussverfahren

Einteilung der Verfahren zur Form- und Gussstückherstellung [3]

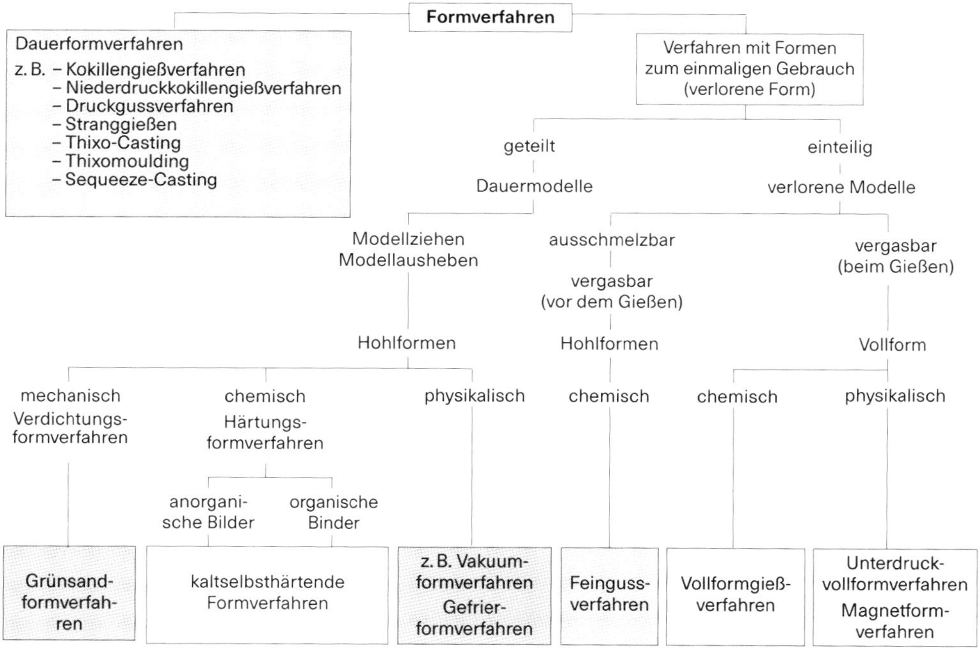

Verfahren zur Form- und Kernherstellung mit chemischer Bindung [4]

Systeme mit anorganischen Formstoffbindern

Kaltselbsthärtend:	**Begasungshärtend:**	**Warm- bzw. heißhärtend**
Zementformverfahren Wasserglas-Ester-Verfahren Verfahren mit Geopolymeren	Wasserglas-CO_2-Verfahren Wasserglas-Warmluft-Verfahren Warmlufttrocknung von Wasserglaspulver-Systemen	Verfahren mit temperierten Urformwerkzeugen, Basis Silikatbindergemische Verfahren mit Mikrowellentrocknung, Basis Wasserglasbinder Verfahren mit Härtung durch Heißluft, Basis Salzbindersysteme Feingießverfahren mit Kieselsolbindern

weiterführende Literatur:

„Anorganische Binder zur Form- und Kernherstellung in der Gießerei"

Hartmut Polzin

Schiele & Schön GmbH

Systeme mit organischen Formstoffbindern [4]

kaltselbsthärtend innerhalb des Werkzeugs

Begasungsverfahren:

PUR-Cold-Box-Verfahren
Acetal-Verfahren
Resol-SO_2-Verfahren

Selbsthärtende Verfahren:

Kaltharzverfahren Basis Furanharz oder Phenolharz

Verfahren auf Polyurethan-Isocyanat Basis

Resol-Esther-Verfahren

Erstarrungsöle

heißhärtend innerhalb des Werkzeugs

Warmboxverfahren:

Verfahren Basis Furanharz oder Phenolharz

Hot-Box-Verfahren:

Verfahren auf Basis Phenolharze, Furanharze oder Harnstoffharze

Maskenformverfahren:

Verfahren mit Flüssigharzen

Verfahren mit Harz-Sandmischungen

heißhärtend außerhalb des Werkzeugs

Ofentrocknung:

flüssige Kernöle auf natürlicher und synthetischer Basis

Siehe dazu Kapitel 6

Formstoffe „Bindersysteme zur Kernherstellung“

Überblick über die wichtigsten Verdichtungsverfahren und Verfahrenskombinationen [5]

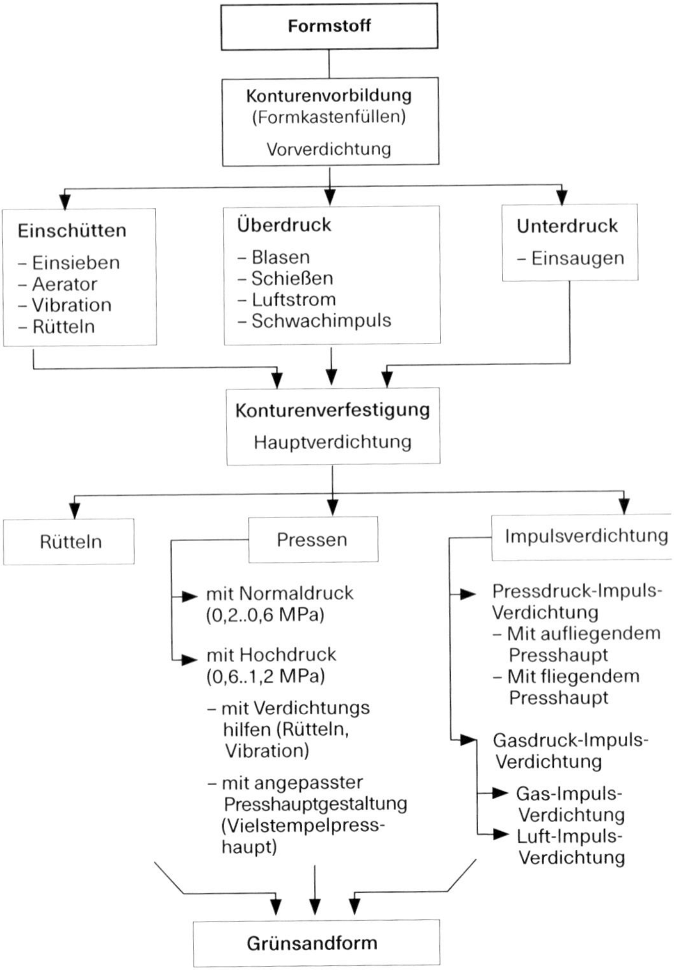

Formherstellung bei bentonitgebundenem Formstoff – Verdichtungsfunktion für das Pressen [5]

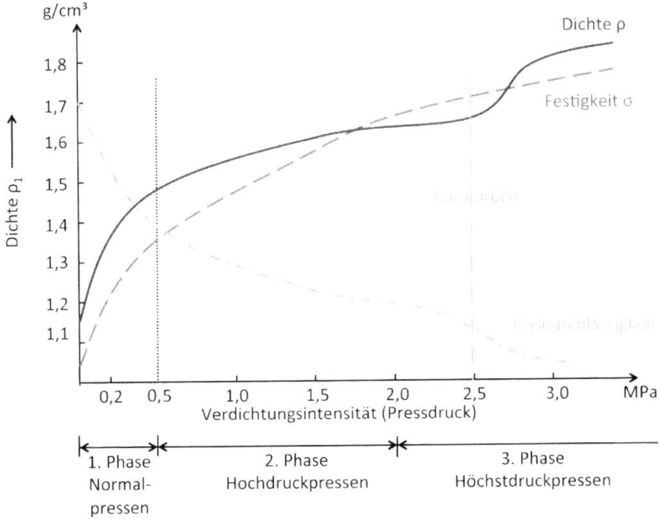

Formherstellung bei bentonitgebundenem Formstoff – Verdichtungscharakteristik verschiedener Verfahren [5]

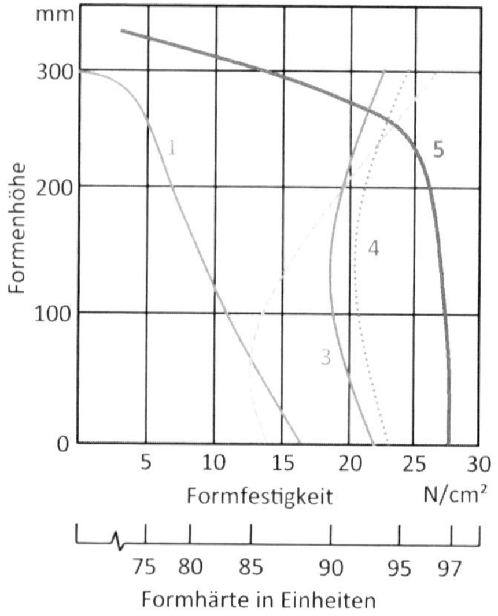

1 – Rütteln

2 – Hochdruckpressen (1,2 bis 1,4 MPa)

3 – Vibrationshochdruckpressen (0,8 bis 1,0 MPa)

4 – Luftstrompressen (0,8 bis 1,0 MPa)

5 – Impulsverdichtung

Entwicklung Speisertechnik für Maschinenformguss

erste Formanlagengenerationen	Aufformen Speiser technologisch nicht möglich
Druck Verdichtung: 0,2–0,4 MPa	Anwendung in Form von Einsteckkappen nach dem Verdichten an die Stabilität wurden geringe Ansprüche gestellt
Weiterentwicklung	Zur Reduzierung von Nacharbeitskosten: Einsteckkappen mit Brechkern und kleinem Speiserhalsdurchmesser
Formanlagentechnik ab 1975	Speiser werden nun vor dem Formen auf die Modellplatte gesetzt
Druck Verdichtung: 0,4–0,7 MPa	Kompaktspeiser mit Brechkern: geringeres Volumen bedeutete Einsparung von Flüssigeisen und Leistungssteigerung
Weiterentwicklung	Speiser mit verkleinertem Brechkerndurchmesser Nutzung von Aufformdornen mit der Möglichkeit einer besseren Speiserpositionierung Entwicklung fluorfreier Cold-Box-Speisermassen, welche keinen Einfluss auf die Grafitausbildung nehmen Einsatz exothermer Konturbrechkerne und Segmente für spezielle Gussgeometrien zum Dichtspeisen
Formanlagentechnik Gegenwart	Hohe Pressdrücke, höchste Anforderung an Gusskonturen erfordern den Einsatz neuer Systeme:
Druck Verdichtung: 0,8–1,6 MPa	Speisersysteme im Baukastenprinzip mit individuellen Lösungen zur Positionierung, Druckentlastung und Speisung komplizierter Geometrien: Entwicklung mehrteiliger Speiser, welche durch teleskopartige Verschiebung von Ober- zu Unterteil beim Pressvorgang einen druckfreien Unterteilbereich des Speisers erzeugen. Entwicklung mehrteiliger Speiser, zum einen mittels starrem Zentrierdorn, welcher bei der Verdichtung den oberen Teil des Speisers durchsticht und so für eine gute Entlüftung sorgt und zum anderen mittels Federdorn, welcher beim Pressvorgang eine druckfreie Positionierung des Speisers ermöglicht.

Erforderliche Speisergrößene; Vergleich von Natur- exothermen und Minispeisern [9]

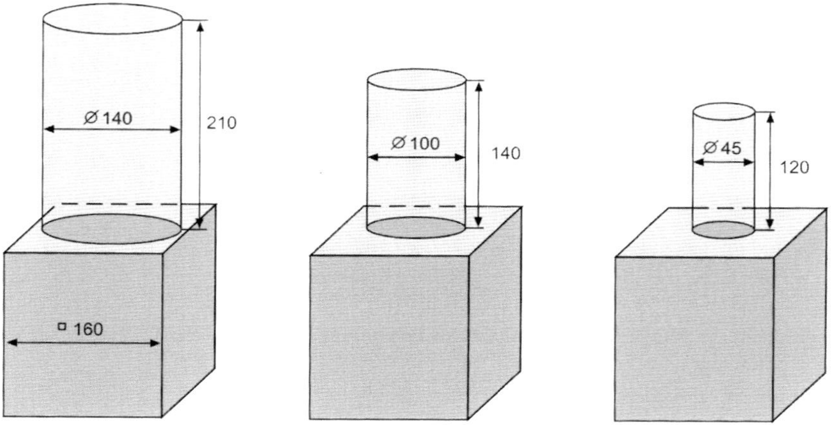

Würfel	= 28,7 kg		Würfel	= 28,7 kg		Würfel	= 28,7 kg
Naturspeiser	= 23,0 kg		exoth. Speiser	= 8,4 kg		Mini-Speiser	= 1,3 kg
Trennfläche	= 158,8 cm^2		Trennfläche	= 73,5 cm^2		Trennfläche	= 19,6 cm^2

Prinzip der Brech-Kanten-Speiser (BKS-Speiser) [9]

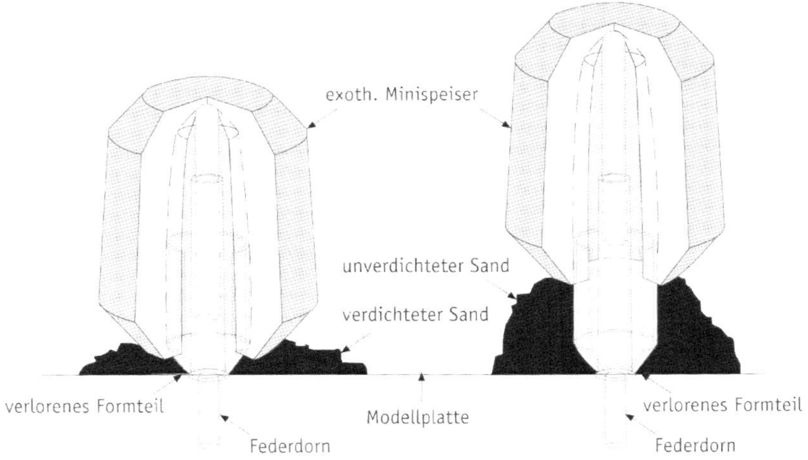

Anwendungstechnik von Speisern mit Federdorn und starrem Aufformdorn [10]

Aufformen mit Federdorn
vor Verdichtung   nach Verdichtung

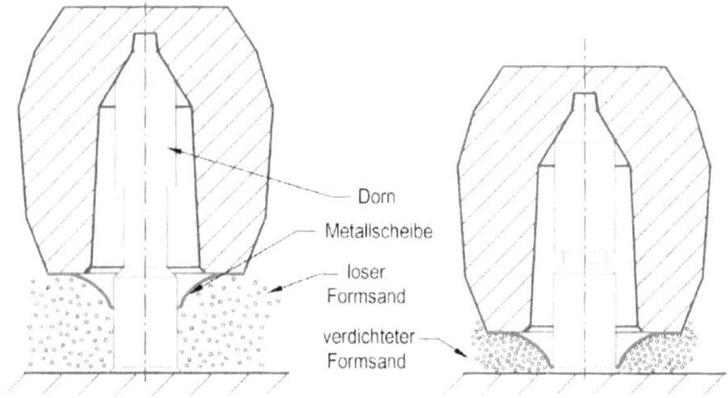

Aufformen mit starrem Dorn
vor Verdichtung   nach Verdichtung

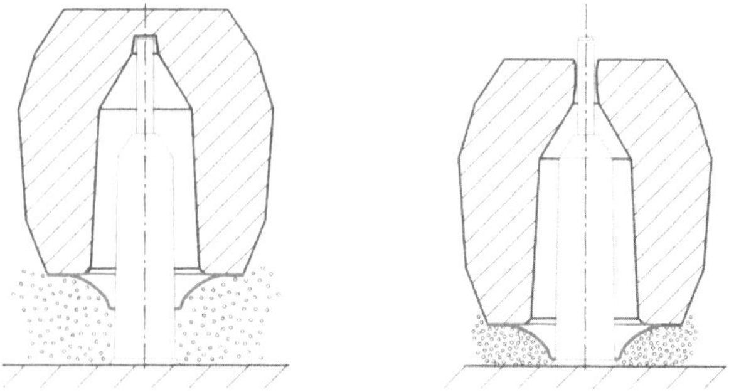

Anwendungstechnik von Speisern mit Teleskopfunktion zum Schutz vor Beschädigungen beim Hochdruckpressen [11]

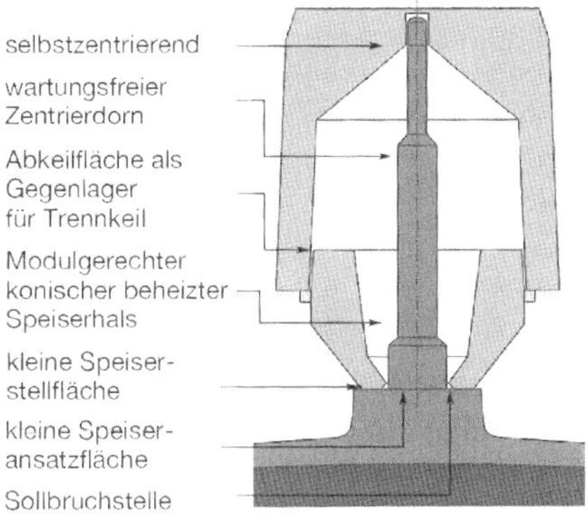

Nach dem Verdichten

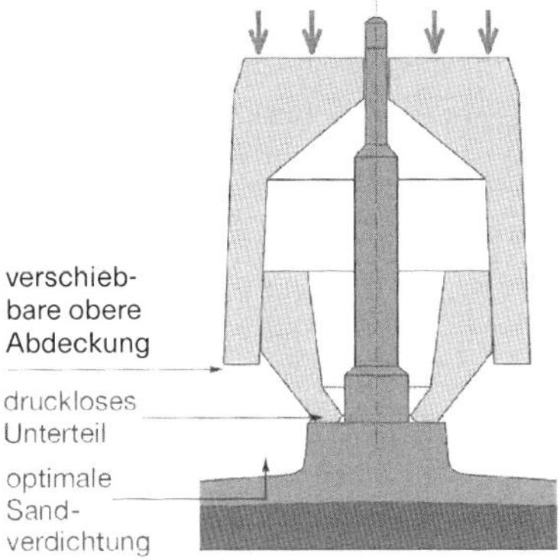

ECO-Speiser [12]

Der ECO-Speiser ist in seinem Grundprinzip eine Kombination aus einem exothermen Innenspeiser, das das flüssige Eisen zur Speisung aufnimmt, und einer isolierenden Hülle, die eine Wärmeübertragung an die Umgebung des Speiser reduziert und damit die Energieeffizienz enorm steigert. Die Zuführung von zusätzlicher Energie kann damit verringert und gleichzeitig die Produkteffizienz gesteigert werden.

Modulbereich 1,9 bis 4,5 cm

Produktvorteile:
- Modulsteigerung bei identischer Geometrie
- Höheres Ausbringen
- Verringertes aufheizen der Formpartien in direkter Speiserumgebung
- Minimierung des Eintrags abgebrannter exothermer Massen in den Formstoff

Luftkammerspeiser [12]

Mit Luftkammern in der Speiserwandung wird die kostengünstige Isolationswirkung der Luft genutzt.

Produktvorteile:
- Reduzierung des Speisergewichtes
- Leichteres Handling großmoduliger Speiser aufgrund der Gewichtseinsparung
- Verringerung des Eintrags von abgebrannten Speisermassen in das Sandsystem

Geschnittener Luftkammerspeiser

Isolierstoffe für Speiser [13]

Die Basis für isolierende und exotherme Speiser, sowie für deren Kombinationen sind feuerfeste Füllstoffe. Die feuerfesten Füllstoffe bilden die Grundstruktur der Speiser, sie sind für die Festigkeit aber auch für die Stabilität beim Abguss von hoher Wichtigkeit. Außerdem sind diese Gerüststoffe in hohem Maße für die Isolierwirkung und den positiven Wärmehaushalt und damit für eine gute Wirksamkeit des Speisers verantwortlich.

Das wichtigste Kriterium für die Auswahl der geeigneten Füllstoffe ist das Anwendungsgebiet. Wesentlich ist die Gießtemperatur der Legierung, außerdem wird in isolierend oder exotherm wirksame Speiser unterschieden. Aus diesen zwei Faktoren leitet sich der Grad der Notwendigkeit der thermischen Beständigkeit des Füllstoffs ab.

Kann die thermische Beständigkeit des Füllstoffs als ausreichend angesehen werden, sind die Eigenschaften Wärmeleitfähigkeit, Temperaturleitfähigkeit und Wärmekapazität wesentliche Faktoren für eine gezielte Werkstoffwahl und damit ausschlaggebend

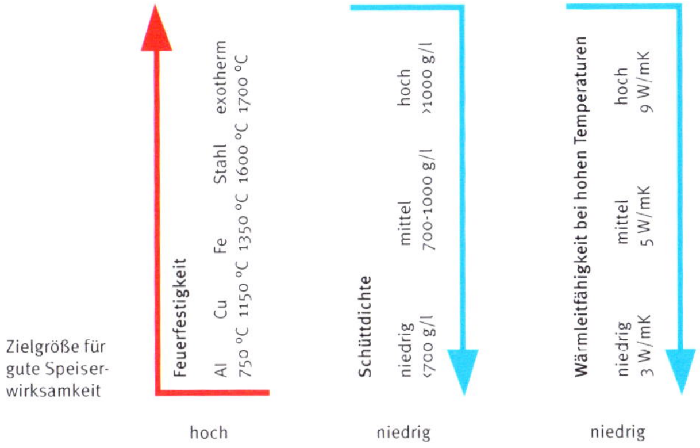

Bild 1: Zielgrößen für die Wirksamkeit von Füllstoffen für Speiser.

Wärme- und Temperaturleitfähigkeit abhängig von Stoffdaten/Festkörperausbildung

- chemische Zusammensetzung (reiner Stoff?, Gemisch?)
- Phasenbestand (Monophase?, Mischphasen?)
- Kristallinität (amorph, kristallin, Grad der Kristallinität)
- Kristallographische Orientierung
- Grad und Ausbildung der Porosität
- Packungsdichte
- Korngröße

Bild 2: Abhängigkeiten von Wärmeleitfähigkeit und Temperaturleitfähigkeit.

für die Wirksamkeit des Speisers. Weitere Eigenschaften, wie Kornform, Kornfestigkeit, Porosität sowie Schüttdichte sind vor allem Eigenschaften, die das Gefüge und damit wesentlich die Festigkeit des Speisers beeinflussen.

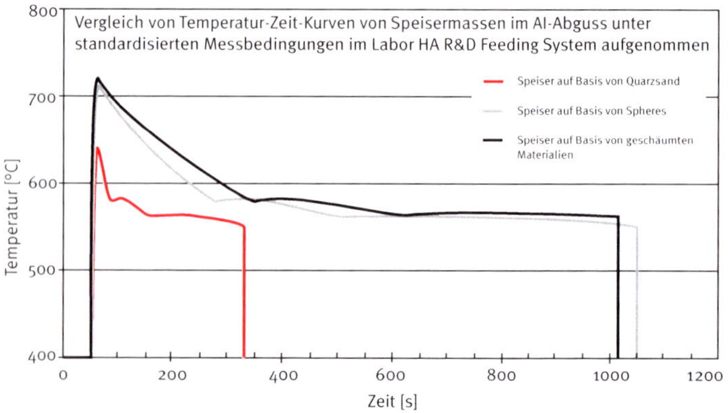

Für die Entwicklung der Speisermassen werden die Abgüsse unter deutlich extremeren Bedingungen durchgeführt als in der Praxis üblich. Daher können die hier festgestellten Werte von den jeweiligen Realbedingungen in den Gießereien abweichen.

Bild 3: Vergleich der Isolierwirkung verschiedener Speisermassen im Aluminiumguss bei identischem Bindersystem.

Tabelle 1: Angaben von Wärmeleitfähigkeiten ausgewählter Stoffe.

	Wärmeleitfähigkeit [W/(m·K)]	**Angaben bezogen auf den Temperaturbereich**
Aluminiumoxid >99 % Al_2O_3	19–30	20–100 °C
Aluminiumoxid 50–65 % Al_2O_3	2–6	20–100 °C
Quarz	8–4,5	20–1000 °C
Geschäumtes Glas	0,038–0,050	20 °C

Beim Vergießen von NE-Legierungen werden relativ geringe Anforderungen an die Feuerfestigkeit des Materials gestellt, dafür um so höhere an die Isolierwirkung. Um dieser gerecht zu werden, empfiehlt sich der Einsatz von geschäumten Materialien. Dies können Bläh- und Schaumgläser aus Recyclingglas oder auch geblähte Perlite sein. Aufgrund des Blähvorgangs weisen die Partikel eine hohle Struktur auf, welche zusammen mit der geringen Wärmeleitfähigkeit von Glas eine hervorragende Basis für die gute Isolierwirkung bildet.

Im höheren Temperatursektor sind Quarzsand und Schamotte gängige Rohstoffe für Speiser. Diese Rohstoffe liegen in ausreichenden Mengen vor und weisen eine Feuerfestigkeit im Temperaturbereich von 1700–1800 °C auf. Nachteilig sind neben den relativ hohen Schüttdichten von ca. 1200–1500 g/l auch die ungünstigen Isoliereigenschaften.

Hohlkugelkorund ist ein feuerfester Füllstoff, der eine Feuerfestigkeit bis ca. 2000 °C aufweist und demnach im Speiser für Kupfer-, Eisen- und Stahlguss einsetzbar ist. Das Material weist trotz der hohlen Struktur relativ hohe Schüttdichten von 760–980 g/l auf. Weiterhin ist die gute Wärmeleitfähigkeit des Hohlkugelkorundes gegenläufig zu den notwendigen Isolierungseigenschaften von Speisern.

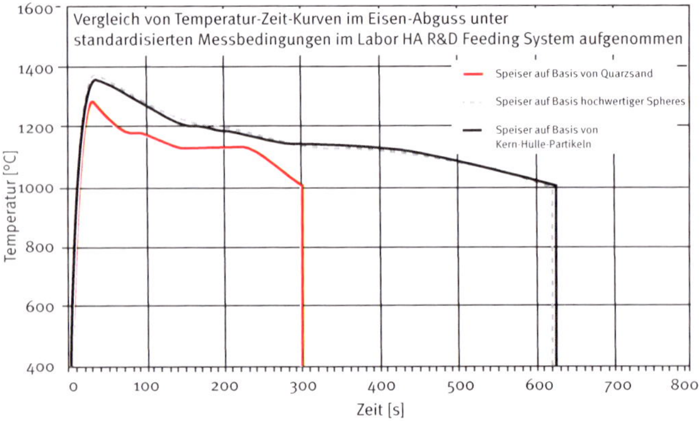

Für die Entwicklung der Speisermassen werden die Abgüsse unter deutlich extremeren Bedingungen durchgeführt als in der Praxis üblich. Daher können die hier festgestellten Werte von den jeweiligen Realbedingungen in den Gießereien abweichen.

Bild 4: Vergleich der Isolierwirkung verschiedener Speisermassen auf Basis verchiedener feuerfester Füllstoffe aber identischem Bindersystem im Eisenguss.

Bild 5: Speiser aus neuem feuerfesten Isolierrohstoff Kern-Hülle-Partikel.

Ein gutes Isoliermaterial für Speiser stellen die in sich hohlen Spheres dar. Dies sind Sekundärrohstoffe aus der Energiegewinnung durch Kohlekraftwerke und Bestandteile der Flugasche.
In Abhängigkeit von den Ausgangsrohstoffen und der Prozessgestaltung entstehen Spheres verschiedener Qualitätsstufen, die sich durch den Al_2O_3-Gehalt und den Anteil an Alkalien- und Erdalkalien sowie Begleitelementen wie Eisen ergeben. Aus dieser chemischen Zusammensetzung resultiert die Feuerfestigkeit.

Insbesondere für den Einsatzbereich Eisen- und Stahlguss sowie in exothermen Speisern werden hochwertige Spheresqualitäten benötigt. Aufgrund geänderter Prozessführungen und Verringerung der Anzahl an Kohlekraftwerken zeichnet sich immer mehr eine Mengenreduzierung von hochqualitativen Spheresqualitäten ab.

Um gut wirksame Speiser anbieten zu können, wird daher stetig an der Verbesserung von Rohstoffen und der Herstellung neuer Rohstoffe gearbeitet, die die notwendigen Eigenschaften ausreichende thermische Beständigkeit und gute Isolierwirkung bei hohen Temperaturen aufweisen.

Ein Rohstoff, der diese Eigenschaften aufweist, sind z. B. Kern-Hülle-Partikel (EP2139626). Dabei wird ein geblähter Glaskern mit einer feuerfesten Hülle ummantelt und es werden somit ausreichende Feuerfestigkeiten bei gleichzeitig guter Isolierwirkung gewährleistet.

Ausgewählte Normen zum Feinguss

DIN EN 4800-008:2011-06
Luft- und Raumfahrt – Titan und Titanlegierungen –
Technische Lieferbedingungen
Teil 008: Ausfallmuster- und Seriengussstücke;
Diese Europäische Norm legt die Anforderungen an die Bestellung, Herstellung, Prüfung, Inspektion und Lieferung von Ausfallmuster- und Seriengussstücken aus Titan und Titanlegierungen fest. Sie ist anzuwenden, wenn sie bei Verweisung auf oder in Verbindung mit der EN-Werkstoffnorm erwähnt wird, sofern in der Zeichnung, Bestellung oder der Prüfanweisung nichts anderes angegeben ist.

DIN EN 1371-2 Ausgabe 2015-04
Gießereiwesen – Eindringprüfung – Teil 2: Feingussstücke;
Deutsche Fassung EN 1371-2:2015

DIN EN ISO 21920-1:2022-12
Geometrische Produktspezifikation (GPS) –
Oberflächenbeschaffenheit: Profile
Teil 1: Angabe der Oberflächenbeschaffenheit
Teil 2: Begriffe und Kenngrößen für die Oberflächenbeschaffenheit
Teil 3: Spezifikationsoperatoren

ISO 16468 Ausgabedatum 2015-10
Feinguss (Stahl, Nickel- und Cobaltlegierungen) –
Allgemeine technische Anforderungen

ISO 19959:2020-03
Visuelle Prüfung der Oberflächenbeschaffenheit von Feingussstücken, Stahl, Nickellegierungen und Cobaltlegierungen

ASTM A 732/A 732M Ausgabedatum 2014
Feinguss aus unlegiertem und niedriglegiertem Stahl und warmfeste Kobaltlegierungen

ASTM E 192 Ausgabedatum 2015
Referenz-Durchstrahlungsbilder von Teilen aus Feinguss für die Verwendung in Luft- und Raumfahrt

ASTM B403 Ausgabedatum 2012
Feingussstücke aus Magnesiumlegierungen

ASTM B 618/B 618M/2011: Standard Specification for Aluminum-Alloy Investment Castings

ASTM A 957/A 957M Ausgabedatum 2015
Übliche Anforderungen an Genaugußstücke aus Stahl und Legierung für allgemeinen gewerblichen Gebrauch

ASTM A 985/A 985M Ausgabedatum 2016
Standard Specification for Steel Investment Castings General Requirements, for Pressure-Containing Parts

ASTM A997 Ausgabedatum 2012
Standard Practice for Investment Castings, Surface Acceptance Standards, Visual Examination

ASTM E 2660 Ausgabedatum 2011
Standard Digital Reference Images for Investment Steel Castings for Aerospace Applications

ASTM A 27/A 27M Ausgabedatum 2017
Standard Specification for Steel Castings, Carbon, for General Application

ASTM A 297/A 297M Ausgabedatum 2017
Warmfester Eisen-Chrom- und Eisen-Chrom-Nickel-Stahlguß für allgemeine Zwecke

ASTM A 351/A 351M Ausgabedatum 2016
Standard Specification for Castings, Austenitic, for Pressure-Containing Parts

ASTM A 743/A 743Ma Ausgabedatum 2013
Standard Specification for Castings, Iron-Chromium, Iron-Chromium-Nickel, Corrosion Resistant, for General Application

ASTM A 744/A 744M Ausgabedatum 2013
Hochbeanspruchbarer, korrosionsbeständiger Eisen-Chrom-Nickel-Guß

ASTM A 352/A 352M Ausgabedatum 2006
Ferritischer martensitischer Stahlguß für druckführende Teile für den Einsatz bei niedrigen Temperaturen

ASTM B 80 Ausgabedatum 2015
Sandgußstücke aus Magnesiumlegierungen

ASTM B 367 Ausgabedatum 2013
Gußstücke aus Titan und Titanlegierungen

ASTM B 824 Ausgabedatum 2017
Gußstücke aus Kupferlegierung

ASTM B 618/B 618Ma Ausgabedatum 2014
Standard Specification for Aluminum-Alloy Investment Castings

ASTM A 128/A 128M Ausgabedatum 1993/überprüft 2012
Austenitischer Manganstahlguß

BGD-Richtlinie P 690 Ausgabedatum Juli 2010
Feinguss. Maßtoleranzen, Oberflächen, Bearbeitungszugaben

BDG-Richtlinie P 695 Ausgabedatum August 2008
Technische Lieferbedingungen für Feingussstücke

BDG-Richtlinie W 60 Ausgabedatum August 2001
Feinguss-Werkstoffe

Werkstoffe für Feingussteile

Werkstoffgruppe	Werkstoffspezifikation	Werkstoffbeispiele
Stahlguss	Einsatzstähle	G16CrMo4, G15CrNi6, C18D
	Nitrierstähle	GX38CrMoV5-1
	Vergütungsstähle	C45E, C42CrMo4, G50CrV4
	Hochfeste Stähle	GX2NiCoMo18-9-5, GX2CrNiCoMo12-8-5
	Werkzeugstähle	GX165CrMoV12
	Verschleißbeständige Stähle	GX250CoCrW48-33
	Nichtrostende ferritisch-martensitische Stähle	GX22CrNi17, GX4CrNi13-4
	Nichtrostende austenitische Stähle	GX5CrNi19-10, GX5CrNiMoNb18-10
	Duplexstähle	GXCrNiMoN22-5-3, GX2CrNiMoCuN25-6-3-3
	Hitze- und Zunderbeständige Stähle	Gx40CrSi13, GX40CrNiSi25-20
	Hochwarmfeste Stähle	GX20CrCoMo12-21, GX15CrNiCo21-20-20
Gusseisen	Gusseisen mit Lamellengraphit	
	Gusseisen mit Kugelgraphit	
	Austenitisches Gusseisen	GJLA-XNiCu-Cr15-6-2
Nickel- und Cobalt-Basislegierungen	Hochkorrosionsbeständige Legierungen	GNiCr20Mo15, GCoCr28Mo
	Hochwarmfeste Co-Basislegierungen (offen erschmolzen)	GCoCr25NiW, GCoCr-20Ni20W
	Hochwarmfeste Ni-Basislegierungen (vakuumerschmolzen)	GNiCr12Al6MoNb, GNiCr16Co8AlTi
Aluminium-Basislegierungen		EN AC-AlSi7Mg0,6, EN AC-AlMg3(a)
Titan und Titan-Basislegierungen	Titanlegierungen	G-Ti2, G-Ti3
	TiAl- Titanaluminide	TNB-V2, TNB-V5, GE48-2-2
Kupfer und Kupfer-Basislegierungen		CuAl10Fe5Ni5C CuSn10-C CuZn16Si4-C

Normen und Richtlinien Feinguss im Vergleich nach [14]

Werkstoffgruppe	Normen und Richtlinien		
	Europäisch (DIN EN)	International (ISO) 1)	USA (ASTM) 1)
Gießereiwesen – Technische Lieferbedingungen Teil 1: Allgemeines Teil 2: Stahl Teil 3: Eisen Teil 4: Aluminium Teil 5: Magnesium	DIN EN 1559-1:2011 DIN EN 1559-2:2014 DIN EN 1559-3: 2012 DIN EN 1559-4:2015 DIN EN 1559-5:2017	ISO 4990: 2015 (Stahlgussteile)	
Geometrischen Produktspezifikationen (GPS) -Maß-, Form- und Lagetoleranzen für Formteile Teil 1–3	DIN EN ISO 8062-1: 2008 DIN CEN ISO/TS 8062-2:2014 DIN EN ISO 8062-3:2008	ISO 8062-1: 2007 ISO/TS 8062-2:2013 ISO 8062-3:2007	
Visuelle Überprüfung der Oberflächenbeschaffenheit von Feingussstücken – Stahl-, Nickellegierungen und Cobaltlegierungen		ISO 19959:2005	
Stahlguss für allgemeine Anwendungen	DIN EN 10293:2015	ISO 9477:2015 ISO 14737:2015	ASTM A 27/A 27M: 2017

Werkstoffgruppe	**Normen und Richtlinien**		
	Europäisch (DIN EN)	**International (ISO)** [1]	**USA (ASTM)** [1]
Hitzebeständiger Stahlguss	DIN EN 10295:2003	ISO 11973:2015	ASTM A 297/A 297M:2017 ASTM A 351/A 351M:2016
Korrosionsbeständiger Stahlguss	DIN EN 10283:2019	ISO 11972:2015	ASTM A 743/A 743Ma:2013 ASTM A 744(A 744M:2013
Kaltzäher Stahlguss			ASTM A 352/A 352M:2006
Austenitischer Mangan-hartstahlguss	DIN EN 10349:2010	ISO 13521:2015	ASTM A 128/A 128 M:2012
Aluminium und Aluminium-legierungen – Gussstücke	DIN EN 1706:2013	ISO 3522:2007	ASTM B 618/B 618Ma:2014 (investment castings)
Magnesium und Magnesi-umlegierungen – Blockme-talle und Gussstücke	DIN EN 1753:1997	ISO 16220:2017	ASTM B 80:2015
Kupfer und Kupfergussle-gierungen – Blockmetalle und Gussstücke	DIN EN 1982:2017	ISO 197-4:1983	ASTM B 824:2017
Gussstücke aus Titan- und Titanlegierungen			ASTM B 367:2013

[1] keine vollständige Übereinstimmung mit DIN EN-Normen

Verfahrensablauf:

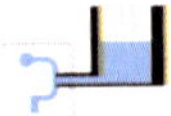	**1. (Wachs-)Modellherstellung** Für jedes Gussteil wird ein Wachsmodell benötigt. Wachsmodelle werden durch Spritzgießen in einer Matrize hergestellt
	**2. Montage Gießeinheit** Die einzelnen Wachsmodelle werden zu Gießtrauben als Gießeinheit zusammengeklebt.
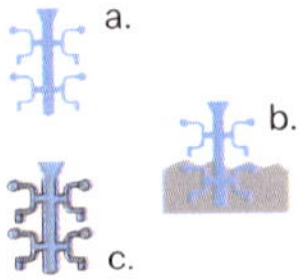	**3. Formherstellung** a. Tauchen der Gießeinheit im Keramikschlicker b. Besanden der Gießeinheit c. Trocknen der keramischen Schale Durch mehrmaliges Tauchen in den Keramikschlicker und Besanden mit zwischenzeitlicher Trocknung (a–c) wird eine 6 bis 10 mm dicke feuerfeste Keramikschale erzeugt.
	**4. (Wachs-)Modellausschmelzen** Nach dem Trocknen der Formschale werden die Wachsmodelle ausgeschmolzen
	**5. Brennen der Formschale** Bei Temperaturen bis zu 1100 °C wird die Keramikform gebrannt.
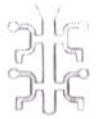	**6. Abgießen der Schalenform** Der Abguss erfolgt in eine vorgeheizte Form.
	**7. Entformen** Nach dem Abkühlen wird die Keramikform mechanisch durch Abrütteln entfernt oder, wenn erforderlich, chemisch abgetragen.
	8. Trennen der Gussteile Die Gussteile werden vom Gießsystem getrennt.
	9. Putzen der Gussteile
	**10. Qualitätskontrolle der Gussteile**
	11. Nachbehandlung nach Anwendungsfall a. Wärmebehandlung b. Mechanische Bearbeitung c. Oberflächenbehandlung

Vorteile des Feingussverfahrens:

Merkmal	Beschreibung
Gestaltungsfreiheit	Entwicklung komplexer Bauteile mit hoher Gestaltungsfreiheit – komplexe Innen- und Außenkonturen – Hinterschneidungen möglich – Integration von Funktionskonturen (z. B. Verzahnung) – Zusammenfassung von Einzelteilen zu komplexen Bauteilen
Werkstoffauswahl	Werkstoffauswahl nach der Bauteilbeanspruchung aus breiter Werkstoffpalette (siehe Tabelle „Werkstoffe für Feingussteile“)
Maßgenauigkeit	Hohe Maßgenauigkeit und Maßhaltigkeit (Reproduzierbarkeit)
Oberflächenqualität	Glatte, feine, riefenfreie und saubere Oberflächen
Bearbeitungsaufwand	Geringer Bearbeitungsaufwand durch hohe Maßgenauigkeit, Oberflächengüte und konturenscharfe Gussteile – endkonturnahe, einbaufertige Gussteile
Stückgewichte	Stückgewichte von wenigen Gramm bis ca. 100 kg
Stückzahlen	Einzelteilfertigung (Nutzung Rapid Prototyping für Wachsmodelle) – Losfertigung – Serienfertigung

Maßgenauigkeit von Feingussteilen [15]

Maßtoleranzen sind abhängig vom Gusswerkstoff und der Gussteilgeometrie (Abmessung, Gestalt)

Werkstoffgruppe	**Eisen-, Nickel-, Cobalt- und Kupferbasislegierungen D**					
Genaugkeitsgrad	D1		D2		D3	
	DCT [mm]	DCTG	DCT [mm]	DCTG	DCT [mm]	DCTG
Nennmaßbereich [mm]						
bis 6	0,3	5	0,24	4	0,2	
über 6 bis 10	0,36		0,28		0,22	4
über 10 bis 18	0,44	6	0,34	5	0,28	
über 18 bis 30	0,52		0,40		0,34	5
über 30 bis 50	0,8		0,62		0,5	
über 50 bis 80	0,9	7	0,74	6	0,6	6
über 80 bis 120	1,1		0,88		0,7	
über 120 bis 180	1,6	8	1,3	7	1,0	
über 180 bis 250	2,4	9	1,9	8	1,5	7
über 250 bis 315	2,6		2,2		1,6	8
über 315 bis 400	3,6	10	2,8	9		
über 400 bis 500	4,0		3,2			
über 500 bis 630	5,4		4,4	10		
üner 630 bis 800	6,2	11	5,0			
über 800 bis 1000	7,2					
über 1000 bis 1250						

Aluminium- und Magenesiumbasislegierungen A						Titanbasislegierungen T					
A1		A2		A3		T1		T2		T3	
CT [mm]	DCTG	DCT [mm]	DCTG	DCT [mm]	DCTG	DCT [mm]	DCTG	DCT [mm]	DCTG	DCT [mm]	DCTG
3	5	0,24	4	0,2	4	0,5	6	0,4	6	0,4	6
36		0,28	5	0,22		0,6	7	0,4		0,4	
44	6	0,34		0,28		0,7		0,5		0,44	
52		0,4		0,34	5	0,8		0,7	7	0,52	
80	7	0,62	6	0,5		1,0		0,8		0,62	
90		0,74		0,6	6	1,5	8	1,2	8	0,9	7
,1		0,88		0,7		1,7		1,4		1,1	
,6	8	1,3	7	1,0		2,0		1,6		1,3	
,9		1,9	8	1,2	7	2,4	9	1,9		1,5	8
6	9	2,2		1,6		3,2		2,6	9		
,8		2,4	9	1,7	8	3,6	10	2,8			
,2		2,6	8	1,9		4,0		3,2			
,4	10	3,4	9			5,4	11	4,4	10		
,0		4,0				6,2		5,0			
,6		4,6	10			7,2					
,6											

Genauigkeitsgrad 1: Freimaße (D1, A1,T1)
Genauigkeitsgrad 2: tolerierte Maße (D2, A2,T2)
Genauigkeitsgrad 3: Sondervereinbarung der Maße (D3, A3,T3)
DCT: Längenmaßtoleranz [mm]
DCTG: Maßtoleranzgrad

Wanddicken-Toleranzen [15]

Kleinste Seitenlänge einer Fläche [mm]	Werkstoffgruppe		
	Eisen-, Nickel-, Cobalt- und Kupferbasislegierungen D [mm]	Aluminium- und Magenesiumbasislegierungen A [mm]	Titanbasislegierungen T [mm]
< 50	+/- 0,25	+/- 0,25	+/- 0,30
50 bis 100	+/- 0,30	+/- 0,30	+/- 0,40
100 bis 180	+/- 0,40	+/- 0,40	+/- 0,50
180 bis 315	+/- 0,50	+/- 0,50	+/- 0,60
> 315	+/- 0,60	+/- 0,60	+/- 0,70

Gussoberflächenqualität

Richtwerte der erreichbaren Oberflächenqualität nach DIN ISO 1302
– Rauheit Ra (CLA)

Oberflächenrauheiten [15]

Oberflächennormalien	Eisen-, Nickel-, Cobalt- und Kupferbasislegierungen D		Aluminium- und Magenesiumbasislegierungen A		Titanbasislegierungen T	
	Ra [µm]	CLA [µinch]	Ra [µm]	CLA [µinch]	Ra [µm]	CLA [µinch]
N 7	1,6	63				
N 8	3,2	125	3,2	125		
N 9	6,3	250	6,3	250	6,3	250

N 9: Oberflächen in gestrahlter Ausführung als Lieferzustand
N 7, N 8: gesondert zu vereinbaren
CLA/Ra: Mittlere Rauhtiefe
1 µm = 0,001 mm = 39,37 µinch

DIN ISO 1302 wird durch DIN EN ISO 21920, Teil 1-3 (2022-12) ersetzt.

Duktiler Feinguss mit Aluminiumgusslegierungen [16]

Mit einer bauteilspezifischen reproduzierbaren Steuerung der Erstarrungsparameter (SOPHIA®-Verfahren) ist ein sehr feines Gefüge herstellbar. Besonders die sekundären Dentritenarmabstände und der mittlere Korndurchmesser werden kleiner ausgebildet. In der Folge wird eine höhere Duktilität im Vergleich zum konventionellen Feinguss erreicht.

Anwendungen im Automobilbau und Motorsport:

- Motorenbauteile (Motorblöcke, E-Motorengehäuse, Motorabdeckungen)
- Federbeindome
- Radträger

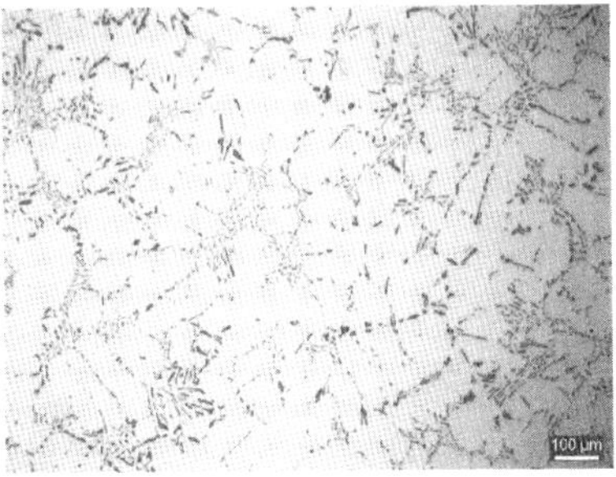

Gefüge im konventionellen Feinguss

Feinkörniges Gefüge im SOPHIA®-Verfahren

Werkstoffeigenschaften ausgewählter Feinguss-Legierungen im Vergleich von Normwerten zum SOPHIA®-Guss [16]

Bezeichnung	Werkstoff-Bezeichnung	Mechanische Eigenschaften bei 20 °C							
		$R_{p0,2}$ [MPa] Norm	$R_{p0,2}$ [MPa] SOPHIA	R_m [MPa] Norm	R_m [MPa] SOPHIA	A_5 [%] Norm	A_5 [%] SOPHIA	Härte [HB] Norm	Härte [HB] SOPHIA
GF-AlSi7Mg0,6 A357	EN-AC-42200 DIN EN 1706	270	317	330	377	3	8	85	108
GF-AlSi7Mg0,3 A356	EN-AC-42100 DIN EN 1706	200	225	280	310	5	10	75	80
GF-AlSi5Cu1,2Mg C355	AMS 4215	193	301	241	381	2	8	80	120
GF-LCu4Ag1MgTiKO,1 A201	AMS 4228 AMS 4229	390	415	430	463	3	7	90	150

Hitzebeständige Ni-Basislegierungen im Feingussverfahren

Ein Großteil der produzierten Ni-Basislegierungen wird für den Bau von Gasturbinen verwendet. Insbesondere für die Herstellung von Turbinenschaufeln werden Ni-Basislegierungen genutzt. Dabei werden die Herstellungskosten moderner Gasturbinen von der Turbinenbeschaufelung dominiert.

In Abhängigkeit vom Anforderungsprofil bzw. der Einsatztemperatur können Turbinenschaufeln mit unterschiedlicher Kornstruktur hergestellt werden. Für reduzierte Einsatztemperaturen kommen gleichachsig erstarrte Bauteile zum Einsatz, bei deren Herstellung die Wärmeabfuhr in die verschiedenen Raumrichtungen erfolgen kann. Für maximale Einsatztemperaturen werden einkristalline Turbinenschaufeln benötigt, die unter Verwendung

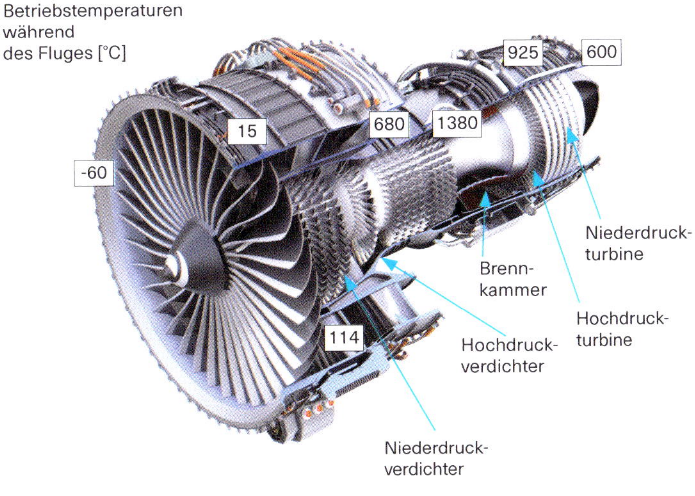

Flugzeug-Triebwerk Quelle: Chesky_W (iStock)

eines Kornselektors gerichtet erstarrt werden. Die Wärmeabfuhr während der gerichteten Erstarrung erfolgt in vertikaler Richtung, wobei hohe Temperaturgradienten benötigt werden. Wesentliche Maßnahmen zur Erreichung hoher Temperaturgradienten sind die Verwendung einer Kühlplatte und das Absenken der Gussteile während der Erstarrung aus einer Heizzone in eine Kühlzone.

Die gezielte Reduzierung der Korngrenzen führt zu verbesserten Kriecheigenschaften. Einkristalle sind frei von Korngrenzen, allerdings ist die Herstellung vergleichsweise aufwendig. Schon geringe Prozessschwankungen können zu Kornneubildung und Korngrenzen führen. Aus wirtschaftlichen Gründen kommen daher so genannte technische Einkristalle zur Anwendung, die eine geringe Anzahl an Kleinwinkelkorngrenzen erlauben.

Das Grundgefüge von Nickel-Basislegierungen:

- γ-Matrix – mit Hauptelement Ni:
  kubisch flächenzentrierter Mischkristall
- γ'-Phase – intermetallische, primäre Ausscheidungsphase, geordnete Stängelkristalle oder Monokristallin.
- γ'-Volumenanteil
  in polykristallinen Gussteilen: 35–48 %,
  in einkristallinen Gussteilen: 60–76 %
- Karbide vom Typ MC verfestigen die Matrix und die Korngrenzen
- Korrosions- und hitzebeständige Oxidschicht: Al_2O_3, Cr_2O_3, Y_2O_3

Tabelle 1: Chemische Zusammensetzung der Phasen in Nickel-Basislegierungen

	Zusammensetzung [Gew.-%]											
	Cr	Al	Ti	Mo	W	Ta	Co	Re	Nb	Hf	Ru	Fe	
– γ	13,9	1,1	0,3	1,6	7,0	2,9	14,7	9,9	0,7	1,2	3,5	1,3	4
– γ'	1,5	4,4	1,4	0,5	6,4	10,5	4,6	0,2	5,7	0,2	0,5	0,2	[illegible]

Zur Verbesserung des Kriechverhaltens und der Hitzebeständigkeit werden Nickel-Basislegierungen legiert mit

- Elementen, die der Koagulation von Karbiden und spröden Phasen entgegenwirken:
  an Korngrenzen: C, Zr, B
  im Inneren der Körner: Ru, Hf, Re
- Elementen, die die Beständigkeit gegen Korrosion und Oxidation verstärken: Y, La, Th.

Zur Verbesserung der Gießbarkeit legieren mit Hf.

- Temperatur- und chemische Auswirkungen der Verbrennungsprodukte (S, CO, N, Salze, Aschen) verändern die Löslichkeit der Elemente in den Phasen γ und γ', wodurch der Anteil von γ' im Gefüge verringert wird. Die spröden Phasen (γ', δ, η, Laves-Phase) bilden sich und nehmen an Volumen zu.

- Überdies wandeln sich MC-Karbide, die von einer γ-Matrix umgeben sind, in ungünstigere Karbide in der γ'-Hülle um:
- für hohe Gehalte von Cr, Al, Ta, Ti:
  γ + (Ti, Nb, Ta)C $\rightarrow$ γ' + $(Co,Mo,W,Cr,Fe)_{23}C_6$,
- für hohe Gehalte von Mo, W:
  γ + (Ti, Nb, Ta)C $\rightarrow$ γ' + $(Co,Mo,W)_6C$ (besonders ungünstig).

Tabelle 2: Gussteile aus Nickel-Basislegierungen in einem Flugzeugtriebwerk

Anwendungsbereich: nicht rotierende Elemente, Turbinenschaufel der letzten Stufe im Bereich der Hochdruckturbine	
Gefügeausbildung: polykristallin, dendritisch Isotropische mechanische Eigenschaften	
Verfahren	CC – gleichachsig erstarrt
Einsatztemp. [°C]	920–980
Kostenfaktor*	0,8–1,2
Dichte [g/cm³]	7,8–8,0
Die Feinstruktur der Oberflächenschicht erfolgt durch Einbringen der Mehlform (d50 = 0,7–7,0 µm) von Kobalt-aluminat $CoAl_2O_4$ (von 3,5 bis 7,5 %) in die erste Beschichtung. Um feine gleichachsige Körner im Gussvolumen zu erhalten, werden zusätzliche Filter verwendet, die eine modifizierende Substanz enthalten.	

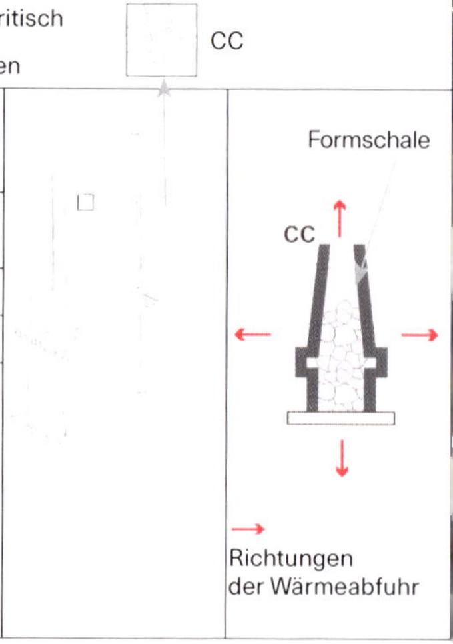

Fortsetzung

Anwendungsbereich:
Zweite und nachfolgende Stufen der Turbine

Gefügeausbildung: stängelkristallin, dendritisch

erhöhte Festigkeitseigenschaften in Richtung der Schaufelachse

DS

Verfahren	CC – gerichtet erstarrt
Einsatztemp. [°C]	970–1050
Kostenfaktor*	2,0–3,0
Dichte [g/cm³]	8,5–8,7

Bei dem gerichteten Kristallisationsprozess wird die mit flüssigem Metall gefüllte Keramikform mit einer bestimmten Geschwindigkeit von der Heizzone des Startblocks zur Kühlzone der Vorrichtung gezogen. Dies bewirkt die Bildung eines positiven Temperaturgradienten und die kontinuierliche Bewegung der Kristallisationsfront entlang der Höhe des Gussstücks. Die Keime aus dem Kristallisator wachsen bis zur Höhe der Keramikform, während sie herausgezogen wird.

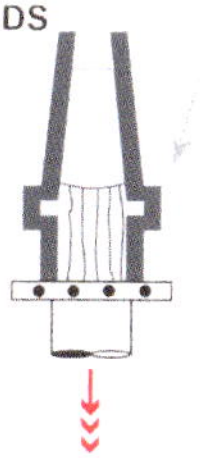

Fortsetzung

Anwendungsbereich: Turbinenschaufel für die erste und zweite Stufe im Bereich der Hochdruckturbine	
Gefügeausbildung: einkristallin, dendritisch sehr hohe Kriechfestigkeitseigenschaften	SX
Verfahren	SX – Einkristall, gerichtet erstarrt
Einsatz-temp.[°C]	1050–1130
Kosten-faktor*	6–10
Dichte [g/cm³]	<9,0

Bei einem analogen anfänglichen gerichteten Kristallisationsprozess wird ein Formschalensystem mit einem Kornselektor verwendet.

Ein einkristallines Gefüge wird im gesamten Volumen der Form erzeugt.

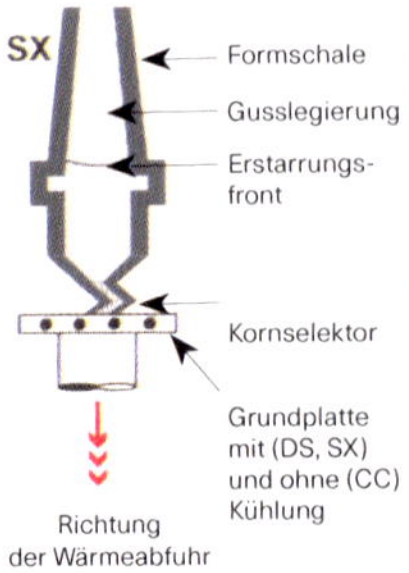

* Geschätzter Kostenfaktor: Der Unterschied in den Herstellungskosten des gerichteten und monokristallinen Turbinenschaufelgusses ist nicht groß. Der Kostenanstieg bei monokristallinen Schaufeln ist auf die HIP-Behandlung und die zusätzliche Beschichtung zurückzuführen

Quellenverzeichnis:

B. Heine HTW Aalen: Nickelbasis-Superlegierungen für Flugzeugantriebe aus metallkundlicher Sicht, Womag Werkstoffe 1/2014

M. Zielińska, J. Sieniawski, M. Motyka: Modification of surface layer of casting blades and stationary segments of turbines made from superlloy Inconel 713C

Bericht von XXXIV Szkoła Inżynierii Materiałowej, Kraków Krynica 26–29 IX 2006

Bericht vom Wissenschaftlichen Seminar: Modern material technologies in aerospace idustry: Development oft he technology of remalting nickel alloys with the use of nanopowder modifacations, Zakopane 13–17. 10.2009 – Projekt kofinanziert von der Europäischen Union.

Z. Pirowski, W. Uhl, J. Wodnicki, A. Gwiżdż, K. Jaśkowiec: Efect of Treatment on structure of the Inconel 740 type alloy, Prace Instytutu Odlewnictwa Kraków, t.LI Rok 2011 Zeszyt2

Lost Foam Gießverfahren [17]

Fertigung von hochkomplexen Gussbauteilen

Die technische Entwicklung des Lost Foam Gießverfahrens macht es heute möglich, selbst außergewöhnlich komplexe Gussbauteile zu fertigen, wie sie in keinem anderen Gießverfahren herstellbar sind. Gestaltungsfreiheit, endformnahes Gießen ohne Einsatz von Kernen und Entformungsschrägen, Gewichtseinsparungen, Funktionsintegrationen und Umweltfreundlichkeit sind die Stärken des Lost Foam Gießverfahrens.

Kennzeichnend für das Verfahren ist der Einsatz von einmalig verwendbaren, verlorenen Positivmodellen aus einem Polymerschaum (eng: lost foam = verlorener Schaum). Die Modelle werden vor dem Guss aus mehreren einfachen Segmenten zusammengesetzt und können somit nach dem Zusammenbau eine hoch komplexe Geometrie bilden. Hinterschneidungen sind ebenso darstellbar wie integrierte, Medien führende Kanäle oder

Bild 1: Sechszylinder-Zylinderkopf der Firma BMW Group (Foto: BMW

Hohlräume. Vor dem Abguss werden die Modelle noch beschichtet und in binderlosen Formstoff eingeformt. Beim Einfließen der heißen Metallschmelze wird das Modell zersetzt und die Schmelze füllt den entstehenden Hohlraum detailgetreu aus.

Die Herstellung individuell gestalteter Einzelteile als Prototypen oder Funktionsmuster sind mit dem Lost Foam Verfahren ebenso möglich wie eine Serienfertigung hoher Stückzahlen, wie es beispielsweise durch die BMW Group mit dem Zylinderkopf für den Reihen-Sechszylindermotor umgesetzt wird (Bild 1). Das Lost Foam Verfahren ermöglicht den Abguss von Aluminium, Gusseisen und Stahl gleichermaßen.

Verfahrensablauf am Beispiel des Statorgehäuses für den Fraunhofer Radnabenmotor

Im Folgenden sind die wesentlichen Prozessschritte des Lost Foam Verfahrens erläutert. Die schematischen Darstellungen zeigen beispielhaft das im Lost Foam Verfahren gegossene Statorgehäuse eines Radnabenmotors, der am Fraunhofer-Institut für Fertigungstechnik und Angewandte Materialforschung IFAM entwickelt wurde (Bild 2). Besondere Merkmale dieses Gussteils sind ein direkt gießtechnisch hergestellter, durchgehender Wassermantel mit rückseitig austretenden, gebogenen Anschlusskanälen, der rechtwinklige Statormantel ohne Entformungsschräge und die Umsetzung dünner Wandstärken.

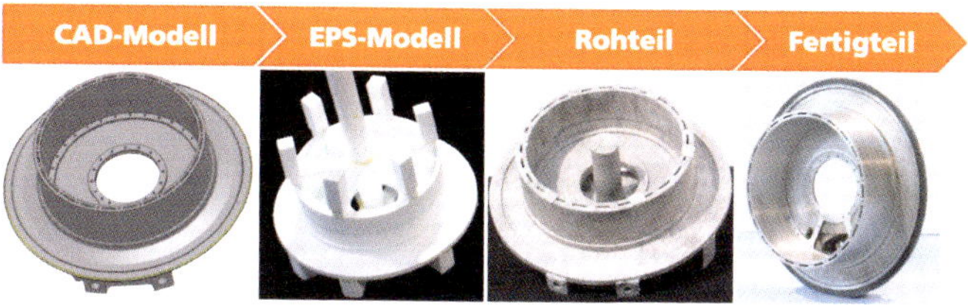

Bild 2: Vom Modell zum Gussteil – der Lost Foam gegossene Stator des Fraunhofer IFAM (Foto: IFAM)

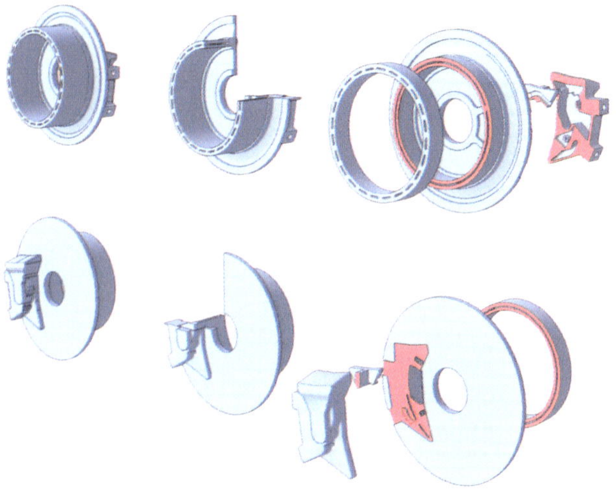

Bild 3: Konstruktive Zerlegung der Bauteilgeometrie des Statorgehäuses in einzelne hinterschnittsfreie Segmente [17]

Konstruktionsphase

Am Anfang des Fertigungsprozesses wird die zu fertigende Geometrie aus einem Polymerschaum aufgebaut. Hierzu wird die Bauteilgeometrie bereits in der Konstruktionsphase in einzelne Modellsegmente zerlegt, die für sich jeweils ohne Hinterschnitte auskommen. In Bild 3 ist die Segmentierung anhand des Statorgehäuses dargestellt. Erst durch das spätere Zusammenfügen zu einem Positivmodell entsteht die Komplexität des Gussteils. Durch diese Vorgehensweise unterscheidet sich das Lost Foam Gießverfahren wesentlich von allen anderen Gießverfahren und ermöglicht es, hoch komplexe Bauteile aus einfachen Segmenten aufzubauen und wirtschaftlich zu fertigen.

Modellherstellung

Das Ausgangsmaterial zur Herstellung der Schaumstoffmodelle für den Aluminiumguss ist ein mit Treibmittel Pentan versetztes expandierbares Polystyrol (EPS)-Granulat. Für die Herstellung von Gusseisen und Stahlbauteilen wird ein Copolymer aus EPS und EPMMA (expandierbares Polymethylmethacrylat) eingesetzt.

Bei der Modellherstellung werden abhängig von der zu fertigenden Stückzahl zwei Verfahren angewandt, die CNC-Frästechnik und das aus der Verpackungsindustrie bekannte Schäumverfahren. Mit der CNC-Frästechnik lassen sich hinterschnittfreie Modellsegmente aus einem vorgefertigten Polymerschaumblock fräsen. Dieses Ver-fahren eignet sich zur Herstellung von Prototypengussteilen und Funktionsmustern bis hin zu Kleinserien. Für die Herstellung von Gussbauteilen in der Großserie wird die Schäumtechnik verwendet, wodurch Modelle in Dauerformen in großen Stückzahlen wirtschaftlich hergestellt werden können.

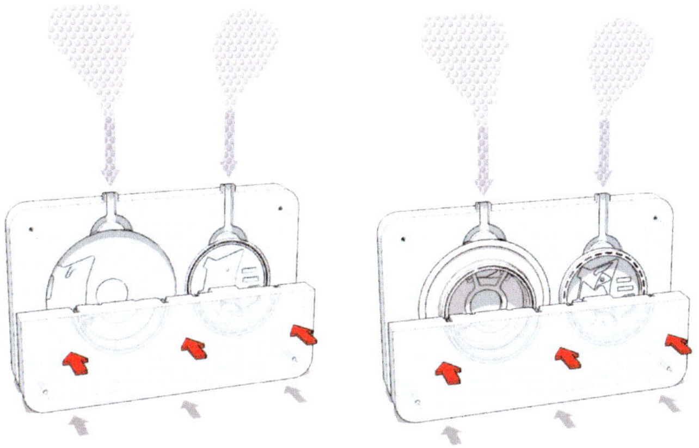

Bild 4: Schematische Darstellung der Modellsegmentherstellung in Dauerformen mittels Schäumtechnik [17]

Hierbei ist dem sogenannten Fertigschäumen der Schaumstoffmodelle ein Vorschäumprozess vorangestellt, bei dem die EPS-Perlen auf eine definierte Dichte vorgeschäumt werden, die die Enddichte des zu schäumenden Modells maßgeblich beeinflusst. Um eine spätere Zersetzung im Gießprozess gewährleisten zu können, müssen die Modelle eine Dichte von 18–28 g/l aufweisen. Hierzu wird in einer Aufschäumkammer durch Zufuhr von circa 110 °C heißem Wasserdampf das perlenförmige Modellrohmaterial erweicht und das Pentan zur Expansion angeregt. Der entstehende Überdruck bewirkt eine Vergrößerung der Perlen auf das gewünschte ca. 30–40 fache Volumen. Bei der finalen Modellsegmentherstellung werden die vorgeschäumten Perlen durch Injektoren mittels Druckluft in eine Dauerform aus Aluminium geblasen, wo sie zur gewünschten Modellgeometrie durch erneutes Bedampfen mit 110 °C heißem Wasserdampf verschweißt werden (Bild 4). Der Wasserdampf gelangt dabei durch Schlitzdüsen oder Bohrungen in den Formhohlraum, die sich auf der gesamten Modellsegmentoberfläche befinden. Die Modellsegmente werden ähnlich wie beim konventionellen Kunststoffspritzgussprozess innerhalb weniger Sekunden bis Minuten aus der Form ausgeworfen und anschließend getrocknet.

Modellsegmente fügen

Das Fügen der einzelnen Modellsegmente erfolgt in der Serienfertigung mit einem Schmelzklebstoff, der über Klebemaschinen auf die Modellsegmente aufgetragen wird. Die Maschine übernimmt gleichzeitig die lagegerechte Fixierung der Modellsegmente und fügt diese zu einem Gießmodell. Alternativ besteht auch die Möglichkeit, die Modellsegmente mit einem langsam aushärtenden Dispersionsklebstoff manuell zu fügen, wenn eine Feinmodellierung oder Justierung der Modellsegmente erforderlich ist. Dies wird insbesondere in der Prototypenherstellung angewendet. In Bild 5 sind schematisch die Klebeebenen des Statorgehäuses vom Fraunhofer-Radnabenmotor dargestellt.

Modellmontage und Beschichtung

Um die Effizienz des Gesamtprozesses zu erhöhen können mehrere Modelle zugleich mit einem gemeinsamen Angusssystem verbunden werden. Man spricht dann von einer Modelltraube oder einem Cluster. Dabei können mehrere Dutzend Teile an einem Cluster kombiniert werden.

Die Modelltrauben werden anschließend durch Tauchen mit einer wasserbasierten, keramischen Schlichte überzogen (Bild 6). Dieser Überzug hat die Aufgabe, die Abfuhr der vorwiegend gasförmigen aber auch liquiden Modellbestandteile des Modellwerkstoffes in den binderlosen Formstoff (vorwiegend Quarzsand oder Mullit) abzuleiten, die während des Abgusses durch die Modellzersetzung entstehen. Weiterhin bildet die Schlichte eine feuerfeste Barriere mit Stützfunktion zwischen dem Gießmodell bzw. der Schmelze und dem umgebenden Formstoff und verhindert ein Eindringen des Formstoffes in den Modellhohlraum, der während der Zersetzung des Modellmaterials entsteht.

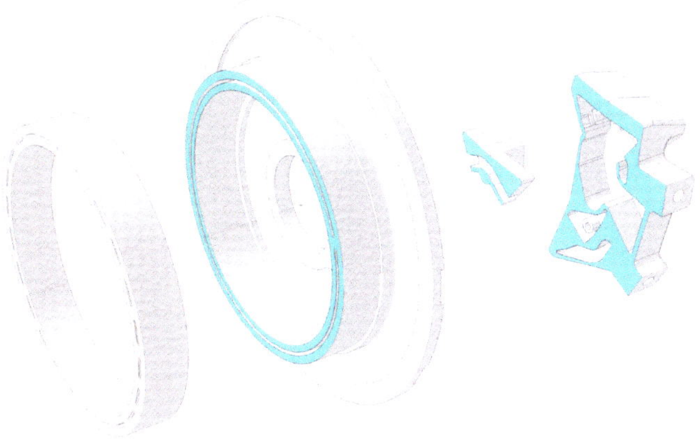

Bild 5: Klebeebenen des Fraunhofer Stators [17]

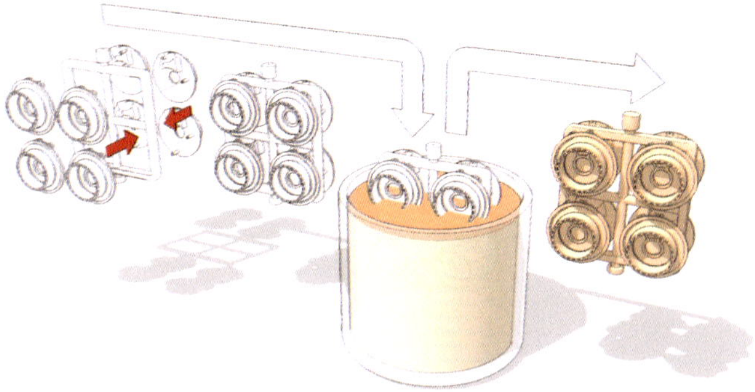

Bild 6: Darstellung der Modellmontage an ein Angusssystem und Beschichtung durch sogenannte Schlichte [17]

Zum Austreiben der Feuchtigkeit aus dieser Schlichte werden die Modelltrauben in einem Ofen mit ca. 50 °C warmer Luft getrocknet.

Einformen, Gießen und Ausformen

Die geschlichtete Modelltraube wird in einen Gießbehälter eingesetzt und durch ungebundenen Formstoff sequentiell berieselt. Der Formstoff wird durch die auf den Gießbehälter einwirkenden Vibrationen fließfähig und zugleich verdichtet, wodurch der Formstoff alle Hinterschnitte und Kanäle erreichen, ausfüllen und somit detailgetreu abbilden kann. Zum Schluss der Verdichtung ist die Modelltraube vollständig im binderlosen Formstoff eingebettet – lediglich ein definiertes Stück vom Anguss ragt aus dem Formstoff heraus. Über den Anguss wird ein Eingusstrichter gesetzt, in den die Metallschmelze gegossen und durch Gießläufe in das Modell geleitet wird. Die thermische Energie der Schmelze zersetzt das Modellmaterial zu vorwiegend gasförmigen Produkten, die durch die Schlichte in den porösen Formstoff geleitet werden. Der freiwerdende Hohlraum wird vollständig vom Metall ausgefüllt und bildet nach der Erstarrung exakt die Modellgeometrie wieder. Das Prinzip der Modellzersetzung am Beispiel des steigenden Aluminiumgusses ist in Bild 7 dargestellt.

Nach dem Erstarren der Schmelze werden die Gießbehälter durch Kippen entleert. Dabei fließt der Formstoff aus den Hohlräumen der Gussteile – die Gusstraube wird ausgeformt.

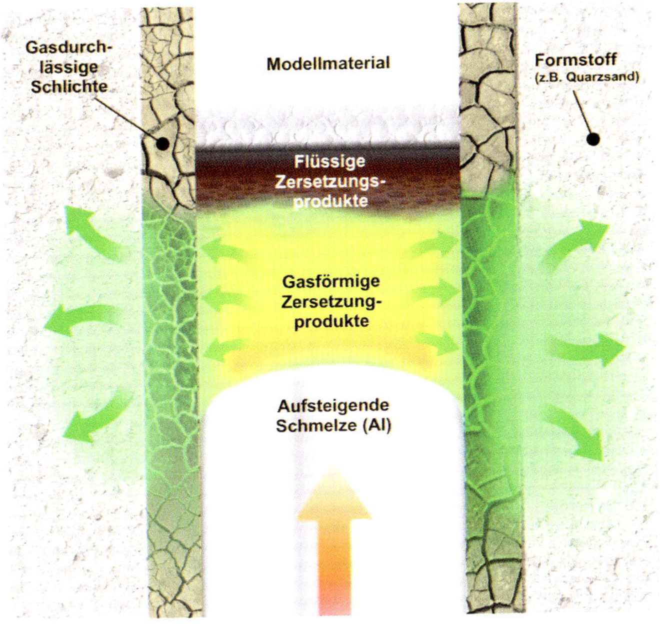

Bild 7: Schematische Darstellung des Zersetzungsprozesses am Beispiel vom steigenden Aluminiumguss [17]

Bild 8: Darstellung vom Einformen der Modelltraube, dem Abguss und der Ausformung [17]

Der Formstoff wird über Transporteinrichtungen in das Sandrückführsystem zur Wiederaufbereitung geleitet. Bild 8 stellt schematisch das Einformen der Modeltraube, den Abguss und das Ausformen dar.

Verfahrensunterschiede zwischen Aluminium-, Eisen- und Stahlguss

Aluminiumguss und Stahl- bzw. Eisenguss unterscheiden sich hauptsächlich in der Herstellung der Schaummodelle und dem Schlichteprozess. Während beim Aluminiumguss ein Modell aus expandierbarem Polysytrol (EPS) verwendet wird, dient ein expandierbares Polymethylmethacrylat (EPMMA) oder ein Copolymer (Gemisch aus EPS und EPMMA) beim Stahl- bzw. Eisenguss als Modellmaterial.

Weiterhin wird für den Stahlguss aufgrund der hohen Gießtemperatur und Dichte eine hochfeuerfeste Schlichte mit wesentlich höherer Schichtdicke verwendet. Das Einformen der Modelltraube ist analog zum Prozessschritt im Aluminiumguss. Abguss jedoch wird bei Stahl zumeist mit Vakuumunterstützung durchgeführt. Der Unterdruck, der sich dadurch im Formbehälter aufbaut, führt zu einer höheren Verdichtung und Stabilisation des Formstoffs sowie zur Abfuhr der gasförmigen Zersetzungsprodukte.

Verfahrensvorteile und Einschränkungen

Das Lost Foam Verfahren bietet im Vergleich zu anderen Gießverfahren durch den segmentierten Aufbau der Positivmodelle eine deutlich größere Design- und Gestaltungsfreiheit sowie die Möglichkeit der Gewichtsreduzierung. Entformungsschrägen können vielfach gänzlich entfallen. Darüber hinaus bietet das Verfahren die Möglichkeit, bisher mehrteilig zu gießende Komponenten einteilig darzustellen. Durch Vorgießen von Bohrungen, das Wegfallen von Formteilungen und des sich daraus ergebenden fehlenden Formteilversatzes wird die Rohteilnachbearbeitung deutlich reduziert. Die Reduzierung bis hin zum vollständig Entfall von Bearbeitungs- und Montagevorgängen können erheblich Prozesskosten eingesparen. Das Verfahren bietet sowohl die Möglichkeit der Prototypen- und Kleinserienherstellung als auch die Fertigung im Großserienprozess, da sich die einzelnen Prozessschritte durchgehend automatisieren lassen.

Als problematisch sind hingegen hohe Anforderungen an die Modellqualität, die Zersetzung des Modells beim Gießprozess und die Reproduzierbarkeit des Formfüllverhaltens anzusehen. Zur Vermeidung von Fehlern sind hier enge Prozessfenster und eine hohe Prozesskontrolle notwendig. Zudem besteht die Gefahr der Deformierung der Modelle beim Schlichten, Trocknen und Einformen. Ein vorsichtiges Handling der Modelle sowie angepasste Vibrationsparameter beim Einformen sind Voraussetzung für ein maßhaltiges Gussteil. Durch die Verwendung von speziellen Schlichterahmen, in denen die Modelle fixiert sind, können Deformationen beim Beschichten verhindert werden. Seitens der Geometrieanforderungen darf die Wandstärke 3 mm nicht unterschreiten.

Bild 9: Lost Foam-Technikum mit Verdichtertisch der Firma Vulcan am Fraunhofer IFAM (Foto: IFAM)

Der Einstieg ins Lost Foam Gießverfahren

Der Einstieg in die gesamte Prozesskette inklusive der Modellfertigung ist mit hohen Kosten und technologischem Aufwand sowie Know-How Aufbau verbunden. Alternativ kann die Modellfertigung (Schäum- und Frästechnik) von Zulieferern übernommen und auf diese Weise ein einfacher Einstieg über die gießtechnische Seite erfolgen.

Schon bei der Bauteilgestaltung müssen die Lost Foam spezifischen konstruktiven Vorteile berücksichtigt werden. Neben der Einbringung von Funktionsintegrationen wie beispielsweise mäanderförmige Kühlkanäle, die die Kühlleistung im Bauteil erhöhen können, ist auch die Vereinfachung mehrerer Bauteilkomponenten zu einem Gesamtbauteil „aus einem Guss" möglich. Entsprechend wichtig ist die Kenntnis über die konstruktiven Vorteile des Lost Foam Verfahrens bei Konstrukteuren und der Bauteilentwicklung, um die gestalterischen Möglichkeiten gewinnbringend für sich auszunutzen.

Neben der Schäumtechnologie ist die schnelle RP-Fertigung von Fräsmodellen möglich, um erste Prototypen und Funktionsmuster zu erhalten und das Gussteil hinsichtlich Geometrie und Verfahrensoptimierung bewerten zu können. Die Frästechnik unterstützt also im Wesentlichen die Entwicklung von Bauteilen sowie die Fertigung von Kleinserien.

Weiterführende Fachinformationen
Forschung und Entwicklung Lost Foam Verfahren:

Giessereitechnikum am Fraunhofer-Institut für Fertigungstechnik und Angewandte Materialforschung IFAM
Lost Foam Council e. V. (LFC)
Produkt Entwicklung Helterhoff GmbH

Kokillenguss:

Gießen in metallischen Dauerformen (Kokillen) [18]

Das Kokillengießen (Dauerform) unterscheidet sich vom Sandguss (verlorene Form) wärmephysikalisch darin, dass der metallische Formwerkstoff mit seiner hohen Wärmeleitfähigkeit eine beschleunigte Abkühlung der erstarrenden Schmelze bewirkt. Durch die kurze Erstarrungszeit entsteht ein feinkörniges und dichtes Gefüge, welches sich günstig auf die mechanischen Eigenschaften der Gussteile auswirkt.

Beispiel: Gas- und flüssigkeitsdichte Messingarmaturen

Weitere Vorteile des Kokillengießens gegenüber dem Sandguss:

- Höhere Maßgenauigkeit und Maßhaltigkeit (geringere Bearbeitungszugaben)
- Bessere Konturenwiedergabe und Oberflächen durch die Metallform

Einteilung nach Anwendungsgebieten

Leichtmetallkokillenguss	Aluminium- und Magnesiumlegierungen
Schwermetallkokillenguss	Messinglegierungen
Gusseisen-Kokillenguss	Gusseisen naheutektischer und übereutektischer Zusammensetzung

Kokillengusswerkstoffe

Die Gießwerkstoffe sind genormt nach:

DIN EN 1982 Kupfer-Zink-Gusslegierungen

DIN EN 1706 Aluminium und Aluminiumlegierungen

DIN EN 1753 Magnesium und Magnesiumlegierungen

DIN EN 1774 Zink und Zinklegierungen

DIN EN 1982 Kupfer und Kupferlegierungen

Kokillenwerkstoffe

Maschinenbaustahl

Gusseisen

Warmarbeitsstahl

Spezial-Molybdänlegierungen

Wolfram-Schwermetalle

Vollkokille = die Kokille besteht vollständig aus Metall

Halbkokille = Kombination aus Kokille (Formunterteil) und Sandform (Formoberteil)

Gemischtkokillen = Einsatz von Sandkernen

Konstruktiv werden Kokillen mit senkrechter und waagerechter Hauptteilungsebene unterschieden

Hohlräume und Hinterschnitte werden durch Metallkerne (Schieber) abgebildet.

Kokillenwerkstoffe aus Gusseisen

Zusammensetzung						Verwendung
C	Si	Mn	P	S	Sonstige	
2,9 bis 3,2	1,6 bis 2,0	0,8 bis 0,9	< 0,1	< 0,1	0,3 bis 1,1 Cr	Kokillen für Leichtmetallzinkguss
2,9 bis 3,2	1,6 bis 2,0	0,8 bis 0,9	< 0,1	< 0,1	0,3 bis 1,1 Cr 0,5 bis 0,8 Mo	Kokillen für Leicht- und Schwermetallguss
3,0 bis 3,4	1,6 bis2,5	0,5 bis 0,8	< 0,1	< 0,1	0,3 bis 1,1 Cr	Kokillen für Leichtmetall-, Grau- und Temperguss
3,2 bis 3,6	1,8 bis 2,6	0,6 bis 1,0	<0,2	< 0,1		Kokillen für Grau- und Temperguss
3,6 bis 3,8	1,4 bis 1,6	0,6 bis 0,8	< 0,1	< 0,1		Kokillen für Grau- und Temperguss (Stahlwerkskokillen)

Die Chromgehalte sind in Abhängigkeit von der Kokillenwanddicke wie folgt zu bemessen:

0,3 bis 0,4 % Cr für Wanddicken von 10 bis 25 mm
0,4 bis 0,5 % Cr für Wanddicken von 25 bis 35 mm
0,5 bis 0,6 % Cr für Wanddicken von 35 bis 50 mm
0,6 bis 0,7 % Cr für Wanddicken von 50 bis 65 mm

0,7 bis 0,8 % Cr für Wanddicken von 65 bis 80 mm
0,8 bis 0,9 % Cr für Wanddicken von 80 bis 100 mm
0,9 bis 1,1 % Cr für Wanddicken von 100 bis 150 mm

Oberflächenbehandlungsverfahren von Kokillen

Verfahren	Behandlungstemperatur in °C	erforderliche Eigenschaften der Werkzeugstähle bzw. Voraussetzungen	Schichtdicke	Oberflächenhärte in HV
Nitrieren	450 bis 570	Anlassbeständigkeit, gehärteter bzw. vergüteter Zustand (entpassivierte Oberfläche)	bis 1 mm	max 1200
Aufkohlen	900 bis 1000	niedriger Kohlenstoffgehalt, Überhitzungsunempfindlichkeit	bis 2 mm	max. 900
Borieren	800 bis 1050	Überhitzungsunempfindlichkeit, möglichst niedriger Siliciumgehalt	bis 0,4 mm	max. 2000
Hartverchromen	50 bis 70	möglichst niedriger Chromgehalt, entpassivierte Oberfläche, Wärmebehandlung in neutraler Umgebung	bis 1 mm	1000 bis 2000
Elektrofunken verfestigen	vermutlich mehrere 1000	keine	bis 0,1 mm	rund 950

Anhaltswerte für Kokillenhaltbarkeit

	Kokillenwerkstoff					
Gussstückgewicht in kg	Mehanite-Gusseisen		Stahlguss		Warmarbeitsstahl	
	konturarm	konturreich	konturarm	konturreich	konturarm	konturreich
0,150	80 000	50 000	100 000	65 000	120 000	80 000
0,600	50 000	30 000	65 000	45 000	80 000	50 000
1,500	30 000	20 000	40 000	35 000	50 000	35 000
4,000	20 000	15 000	28 000	25 000	35 000	30 000
10,000	15 000	10 000	20 000	15 000	25 000	20 000

Kokillengießverfahren [19]

Schwerkraft-Kokillenguss:

die Schmelze wird unter Wirkung der Schwerkraft in die metallische Dauerform gegossen.

Dazu gehören auch

– Kippgießverfahren:

die Kokille wird zur Eingussseite geneigt und mit fortschreitender Formfüllung in ihre Normallage zurückgekippt und aufgerichtet. Es kann eine wirbel- und schaumfreie Formfüllung insbesondere für Messing -Kokillenguss erzielt werden.

– Kipptiegelverfahren:

die Kokille ist mit dem Warmhaltetiegel in Form eines geschlossenen Gießsystems verbunden; durch Kippen des Tiegels strömt das flüssige Metall in die angeflanschte Kokille und speist gleichzeitig das erstarrende Gussstück solange der Tiegel in Kippstellung gehalten wird.

Niederdruck-Kokillenguss:

durch Druckbeaufschlagung der Schmelze im Gießofen wird diese über ein Steigrohr in die Kokille befördert (gegen Schwerkraft). Die Druckbeaufschlagung erfolgt pneumatisch oder mittels eines inerten Gases und sie bleibt während des Erstarrungsvorganges aufrechterhalten.

Es findet Anwendung bei Leichtmetall- und Schwermetallguss (Messingkokillenguss).

Die Fertigung erfolgt weitestgehend automatisiert.

Vorteil:

- Die beruhigte Formfüllung verhindert Oxid- und Gaseinschlüsse.
- Teilweiser Verzicht auf Speiser, da der Fülldruck bis Ende der Erstarrung aufrechterhalten wird.
- Dichtspeisung möglicher erstarrungsbedingter Fehlstellen durch Differenzdruck.
- Regelbare Formfüllung in verschiedenen Stufen je nach Bauteilgestalt.

Gasdruckunterstützte Niederdruckgießverfahren

Gegendruck-Kokillenguss (CPC=Counter Pressure Casting)

Nicht nur die Schmelze im Gießofen sondern auch die druckdicht ausgeführte Kokille werden mit Druckgas beaufschlagt (4–5 bar). Gearbeitet wird mit einer Druckdifferenz zwischen Metallbad und Kokille – ein leichter Überdruck im Gießofen reicht aus, um das Metall in die Kokille zu befördern.

Diese leicht differenten Druckverhältnisse werden bis zum Ende der Erstarrung des Gussteils aufrechterhalten. Nach erfolgtem Druckausgleich zwischen beiden Systemen – Ofen und Kokille – entsteht ein Nachdruck auf das erstarrte Gussstück bis zum endgültigen Abbau der Druckbeaufschlagung des Systems.

Vorteil:

- Erhöhter Speisungsdruck erzeugt porenärmeres Gefüge (Dichtspeisung) und somit optimale mechanische Eigenschaften.
- Verminderte Ausscheidung gelöster Gase bei Übergang von flüssiger in feste Phase.
- Homogener Verteilung der Korngröße und der Dendritenarmabstände in allen Bauteilbereichen.

Typische mechanische Eigenschaften von AlSi7Mg-Legierungen, die mit dem CPC-Verfahren vergossen werden, im Vergleich mit Schwerkraftkokillenguss [20]

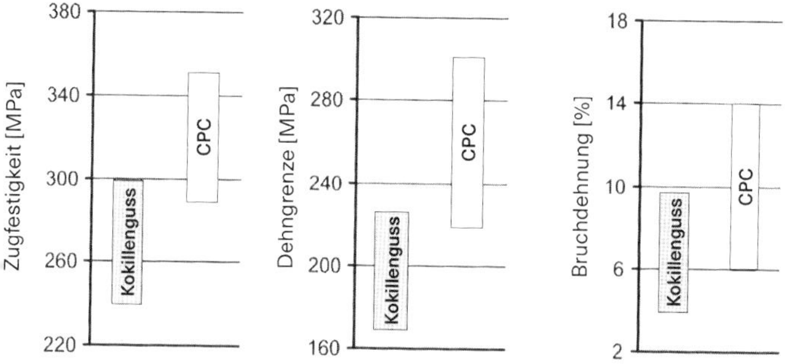

Sonderverfahren

– Verbundguss

Bei beiden Verfahren (Schwerkraft- und Niederdruckkokillenguss) können Einlegeteile aus einem anderen Werkstoff mit eingegossen werden. Der Stoffschluss wird jeweils durch Wechselwirkung zwischen den Oberflächen eines festen und eines flüssigen Metalls erreicht.

Vorgänge an Phasengrenzflächen:
- Benetzungs- und Ausbreitungsvorgänge
- Bindung unter Ausbildung einer Legierungsschicht
- Diffusionsvorgänge

– Al-Fin-Verfahren

Beim Al-Fin-Verfahren wird der „Lösungsangriff" von flüssigem Aluminium auf Eisen ausgenutzt, um eine Diffusion- bzw. Verbindungsschicht aufzubauen. Auf diese Weise werden Gusseisen- und Stahlteile zur Vorbehandlung für späteres Eingießen im Leichtmetall-Kokillenguss mit Aluminium überzogen. Die gründlich gereinigten Eingießteile werden vorgewärmt in flüssiges Aluminium getaucht. Der sich bildende fest haftende $FeAl_3$-Überzug erleichtert das Eingießen des Verbundteiles.

Kokillenpräparation durch Schlichten

Aufgaben der Schlichten:

- Steuern des Wärmeüberganges durch wärmeisolierende bzw. gut wärmleitende Wirkung der Schlichte um eine gelenkte Erstarrung zu erreichen
- Unterstützung der Formfüllung, damit das flüssige Metall alle Bereiche der Kokille erreicht
- Verminderung der Klebneigung; verlängerte Kokillenhaltbarkeit
- einfache Gussstückentnahme aus der Form, um eine Verformung zu vermeiden
- Herabsetzen des Lösungsverschleißes
- Verbessern der Gussstückoberfläche, Verringerung von Nachbearbeitungskosten
- Kühlen der Kokille beim Tauchen in das Schlichtebad (Messing-Kokillenguss)
- Optimierung Wartungskosten

Arten von Schlichten:

– Spezielle Isolationsschlichten

verhindern beim Eingusssystem und den Speisern einen zu raschen Wärmeentzug durch die Form. Da sie dickflüssig sind, werden sie mit Pinseln aufgetragen, wobei die Dicke des Überzuges mehrere Millimeter betragen kann. Diese Schlichten enthalten neben anderen Stoffen Kaolin, Zinkoxid und Wasserglas

– Wärmeisolierende Schlichten

werden an den Stellen eingesetzt, wie dünnwandige Gussteilpartien, an denen ein zu schneller Wärmeentzug durch die Form gebremst werden muss. Diese schlichten, auch als „weiße“ Schlichten bezeichnet, enthalten Calciumcarbonat, Talkum, Kieselsäure, Kaolin und Wasserglas.

– Grafitschlichten

mit einem Grafitanteil von etwa 20 % ermöglichen einen guten Wärmeübergang zwischen dem Gießwerkstoff und der Kokille. Sie kommen gezielt an Stellen, wie Materialanhäufungen, die einen schnellen Wärmeentzug fordern, zum Einsatz. Durch spezielle Grafitschlichten ist eine bessere Entnahme des Gussteils aus der Kokille möglich.

Verfahren zur Herstellung von Zylinderköpfen für Verbrennungsmotoren

Kokillenguss für Zylinderköpfe

- Schwerkraft-Kippgießverfahren
- Rotacast-Kippkokillengießverfahren
- Schwerkraft-Kokillengießverfahren
- Niederdruckgießverfahren

Prinzip des Schwerkraft-Kippgießverfahrens – Kippwinkel 90° [20]

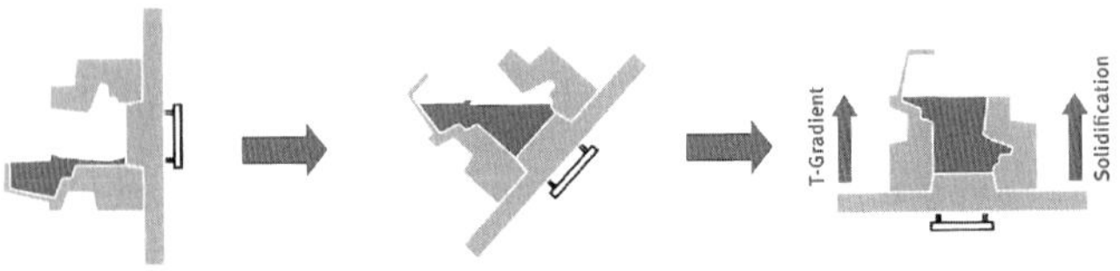

Phase 1: Vorfüllen, Phase 2: Füllen mit Kippbewegung, Phase 3: Erstarrung

Anforderungen an den Gießprozess:
turbulenzarme, schichtend steigende, schaum- bzw. oxidfreie Formfüllung, schnelle und gelenkte Erstarrung

Anforderungen an die Legierung:
hohe thermomechanische Festigkeit im Zielkonflikt von:

- hohe statische und dynamische Warmfestigkeit und Härte
- hohe Duktilität
- sehr gute Wärmeleitfähigkeit
- gute Gießbarkeit
- geringe Warmrissanfälligkeit

Eingesetzte Legierungen
AlSiMg-Legierungen, warm aushärtend
AlSiCu-Legierungen, kalt aushärtend

Behandeln und Beschichten von Oberflächen:

Zur Oberflächenbehandlung zählen Maßnahmen zur Verbesserung des Oberflächenaussehens, zur Erzielung eines Oberflächenschutzes oder zur Veränderung der physikalischen, funktionalen Eigenschaften der Werkstückoberfläche:

1. durch mechanische Behandlungen wie Reinigen und Säubern, bei Gussstücken durch Putzen (Entgraten, Bürsten, Schleifen, Strahlputzen) oder Glätten (Schleifen und Polieren).
2. Thermische und elektrochemische Verfahren durch Auftragen und Beschichten mit Farb- und Lacküberzügen, Aufspritzen oder Aufdampfen von Metallen, Emaillieren, Glühen in Metallpulvern oder Metallverbindungen, Tauchen in Metallschmelzen, Oxidieren und Galvanisieren, Gasphasenabscheidung, Auftragsschweißen- und löten.
3. Oberflächenhärtung mittels Brenn- oder Flammhärten, Induktionshärten, Einsatzhärten, Nitrieren.
4. Chemische Verfahren wie Beizen, Brünieren, Ätzen

Bei der **Beschichtung** von Oberflächen kommen folgende Technologien und Verfahren zur Anwendung:

Metallische Schichten durch:

Galvanisieren, Plattieren, Schmelztauchbeschichten, Kaltgas,- Plasma,- Lichtbogen- und Flammspritzen, Aluminieren (Alitieren und Kalorisieren), Inchromieren, Sheradisieren, Auftragsschweißen und Auftragslöten.

Nichtmetallisch anorganischer Schichten durch:

Emaillieren, Passivieren, Anodische Oxidation (Eloxieren).

Verschleißschutzschichten mittels Dünnschichttechnologie:

Gasphasenabscheidung (Chemical Vapor Deposition, Physical Vapor Deposition)

Alitieren: Oberflächenschutzverfahren, Anreicherung der Randschicht eines Werkstückes aus Stahl oder einem hochwarmfesten Werkstoff mit Aluminium durch thermochemische Behandlung. Das Aluminium wird durch Spritzen oder Tauchen aufgebracht (Flüssig-Alitieren); danach werden die Teile geglüht, wobei das Aluminium in die Stahloberfläche diffundiert und es zur Bildung von Aluminium-Eisen-Mischkristallen kommt, die dem Stahl hohe Zunderbeständigkeit bis etwa 950 °C verleihen. An Stelle des Flüssig-Alitierens können die Stahlteile auch in Aluminiumpulver mit Beimischungen aus Tonerde und Aluminiumchlorid eingepackt und unter Schutzgas oder im Vakuum auf Temperaturen zwischen 900 °C und 1100 °C erhitzt werden (Pulver-Alitieren). Die durch Alitieren gebildete Randschicht hat eine Dicke zwischen 20 und 200 µm. Alitierte Werkstücke beispielsweise aus Nickelbasislegierung, werden bei Temperaturen über 1000 °C eingesetzt (Turbinenschaufeln).

Anodische Oxidation: Herstellung von oxydischen Schichten auf Me-tallen durch Elektrolyse (je nach Werkstoff als Anodieren, Eloxieren, Glanzoxidieren bezeichnet). Die Oberflächenbehandlung von Aluminiumwerkstoffen wird als Eloxieren bezeichnet: in einer Elektrolysezelle, die verdünnte Schwefelsäure oder Oxalsäure enthält, werden die entfetteten und durch Beizen vorbehandelten Aluminiumteile als Anode geschaltet, die Katode ist Reinaluminium. Dabei wird an der Anode Sauerstoff frei, der auf die Werkstückoberfläche einen korrosionsbeständigen, abriebfesten Überzug aus Aluminiumoxid bildet. Durch Zusatz von Metallsalzen und gewissen organischen und kolloidalen Substanzen zum Elektrolyten, lässt sich eine Vielzahl von Farbtönungen des Aluminiumoxidüberzuges herstellen. Anodisch erzeugte Oxidschichten weisen folgende charakteristische Eigenschaften auf: feste Verbindungen mit dem Grundmetall, Korrosionsschutzwirkung, Einfärb- und Imprägnierbarkeit, mechanische Beanspruchbarkeit, elektrische Isolationswirkung sowie toxische Unbedenklichkeit.

Brünieren: Verfahren zur Oberflächenveredlung durch chemische Reaktion mit dem Grundwerkstoff, wobei eine sogenannte Konversionsschicht entsteht. Die Teile werden dabei nach einem

Reinigungsprozess in alkalische Bäder (ein- oder mehrstufig) getaucht. Industriell erfolgt der Vorgang in automatisierten, programmgesteuerten Anlagen. Hauptsächlich durchgeführt für die Anwendung im Maschinen- und Werkzeugbau für Teile aus Gusseisen und Stahl, welche ein dunkelbraunes Aussehen durch Mischoxidbildung (FeO) erhalten. Genormt ist das Verfahren in DIN 50938: „Brünieren von Bauteilen aus Eisenwerkstoffen". Messing- und Bronzeteile werden mitunter brüniert, um ein „antikes" Aussehen zu erreichen.

Chemische Gasphasenabscheidung, chemical vapour deposition, CVD. Dazu zählen Beschichtungsverfahren welche die Technologie der Schichtabscheidung aus der Gasphase nutzen. Unterschieden werden rein thermisch aktivierte Prozesse, CVD mit metallorganischen Verbindungen (MOCVD), plasma-aktivierte Prozesse (PACVD) im Niederdruckbereich und bei Atmosphärendruck (AP-PACVD, atmospheric-pressure plasma-activated CVD). Die durch CVD auf der Basis unterschiedlichster Elemente gebildeten Oberflächenschichten dienen der Entwicklung von hochspezialisierten Werkstoffen. So werden gezielt Eigenschaften eingestellt beispielsweise wie: Thermische Schockbeständigkeit, elektrische Isolation, Bildung von Wärmebarrieren für Hochtemperaturanwendungen und Korrosionsbeständigkeit. Auch die Topografie der Oberflächen kann gezielt beeinflusst werden.

Plasma-Heißdraht-Auftragschweißen, (PHA-Schweißen). Schweißverfahren zur Herstellung dünner Lagen einer Schweißplattierung auf einer Werkstückoberfläche, welche von einem Plasmalichtbogen angeschmolzen wird, während das Aufschmelzen des Zusatzwerkstoffes davon getrennt durch Widerstandserwärmung erfolgt. Der Zusatzwerkstoff in Form von zwei sich kreuzenden Drähten wird bis knapp unter seine Schmelztemperatur erhitzt und im Nachlauf zum Plasmabrenner dem erzeugten Schmelzbad zugeführt und darin aufgeschmolzen. Die Prozesssteuerung geschieht durch ein Rechnersystem, das ein möglichst geringes Anschmelzen des Grundwerkstoffes und ein gleichmäßiges Aufschmelzen der Zusatzdrähte sichert. Das Verfahren dient auch zur Beschichtung von Gusswerkstoffen, beispielsweise zur Schweißplattierung von Gusseisen mit korrosionsbeständigen Nickelbasislegierungen bei hoher Minimierung der Wärmeeinbringung.

Physikalische Gasphasenabscheidung, physical-vapour-deposition, PVD, Dünnschichttechnologie.

PVD ist ein Oberflächenbeschichtungsverfahren bei welchem auf physikalischer Basis das Material in die Gasphase überführt wird und auf dem zu beschichtenden Werkstoff kondensiert. Es wird durchgeführt in Vakuum-Beschichtungsanlagen zur Abscheidung von Metall und Hartmetallschichten von 0,1 bis 5 µm Dicke auf unterschiedliche Werkstoffe in einem Temperaturbereich von 80 bis 400 °C.

Emaillieren [21]

Unter Emaillieren versteht man das Aufbringen eines fest haftenden anorganischen-oxidischen Überzugs (glasig-silicatisch/Emaille) in einer oder mehreren Schichten auf Metall oder Glas.

Anwendungsgebiete:

Schutz der Werkstückoberfläche vor Korrosion, Oxidation und Hitze, Verbesserung der Isolationsfähigkeit, hohe Beständigkeit gegenüber Säuren und Laugen, hoher Verschleißwiderstand gegenüber abrasiven Medien,gute Reinigbarkeit, glatte Oberflächen Optische und haptische Aspekte.

Schichtstärken:

200–600 µm geeignet für die Beschichtung von Eisenwerkstoffen

Verfahrensübersicht

Nassauftragen (mit Emailleschlicker) Der passend eingestellte Schlicker wird durch Tauchen, Fluten, Begießen oder bei Hohlkörpern durch Hereinsaugen mittels Vakuum direkt auf die zu emaillierende Oberfläche aufgebracht.	**Trockenemaillierung** (mit Fritten-puder) Das Emaillepulver wird je nach Verfahren heiß oder kalt aufgestäubt, aufgeblasen, mittels Aufbau eines elektrostatischen Feldes aufgebracht oder das Werkstück selbst wird in den Puder getaucht.

Emaillebrand: Nach dem Auftragen der Emaillierung wird das Werkstück in einem Kammer- oder Durchlauftunnelofen bei ca. 780 °C bis 900 °C zwischen 10 und 30 Minuten gebrannt.

Thermisches Spritzen [22]

Zielstellung:

Gestaltung funktioneller Oberflächeneigenschaften, besonders mittels Hartstoffschichten mit Schichtstärken von bis 250 µm

Korrosionsschutz – Verschleißschutz – Oxidschutz – Wärmedämmung – Gleitschichten – Haftschichten – Reparatur verschlissener Oberflächen

Werkstoffgruppen für Beschichtungsstoffe

- Metalle
Metalllegierungen
- Oxidkeramische
Werkstoffe
- Carbide
Boride

Verfahrensübersicht

- Lichtbogenspritzen
- Plasmaspritzen
- Hochgeschwindig-
keitsflammspritzen
(HVOF)

Anwendungsbeispiele:

- Farbübertragungswalzen in der Druckindustrie
- Zylinderlaufflächen von Verbrennungsmotoren
- Wärmedämmschichten in Flugzeugturbinen/Gasturbinen
- Führungsstangen von Maschinen
- Walzen für Papier- und Folienherstellung
- Rotoren und Kolben für Kompressoren und Pumpen

Imprägnieren [23]

Zielstellung:

Abdichten von Leckagen und Migrationspfaden (Porositäten) ohne den Charakter eines Bauteils wie Dimension, Funktion und Aussehen zu beeinträchtigen.

Prozessablauf:

1. Penetration der Porositäten/Leckagepfade mit dem Imprägniermittel
2. Rückgewinnung des überschüssigen Imprägniermittels
3. Reinigung der Werkstückoberfläche
4. Aushärtung des Imprägniermittels im Werkstückgefüge

Imprägniermaterialien:

Methacrylat-Monomere, Silikate oder Epoxide

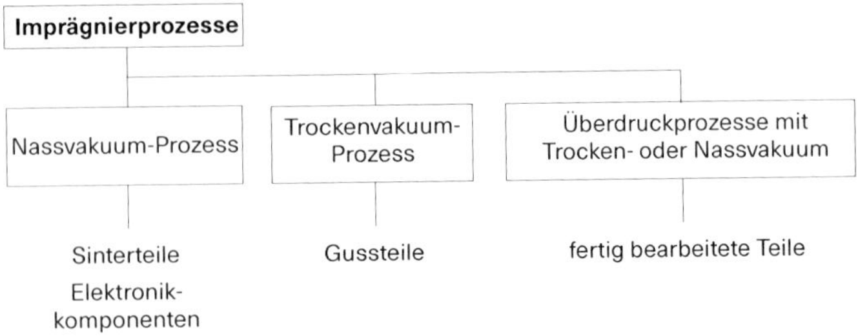

Verzinken

Aufbringen von Korrosionsschutzüberzügen aus Zink auf Eisen und Stahl durch unterschiedliche Verfahren:

Spritzverzinken, ein Schutzverfahren, bei welchem flüssiges Zink mittels Druckluft-Spritzpistole auf die Oberfläche des zu verzin-ken-den Teils aufgesprüht wird; die Schichtdicke beträgt etwa 80 bis 160 µm.

Feuerverzinken, als diskontinuierliches Schutzverfahren (Stückverzinken), wobei die zu verzinkenden Teile einzeln in flüssiges Zink getaucht werden und Legierungsbildung stattfindet (Schichtdicke 50 bis 150 µm). Feuerverzinken im Durchlaufverfahren für Stahlband oder Draht, welche in automatisch betriebenen Anlagen einen Zinküberzug im kontinuierlichen Durchlauf durch flüssiges Zink erhalten (Schichtdicke 15 bis 30 µm).

Galvanisches Verzinken, ein Schutzverfahren durch Aufbringen eines Zinküberzuges in wässrigen Elektrolyten mit Gleichstrom (Schichtdicke üblicherweise 15 bis 30 µm).

Aufbringen von Zinkstaub, einmal mechanisch durch Plattieren oder auf geeigneten Werkstücken durch Diffusion (Sheradisieren), wobei die Schichtdicken im ersten Fall 2 bis 20 µm, im zweiten 10 bis
20 µm betragen. Außerdem gibt es die Zinkstaubbeschichtung, ein Schutzverfahren, bei dem Zinkstaub-pigmentierte Beschichtungsstoffe als Schutzschichten auf Stahlbauteile aufgetragen werden (Schichtdicke 40 bis 120 µm).

Gießprozess-Simulation

[1] Bramann, Horst
MAGMA Gießereitechnologie GmbH, Aachen

Generative Fertigungsverfahren

[2] Kaiser, Martin; Müller, Andreas; ExOne GmbH, Gersthofen

Verfahren zur Form- und Kernherstellung

[3] Flemming, E.; Tilch, W.: Formstoffe und Formverfahren, Deutscher Verlag für Grundstoffindustrie 1993
[4] Tilch, W.; Polzin, H.: Vorlesungsunterlagen TU Freiberg, Gießerei-Institut 2013
[5] Tilch, W., Polzin, H., Franke, M.: Praxishandbuch bentonitgebundener Formstoff. Schiele & Schön, Berlin 2019

Speisertechnik

[9] Ergül, H.; Fischer, S.; Sherdi, U.: Der „Alleskönner" unter den Speisern. GIESSEREI PRAXIS (2008) 3; S. 80–82.
[10] Schäfer, J.: Innovative Speisersysteme zur Realisierung von Kostenvorteilen in der Serienproduktion. GIESSEREI PRAXIS (2008) 3, S. 90–92.
[11] Brieger, G.; Biemel, M.: Optimierte Speisertechnik macht vieles möglich, was früher als unmöglich galt. GIESSEREI PRAXIS (2008) 3, Seite 83.
[12] Produktionformationen GTP Schäfer, gießtechnische Produkte GmbH
[13] S. Lehmann, T. Iven, G. Brieger, Fachbericht CHEMEX GmbH, Unternehmen der HA-Gruppe, Hannover

Feinguss

[14] Aue, H., Blank, W. u. a: Feinguss, Herstellung – Eigenschaften – Anwendung. BDG-Broschüre 2011.
[15] BDG-Richtlinie/VDG-Merkblatt P 690, Juli 2010
[16] Hewelt, U., Skarjalis, A.: Duktiler Feinguss im Sophia®-Verfahren für Rennsport und Prototypen. GIESSEREI PRAXIS (2014) 9, S. 378–381.

Lost Foam

[17] Fachinformation Fraunhofer-Institut für Fertigungstechnik und Angewandte Materialforschung IFAM, Giessereitechnikum Bremen.

Kokillenguss

[18] GIESSEREI LEXIKON, Schiele & Schön

[19] Zeuner, T.: Gasdruckunterstützte Gießtechnologie für Kokillengussbauteile. GIESSEREI PRAXIS (2007) 5.

[20] Klimesch, Ch.; Bechtle, S.; Vogt, O.; Ziegler, S.; Röpke, S.; Schüller, A.: Herausforderungen an hoch beanspruchbare Zylinderköpfe. GIESSEREI PRAXIS (2011) 5, S. 187–191.

Beschichten von Oberflächen

[21] Behler, F.-J.: Technisches Email. Chemie Ingenieur Technik 81(2009) 6, S. 677–678.

[22] Brandt, O., Siegmann,S.: Moderne Beschichtungsverfahren – Fortbildungsseminar der Deutschen Gesellschaft für Materialkunde e.V., Dortmund 2000

[23] Versmold, R.: Imprägnieren von Gussteilen; Teil 1 Grundlagen der Vakuum-Imprägnierung, Teil 2: Imprägnierprozesse, Teil 3 Imprägniermittel. GIESSEREI PRAXIS (2012) 3, 4, 9.

	Werkstoffgruppe	
	Aluminium	**Magnesium**
Werkstoffnorm	DIN EN 1706: 2021-10	DIN EN 1753: 2019-12
	Aluminium und Aluminiumlegierungen – Gussstücke – Chemische Zusammensetzung und mechanische Eigenschaften	Magnesium und Magnesiumlegierungen – Blockmetalle und Gussstücke aus Magnesiumlegierungen
	Anhang A: Mechanische Eigenschaften von Druckgusslegierungen (informativ)	
Druckgießverfahren		
Warmkammer-Druckgießverfahren	–	x
Kaltkammer-Druckgießverfahren	x	(x)
Sonderverfahren – Druckgießverfahren mit Legierungen im teilfesten Zustand	x	x

Werkstoffgruppe			
Zink	**Kupfer**	**Blei**	**Zinn**
DIN EN 12844: 1999-01	DIN EN 1982: 2024-12	DIN 17640-1: 2004-02	DIN 1742: 1971-07
Zink und Zinklegierungen – Gussstücke – Spezifikationen	Kupfer und Kupferlegierungen – Blockmetalle und Gussstücke	Bleilegierungen für allgemeine Verwendung	Zinn-Druckgusslegierungen; Druckgussstücke
Anhang B: Eigenschaften von Druckgussstücken aus Zinklegierungen bei 20 °C (informativ)			
x	–	x	x
x	x	(x)	(x)
(x)	–	–	–

Kaltkammer-Druckgießverfahren:
das Metall wird aus einem Warmhalteofen über eine Dosiereinrichtung in die Gießkammer der Maschine gebracht

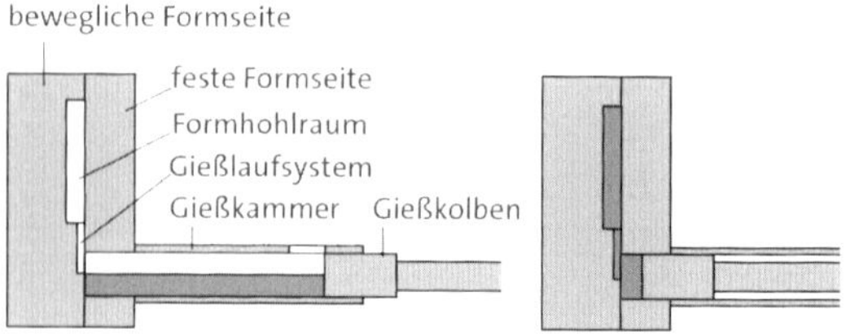

- Druckgießmaschine mit vertikaler Kaltkammer
- Druckgießmaschine mit horizontaler Kaltkammer
- Druckgießverfahren mit Metallnachdruck in Gießkammer oder Formhohlraum (Acurad-Verfahren)
- Vakuumdruckgießverfahren => Zwangsentlüftung des Formhohlraumes (Vacural-Technologie/Mehrstufen Vakuumverfahren Vacu²)

Technische Richtlinie:
Druckguss aus NE-Metallen, Ausgabe Datum 2016
VDD Verband Deutscher Druckgießereien und Bundesverband der Deutschen Gießerei-Industrie BDG

Sicherheit von Maschinen:
Sicherheitsanforderungen an Metall-Druckgießanlagen;
DIN EN 869 2009-12

Warmkammer-Druckgießverfahren:
die Gießkammer liegt direkt im beheizten Metallbad

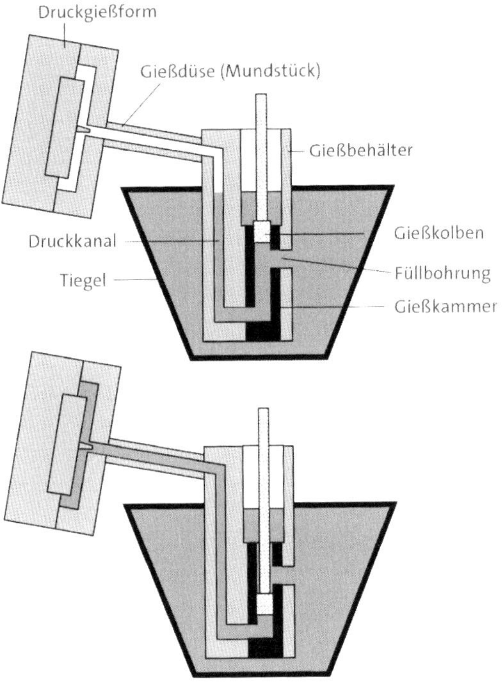

Weiterführende Literatur

Nogowizin, B.: Theorie und Praxis des Druckgusses, Schiele & Schön GmbH, Berlin 2011
Nogowizin, B.: Konstruktion und Fertigung der Druckgießformen, Schiele & Schön GmbH, Berlin 2019
Nogowizin, B.: Druckgießtechnologien – Bewährte und innovative Prozesse, Schiele & Schön GmbH, Berlin 2021
Leibfried, D.: Druckgusstechnologie – Paradigmenwechsel in der Fertigung, Schiele & Schön GmbH, Berlin 2021

Druckgusslegierungen im Vergleich [1, 2, 4]

		Magnesium-Legierungen	Aluminium-Legierungen	Zink-Legierungen	Kupfer-Legierungen
Dichte	[g/cm³]	1,71–1,81	2,65–2,75	6,7–6,8	8,25–8,75
Schmelzwärme	[kJ/kg]	360–390	380–480	106–113	200–210
Wärmeleitfähigkeit	[W/(m·K)]	50–84	60–210	92–113	110–160
spezifische Wärmekapazität bei 20 °C	[kJ/(kg·K)]	1,0–1,2	0,9–1,0	0,41–0,42	0,4–0,5
Längenausdehnungskoeffizient 20–100 °C	[10^{-6}/K]	26	20–24	27	18–22
elektrische Leitfähigkeit	[MS/m]	6–10	11–27	15–16	16–21
E-Modul	[GPa]	40–45	68–78	80–85	90–120
Schubmodul	[GPa]	16–17	22–28		
Querkontraktionszahl		0,35	0,32–0,36	0,29	0,33–0,40
Gießtemperaturbereich	[°C]	630–720	620–710	415–435(580)	960–1050

informative Richtwerte [1, 2, 4]

Legierungsgruppe	Legierungbezeichnung		Zugfestigkeit R_m [MPa] min.	Dehngrenze $R_{p0,2}$ [MPa] min.	Bruchdehnung A [%] min.	Brinell-Härte HBW min.	Ermüdungsfestigkeit [MPa]
	numerisch	chemische Symbole					
Al	–	Al 99,6 E	75	-	10	17	–
	–	Al 99,7 E	75	-	10	17	–
AlSi10Mg	EN AC-43400	EN AC-AlSi10Mg(Fe)	240	140	1	70	60–90
	EN AC-43500	EN AC-AlSi10MnMg	200	120	5	65	80–90
AlSi	EN AC-44300	EN AC-AlSi12(Fe)(a)	240	130	1	60	60–90
	EN AC-44400	EN AC-AlSi9	220	120	2	55	60–90
	EN AC-44500	EN AC-AlSi12(Fe)(b)	240	140	1	60	60–90
	EN AC-44600	EN AC-AlSi10Mn	220	140	1	65	–
AlSi9Cu	EN AC-46000	EN AC-AlSi9Cu3(Fe)	240	140	<1	80	60–90
	EN AC-46100	EN AC-AlSi11Cu2(Fe)	240	140	<1	80	60–90
	EN AC-46500	EN AC-AlSi9Cu3(Fe)(Zn)	240	140	<1	80	60–90
AlSi(Cu)	EN AC-47100	EN AC-AlSi12Cu1(Fe)	240	140	1	70	60–90
	EN AC-47200	EN AC-AlSi12C(Fe)	220	140	1	60	–
AlSiCuMg	EN AC-48000	EN AC-AlSi12CuMgNi	220	140	1	90	–
	EN AC-48100	EN AC-AlSi17Cu4Mg	220	160	<1	90	60–90
	EN AC-48200	EN AC-Alsi15Cu3MgFe	270	220	<1	100	–
AlMg	EN AC-51200	EN AC-AlMg9	200	130	1	70	60–90
	EN AC-51500	EN AC-AlMg5Si2Mn	250	140	5	70	80–110

Physikalische Werkstoffeigenschaften von Magnesium-Druckgusslegierungen im Gusszustand (F) informative Richtwerte [1, 2]

Legierungsgruppe	Legierungsbezeichnung		Zugfestigkeit R_m [MPa]	Dehngrenze $R_{p0,2}$ [MPa]	Bruchdehnung A [%]	Brinell-Härte HBW	Kerbschlagarbeit nach Charpy bei RT [J]
	numerisch	chemische Symbole					
MgAlZn	3.5313-D-F	EN-MCMgAl6Zn1-D-F	200–240	–	3–6	–	–
	3.5315-D-F	EN-MCMgAl8Zn1-D-F	200–250	140–160	1–7	60–85	–
	3.5316-D-F	EN-MCMgAl9Zn1(A)-D-F	200–260	140–170	1–6	65–85	1,3–1,5
	3.5317-D-F	EN-MCMgAl9Zn1(B)-D-F	200–250	–	0,5–3	–	–
MgAlMn	3.5320-D-F	EN-MCMgAl2Mn-D-F	150–220	80–100	8–18	40–65	4,2–4,6
	3.5321-D-F	EN-MCMgAl5Mn-D-F	180–230	110–130	5–15	50–65	2,9–3,7
	3.5322-D-F	EN-MCMgAl6Mn-D-F	190–250	120–150	4–14	55–70	2,9–3,3
	3.5323-D-F	EN-MCMgAl7Mn-D-F	200–260	130–160	3–10	60–75	–
MgAlSi	3.5325-D-F	EN-MCMgAl2Si-D-F	170–230	110–130	4–14	50–70	2,6–3,0
	3.5326-D-F	EN-MCMgAl4Si-D-F	200–250	120–150	3–12	55–80	2,4–2,8
MgAlRE *)	3.5328-D-F	EN-MCMgAl4RE4-D-F	220–260	130–160	6–15	60–80	–

*) RE: selten Erdmetalle

Die Werte sind als bauteilabhängige Richtwerte anzusehen und stellen keine verbindlichen Eigenschaftszusagen dar. Die angegebenen Werte gelten für getrennt gegossene Proben mit einer Querschnittsfläche von 20 mm² und einer Mindestwanddicke von 2 mm.

Physikalische Werkstoffeigenschaften von Kupfer-Zink-Druckgusslegierungen informative Richtwerte [1, 2, 6]

Legierungsgruppe	Legierungsbezeichnung		Zugfestigkeit R_m [MPa] min.	Dehngrenze $R_{p0,2}$ [MPa] min.	Bruchdehnung A [%] min.	Brinell-Härte HBW min.
	numerisch	chemische Symbole				
CuZnPb	CC751S-GP	CuZn33Pb2Si-C	400	280	5	110
	CC752S-GP	CuZn35Pb2Al-C	340	215	5	110
	CC754S-GP	CuZn39Pb1Al-C	350	250	4	110
	CC755S-GP	CuZn39Pb1AlB-C	350	250	4	110
CuZnSi	CC761S-GP	CuZn16Si4-C	530	370	5	150
CuZnAl	CC762S-GP	CuZn25Al5Mn4Fe3-C	680	580	1	190
	CC763S-GP	CuZn32Al2Mn2Fe1-C	440	330	3	130

Die Eigenschaften von Druckgusslegierungen sind von den Gießparametern abhängig, sodass die angegebenen Werte keine verbindlichen Anforderungen aufzeigen, sie dienen der Information.

Physikalische Werkstoffeigenschaften von Zink-Druckgusslegierungen informative Richtwerte [1, 2, 3]

Kurzbezeichnung	Legierungsbezeichnung		Zugfestigkeit R_m [MPa]	Dehngrenze $R_{p0,2}$ [MPa]	Bruchdehnung A [%]	Brinell-Härte HBW	Kerbschlagarbeit ungekerbte Probe 6,3 x 6,3 mm [J]
	numerisch	chemische Symbole					
ZP2	ZP0430	ZnAl4Cu3	335	270	5	102	59
ZP3	ZP0400	ZnAl4	280	200	10	85	57
ZP5	ZP0410	ZnAl4Cu1	330	250	5	92	58
ZP8	ZP0810	ZnAl8Cu1	370	220	8	100	40
ZP12	ZP1110	ZnAl11Cu1	400	300	5	100	30
ZP27	ZP2720	ZnAl27Cu2	425	370	2,5	120	10

Die 0,2%- Dehngrenze $R_{p0,2}$ und Zugfestigkeit R_m der Aluminiumlegierungen und des Reinaluminiums in Abhängigkeit von der Temperatur [2]

Kurzzeichen		Festigkeit in MPa	Temperatur in °C								
			24	100	150	205	260	315	370	427	527
360.0	AlSi10Mg	$R_{p0,2}$	172	172	165	96	52	31	21		
		R_m	324	303	241	152	83	48	31		
380.0	AlSi9Cu3	$R_{p0,2}$	165	165	158	110	55	28	17		
		R_m	331	310	234	165	90	42	28		
384.0	AlSi11Cu3	$R_{p0,2}$	172	172	165	124	62	28	17		
		R_m	324	317	262	179	96	48	31		
413.0	AlSi12Cu	$R_{p0,2}$	145	138	131	103	62	31	17		
		R_m	296	255	221	165	90	41	31		
518.0	AlMg8	$R_{p0,2}$	186	172	145	103	62	31	17		
		R_m	310	276	221	145	90	59	34		
99,9 Al		$R_{p0,2}$	25	21	19	18	17	15	13	10	5
		R_m	50	42	38	36	33	28	24	20	10

Hochwertige Zinkdruckgusslegierungen [3]
Spezifikation der Zinkdruckgusslegierungen nach DIN EN 1774:1997-11: Zink und Zinklegierungen – Gusslegierungen – in Blockform und in flüssiger Form, (Bezeichnung ZL)

Kurzbezeichnung		**ZL3**	**ZL5**	**ZL2**	**ZL8**
Nummer der Legierung		ZL0400	ZL0410	ZL0430	ZL0810
Symbol der Legierung		ZnAl4	ZnAl4Cu1	ZnAl4Cu3	ZnAl8Cu1
Aluminium %	Max.	4,2	4,2	4,2	8,8
	Min.	3,8	3,8	3,8	8,2
Kupfer %	Max.	0,03	1,1	3,3	1,3
	Min.		0,7	2,7	0,9
Magnesium %	Max.	0,06	0,06	0,06	0,03
	Min.	0,035	0,035	0,035	0,02
Blei %	Max.	0,003	0,003	0,003	0,005
Kadmium %	Max.	0,003	0,003	0,003	0,005
Zinn %	Max.	0,001	0,001	0,001	0,002
Eisen %	Max.	0,02	0,02	0,02	0,035
Nickel %	Max.	0,001	0,001	0,001	0,001
Silizium %	Max.	0,02	0,02	0,02	0,035
Zink	Restwert	Restwert	Restwert	Restwert	Restwert

Hochwertige Zinkdruckgusslegierungen [3]
Spezifikation der Zinkdruckgusslegierungen für Zinkdruckgussteile nach DIN EN 12844:1999-01: Zink und Zinklegierungen – Gussstücke – Spezifikationen,
(Bezeichnung ZP)

Kurzbezeichnung		**ZP3**	**ZP5**	**ZP2**	**ZP8**
Nummer der Legierung		ZP0400	ZP0410	ZP0430	ZP0810
Symbol der Legierung		ZnAl4	ZnAl4Cu1	ZnAl4Cu3	ZnAl8Cu1
Aluminium %	Max.	4,3	4,3	4,3	8,8
	Min.	3,7	3.7	3,7	8,0
Kupfer %	Max.	0,1	1,2	3,3	1,3
	Min.		0,7	2,7	0,8
Magnesium %	Max.	0,05	0,05	0,05	0,03
	Min.	0,025	0,025	0,025	0,015
Blei %	Max.	0,005	0,005	0,005	0,006
Kadmium %	Max.	0,005	0,005	0,005	0,006
Zinn %	Max.	0,002	0,002	0,002	0,003
Eisen %	Max.	0,05	0,05	0,05	0,06
Nickel %	Max.	0,02	0,02	0,02	0,02
Silizium %	Max.	0,03	0,03	0,03	0,045
Zink	Restwert	Restwert	Restwert	Restwert	Restwert

Die 0,2%- Dehngrenze $R_{p0,2}$ und Zugfestigkeit R_m der Magnesiumlegierungen in Abhängigkeit von der Temperatur und der Probedicke [2]

Kurzzeichen	Festigkeit in MPa	Dicke in mm	Temperatur in °C							
			20	40	80	120	140	160	200	220
EN-MCMgAl9Zn1(A)	$R_{p0,2}$	2	146	144	143	140	138	130	115	107
		3	136	134	127	134	126	118	106	95
		5	132	131	123	127	121	114	101	91
	R_m	2	225	225	222	210	190	166	135	122
		3	195	192	201	192	182	160	135	114
		5	185	191	187	179	172	156	126	110
EN-MCMgAl5Mn	$R_{p0,2}$	2,8	113	118	112	116	116	105	90	90
	R_m		211	229	204	189	184	156	118	107

Zugfestigkeit in MPa der Zinklegierungen in Abhängigkeit von der Temperatur [2]

Temperatur in ° C	Kurzzeichen				
	ZnAl4	ZnAl4Cu1	ZA 8	ZA 12	ZA 27
20	283	328	374	403	425
40	245	296	–	–	–
50	–	–	328	350	398
95	195	242	–	–	–
100	–	–	224	229	259
150	140	160	128	119	129

Berechnete Elastizitätsmodule in GPa für genormte Druckgusslegierungen in Abhängigkeit von der Temperatur [2]

Kuzzeichen	Temperatur in °C									
	20	100	150	200	250	300	350	400	450	500
EN-AC-AlSi10Mg(Fe)	74,8	72,4	70,6	68,8	66,6	64,4	61,9	59,3	56,1	52,9
EN-AC-AlSi12(Fe)	75,6	73,2	71,4	69,6	67,4	65,2	62,7	60,0	56,9	53,6
EN-AC-AlSi9	74,7	72,3	70,5	68,6	66,5	64,3	61,7	59,1	55,9	52,6
EN-AC-AlSi9Cu3(Fe)	75,8	73,3	71,5	69,6	67,5	65,3	62,6	60,0	56,8	53,5
EN-AC-AlSi11Cu2(Fe)	76,0	73,5	71,8	69,9	67,7	65,6	63,0	60,4	57,1	53,9
EN-AC-AlSi8Cu3	75,4	73,0	71,2	69,3	67,1	64,9	62,3	59,7	56,5	53,2
EN-AC-AlSi12Cu1	75,9	73,5	71,7	69,9	67,7	65,5	63,0	60,4	57,2	53,9
EN-AC-AlMg9	68,5	66,2	64,5	62,6	60,5	58,4	56,0	53,4	50,4	47,4
EN-MCMgAl8Zn1	46,7	45,2	44,0	42,8	40,7	39,7	38,0	36,1		
EN-MCMgAl9Zn1	44,4	42,9	41,8	40,6	39,3	37,9	36,4	34,9		
EN-MCMgAl2Mn	45,4	44,0	42,9	41,7	40,2	38,7	37,0	35,1		
EN-MCMgAl5Mn	46,0	44,5	43,4	42,2	40,7	39,1	37,4	35,6		
EN-MCMgAl6Mn	44,3	42,6	41,6	40,5	39,5	38,4	37,4	36,4		
EN-MCMgAl7Mn	46,3	44,9	43,7	42,5	41,0	39,4	37,7	35,9		
EN-MCMgAl2Si	46,1	44,4	43,3	42,2	41,2	40,1	39,1	38,0		
EN-MCMgAl4Si	46,0	44,6	43,5	42,3	40,8	39,2	37,5	35,7		
CuZn33Pb2Si-C	106,0	102,3	98,8	94,2	89,3	84,0	78,0	73,7	69,1	68,1
CuZn35Pb2Al-C	102,2	98,4	94,8	90,2	85,1	79,7	73,6	69,6	65,3	64,4
CuZn39Pb1Al-C	104,2	100,5	96,8	92,1	87,0	81,7	75,6	71,2	66,4	65,5
CuZn16Si4-C	123,0	120,0	117,2	113,8	110,2	106,3	101,9	97,2	92,0	89,7
ZP3 (ZnAl4)	92,9	89,7	85,7	79,6	73,9	68,2	62,2			
ZP5 (ZnAl4Cu1)	93,1	90,0	85,9	79,9	74,2	68,5	62,4			
ZP2 (ZnAl4Cu3)	93,7	90,5	86,5	80,5	74,8	69,1	63,0			
ZP8 (ZnAl8Cu1)	92,0	88,9	85,0	79,2	73,7	68,2	62,3			
ZP12 (ZnAl11Cu1)	91,2	88,1	84,3	78,7	73,3	67,9	62,2			
ZP27 (ZnAl27Cu2)	87,4	84,5	81,1	76,4	71,8	67,1	62,0			

Dichte und Wärmeausdehnungskoeffizient der genormten Druckgusslegierung in Abhängigkeit von der Temperatur [2]

Index 20: bei Raumtemperatur 20 °C
Index S: bei Solidustemperatur
Index L: bei Liquidustemperatur

Kurzzeichen	Dichte in kg/m³			Wärmeausdehnungskoeffizient in 10^{-6}/K – Temperaturbereich in °C						Temperatur in °C		Schwindung in %
	ρ_{20}	ρ_S	ρ_L	20 bis 100	200	300	400	500	20 bis Solidus	Sol.	Liq.	
EN-AC-AlSi10Mg(Fe)	2632	2515	2382	19,5	20,3	21,0	22,0	22,8	23,9	557	596	1,28
EN-AC-AlSi12(Fe)	2638	2524	2397	18,9	19,6	20,4	21,2	22,0	23,1	570	580	1,27
EN-AC-AlSi9	2650	2532	2393	19,9	20,7	21,4	22,3	23,2	24,3	577	593	1,35
EN-AC-AlSi9Cu3(Fe)	2705	2585	2445	19,6	20,4	21,2	22,0	22,9	24,1	521	593	1,21
EN-AC-AlSi11Cu2(Fe)	2678	2562	2430	19,0	19,8	20,5	21,4	22,2	23,4	521	582	1,17
EN-AC-AlSi8Cu3	2710	2588	2443	20,0	20,8	21,5	22,4	23,3	24,6	510	610	1,21
EN-AC-AlSi12Cu1	2656	2541	2414	18,8	19,6	20,3	21,1	22,0	23,0	577	582	1,28
EN-AC-AlMg9	2562	2431	2277	23,8	24,7	25,6	26,7	27,8	29,0	538	621	1,50
EN-MCMgAl8Zn1	1810	1684	1632	25,4	26,1	26,9	27,8		29,5	425	615	1,19
EN-MCMgAl9Zn1	1816	1691	1638	25,4	26,1	27,0	27,8		29,5	420	598	1,18
EN-MCMgAl2Mn	1758	1634	1586	25,5	26,2	27,0	27,8		29,5	435	638	1,22
EN-MCMgAl5Mn	1776	1652	1602	25,4	26,1	26,9	27,7		29,5	440	620	1,24
EN-MCMgAl6Mn	1783	1658	1608	25,1	25,8	26,6	27,5		29,5	445	615	1,25
EN-MCMgAl7Mn	1789	1665	1613	25,4	26,1	26,9	27,7		29,5	435	610	1,22
EN-MCMgAl2Si	1762	1639	1592	24,9	25,6	26,4	27,2		28,9	435	632	1,20
EN-MCMgAl4Si	1774	1651	1603	24,8	25,5	26,3	27,1		28,8	435	617	1,19

Dichte und Wärmeausdehnungskoeffizient der genormten Druckgusslegierung in Abhängigkeit von der Temperatur [2]

Index 20: bei Raumtemperatur 20 °C
Index S: bei Solidustemperatur
Index L: bei Liquidustemperatur
(Fortsetzung)

Kurzzeichen	Dichte in kg/m³			Wärmeausdehnungskoeffizient in 10^{-6}/K						Temperatur in °C		Schwindung in %
				Temperaturbereich in °C								
	ρ_{20}	ρ_S	ρ_L	20 bis 100	200	300	400	500	20 bis Solidus	Sol.	Liq.	
CuZn33Pb2Si-C	8063	7659	7323	19,4	20,0	20,5	20,9	21,3	25,8	900	930	2,27
CuZn35Pb2Al-C	8064	7653	7283	19,9	20,7	21,1	21,5	21,9	26,6	900	915	2,34
CuZn39Pb1Al-C	7977	7573	7210	20,2	21,0	21,6	22,0	22,4	27,0	895	900	2,36
CuZn16Si4-C	7736	7358	7101	16,9	17,4	17,7	18,0	18,4	22,8	1000	1020	2,23
ZP3 (ZnAl4)	6700	6406	6130	30,0	33,0	35,0			37,0	381	387	1,33
ZP5 (ZnAl4Cu1)	6708	6420	6140	29,7	32,7	34,7			36,7	380	386	1,32
ZP2 (ZnAl4Cu3)	6734	6440	6160	29,2	32,1	34,0			36,3	379	390	1,30
ZP8 (ZnAl8Cu1)	6315	6040	5762	29,4	32,2	34,1			36,3	375	404	1,29
ZP12 (ZnAl11Cu1)	6050	5782	5507	29,1	32,0	33,8			36,0	377	432	1,28
ZP27 (ZnAl27Cu2)	4950	4721	4463	27,7	30,0	31,5			34,2	375	484	1,21

Spezifische Wärmekapazität, Wärmeleitfähigkeit und Schmelzwärme der genormten Druckgusslegierungungen in Abhängigkeit von der Temperatur [2]

Index 20: bei Raumtemperatur 20 °C
Index S: bei Solidustemperatur
Index L: bei Liquidustemperatur

Kurzzeichen	Spezifische Wärmekapazität c in J/(kg·K)			Wärmeleitfähigkeit λ in W/(m·K)			Schmelzwärme in kJ/kg
	c_{20}	c_S	c_L	λ_{20}	λ_S	λ_L	
EN-AC-AlSi10Mg(Fe)	878 (910)	1072	1096	113	153	72	417 (410)
EN-AC-AlSi12(Fe)	872 (900)	1070	1092	121	158	74	424 (448)
EN-AC-AlSi9	879	1072	1094	138	168	79	414 (406)
EN-AC-AlSi9Cu3(Fe)	846 (880)	1034	1056	96	139	65	403 (410)
EN-AC-AlSi11Cu2(Fe)	853	1045	1067	92	136	64	413 (419)
EN-AC-AlSi8Cu3	848	1035	1056	96	139	65	400 (402)
EN-AC-AlSi12Cu1	861 (890)	1057	1079	121	158	74	420 (448)
EN-AC-AlMg9	910 (940)	1090	1119	92	137	64	385 (390)
EN-MCMgAl8Zn1	1002	1170	1311	53	80	46	362 (370)
EN-MCMgAl9Zn1	1000 (1031)	1168 (1225)	1308	51	78 (81)	45	362 (370)
EN-MCMgAl2Mn	1027 (1020)	1197 (1289)	1354	94	111 (122)	64	370 (370)
EN-MCMgAl5Mn	1023 (1020)	1194 (1289)	1344	65	92 (100)	53	371 (370)
EN-MCMgAl6Mn	1021 (1019)	1192 (1191)	1341	61	88 (94)	51	371 (370)
EN-MCMgAl7Mn	1020	1191	1338	57	84	49	371 (370)
EN-MCMgAl2Si	1023 (1025)	1195 (1197)	1350	84	105 (114)	61	373 (370)
EN-MCMgAl4Si	1020 (1020)	1192 (1289)	1343	68	94	54	373 (370)
CuZn33Pb2Si-C	373	449	471	63	154	82	141
CuZn35Pb2Al-C	373	449	471	87	185	98	139
CuZn39Pb1Al-C	381	457	481	87	185	98	142
CuZn16Si4-C	393	484	503	84	188	100	186
ZP3 (ZnAl4)	396 (419)	455	492	113	96	50	105 (105)
ZP5 (ZnAl4Cu1)	396 (419)	455	492	109	95	49	106 (105)
ZP2 (ZnAl4Cu3)	396 (419)	456	493	105	94	49	107 (105)
ZP8 (ZnAl8Cu1)	406 (435)	466	504	115	97	51	109 (112)
ZP12 (ZnAl11Cu1)	413 (450)	475	513	118	98	51	112 (116)
ZP27 (ZnAl27Cu2)	457 (525)	529	568	125	100	52	129 (128)

Minimale, maximale und mittlere Dichte der Druckgusslegierungen ohne und mit Porosität bei Raumtemperatur von 20 °C [2]

Kurzzeichen der Druckgusslegierung	Dichte in kg/m³			
	ohne Porosität			mit Porosität
	minimale	maximale	mittlere	
EN-AC-AlSi10Mg(Fe)	2674	2686	2680	2614
EN-AC-AlSi12(Fe)	2664	2676	2670	2604
EN-AC-AlSi9	2668	2680	2674	2608
EN-AC-AlSi9Cu3(Fe)	2751	2813	2782	2713
EN-AC-AlSi11Cu2(Fe)	2742	2770	2756	2688
EN-AC-AlSi8Cu3	2731	2786	2758	2690
EN-AC-AlSi12Cu1	2695	2717	2706	2639
EN-AC-AlMg9	2570	2603	2586	2522
EN-MCMgAl8Zn1	1796	1816	1806	1762
EN-MCMgAl9Zn1	1804	1823	1813	1769
EN-MCMgAl2Mn	1759	1765	1762	1719
EN-MCMgAl5Mn	1777	1784	1780	1736
EN-MCMgAl6Mn	1784	1790	1787	1743
EN-MCMgAl7Mn	1790	1797	1793	1749
EN-MCMgAl2Si	1765	1768	1766	1723
EN-MCMgAl4Si	1778	1783	1780	1737
CuZn33Pb2Si-C	8000	8200	8100	7900
CuZn35Pb2Al-C	8090	8250	8170	7970
CuZn39Pb1Al-C	8000	8100	8050	7850
CuZn32Al2Mn2Fe1-C	7700	8030	7900	7700
CuZn16Si4-C	7600	8000	7800	7606
ZP3 (ZnAl4)	6651	6720	6686	6520
ZP5 (ZnAl4Cu1)	6659	6734	6697	6531
ZP2 (ZnAl4Cu3)	6684	6761	6723	6556
ZP8 (ZnAl8Cu1)	6230	6311	6271	6115
ZP12 (ZnAl11Cu1)	5991	6086	6039	5890
ZP27 (ZnAl27Cu2)	4882	5059	4971	4848

Thermopysikalische Eigenschaften ausgewählter Druckgusslegierungen im Vergleich [23]

Legierung	Eigenschaften		bei Raumtemperatur	bei Solidustemperatur	bei Liquidustemperatur
EN-MCMgAl9Zn1	Dichte	kg/m^3	1816	1691	1638
	Wärmekapazität	J/(kg·K)	1031	1170	1308
	Wärmeleitfähigkeit	W/(m·K)	51	78	45
	Schmelzwärme	kJ/kg		362	
	Temperatur	°C		420	598
EN AC-AlSi9Cu3(Fe)	Dichte	kg/m^3	2705	2585	2445
	Wärmekapazität	J/(kg·K)	880	1034	1056
	Wärmeleitfähigkeit	W/(m·K)	96	139	65
	Schmelzwärme	kJ/kg		440	
	Temperatur	°C		521	593
ZnAl4Cu1	Dichte	kg/m^3	6708	6420	6140
	Wärmekapazität	J/(kg·K)	400	455	492
	Wärmeleitfähigkeit	W/(m·K)	109	95	49
	Schmelzwärme	kJ/kg		106	
	Temperatur	°C		380	386
CuZn39Pb1Al-C	Dichte	kg/m^3	7977	7573	7210
	Wärmekapazität	J/(kg·K)	381	457	481
	Wärmeleitfähigkeit	W/(m·K)	87	185	98
	Schmelzwärme	kJ/kg		142	
	Temperatur	°C		900	1000

Maß-, Form- und Lagetoleranzen sowie Bearbeitungszugaben für Druckgussteile [1], [2], [5]

Erforderliche Bearbeitungszugaben RMA für Druckgussteile:

Gusswerkstoff	**Empfohlene Grade** der erforderlichen Bearbeitungszugabe RMAG für Druckgussteile (DIN EN ISO 8062-3)
Leichtmetalllegierungen	RMAG B bis RMAG D
Kupferlegierungen	RMAG B bis RMAG D
Zinklegierungen	RMAG A bis RMAG D

Die erforderliche Bearbeitungszugabew richtet sich nach dem größten Außenmaß (Größtmaß) des Gussteils und gilt für alle herzustellenden Oberflächen des Gussteils

Bearbeitungszugaben für Druckgussteile in Abhängigkeit vom Gussteilgrößtmaß und dem Grad der Zugabe
(nach DIN EN ISO 8062-3)

Größtmaß des Gussteils		**Bearbeitungszugabe**			
		Grad der erforderlichen Bearbeitungszugabe			
		RMAG A	RMAG B	RMAG C	RMAG D
	≤ 40	0,1	0,1	0,2	0,3
> 40	≤ 63	0,1	0,2	0,3	0,3
> 63	≤ 100	0,2	0,3	0,4	0,5
> 100	≤ 160	0,3	0,4	0,5	0,8
> 160	≤ 250	0,3	0,5	0,7	1
> 250	≤ 400	0,4	0,7	0,9	1,3
> 400	≤ 630	0,5	0,8	1,1	1,5
> 630	≤ 1000	0,6	0,9	1,2	1,8
> 1000	≤ 1600	0,7	1	1,4	2
> 1600	≤ 2500	0,8	1,1	1,6	2,2

Maße in mm

Maßtoleranzgrade DCTG für Druckgussteile (Rohgussstücke/ Großserien- und Massenfertigung):

Gusswerkstoff	**Empfohlene Maßtoleranzgrade DCTG** für Druckgussteile (DIN EN ISO 8062-3)
Leichtmetalllegierungen	DCTG in Abhängigkeit vom Größtmaß von DCTG 6 (≤ 50 mm) bis DCTG 9 (> 500 mm)
Kupferlegierungen	DCTG 6 bis 8
Zinklegierungen	DCTG 3 bis 6

Anmerkung: für komplizierte Gussstücke wird ein Grad höher empfohlen

Längenmaßtoleranzen für Druckgussteile (DCT) in Abhängigkeit vom Gussteilnennmaß und dem Toleranzgrad DCTG
(nach DIN EN ISO 8062-3)

Nennmaß des Gussteils		**Längenmaßtoleranzen**						
		Toleranzgrad						
		DCTG 3	DCTG 4	DCTG 5	DCTG 6	DCTG 7	DCTG 8	DCTG 9
	≤ 10	0,18	0,26	0,36	0,52	0,74	1	1,5
> 10	≤ 16	0,2	0,28	0,38	0,54	0,78	1,1	1,6
> 16	≤ 25	0,22	0,3	0,42	0,58	0,82	1,2	1,7
> 25	≤ 40	0,24	0,32	0,46	0,64	0,9	1,3	1,8
> 40	≤ 63	0,26	0,36	0,5	0,7	1	1,4	2
> 63	≤ 100	0,28	0,4	0,56	0,78	1,1	1,6	2,2
> 100	≤ 160	0,3	0,44	0,62	0,88	1,2	1,8	2,5
> 160	≤ 250	0,34	0,5	0,7	1	1,4	2	2,8
> 250	≤ 400	0,4	0,56	0,78	1,1	1,6	2,2	3,2
> 400	≤ 630	-	0,64	0,9	1,2	1,8	2,6	3,6
> 630	≤ 1000	-	-	1	1,4	2	2,8	4
> 1000	≤ 1600	-	-	-	1,6	2,2	3,2	4,6

Maße in mm

Form- und Lagetoleranzgrade GCTG für:

Gusswerkstoff	**Empfohlene Form- und Lagetoleranzgrade** GCTG für Druckgussteile (DIN EN ISO 8062-3)
Leichtmetalllegierungen	GCTG 2 bis 4
Kupferlegierungen	GCTG 2 bis 4
Zinklegierungen	GCTG 2 bis 4

Anmerkungen:
GCTG 2: Anwendung nach besondere Vereinbarung
GCTG 3: einfache Gussstücke
GCTG 4: komplizierte Gussstücke, Gussstücke mit Schieber für Profilkonturen

Form- und Lagetoleranzen GCTG für Druckgussteile in Abhängigkeit vom Gussteilnennmaß und dem Toleranzgrad GCTG
(nach DIN EN ISO 8062-3)

Nennmaß des Gussteils		**Form- und Lagetoleranzen GCTG**					
		Geradheitstoleranz			**Ebenheitstoleranz**		
		Toleranzgrad			Toleranzgrad		
		GCTG 2	GCTG 3	GCTG 4	GCTG 2	GCTG 3	GCTG 4
	≤ 10	0,08	0,12	0,18	0,12	0,18	0,27
> 10	≤ 30	0,12	0,18	0,27	0,18	0,27	0,4
> 30	≤ 100	0,18	0,27	0,4	0,27	0,4	0,6
> 100	≤ 300	0,27	0,4	0,6	0,4	0,6	0,9
> 300	≤ 1000	0,4	0,6	0,9	0,6	0,9	1,4

Maße in mm

Nennmaß des Gussteils		**Form- und Lagetoleranzen GCTG**					
		Koaxialitätstoleranz			**Parallelitäts-, Rechtwinkligkeits-, Symmetrie- und Rundheitstoleranz**		
		Toleranzgrad			Toleranzgrad		
		GCTG 2	GCTG 3	GCTG 4	GCTG 2	GCTG 3	GCTG 4
	≤ 10	0,27	0,4	0,6	0,18	0,27	0,4
> 10	≤ 30	0,4	0,6	0,9	0,27	0,4	0,6
> 30	≤ 100	0,6	0,9	1,4	0,4	0,6	0,9
> 100	≤ 300	0,9	1,4	2	0,6	0,9	1,4
> 300	≤ 1000	1,4	2	3	0,9	1,4	2

Maße in mm

Parameter des Druckgießverfahrens und der Druckgießmaschine

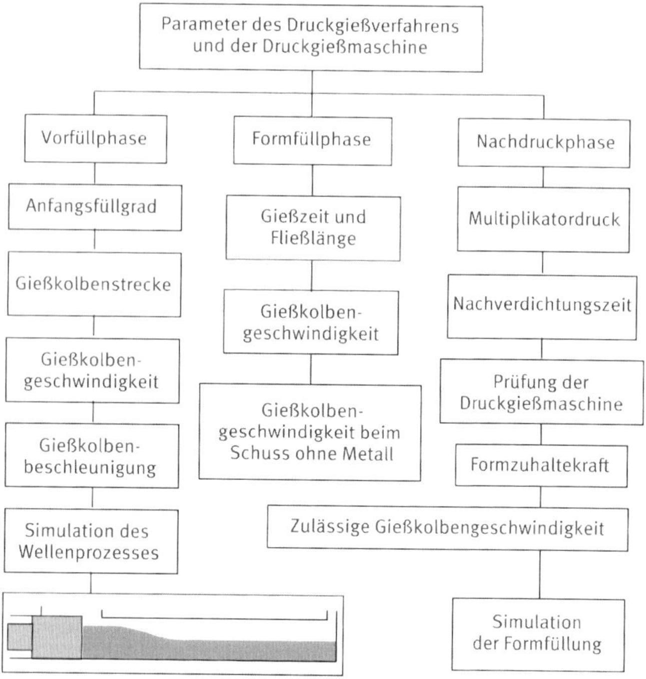

Weiterführende Literatur

Nogowizin, B.: Theorie und Praxis des Druckgusses, Schiele & Schön GmbH, Berlin 2011
Nogowizin, B.: Konstruktion und Fertigung der Druckgießformen, Schiele & Schön GmbH, Berlin 2019
Nogowizin, B.: Druckgießtechnologien – Bewährte und innovative Prozesse, Schiele & Schön GmbH, Berlin 2021

Wahlbereich des Gießkammerdurchmessers d_0 in Abhängigkeit von der Nennformschließkraft Q [2]

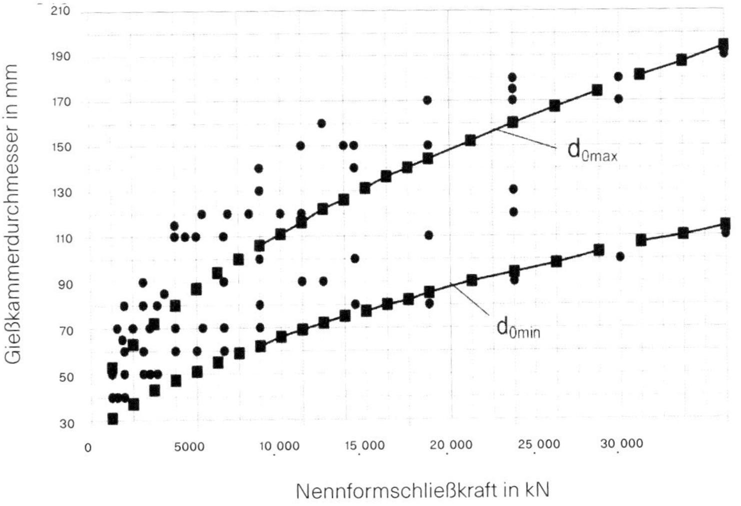

Abhängigkeit der maximalen Gussstückmasse aus einer Aluminiumlegierung von der Nennformschließkraft [2]

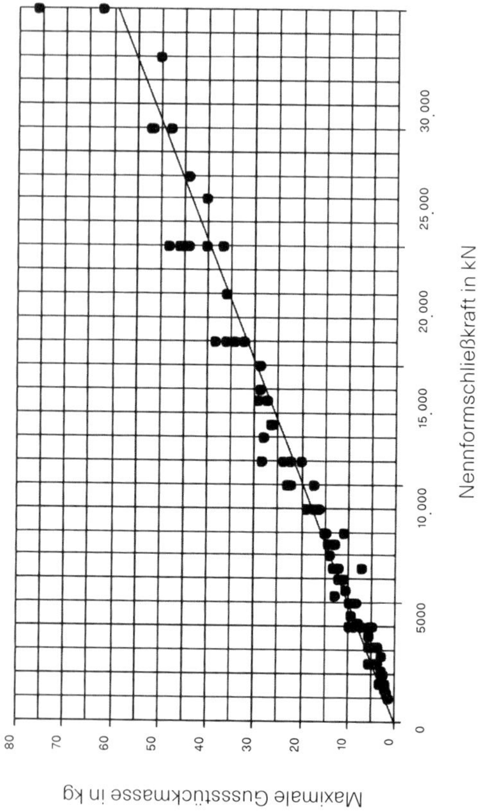

Erstarrungskonstante des Anschnitts in Abhängigkeit von der Druckgusslegierung und der Formtemperatur [2]

Kurzzeichen der Druckgusslegierung	Formtemperatur in °C	Erstarrungskonstante in s/mm²
EN-AC-AlSi12(Fe)	200 250	0,016 0,018
EN-AC-AlSi9Cu3(Fe)	200 250	0,020 0,024
EN-AC-AlMg9	200 250	0,018 0,021
EN-MCMgAl9Zn1	200 250	0,029 0,038
ZP5 (ZnAl4Cu1)	150 200	0,022 0,029
CuZn39Pb1Al-C	300 350	0,008 0,009

Erstarrungszeit der Aluminiumlegierung im Anschnitt

[nach E. Rearwin]

Anschnittdicke in mm	Anschnittzunge in mm	Erstarrungszeit in s
0,75	1,5	0,008
0,75	3,1	0,011
1,0	1,5	0,014
1,0	3,1	0,017
1,25	3,1	0,020
1,25	4,7	0,028
1,5	4,7	0,038
1,5	6,25	0,045
2,0	5,5	0,060
2,0	6,25	0,085

Gießzeit in Abhängigkeit von mittlerer Wanddicke des Druckgussteils und der Strömungsgeschwindigkeit der Schmelze im Formhohlraum bei einer Formtemperatur von 200 °C für Druckgussteile aus einer Aluminiumlegierung EN AC-AlSi9Cu3(Fe) (a) und einer Magnesiumlegierung EN MC-MgAl9Zn1 (b) [23]

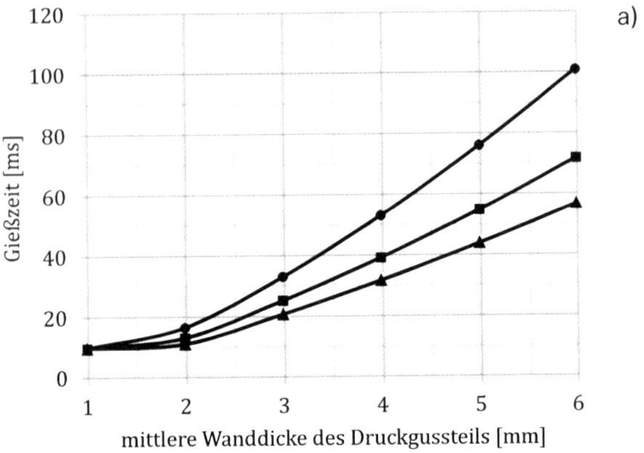

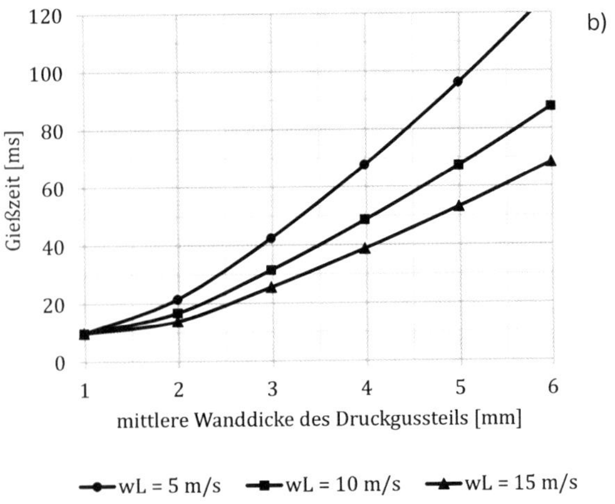

Optimale Strömungsgeschwindigkeit im Anschnitt für verschiedene Druckgusslegierungen in Abhängigkeit von der Anschnittdicke [2]

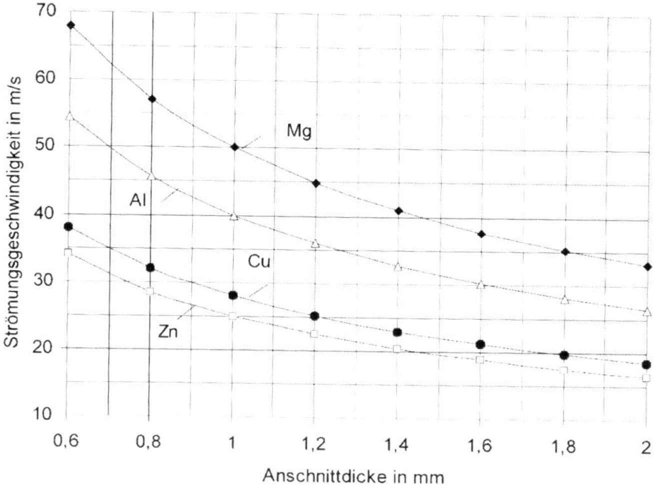

Randschalendicke in Abhängigkeit von der Verweilzeit der Druckgusslegierung EN-AC-AlSi9Cu3(Fe) in der Gießkammer aus Warmarbeitsstahl mit einer Werkstoffnummer 1.2344 und der Temperatur t_{gk} der Gießkammer vor dem Gießen [2]

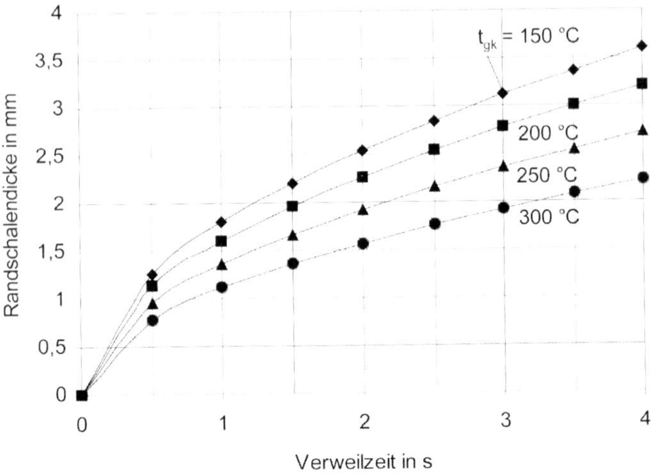

Einfluss des Nachdrucks auf die Dichte einer Platte mit den Maßen 200 x 75 x 10 mm aus der Aluminiumlegierung GD-AlSi9Cu3 [7]

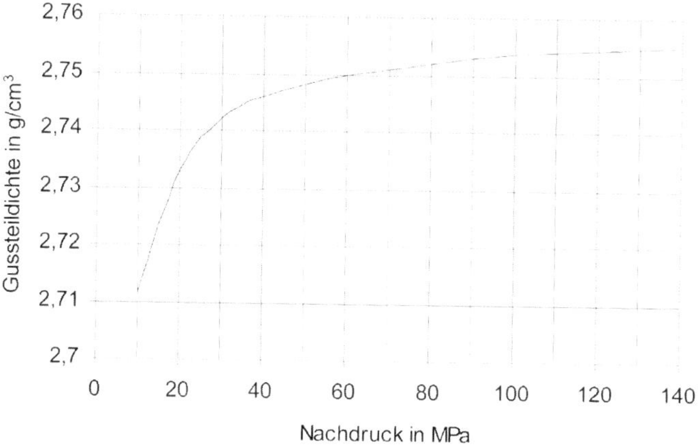

Ausflussgeschwindigkeit des Gases w_g aus dem Formhohlraum in m/s bei Aluminiumdruckgusslegierungen in Abhängigkeit von der Formtemperatur T_f und der Gastemperatur T_g sowie der Länge l und der Tiefe h des Entlüftungskanals [2]

Länge in mm	Formtemperatur von 150 °C Gastemperatur von 550 °C			Formtemperatur von 250 °C Gastemperatur von 500 °C		
	Tiefe in mm					
	0,05	0,1	0,15	0,05	0,1	0,15
20	32	128	288	16	63	142
30	21	85	192	11	42	95
40	16	64	144	8	32	71
50	13	51	115	6	25	57
60	11	43	96	5	21	47
70	9	37	82	4,5	18	41
80	8	32	72	4	16	35
90	7	28	64	3,5	14	32
100	6,5	26	58	3	13	28

Ausflussgeschwindigkeit des Gases w_g aus dem Formhohlraum in m/s bei Magnesiumdruckgusslegierungen in Abhängigkeit von der Formtemperatur T_f und der Gastemperatur T_g sowie der Länge l und der Tiefe h des Entlüftungskanals [2]

Länge in mm	Formtemperatur von 150 °C Gastemperatur von 550 °C			Formtemperatur von 250 °C Gastemperatur von 500 °C		
	Tiefe in mm					
	0,05	0,1	0,15	0,05	0,1	0,15
20	18	71	160	11	45	101
30	12	47	106	7,5	30	67
40	9	36	80	5,5	23	50
50	7	29	64	4,5	18	40
60	6	24	53	4	15	34
70	5	20	46	3	13	29
80	4,5	18	40	2,8	11	25
90	4	16	36	2,5	10	22
100	3,5	14	32	2	9	20

Gasdruck im Formhohlraum in Abhängigkeit von der Zeit [8]

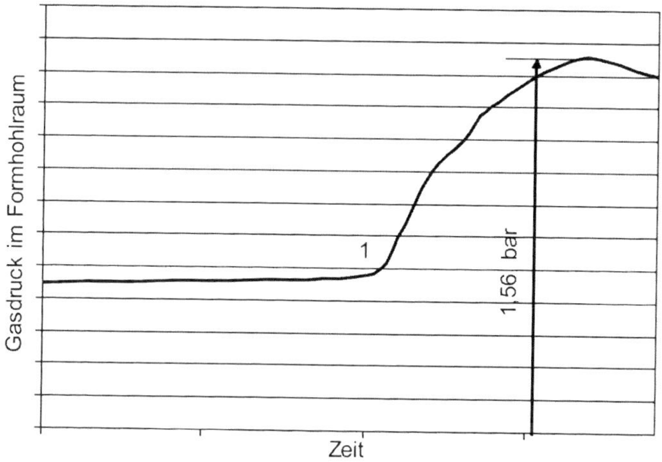

Das Bild zeigt ein einziges Messdiagramm zum Gasdruck im Formhohlraum beim Druckgießen eines Gussstücks aus Aluminium-legierung bei einer Strömungsgeschwindigkeit von 52,4 m/s im Anschnitt, das experimentell gemessen wurde. Der Gasdruck ist dem Druck von 1 bar der Außenatmosphäre vor der Formfüllung gleich, er steigt mit dem Eintritt des flüssigen Metalls im Formhohlraum (Punkt 1) auf einen maximalen Gasdruck von 1,56 bar an und bleibt dann konstant.

Technologische Merkmale des Warmkammerverfahrens [23]

Warmkammer-Druckgießmaschinen eignen sich besonders für die Herstellung von Druckgussteilen aus Zinkdruckgusslegierungen.

Zur Herstellung von Magnesiumdruckgussteilen mit großer Abmessung werden überwiegend Druckgießmaschinen mit horizontaler Kaltkammer eingesetzt, die jedoch für die Fertigung von kleinen Druckgussteilen nicht wirtschaftlich sind.

Magnesiumlegierungen greifen in flüssigem Zustand im Gegensatz zu Aluminiumlegierungen Eisen nicht an, deshalb kommen für die Herstellung dieser Magnesiumdruckgussteile die Warmkammer-Druckgießmaschinen zur Anwendung.

Metallbadtemperaturen im Vergleich

für Magnesiumdruckgussteile:	von 630 bis 650 °C
für Zinkdruckgussteile:	von 420 bis 440 °C

Warmkammer-Druckgießmaschinen für Zinkdruckgussteile unterscheiden sich von Warmkammermaschinen für Magnesiumlegierungen durch die Konstruktion der Gießeinheit, dem Schmelz- und Warmhalteofen, der Konstruktion des Gießbehälters (beheiztem Gießbehälterkonus), der Mundstückspitze und dem Mundstückkörper sowie den anzuwendenden Schutzmaßnahmen.
(siehe Kapitel 8, Schmelzebehandlung von Magnesium)

Die Grundlage für eine objektive Beurteilung des Gesamtfließsystems und Technologie der Warmkammer-Druckgießmaschine bildet die hohe Strömungsgeschwindigkeit der Schmelze im Anschnitt, die damit verbundene Gießzeit und Gießkolbengeschwindigkeit während der Formfüllung, die Druckverluste und der Gieß- und Nachdruck auf die Schmelze.

Bei der Auswahl der Warmkammer-Druckgießmaschine spielen die Formsprengkraft und damit erforderliche Formschließkraft, sowie die zur Verfügung stehende Gießleistung in Abhängigkeit von der zu erreichenden Druckgussteilqualität eine entscheidende Rolle.

Technische Daten der Warmkammer-Druckgießmaschinen DAW F für die Zinklegierungen

Technische Daten	Einheiten	DAW 20 F	DAW 50 F	DAW 80 F	DAW 125 F
Formschließkraft	kN	240	600	900	1250
Eingießposition	mm	0: -40	0; -50	0; -60	0: -80
maximale Gießkraft	kN	43	54	78	100
Gießhub	mm	85	130	130	150
Durchmesser des Gießkolbens	mm	36, 40, 45	45, 50, 55	50, 55, 60	60, 70, 80
Gießvolumen	cm^3	47, 63, 87	109, 150, 194	147, 191, 241	205, 330, 475
Nachdruck	bar	420, 340, 270	339, 274, 226	396, 327, 275	352, 259, 198
Sprengfläche	cm^2	56, 70, 88	176, 218, 264	226, 274, 326	354, 481, 629
Technische Daten	Einheiten	DAW 200 F	DAW 315 F	DAW 500 F	
Formschließkraft	kN	2200	3150	5800	
Eingießposition	mm	0; -100	0; -120	0; -160	
maximale Gießkraft	kN	130	158	182	
Gießhub	mm	175	250	250	
Durchmesser des Gießkolbens	mm	70, 80, 90	70, 80, 90, 100	70, 80, 90, 100	
Gießvolumen	cm^3	450, 636, 856	514, 791, 1105, 1455	514, 791, 1105, 1455	
Nachdruck	bar	335, 260, 204	410, 316, 249, 201	482, 370, 292, 237	
Sprengfläche	cm^2	656, 846, 1078	768, 996, 1265, 1567	1226, 1598, 2025, 2499	

[Oskar Frech GmbH & Co. KG]

Gießzeit und Fließlänge für eine Zinkdruckgusslegierung ZP5 (GD-ZnAl4Cu1) in Abhängigkeit von der mittleren Gussstückwanddicke, der Formtemperatur vor dem Gießen und der Strömungsgeschwindigkeit der Druckgusslegierung im Formhohlraum [2]

Form-Temperatur in °C	mittlere Gussstück-wanddicke in mm	Strömungsgeschwindigkeit der Druckgusslegierung in m/s					
		3		5		10	
		Gießzeit in ms	Fließlänge in mm	Gießzeit in ms	Fließlänge in mm	Gießzeit in ms	Fließlänge in mm
160	1	10	30	9	45	7	70
	2	26	78	22	110	17	170
	3	52	156	44	220	32	320
	4	85	255	69	345	50	500
	5	121	363	98	490	68	680
	6	163	489	129	645	87	870

Gießzeit für die Druckgussteile aus einer Zinklegierung ZnAl4Cu1 in Abhängigkeit von mittlerer Wanddicke des Druckgussteils, der Formtemperatur tF und der Strömungsgeschwindigkeit wL der Schmelze im Formhohlraum. [23]

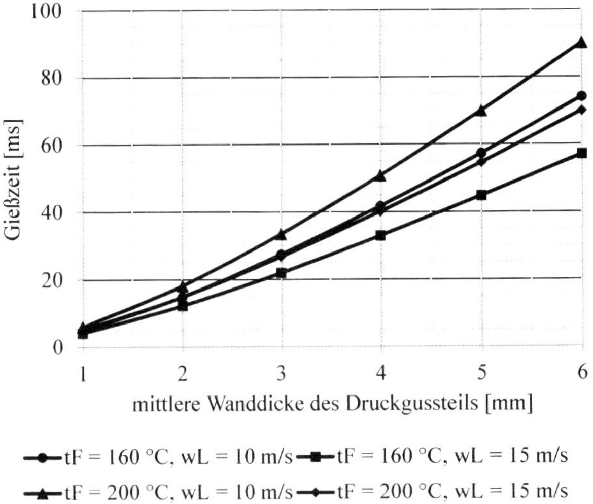

Weiterführende Literatur
Nogowizin, B.: Theorie und Praxis des Druckgusses, Schiele & Schön GmbH, Berlin 2011
Nogowizin, B.: Konstruktion und Fertigung der Druckgießformen, Schiele & Schön GmbH, Berlin 2019
Nogowizin, B.: Druckgießtechnologien – Bewährte und innovative Prozesse, Schiele & Schön GmbH, Berlin 2021

Strömungsgeschwindigkeit der Schmelze im Anschnitt für die Druckgussteile aus Zinklegierungen in Abhängigkeit von der Anschnittdicke zum Erzielen der feinzerstäubten Strömung [23]

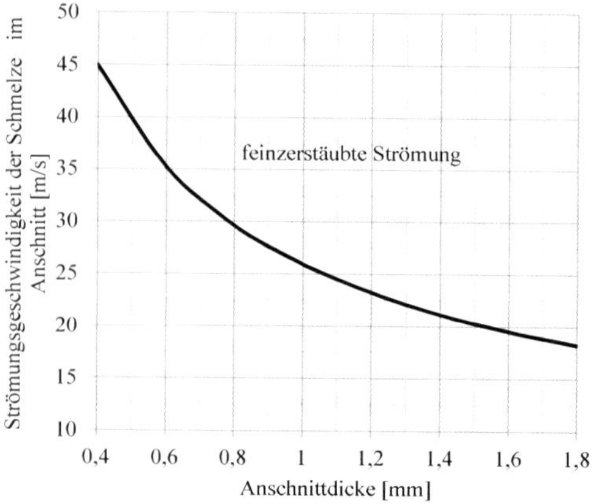

Strömungsgeschwindigkeit der Schmelze im Anschnitt in Abhängigkeit von der kleinsten Wanddicke des Druckgussteils für eine Zinklegierung GD-ZnAl4. [23]

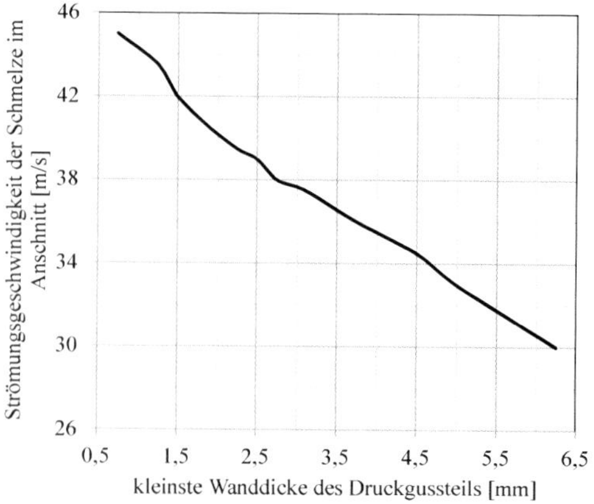

Angussdüsen für Zinkdruckguss [9]

Positionierung des Abschmelzpunktes an die Trennebene des Werkzeuges mit einer durchgängigen Beheizung vom Gießhals bis in das Werkzeug (temperaturgesteuerte Angussdüse hotcast).

Vorteile:

- Reduziertes Schussgewicht durch Reduzierung des Angusskegels
- Kürzere Zykluszeiten
- Optimierung der Fließfähigkeit des Metalls – maximale Homogenität der Schmelze bis zum Eintreffen in der Kavität
- Geringere Porosität/höhere Gefügedichte/geringere Lunkerneigung

Einbausituation als komplette Einheit mit Temperatursensor, Anschlussleitung und Isolierring im Druckgusswerkzeug

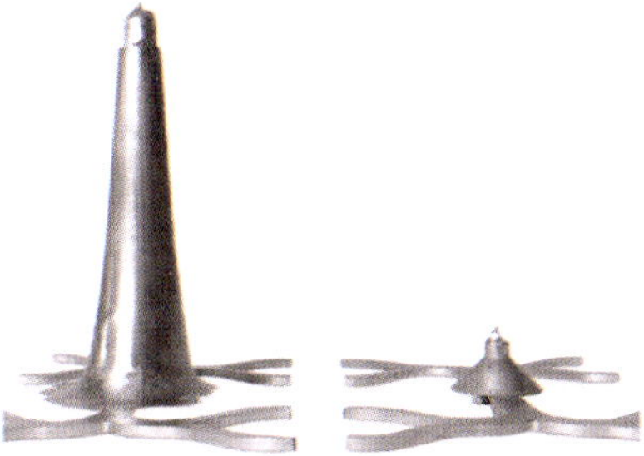

Klassischer (links) und optimierter Anguss – Abschmelzpunkt an die Trennebene verlegt (rechts)

Experimentelle Bestimmung des Temperaturverlaufs in der Gießkammer [10]

a)

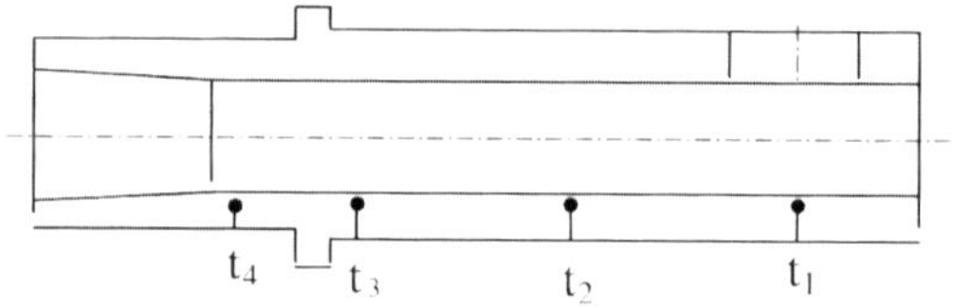

b)

Thermoelement	t_1	t_2	t_3	t_4
Maximale Temperatur in °C	342	287	225	287
Minimale Temperatur in °C	230	222	147	173
Temperaturunterschied in °C	112	65	78	114

c)

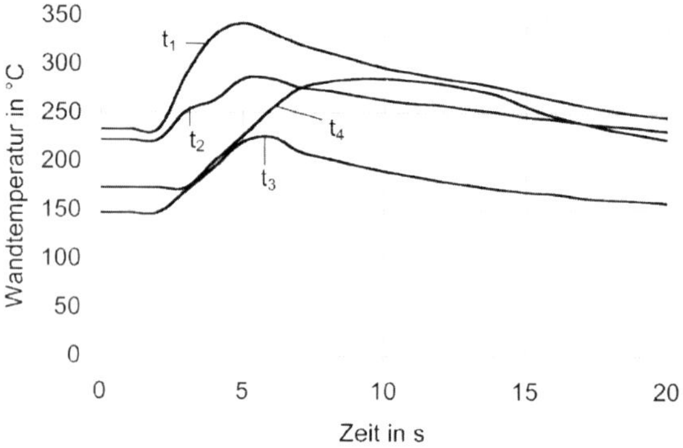

Position der Thermoelemente am Boden der Gießkammer (a), maximale und minimale Wandtemperaturen (b) sowie gemessene Temperaturen am Boden der Gießkammer (c)

Maximale Oberflächentemperatur der Druckgießform aus dem Warmarbeitsstahl mit einer Werkstoffnummer 1.2344 für zwei Druckgusslegierungen in Abhängigkeit von der Formoberflächentemperatur vor dem Gießen [2]

Kurzzeichen der Legierung	Formoberflächentemperatur vor dem Gießen in °C	Maximale Formoberflächentemperatur in °C
EN-AC-AlSi9Cu3(Fe)	180 220 260 300	489 504 518 532
EN-MCMgAl9Zn1	180 220 260 300	451 470 488 506

Gießzyklenzahl bis zur ersten Hauptreparatur für Druckgießformen aus einem konventionellen Warmarbeitsstahl 1.2344 beim Aluminiumdruckguss in Abhängigkeit von Gussstückgewicht [11]

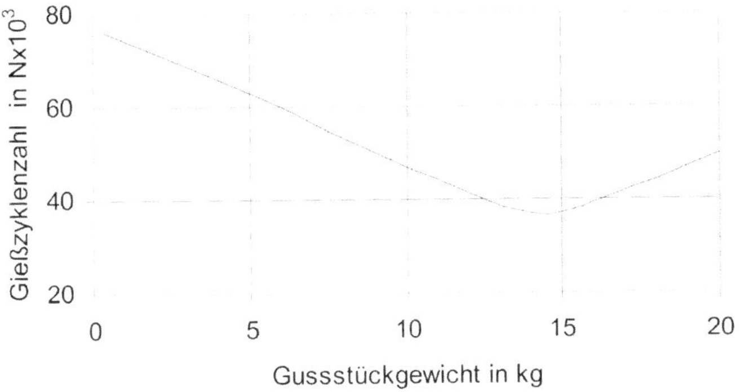

Berechnete Gießzyklenzahl N und praktische Gießzyklenzahl N_p sowie Gesamtverformung ε für die Kernstifte in Abhängigkeit von der Druckgusslegierung, dem Formwerkstoff, der Formtemperatur t_f vor dem Gießen und der Formoberflächentemperatur t_{fw} während des Gießens [2]

Kurzzeichen der Druckgusslegierung	Formwerkstoff	t_f in °C	t_{fw} in °C	ε in %	N	N_p
EN-AC-AlSi9Cu3(Fe)	1.2344	220 260 300	593	1,13 1,00 0,88	6 700 9 000 15 000	5 000 bis 20 000
	Maraging-Stahl 1.2709	220 260 300	593	0,94 0,84 0,74	10 000 13 500 18 000	–
	TZM	220 260 300	593	0,48 0,43 0,38	25 000 33 000 43 000	28 000 bis 70 000
CuZn39Pb1Al-C	1.2344	350	900	1,28	4 200	2 600
	TZM	350	900	0,53	19 000	21 000

Gießzyklenzahl für beschichtete Kernstifte beim Druckgießen von Aluminiumlegierungen [2]

Behandlung	Beschichten	Gießzyklenzahl
ohne	-	10 000
Nitrierung	-	10 000
CVD	Diamant	10 000
PVD	TiN	100 000
CVD	TiN	170 000
	TiAlN	22 000
PVD	CrN	11 200
	CrC	10 900
ohne	-	9 889
PA-CVD	TiN	13 001
PVD	TiN	13 068
PVD	CrN	17 925
PVD	TiB2	18 787
HT-CVD	TiN	21 293
	TiN	13 000
PA-CVD	TiC/TiN	15 976
	Ti(B,N)	29 750
ohne	-	10 000
Nitrierung	-	5 000
PVD	CrN	23 000
PVD	CrN	35 000
PVD	TiN	40 000

Gießzyklenzahl für Formbauteile beim Druckgießen von Kupferlegierungen [2]

Formbauteil	Kurzzeichen des Werkstoffs	Gießzyklenzahl N
Formeinsatz	1.2344	10 000
	X30WCrV 8-2	5 000 bis 10 000
	hochlegierter Stahl	10 000
	1.2581	18 000 bis 24 000
	1.2365	11 000
	X32CrMoCoV 3-3-3	4 480
	1.2344	6 000
	Maraging-Stahl mit 17 % Ni	6 000
	Maraging-Stahl mit 8 % Ni, 4 % Co	3 500
	Inconel 713	10 000
	TZM*	33 000
	TZM*	32 000
Kern	1.2365	2 600
	X32CrMoCoV 3-3-3	1 250
	TZM*	21 000

TZM* – Titan-Zirkon-Molybdän-Legierung

Gemessene Rautiefe R_z in µm nach Gießzyklen der Formoberfläche aus Warmarbeitsstahl X30WCrV8-2 (1.2581) [2]

Anzahl von Gießzyklen	Basis der Druckgießlegierung		
	Zink	Aluminium Magnesium	Kupfer
1	3,2 bis 6,3	3,2 bis 6,3	3,2 bis 6,3
250	3,2 bis 6,3	3,2 bis 6,3	6,3 bis10
500	3,2 bis 6,3	3,2 bis 6,3	10 bis 20
1000	3,2 bis 6,3	6,3 bis10	40 bis 80
2000	3,2 bis 6,3	6,3 bis10	80 bis 160
5000	3,2 bis 6,3	6,3 bis10	160 bis 320
10000	6,3 bis 10	10 bis 20	
20000	10 bis 20	20 bis 40	
30000	10 bis 20	40 bis 80	
40000	20 bis 40	80 bis 160	
100000	40 bis 80		

Beschädigungsarten der Oberfläche des Formwerkzeuges aus einem Warmarbeitsstahl X30WCrV8-2 (1.2581)

[nach Z. Lihnagvili]

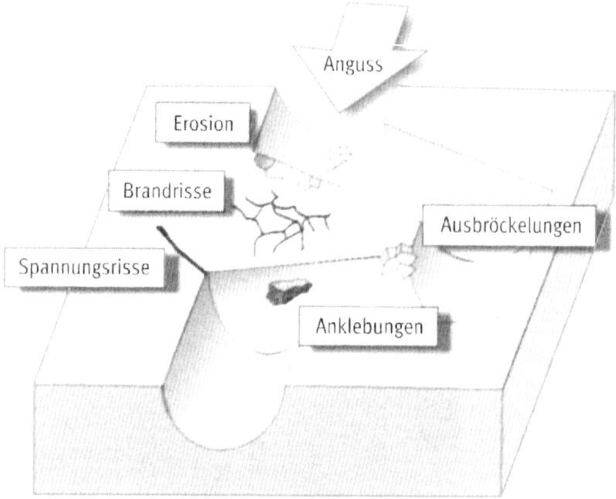

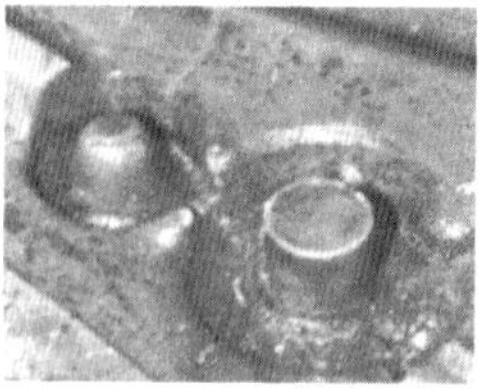

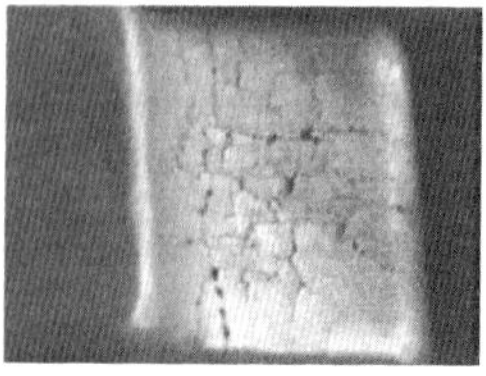

Der Erodierprozess als Verursacher von frühzeitigen Schäden an Druckgießformen

[nach Z. Lihnagvili]

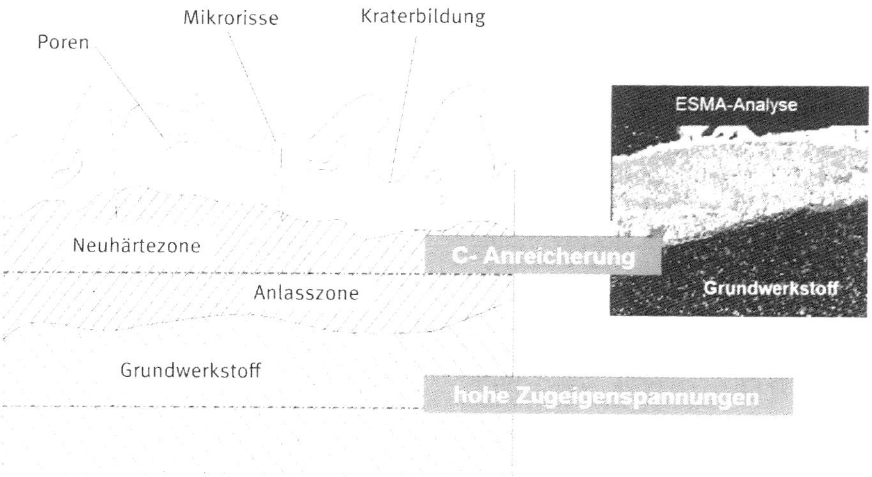

Werkstoffauswahl für Druckgussformenrahmen und Druckgusseinsätze

Die Verwendung von Warmarbeitsstahl für Druckgießformen der Qualität 1.2343 ist Standard. Die ausgewogene Kombination von Anlassbeständigkeit, Warmfestigkeit und -zähigkeit und Thermoschockbeständigkeit begründen die Einsatzhäufigkeit. Daraus abgeleitete Sonderwarmarbeitsstähle nach 1.2367 in den Qualitäten TQ1 und HP1 haben eine verbesserte Zähigkeit [12]. Gegenläufige Tendenzen der Eigenschaften erfordern eine feine Abstimmung auf den Einsatzfall. Mit einer ausgewählten Kombination von chemischer Zusammensetzung, Schmelz-, Gieß-, Umform- und Wärmebehandlungsprozess können die Werkstoffeigenschaften optimiert werden. Mit einer gezielten Wärmebehandlung nach dem Schmiedeprozess werden maßgebende Eigenschaften des Stahles erreicht [13]:

- Feinstrukturgefüge
- richtungsunabhängige Zähigkeit in allen Prüfpositionen
- Temperaturwechselbeständigkeit

Chemische Zusammensetzung von Warmarbeitsstählen für Druckgussformen [12]

Bezeichnung	Legierungsgehalt in Gew.-%										
W.-Nr.	Marke	C	Si	Mn	P	S	Cr	Mo	V	W	Nb
1.2343	USN	0,37	1,00	0,40	< 0,020	< 0,005	5,20	1,20	0,40	---	---
1.2344	USD	0,40	1,00	0,40	< 0,020	< 0,005	5,20	1,30	1,00	---	---
1.2367	RPU	0,38	0,40	0,40	< 0,020	< 0,005	5,00	3,00	0,50	---	---
---	TQ 1	0,36	0,25	0,40	< 0,012	< 0,003	5,20	1,90	0,55	---	---
---	HP 1	0,35	0,20	0,30	< 0,012	< 0,003	5,20	1,40	0,55	---	---
---	HTR	0,32	0,20	0,30	< 0,015	< 0,003	2,20	1,20	0,50	3,80	---

Physikalische Eigenschaften Warmarbeitsstahl 2343 ISO-B MOD (Anhaltswerte) [13]

Wärmeausdehnungskoeffizient [10^{-6}/K]	20–100 °C 9,9	20–200 °C 11,5	20–300 °C 12,1	20–500 °C 12,8
Wärmeleitfähigkeit [W/mK]	20 °C 23,0	350 °C 26,0	700 °C 29,5	
E-Modul [GPa]	20 °C 210	250 °C 195	500 °C 172	

Werkstoffe für Formeneinsätze [14]

Steigerung der Wärmeleitfähigkeit von Warmarbeitsstählen – Einsatz von Wolfram- und Molybdänbasiswerkstoffen. Diese Werkstoffe weisen über den typischen Einsatzbereich zwischen 200 und 500 °C eine konstante Wärmeleitfähigkeit auf.

Zum Beispiel die wolframbasierte Verbund-Legierung Densimet D185 zeigt über den Temperaturbereich von 20 °C bis 500 °C eine Wärmeleitfähigkeit von über 80 W/mK und führt zu geringeren Temperatur- und Spannungsspitzen im Einsatzfall bei der Erstarrung und auch nach dem Sprühen.

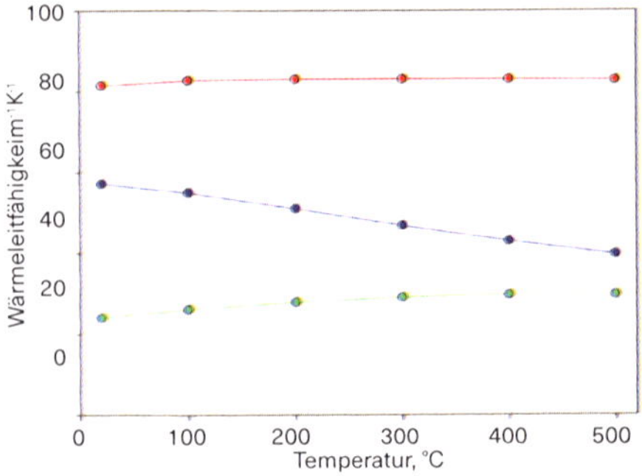

Vergleich der Wärmeleitfähigkeit dreier Formenwerkstoffe [14]

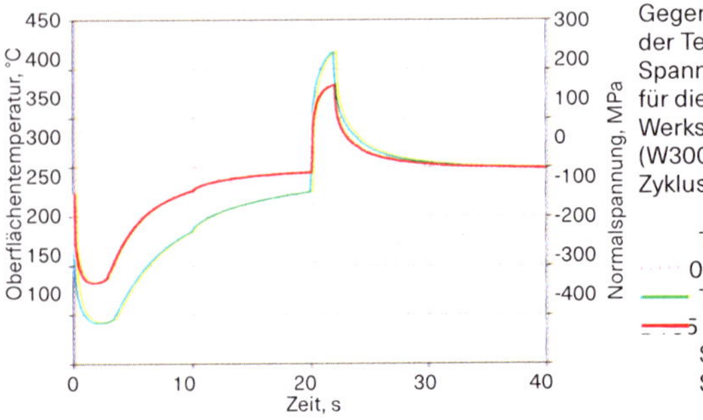

Gegenüberstellung der Temperatur- und Spannungsverläufe für die beiden Werkstoffe 1.2343 (W300) und D 185 im Zyklusverlauf [14]

Beziehung zwischen Entformungskraft, Druckspannung und Formtrennstoffen für Gussstücke aus der Legierung AlSi8Cu3 bei verschiedenen Gießbedingungen [15]

Gussstück	Formzuhaltezeit in s	Formtrennstoff	Nachdruck in MPa	Entformungskraft in kN	Druckspannung in MPa
A	6	$O_1 + O_2$	62	34,3	39,2
B	12	O_1	76	60,0	34,6
	15			64,2	37,1
	18			71,7	41,4
C	8	O_1	31	36,3	31,2
	10			43,4	37,3
	12			44,4	38,2
	6	O_1	31	40,7	34,9
	6		62	44,2	38,0
	10		31	44,1	37,9
	10		62	45,4	38,9
D	15	O_1	62	140	65,3
		O_2		153	71,6
		W_1		165	76,4
		W_2		165	76,4
E	7	O_1	90	72,9	42,0
		W_1		94,8	54,6
		W_2		87,0	50,2
		W_2		88,3	50,8
F	9	O_1	66	26,6	23,4
		W_1		32,3	31,7
		W_2		30,8	30,2

O_1, O_2 = ölhaltige Formtrennstoffe; W_1, W_2, W_3 = wasserhaltige Trennstoffe

Zweifachbauteil mit der Lage der Kraftsensoren von A1 bis A6 hinter den Auswerferstiften mit einem Durchmesser von 8 mm und die Messergebnisse eines Ausformvorgangs des Zweifachbauteils [16]

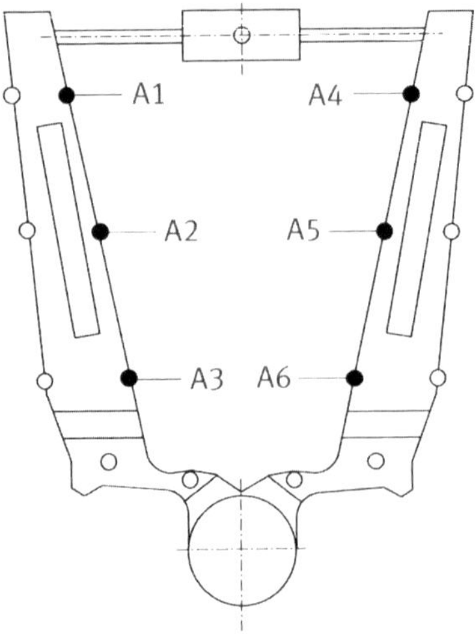

Kraft-sensor	Kraft am Auswerferstift in N	Druck-spannung in Mpa
A1	2000	39,8
A2	1780	35,4
A3	620	12,3
A4	1910	38,0
A5	1780	35,4
A6	570	11,3

Gemessene Entformungskräfte von 6 Auswerferstiften mit einem Durchmesser von 8 mm und mittlere Druckspannungen in Abhängigkeit von dem Formtrennstoff und dem Sprühprogramm [16]

Serie	Form-trenn-stoff	Feststoff-anteil in %	Sprüh-programm	Entfor-mungskraft von 6 Auswerfer-stiften in N	mittlere Druck-spannung in MPa
1	1	0,3	1	7449	24,7
2	1	0,3	2	9184	30,5
3	1	0,3	3	11113	36,9
4	1	0,8	1	6904	22,9
5	1	0,8	2	4918	16,3
6	1	0,8	3	5048	16,7
7	2	0,3	1	4474	14,8
8	2	0,3	2	10529	34,9
9	2	0,3	3	12679	42,0
10	2	0,8	1	8030	26,6
11	2	0,8	2	7083	23,5
12	2	0,8	3	7944	26,3
13	3	0,3	1	5808	19,3
14	3	0,3	2	9434	31,3
15	3	0,3	3	9344	31,0
16	3	0,8	1	5943	19,7
17	3	0,8	2	7480	24,8
18	3	0,8	3	10113	33,5
Ohne Sprühen	–	–		21455	71,1

Sprüh-programm Sprühzeit in s	Sprüh-zeit in s	Ausblas-zeit in s	Trennstoff in ml/Abguß	Trennstoff-druck in bar	Sprühluft-druck in bar
1	5,5	5,5	245	6	4
2	3,0	3,0	173	3	3
3	2,6	2,6	55	1	6

0,2%-Dehngrenze $R_{p0,2}$ der Aluminiumlegierungen in Abhängigkeit von der Temperatur [2]

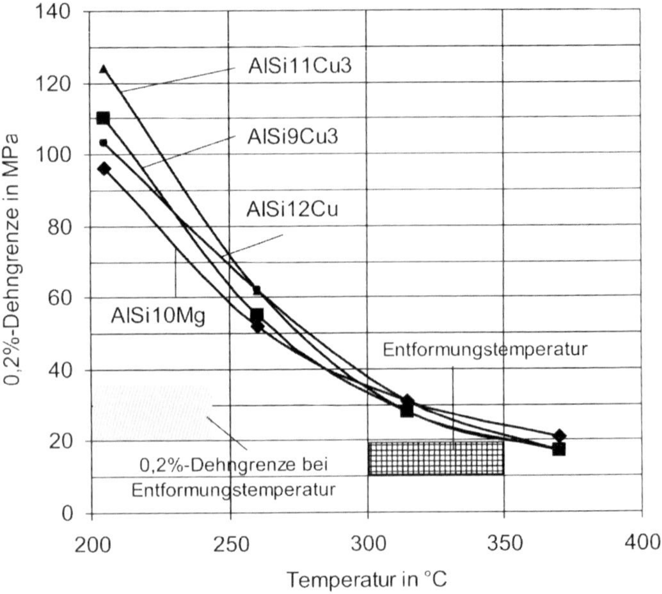

Kraft an einem Auswerferstift beim Entformen des Gussstücks [16]

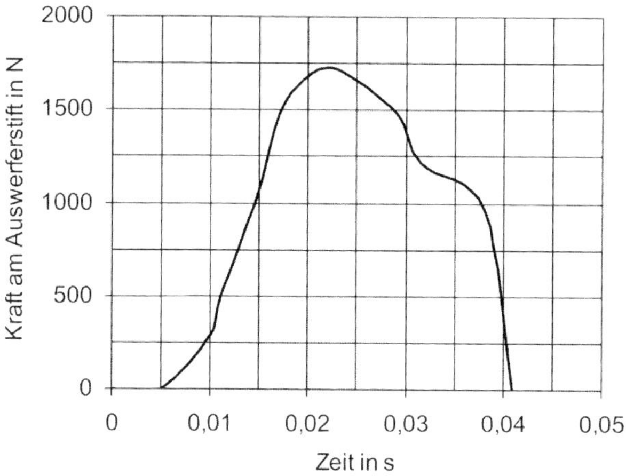

Verhältnis Q/V aus der zugeführten Wärmemenge Q und dem Volumen V der Schmelze in Abhängigkeit von der Druckgusslegierung und der Entformungstemperatur [2, 17]

Kurzzeichen der Legierung	Entformungs-temperatur in °C	Verhältnis Q/V in J/cm³
EN-AC-AlSi9Cu3(Fe)	300	1706
	330	1635
EN-AC-AlSi12(Fe)	300	1703
	330	1633
EN-AC-AlMg9	300	1654
	330	1585
EN-MCMgAl9Zn1	250	1270
	280	1215
CuZn39Pb1Al-C	450	1445
	500	2294

Wird das Gussstück beispielsweise aus einer Aluminiumdruckgusslegierung mit einem Volumen der Schmelze von 500 cm^3, das in die Gießkammer eingegossen wird, hergestellt, ergibt sich dadurch eine zugeführte Wärmemenge von 800 bis 850 kJ. Bei einem Vergleich des Druckgießens von Magnesiumlegierungen mit dem von Kupfer-legierungen in denselben Druckgießformen muss die Kühlung in etwa zweimal verstärkt werden. [2]

Orientierungswerte der Zykluszeit in Abhängigkeit der Nennformschließkraft der Druckgießmaschine mit horizontaler Kaltkammer [17]

Nennform-schließkraft in kN	1 600	2 500	4 000	6 300	8 000	10 000	12 500	16 000	20 000
Zykluszeit τ_z in s	30 bis 40	40 bis 50	50 bis 60	60 bis 70	65 bis 80	80 bis 90	90 bis 1 100	100 bis 120	100 bis 150

Physikalische Eigenschaften der Wärmeträgerflüssigkeiten beim Druck von 1 bar in Abhängigkeit von der Temperatur [2]

Temperatur T in °C	Dichte ρ in kg/m³	Spezifische Wärmekapazität c in J/(kg·K)	Wärmeleitfähigkeit λ in W/(m·K)	Kinematische Viskosität $\nu \cdot 10^{-6}$ in m²/s	Prandtl-Zahl Pr
Marlotherm SH					
20	1044	1550	0,131	47,0	581
40	1030	1620	0,128	16,5	338
60	1016	1700	0,125	8,1	112
80	1001	1770	0,123	4,7	67,6
100	987	1850	0,120	3,1	47,2
120	973	1920	0,117	2,3	36,1
140	958	1990	0,115	1,8	29,4
160	944	2070	0,112	1,4	24,0
180	930	2150	0,110	1,2	21,7
200	915	2220	0,107	0,92	17,4
240	887	2370	0,102	0,65	13,5
280	858	2520	0,096	0,50	11,3
320	830	2670	0,091	0,40	9,70
360	801	2820	0,086	0,32	8,50
Marlotherm 603					
20	859	1887	0,135	49,1	590
40	846	1960	0,133	20,5	255
60	833	2033	0,132	10,6	135
80	819	2106	0,130	6,27	83
100	806	2179	0,129	4,12	56
150	774	2362	0,125	1,91	28
200	741	2545	0,122	1,13	18
250	708	2727	0,118	0,77	13
300	675	2910	0,114	0,58	10
Wasser					
5	999,97	4205	0,572	1,518	11,15
10	999,70	4195	0,582	1,306	9,414
20	998,21	4185	0,599	1,003	6,991
30	995,65	4180	0,615	0,801	5,419
40	992,22	4179	0,629	0,658	4,341
50	988,05	4180	0,641	0,553	3,568
60	983,21	4183	0,651	0,474	2,998
70	977,78	4188	0,660	0,413	2,565
80	971,80	4196	0,667	0,365	2,229
90	965,32	4205	0,673	0,326	1,964
99,61	958,64	4216	0,678	0,295	1,760

Erfahrungswerte von Temperaturen für Gusstücke aus Aluminium- und Magnesiumdruckgusslegierungen [2, 17]

Temperatur	**Werte in °C**
Maximaltemperatur der Formgravuroberfläche	470 bis 520
Entformungstemperatur	280 bis 330
Minimaltemperatur der Formgravuroberfläche vor dem Gießen	200 bis 250
Formtemperatur in tiefen Zonen der Druckgießform	160 bis 220
Temperatur der Druckgießformaußenflächen	100 bis 140
Temperatur der festen Aufspannplatte der Druckgießmaschine	50 bis 60
Temperatur der beweglichen Aufspannplatte der Druckgießmaschine	40 bis 50

Anordnung und Abmessungen von Heiz- und Kühlkanälen [19]

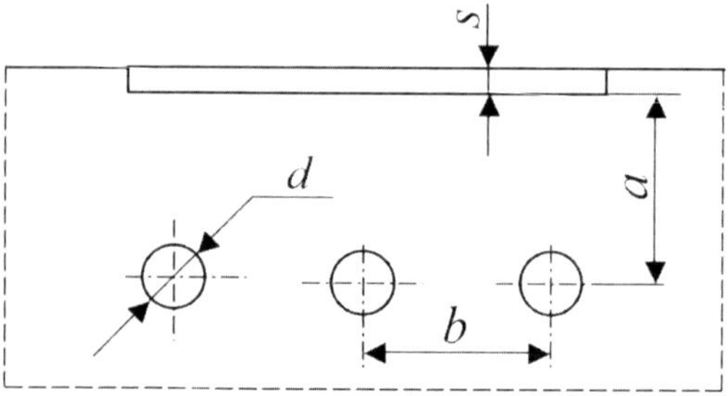

Wanddicke s des Gussstücks in mm	Durchmesser d des Kanals in mm	Abstand a	Abstand b
≤ 2	8 bis 10	(2 bis 3) · d	3 · d
≤ 4	10 bis 12		
≤ 6	12 bis 15		

Temperaturverteilungen in verschiedenen Entfernungen von der Formgravur während eines Gießzyklus beim Gießen von Platten mit den Maßen 200×75×20 mm aus einer Druckgusslegierung GD-AlSi9Cu3 [20]

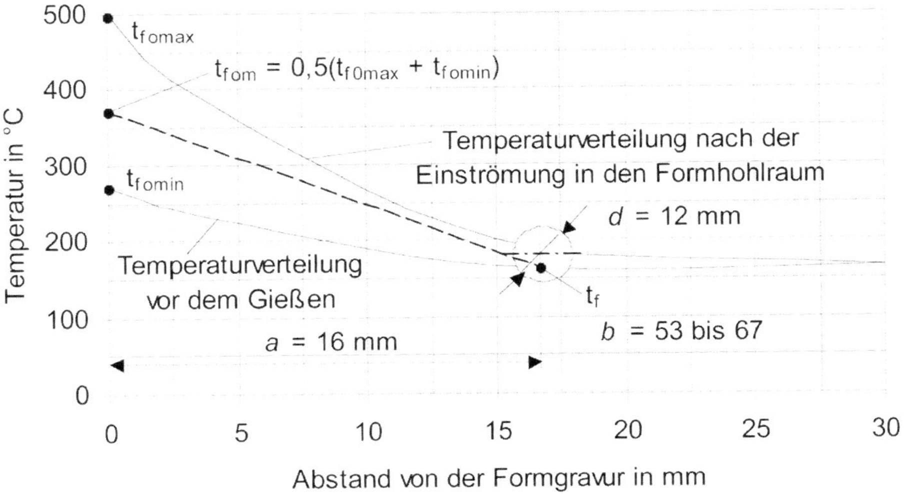

Formsprühen

Durch Formsprüheinrichtungen erfolgt das Auftragen von flüssigen oder pulverförmigen Schmier- und Trennstoffen auf die Oberfläche von Druckgießformen und Kokillen zur Vermeidung eines Anklebens der Gussstücke an den Formflächen und zur Verminderung der gleitenden Reibung beweglicher Formbauteile.

Die wichtigsten Einflussgrößen für einen optimalen Trennmittelauftrag zur Ausbildung eines gleichmäßigen Filmes auf der Formoberfläche sind die Geometrie des Formhohlraumes und die Temperatur der Formoberfläche. Das Bild „Verlauf der Oberflächentemperatur" zeigt dazu einen beispielhaften Verlauf der Oberflächentemperatur im Formhohlraum mit zwei Sprühzeiten bei einem Gießzyklus.

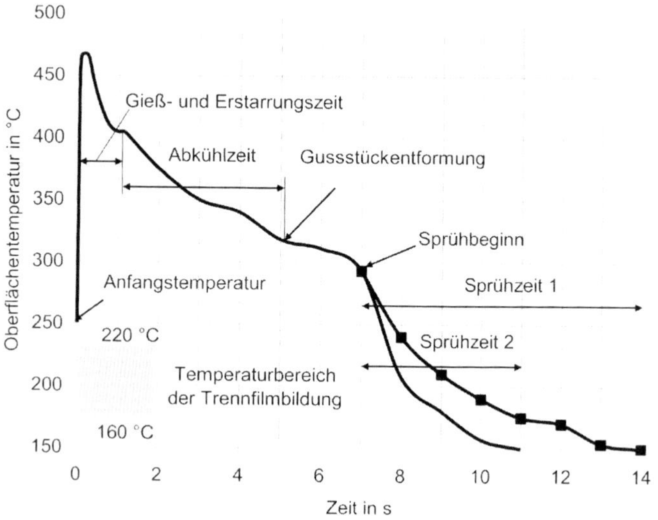

Verlauf der Oberflächentemperatur im Formhohlraum bei einem Gießzyklus [2]

Übliche Temperatur der Druckgießform und mögliche Temperatursenkung durch Sprühen mit wassermischbaren Formtrennstoffen [2]

Legierungs-gruppe	**Formtemperatur in °C**	**Temperatursenkung in °C**
Aluminium	190 bis 260	30 bis 50
Magnesium	170 bis 220	20 bis 30
Zink	140 bis 200	20
Kupfer	260 bis 380	50 bis 100

Eine gute Benetzung zur Bildung eines Trennmittelfilmes mit wassermischbaren Formtrennstoffen findet entsprechend der eingesetzten Legierungen bei einer Oberflächentemperatur zwischen 160 °C und 220 °C statt. Beispiele aus der betrieblichen Praxis zeigt dazu die Tabelle. Durch das Aufsprühen von wasserlöslichen Formtrennstoffen findet zuerst eine Verdampfung des Formtrennstoffes und dann eine Kühlung der Formoberfläche statt, bis sich in Folge ein Trennmittelfilm auf der Formoberfläche ausbilden kann.

Die Entwicklung pulverförmiger Trennstoffe ermöglicht es, ein thermisches Gleichgewicht in der Druckgießform herzustellen, was sich günstig auf die Standzeit der Form auswirkt, da der Temperaturschock wie er durch das Aufbringen der wasserlöslichen Trennmittel erfolgt, entfällt. Pulverförmige Formtrennstoffe bilden relativ temperaturunabhängig einen gleichmäßigen Film mit geringer Schichtdicke auf der Formoberfläche aus.

Grundlagen zum Vakuum-Druckguss [21]

Die Senkung des Luftdruckes in der Druckgießform – im Formhohlraum und in der Gießkammer – reduziert den Widerstand den das einfließende Metall überwinden muss. Eine schnellere und gleichmäßigere Formfüllung ist zu erwarten; Lufteinschlüsse im Gussteil werden vermieden.

Dabei sind folgende technischen Besonderheiten zu berücksichtigen:

Dichtheit der Form

Je weniger Luft über das Werkzeug nachgesaugt wird, desto besser ist das Vakuum einzustellen. Druckdifferenzen zwischen dem Formhohlraum und dem Druck nach dem Entlüftungsventil (Bild 1) sind das Qualitätskriterium für die Dichtheit der Druckgießform.

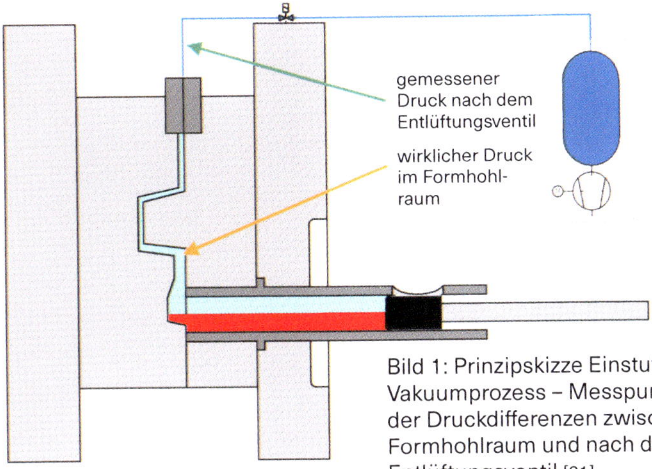

Bild 1: Prinzipskizze Einstufen-Vakuumprozess – Messpunkte der Druckdifferenzen zwischen Formhohlraum und nach dem Entlüftungsventil [21]

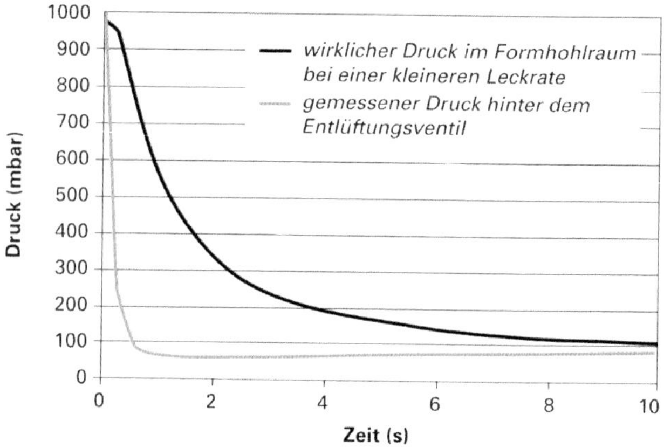

Bild 2: Druckverlauf im Formhohlraum und nach dem Entlüftungsventil einer relativ dichten Form [21]

Bild 2 zeigt einen typischen Druckverlauf, wie er beim Einstufigen-Vakuumdruckgießverfahren üblicherweise auftritt. Die obere Kurve stellt den erreichbaren Druck im Formhohlraum und damit das Hauptergebnis des Evakuierungsvorgangs dar. Die untere Kurve repräsentiert die hinter dem Entlüftungsventil gemessenen Werte. Die erreichbare Druckkurve zeigt zuerst einen steilen Druckabfall, um dann bei einem bestimmten Wert zu nivellieren. Im Bild 2 ist der Druckverlauf einer relativ dichten Form dargestellt. Die erreichbare Druckkurve variiert erheblich durch:

- Veränderung des abzusaugenden Volumens (Gussteilgröße, Kammervolumen, Anbindungen)
- Veränderung der Leckrate des gesamten Systems (Dichtigkeit der Form, des Kolbens)
- Veränderung der Leitwerte des gesamten Systems (hervorgerufen durch Verschmutzung, Verstopfung).

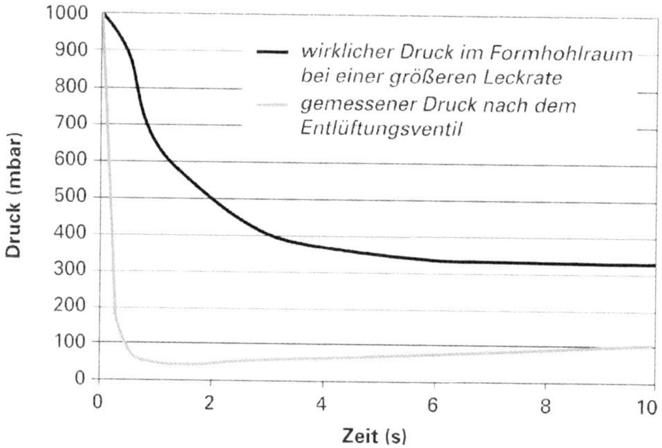

Bild 3: Druckverlauf im Formhohlraum und nach dem Entlüftungsventil einer relativ undichten Form [21]

Der Vergleich der Bilder 2 und 3 veranschaulicht beispielhaft den Einfluss der Leckrate auf das letztendlich erreichbare Vakuumniveau.

Entlüftungsventil (Vakuumventil)

Ventile sollen einerseits verhindern, dass Metall in das Vakuumsystem eintritt, andererseits aber trotzdem so viel Luft wie möglich aus dem Formhohlraum entweichen lassen. Solche widerstrebenden Anforderungen sind ein Grund dafür, dass Ventile relativ störungsanfällig oder wartungsintensiv sind. Zwei Ventiltypen sind in der Praxis zu finden:

- Mechanisch abschließende Ventile (Kolbenventile)
- Ventile, die mit der konstruktiven Gestaltung die Erstarrung in einem engen Spalt das Metall zurückhalten („Waschbrettventile“)

Bei richtiger Auslegung des Vakuumsystems ist das Entlüftungsventil die engste Stelle im Leitungsverlauf. In dessen Querschnitt erreichen die Gase durch eine extrem adiabatische Expansion Schallgeschwindigkeit. Solange dieser Zustand anhält, kann die hindurchfließende Menge weder durch tiefere Drücke im Behälter noch durch Vergrößern des Vakuumbehälters erhöht werden. Bei Berechnungen und Messungen stellte sich heraus, dass die zur Verfügung stehende Zeit beim Druckgießen in den meisten Fällen nicht ausreicht, um die erwünschten Vakuumwerte auch nur annähernd zu erreichen.

Das Mehrstufenkonzept VACU² als optimale Lösung für das Druckgießen [21]

Bild 4 stellt die Standardversion des Mehrstufen-Vakuumverfahrens schematisch dar. Die gezeigte Lösung hat zwei Vakuumstufen und einen Direktanschluss an der Gießkammer.

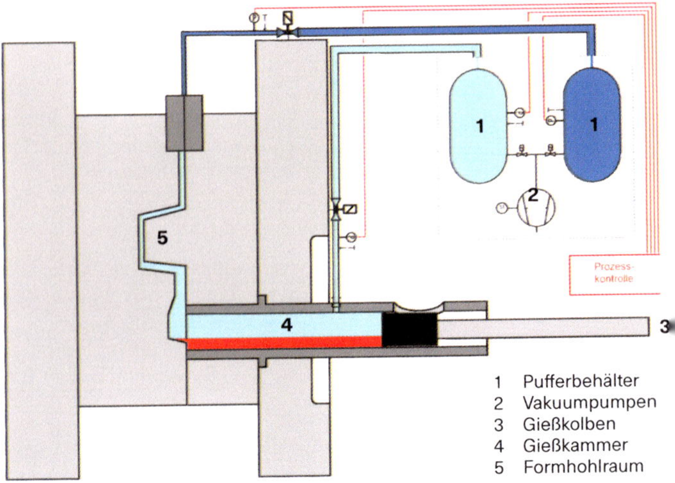

Bild 4: Prinzipskizze des Mehrstufen-Vakuumverfahren VACU² [21]

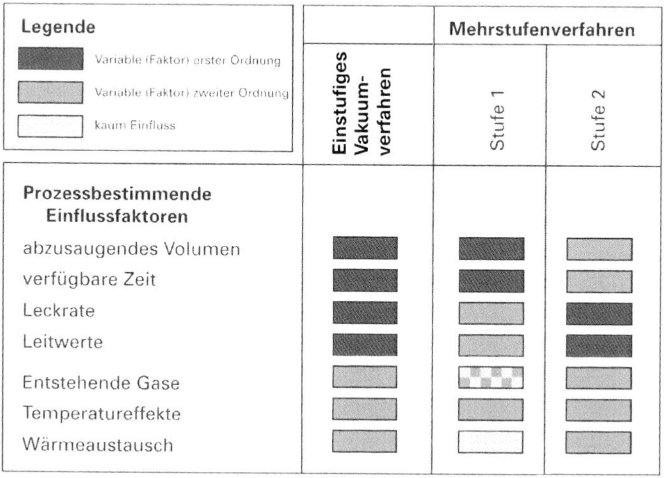

Bild 5: Bewertung der Einflussfaktoren bei den unterschiedlichen Vakuumverfahren [21]

Abhängig von Maschinengröße, Füllgrad und erforderlicher Dichtheit des Kolbens sind auch Varianten mit einer Kammerabdeckung möglich.

Bei diesem neuen Mehrstufen-Vakuumverfahren werden zwei voneinander unabhängige, aber abgestimmte Vakuumstufen erzeugt. In der ersten Stufe wird ein unter Vakuum stehender Behälter über die Kammer mit dem Formhohlraum in Verbindung gebracht. Nachdem dieser Behälter wieder von der Gießkammer getrennt ist, wird die zweite Vakuumstufe eingeleitet. Hierzu wird ein weiterer Behälter mit dem Formhohlraum verbunden. Die Anbindung kann über eines der herkömmlichen Entlüftungsventile erfolgen. Danach werden die Behälter durch eine leistungsstarke, besonders auf den Vakuumdruckgussprozess abgestimmte Pumpenkombination wieder exakt auf die einstellbaren Vakuumstartwerte gebracht, damit für jeden Schuss die gleichen Ausgangsbedingungen vorliegen.

Beim Mehrstufen-Vakuumverfahren können die Volumina und Ausgangsdrücke für jede Stufe des Verfahrens separat abgestimmt und eingestellt werden. Die völlige Unabhängigkeit der beiden Vakuumkreise führt bei richtiger Auslegung der Anlage zu einer Entkopplung der Einflussfaktoren (Bild 5, Stufen 1 und 2), so dass jeweils nur noch zwei Hauptvariablen die einzelnen Prozessstufen bestimmen.

Die Entkopplung beider Vakuumstufen führt darüber hinaus zu einem Potenzierungseffekt beim theoretisch erreichbaren Vakuum. Da die zweite Vakuumstufe bereits bei einem vorevakuierten Raum ansetzen kann, werden mit einem Bruchteil des vergleichbaren benötigten Gesamtbehältervolumens bei einstufigen Verfahren wesentlich tiefere Druckwerte erzielt.

Prozessstabilität und erreichte Vakuumwerte

Der Druckverlauf beim Zweistufen-Verfahren unterscheidet sich vollständig von dem des Einstufen-Verfahrens (Bild 6). Behältervolu-

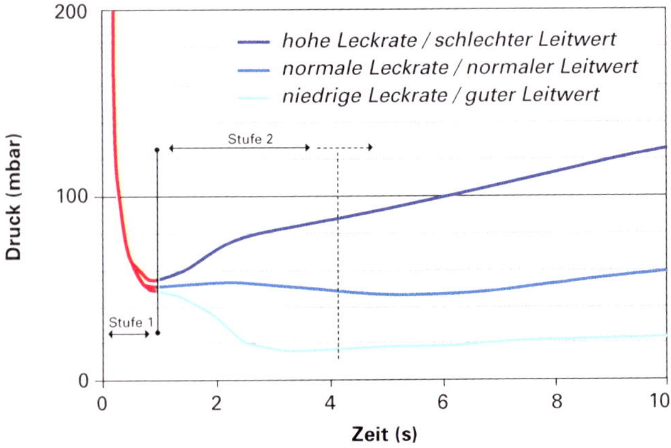

Bild 6: Druckverlauf in der Form beim Mehrstufen-Vakuumverfahren [21]

men, Ausgangsdruck und Anschlussquerschnitte sind für die erste Stufe so ausgelegt, dass ein Gleichgewicht zwischen Behälter und Formhohlraum hergestellt wird. So kann bereits nach 0,5 bis 1,0 Sekunden ein Absolutdruck von etwa 50 mbar im Formhohlraum erreicht werden. Bei solch schnellen Vorgängen fällt die Leckrate kaum ins Gewicht. Die Druckkurven unterscheiden sich im Bereich der ersten Stufe nur marginal (Bild 6). Der Wärmeaustausch kann vernachlässigt werden, so dass adiabatische Zustandsänderungen der Gase angenommen werden können. Den erheblichen Temperaturveränderungen, die bei einer adiabatischen Expansion entstehen, muss natürlich Rechnung getragen werden (Bild 5, Stufe 1).

Die zweite Stufe beginnt mit wesentlich besseren Voraussetzungen gegenüber den Einstufen-Verfahren. Die Giesskammer ist von der Umgebungsluft bereits abgeschlossen und fast die gesamte Luftmenge wurde in der ersten Stufe entfernt. Die zweite Stufe wird nur noch in zweiter Ordnung vom Volumen und von der verfügbaren Zeit beeinflusst.

Es findet sogar eine Umkehr der Stabilitätskriterien statt. Tatsächlich werden die Druckwerte sich umso weniger verändern, je größer das Teilevolumen des Gussteils und je geringer die restliche verfügbare Zeit ist (Bild 6, Stufe 2). Während der zweiten Evakuierungsstufe ändert sich das Druckniveau langsamer als in der ersten Stufe. Es kann sowohl steigen als auch fallen, je nach Leckrate und Leitwert des Gesamtsystems. Enddrücke von 20 mbar wurden bereits erreicht. Wichtiger noch als der Absolutwert ist der stabile Verlauf der Druckkurve.

Versuche und Ergebnisse

Das Mehrstufen-Vakuumverfahren wurde in mehreren Gießereien an Druckgießmaschinen im Bereich von 7.000 bis 44.000 kN getestet. Um den Einsatzbereich des Verfahrens zu ermitteln, wurden Versuche an abgedichteten und nicht abgedichteten Formen sowie an Formen mit mehreren Schiebern durchgeführt. Bei allen Einsatzkombinationen konnten bezüglich des erreichten Vakuums und der Teilequalität ausgezeichnete Ergebnisse erzielt werden.

Abhängig vom Einsatzfall wurden Absolutdrücke zwischen 20 und 100 mbar in der Form erreicht. Die Teilequalität wurde über

- mechanische Eigenschaften
- Röntgen
- Glühversuche
- Schweißtests

bestimmt. Bis zu einem Absolutdruck von 40 bis 50 mbar konnten deutliche Unterschiede in der Gussteilqualität nachgewiesen werden. Begleitend wurden die Charakteristika von Entlüftungsventilen und Kolben sowie Einflüsse der Formgestaltung untersucht. Die simulierten Werte zeigten eine sehr gute Übereinstimmung mit den in der Realität gemessenen Werten und bestätigten die Prognosen in Bezug auf die Einflüsse von Volumina, Anfangsdrücken, Leitwerten, Leckagen und Temperatureffekten.

Ausblick: Kosteneinsparpotenziale und Anwendungsgebiete
Das neue Verfahren bietet dem Druckgießer ein vielfältiges Kosteneinsparpotenzial:

- Auf teuere und wartungsanfällige mechanisch abschließende Ventile (Kolbenventile), welche bis zur letzten Millisekunde geöffnet sind, kann verzichtet werden, da der Großteil der Luft in der ersten Vakuumstufe abgesaugt wird.
- Besseres Vakuum führt zu besserer Teilequalität.
- Eine zuverlässige Prozessüberwachung senkt die Ausschussquote, da Abweichungen im Prozess frühzeitig erkannt und Abstellmaßnahmen eingeleitet werden können.
- Eine bessere Prozesstransparenz beschleunigt die Optimierung des ganzen Gießprozesses, da „Trial and Error"-Prozeduren entfallen.
- Durch die verringerte Abhängigkeit des Prozesses von Leckage und Leitwert kann der Aufwand beim Formenbau verringert und genau auf die jeweiligen Anforderungen zugeschnitten werden.

Es werden weitere Möglichkeiten geboten, Vakuum nutzbringend anzuwenden, beispielsweise bei:

- Formen mit Schiebern oder einem großen Teilevolumen. Diese stellen nun kein grundsätzliches Hindernis mehr dar, wenn es um die Erzeugung von hochwertigem Vakuum geht.
- Einer breiteren Klasse von anspruchsvollen Teilen. Hier lohnt sich die neue Technik besonders.

Übersicht der Semi-Solid-Verfahren

Verfahren	Legierungen	Vormaterial	Prozessanlage	Festphasenanteil
Thixoforging	Aluminium, Magnesium (Stahl)	Globulitisches Blockmaterial	Konventionelle Schmiede	60–90 %
Thixocasting	Aluminium, Magnesium	Globulitisches Blockmaterial	Modifizierte Kaltkammerdruckgussanlage	40–70 %
New Rheocasting	Aluminium, Magnesium	Speziell erstarrte Schmelze	Indirektes Squeeze-casting (modifiziert)	30–50 %
Thixomolding®	Magnesium, (Zink)	Granulat	Modifizierte Spritzgussanlage	0–40 %

Thixocasting

Sonderdruckgießverfahren, welches die thixotropen Eigenschaften teilflüssiger Metalllegierungen ausnutzt. Geeignet für Aluminium- und Magnesiumlegierungen welche ein ausgeprägtes Erstarrungs-intervall aufweisen:
GD-AlSi7Mg 19 °C Temperaturintervall
MC-MgAl9Zn1 25 °C Temperaturintervall

Voraussetzung für thixotropes Verhalten dieser Legierungen ist eine globulitische Ausbildung der α-Mischkristalle. Um dies zu erreichen, wird bei der externen Herstellung des Rohmaterials für das Thixocasting, die erstarrende Schmelze elektromagnetisch gerührt, wobei die Dentritenarme abgebrochen werden, sodass die globulitische Gefügestruktur entsteht.

Vor der gießtechnischen Verarbeitung wird ein solcher extern hergestellter stranggegossener Rohling, der in seiner Masse der des Gussteils entspricht, induktiv in den Solidus – Liquidusbereich vorerwärmt, sodass etwa 30 bis 40 % Schmelzeanteile vorliegen. Anschließend wird der so teilaufgeschmolzene Rohling, der sich noch wie ein Festkörper verhält, in die Gießkammer der Druckgießmaschine überführt und durch Druckbeaufschlagung des Gießkolbens mit geringer Gießkolbengeschwindigkeit turbulenzfrei „vergossen". Infolge der einwirkenden Schwerkräfte sinkt die Viskosität signifikant ab, und der Rohling verhält sich wie eine zähe, hochviskose Flüssigkeit. Durch die reduzierte Erstarrungsschwindung sind die Thixo-Casting-Teile sehr gut maßhaltig und haben eine geringere Porosität als Druckgussteile. Auch haben diese Teile eine homogene Gefügestruktur mit guten mechanischen Eigenschaften.

New Rheo Casting (NRC-Verfahren)

Im Unterschied zum konventionellen Thixocasting wird das in seiner Gefügestruktur globulitische Ausgangsmaterial nicht mehr extern hergestellt, sondern direkt in einer Anlage an der Druckgießmaschine. Diese speziell konzipierte Anlage besteht aus einem Warmhalteofen, mehreren Kühlstationen auf einem Karussell und der Station für induktives Beheizen. Die nur gering

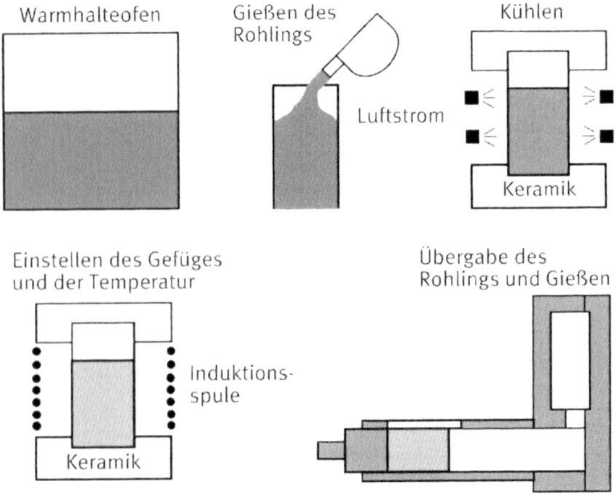

Schematische Darstellung der Herstellung des Rohlings im teilflüssigen Zustand beim NRC Verfahren [2].

auf 10–50 °C über Liquidus überhitzte Gusslegierung wird exakt dosiert dem Warmhalteofen entnommen und in einen Stahltiegel gegeben. Durch eine kontrollierte Abkühlung mit Luft entsteht ein globulitisch fester Phasenanteil. Es erfolgt dann für den teilflüssigen Rohling eine weitere induktive Behandlung mit hoher Frequenz, um die für das nun folgende Thixocasting die erforderliche Temperatur unter Ausbildung einer globulitischen Struktur zu erreichen. Dieser Rohling wird durch einen Roboter der Gießkammer zugeführt. Durch Aufbringen der Scherspannung durch den Gießkolben wird der Rohling als zähe Flüssigkeit, turbulenzfrei in die Druckgießform gedrückt, wo unter hohem Druck die vollständige Erstarrung stattfindet.

Thixomolding (Thixospritzgießen) von Magnesiumlegierungen

Gießverfahren bei dem die Magnesiumlegierungen im teilflüssigen Zustand in die Spritzgussform eingeschossen werden. Die Magnesium-Spritzgussanlage arbeitet unter Schutzgas. Das Vormaterial wird in Form eines Granulates in die Schnecke der Thixospritzgießanlage über eine Fördereinrichtung eingebracht. Dieses Magnesiumgranulat wird bei gleichzeitiger Erwärmung über Heizbänder auf 560 °C bis 600 °C und steter Scherbeanspruchung durch die Rotation der Schnecke bis in den Schnecken-

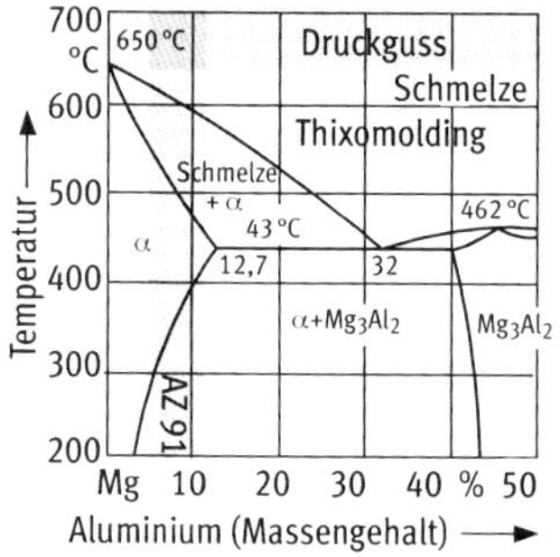

Zustandsdiagramm Mg-Al. Gegenüberstellung der Verarbeitungstemperaturen der Legierung AZ91 im Druckguss und Thixomolding

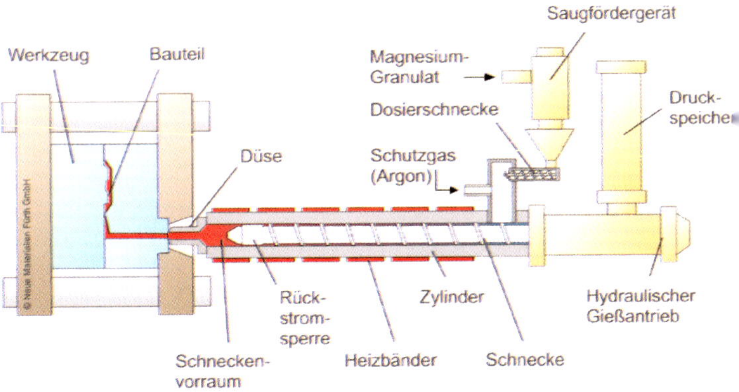

Schematische Darstellung einer Magnesiumspritzgießanlage [22]

vorraum gefördert, wo die teilflüssige Schmelze mittels dem von außen wirkenden hydraulischen Gießantrieb mit hoher Geschwindigkeit bis zu 6 m/s über eine Düse in die Form gespritzt wird. Beim Spritzen bildet sich eine laminare Fließfront welche für die Bildung einer homogenen Materialstruktur mit geringer Porosität, insbesondere bei dickwandigen Gussteilen verantwortlich ist. Gegenüber dem konventionellen Magnesiumdruckguss verringert sich aufgrund der niedrigen Verarbeitungstemperaturen der Energieverbrauch deutlich.

[1] www.dinmedia.de.
[2] Nogowizin, B.: Theorie und Praxis des Druckgusses; Fachverlag Schiele & Schön, Berlin, 2011
[3] Grund, S.: Normengerechte Legierungen als Basis für qualitativ hochwertigen Zinkdruckguss, GIESSEREI-PRAXIS (2014) 1–2,
S. 163–165
[4] Druckguss von NE-Metallen, Technische Richtlinie, Verband deutscher Druckgießereien (VDD) und des Bundesverbandes der Deutschen Gießerei-Industrie (BDG), 2016
[5] Nogowizin, B.: Maßgenauigkeit der Druckgussteile; Druckguss-praxis (2007) Nr. 2, S. 75–88
[6] Messingdruckguss – bekanntes Verfahren, verkannte Vorteile, GIESSEREI PRAXIS (2019) 12, S. 50–52
[7] Metz, A.: Dichtemessung von Druckgussteilen als Qualitätskontrolle in Druckgießereien; Taschenbuch der Giesserei-Praxis 1996, Fachverlag Schiele & Schön, Berlin, S. 495–512
[8] Schwezow, B. D.: Effektivität der Entlüftung der Druckgießformen; Litejnoe Proiswodstwo (1975) Nr. 5, S. 26–28
[9] Neue Generation von Angussdüsen für den Zinkdruckguss; GIESSEREI PRAXIS (2014) 1–2, S. 37–38
[10] Gershenson, M., Rohan, P. W., Murray, M. T.: Die Ausbildung von flitterartigen Vorerstarrungen in Aluminiumdruckgussteilen; GIESSEREI PRAXIS (2001) 3, S. 123–128
[11] Breitler, R., Schindler, A.: Bedeutung der Wärmebehandlung von Formstahl 1.2344 für Druckgießformen; GIESSEREI PRAXIS (1986) 5, S. 45–57
[12] Schruff, I.: Kriterien der Stahlauswahl und Härtefestlegung bei Druckgießformen; GIESSEREI PRAXIS (2014) 7–8, S. 350–353
[13] Schaub, O.: Druckgussformrahmen und Druckgusseinsätze. GIESSEREI PRAXIS (2015) 6, S. 323–324
[14] Hofer, P., Gössl, K., Tucan, P., Gschwandtner, R., Schindelbacher, G., Schumacher, P.: Wolfram-Verbundwerkstoffe als Formen-material im Druckguss; GIESSEREI PRAXIS (2015) 6, S. 318–322

[15] Tosa, H., Urakami, A.: Einflussgrößen auf die Druckguss-Auswerfung; GIESSEREI PRAXIS (1973) 5, S. 79–84
[16] German, A., Klein, F.: Optimierungspotentiale beim Sprühen wassermischbarer Formtrennstoffe beim Druckgießen; Gießereiforschung (1998) 3, S. 120–126
[17] Nogowizin, B: Heizung und Kühlung der Druckgießformen mit Temperiergeräten (Teil 1); Druckguss (2008) 6, S. 259–269 Aktualisierung W. Liebscher; Druckguss Heidenau, 2013
[18] Nogowizin, B: Heizung und Kühlung der Druckgießformen mit Temperiergeräten (Teil 2); Druckguss (2008) 7, S. 289–295
[19] Seidel, G.: Heizung und Kühlung von Druckgießformen; GIESSEREI (1978) 11, S. 308–313
[20] Klein, F. und H.W. Szimon: Einfluss der Kühlmedien Wasser und Wärmeträgeröl auf den Wärmehaushalt von Druckgießformen; GIESSEREI PRAXIS (1990) 9/10, S. 141–153
[21] Pfeiffer Vacuum GmbH, Fachbericht 2016
[22] Lohmüller, A., Hilbinger, M., Franke, M.: Entwicklungen für das Magnesiumspritzgießen; GIESSEREI PRAXIS (2015)12 S. 608–613
[23] Nogowizin, B.: Druckgießtechnologien – Bewährte und innovative Prozesse; Schiele & Schön, 2021

Spezielle Hinweise zu Arbeitssicherheit- und Umweltschutz sind enthalten in:

DGUV Regel 109-604 (Mai 2019)
Branche Metallhütten
Grundlagen für den Arbeitsschutz
Arbeitsplätze und Tätigkeiten: Gefahren und Maßnahmen

DGUV Regel 109 – 608 (August 2020)
Branche Gießerei
Sachgebiet Hütten-, Walzwerksanlagen, Gießereien und Hebetechnik des Fachbereichs Holz und Metall der DGUV, https://publikationen.dguv.de/

Gefährdete Arbeitsbereiche innerhalb der Verfahrensstufen der Gussproduktion:
Formverfahren, Formstoff, Anlieferung von Formstoffbindern, Bereitstellung von Formstoffbindern, Formstoffaufbereitung (Mischen)

Staatliche Vorschriften zum Umgang mit Gefahrstoffen
Verordnung zum Schutz vor Gefahrstoffen – GefStoffV

Technische Regel für Gefahrstoffe:
TRGS 559 gefährlicher mineralischer Staub
TRGS 900 Arbeitsplatzgrenzwerte
TRGS 552 Krebserzeugende N-Nitrosamine der Kat 1A und 1B

Handlungsanleitung zur guten Arbeitspraxis
„Schutz der Beschäftigten vor Stäuben und Aerosolen an Gießereiarbeitsplätzen“ Formerei und Kernherstellung

Diese Handlungsanleitung zur guten Arbeitspraxis wurde durch die Ländermessstellen Hessen, Niedersachsen und Rheinland-Pfalz in Zusammenarbeit mit der Metall Berufsgenossenschaft Nord Süd erstellt. Der Verein Deutscher Gießereifachleute (VDG) hat die Bearbeitung der Handlungsanleitung beratend unterstützt.
Herausgeber:
Hessisches Sozialministerium, Dostojewskistraße 4, 65187 Wiesbaden (Ausgabe Mai 2008)

Terminologie der Formstoffe

Hauptbestandteile zur Herstellung von Formstoffen für verlorene Formen und Kerne:
- Formgrundstoff
- Formstoffbinder
- Formstoff-Zusatzstoffe

Formgrundstoff:
Besteht aus natürlichen mineralischen oder synthetischen Granulaten bzw. Sanden:
- der Formgrundstoff ist ein Kornhaufwerk mit bestimmten granulometrischen Eigenschaften
- die Korndurchmesser betragen zwischen 0,02–2,0 mm
- der Formgrundstoff bildet das Gerüst einer Form

Formstoffbinder und -härter:
Stellt den Verbund durch Bildung von Binderbrücken zwischen den einzelnen Körnern des Formgrundstoffes her:
- Quellbinder (Tone/Bentonite die durch Wasserzusatz quellen)
- Keramische Binder (Tonerden verfestigen sich durch Trocknung oder Sinterung)
- hydraulische Binder (Gips oder Zemente reagieren mit Flüssigkeit und härten aus)
- chemische Binder, anorganisch oder organisch (chemische Reaktion und Verfestigung)

Binderbrücke:
Bildet die Verbindung zwischen den Sandkörnern, welche den Zusammenhalt der Form erzeugt:
- Abhängig von Haftung auf der Kornoberfläche durch Adhäsionskräfte
- Belastbarkeit einer Bindung: maximale Kontaktfläche und Ausbildung optimaler Schichtstärke

Formstoff-Zusatzstoffe:
Verbessern die Gebrauchseigenschaften des Formstoffes und beeinflussen die Wechselwirkung zwischen Formstoff und Gießmetall:
Glanzkohlenstoffbildner, Eisenoxide, kalzinierte Soda, Stärken, Borsäure und Holzmehle

Sintereigenschaften von Formgrundstoffen [1]

Mineral	Chemismus	Materialart	Herkunftsland	Sinterbeginn °C	Festsintern °C	Dichtsintern °C	Zustand bei 1550 °C
Quarz	SiO_2	Natürlicher Mineralsand, aufbereitet	Deutschland	1500	> 1550	> 1550	locker
Quarz-Feldspat	$SiO_2 + KAlSi_3O_8$	Natürlicher Mineralsand, aufbereitet	Schweden	1150	1200	1300	dicht
Andalusit	$Al_2[O\|SiO_4]$	Natürliches Mineral, aufbereitet	Frankreich	1300	1400	1550	dicht
Olivin	$(Mg,Fe)_2[SiO_4]$	Natürliches Mineral, aufbereitet	Norwegen	1350	1400	1550	dicht
Chromit	$(Fe,Mg)Cr_2O_4$	Natürliches Erz, aufbereitet	Südafrika	1200	1200	1400	dicht
Zirkon	$Zr[SiO_4]$	Natürliches Mineral, aufbereitet	Australien	> 1550	> 1550	> 1550	lose
Rutil	TiO_2	Natürliches Mineral, aufbereitet	Australien	1300	1400	1500	dicht
Schamotte	Al_2O_3 - SiO_2	Sinterkeramik, aufbereitet	Frankreich	1400	1500	1550	dicht
Naigai Cerabeads®	Al_2O_3 - SiO_2	Sprüh-Sinterkeramik, aufbereitet	Japan	1400	1500	1550	fest
Mullitsand	Al_2O_3 - SiO_2	Oxidkeramik, aufbereitet	Deutschland	1300	1400	> 1550	locker
Schmelzbauxit	Al_2O_3 (> 80 %)	Oxidkeramik, aufbereitet	China	1300	1300	1550	dicht
Normalkorund	Al_2O_3 (96 %)	Oxidkeramik, aufbereitet	Italien	1100	1200	1550	dicht
Korund (Edelkorund)	Al_2O_3 (99,5 %)	Oxidkeramik, aufbereitet	Deutschland	> 1550	> 1550	> 1550	lose

Ausdehnungsverhalten verschiedener Formgrundstoffe

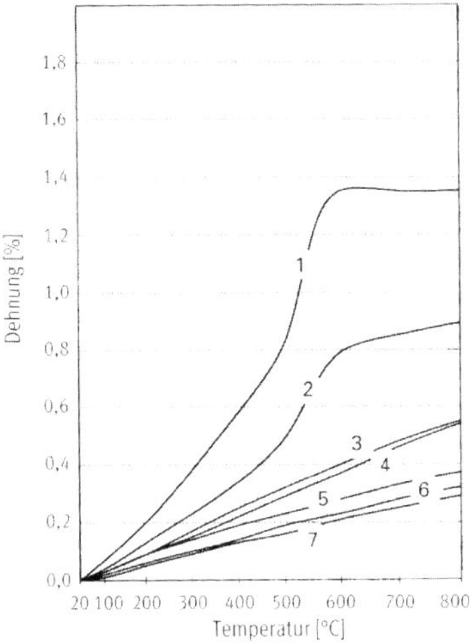

1 Quarzsand
2 Feldspat
3 Chromitsand
4 Andalusit
5 Schamotte
6 Cerabeads
7 Zirkonsand

Eigenschaftskomplexe zur gießereitechnologischen Bewertung von Formgrundstoffen [2]

Eigenschafts-komplex	Einzelmerkmal
Chemische und minera-logische Zusammen-setzung	– chemische Zusammensetzung, Anteil der Basiskomponente, z. B. SiO_2-Gehalt, weitere Bestandteile – Realstruktur der Körner – Chemismus der Kornsubstanz bzw. der Kornoberfläche
Granulo-metrische und morpho-logische Parameter	– Korngrößenanteile, mittlere Korngröße, Feinkornanteil und Korngrößenverteilung des Haufwerkes – Kornform – Struktur der Oberfläche repräsentativer Körner – Spezifische Oberfläche des Kornhaufwerkes – Chemische „Aktivität" der Kornoberfläche
Physikalisch-technologi-sche Eigenschaften	– Härte repräsentativer Körner – Dichte repräsentativer Körner – Ausdehnungsverhalten des Kornhaufwerks – Sinterverhalten des Kornhaufwerks – Zerkleinerungsverhalten des Haufwerks (Neigung zum Zerspringen von Körnern bei mechanischer oder thermischer Beanspruchung) – Thermische Kennwerte, z. B. Wärmeleitfähigkeit

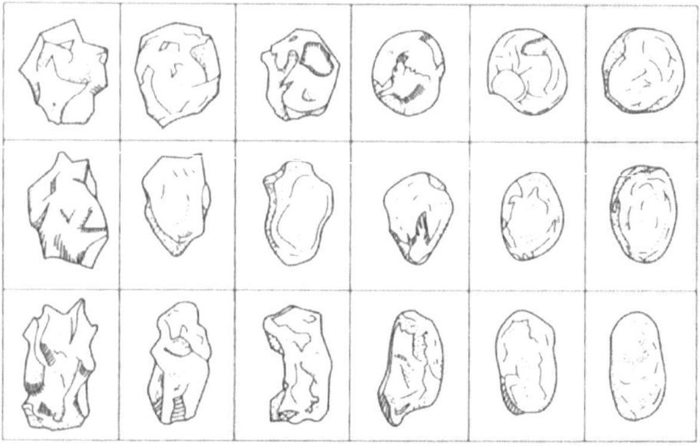

Klassifikation der Kornform [3]

Die Beurteilung der Kornform von Gießereisanden kann durch den Eckigkeitsgrad E, erfolgen:

$$E = \frac{\text{wirkliche spezifische Oberfläche (cm}^2\text{/g)}}{\text{theoretische spezifische Oberfläche (cm}^2\text{/g)}}$$

rundes Korn	E = 1 (idealisiertes Sandkorn)
kantengerundete Körner	E = 1,1 bis 1,3
eckige Kornform	E = 1,3 bis 1,7
splittrige Kornform	E > 1,7

Die zur Auslieferung aus den Quarzlagerstätten kommenden Sande für den Formstoffeinsatz sind vorzugsweise kantengerundet.

Ausgewählte Eigenschaften von Spezialsanden im Vergleich [4, 22]

	Dichte g/cm³	Kornform	Linearer Ausdehnungskoeffizient α 10^{-6} K^{-1}			Wärmeleitfähigkeit W/mK	Wasseraufnahmevermögen %
			20–300 °C	20–600 °C	20–800 °C	100–1000 °C	
Quarz	2,65	rund – eckig	14	23	17	0,31–0,76	0,77
Kerphalite	3,13	kantig	5,3	6,5	7,0	0,26–0,55	0,84
Chromerz	4,7	kantig	7,1	7,5	7,5	0,35–0,65	0,15
Bauxit	3,31	kugelförmig	6,2	7,2	7,4	0,35–0,50	0,27
Zirkon	4,6	eckig	3,4	4,1	4,5	0,31–0,57	0,18
Cerabeads	2,86	kugelförmig	3,5	4,0	4,3	0,24–0,50	1,11
Mullit	3,11	kantig	4,2	4,5	4,8	0,26–0,55	0,25

Naturformsand [2]

Tonhaltiges Sandgemisch aus natürlichen Lagerstätten, das direkt als Formstoff oder als Formstoffzusatz verwendet wird. Naturformsande enthalten verschiedene Tonminerale (Illit, Kaolinit), die in Form von Schlämmstoffen nachweisbar sind.

Nach dem Schlämmstoffgehalt werden unterschieden:
- magere Naturformsande: Schlämmstoffgehalt 5–10 %,
- mittlere Naturformsande: Schlämmstoffgehalt 10–20 %,
- fette Naturformsande: Schlämmstoffgehalt 20–30 %.

Die in der Regel verwendeten Naturformsande haben einen hohen Schlämmstoffgehalt und damit auch einen hohen Wasserbedarf, meist eine geringe mittlere Korngröße und eine geringe Gasdurchlässigkeit. Eine Verwendung ist in Nichteisen-Metallgießereien mit einfacher Formtechnik und beim Handformen möglich. Zusätze von Naturformsanden zu synthetischen Formstoffen dienen meist dem Ziel, den Feinkornanteil zu erhöhen.

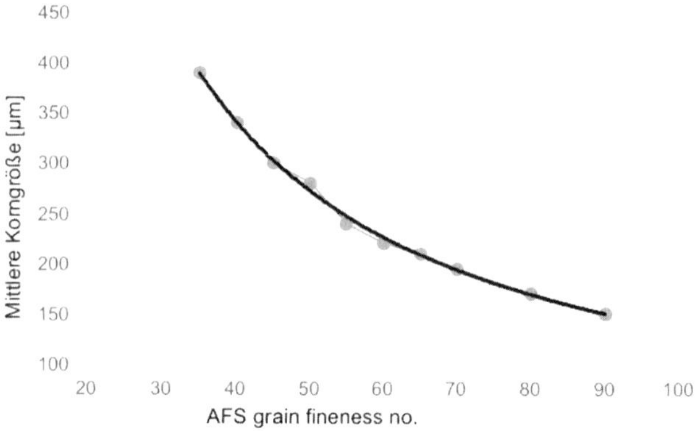

Näherungsweise Korrelation zwischen der Mittleren Korngröße und ASTM-AFS-Nr. für Gießereiformstoff [3]

Beispiel zur Berechnung der AFS-Feinheitsnummer mit Hilfe des AFS Multiplikators

Kornklasse in mm	Masseanteil der Kornklasse in g	Multi-plikator	Produkt: Masseanteil · Multiplikator
1,0–0,71	0,55	15	8,25
0,71–0,5	5,70	25	142,50
0,5–0,355	12,30	35	430,50
0,355–0,25	32,60	45	1467,00
0,25–0,18	18,20	60	1092,00
0,18–0,125	4,50	81	364,50
0,125–0,09	1,10	118	129,80
0,09–0,063	0,20	164	32,80
0,063–0,020	0,15	275	41,25
Summe	75,30		3708,60

$$\text{AFS-Kornfeinheitsnummer} = \frac{3708{,}60}{75{,}30} = 49{,}25$$

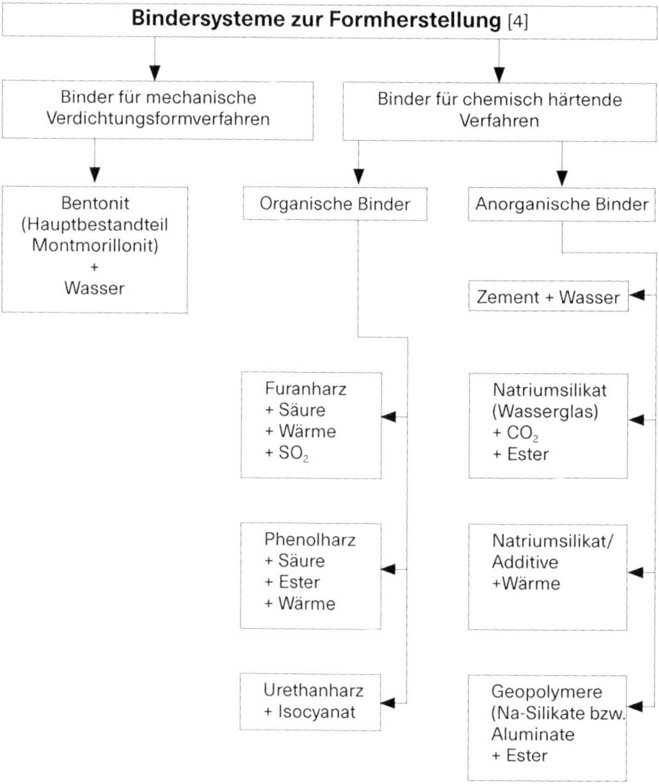
Bindersysteme zur Formherstellung [4]
Binder für mechanische Verdichtungsformverfahren
Binder für chemisch härtende Verfahren
Bentonit (Hauptbestandteil Montmorillonit) + Wasser
Organische Binder
Anorganische Binder
Zement + Wasser
Furanharz + Säure + Wärme + SO_2
Natriumsilikat (Wasserglas) + CO_2 + Ester
Phenolharz + Säure + Ester + Wärme
Natriumsilikat/ Additive +Wärme
Urethanharz + Isocyanat
Geopolymere (Na-Silikate bzw. Aluminate + Ester

Bindersysteme zur Kernherstellung [4,5]

kaltselbsthärtend

Wasser-glas-Ester	Kaltharz-Verfahren		Resol-Ester	Polyurethan-Isocyanat	
Natrium-silikat (Wasser-glas)	Furanharz	Phenolharz	Resol (alkalisch konden-siert)	Phenolharz + Katalysa-tor (Pyridin)	Amino-polyol
+ Ester-härter (Diacetin + Triacetin)	+ Säure-härter (Paratolu-olsulfon-säure oder H_3PO_4)	+ Säure-härter (Paratoluol-sulfon-säure)	+ Ester-härter	+ Polyiso-cyanat	+ Polyiso-cyanat

begasungshärtend

Wasser-glas-CO_2	Cold-Box	Resol-CO_2	Resol-MF	Acetal-Verfahren	SO_2-Verfahren
Natriumsi-likat-binder (Wasser-glas)	Phenolharz + Polyiso-cyanat	Resol (alkalisch konden-siert)	Resol (alkalisch konden-siert)	Polyphe-nolharz	Furanharz Epoxidharz Acrylharz
+ CO_2-Gas	+ tertiäre Amine (gasförmig)	+ CO_2-Gas	+ Methyl-formiat (gasförmig)	Acetal (gasförmig)	Peroxid
					+ SO_2-Gas

warm- bzw. heißhärtend

Croning	Hot-Box	Warm-Box
Novolak	Harnstoffharz, Furan-harz, Phenolharz	Furanharz
+ Hexamethylentetramin ca. 280 °C	+ Härter ca. 220 °C	+ Härter ca. 180 °C

Aushärtungscharakteristik kaltselbsthärtender Formstoffe [6]

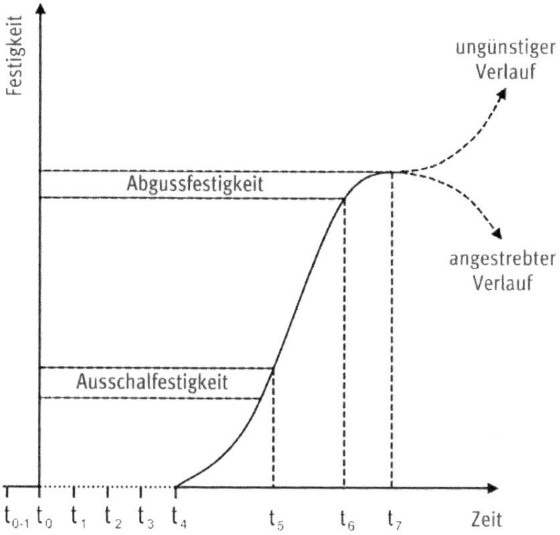

t_{c-1}	Beginn der Mischzeit (Sand + Härter)
t_c	Reaktionsbeginn (Binderzugabe)
t_1	Ende der Mischzeit
t_2	Verarbeitungszeit
t_3	max. Verarbeitungszeit
t_4	Durchhärtungsbeginn
t_5	Ausschalzeit
t_6	Abgussfähigkeit erreicht
t_7	maximale Festigkeit

Beispiele Formstoffzusammensetzung und technologische Merkmale [4]

Verfahren	Formstoffmischung	Biegefestigkeit nach 24 h [MPa]	t_v [h]	Schlichten Überzüge	Technologische Merkmale
Wasserglas-CO_2-Verfahren	100 MT Quarzsand 3,5 ... 5,5 MT Binder 3 ... 5 MT CO_2-Gas	2,5 ... 4	3 ... 8 (abgedeckt)	Alkoholbasis Spiritusbasis	– umweltfreundlich – geringe Härtungsgeschwindigkeit – geringe Primärfestigkeit – hohe Sekundärfestigkeit (schlechter Zerfall)
PUR-Cold-Box-Verfahren	100 MT Quarzsand 0,6 ... 1,0 MT Harz 0,6 ... 1,0 MT Aktivator 0,05 ... 0,2 MT Katalysator	4 ... 7	1 ... 3	Alkohol und Wasser	– schnelle Kernfertigung – mangelnde Thermostabilität, Blattrippen – Amingeruch (Arbeitsschutz) – intensive Entsorgung – mäßiger Zerfall (G-Al)
SO_2-Furanharz	100 MT Quarzsand 1 ... 1,2 MT Harz 0,35 ... 0,45 MT Peroxid 0,3 ... 0,5 MT SO_2-Gas	5 ... 7	12 ... 24	Alkohol und Wasser	– sehr schnelle Kernfertigung – hohe Thermostabilität – gute Zerfallseigenschaften bei G-Al – hohe Klebneigung im Formwerkzeug

MT – Massenanteil

Beispiele Formstoffzusammensetzung und technologische Merkmale [4] (Fortsetzung)

SO_2-Epoxidharz	100 MT Quarzsand 1,0 ... 1,2 MT Harz 0,25 ... 0,40 MT Peroxid 0,3 ... 0,5 MT SO_2-Gas	5 ... 7	12 ... 24	Alkohol und Wasser	– geringere Klebneigung – etwas schlechterer Zerfall – phenol-und formaldehydfrei – Entsorgung SO_2 notwendig
SO_2-Acrylharz	100 MT Quarzsand 1,5 ... 1,8 MT Harz 2,0 ... 2,5 MT Peroxid Gasgemisch N_2/CO_2 + SO_2-Gas	3 ... 5	12 ... 14	Alkohol und Wasser	– extrem schnelle Härtung – guter Kernzerfall, geringer Putzaufwand – geringe Klebneigung – gute Thermostabilität, blattrippenfrei
Cold-Box-MF - Betaset-Verfahren - Methylformiat-Verfahren	100 MT Quarzsand 1,6 ... 2,0 MT Harz (0,1 ... 0,2 MT Ester) 0,3 ... 0,5 MT Methylformiat (gasförmig)	1 ... 2,5	ca. 12 h bei Esterzugabe 10 ... 15 min	Alkohol und Wasser	– umweltfreundlich, geringer Entsorgungsaufwand – relativ hohe Restfestig-keit, schlechter Zerfall – relativ niedrige Primärfestigkeit (begrenzt die Kernschwierigkeit)
Red-Set-Verfahren	100 MT Quarzsand 0,8 MT Säure 1,5 MT Harz 0,3 MT Acetol	3 ... 6	12 ... 24	Alkohol und Wasser	– guter Kernzerfall (G-Al) – umweltfreundlich – Thermostabilität – geringe Fehlerneigung
Polyacrylharz-CO_2-Verfahren		5 ... 6	4 ... 8	Alkohol und Wasser	– guter Kernzerfall – hohe Festigkeit – hohe Lagerbeständigkeit – geringe Fehlerneigung

MT – Massenanteil

Silikatische Binder(systeme) [4]

1. Gashärtungsverfahren: Wasserglas-CO_2

Formstoffmischung:
93–95 % Quarzsand
(davon 50–80 % Regenerat)

2. Thermische Härtung

- Warmbox-Verfahren
  (Urformwerkzeug warm heiß)
- Mikrowelle
- Heißluft
- Kombination der Möglichkeiten

Verfahrensschritt	Angaben
Aufbereitung	3–6 % Wasserglas 1–2 % Wasser 1–2 % Zusätze
Verdichtung	Hand, Vibration, Kernschießen
Begasung (Härtung)	opt. CO_2-Menge: 1–1,15 % t_H: 20–60 sec
Kernentnahme Kernnachbehandlung Kerneinlegen	t_L: 2-4 Tage

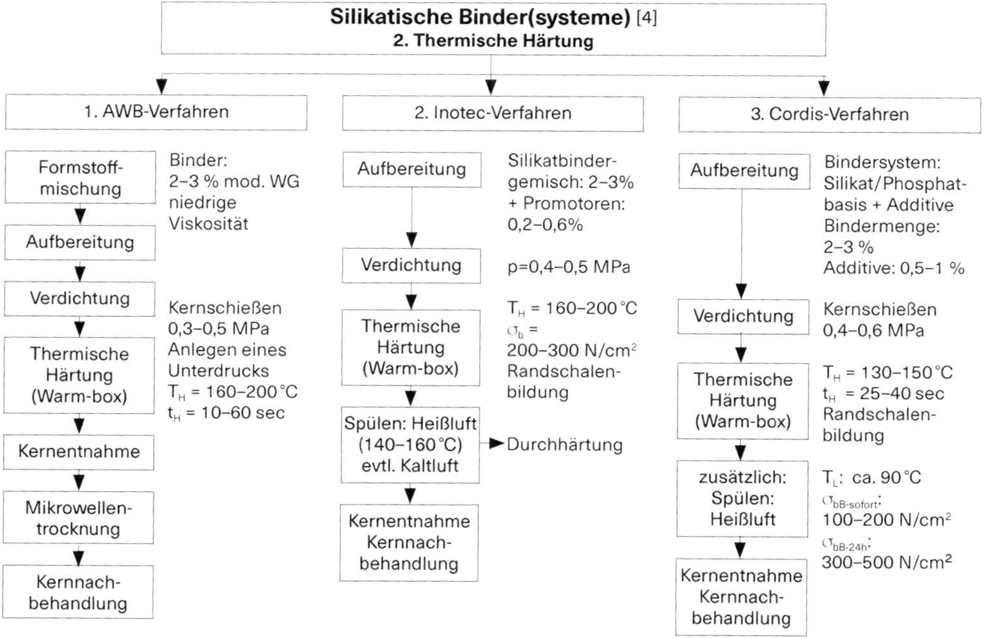
Silikatische Binder(systeme) [4]
2. Thermische Härtung
1. AWB-Verfahren
Formstoff-mischung
Aufbereitung
Verdichtung
Thermische Härtung (Warm-box)
Kernentnahme
Mikrowellen-trocknung
Kernnach-behandlung
Binder: 2–3 % mod. WG niedrige Viskosität
Kernschießen 0,3–0,5 MPa Anlegen eines Unterdrucks T_H = 160–200 °C t_H = 10–60 sec
2. Inotec-Verfahren
Aufbereitung
Verdichtung
Thermische Härtung (Warm-box)
Spülen: Heißluft (140–160 °C) evtl. Kaltluft
Kernentnahme Kernnach-behandlung
Silikatbinder-gemisch: 2–3% + Promotoren: 0,2–0,6%
p=0,4–0,5 MPa
T_H = 160–200 °C σ_b = 200–300 N/cm² Randschalen-bildung
Durchhärtung
3. Cordis-Verfahren
Aufbereitung
Verdichtung
Thermische Härtung (Warm-box)
zusätzlich: Spülen: Heißluft
Kernentnahme Kernnach-behandlung
Bindersystem: Silikat/Phosphat-basis + Additive Bindermenge: 2–3 % Additive: 0,5–1 %
Kernschießen 0,4–0,6 MPa
T_H = 130–150 °C t_H = 25–40 sec Randschalen-bildung
T_L: ca. 90 °C $\sigma_{bB\text{-}sofort}$: 100–200 N/cm² $\sigma_{bB\text{-}24h}$: 300–500 N/cm²

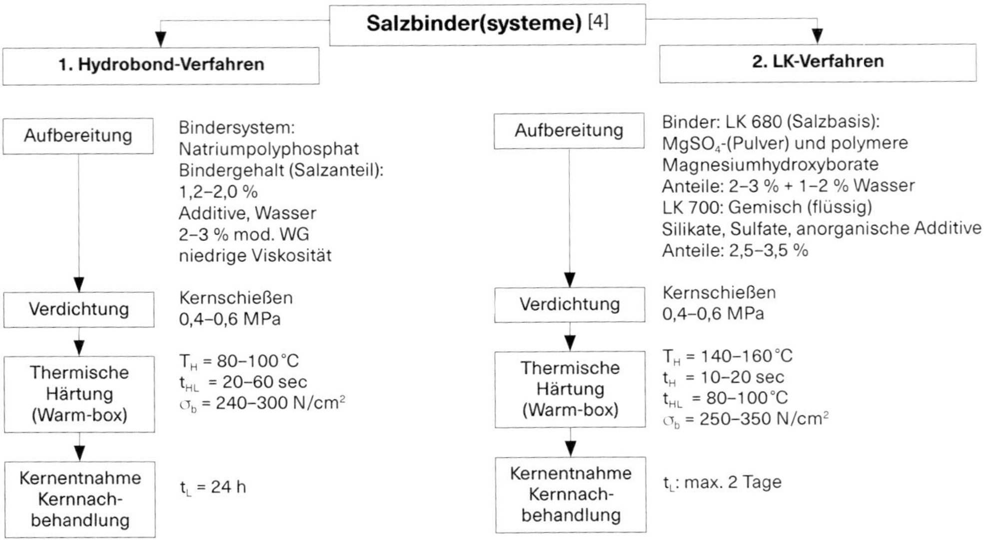
Salzbinder(systeme) [4]
1. Hydrobond-Verfahren
2. LK-Verfahren
Aufbereitung
Bindersystem:
Natriumpolyphosphat
Bindergehalt (Salzanteil):
1,2–2,0 %
Additive, Wasser
2–3 % mod. WG
niedrige Viskosität
Verdichtung
Kernschießen
0,4–0,6 MPa
Thermische Härtung (Warm-box)
T_H = 80–100 °C
t_{HL} = 20–60 sec
σ_b = 240–300 N/cm²
Kernentnahme Kernnach-behandlung
t_L = 24 h
Aufbereitung
Binder: LK 680 (Salzbasis):
$MgSO_4$-(Pulver) und polymere
Magnesiumhydroxyborate
Anteile: 2–3 % + 1–2 % Wasser
LK 700: Gemisch (flüssig)
Silikate, Sulfate, anorganische Additive
Anteile: 2,5–3,5 %
Verdichtung
Kernschießen
0,4–0,6 MPa
Thermische Härtung (Warm-box)
T_H = 140–160 °C
t_H = 10–20 sec
t_{HL} = 80–100 °C
σ_b = 250–350 N/cm²
Kernentnahme Kernnach-behandlung
t_L: max. 2 Tage

Verfestigung von Silikatbindersystemen durch Kondensation (Sol-Gel-Übergang) [4]

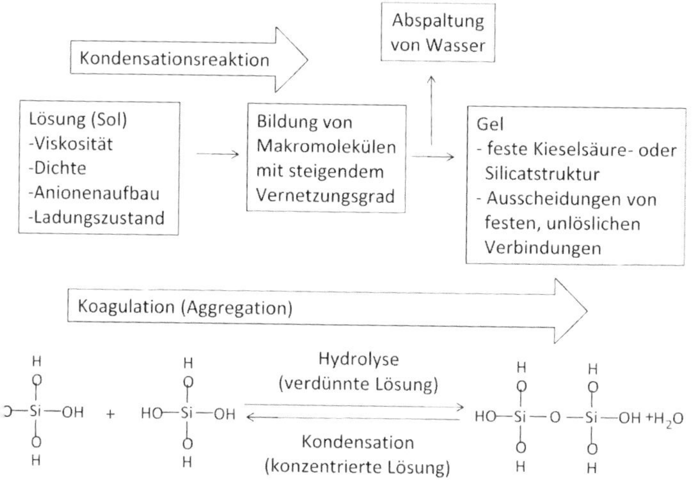

Verfestigungsvorgang von Wasserglas-CO_2-Formstoffen

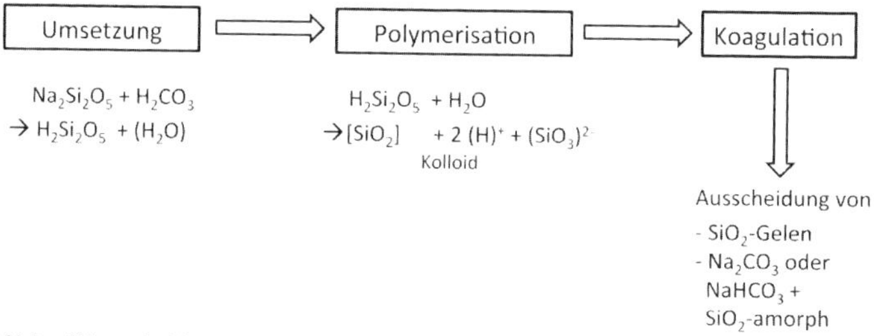

Weiterführende Literatur:

Hartmut Polzin, Anorganische Binder zur Form- und Kernherstellung in der Gießerei, Fachverlag Schiele & Schön, 2012

Anorganisches Kernbindersystem für den Eisenguss [5]

Die Quellenangaben im Text beziehen sich auf das am Ende des Beitrages befindliche Quellenverzeichnis.

Entwicklung der Bindersysteme

Die Verfestigung von wasserglasgebundenen Formstoffen in temperierten Formwerkzeugen, d. h. Kernkästen, ist schon lange bekannt.

Bereits 1985 befasst sich Svensson in *[1]* mit der CO_2-Härtung von Wasserglasbindern und stellte fest, dass die Trocknung nach dem Warm-Box-Verfahren mit Ergänzung durch Kohlendioxidbegasung gute Ergebnisse bringt. Osterberg und Anderson berichten in *[2]* über das Saab-Scania-Verfahren, bei dem eine Wasserglas-Sand-Mischung in 130–150 °C warme Kernkästen geschossen und anschließend 120 Sekunden mit 170–190 °C warmer Luft oder abwechselnd mit warmer Luft und Kohlendioxid begast wird. Das Verfahren brachte mit 2,4 bis 3,2 % Binderzugabe gute Festigkeiten. Der Formstoff war ausreichend fließfähig und zeigte ein gutes Zerfallsverhalten.

In anderen Untersuchungen stellten Flemming u. a. *[3]* fest, dass im Hinblick auf eine möglichst vollständige Nutzung der Bindeeigenschaften von Wasserglasbindern bei der Dehydratation infolge der Ausbildung kompakter Binderhüllen die besten Ergebnisse erzielt werden. Es wird auch darauf hingewiesen, dass bei der Verwendung modifizierter Natrium-Wassergläser der Einsatz einer Warm-Box-Technologie mit Bindergehalten um 3 % vorteilhaft ist. In *[4]* und *[5]* führen Döpp, Schneider u. a. Versuche durch, in denen sie den Formstoff in warme Kernkästen schießen. Die bei Raumtemperatur hergestellten Kerne werden mit solchen verglichen, die in einem 50, 100, 150 und 200 °C warmen Kernkasten hergestellt wurden. Nach dem Schießen führen die Verfasser eine zusätzliche Begasung mit Kohlendioxid durch, wobei die Bindergehalte bei 2 sowie 2,5 und 3 % liegen. Die Kerne wurden für die Herstellung von Motorrad-Zylinderköpfen eingesetzt. Bei einem Bindergehalt von 2 % konnten jedoch keine ausreichenden Festigkeiten mehr ermittelt werden. Ebenfalls mit heißem Kernkasten arbeiten Doroschenko und Makarevitsch in *[6]*. Sie stellen mit 2 % Wasserglas Formmasken und Kerne her, die eine Zugfestigkeit von mehr als 2 MPa besitzen. Mit dem Wasserglas-Hot-Box-Verfahren beschäftigen sich ebenfalls Marachovec und Lemkow in *[7]*. Dabei verwenden sie einen Binder, der mit Alkalisalzen, Salzen der Tripolyphosphorsäure und siliziumorganischen Verbindungen modifiziert ist. Die Kernkastentemperaturen liegen bei diesen Untersuchungen zwischen 180 und 240 °C.

Beginnend mit der GIFA 2003 wurden seitens verschiedener Bindemittelhersteller Arbeiten zur Entwicklung neuer warmhärtender Bindersysteme vorgestellt, die bis heute fortsetzen.

Grundlage dieser Entwicklungen war die bekannte Tatsache, dass durch temperierte Formwerkzeuge wasserglasgebundene Formstoffe zu deutlich höheren Festigkeiten gebracht werden können als beispielsweise bei der klassischen Kohlendioxidbegasung.

Diese erreichbaren höheren Festigkeiten entsprachen dem grundlegenden Anforderungsprofil an die anorganischen Bindersysteme. Die Hauptimpulse zu dieser Entwicklung wurden von der Automobilindustrie initiiert, die für die Großserienfertigung hochkomplexe und filigrane Kerne für Fahrzeugkomponenten benötigt. Der aktuelle Stand des Verfahrens ist dadurch gekennzeichnet, dass ein silikatbasiertes Bindersystem mit dem Formgrundstoff vermischt und in ein auf 160–200 °C temperiertes Kernherstellungswerkzeug geschossen wird, in dem eine stabile Randschale gebildet wird. Durch eine Kombination mit einer Warmluftbegasung können die Taktzeiten in vertretbare Bereiche gebracht werden. Die Verfahrens- und Werkzeuganforderungen begrenzen den Einsatz auf die Großserienkernfertigung insbesondere für den Automobilguss.

Restfestigkeiten und das Zerfallsverhalten grenzen den Einsatz auf die Herstellung von Aluminiumgussteilen ein. Einen Überblick über diese Verfahren ist in der Literatur zu finden *[8]*.

Anorganisches Kernbindersystem für Eisenguss

Mit der Entwicklung eines Einkomponentenbinders auf Wasserglasbasis ohne zusätzliche Additive, der eine Aushärtung der Kerne ausschließlich mit Warmluft sowie den Einsatz unbeheizter Kernherstellungswerkzeuge zulässt, ist eine Erweiterung auf den Einsatz im Eisenguss gegeben.

Das Bindersystem basiert auf Alkalisilikat- bzw. Wasserglas und ist mit einer Reihe von Oxiden modifiziert. Es enthält keinerlei organische Bestandteile *[9]*. Die Verfestigung des Formstoffs erfolgt hierbei ausschließlich durch eine Begasung mit ca. 160 °C warmer Luft, und ein Einsatz unbeheizter Kernherstellungswerkzeuge ist möglich.

Das Bindersystem wird als Einkomponentenbinder eingesetzt, welcher ohne zusätzliche Additive in Bereichen von weniger als 2,5 %, in vielen Fälle unter 2 % dosiert werden kann.

Erreichbare Eigenschaften

Festigkeiten

Mit dem System werden Festigkeiten erreicht, die mit denen der am Markt bekannten anorganischen Bindersysteme vergleichbar sind. Durch den Einsatz deutlich geringerer Binderzugaben (in den meisten Fällen 2,0 % oder weniger) werden geringe Restfestigkeiten nach thermischer Belastung sowie ein sehr gutes Zerfalls-und damit Entkernverhalten sichergestellt. Bild 1 zeigt die Biegefestigkeiten für zwei Binder mit einem sehr niedrigem Bindergehalt von1,75 %. Die Biegefestigkeiten können bei Bedarf durch höhere Zugaben gesteigert werden. Das Bild 1 gibt auch einen Hinweis auf die Lagerfähigkeit von hergestellten Kernen (hier 80 % relative Luftfeuchte).

Eine Verarbeitung des Bindersystems im Warm-Box-Verfahren (d. h. mit einer Kombination von beheiztem Werkzeug und Warmluft) ist möglich. Das Bild 2 zeigt die erreichten Biegefestigkeiten, wobei mit einer externen Nachtrocknung die Warmlufttrocknung „simuliert“ wurde.

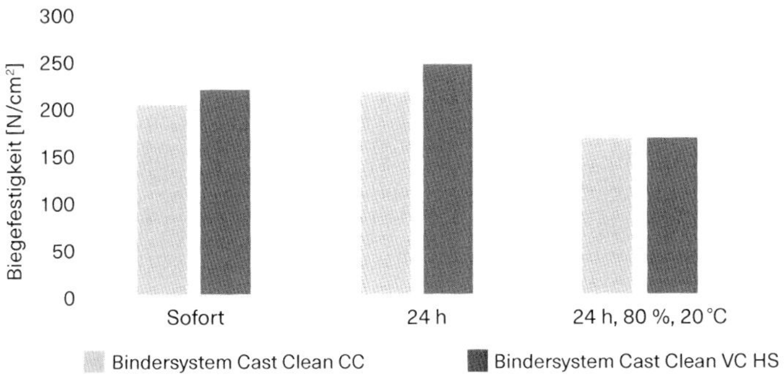

Bild 1: Biegefestigkeiten für zwei Bindervarianten bei 1,75 % Binder, Warmluft 160 °C, Quarzsand H 32

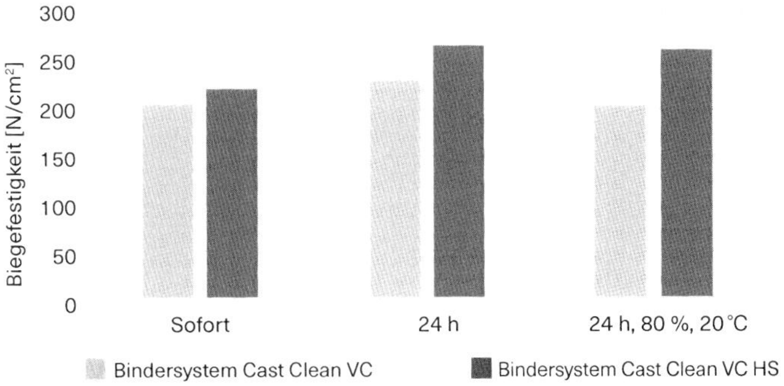

Bild 2: Biegefestigkeiten bei 1,75 % Binder (gleiche Varianten wie Bild 1), 160 °C Warmluftbegasung und 5 min Nachtrocknung bei 200 °C („Hot-Box"), Quarzsand H 32

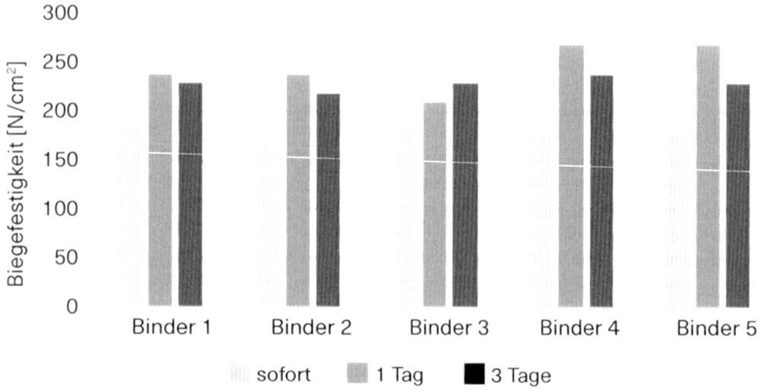

Bild 3: Entwicklung der Biegefestigkeit bei normalen Lagerungsbedingungen (> 25 °C, 45 % Luftfeuchtigkeit) mit 2 % Binderanteil

Lagerstabilität von Kernen

Das Lagerverhalten der hergestellten Kernen (Bild 3) wurde mit der Entwicklung der Biegefestigkeit bei Verwendung verschiedener Binder unter nahezu optimalen Bedingungen bis zu einem Zeitraum von 3 Tagen untersucht. Das Ergebnis zeigt eine prinzipielle Lagerfähigkeit der Kerne beispielsweise über das Wochenende. Verschlechtern sich die Umgebungsbedingungen hinsichtlich der Temperatur und insbesondere der Luftfeuchte, dann ist auch hier naturgemäß ein Abfall der Festigkeiten feststellbar. Das Lagerverhalten der Kerne kann durch Zugabe von Additiven verbessert werden.

Restfestigkeit bzw. Zerfallsverhalten

Hohe Restfestigkeit bzw. ein schlechter Formstoffzerfall nach dem Gießen wird immer den klassischen Wasserglasbindersystemen zugeordnet.

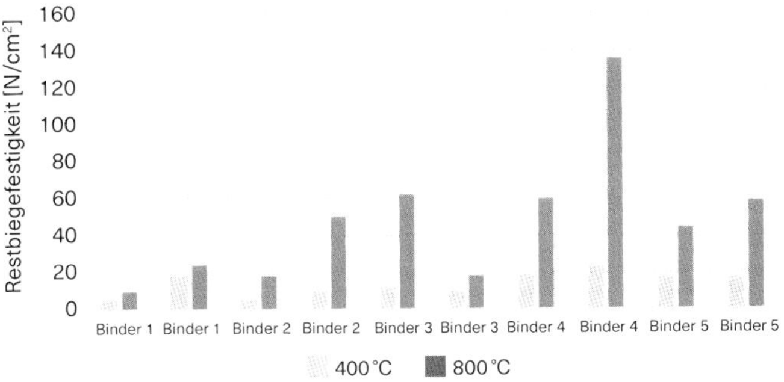

Bild 4: Restbiegefestigkeit verschiedener Binder bei 1,5 und 2,0 % Binder

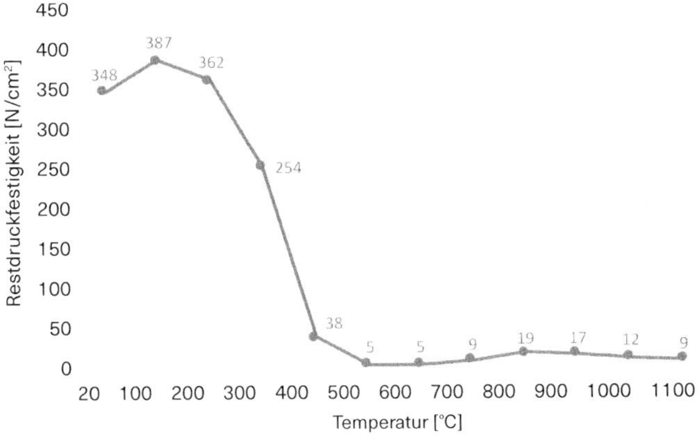

Bild 5: Restdruckfestigkeit bei 1,75 % Binder in Abhängigkeit von der Temperatur

Mit der Entwicklung des modifizierten, wasserglasbasierten Bindemittelsystems wurde dieses Verhalten besonders verfolgt. Es konnte ein außerordentlich gutes Zerfallsverhalten nach dem Abguss erreicht werden. In Bild 4 werden Ergebnisse von Messungen der Rest-biegefestigkeit für eine ganze Reihe von Bindern bei jeweils 1,5 und 2,0 % Binder dargestellt. Zur Prüfung wurde der Biegeriegel für jeweils 2 Minuten in den auf Prüftemperatur vorgeheizten Ofen eingebracht und 1 Stunde nach Entnahme geprüft. Die geringen Restfestigkeiten gerade oder vor allem im Bereich des Eisengusses zeigt Bild 5 deutlich. Die hier gemessene Restdruckfestigkeit (20 Minuten im vorgeheizten Ofen, Prüfung 24 h nach Entnahme) belegt die in der praktischen Erprobung gemachten Erfahrungen, dass die zu erwartende Restfestigkeit auf nahe Null sinkt!

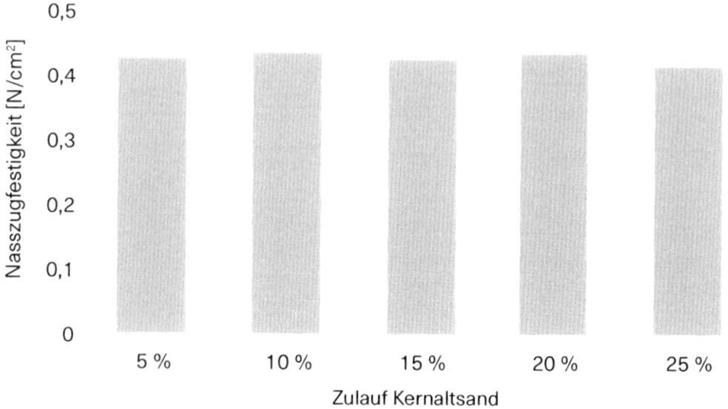

Bild 6: Nasszugfestigkeit Grünsand bei 5–25 % Zulauf Kernaltsand (800 °C Belastung Altsand)

Einfluss von Kernaltsand auf bentonitgebundene Formstoffe

Wird wasserglasgebundener Kernaltsand in ein bentonitgebundenes Umlaufformstoffsystem eingebracht, kann es durch die darin enthaltenen Alkaliionen zu Desaktivierungsvorgängen des Bentonits und daraus folgenden Festigkeitsverlusten kommen. Diese Zusammenhänge wurden in der Vergangenheit bereits vielfach untersucht, u.a. in *[10]*. Dort wird festgestellt, dass Kernsandzuläufe in üblichen Mengen (meist deutlich unter 5 %) in ein bentonitgebundenes Umlaufformstoffsystem zufließen können, ohne Probleme zu verursachen. Um diese Aussagen für die heute eingesetzten „modernen“ anorganischen Bindersysteme zu unterlegen, wurde in *[11]* eine umfangreiche Untersuchung durchgeführt. Die erzielten Ergebnisse waren den bereits früher gemachten Erfahrungen sehr ähnlich. Hier wurden einem bentonitgebundenen Betriebsformstoff Kernsandzuläufe von 5 bis 25 % zugegeben und die Eigenschaften des Grünsandes ermittelt. Als zusätzliche Variable wurden thermisch unterschiedlich belastete (400 °C, 800 °C und unbelastet – „Kernbruch“) Kernaltsande für die Versuche verwendet. Das Bild 6 zeigt am Beispiel der Nasszugfestigkeit die Einflussnahme beim Zulauf von maximal 25 % Kernaltsand in 5 %-Schritten. Es wird deutlich, dass es auch bei derartig hohen einmaligen Zuläufen von Kernaltsand zu keiner signifikanten Verschlechterung der Nasszugfestigkeit kommt, dies gilt auch für alle weiteren in diese Arbeiten einbezogenen technologischen Größen wie beispielsweise die Gründruck- und die Grünzugfestigkeit. Zusammenfassend kann also festgestellt werden, dass das vorgestellte anorganische Bindersystem in üblichen Zulaufmengen keine Schädigung von bentonitgebundenen Formsoffen bewirkt. Aufgrund der Möglichkeit einer solchen Schädigung beim Zulauf von unzulässig hohen Mengen an Kernaltsand ist es aber unbedingt notwendig, den Kernsandzulauf zu überwachen.

a) b) c)

Bild 7: Anorganisch gebundener Kern (a), Eisengussteil vor (b) und nach dem Strahlen (c)

Praktische Erfahrungen

In Gießversuchen in mehreren Eisengießereien wurden ohne Probleme qualitätsgerechte Gussteile hergestellt. Bild 7 zeigt einen relativ kleinen Kern in der Form sowie das Gussteil (GJL) vor und nach dem Strahlen. Die vorhandenen geringen Formstoffanhaftungen konnten einfach entfernt werden. Die Oberfläche des Gussteiles nach dem Strahlen entspricht komplett den gestellten Anforderungen. Der Kern war an der Auspackstelle nicht mehr als solcher zu erkennen, was wiederum den sehr guten Zerfall des Formstoffs mit niedrigen Restfestigkeiten unterstreicht.

Der in Bild 8 gezeigte Kern ist dagegen sehr kompakt, Masse ca. 20 kg und wird zur Herstellung eines dünnwandigen Gehäusebau-

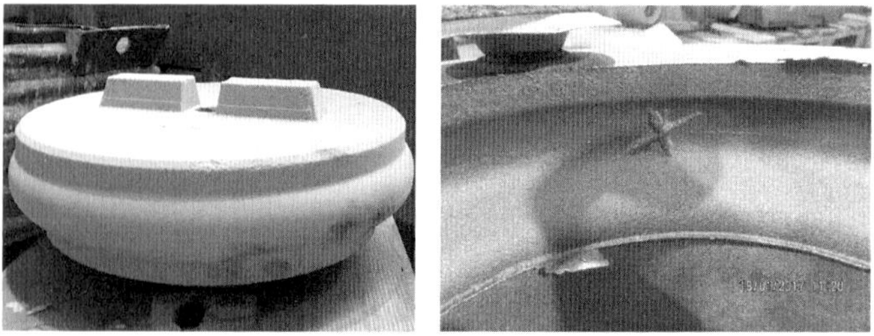

a) b)

Bild 8: Kompakter Kern (Masse ca. 20 kg) und Gussteil nach dem Strahlen

a) b)

Bild 9: Filigraner Kern aus Bauxitsand (a) und mit Serienschlichte (b)

teiles aus Gusseisen mit Kugelgraphit eingesetzt.

Auch hier entspricht die Oberfläche des Gussteiles nach dem Strahlen komplett den gestellten Anforderungen und es zeigte sich ein guter Zerfall des Formstoffs.

In Bild 9 wird an einem Beispiel gezeigt, dass sich ebenso alternative Formgrundstoffe mit dem vorgestellten anorganischen Bindersystem verarbeiten lassen.

Bei dem dargestellten filigranen Kern waren bisher bei Anwendung des PUR-Cold-Box-Verfahrens trotz Verwendung von Bauxitsand Blattrippen im Innenbereich der Gussteile vorhanden.

Bei Verwendung des anorganischen Bindersystems Cast Clean VC konnten Ausdehnungsfehler vollständig vermieden werden.

Ausblick

Das vorgestellte anorganische Formstoffbindersystem stellt eine im Eisenguss anwendbare Alterative zur Kernherstellung zum bisher hauptsächlich eingesetzten PUR-Cold-Box-Verfahren dar. Die wesentlichen bei einer beabsichtigten Anwendung des Verfahrens offenen Fragen sind lösbar. Zur Bereitstellung der benötigten Heißluft sind entsprechende anlagentechnische Lösungen an den Kernschießmaschinen zu schaffen. Weiterhin sind für die Kernkästen geeignete Materialien wie beispielsweise spezielle Kunststoffe oder Aluminium zu verwenden. Folgende Fragen sind im Vorfeld der Anwendung des Verfahrens zu klären, um erfolgreich zu sein:

1. Welches Kernkastenmaterial wird verwendet? Normale Kunststoffe sind nur bis ca. 120 °C einsetzbar, d. h. es sind hochwertige Kunststoffe (z. B. PEEK), Aluminium oder Stahl zu verwenden. Aluminium stellt hier hinsichtlich der Herstellungskosten und der Verschleißbeständigkeit eine interessante Alternative zu Kunststoffen und Stahl dar.
2. Ist Warmluft an der Kernschießmaschine vorhanden? Benötigt werden im Normalfall mindestens 160 °C, maximal 200 °C, wichtig hier ist eine möglichst geringe Entfernung zwischen der Warmluftquelle und dem Kernkasten bzw. die gute Isolierung der Leitungen.
3. Ist es darüber hinaus möglich, die Begasungsluft besonders trocken bereitzustellen, sind niedrigere Begasungstemperaturen und/oder kürzere Taktzeiten möglich.
4. Existiert ein separater Mischer für erste Versuche? Verfügt die Kernmacherei über mehrere Mischer (insbesondere für einen anfänglichen Parallelbetrieb mit anorganischen und organischen Bindersystemen) oder ist evtl. ein Handmischer vorhanden?
5. Welche Schlichte wird angewendet? Alkoholschlichte kann i.d.R. so angewendet werden wie bei organisch gebundenen Kernen, bei Wasserschlichte ist eine kurzfristige Trocknung notwendig.
6. Was ist bei Lagerung des Binders zu beachten? Beim Binder Cast Clean VC ist es im Serienbetrieb günstig, ein Rührwerk auf die Bindemittelcontainer (IBC) aufzusetzen, um mögliche Absetzerscheinungen zu vermeiden.
7. Die Lagerung hergestellter Kerne ist unter Normalbedingungen (d. h. 20 °C und 50 % rel. Luftfeuchte) kein Problem. Bei abweichenden Bedingungen können angepasste Lagerbedingungen oder Bindermodifizierungen Abhilfe schaffen.
8. Welches Kernhandling findet statt? Anorganisch gebundene Kerne besitzen direkt nach der Herstellung nur eine verfestigte Randschale und sind im Inneren noch weich, Kerne sollten daher vorsichtig gehandhabt und auf ebene Lagerflächen abgelegt werden (ggf. Deformationsgefahr). Während der anschließenden Lagerung erhöht sich die Festigkeit durch Temperaturausgleich und Trocknung beträchtlich.
9. Die prinzipielle Regenerierbarkeit der anfallenden Altsande ist nachgewiesen.

Ein gewisser technischer und finanzieller Aufwand ist also durchaus im Vorfeld notwendig, um mit dem Verfahren anorganisch gebundene Kerne herzustellen. Bezieht man aber z. B. die nicht notwendige Beheizung der Werkzeuge (bei anorganischen Warm-Box-Verfahren) oder die nicht vorhandene Aminentsorgung (beim PUR-Cold-Box-Verfahren) und weitere Punkte in die Betrachtung ein, dann sind Kosteneinsparungen von 30 % in der Kernfertigung denkbar.

Literatur

[1] Svensson, I. L., Chemistry and mechanical properties of carbon dioxide cured sodium silicate binders, Vortrag Nr. 4, 52, Internationaler Gießerei-Kongreß, Melbourne 1985

[2] Osterberg, L., Anderson, W., Stoberiet 62, 1985, Nr. 6, S. 8–16 und GIESSEREI 73, 1986, Nr. 22, S. 657

[3] Flemming, E., Schmidt, M., Hähnel, U., Ledwoin, E., Erfahrungen beim Einsatz von modifizierten Wasserglaslösungen, Gießereitechnik 35, 1989, Nr. 10, S. 299–302

[4] Döpp, R., Schneider, H., Jürgens, H., Eigenfeld, K., Keidis, A., Gießversuche zum Wasserglas-CO_2-Verfahren – Teil 2, Betriebsversuche, GIESSEREI 76, 1989, Nr. 23, S. 799–802

[5] Döpp, R., Schneider, H., Fortschritte des umweltfreundlichen Wasserglas-CO_2-Verfahrens zur Kern- und Formherstellung, Gießerei-Erfahrungsaustausch 1990, Nr. 11, S. 465–467

[6] Doroschenko, S. P., Makarevitsch, A. P., Formsande und Kernsande mit Wasserglasbindern, Probleme und Perspektiven, Vortrag 61. Gießerei-Weltkongreß, Peking 1995

[7] Marachovec, L. N., Lemkow, J., Heißhärtende Formstoffmischungen mit modifiziertem Wasserglasbindemittel, Litejnoe Proizvodstvo, 1997, Nr. 10, S. 12

[8] Polzin, H.: Anorganische Binder zur Form- und Kernherstellung in der Gießerei, Fachverlag Schiele & Schön Berlin, 2012

[9] Europäisches Patent Nr. 2916976 – Verfahren zur Herstellung von verlorenen Kernen oder Formteilen zur Gussteilproduktion

[10] Flemming, E.; Polzin, H.: Untersuchungen zum Einfluss von wasserglasgebundenen Kernaltsanden auf tongebundene Formstoffsysteme, GIESSEREI 84, 1997, Nr. 16

[11] Friede, M.M.: Der Einfluss von anorganisch gebundenen Kernaltsanden auf tongebundene Umlaufformstoffe, Studien-arbeit, TU BA Freiberg, 2015

PUR-Cold-Box-Verfahren [4]

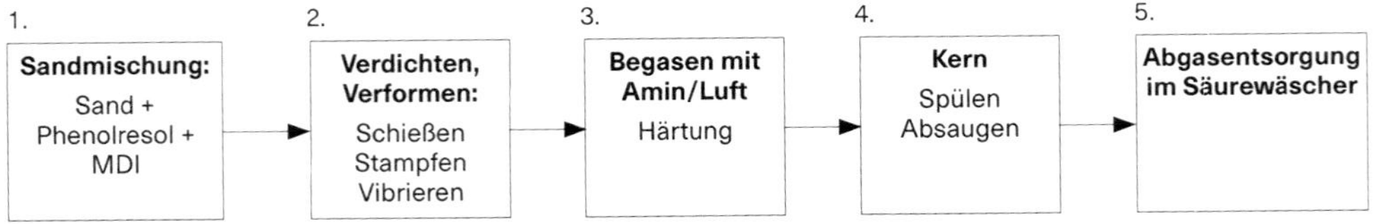

In der Praxis gelangen folgende Stoffe zum Einsatz:

Teil 1	Binder:	Phenolresol, 50–60%ig in Lösemittelgemisch,
Teil 2	Aktivator:	Polysocyanat, in der Regel Dimethylmethan-4,4'-diisocyanat (MDI), gelöst in Lösemitteln,
Teil 3	Katalysator:	Amin, wie Triethylamin /TEA), Dimethylisopropylamin (DMIA), Dimethylethylamin (DMEA), Dimethyl-n-propylamin (DMPA),

Zugabemengen bezogen auf Sand:
- Binder 0,5–1,0 %
- Aktivator 0,5–1,0 %
- Katalysator 0,02–0,1 %

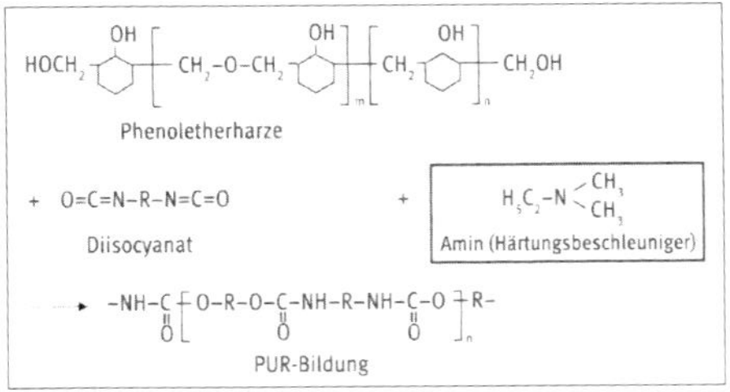

PUR-Cold-Box-Verfahren:
Reaktionsgleichung

Cold-Box-Systeme [7]

Bindersystem	**Lösemittel**	**Symbol Lösemittel**	**Vorteile** zum Lösemitteleinsatz	**Nachteile** zum Lösemitteleinsatz
Aromatisches Cold-Box-System	Kohlenwasserstoffe	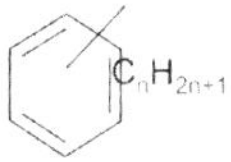	– Kostengünstiges Lösungsmittel – Gute Verträglichkeit zu Phenolharz und MDI – Gute Festigkeitseigenschaften	– Leichtflüchtiges Lösungsmittel „VOC“ – Hohe Schadstoffemissionen
Aliphatisches Cold-Box-System	Rapsmethylester	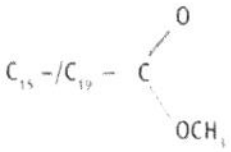	– Beste Reaktivität – Geringste Aminmengen – Geringe Klebneigung – Reduzierte Geruchsentwicklung bei der Kernfertigung – Geringere Schadstoffmenge	– Stärkere Rauch und Qualmentwicklung – Erhöhte Kondensatmengen
Silikatisches Cold-Box-System	Tetraethylsilikat	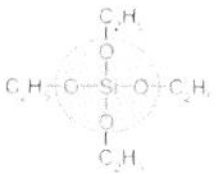	– Anorganische Bestandteile – Geringere Kohlenstoffmenge, Reduzierte Gasmenge – Reduzierte Kondensatmenge – Verringerte Qualm- und Geruchsentwicklung nach Abguß – Geringere Schadstoffmenge	– Höhere Sensibilität der Flüssigkomponenten gegenüber Feuchtigkeit – Geringere Reaktivität – Höherer Preis

Entwicklung der Cold-Box-Bindersysteme [7]

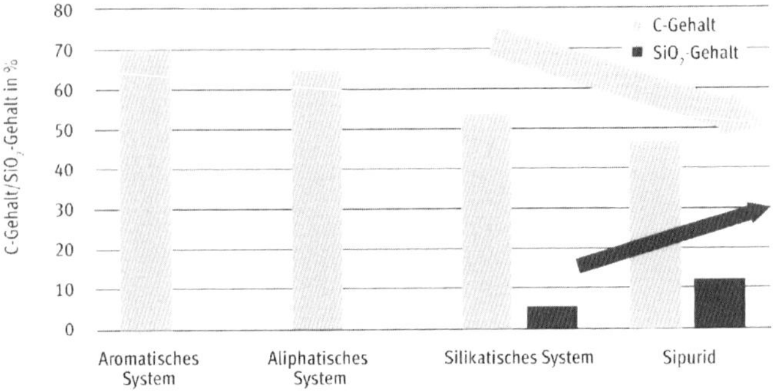

Katalysatoren für das Cold-Box-Verfahren [7]

Kataly-sator/ Amintyp		**Siede-punkt [°C]**	**Zünd-tempe-ratur [°C]**	**Dichte [g/cm³]**	**Geruchs-schwelle ** [mg/m³]**	**Geruch *** [GE/m³]**	**AGW-Wert [mg/m³]**
Triethyla-min	TEA GH2	87–89	249	0,73	0,008	k. A.	4,2
Dimethyl-ethylamin	DMEA GH3	36–38	190	0,67	0,004	57.000	6,1
Dimethyl-isopropyl-amin	DMIA GH5	65–68	190	0,72	1,4	16.000	3,6
Dimethyl-propyl-amin	DMPA GH6	65–68	165	0,70	3,2	5.700	--*

* Wert noch nicht festgelegt
** Messung BASF
*** Messung IFG

Schematische Darstellung des Formstoffkreislaufes bei Formverfahren mit tongebundenen Formstoffen [2]

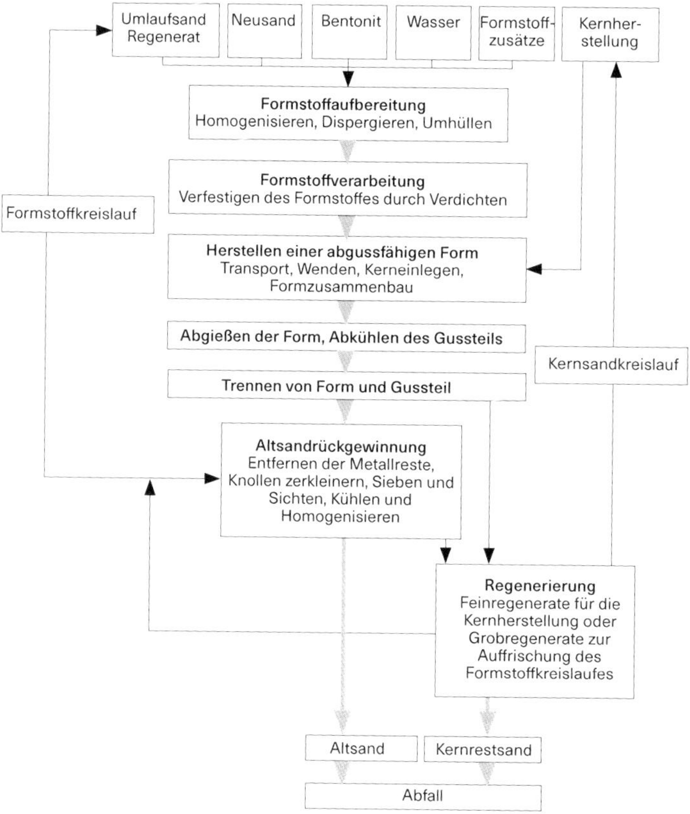

Umhüllung des Sandkorns mit Bentonit im Aufbereitungsprozess

Quarzsand
Theoretische spezifische Oberfläc
74 cm^2/g
Mittlere Korngröße: 0,32 mm
AFS-Zahl: 45

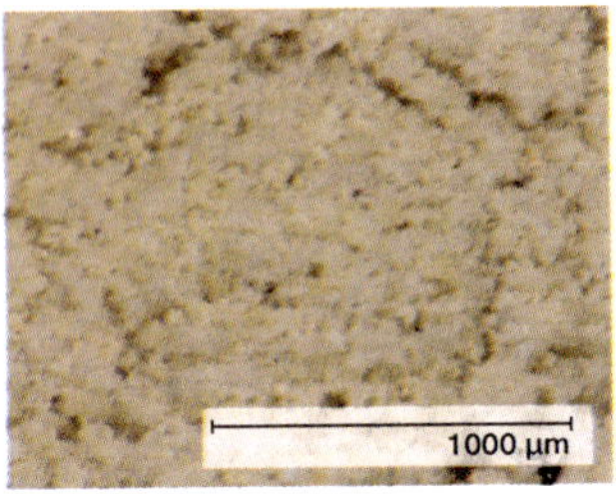

Bentonit
Bentonitplättchen: 0,5–1 µm
Bentonitteilchen in aufbereiteten
Bentonit: 20–100 µm

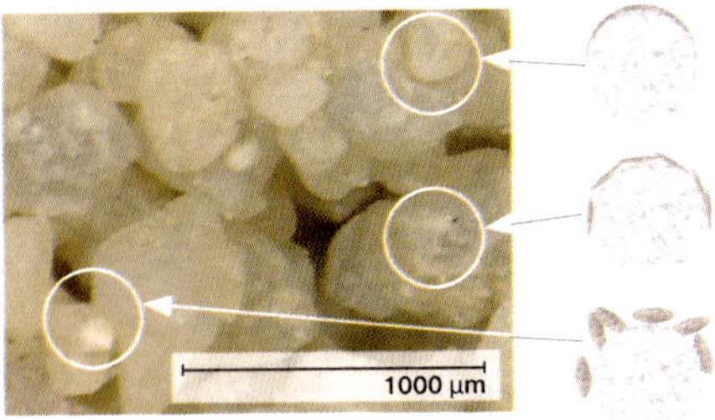

Entwicklung der Binderhülle auf den Quarzkörnern und Vergleich zur Modellvorstellung

Praxisbeispiele bentonitgebundener Umlaufformstoffe/ Betriebsformstoffe [2]

Formstoffkennwerte:

Mittlere Korngröße [mm]	0,28
AFS-Kornfeinheitsnummer	53
Feinkornanteile < 0,125 mm [%]	3,24
Feinstkornanteile < 0,063 mm [%]	0,53
Gleichmäßigkeitsgrad [%]	71
Theor. Spez. Oberfläche [cm²/g]	90,4
Schlämmstoffgehalt [%]	9,62
Glühverlust [%]	3,38
Aktivtongehalt [%]	8,63

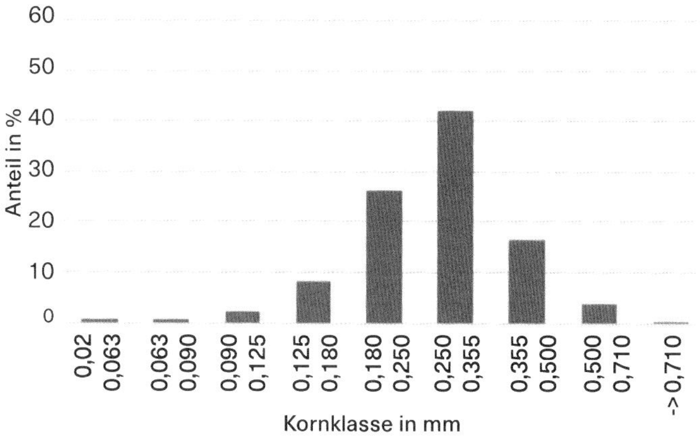

100fache Vergrößerung, Betriebsformstoff für GJL/GJS (oben) mit zugehöriger Siebkurve (unten) und Formstoffkennwerten – relativ grober Formstoff

Formstoffkennwerte:

Mittlere Korngröße [mm]	0,24
AFS-Kornfeinheitsnummer	64,5
Feinkornanteile <0,125 mm [%]	7,4
Feinstkornanteile <0,063 mm [%]	1,7
Gleichmäßigkeitsgrad [%]	69
Theor. Spez. Oberfläche [cm²/g]	113,7
Schlämmstoffgehalt [%]	12,7
Glühverlust [%]	5,3
Aktivtongehalt [%]	8,2

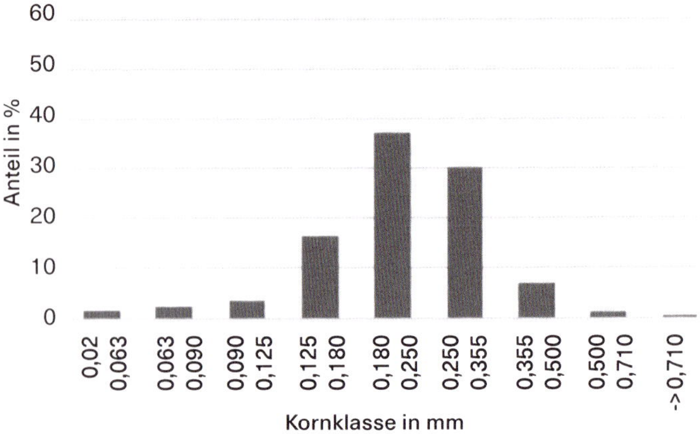

100fache Vergrößerung, Betriebsformstoff für GJL/GJS (oben) mit zugehöriger Siebkurve (unten) und Formstoffkennwerten – durchschnittlicher Formstoff

Formstoffkennwerte:

Mittlere Korngröße [mm]	0, 18
AFS-Kornfeinheitsnummer	78
Feinkornanteile < 0,125 mm [%]	15,5
Feinstkornanteile < 0,063 mm [%]	0,4
Gleichmäßigkeitsgrad [%]	69
Theor. Spez. Oberfläche [cm^2/g]	140,6
Schlämmstoffgehalt [%]	12,1
Glühverlust [%]	4,5
Aktivtongehalt [%]	8,1

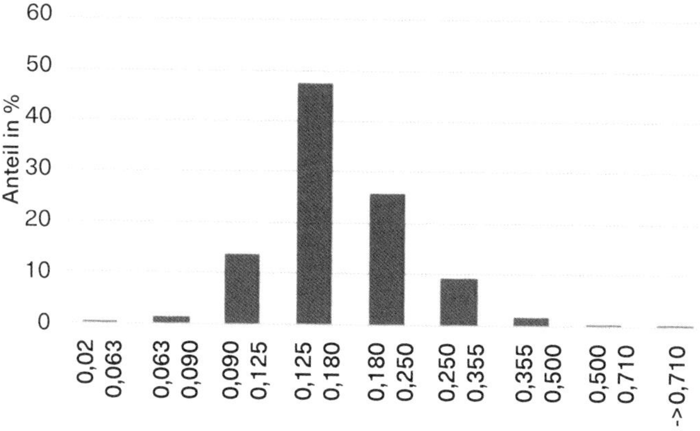

100fache Vergrößerung, Betriebsformstoff für GJL/GJS (oben) mit zugehöriger Siebkurve (unten) und Formstoffkennwerten – relativ feiner Formstoff

Qualitätsmerkmale des bentonitgebundenen Formstoffs [8]

Stoff	Qualitätsmerkmale
Wasser	ph-Wert, elektrische Leitfähigkeit, biologische Verunreinigungen
Quarz-sand	Sinterpunkt, Kornform, Spurenelemente, Sieblinienkonstanz
Bindeton	Thermostabilität, Quellfähigkeit, Aktivierungs-zustand,
Kohlen-stoffträger	Schwefelgehalt, Aschegehalt, Blähvermögen, chemischer Grundzustand

Beeinflussung der Qualität des bentonitgebundenen Formstoffs im Umlaufprozess durch Reaktionsprodukte und Fremdstoffeintrag:

- Sonstige Additive wie Leime, Dextrin, Grafit
- Oolithische Hüllen, entstanden durch thermische Belastung des Formstoffes
- Verbrennungsprodukte der Glanzkohlenstoffbildner, der Kerne, der Speiser, Aschen
- Kernsande und Kernsandbinder, Kernsandadditive,
- Sondersande wie Chromerz, Zirkon, Olivin, Bauxitsand, Cerabids, J-Sand, Schamotte (Cover Effekt, chemische Beeinflussung durch besondere Elemente wie Stickstoff)
- Öle aus Öle aus Leckagen und von Trennmitteln
- Metallreste, Speiserreste, Filterreste (chemische Beeinflussung durch besondere Elemente wie Fluor)
- Stäube
- Sonstiges wie Putzlappenreste, Kippen, Papier, Dichtschnüre

Besondere chemische Werte und ihre Einflussfaktoren [8]

	Gehalte im Umlaufformstoff in der Praxis in %		Grenzwert	Mögliche Fehlerbildung an Gussteilen
	min.	max.		
Fluor	0,010	0,052	0,035	narbige Oberfläche, Fischaugen
Stickstoff	0,04	0,12	0,09	Pinholes, Kommafehler
Schwefel	0,05	0,09	0,07	Bildung unerwünschter Graphitformen
Inerter Schlämmstoffanteil	0,2	2,9	2,5	Bläschen infolge zusätzlichen Wasserbedarfs
Stickstoff in Filterstäuben	0,3	0,9	je nach Zugabe der Filterstaubmenge zur Formstoffaufbereitung	

Formstoffkurzbilanz im Überblick für Eisengießereien

	Auffrischung ges.	**Bentonit**	**Glanzkohlenstoff**	**Eisen-/Sandverhältnis**
Eisenguss	**kg/t fl. Eisen**	**kg/t fl. Eisen**	**kg/t fl. Eisen**	$\frac{1}{X}$
Durchschnitt	199,6	57,2	16,9	6,9
Maximal	401,2	99,9	44,2	21
Minimal	45,1	30,2	8,0	3,4

Eigenschaften bentonitgebundener Formstoffe in Eisen- und Aluminiumgießereien [9]

Eisengießereien | **Aluminiumgießereien**

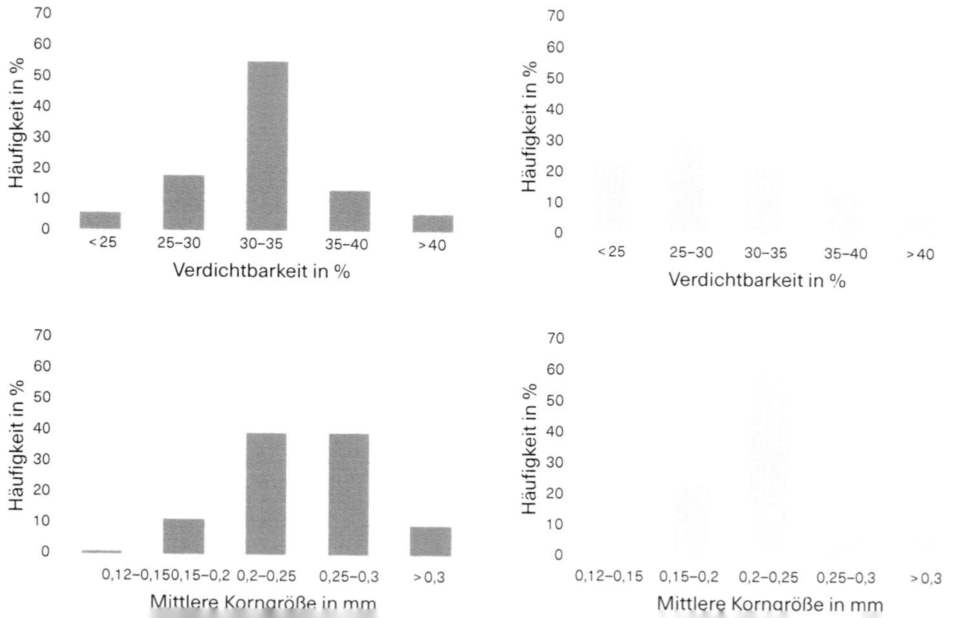

Eigenschaften bentonitgebundener Formstoffe in Eisen- und Aluminiumgießereien [9]

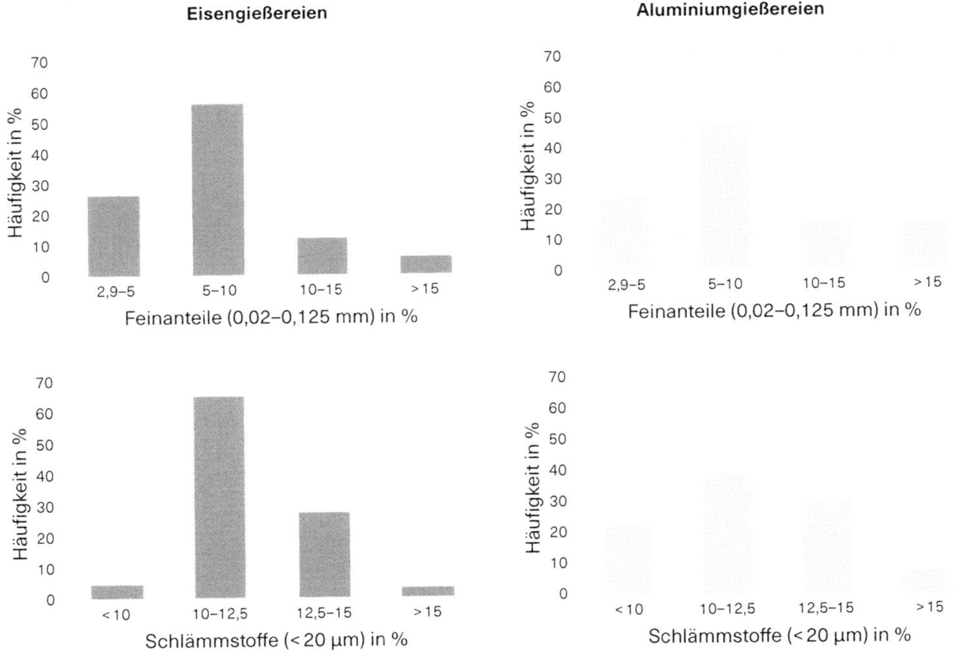

Eigenschaften bentonitgebundener Formstoffe in Eisen- und Aluminiumgießereien [9]

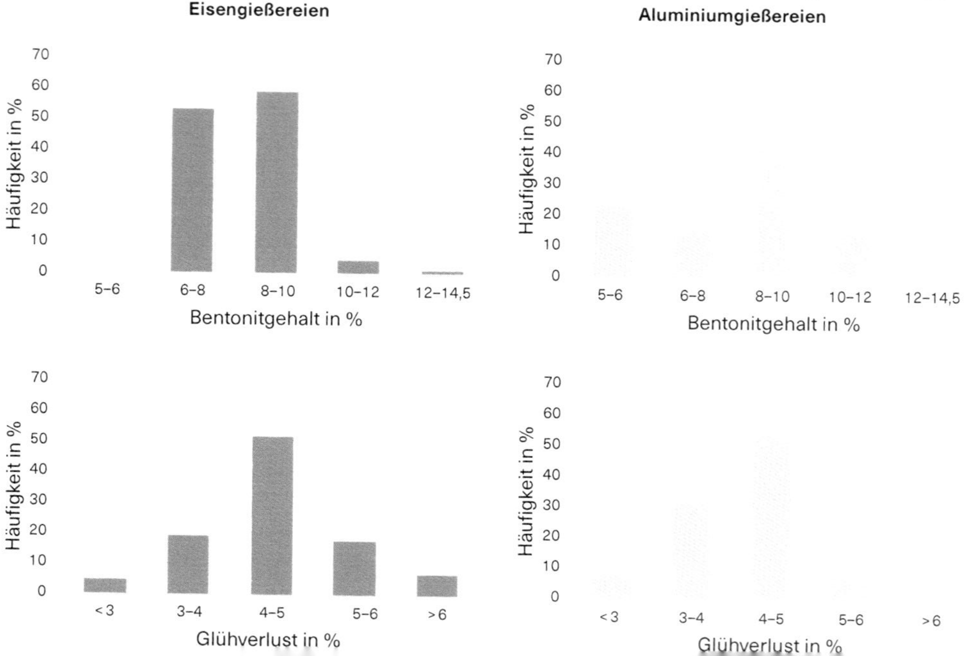

Eigenschaften bentonitgebundener Formstoffe in Eisen- und Aluminiumgießereien [9]

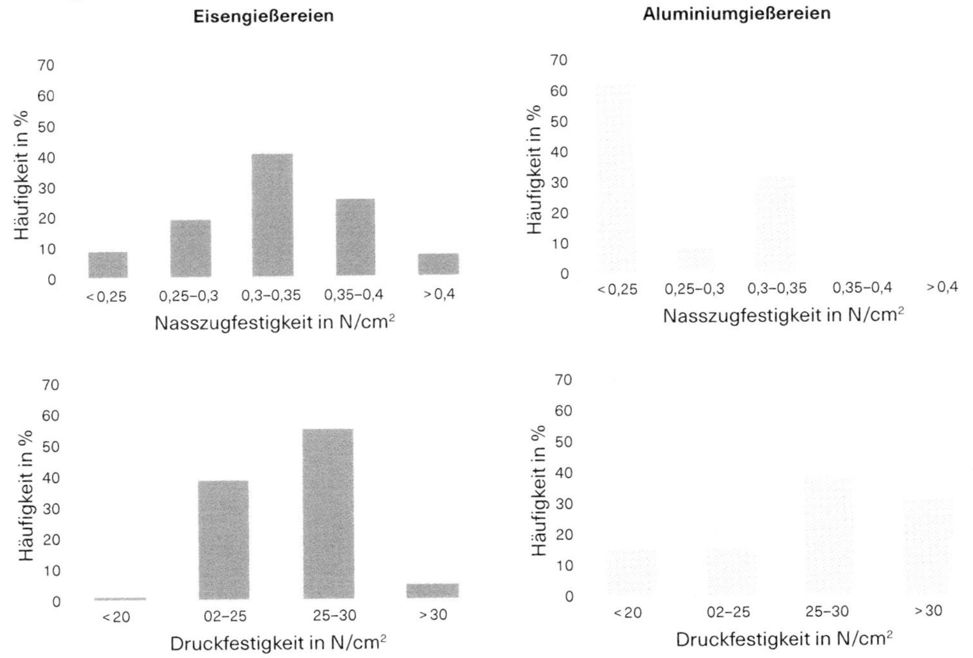

Eigenschaften bentonitgebundener Formstoffe in Eisen- und Aluminiumgießereien [9]

Eisengießereien

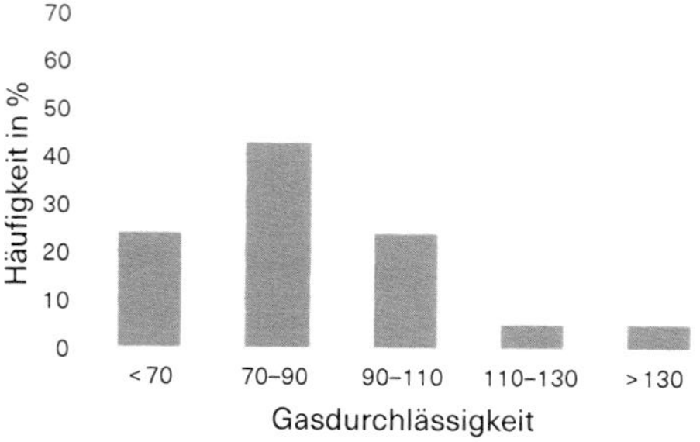

Aluminiumgießereien

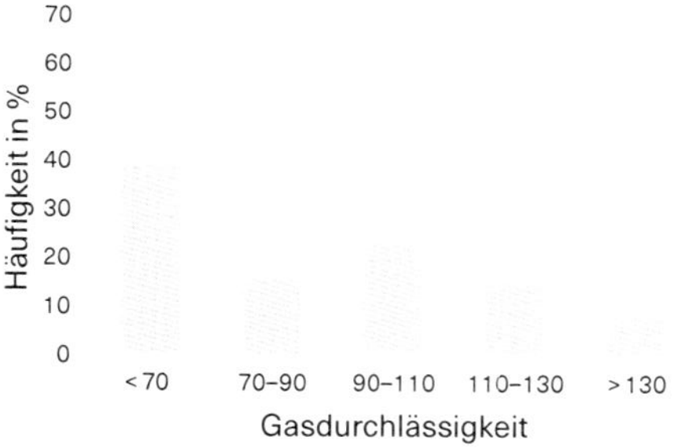

Spezielle Eigenschaften bentonitgebundener Formstoffe – Auswahl

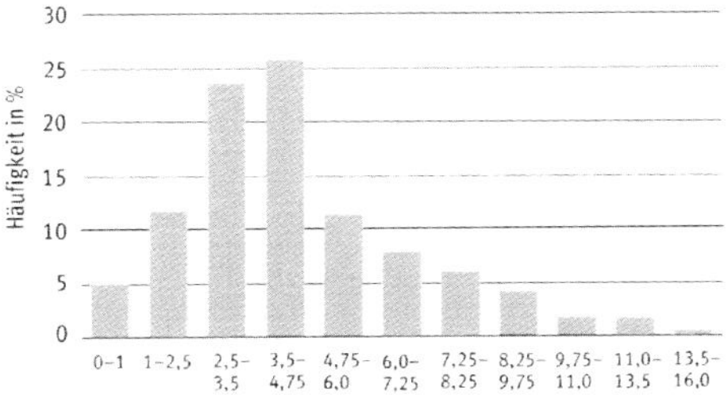

Oolithisierungsgrad Umlaufformstoff in % nach [10]

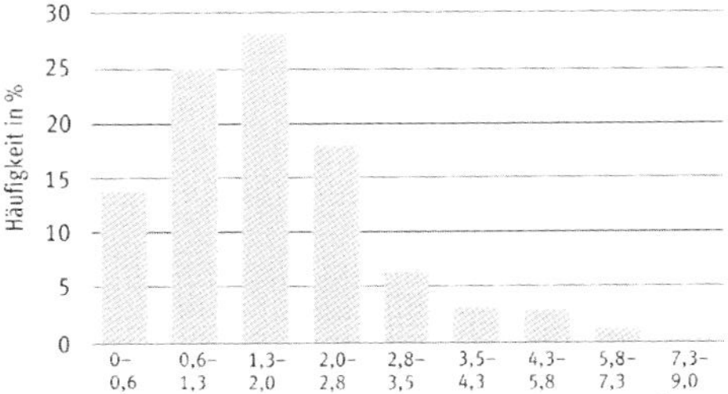

Anteil nicht bindefähiger Bestandteile im Umlaufformstoff in % nach [10]

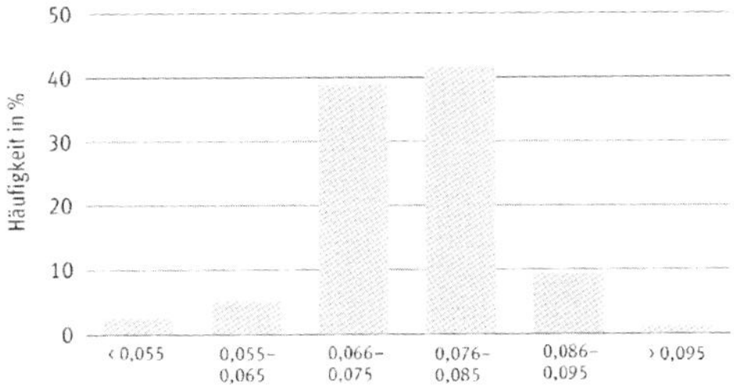

Stickstoffgehalt im Umlaufformstoff in %

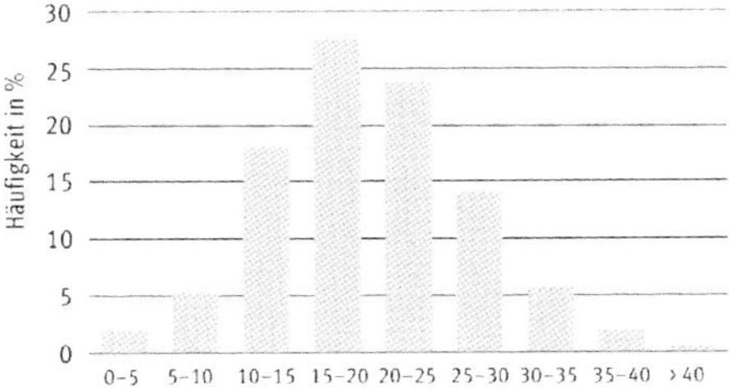

Aktivtongehalt in Filterstäuben in % nach [11]

Zusammensetzung Filterstaub [2]

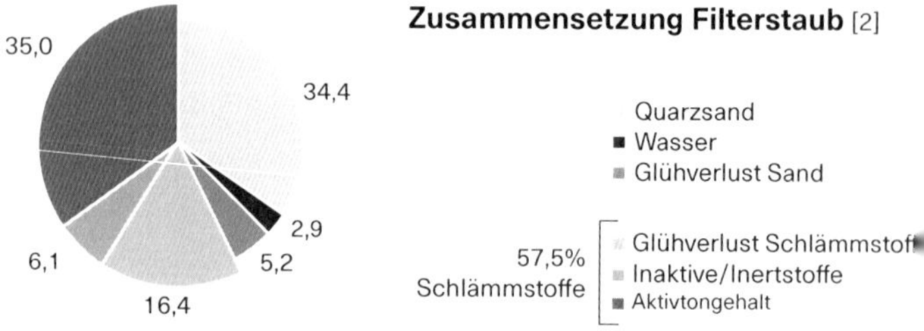

Korngrößenverteilung Filterstaub, mittlere Korngröße 0,14 mm [2]

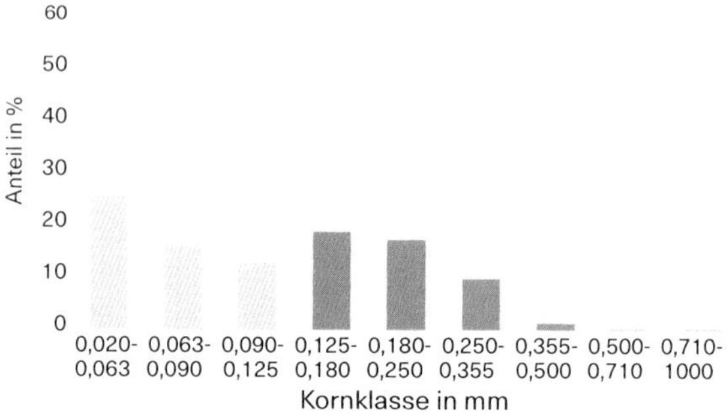

Theoretisch spezifische Oberfläche in Abhängigkeit von der mittleren Korngröße

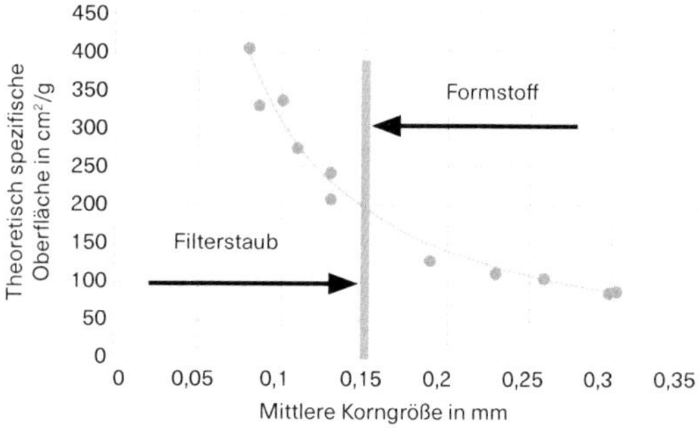

Vorteile und Nachteile für den Wiedereinsatz von Filterstaub in die Formstoffaufbereitung [2]

Vorteile	Nachteile
Keine Entsorgung von Filterstaub aus der Formstoffaufbereitung	Keine ausreichende Entstaubung des Formstoffsystems – Anreicherung von Schlämmstoffen im Formstoff – Verringerung der Gasdurchlässigkeit
Nutzung der aktiven Bestandteile des Filterstaubes (Bentonit, Kohlenstoff)	Unzureichende Auffrischung des Formstoffsystems (Formstoffbilanz beachten)
Nutzung der Feinanteile im Körnungsaufbau der Formstoffaufbereitung	Tendenz zur Verringerung der mittleren Korngröße des umlaufenden Formstoffs
	Gefahr von Agglomeraten aus Filterstaubpartikeln mit hohem Feuchtigkeitsgehalt im aufbereiteten Formstoff (Bentonit im Filterstaub bindet sich mit einer Vielzahl von inerten Schlämmstoffen und Feinanteilen)
Reduzierung der Penetrationsneigung am Guss durch Kornaufbau des Formstoffs unter Nutzung der Filterstaubbestandteile	Sinterpunkt des Formstoffs kann reduziert werden und die Gefahr von Vererzungen an der Gussoberfläche steigt
	Auch die Häufung von am Rohteil verdeckten Fehlern kann auf die Wirkung des Filterstaubes zurückgeführt werden. Hier spielen verstärkt Aufkonzentrationen im System bei unzureichender Auffrischung eine Rolle.

Bedeutung des Aufbereitungswassers für den Aktivierungszusta des Bindetones [9]

Beispiele	el. Leit-fähigk. µS/cm	Kalium mg/l	Kal-zium mg/l	Magne-sium mg/l	Chlo-rid mg/l	Nit-rat mg/l	Sul-fat mg/l
Standort 1	93	1	6,5	3	8,7	1,4	16
Standort 2	204	6,6	26	4	100	3,6	18
Standort 3	560	1,1	66	29	2,6	1,3	13
Standort 4	656	13	70	7	63	15	55
Standort 5	989	2,8	66	18	166	20,2	19
Standort 6	1023	44	74	10	125	34	102

Das eingesetzte Aufbereitungswasser unterscheidet sich in Art und regionaler Herkunft.
Die Messgröße elektrische Leitfähigkeit bildet in komplexer Weise den Einfluss der enthaltenen Salze ab.
Die Nasszugfestigkeit reagiert besonders sensibel auf die Versalzung des Aufbereitungswassers.

Anzahl von Umläufen bis die Nasszugfestigkeit verschiedener Bentonite auf 50 % abgefallen ist, bei Verwendung eines Prozesswassers mit unterschiedlicher Leitfähigkeit [12]

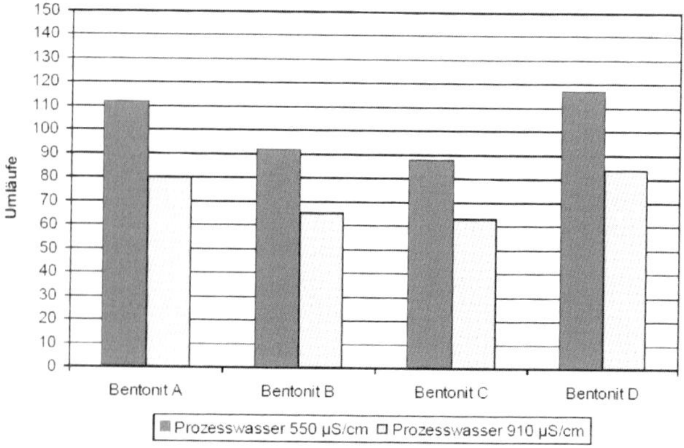

Wasserbedarf der Formstoffkomponenten je %-Anteil in der Formstoffmischung für den formgerechten Zustand (Verdichtbarkeit ΔH = 45 %) und Wasseraufnahmevermögen der Formgrundstoffe [2, 4]

Formstoffkomponente	Wasserbedarf in %
Bentonit	0,32 bis 0,40
Inaktive Feinanteile	0,21 bis 0,25
Kohlenstaub	0,075 bis 0,090
Rückstände aus Glühverlust	0,122
Oolithisierungsgrad	
Bereich 0 bis 5 %	0,04
5 bis 10 %	0,02
10 %	0,01

Formgrundstoff	Wasseraufnahmevermögen in % (gesamt)
Quarzsand	0,3–0,7 *)
Chromitsand	0,15
Zirkonsand	0,18
Schmelzbauxit	0,27
Kerphalite	0,85

*) in Anhängigkeit der mittleren Korngröße

Kühlen von tongebundenem Formstoff

Zielstellung: Formstofftemperatur nach der Aufbereitung ≤42°C

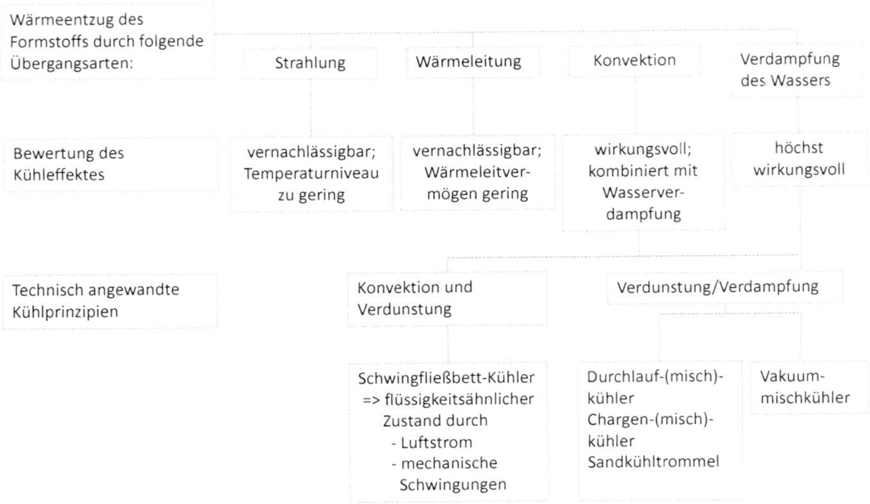

Temperaturverlauf des Alt- und Fertigsandes (bentonitgebunden) bei der Aufbereitung mit und ohne Kühlung

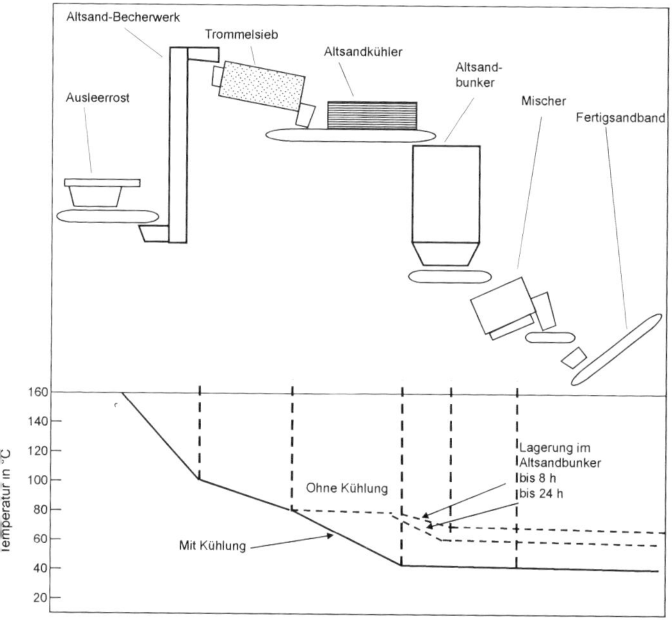

Auswahl des Kühlverfahrens und der Anlagentechnik nach

- der Eingangstemperatur des Formstoffs
- der Zieltemperatur des Formstoffs
- den thermischen Eigenschaften des Formstoffs
- der Menge des zu kühlenden Formstoffs
- Platzverhältnisse im Materialfluss

Kühlen unter Umgebungsbedingungen – das Kühlerdiagramm zur Luftbedarfsbestimmung [13]

Warum kühlen?

Aufbereitete Formstoffe mit Temperaturen deutlich über 40 °C erzeugen eine Reihe von Verarbeitungsproblemen:

- Austrocknung des Formstoffs bis zur Verarbeitung,
- erhöhter Formenausschuss,
- Kondensationen und Klebeneigung an der Modelloberfläche,
- Kondensationen an Kernen und Formhilfsmitteln.

Hohe thermische Belastungen des bentonitgebundenen Formstoffes erfordern in Formstoffaufbereitungsanlagen Verfahrensschritte zur Kühlung des Formstoffs. Diese sind meist kombiniert mit der Homogenisierung und der Vorbefeuchtung des Formstoffs. Die Kühlung wird vordergründig mit der Verdunstung des Wassers erreicht.

Mit dem **Kühlerdiagramm** sind die physikalischen Zusammenhänge der Altsandkühlung als Projektierungswerkzeug für den Praktiker aufbereitet.

Die Verdunstungskühlung

Die Verdunstung des Wassers, also der Übergang vom flüssigen in den gasförmigen Aggregatzustand unterhalb der Siedetemperatur unter Normaldruckbedingungen entzieht dem System Energie. Der Wasserdampf muss von der Luft aufgenommen werden. Das Wasseraufnahmevermögen der Luft ist abhängig von der Temperatur und der Luftfeuchte.

Die 3 Bestimmungsgleichungen

Die Bestimmung der erforderlichen zu verdunstenden Wasser- und der abzuführenden Luftmenge lässt sich über drei Rechenschritte einer kombinierten Energie-Wasser-Bilanz formalisieren und ist letztendlich durch ein Diagramm darstellbar.

Über **die Energiebilanz** wird in einem ersten Schritt ermittelt, in welchem Umfang Wärmeenergie abzuführen ist. Aus dieser Angabe lässt sich im 2. Schritt **der Wasserbedarf** für die Verdunstung be-stimmen. Der 3. Schritt benennt **den Luftbedarf**, um die verdunstete Wassermenge abführen zu können.

1. Schritt – die Energiebilanz

Die abzuführende Energiemenge berechnet sich aus der linearen Gleichung

$Q = m \times \Delta T \times c$

mit
Masse m [kg],
Temperaturdifferenz ΔT [K] und
Materialeigenschaft spezifische Wärmekapazität c [kJ/(kg · K)].

Für das Beispiel mit einen Altsanddurchsatz von 80 t/h, einer Abkühlung von 100 °C auf 40 °C (ΔT = 60 K) und der spezifischen Wärmekapazität (Basis Quarzsand) mit c= 0,85 kJ/kg · K berechnet sich eine stündlich abzuführende Wärme-Energie von Q = 4,08 GJ.

2. Schritt – der Wasserbedarf für die Verdunstungskühlung

Der Energiebedarf für die Verdunstung von einem Liter Wasser bei 15 °C beträgt 2613 kJ. In einem einfachen Dreisatz ergibt sich für den Altsanddurchsatz von 80 t/h ein Wasserbedarf von 1.561 l.
Zum Vergleich: näherungsweise gilt die Faustformel: für die Abkühlung um 30 K wird ein Wasserbedarf von 1 % erforderlich. Übertragen auf das obige Beispiel ergibt sich ein Wasserbedarf von 1.600 l.

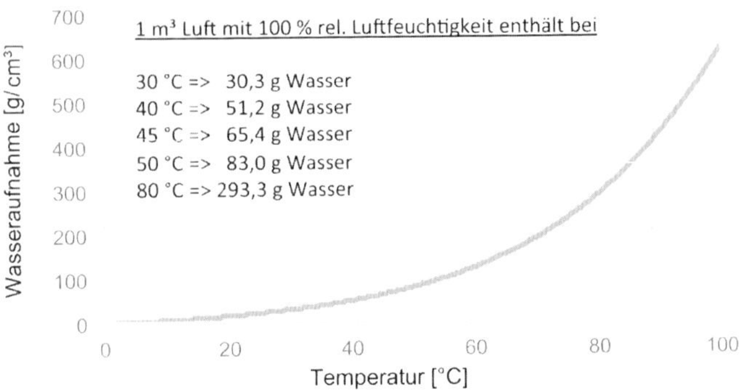

Bild 1: Wasseraufnahme der Luft in Abhängigkeit von der Temperatu

3. Schritt – der Luftbedarf für den Abtransport des verdunsteten Kühlwassers.

Die Luftbedarfsbestimmung unterliegt einer unangenehmen Verlegenheit – sie ist temperaturabhängig. Mit steigender Temperatur erhöht sich nichtlinear das Wasseraufnahmevermögen der Luft (Bild 1). Das Molière-Diagramm gibt Aufschluss, wieviel verdunstetes Wasser die Luft bis zur Sättigungsgrenze also 100 % aufnehmen kann. Dabei kann bei Ablufttemperaturen über 40 °C hinter dem Kühler von einer Sättigung der Luft mit Wasser ausgegangen werden.

Ausgehend von Wasserbedarf und W_w für die Prozesstemperatur, wird die Luftdurchsatzmenge vom einfachen Durchsatz berechnet.

W_W = abzuführende Wärmeenergie/Verdunstungswasser pro m³ Abluft

Ausgehend von dem im Beispiel berechneten Wasserbedarf für die Verdunstung von 1561 Liter ergibt sich exemplarisch für die drei Ablufttemperaturen der Luftbedarf (Tabelle 1).

Tabelle 1: Luftbedarf zur vollständigen Aufnahme des verdunsteten Wassers

Abluft-temperatur [°C]	Ansatz: Wasserbedarf zur Verdunstung/Wasseraufnahme von 1 m^3 Luft	Notwendige Luftmenge zur Aufnahme der verdunsteten Wassermenge [m^3/h]
40	1561 Liter/0,0515 Liter	30.310
45	1561 Liter/0,0640 Liter	24.390
50	1561 Liter/0,0830 Liter	18.800

Die Vorabberechnung, welche Temperatur die Abluft einnimmt, ist nicht möglich. Das Erreichen der Abluft- und Sandaustragstemperaturen ist ausschließlich geprägt durch den konstruktiven Aufbau des Kühlers. Ein messtechnischer Nachweis der erreichten Lufttemperatur und -feuchte ist unter Praxisbedingungen fast unmöglich, weil das hohe Staubaufkommen die empfindlichen Messeinrichtungen sehr schnell zerstören kann. An dieser Stelle können nur praktische Erfahrungswerte zu Grunde gelegt werden. Beispielhaft wurden daher die Berechnungen für drei Ablufttemperaturen: 40 °C, 45 °C und 50 °C vorgenommen (Tabelle 1).

Für die Projektierung stellt sich immer die Frage, wieviel Luft und Wasser erforderlich sind, um eine spezielle Sandmenge von einer gegebenen Temperatur auf eine gewünschte Temperatur durch Verdunstung abzukühlen.

Kühlerdiagramm des Durchlaufkühlers

Diese drei Berechnungsschritte lassen sich in einem Diagramm (Bild 2) darstellen, indem in jedem Quadranten über eine lineare Beziehung die Berechnung grafisch umgesetzt wurde. Im Quadranten links oben sind drei Temperaturgeraden aufgetragen, die die Abkühlung darstellen. Sie unterscheiden sich durch die zu erreichenden Abkühltemperaturen 40 °C, 45 °C und 50 °C. Der einzutragende Arbeitspunkt ist dann die Eingangstemperatur. In Anlehnung an das obige Beispiel, wird die Gerade gewählt, die bei 40 °C als Austragstemperatur endet und bei Eingangstemperatur 100 °C startet. In dem Kühlerdiagramm sind das die Punkte 1 und 2.

Im zweiten Quadranten sind Geraden verschiedener Durchsatzmengen eingetragen. Sie werden mit der waagerechten Geraden zum Schnitt gebracht, wobei der Schnittpunkt auf der y-Achse das Ergebnis für den Bedarf der Abkühlfeuchte ist. Diese Gerade endet in der gewählten Sandmenge (Punkt 3).

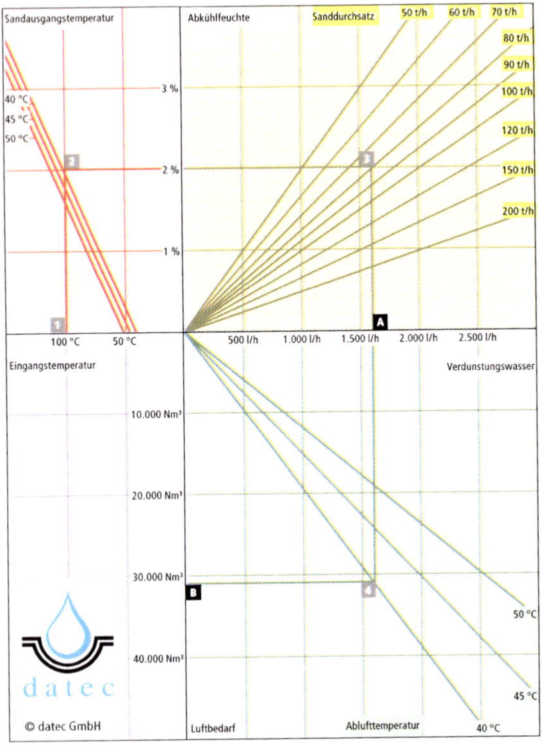

Bild 2: Diagramm zur Wasser- und Luftbedarfsbestimmung (datec)

Im dritten Quadranten sind die Verdunstungsgeraden für die Ablufttemperaturen 40 °C, 45 °C und 50 °C aufgetragen. Über die senkrecht fallende Gerade, die die x-Achse an dem Punkt A schneidet, der den Wasserbedarf für die Verdunstung angibt, werden die drei Verdunstungsgeraden geschnitten. Über die y-Achse lässt sich dann im Punkt B der Luftbedarf ermitteln.

Die im Diagramm eingetragenen Mengenwerte beziehen sich auf Durchlaufkühler im stationären Betrieb, wenn alles eingeschwungen ist. Die Übertragung auf den Chargenkühler mit der konventionellen Kühltechnik ist nur bedingt möglich, da in dem dreiminütigen Zyklus die Ablufttemperatur nicht stabil auf einen eingeschwungenen Wert verharrt, sondern innerhalb der ersten Minute ihr Maximum erlebt und dann mit dem Abkühlen des Sandes ebenfalls proportional absinkt. Hier ergeben sich deutliche Schwierigkeiten für eine einfache Abschätzung. Für eine vage Projektierung kann man trotzdem ähnlich verfahren, indem die zu betrachtende Sandmenge auf die Chargengröße reduziert wird und der Ansatz für die Abluft ca. um 5 °C höher genommen wird. Der ermittelte Luftbedarf bezieht sich dann auf drei Minuten Kühlzeit und muss korrekter Weise bei einer Abkühlung von 100 °C auf 40 °C überschlägig 120 l Verdunstungswasser aufnehmen. Hat die Abluft im niedrigen Mittel 45 °C, dann werden für den Abtransport dieser Wassermenge ca. 1900 m^3 Abluft nötig. Die Absaugung sollte dann für 38.000 m^3/h ausgelegt sein.

Aufgabe und Funktion einer Wasserdosierung

Die Wasserdosierung ist verantwortlich für die erreichbare Formstoffqualität und hat die richtige Wassermenge für

1) die Verdunstung/Kühlung und

2) das Prozesswasser zur Sollfeuchte bereitzustellen.

Die Einflussgrößen Formstofftemperatur und -feuchte sowie Lufttemperatur und -feuchte für diesen Prozess sind reproduzierbar zu messen und bilden die Basis der Steuerung.

Es ist zu beachten, dass die Abluft immer vorrangig die Wassermenge aufnimmt, die sie maximal proportional zu ihrer Temperatur aufnehmen kann und den verbleibenden Rest erhält der Formstoff. Die Erfassung der Verdunstungsmenge ist qualitätsbestimmend. Eine Festwasserdosierung ist für diese Aufgabe völlig ungeeignet.

Zur Veranschaulichung folgende Vergleichsrechnung: Eine Wasser-zugabe wurde bei einer Durchsatzleistung von 80 t/h Altsand und 20.000 m³ Abluft mit 45 °C so eingestellt, dass die Luft 1308 l Wasser aufnimmt. Der Altsand wird kälter und die Ablufttemperatur sinkt auf 40 °C ab. Die Abluft kann nicht mehr so viel aufnehmen, maximal nur noch 1022 l. Bleibt die Wasserzugabe unverändert, verbleiben somit zusätzlich 286 l im Altsand. Damit erhöht sich die Feuchte um 0,36 %! Die Verhältnisse werden sogar noch extremer, wenn im Tagesverlauf hohe Temperaturen erreicht werden und am nächsten Arbeitstag der Altsand deutlich abgekühlter in den Kühler gelangt und die Temperatur in der Abluft nur 30 °C erreicht. Sie nimmt dann noch nicht mal 100 % auf sondern sogar nur ca. 70 %, was dann 424 l sind. Wurde vergessen, die Wassermenge umzustellen, dann gelangen 884 l zu viel Wasser in den Sand, was einen zusätzlichen Anteil von 1,1 % Feuchte bedeutet. Bei diesen Betrachtungen wurde die vorhandene Luftfeuchte in der Zuluft zur Vereinfachung vernachlässigt.

Verfahrensansätze für die Wasserdosierung

Messung im Kühler

Temperatur- und Feuchtigkeitsmesssonden werden in den Arbeitsraum des Kühlers eingefahren oder befinden sich auch an den Mischwerkzeugen.

In Mischkühlern für den Durchlaufbetrieb mit rotierende Feuchtemesssonden an den Rührwerken wird die Wasserdosierung mit den Ergebnissen der Feuchtemessung gesteuert. Auf einen Sollwert eingestellt, wird so viel Wasser dosiert bis der Sollwert erreicht wird (Bild 3).

Bild 3: Feuchtemesssonde am Mischarm des Kühlers (datec)

Im Chargenbetrieb der Mischkühler sind vergleichbare Steuerungen möglich.

Für den Fließbettkühler lassen sich im Innern keine Feuchtemesssonden installieren, da das schwebende Sandbett keine sichere Messung zulässt.

Messung außerhalb des Kühlers

Kontinuierliche Messung der Formstofffeuchte in den zu- und abführenden Masseströmen wie auch die Zu- und Ablufttemperaturen zur Ermittlung der tatsächlichen Wasserverdunstung bietet eine Datenbasis zur Steuerung.

Die Wasserverdunstung kann bewertet werden. Die Wassermengen zur Verdunstung und zur Aufnetzung werden additiv gleichzeitig zugegeben (Bild 4).

Für den Fließbettkühler ist dieser Ansatz unproblematisch verwendbar, da sämtliche Messeinrichtungen außerhalb des Kühlers sind.

Bild 4: Feuchtemesssonde auf Band (datec)

Kombinationsmessung

Bei den einstufigen Wasserdosierungen werden maximale Abweichungen von +/- 0,3 % vom Sollwert garantiert. Jedoch sind diese Systeme nicht mehr ausreichend wenn höhere Genauigkeiten gefordert werden. In der ersten Stufe wird verzögerungsfrei mit der Feuchtemessung auf dem Dosierband und der Verdunstungserfassung in der Luft die erste Wassermenge dosiert.

Nach der Kontrollmessstelle im Kühler arbeitet eine zweite Wasserdosierung als Regler und gleicht die Abweichungen aus, so dass Feuchtigkeitsstreuungen im gekühlten Formstoff von +/- 0,1 % erreicht werden können.

Wenn der Kühler nicht ausreichend kühlt ...

Altsandtemperaturen nach dem Kühler von 40–45 °C werden nach der Inbetriebnahme erreicht. Nach einiger Zeit reicht die Kühlwirkung nicht aus. Was ist passiert?

Sicherlich ist es sinnvoll, die drei Mengenströme Altsand, Wasser und Luft in ihren Mengengrößen zu überprüfen, um Sicherheit zu haben, dass der Kühler nicht mit einem höherem Durchsatz überlastet wird, zu wenig Wasser dosiert oder zu wenig Luft abgesogen wird. Völlig vergessen wird der wesentliche Aspekt der Umgebungstemperatur. Im Sommer können sehr schnell in den Formstoffaufbereitungen, wenn der Kühler zudem dicht unter der Decke aufgebaut ist, Umgebungstemperaturen von 45 °C erreicht werden. Die Wärme steigt in den Gebäuden nach oben, es herrscht keine Luftzirkulation. Unter diesen Bedingungen steigen rasch die Altsandtemperaturen auf über 50 °C.

In Zeiten der Dampfmaschine und einer intensiven Reflexion über die Thermodynamik wurden wichtige Erkenntnisse gewonnen, die auch für die Altsandkühlung von Bedeutung sind. Im 2. Hauptsatz der Thermodynamik wird die Erkenntnis über die fundamentale Asymmetrie der Natur benannt. Ein heißer Körper kühlt sich in kälterer Umgebung von alleine ab, aber kalte Körper werden nicht von alleine (ohne Arbeit) wieder warm. Ein bewegter Körper kommt zur Ruhe aber umgekehrt wird ein ruhender Körper sich nicht von alleine in Bewegung setzen (W. Atkins). Die Verteilung der Energie ändert sich irreversibel. Wärmeleitung und Arbeit sind ein Energietransport, wobei Erwärmen und Abkühlen zwei entgegengesetzte Transportrichtungen darstellen. Einmal geht die Wärme in den Körper und beim Abkühlen wieder heraus.

Mit der Wärme lässt sich Arbeit verrichten, was bei einer Dampfmaschine sehr offensichtlich ist. Jedoch ist eine 100 % Wandlung von Wärme in Arbeit nicht möglich. Auch gibt es keinen Wärmetransport von kalt nach warm. Eine Dampfmaschine benötigt eine warme Quelle und eine kalte Senke, um den Wärmetransport zu bewirken.

Altsandkühler lassen sich wie eine Wärmekraftmaschine betrachten. Es gibt den zu kühlenden Altsand als warme Quelle und von dieser Quelle wird ein Teil durch den energieintensiven Vorgang der Verdunstung verbraucht. Ein Teil der Wärme geht in die kalte Senke, die unmittelbare Umgebung des Kühlers. Ein großes Temperaturdelta zwischen der warmen Quelle und der kalten Senke sorgt für eine höhere Effizienz. In Kraftwerken, deren Turbinen Heißdampf von 300 °C zugeführt wird, spielt die Abwärme eine große Rolle. Kühltürme werden nicht nur aus Umweltschutzgründen

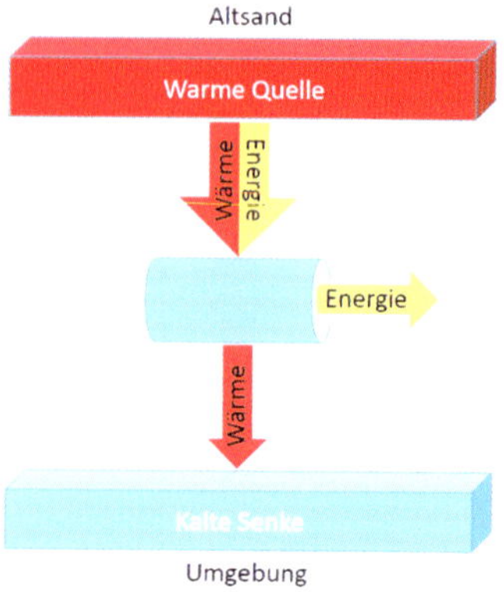

Bei einem Altsandkühler wird der Wärmestrom vom warmen Altsand als Energieverbrauch („Arbeit“) in die Wasserverdunstung gesteckt. Die Abwärme geht in die kalte Senke, die Umgebung. Umgekehrt funktioniert ein Kühlschrank. Aus dem kalten Kühlschrank wird Wärme durch „Arbeit“ entzogen und in die wärmere Umgebung geleitet. Der Wärmestrom geht nur durch Aufbringen von Arbeit (in die entgegengesetzte Richtung)

Schema zur Thermodynamik der Verdunstungskühlung (datec)

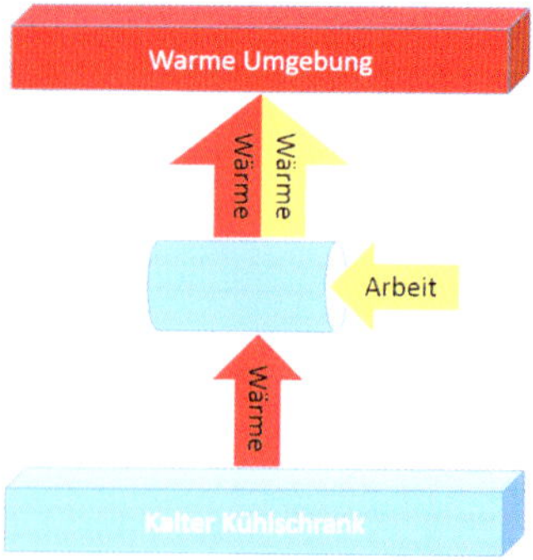

Altsandkühler in deutlich kühlerer Umgebung von 20–25 °C erreichen Altsandtemperaturen von 30 °C. Insofern ist bei der Projektierung eines Altsandkühlers immer auf den Aufstellort zu achten. Zweckmäßig sind Orte im Erdgeschoss mit viel Durchzug frischer und kühler Luft.

Schema zur Thermodynamik eines Kühlschrankes (datec)

zur Vermeidung der Aufwärmung von Gewässern eingesetzt. Sie sollen auch den Wirkungsgrad für die Turbine erhöhen.

Von dem französischen Ingenieur Sadi Carnot (1796–1832) wurde der Wirkungsgrad einer Dampfmaschine definiert, indem das Verhältnis der produzierten Arbeit zur absorbierten Wärme betrachtet wird, was letztendlich über das Verhältnis der absoluten Temperaturen von T_{Quelle} und T_{Senke} sich darstellen lässt.

$$\text{Wirkungsgrad} = 1 - \frac{T_{senke}}{T_{quelle}}$$

Im Vergleich eines „guten“ mit einem „schlechten“ Kühlers ergeben sich folgende Wirkungsgrade, wenn bei einer Altsandtemperatur von 100 °C = 373 K einmal 30 °C = 303 K und einmal 50 °C = 323 K erreicht werden. Der effektive Kühler hat einen Wirkungsgrad von 1–303/373 = 1–0,81 = 0,18 und der zweite nur 0,13. Wirkungsgrade von Kraftwerken werden über 0,4 beziffert.

Für die Optimierung eines Kühlers sind zwei Arbeitsrichtungen zu verfolgen:
- Verbesserung der Kühlwirkung durch die Verdunstung
- Verbesserung der Wärmeabführung an die Umgebung

Abschlußbemerkung

So unscheinbar ein Kühler auch ist und häufig nur als Nebenanlage gesehen wird, so ist der Kühler ein komplexes Gebilde, das bedeutsame Effekte wichtiger physikalischer Gesetze ausnutzt.

Zum besseren Verständnis der Wirkungsweise ist das Kühlerdiagramm entwickelt worden, um ganz schnell über eine Abschätzung einige wichtige Dimensionierungszahlen zu haben. Bei diesem Verfahren sei der Hinweis angebracht, dass über das Kühlerdiagramm auf der Basis einer Energie-Wasser-Bilanz keine Aussage gefunden wird, wie gut der Kühler arbeitet. Die Angabe ist hinreichend genau, um die zu verdunstende Wassermenge zu bestimmen. Sie sagt nichts aus, bei welcher Temperatur und mit welcher Luftmenge diese Wassermenge abtransportiert wird.

Die drei Temperaturangaben für die Ablufttemperatur sind Erfahrungswerte von einer Reihe von Altsandkühlern.

Nach heutigem Erkenntnisstand wird die Effektivität eines Kühlers zusätzlich beeinflusst über das Volumen, die Verweilzeit des zu kühlenden Altsandes und die Umgebungstemperatur zur möglichen Wärmeabgabe.

Weiterführende Literatur

Ernst, W.: Effektive Kühlleistung von Altsandkühlern in der Sandaufbereitung durch die richtige Dimensionierung des Luftbedarfs. Gießerei-Erfahrungsaustausch, Heft 6/2004 S. 78–79.

W. Ernst: Chargenkühlung – ein optimiertes Kühlverfahren für Altsand. GIESSEREI 88 (2001) Heft 8, S. 49–54.

Gaede, J.: EVACTHERM®-Technik: die technisch zeitgemäße Aufbereitung von bentonitgebundenem Formstoff in Gießereien. GIESSEREI PRAXIS (2012)6, S. 236–238.

Atkins, P.: Vier Gesetze, die das Universum bewegen; Stuttgart 2014.

Atkins, P.: Wärme und Bewegung; Heidelberg 1986.

Schlünder, E-.U., Martin, H.: Einführung in die Wärmeübertragung; Braunschweig/Wiesbaden 1995.

Hiecke u. Schubert; Verdunstungsvorgänge – Theorie und technische Anwendung; Leipzig 1976

Marek, R., Nitsche, K.: Praxis der Wärmeübertragung; Leipzig 2010.

Kühlen unter Umgebungsbedingungen – Kühlerbauarten

[13]

Altsandkühler arbeiten nach dem Wirkungsprinzip der Verdunstungskühlung unter Umgebungsbedingungen. Sie unterscheiden sich in der Art der Luftzuführung, der Wasserzugabe und in der Fahrweise: [22]

Durchlaufbetrieb:
- Fließbettkühler
- Mischkühler
- Kühl- und Auspacktrommel

Chargenbetrieb:
- Mischkühler

Für eine effektive Verdunstung des Wassers muss eine ausreichende Luftmenge angeboten werden, die den Wasserdampf aufnehmen kann. Daraus leiten sich Konstruktionsanforderungen für den Durchströmungsboden des Kühlers ab, und das Durchströmungsverhalten durch das „Haufwerk" des Altsandes im Kühler muss beachtet werden. Die Kühlwirkung wird erzielt, wenn die notwendige Kühlwassermenge jedes Sandkorn erreicht und das Wasser auf der Oberfläche verdunstet, so dass dem Sandkorn die Wärmeenergie entzogen wird. Eine ausreichende Luftmenge in einem genügenden Zeitrahmen muss vorbeiströmen können. Hierfür muss die Altsandmenge deutlich aufgelockert werden. Wenn das Wasser die Sandkörner nicht erreicht, sondern schon vorher verdunstet, weil die Luft bereits eine höhere Temperatur aufweist, so wird nur die Luft gekühlt und nicht der Altsand.

Im Idealzustand hätte jedes Sandkorn seine notwendige Wassermenge zum Verdunsten. Ein typisches Sandkorn von 0,2 mm Durchmesser wiegt annähernd 14,6 µg und die zu verdunstende Wassermenge von 2 % nur noch knapp 0,3 µg. Eine feinste Wasserverteilung ist erforderlich.

Typischer Weise haben alle Durchlaufkühler einen Vorbunker zur Pufferung und Überbrückung geringer Sandmengen. Sämtliche Durchlaufsysteme funktionieren nur dann richtig, wenn ein gleichmäßiger Sandstrom in den Kühler gelangt. Andernfalls wären zusätzlich aufwendige Mess- und Regelsysteme erforderlich.

Die abgesaugten, mit Staub beladenen Abluftmengen aus den Kühlern sind einer Abluftreinigung zuzuführen.

Der Fließbettkühler

Das Grundelement der Anlage ist ein Schwingförderer. Die konti-nuierlich einlaufende Altsandmenge wird über mechanische Schwingungen, unterstützt von der über einen Anströmboden eingedrückten Luft, durch die Anlage getragen. Selbst bei geringen Luftgeschwindigkeiten bildet der Altsandstrom sich als Schwingfließbett mit Wirbelschichtcharakter aus. Der Wärmentzug aus dem feuchten und warmen Altsand erfolgt über die Wasserverdunstung und Lufterwärmung.

Über dem ca. 10 cm dicken Sandbett sind je nach Länge des Fließbettkühlers drei bis fünf Wasserstränge quer zur Bewegungsrichtung eingebaut, in denen in 20 cm Abstand Düsen eingebaut sind. Diese Düsenstöcke sind ca. 30 cm über dem Sandbett installiert und versprühen das Wasser auf das Sandbett.

Konstruktives Merkmal ist der Sandeinlauf, da die gesamte Sandmenge sich gleichmäßig über die Breite verteilen muss. Bei un-gleichmäßiger Verteilung sucht sich die Luft den Weg des geringsten Widerstandes; somit werden die anderen Bereiche von weniger Luft erfasst und haben nicht die gleiche Verdunstungswirkung.

Die Durchquerungszeit liegt bei ca. 2–3 Minuten. Im Regelfall ist bei richtiger Projektierung eine Kühlwirkung von knapp unter 40 °C erreichbar, wenn die Umgebungstemperatur auch unter 40 °C ist.

Der kritische Betriebszustand des Fließbettkühlers ist das Befüllen und Entleeren, weil in diesen beiden Phasen kein Wasser mehr laufen darf, damit sich die Siebe nicht zusetzen. Nur gering gekühlte Altsandmengen fallen in dieser Betriebsphase an.

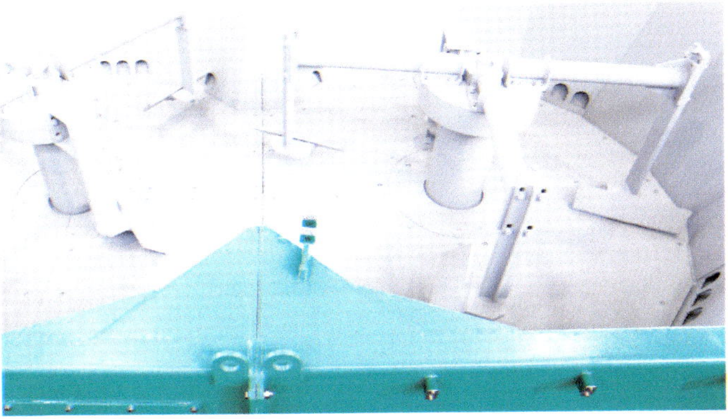

Bild 1: Innenansicht Mischkühler (Künkel Wagner GmbH)

Der Mischkühler

Der Mischkühler hat zwei gegenläufige langsam drehende Rührwerke, die die Sandmasse in gezielter Bewegung halten. Im unteren Teil der Kühlerwanne ist eine fast umlaufende Luftkammer. Vom Ventilator wird die Zuluft durch diese Luftkammer und über kleine kreisrunde Öffnungen in das Sandbett gedrückt.

Die Verweilzeit wird über die Austragsklappe gesteuert, wobei die Höhe des Motorstroms des Mischwerkzeugantriebes die zu regelnde Größe ist. Je höher der Motorstrom, umso höher der Füllstand und umso länger die Verweilzeit im Kühler. Das lässt sich nicht beliebig steigern, weil die notwendige Umwälzung des Altsandes und die Wasserverteilung behindert werden. Idealer Weise sollte jedes Sandkorn mit Wasser und Luft in Kontakt treten können, um eine Wärmeübergabe und -abführung zu erreichen (Bild 1).

Mit dem geführten Massestrom im Kühler wird eine gute Homogenisierung des Formstoffs erreicht.

Die Kühl- und Auspacktrommel

Kühl- und Auspacktrommeln werden häufig in der Kombination mit kastenlosen Formanlagen eingesetzt, um den kontinuierlichen Kühlprozess von Gussstück und Formstoff fortzusetzen. Das Gussstück und sein Formballen fallen noch in der kompakten Konstitution in die Trommel. Durch die Wälzbewegung werden Formballen zer-kleinert sowie Formstoff und Guss gekühlt. Die Trommel mit einer Länge zwischen sechs und zehn Metern und einem Durchmesser zwischen zwei und vier Metern hat eine geringe Rotation von ca. 10 Umdrehungen pro Minute. Über eine leichte Neigung der Trommel und Leitbleche wird ein gerichteter Massentransport bewirkt.

Über freihängende Düsen wird eine geringe zusätzliche Wassermenge auf die Gussstücke und das Sandbett gesprüht. Über die Verdunstung des Wassers wird dem System Wärme entzogen. Gleichzeitig wird gegen die Bewegungsrichtung Luft durch die Trommel gesogen, die den Wasserdampf aufnimmt und abtransportiert.

Auspacktrommeln sind empfindlich gegen Überfeuchtungen. Es besteht die Gefahr der Bildung von Formstoffkrusten um das Gussteil herum und der Knollenbildung im Formstoff. Diese Erscheinungen erschweren die Eisen-Sand-Trennung über das engmaschige Sieb am Auslauf. Der Sand soll am Trommelauslauf rieselfähig sein, so dass keine größeren Sandmengen in die Putzerei gelangen.

Der Chargenmischkühler

Im Chargenbetrieb können einstellbare Sandmengen abgewogen und gekühlt werden. Kombiniert mit einer Temperaturmessung kann die Kühlwassermenge vorgegeben werden. Nach dem Verwiegen der Komponenten wird sofort nach dem Befüllung des Kühlers mit dem zu kühlenden Altsand und der notwendigen Wassermenge das Kühlluftgebläse eingeschaltet. Nach einer drei- bis vierminütigen Kühlphase wird das Gebläse abgeschaltet. Eine Dosierung von Bentonit kann sich anschließen. Nach einer kurzen Mischzeit von circa 30 Sekunden wird der Chargenkühler entleert. Aktuelle Bauformen haben ein Fassungsvermögen von ca. 7 t

Chargengröße und sollen ca. 100 t/h Durchsatz bewältigen. Die Kühlwirkung ist besser als beim Durchlaufkühler, da die Abluft-temperaturen besser ansteigen und eine höhere Menge verdunstetem Wasser aufnehmen. Die zu Beginn dosierte Wassermenge umfasst das Kühlwasser und das Prozesswasser zur Erreichung der Endfeuchte. Bei hohen Altsandtemperaturen können bis zu 6 % Wasser erforderlich sein. Der Mischkühler wird zwischen Auspackstelle und Altsandbunker installiert.

Weiterführende Literatur

Ernst, W.: Effektive Kühlleistung von Altsandkühlern in der Sandaufbereitung durch die richtige Dimensionierung des Luftbedarfs. Gießerei-Erfahrungsaustausch, Heft 6/2004 S. 78–79.

Ernst,W.: Chargenkühlung – ein optimiertes Kühlverfahren für Altsand. GIESSEREI 88 (2001) Heft 8, S. 49–54.

Praxisbeispiel: **Altsandvorbefeuchtung als wirksamer Beitrag zum qualitätsgerechten Formstoff** [14]

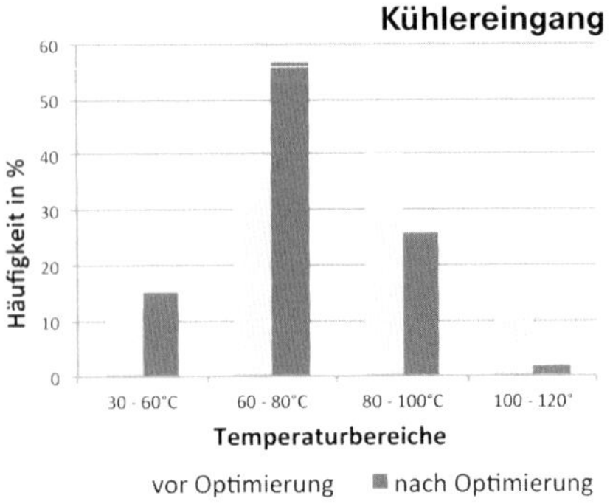

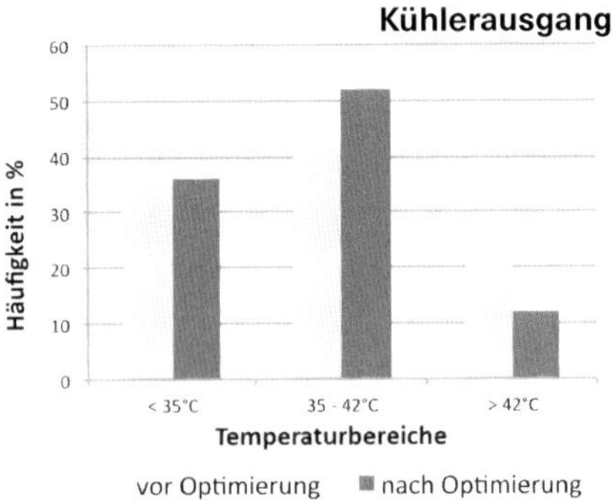

Temperaturverteilungen am Eingang und Ausgang des Formstoffkühlers
Prozessoptimierung durch Integration einer zusätzlichen Vorbefeuchtung am Ort der Zusammenführung mehrerer Formstoffströme

Kühlung und Aufbereitung des bentonitgebundenen Formstoffes in einem Aggregat: EVACTHERM®-Technologie [15]

Verfahrensprinzip:
- Nutzung der thermodynamischen Abhängigkeit von Druck und Temperatur bei Flüssigkeiten (Wasser) zur punktgenauen Steuerung des Prozesses
- Nutzung der Verdunstungswärme von Wasser [2257 kJ/(kg · K)] zur Kühlung des Formstoffs

Kernprozess:
3 Prozessschritte in einem Aggregat:
Mischen – Aufbereiten – Kühlen

Verfahrensablauf:
- Beschicken des Mischers
- Homogenisieren der aufzubereitenden Charge
- Feuchte- und Temperaturmessung
- Berechnen und Dosieren des Wasserbedarfs
- Nassmischen
- Vakuummischen mit Zieltemperatur ≤ 40 °C (74 mbar Vakuum)
- Entleeren des Mischers

Nutzung von allgemeinen Verfahrensvorteilen:
- Überfeuchtung des Formstoffs zu Beginn der Aufbereitung gemäß dem Temperaturprofil des Formstoffs
- Höhere Reaktionsfähigkeit der Stoffe bei höheren Temperaturen
- Optimale Verteilung des Wassers im Formstoff
- Druckgesteuerte Trocknung des Formstoffs auf Zielfeuchtigkeit

Anlagenbeispiel mit integriertem Vakuummischer – EVACTHERM®-Verfahren [14]

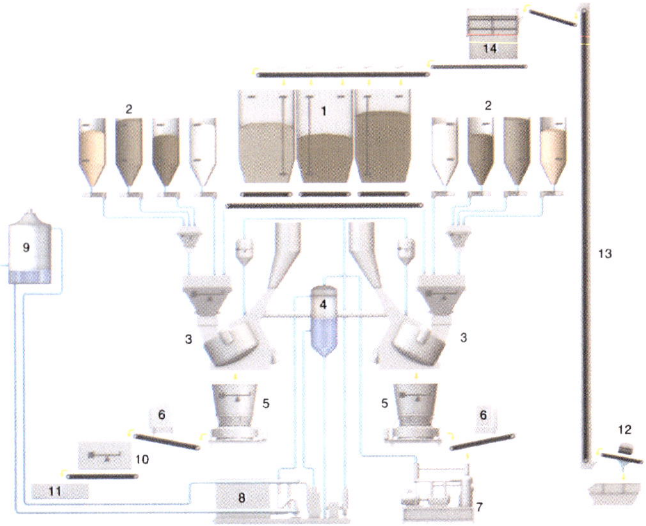

1 Altsand-Bunker
2 Additiv-Bunker
3 EVACTHERM®-Mischkühler mit Dosiereinheit
4 Kondensator
5 Telleraufgeber
6 QualiMaster
7 Vakuumpumpeneinheit
8 Wasserpumpeneinheit mit Wärmetauscher
9 Kühlturm
10 Fertigsandstrecke mit Bandwaage
11 Formanlage
12 Magnetabscheider
13 Becherwerk Altsand
14 Polygonsieb

Praxisbeispiel: **Temperaturverteilungen am Eingang und Ausgang des Mischers im EVACTHERM®-Verfahren**

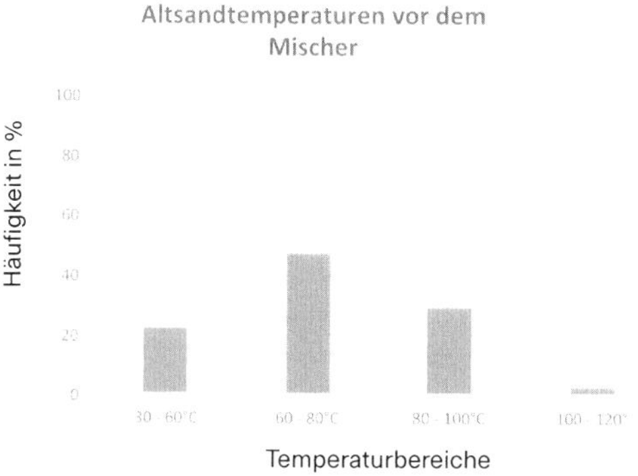

Feuchtigkeitsgehalt des Altsandes meist < 1 %

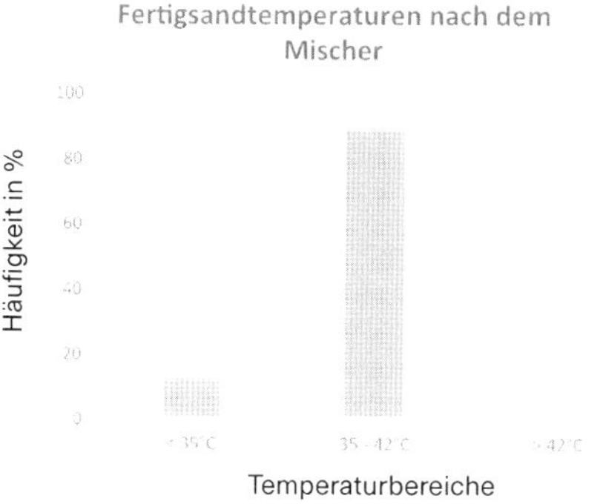

Feuchtigkeit des Fertigsandes nach Prozessvorgaben; Zielwerte liegen zwischen 3 und 4 %

Steuerung der Formstoffrückkühlung durch Nutzung der thermodynamischen Abhängigkeit von Druck und Temperatur bei Flüssigkeiten. Unabhängig von schwankenden Ausgangsbedingungen erreicht der heiß und trocken rückgeführte Altsand bei 73,9 mbar zuverlässig 40 °C und wird auf die Zielfeuchtigkeit eingestellt.

Volumen, Masse, Dichte, Schüttdichte – Betrachtung häufiger Missverständnisse bei der Planung und dem Betrieb von Anlagen

Bemessung von Bunkern und Silos für Rohstoffe:
- Anlieferung von Rohstoffen (Schüttgüter) nach Masse (Beladung eines LKW z. B. mit 25 t)
- Wie passt diese Masse von 25 t in das Silos, welches nach dem Volumen bemessen ist?
- Schüttdichte als Berechnungsgröße mit [kg/dm³]:

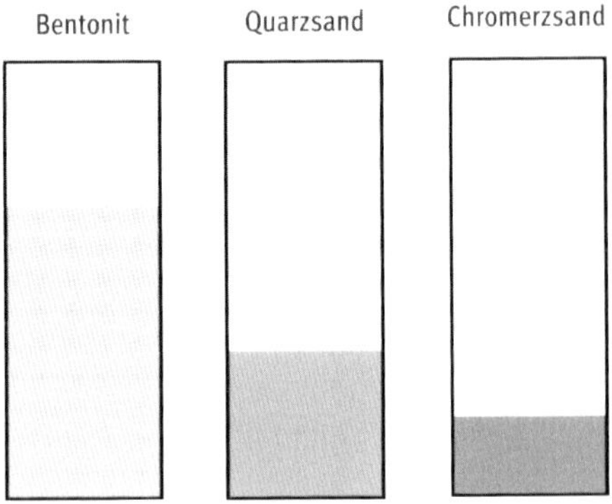

	Bentonit	Quarzsand	Chromerzsand
Schüttdichte	0,8 kg/dm³	1,4 kg/dm³	2,6 kg/dm³
Silovolumen gesamt	50 m³	50 m³	50 m³
Silofüllung mit	25 t	25 t	25 t
Silofüllung mit	31 m³	18 m³	10 m³

- Für die Auslegung der Silokonstruktion und der Fundamant-(Boden-) belastung ergeben sich für ein 50m³-Silo folgende Unt schiede:

	Schüttdichte	Silovolumen	Materialinha
Bentonit:	0,8 kg/dm³	50 m³	-> 40 t
Quarzsand:	1,4 kg/dm³	50 m³	-> 70 t
Chromerzsand:	2,6 kg/dm³	50 m³	-> 130 t

Änderung der Schüttdichte im Aufbereitungsprozess, am Beispiel für bentonitgebundenen Formstoff:

Die Schüttdichte ist abhängig von der Formstoffzusammensetzung, besonders vom Schlämmstoff- und Wassergehalt:

Altsand (Basis Quarzsand) mit einem Wassergehalt von 1 % und einem Schlämmstoffgehalt von 11 % hat eine Schüttdichte von 1,4 kg/dm³.

Mit der Aufbereitung und der Anhebung des Wassergehaltes auf 3,5 % verringert sich die Schüttdichte auf 0,9 kg/dm³.

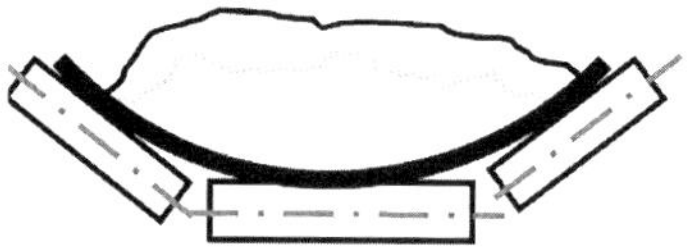

Querschnitt Förderband mit Altsand ( )
und aufbereitetem Formstoff (▬)
bei gleicher Transportleistung in t/h
und gleicher Bandgeschwindigkeit

Einfluss des Schlämmstoffgehaltes auf die Schüttdichte von bentonitgebundenem Formstoff (Wasserempfindlichkeit)
nach Levelink [16]

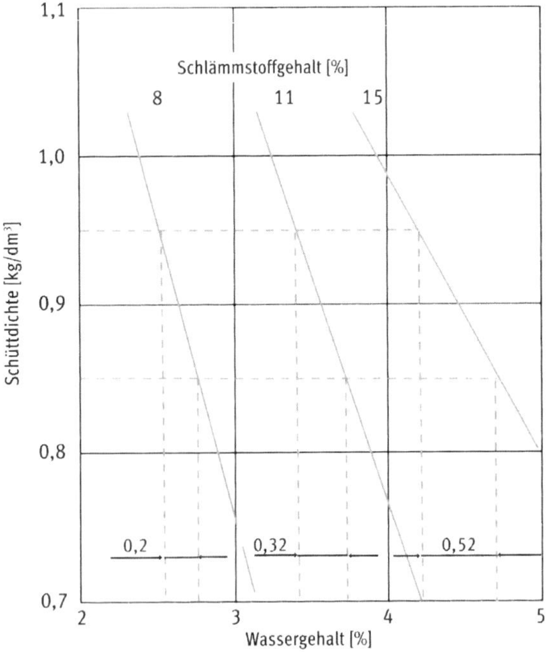

Mit der Erhöhung des Schlämmstoffgehaltes vergrößert sich die zulässige Spannweite des Wassergehaltes bei angestrebter Schüttdichte bzw. Verdichtbarkeit.
Im Diagramm: Für einen vorgegebenen Schüttdichtebereich von 0,85 bis 0,95 kg/dm³ beträgt der Wassergehalt bei 8 % Schlämmstoffanteil 0,2 % und steigt bei 15 % Schlämmstoffanteil auf 0,52 %.

Vergleich verschiedener fester Kohlenstoffträger [17]

	Flüchtige [%]	Glühverlust [%]	Glanzkohle [%]	Morphologie
Braunkohle	45–65	90–94	5–8	Eckig bis kantig
Steinkohle (Ecosil)	38,0	93,4	13,8	Eckig bis kantig
Anthrazitkohle	3–6	90–95	1–3	Eckig bis kantig
Steinkohlekoks	2–4	90–95	< 1	Eckig bis kantig
Petrolkoks	2–3	95–99	1	Eckig bis kantig
Grafit	< 1	85–99	< 1	Plättchenförmig

Vergleich Glanzkohlenstoffbildner

	Steinkohle	Naturharz	Synthetisches Kohlenwasserstoffharz
Glühverlust	93,4 %	99,9 %	99,9 %
Flüchtige Bestandteile	38,0 %	85,0 %	94,0 %
Glanzkohle	13,8 %	43,8 %	56,2 %
Freisetzungstemperatur der flüchtigen Bestandteile	400–500 °C	300–400 °C	250–350 °C
Erweichungsbereich	300–400 °C	150–250 °C	< 100 °C
Spezifische Aromatenemissionen (bezogen auf die Glanzkohle)	Niedrig	Mittel	Hoch
Spezifische Geruchsemissionen (bezogen auf die Glanzkohle)	Niedrig	Mittel	Hoch
Cover Effekt	Niedrig	Mittel	Hoch

Auswirkungen verschiedener Formstoffzusätze [2]

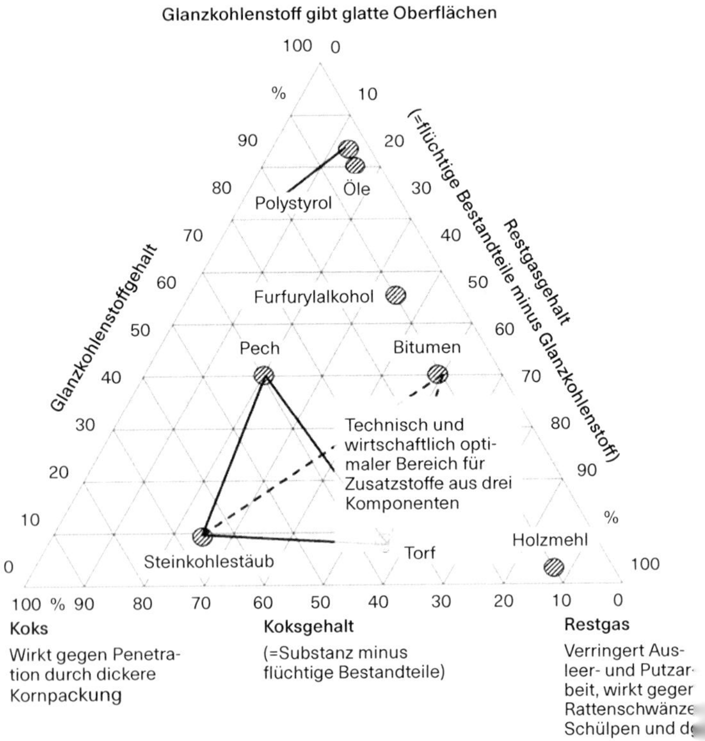

Die elektronisch gesteuerte Formstoffprüfung [18]

ermöglicht die *Ganzheitliche Charakterisierung* eines Formstoffes zur Unterstützung eines erfolgreichen Formstoffmanagements in der betrieblichen Praxis. Bedienungsbezogene Einflüsse der sensiblen Prüfabläufe werden minimiert.

Das Besondere der elektronisch gesteuerten Formstoffprüfung ist die *freie Programmierbarkeit* von Prüfabläufen insbesondere von Prüfgeschwindigkeiten und Pressdrücken sowie die Aufzeichnung von Prüfkurven. Die Prüfabläufe sollen zweckmäßigerweise an die konventionellen Handprüfgeräte angepasst werden, um vergleichen zu können. Pressdrücke können zur Bestimmung der Verdichtbarkeit und auch zur Herstellung von Prüfkörpern frei gewählt werden, wenn diese beispielsweise auf die Betriebsparameter der Formstoffmaschine abgestimmt werden sollen.

Weitere wesentliche Vorteile sind eine flexible Ergebnisdokumentation, auslesbare Messdaten und Verarbeitung der Daten in QS-Systemen.

Die Aufzeichnung des Prüfverlaufes erfolgt grafisch in Form von Kraft-/Wegkurven bzw. Spannungs-/Verformungskurven.

Der bei konventioneller Prüfung bislang erreichte „maximale Messwert" wird dabei um Aussagen zum E-Modul, der Plastizität und zur Qualität des Prüfablaufes erweitert.

Die Verläufe der Spannungs-Verformungskurven geben bereits während der Prüfung Aufschluss zum *qualitätsgerechten Prüfablauf*. Fehlinterpretationen werden vermieden, Inhomogenitäten in der Formstoffprobe oder ein nicht idealer Kraftschluss zwischen Stempel und Prüfkörper werden erkannt.

Diese mechanischen Prüfungen können in einer *einzigen Prüfmaschine* mit verschiedenen Vorrichtungen durchgeführt werden: Verdichtbarkeit, Nasszugfestigkeit, Spaltfestigkeit, Doppelscherfestigkeit, Gründruckfestigkeit, Grünzugfestigkeit sowie die Biegefestigkeit für chemisch gebundene Formstoffe. Weiterentwicklungen hinsichtlich Hochtemperaturprüfungen sind zu erwarten.

Die elektronische Formstoffprüfung kann mit Installation einer Videokamera erweitert werden.

Beispiel Gründruckfestigkeit: Prüfablauf

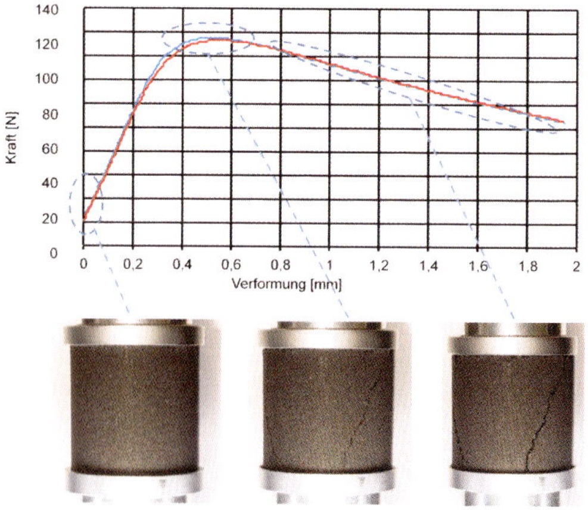

Elektronisch gesteuerte Formstoffprüfung physikalischer Parameter

Verdichtbarkeit

Charakteristische Kraft-Weg-Kurve:

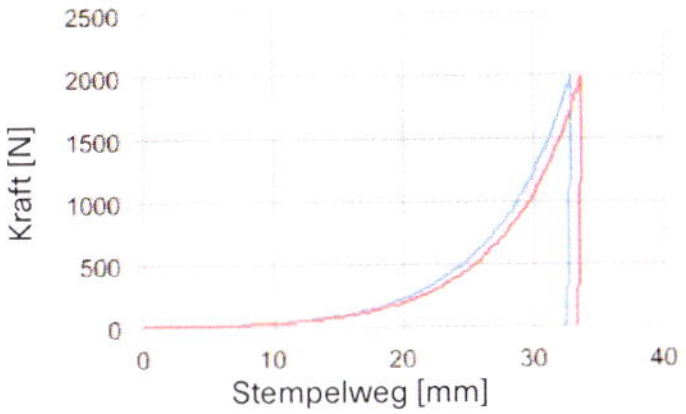

Merkmale des Parameters

Die Verdichtbarkeit bentonitgebundener Formstoffe ist Grundlage für die Ausbildung und Verfestigung der Formkonturen.

Der in eine Prüfhülse mit 100 mm Höhe und 50 mm Durchmesser lose eingefüllte Formstoff wird mit definierter Presskraft verdichtet. Es kommt dabei zu einer
Volumen- und Höhenabnahme. Die Höhenabnahme in % der Ausgangshöhe ist der Verdichtbarkeitswert.

Gründruckfestigkeit

Charakteristische
Spannungs-Verformungskurve:

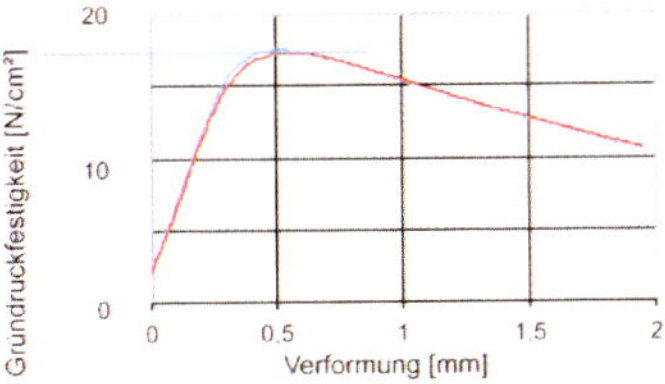

Merkmale des Parameters

Die Gründruckfestigkeit ist ein Maß für die Widerstandsfähigkeit einer verdichteten Formstoffmenge bei Einwirkung von Druckkräften.

Der verdichtete, zylindrische Normprobekörpers (Höhe 50 mm/Durchmesser 50 mm) wird axial zwischen zwei Druckplatten gelegt und bis zum Bruch belastet. Die maximal aufgebrachte Kraft wird auf den Probenquerschnitt bezogen und ergibt den Wert der Gründruckfestigkeit.

Elektronisch gesteuerte Formstoffprüfung physikalischer Paramete

Doppelscherfestigkeit

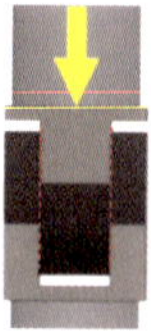

Charakteristische Spannungs-Verformungskurve:

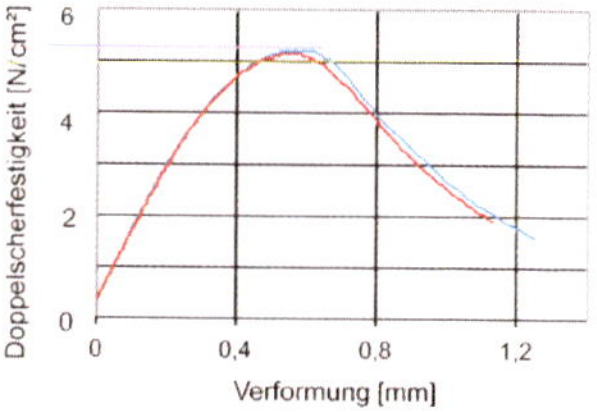

Merkmale des Parameters

Scherfestigkeit ist der Widerstand den der verdichtete Formstoffprüfkörper senkrecht zur Prüfkörperachse den wirkenden Scherkräften entgegensetzt. Der verdichtete, zylindrische Normprobekörpers (Höhe 50 mm/Durchmesser 50 mm) wird axial in die Prüfvorrichtung eingelegt und der obere Stempel schert den Prüfkörper.

Die maximale Kraft wird halbiert und auf die Grundfläche bezogen und ergibt den Wert der Scherfestigkeit.

Spaltfestigkeit

Charakteristische Spannungs-Verformungskurve:

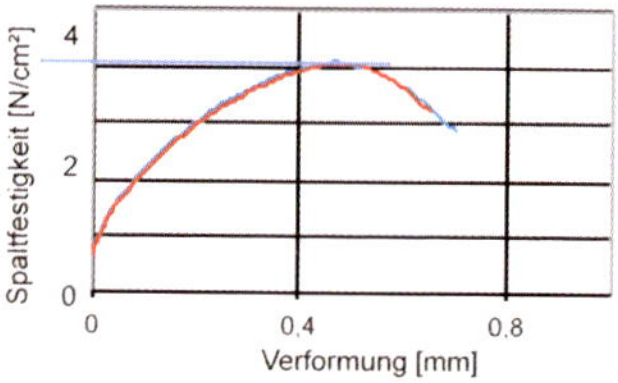

Merkmale des Parameters

Spaltfestigkeit ist der Widerstand den der verdichtete Formstoffprüfkörper radial wirkenden Spaltkräften bis zur Materialtrennung entgegensetzt.

Der verdichtete, zylindrische Normprobekörper (Höhe 50 mm/Durchmesser 50 mm) wird quer zu seiner Achse zwischen beide Druckplatten gelegt und bis zum Bruch belastet.

Die maximale Kraft beim Bruch des Körpers wird auf die maximale Bruchfläche bezogen (50 x 50 mm) und ergibt den Spaltfestigkeitswert.

Elektronisch gesteuerte Formstoffprüfung physikalischer Parameter

Grünzugfestigkeit

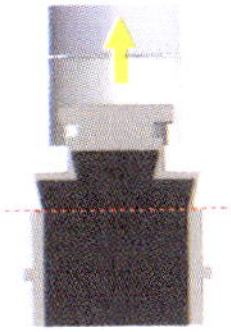

Charakteristische
Spannungs-Verformungskurve:

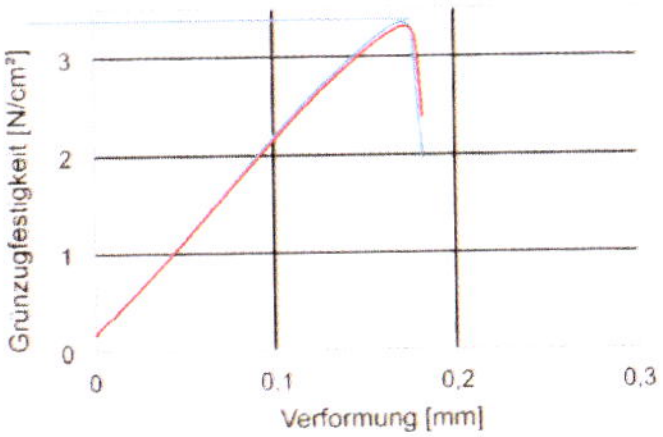

Merkmale des Parameters

Grünzugfestigkeit ist der Widerstand den der verdichtete Formstoffprüfkörper axial wirkenden Zugkräften bis zur Materialtrennung entgegensetzt.

Der Prüfkörper befindet sich in der Messhülse mit Messkopf.

Die beim Abriss des Prüfkörpers ermittelte Kraft wird auf die Bruchfläche bezogen und ergibt den Grünzugfestigkeitswert.

Nasszugfestigkeit

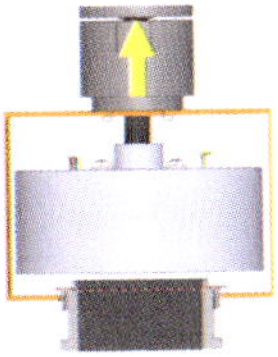

Charakteristische
Spannungs-Verformungskurve:

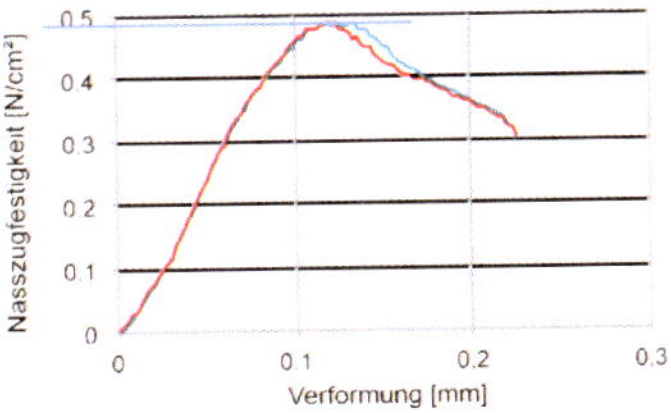

Merkmale des Parameters

Die Nasszugfestigkeit ist die Warmfestigkeit in der auf ca. 100 °C erhitzten Feuchtigkeitskondensationszone.

Die Nasszugfestigkeit ist der Widerstand den der verdichtete Formstoffprüfkörper axial wirkenden Zugkräften bis zur Materialtrennung entgegensetzt, nachdem eine stirnseitige Temperaturbelastung durch eine Heizplatte mit 310 °C +/- 10 °C erfolgte.

Der Prüfkörper befindet sich in der Messhülse mit Messkopf.

Die beim Abriss des Prüfkörpers ermittelte Kraft wird auf die Bruchfläche bezogen und ergibt den Nasszugfestigkeitswert.

Elektronisch gesteuerte Formstoffprüfung physikalischer Parameter

Biegefestigkeit

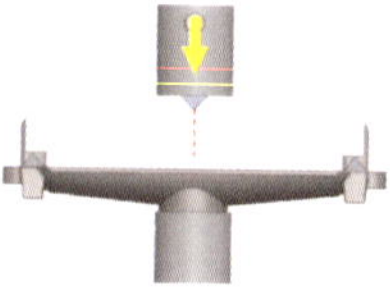

Charakteristische Spannungs-Verformungskurve:

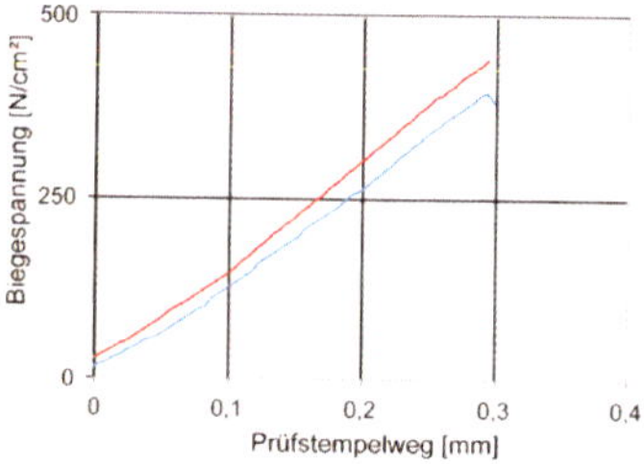

Merkmale des Parameters

Biegefestigkeit ist der Widerstand den der Formstoffprüfkörper einer Durchbiegung bis zum Bruch entgegengesetzt.
Der balkenförmige Prüfkörper lagert zwischen zwei Auflagepunkten und wird mittig mit einer Kraft beaufschlagt.
Die beim Bruch des Prüfkörpers ermittelte Kraft wird auf die Bruchfläche bezogen und ergibt den Biegefestigkeitswert.

Prozessintegrierte Formstoffprüfung –
Steuerungskonzepte für eine proaktive Führung und Regelung der Formstoffeigenschaften bentonitgebundener Formstoffe. [15]

Mit dem Einsatz von Inline-Prüfgeräten zur chargenbezogenen Messung können neben der Feuchte und der Temperatur auch Verdichtbarkeit, Druck- und Scherfestigkeit, Gasdurchlässigkeit sowie Verformbarkeit des aufbereiteten Formstoffs gemessen werden. Aus dem Mischer beziehungsweise direkt nach dem Mischer wird aus dem Formstoff eine Probe entnommen, und Prüfkörper analog zum Normprüfkörper können hergestellt und geprüft werden. Die Ergebnisse der Prüfung werden online verarbeitet und archiviert. So können die ermittelten Daten mit Labor- und Produktionsdaten korreliert werden. Auf der Basis sta-

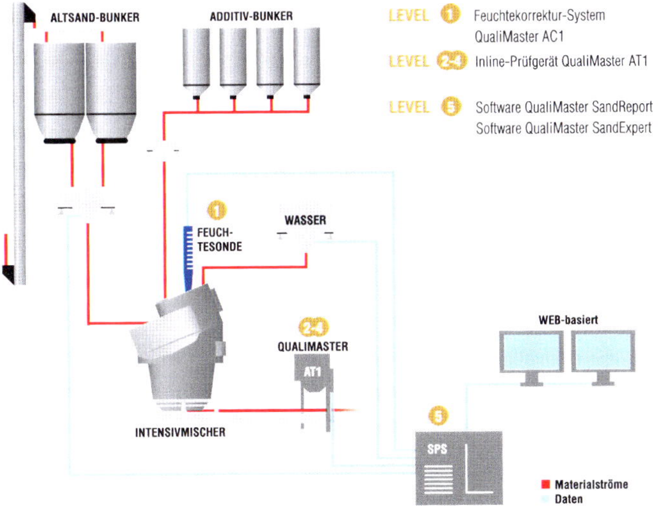

Anlagenschema mit Formstoffprüfgerät QualiMaster AT1 [15]

QualiMaster AT1 [15]

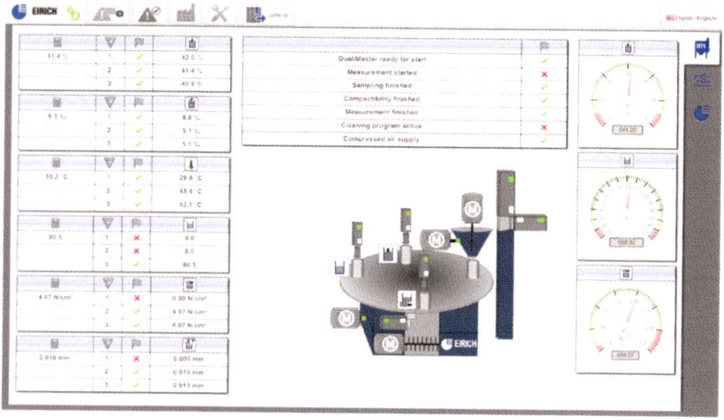

Visualisierung der Messergebnisse [15]

tistisch ermittelter Zusammenhänge wie beispielsweise zwischen Wassergehalt und Verdichtbarkeit und auch zwischen Bentonitgehalt und Scherfestigkeit können die Messwerte zur Steuerung der Formstoffeigenschaften proaktiv genutzt werden. So kann ein präventives Formstoffmanagement implementiert werden, das in Abhängigkeit gussteilbezogener Parameter mit den Funktionen Modellkatalog, Rezepturberechnung und modellbezogene Additivberechnung ausgestattet ist.

Beispiel:
Qualimaster AT1ProfiPlus

Herstellung und Prüfung von 3 Prüfkörpern aus der entnommenen Formstoffprobe:
- Messung der Verdichtbarkeit und Rückfederung an 3 Prüfkörpern,
- Messung der Gasdurchlässigkeit an 3 Prüfkörpern,
- Messung der Scherfestigkeit und Verformbarkeit an 2 Prüfkörpern.

Die gemessenen Prozesswerte werden über geeignete Schnittstellen der Anlagensteuerung zugeführt, die daraus automatisch Korrekturen wie beispielsweise für die Wasserzugabe zur nächsten Charge vorgibt. Grafische und statistische Auswertungen sind übersichtlich nach den betrieblichen Aufgabenstellungen verfügbar.

Weiterführende Literatur

Hartmann, D., Liedke, A.: Digitalisierung der Aufbereitung bentonitgebundener Formstoffe. GIESSEREI 106(2019)2, S. 22–30
QualiMaster-Qualitätssysteme für die Aufbereitung tongebundener Formstoffe. Maschinenfabrik Gustav Eirich GmbH & Co. KG, 2019.
Weiser, E,: Mannlose Formstoffaufbereitung – vernetzte Prozesse – bessere Gussqualität. GIESSEREI 106(2019)5 S. 56–58

Das Hochtemperatur-Verformungsverhalten von bentonitgebundenen Formstoffen und Möglichkeiten seiner Beeinflussung – Neue Ergebnisse [19]

Die meisten Formstoffprüfmethoden arbeiten bekanntermaßen bei Raumtemperatur bzw. bei leicht erhöhter Temperatur. Beispiele für solche Prüftechnologien sind die verschiedenen Grünfestigkeiten oder die Nasszugfestigkeit. Die Ergebnisse dieser Tests können zur Steuerung des Verhaltens von bentonitgebundenen Formen während der Verfahrensschritte Formherstellung, Transport und Manipulation sowie teilweise beim Gießen herangezogen werden. Zur Ermittlung der Eigenschaften bei höheren Temperaturen (z. B. Heißdruckfestigkeit, Restfestigkeit) fehlt häufig die notwendige Prüfausrüstung. Es existieren daher keine Informationen im Hinblick auf mögliche formstoffbezogene Fehlererscheinungen in den wichtigsten Schritten der Gussteilherstellung: dem Gießen, der Abkühlung und Erstarrung sowie dem Auspacken.

Im Bericht werden Ergebnisse von Untersuchungen im Bereich des Hochtemperatur-Verformungsverhaltens von bentonitgebundenen Formstoffsystemen vorgestellt. Es werden die Festigkeit und die Verformung von verschiedenen Formstoffmischungen im Temperaturbereich zwischen Raumtemperatur und 1000 °C analysiert. Die verwendete Prüfausrüstung gestattet es, Kraft-Weg-Kurven bei verschiedenen Prüftemperaturen aufzunehmen und die Maximalkräfte zu berechnen. Aufnahmen vom Bruchverhalten der verwendeten Probekörper geben Hinweise zur Verformungs- und Bruchart der untersuchten Formstoffmischungen.

Die Untersuchungen zeigen, dass das Hochtemperatur-Verformungsverhalten und auch die Heiß- und Restfestigkeiten abhängig von der eingesetzten Formstoffmischung sind. Mit diesem Wissen wird es möglich, den Gießprozess zu beeinflussen, bestimmte Gussfehler zu vermeiden und die Gussteilqualität zu verbessern.

Bild 1 zeigt die in den Versuchen verwendete Universalfestigkeitsprüfmaschine. Diese Maschine hat einen verlängerten und breiteren Rahmen als die Standardausführung. Dadurch ist ausreichend

Bild 1: Die verwendete modifizierte Universalfestigkeitsprüfmaschine

Platz vorhanden, um einen Ofen mit einer Maximaltemperatur von 1000 °C über die Prüfeinrichtung zu fahren. Zur Ermittlung der Formstoffeigenschaften arbeitet die Maschine mit wassergekühlten Prüfstempeln zur Bestimmung von Druck-, Biege- und Zugfestigkeit. Die Prüfgeschwindigkeit in den Versuchen lag bei 10 mm/min. Die Kraft-Weg-Verläufe werden digital aufgezeichnet.

Versuchsprogramm
Für die Versuche wurden 7 kg-Formstoffmischungen verwendet, Formgrundstoff ist immer Quarzsand H 32. Alle Formstoffmischungen enthalten 7 Masse-% Bentonit (0,49 kg). Die Mischungen 1–3 verwenden Ca-Bentonit, die Mischung 4 Na-Bentonit (Wyoming). Während die Mischungen 1 und 4 keine Additive enthalten, wurden für Mischung 2: 2 % Kohle und für Mischung 3: 2 % Zeolith als Additiv eingesetzt.

Tabelle 1: Versuchsprogramm und Zusammensetzung der verwendeten Formstoffmischungen
(Probekörpr nach AFS, zylindrisch mit 40 mm Höhe und 28 mm Durchmesser)

Formstoffmischung Nr.	**1**	**2**	**3**	**4**
Sand	H32			
Bentonit	Kalzium			Natrium
Additiv	ohne	Kohle	Zeolith	ohne
Aufbereitung	Umlauf 1 bis 6 Verdichtbarkeit 40 % Umlauf 7.1 Verdichtbarkeit 40 % Umlauf 7.2 Verdichtbarkeit 30 % Umlauf 7.3 Verdichtbarkeit 50%			
Prüfgrößen	Wassergehalt [%] Verdichtbarkeit [%] Gründruckfestigkeit [N/cm²] Grünzugfestigkeit [N/cm²] Nasszugfestigkeit [N/cm²] Heißdruckfestigkeit [N/cm²]			
Prüftemperatur in [°C]	700 820 980			

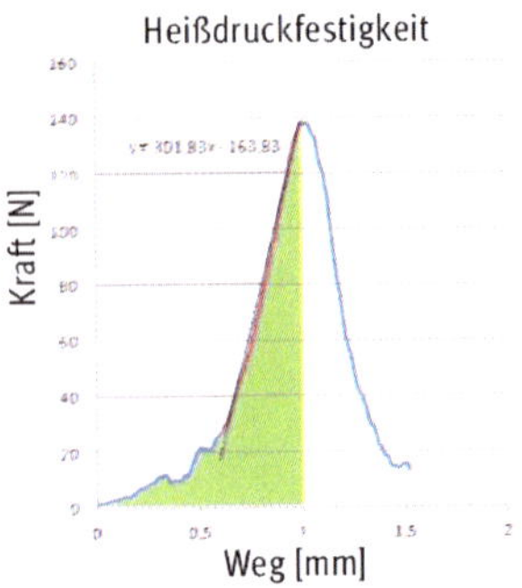

Bild 2: Die Verformungsenergie im Kraft-Weg-Diagramm

Die Verformungsenergie einer Probe entspricht der Fläche unter der Kraft-Weg-Kurve dieser Probe, der Bereich ist in Bild 2 beispielhaft grün unterlegt, die Berechnung erfolgt mittels einer Excel-Datei. Im Folgenden werden die Ergebnisse für die Heißdruckfestigkeiten und die Verformungskräfte der untersuchten Formstoffmischungen diskutiert.

Versuchsergebnisse

Die Bilder 3–6 zeigen Boxplot-Diagramme für die vier untersuchten Formstoffmischungen (nach Tabelle 1) für die Prüftemperaturen 700 °C, 820 °C und 980 °C.

Wird nur ein Ca-Bentonit verwendet (Bild 3), steigt die Heißdruckfestigkeit mit zunehmender Temperatur. Die Zugabe von Kohle erhöht die Festigkeiten bei niedrigeren Temperaturen (700 und 820 °C), bei 980 °C zeigt dieser Formstoff eine geringere Druckfestigkeit (Bild 4).

Durch die Zugabe von Zeolith zeigt der Formstoff ein ähnliches Verhalten wie bei Verwendung eines Bentonites ohne Additive,

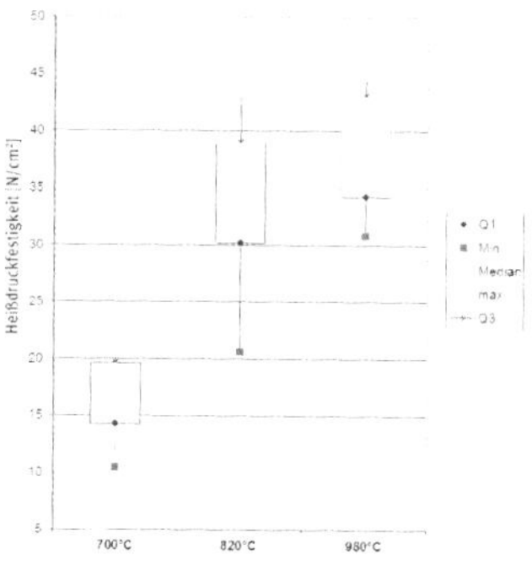

Bild 3: Heißdruckfestigkeit in Abhängigkeit von der Temperatur (7 % Ca-Bentonit)

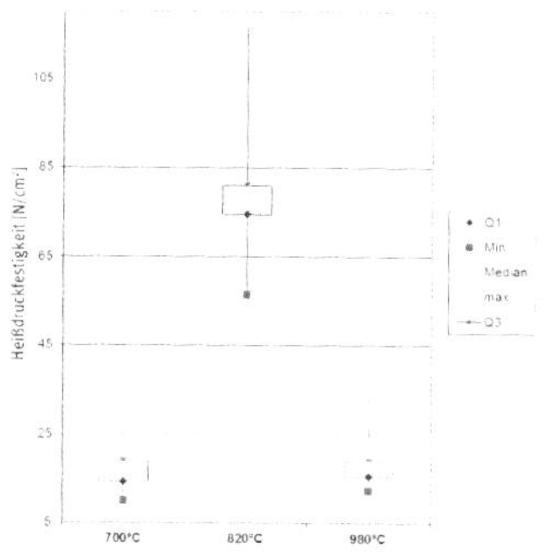

Bild 4: Heißdruckfestigkeit in Abhängigkeit von der Temperatur (7 % Ca-Bentonit + 2 % Kohle)

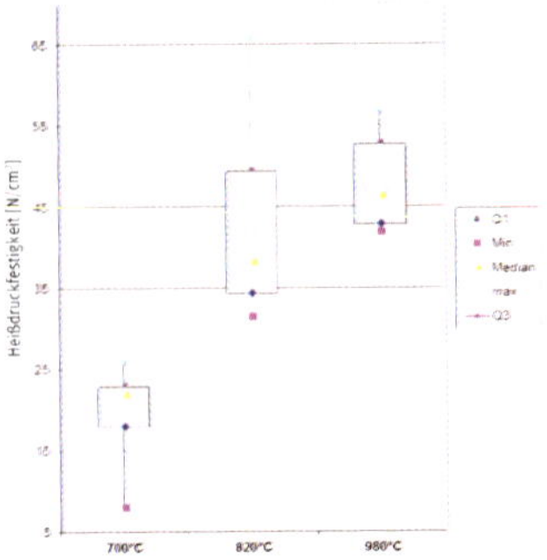

Bild 5: Heißdruckfestigkeit in Abhängigkeit von der Temperatur (7 % Ca-Bentonit + 2 % Zheolit)

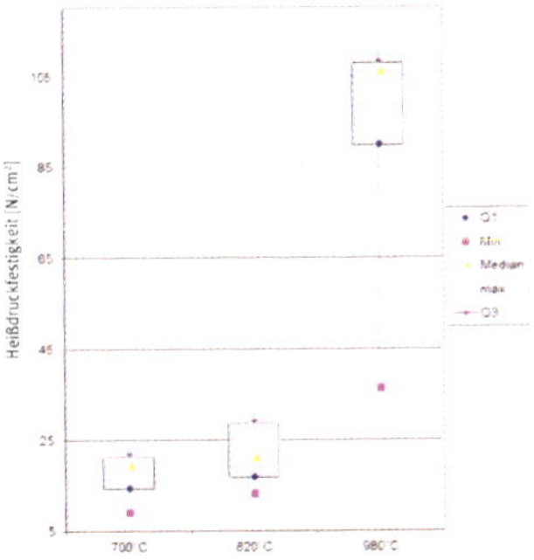

Bild 6: Heißdruckfestigkeit in Abhängigkeit von der Temperatur (7 % Na-Bentonit - Wyoming)

jedoch auf einem höheren Festigkeitsniveau (Bild 5). Der Natriumbentonit hat ein komplett anderes Verhalten. Bei den beiden niedrigeren Prüftemperaturen ist die Festigkeit relativ gering, bei 980 °C dagegen ist die Festigkeit der Mischung 4 sehr hoch (Bild 6).

Die Bilder 7–9 zeigen die Verformungsenergie bei den untersuchten Prüftemperaturen. Prinzipiell steigt die Verformungsenergie mit

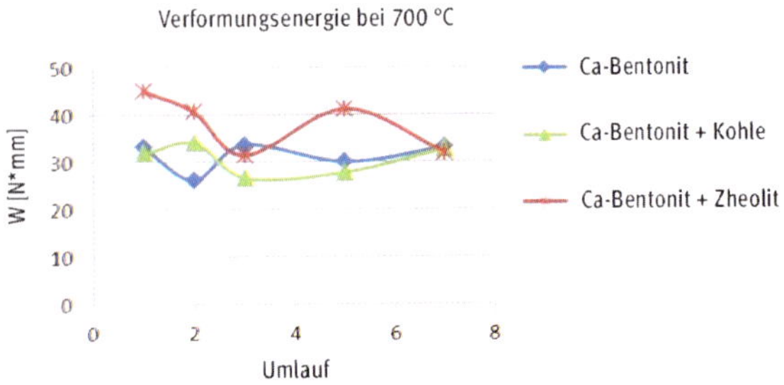

Bild 7: Verformungsenergie W verschiedener Ca-Bentonite bei 700 °C Prüftemperatur

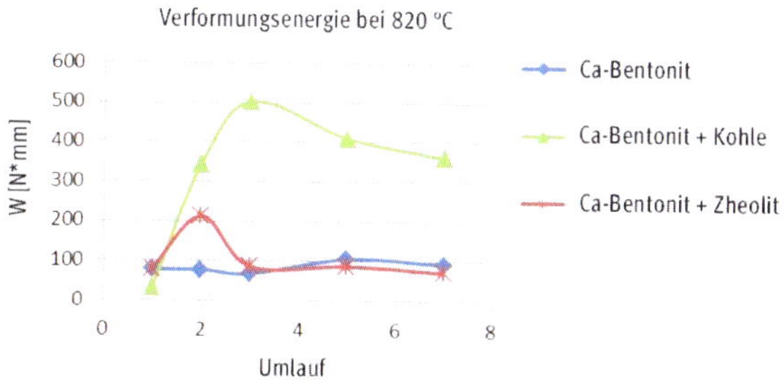

Bild 8: Verformungsenergie W verschiedener Ca-Bentonite bei 820°C Prüftemperatur

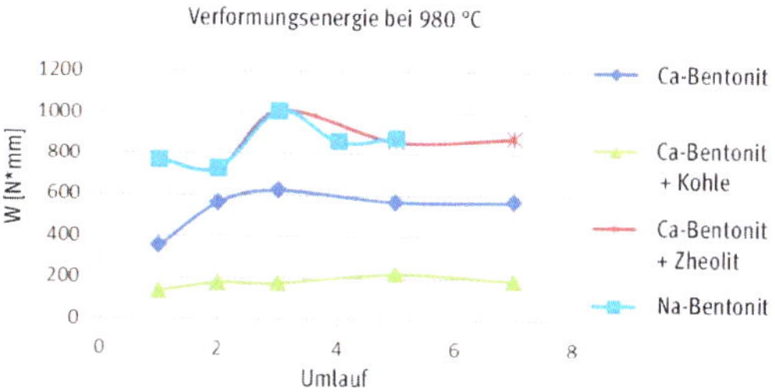

Bild 9: Verformungsenergie W verschiedener Ca-Bentonite im Vergleich mit Na-Bentonit bei 980°C Prüftemperatur

zunehmender Prüftemperatur. Bei 700 °C sind keine signifikanten Unterschiede zu erkennen. Bei 820 °C hat der Formstoff mit Kohle ein besseres Hochtemperaturverhalten als die anderen Formstoffe mit Ca-Bentonit. Bei 980 °C hat die Kohle enthaltende Formstoffmischung die niedrigste Verformungsenergie, Grund dafür ist die vollständige Verbrennung der Kohle. Interessant ist Bild 9 ist die Tatsache, dass der Formstoff mit Ca-Bentonit und Zeolith ein ähnliches Verformungsverhalten wie der Formstoff mit Na-Bentonit zeigt.

Zusammenfassung

1. Heißdruckfestigkeit und Verformungsenergie steigen mit zunehmender Prüftemperatur für alle untersuchten Formstoffmischungen.

2. Bei der höchsten Prüftemperatur 980 °C hat der Na-Bentonit die höchste Heißdruckfestigkeit. Bei den anderen Temperaturen haben die anderen Formstoffe ähnliche (bei 700 °C) oder höhere (bei 820 °C) Heißdruckfestigkeiten, insbesondere der Formstoff mit Zeolith.

3. Es ist wahrscheinlich möglich, einen Teil der Kohle durch das anorganische Material Zeolith zu ersetzen.

4. Die Heißdruckfestigkeit ist im Unterschied zur Nasszugfestigkeit relativ unabhängig vom Aufbereitungszustand.

5. Die höchste Verformungsenergie hat der Na-Bentonit. Für die praktische Anwendung bedeutet dass, Formstoffe mit Na-Bentonit haben die niedrigste Fehlerneigung z. B. hinsichtlich der Schülpenbildung.

6. Der Formstoff mit Ca-Bentonit und Zeolith hat ein ähnliches Heißverformungsverhalten wie der Formstoff mit Na-Bentonit.

7. Auch im Hinblick auf das Hochtemperatur-Verformungsverhalten erscheint der Ersatz von Na-Bentonit durch eine Mischung aus Ca-Bentonit und Zeolith möglich.

Heißprüfungen von Kern- und Formsanden zur Beurteilung des Erweichungs- und Verfestigungsverhaltens bis 700 °C [23]

Formen und Kerne werden vom Zeitpunkt ihrer Herstellung in der Formmaschine oder in der Kernform bis zum Ausdrücken der abgegossenen Gussteile nach der Kühlstrecke im gewissen Ausmaß mechanisch, überwiegend jedoch thermisch beansprucht.

Mechanische Belastungen ergeben sich beim Ziehen des Modells aus der Form, bei der Entnahme der Kerne aus der Kernform, beim Einlegen der Kerne und schließlich beim Schließen der Form. Bei unzureichenden mechanischen Eigenschaften der Formen und/oder Kerne (sowohl Festigkeit als auch Plastizität) kann es hierbei zum Abbrechen von Formkanten oder zu Kernbrüchen kommen.

Haben die Formen und Kerne diese erste Belastungsprobe überstanden, erfolgt die zweite wesentlich drastischere thermische Belastung beim Abguss.

Hochtemperaturprüfung

Es wird unterschieden zwischen *technologischen Gießversuchen* zur Beurteilung des Hochtemperaturverhaltens von speziellen Proben und Hochtemperaturprüfungen zur Ermittlung von *Materialkennwerten an genormten Proben.* (Bild 1)

Versuchsdurchführung

zur Erfassung des Festigkeits- und Verformungsverhaltens in Abhängigkeit der Prüftemperatur an standardisierten Biegeproben mit verschiedenen anorganischen und organischen Kernsandmischungen:

Eine elektronische Zwick-Formstoffprüfmaschine wurde mit einer maßgeschneiderten Wärmekammer ausgestattet (Bild 2). Diese Wärmekammer dient in erster Linie der Ermittlung von Formstoffkennwerten an genormten Biege- und Druckproben.

Mechanische Belastungen bei RT:

- *Formherstellung:* Ziehen des Modells, der Modellplatte, Kerne einlegen, Form schließen
- *Kernherstellung:* Kern aus der Kernform nehmen, Kernlagerung, Einlegen des Kerns, Schließen der Form

Thermische und mechanische Belastungen bei HT:

- Druck durch die Schmelze, seitlich und Auftrieb
- Binderzersetzung, -erweichung, Zerfall
- Thermische Ausdehnung

Technologische Gießversuche:
Gießversuche mit speziellen Proben zur Beurteilung des Verhaltens von Kernen bei erhöhten Temperaturen, direkt in der Schmelze: Auftrieb, Verzug, Blattrippen, Gasentwicklung, Zerfall ...

Ermittlung von Materialkennwerten:
Heißprüfungen mit „genormten" Proben, Prüfung von Form- und Kernsandeigenschaften, die auch bei RT bestimmt werden: Biege-, Druckfestigkeit

Bild 1: Übersicht Beanspruchung und Prüfverfahren

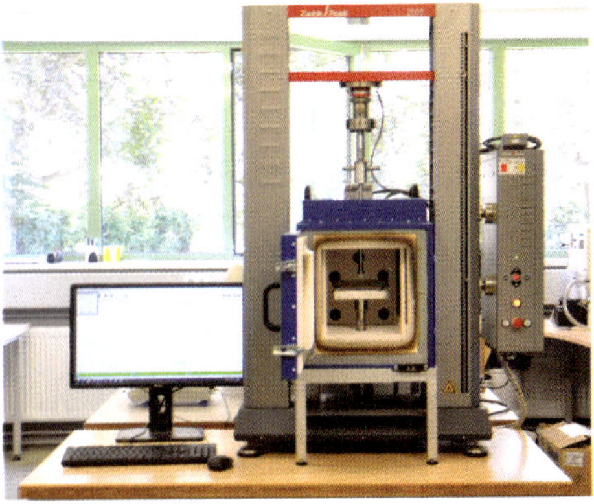

Bild 2: Aufbau der Prüfeinrichtung

Dem Kammervolumen des Ofens entsprechend können auch reale Kerne bis 300 mm Länge technologisch getestet werden. Die Erwärmung der Proben im Ofen – vom Einlegen bis zum Prüfstart – wurde an den Gießprozess angepasst, weil Formen und Kerne je nach Schmelzetemperaturen bzw. Metallgewicht und Gussteilgeometrie eher kurz bis sehr kurz einer kritischen Temperatur ausgesetzt sind und nach Ausbildung einer erstarrten Randschale rund um den Kern dieser seine Aufgabe erfüllt hat und der Zerfall bereits einsetzen sollte:

- Einlegen der Probe in die vorgewärmte Wärmekammer
- Temperaturbelastung praxisnah mit kurzem Temperaturaus-

Tabelle 1: Versuchsprogramm

Temperatur	**Auslage-rungszeit (Ofenzeit)**	**Anzahl der geprüften Proben**				
		Wasser-glas	Furan	Cold-Box	Hot-Box 20s	Hot-Box 40s
RT	---	5	5	5	5	5
100 °C	5 min	5	5	5	5	5
200 °C	5 min	5	5	5	5	5
300 °C	5 min	5	5	5	5	5
	3 min	3	-	3	3	3
	1 min	3	-	3	3	3
	0,5 min	-	-	3	3	3
400 °C	5 min	5	5	5	5	5
500 °C	5 min	5	5	5	5	5
	3 min	3	-	3	3	3
	1 min	3	-	3	3	3
	0,5 min	-	-	3	3	3
600 °C	5 min	-	-	3	-	-
	3 min	-	-	3	-	-
	1 min	-	-	3	-	-
700 °C	5 min	-	-	3	-	-
	3 min	-	-	3	-	-
	1 min	-	-	3	-	-

gleich in der Umgebung der Probe und definierte Haltedauer auf Prüftemperatur von 0,5 bis 5 Minuten
- Prüfung der Probe somit im *nicht vollständig durchgewärmten* Zustand

Geprüft wurden klassische Biegeproben (BDG-Richtlinien P 72 und P 73 mit 22,4 x 22,4 x 170 mm, 3-Punkt Biege-Lagerung mit 150 mm Stützweite). Zur Anwendung kamen konventionelle Bindersysteme:
- Wasserglas für das CO_2-Begasungsverfahren,
- Furanharz für die Kaltaushärtung,
- organische Binder für das Cold Box Verfahren und das Hot Box Verfahren.

Geprüft wurde von Raumtemperatur bis 500 °C.
In einer weiteren Serie wurden Cold-Box-Proben bei 600 und 700 °C getestet.

Je Temperatur bzw. Bindervariante wurden 3 bis 5 gleichwertige Einzelproben geprüft.

Die Ofenzeit (Verweilzeit der Probe im vorgewärmten Ofen vom Einlegen bis zum Start der Prüfung) wurde in der ersten Serie auf 5 Minuten festgelegt.

Aufgrund der dabei beobachteten starken Erweichung und Festigkeitsabnahme der Proben wurden weitere Prüfungen bei 300 und 500 °C mit kürzeren Ofenzeiten von 3, 1 und 0,5 Minuten durchgeführt.

Heißprüfung von Cold-Box-Biegeproben bis 700 °C

In Bild 3 ist die Festigkeitsabnahme und Plastizitätszunahme in Abhängigkeit der Prüftemperatur dargestellt. Die Biegefestigkeit sinkt bereits bei 200 °C auf unter 50 N/cm^2 und steigt bis 500 °C infolge Nachhärtung/Versprödung des Binders wieder etwas an.

Gegenläufig dazu steigt die Plastizität bei 200 und 400 °C stark an. Der Plastizitätseinbruch bei 300 °C zeigte sich bei mehreren Proben der je Kategorie getesteten 5 Einzelproben. Bei 500 °C sind sowohl die Festigkeit als auch die Plastizität sehr niedrig.

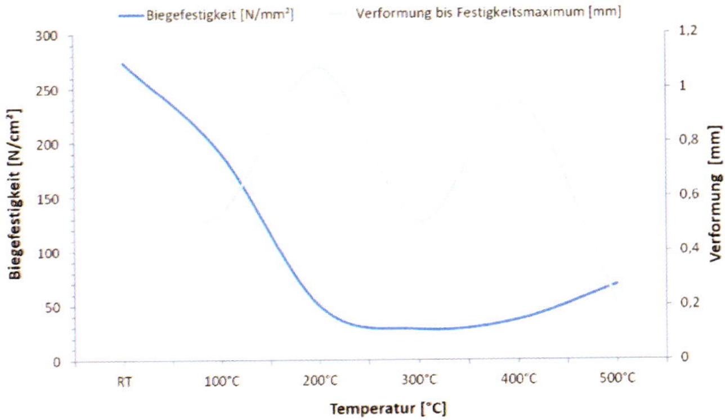

Bild 3: Cold-Box-Biegeprüfungen: Entwicklung der Biegefestigkeit und der Duktilität von RT bis 500 °C; 5 min Ofenzeit

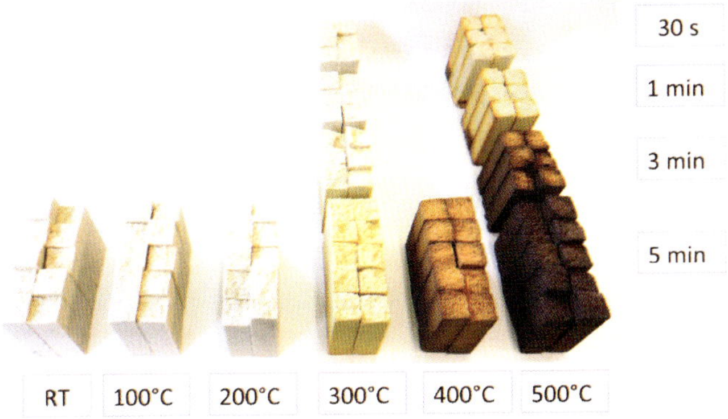

Bild 4: Geprüfte Cold-Box-Proben, Dunkelfärbung mit zunehmender thermischer Belastung

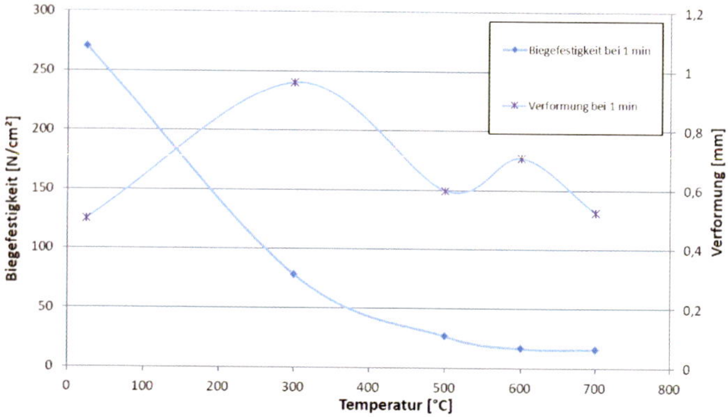

Bild 5: Cold-Box-Biegeprüfungen bis 700 °C:
Entwicklung der Biegefestigkeit und der Duktilität bei 1 min Ofenzeit

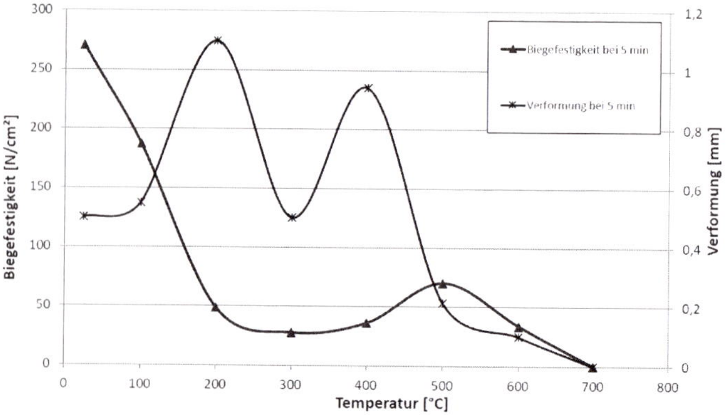

Bild 6: Cold-Box Biegeprüfungen bis 700 °C:
Entwicklung der Biegefestigkeit und der Duktilität bei 5 min Ofenzeit

Bild 4 zeigt die geprüften Biegeproben, aufgereiht nach Prüftemperatur und Ofenzeit. Man erkennt die sich systematisch abzeichnende thermische Belastung bzw. Zersetzung an den Kanten durch Dunkelfärbung mit zunehmender Temperatur und Zeit. Demnach ist die Probe bei 500 °C, 5 Minuten Ofenzeit, nahezu vollständig durchgewärmt.

Weitere Heißprüfungen von Cold-Box-Biegeproben bei 600 und 700 °C zeigten wenig überraschend eine sehr niedrige Festigkeit, aber auch eine von der Ofenzeit (Erwärmungszeit der Probe) abhängige „Nachhärtung" von 500–700 °C. Erfolgt die Prüfung der Cold-Box-Probe bei 700 °C erst nach 5 min Ofenzeit, tritt bereits ein starker Zerfall ein.

Heißprüfung von Hot-Box-Biegeproben bis 500 °C

Hot-Box-Kerne zeigen bis 200 °C Prüftemperatur keinen Einfluss der Festigkeit bzw. Steifigkeit der Biegeprobe, was damit begründet ist, dass Hot-Box-Proben im Herstellungsprozess bei 200 bis

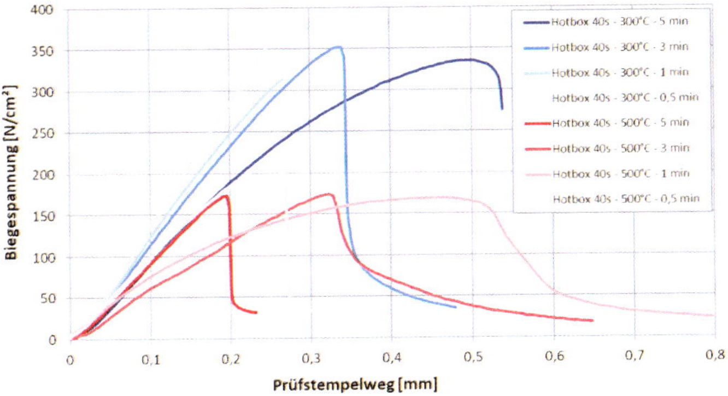

Bild 7: Hot-Box-Biegeprüfungen bei 300 und 500 °C: Erfassung des Festigkeits- und Duktitlitätsverhaltens mittels Prüfkurven, 5/3/1 und 0,5 min Ofenzeit

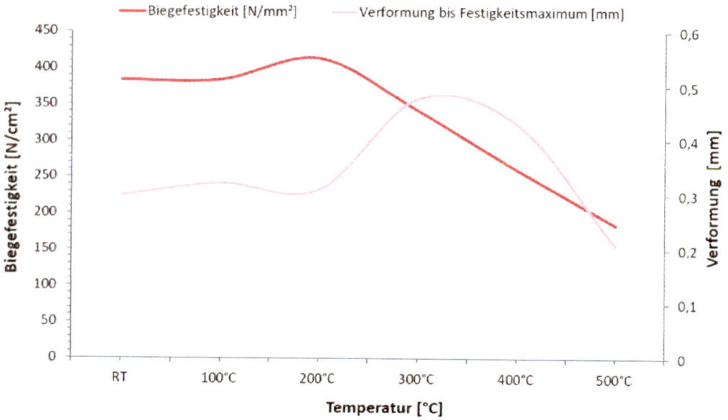

Bild 8: Hot-Box-Biegeprüfungen: Entwicklung der Biegefestigkeit und der Duktilität von RT bis 500 °C, 5 min Ofenzeit t

220 °C „gebacken" werden. Die bei 300 und 400 °C einsetzende Festigkeitsabnahme fällt weit geringer aus als beim Cold-Box-System, ebenso die Plastizitätszunahme. Bei 500 °C ist eine Versprödung zu beobachten. Die Plastizität ist nicht mehr gegeben, die Proben brechen vorzeitig. Die Biegefestigkeit liegt aber mit 150 N/mm² noch immer erstaunlich hoch (Bild 7).

Bei einer kürzeren Temperaturbelastung von 3, 1 und 0,5 Minuten bei 300 und 500 °C ist zu erkennen, dass das Verhalten der Kernproben hinsichtlich Plastifizierung, Festigkeitsabnahme und Nachhärtung ein Wechselspiel aus Temperatur und Zeit darstellt. Bei 300 °C liegt die Biegefestigkeit zwischen 200 und 300 N/mm² bei 500 °C sinkt sie auf 120 bis 150 N/mm² ab (Bild 8).

Heißprüfung von Wasserglas-Biegeproben bis 500 °C

Bei wasserglasgebundenen Kernproben fallen zuerst die hohe Festigkeit und Steifigkeit bei RT auf. Jedoch bereits bei 200 °C tritt eine deutliche Erweichung ein und bei 300 °C verhält sich die Wasserglasprobe in ungewohntem Ausmaß vollkommen plastisch

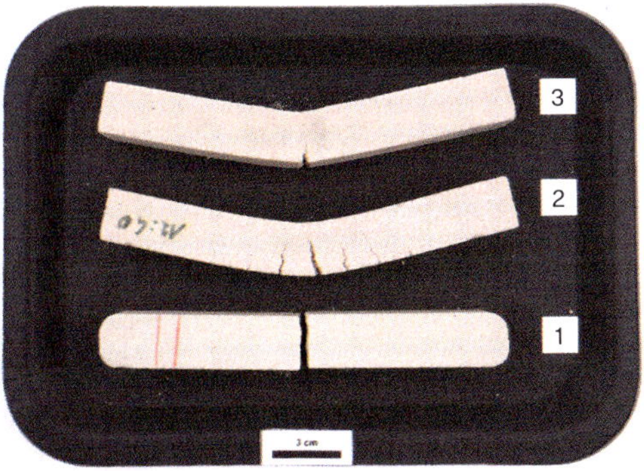

Bild 9: Wasserglasgebundene Biegeproben:
- spröde RT-Prüfung (Probe 1)
- starke Erweichung und Durchbiegung bei 300 °C (Proben 2 und 3)

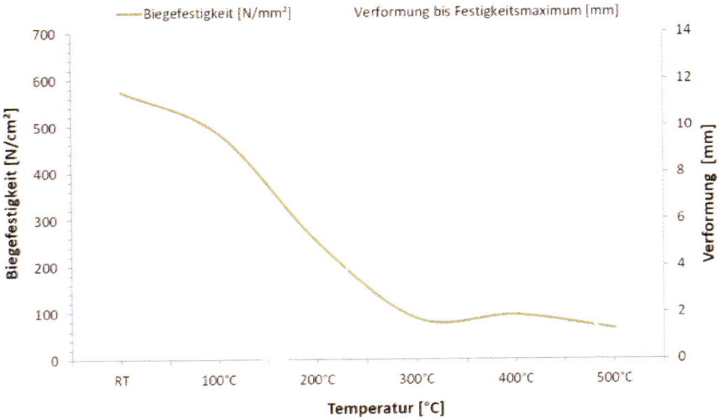

Bild 10: Wasserglasgebundene Biegeproben,
Entwicklung der Biegefestigkeit und der Duktilität von RT bis 500 °C, 5 min Ofenzeit

(Bild 9). Die Festigkeit fällt auf ca. 100 N/cm² ab. Selbst bei einer Durchbiegung von 14 mm (!) gab es keinen Probenbruch wie im Bild 9 zu erkennen ist.

Bei 500 °C tritt wie schon bei den organischen Systemen beobachtet, eine Versprödung ein, die Festigkeit bleibt jedoch niedrig bei ca. 100 N/cm². Dieses Festigkeits- bzw. Plastizitätsverhalten ist in Bild 10 in Abhängigkeit der Prüftemperatur aufgetragen.

Furanharz-gebundene Biegeproben

Die Furanharz-Biegeproben zeigen eine generell niedrige Festigkeit sowohl bei RT als auch im Hochtemperaturbereich bis 500 °C (Bild 11). Bei 200 °C ist ebenfalls eine Zunahme der Plastizität zu beobachten. Von RT bis 500 °C sinkt die Biegefestigkeit von anfänglich 250 N/cm² auf ca. 20 N/cm² kontinuierlich ab (Bild 12).

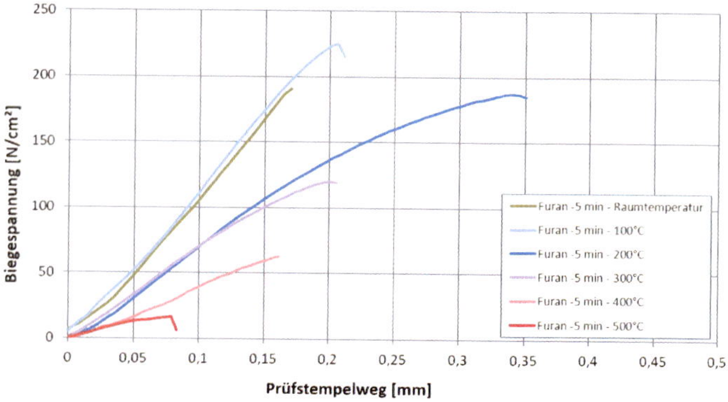

Bild 11: Furan-Biegeproben: Festigkeits-Verformungs-Prüfkurven von RT bis 500 °C, 5 min Ofenzeit

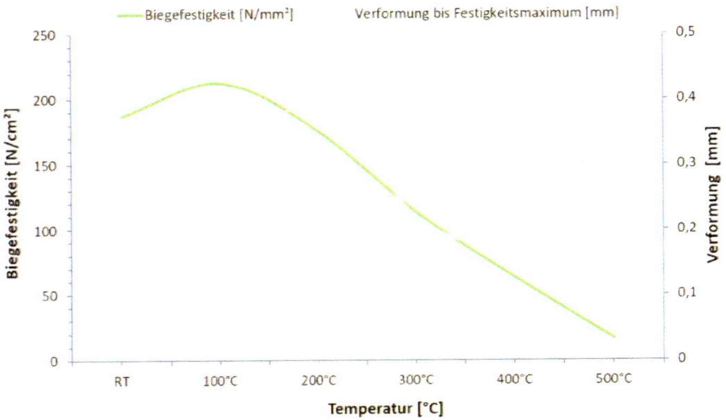

Bild 12: Furan-Biegeproben: Entwicklung der Biegefestigkeit und der Duktilität von RT bis 500 °C; 5 min Ofenzeit

Zusammenfassung

Mit den Prüfserien wurde das Biegeverhalten der Kernsandproben in 100 °C-Schritten von Raumtemperatur bis 500 °C erfasst, beim Cold-Box-System bis 700 °C. Die Ofenzeit, das ist die Haltezeit oder Erwärmungszeit der Probe vom Einlegen in den Ofen bis zum Prüfbeginn, wurde auf 5 Minuten festgelegt. Aufgrund starker Festigkeitsabnahmen und Plastifizierungen der Kernproben wurden weitere Versuche mit 0,5/1,0 und 3,0 Minuten Ofenzeit durchgeführt.

In Bild 13 ist das temperaturabhängige Festigkeitsverhalten der verglichenen Bindersysteme von RT bis 500 °C bei 5 min Ofenzeit zusammenfassend dargestellt:

Bei den hier eingestellten Prüfparametern zeigten die im Hot-Box-Verfahren hergestellten Biegeproben die besten und stabilsten Festigkeitswerte. Diese Werte liegen bei den mit Furanharz gebundenen Proben und denen im Cold-Box-Verfahren sowohl bei RT als auch mit zunehmender Prüftemperatur deutlich niedriger.

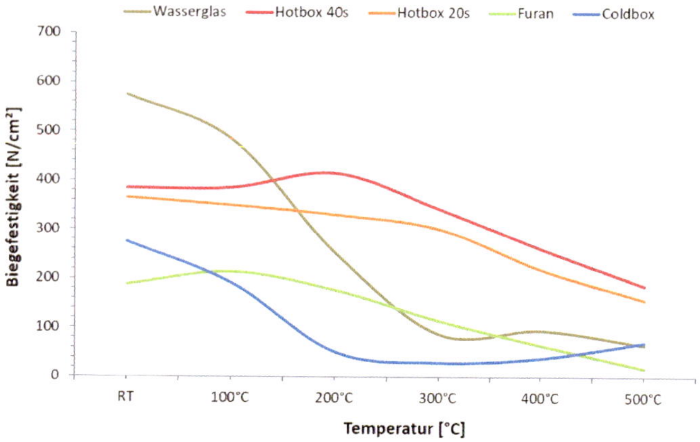

Bild 13: Zusammenfassung der Hochtemperatur-Biegeprüfungen: Entwicklung der Biegefestigkeit verschiedener gängiger Bindersysteme von RT bis 500°C, 5 min Ofenzeit

Die auf Basis Wasserglas hergestellten Proben zeigen die höchsten RT-Festigkeiten, fallen aber, wie auch wie mit Furanharz und im Cold-Box Verfahren hergestellten Proben, bereits ab 150 °C deutlich ab. Schon bei 200 bis 300 °C kommt es zu Biegefestigkeiten < 100 N/cm^2.

Die Abnahme in der Festigkeit geht mit einer enormen Plastifizierung einher.

Am stärksten ist die Erweichung beim Wasserglasbinder, bei welchem die Proben bei 200–300 °C eine Durchbiegung von > 10 mm erreichten.

Anschließend bis 500 °C ist eine Verfestigung der Proben zu beobachten, die auf eine Nachhärtung der Bindersysteme zurück zu führen sein dürfte.

Werden die Ofenzeiten der Proben verkürzt (auf 0,5/1,0/3,0 Minuten), somit die Temperaturbelastungen an dünnwandige Teile mit einer frühen Randschalenbildung und Erstarrung der Schmelze rund um den Kern angepasst, dann verändern sich die Festigkeitsabnahmen und die Plastifizierung entsprechend zu einem günstigeren Verhalten der Kerne.

Bis 700 °C (bei 1 bzw. 3 Minuten Ofenzeit) zeigen die Cold-Box-Proben noch eine gewisse Restfestigkeit von 20 bis 40 N/cm^2 während bei 700 °C und 5 Minuten Ofenzeit ein nahezu vollständiger Zerfall der Prüfprobe zu beobachten war. Hier ist anzumerken, dass die Zersetzung des Binders und der Zerfall der Kerne in realen Gussstücken infolge Sauerstoffmangels chemisch anders ablaufen werden als in der Prüfwärmekammer mit vollkommener Luftumgebung der Probe.

Auszug aus einer Forschungsarbeit des Österreichischem Gießereiinstitutes, die im Rahmen eines von der Österreichischen Forschungsförderungsgesellschaft (FFG) geförderten Forschungsprojektes Inform 2020 durchgeführt wurde. [24]

Aufgaben der Schlichten in der Form- und Kernherstellung
[7, 20]

Verbesserung der Gussstückoberfläche hinsichtlich von Sauberkeit, keinen Anhaftungen und glatter Oberfläche

Beeinflussung der Form- und Kernoberflächen durch hohe Abriebfestigkeit und Härte

Vermeidung von Oberflächenfehlern wie Penetration, Gasblasen, Schülpen, Erosionen, Blattrippen, runzeliger und faltiger Oberflächen

Beeinflussung der Gussrandzone durch metallurgisch wirksame Stoffe (z. B. Tellur, Bismut, Schwefel), Schwefelsperrschichten

Produkteigenschaften von Schlichten im Verarbeitungsprozess

- Minimales Sedimentationsverhalten und homogene Vermischung der vielfältigen Schlichtebestandteile
- Optimales Beschichtungsverhalten entsprechend gewählter Auftragstechnologie: Streichen, Sprühen, Tauchen oder Fluten.
- Einhaltung der Hygienanforderungen für wasserbasierende Schlichten
- Beachtung der Emissionsanforderungen alkoholbasierender Systeme

Konstante Arbeitsbedingungen und effektiver Schlichteverbrauch durch Einsatz modularer Konzepte und modernster Messtechnik

- Einsatz eines zentralen Mischbehälters in geeigneter Form und Oberfläche für optimales Ablaufverhalten und zur Verhinderung der Sedimentation während des Mischens und Förderns

- bedarfsgerechte Steuerung des Behälterrührwerkes in Abhängigkeit vom Füllstand durch Drehzahlanpassung zur Verhinderung des Eintragens von Blasen sowie Einstellung größtmöglicher Homogenität
- Verdünnerzuführung (Isopropanol oder Wasser) bedarfsgerecht durch Düsen
- Entnahme der Schlichte über Umpumpleitungen oder direkte Verbraucheranbindung
- Einsatz berührungsloser Messgerätetechnik für sichere und reproduzierbare Meßgenauigkeit mit nachfolgender „Korrekturanweisung“ für Einsatz Verdünner

Ziel ist es, im kontinuierlichen Prozess einen reproduzierbaren Schichtaufbau für Kerne und Formen hinsichtlich stofflicher Homogenität und Qualität der Beschichtung zu gewährleisten, Störgrößen zu eliminieren und somit Oberflächenfehler am Gussstück zu vermeiden.

Bestandteile der Schlichte [20]

Bestandteil	Anwendungs- und Auswahlkriterium
Feuerfeste und hochfeuerfeste Grundstoffe	– natürliche Rohstoffe bzw. technische Produkte – Sintertemperatur/Schmelztemperatur – Kornform/Feinheit (z. B. körnig, splittrig, blättchenförmig) – Reaktivität gegenüber Gießmetallen/Schlacken oder Formstoffen – Verfügbarkeit/Kosten
Trägerflüssigkeiten	– Hilfsmittel zur Verarbeitung und Auftragung der Schlichte – keine Funktion für den Abguss – Einsatz von Wasser oder Alkohol (Ethanol/Isopropanol)
Bindemittel	– Fixierung der Schlichte am Formstoff nach der Entfernung der Trägerflüssigkeit – Bindung der Feuerfeststoffe untereinander – Anwendungstemperaturbereich (organische Binder bis ca. 180 °C; anorganische Binder für Hochtemperaturbereich)
Suspensionsmittel (Schwebemittel)	– quellfähige Stoffe in der Trägerflüssigkeit – Verringerung des Absetzens der Feuerfeststoffe – Verminderung des Eindringens der Trägerflüssigkeit in den Formstoff – Beeinflussung der Fließeigenschaften und des Auftragsverhaltens – Wirkung auch als Bindemittel – Wirkung als organisches Verdickungsmittel
Netz- und Dispergiermittel	– Verhinderung der Schaumbildung – gleichmäßiger Schichtauftrag – gleichmäßige Trocknung
Additive	– Beeinflussung des Fließverhaltens und der Vermeidung von Tropfen und Läufern – Beeinflussung der Gasdurchlässigkeit – Beeinflussung der Sintereigenschaften – Beeinflussung der Viskosität der Schlichte
Konservierungsmittel	– Einsatz nur bei Wasserschlichten zur Verhinderung von Bakterienbefall durch Bakterizide – Wirkungsdauer zeitlich begrenzt

Grundstoffe in Schlichten [7]

Grundstoff	Dichte [g/cm³]	Schmelzpunkt [°C]	Kornform
Zirkonsilikat	4,6	2200	eckig
Korund	3,9	2050	eckig-splittrig
Magnesit	3,6	2800	eckig-splittrig
Mullit	3,2	1700	eckig
Bauxit (versintert)	3,1–3,4	>1500	eckig-splittrig
Olivin	3,2	1750	eckig
Quarz	2,6	1700	eckig
Chromit	4,0	>1600	eckig
Koks	1,8		eckig-splittrig
Graphit	2,1–2,3	3700	eckig-splittrig flockig
Kaolinit	2,65	>1700	Plättchen
Pyrophillit	2,8	1600	Plättchen
Talkum	2,8	>1000 max. 1430	Plättchen
Glimmer	2,85	>900	Plättchen

Eigenschaften von Trägerflüssigkeiten für Schlichten

Trägerflüssigkeit	Wasser	Ethanol	Iso-Propanol	Iso-Butanol
Dichte [g/cm³]	1,0	0,80	0,79	0,80
Chemische Formel	H_2O	C_2H_5OH	$(CH_3)_2CHOH$	$(CH_3)_2CHCH_2OH$
Siedebereich [°C]	100	78	80	105
Flammpunkt [°C]	–	12	12	28
Verdunstungszahl	–	8,3	10,5	25
Toxizität [mg/kg]	–	–	LD_{50} 500-200	LD_{50} 200-2000
Explosion Limit [Vol.%]	–	3,5–15	2,0–12	1,4–11
MAK-Wert [ppm]	–	1000	400	100
Smell Limit [ppm]	–	350	100	15–25

Regenerieren von harzgebundenen Formstoffen in der betrieblichen Praxis

Formstoffregenerierung ist die Rückgewinnung von Sanden aus kaltharzgebundenem Altformstoff im betrieblichen Umlaufprozess.

Der Anteil des zurückgewonnenen Sandes kann dabei weit über 90 % betragen.

Der ausgeschlagene Altformstoff, als Altsand bezeichnet, durchläuft die Behandlungsschritte des mechanischen Lösens der Harzumhüllung (Bindemittelreste) durch Brechen oder Prallen, Mahlen oder Schleifen, er wird gesiebt und gesichtet zur Abscheidung unerwünschter Unter- oder Überfraktionen und Stäuben, auch eine Abscheidung von Teilchen nach unterschiedlicher Dichte im Fließbett durch Fluidisieren ist möglich.

In kombinierten Anlagen (Fluidbettkühlsichtern) erfolgt zusätzlich die Kühlung des Altsandes. Wird Chromerzsand mit eingesetzt, kann dieser über einen Magnetabscheider separiert werden.

Die zurückgewonnenen Sande werden in die jeweiligen Altsandbunker (Silos) gefördert, wo sie für das erneute Herstellen einer Mischung im Durchlaufmischer mit Anteilen von Neusand zur Verfügung stehen.

Auch thermische Verfahren, durchgeführt beispielsweise in Drehtrommelöfen unter Erhitzung des Altsandes auf Temperaturen bis 900 °C werden zur Separation des Binders durch Verbrennen angewandt. Sie sind für eine betriebliche Einzelanwendung in energetischer Hinsicht nachteilig gegenüber den mechanischen Verfahren und gehören deshalb zu den extern durchgeführten Regenerierungsverfahren von Altsanden.

Regenerierung wasserglasgebundener Formstoffe [24]

Die Regenerierung von Formstoffen ist für die Gießereibranche aus wirtschaftlichen und umweltspezifischen Rahmenbedingen ein zentrales Aufgabengebiet. Der Prozess der Regenerierung des Formstoffs ist eine technologische Herausforderung. Insbesondere für wasserglasgebunden Formstoffe sind neue Wege der Regenerierungstechnologie zu beschreiten. Mit einer Kombination von trockenen und nassen Verfahren wurde eine erste Pilotanlege konzipiert und erste Ergebnisse der Regenerierung vorgestellt.

Anlagenkonzept

Die Anlage wurde in Modulweise **(Bild 1)** als eigenständige Anlage entwickelt und ausgelegt:

- Zuführung aus bestehenden Siloanlagen
- Alternativ Aufgabe aus Big-Bag's – ggf. mit integriertem Knollenbrecher
- Metallabscheidung mit pneumatischer oder mechanischer Zuführung zum Vorlagebehälter der Regenerierung
- Wascheinheit/-trommel
- Filter- und Trocknungseinheit
- Sichtung und Entstaubung
- Wasseraufbereitung und Anlagenversorgung
- Abführung des Regenerates in Big-Bag's oder über pneumatische Förderung in Siloanlagen

In der in sich geschlossenen patentierten Nassregenerierung ist der Umgang mit Feuer und Wasser kombiniert und es wird so die schonende, zerstörungsfreie Regenerierung für wasserglasgebundene Formstoffe ermöglicht:

Wird in der thermisch-mechanischen Regenerierung/Aufbereitung, neben dem immensen Energieaufwand, das Korn zusätzlich zerstört, geht die Nassregenerierung den klar schonenderen Weg: Waschen des Sandes und damit Lösen des Binders vom Sandkorn. Über das patentierte Trocknungssystem wird der Sand schonend getrocknet und über den ebenfalls patentierten Kühlsichter nochmals entstaubt. Das benötigte Prozesswasser wird zu 98 % aufbereitet und im Kreislauf verwendet.

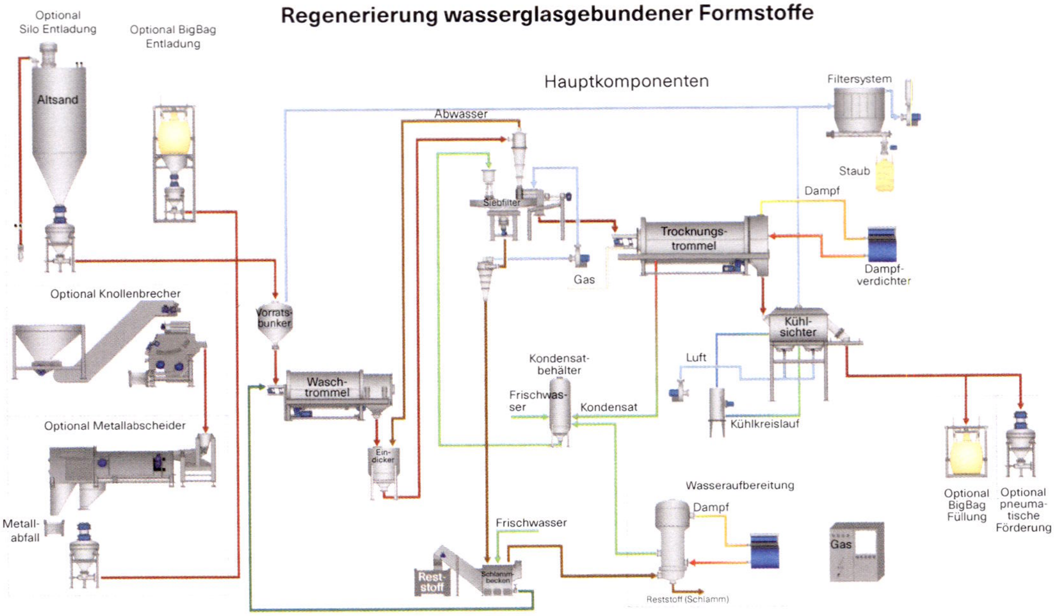

Bild 1: Blockschema-Nassregenierung [24]

Wasseraufbereitungstechnologie

Die Aufbereitung des Prozesswassers ist ein Kernpunkt der neuen Anlage. Das entstehende Abwasser enthält den ausgewaschenen Binder sowie geringe Anteile an Metallen, die nach dem Gießen im Altsand verbleiben. Zur Aufbereitung des Abwassers wird eine Anlage zum Eindicken des Abwassers auf sechs Prozent des ursprünglichen Volumens verwendet. Dabei wird gereinigtes Wasser erzeugt, dass dem Prozess als Waschwasser erneut zugeführt wird. Das Abwasser ist gereinigt, vollkommen demineralisiert und bestens für den Waschvorgang geeignet.

Durch diese Art der Aufbereitung wird der Wasserverbrauch drastisch gesenkt, da nur das Verlustwasser dem Prozess als Frischwasser zugeführt werden muss. Insgesamt werden so nur 12 l Frischwasser pro Tonne Sand benötigt. Die gleiche Menge muss als Konzentrat aus Binder, Wasser und Schlämmstoffe entsorgt werden.

Energiebilanz

Die Trocknungstechnologie besteht aus einer Kombination aus mechanischer und thermischer Trocknung. Im ersten Schritt wird der Formstoff so weit wie möglich mechanisch entwässert. Nach der energetisch günstigen mechanischen Entwässerung wird eine thermische Trocknung genutzt. Der Sand wird vollständig getrocknet. Für die thermische Trocknung wird eine patentierte Trockentrommel mit einem Gasbrenner als primäre Energiequelle genutzt. Um die Energieeffizienz erheblich zu verbessern, wird ein Verfahren zur Kondensationsenergie-Rückgewinnung durch Brüden-Verdichtung genutzt. Dabei wird der bei der Trocknung freigesetzte Wasserdampf verdichtet und anschließend bei höherer Temperatur kondensiert. Die dabei freiwerdende Wärme wird dem Trocknungsprozess wieder zugeführt. Die Trocknung nutzt somit sowohl Konvektions- als auch Kontaktwärme um den Sand zu trocknen. Das Kondensat wird in einem Behälter aufgefangen und als destilliertes Wasser für den Waschvorgang genutzt. Durch diesen Kreislauf wird die Wärmeenergie nahezu vollständig im Prozess gehalten.

Im letzten Schritt gelangt der Sand in einen Kühlsichter. Im Sichter wird der Sand fluidisiert und durch Kühlelemente heruntergekühlt. Durch das Sichten werden Staubanteile aus dem Sand abgeführt und der Sand auf die gewünschte Temperatur gebracht.

Die entsprechend ausgelegte Entstaubungsanlage ist Bestandteil der Gesamtanlage.

Regeneratqualität

Die Regeneratqualität wurde anhand der erreichten Festigkeiten der Kerne **(Bild 2)**, des Kerngewichtes **(Bild 3)** und der elektrischen Leitfähigkeit **(Bild 4)** im Vergleich zur Verwendung von Neusand beziehungsweise ausschließlich Altsand bewertet. Insbesondere für die elektrische Leitfähigkeit des regenerierten Sandes konnten Werte unter 1000 µS/cm erzielt werden.

Mit dem Regenerat wurden Werte nahe der Neusandqualität erreicht.

Die nass-mechanische Aufbereitung des Sandes ermöglicht es weitere Aufbereitungsschritte in den Regenerierungsprozess zu integrieren. So ist es zum Beispiel denkbar, eine Nassklassierung nach der Regeneration zu nutzen, um das Regenerat in verschiedene Sandklassen zu trennen.

Damit ist es möglich, bei Hybridkernpaketen aus konventionell geschossenen und additiv gefertigten Kernen den feinen Sand für das Drucken der Kerne vom gröberen Sand für die Kernschießmaschinen zu trennen, und das Regenerat den Verbrauchern entsprechend der Anforderungen wieder zuzuführen.

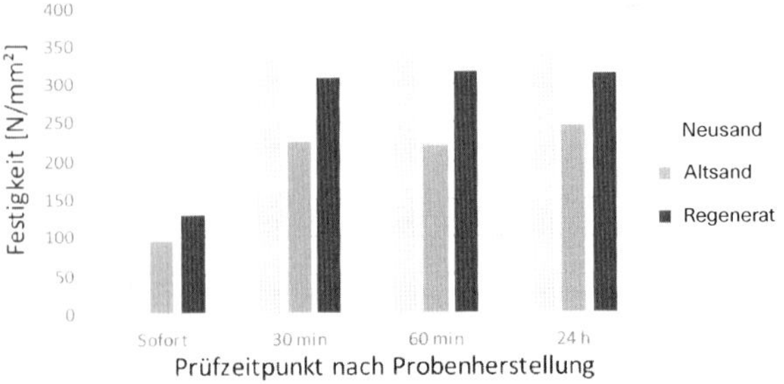

Bild 2: Kernfestigkeiten im Vergleich

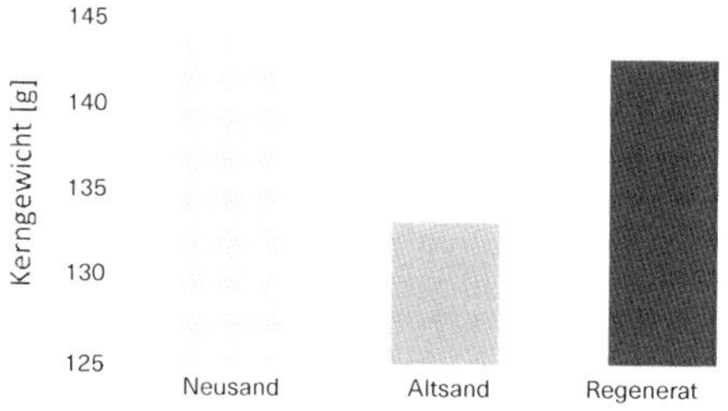

Bild 3:
Kerngewicht
im Vergleich

Das Einbinden einer Attritionsstufe zur Kornoberflächenreinigung ist technisch jederzeit möglich. Dadurch wird die Regeneratqualität nochmals deutlich verbessert. Die hydraulische Förderung von Sand-Wasser-Gemisch mit verschleißfesten, gummierten Kreiselpumpen führt bei richtiger Auslegung zu Reduzierung der Betriebskosten und Vermeidung einer Kornzerstörung

Die intelligente Steuerungstechnik ermöglichst es, dass sich die Parameter der Anlage den Anforderungen und Bedürfnissen an das Regenerat leicht anpassen lassen.

Über entsprechende neue Regenerat-Rezepte lassen sich die Binderanteile reduzieren bzw. ist ein direkter Einfluss auf die Qualität der Kerne und des Gusses gegeben. Anhand der elektrischen Leitfähigkeit (Bild 4) beziehungsweise der Bestimmung der Restalkalität ist die Bewertung einer wesentlichen Eigenschaft des Sandes einzuschätzen. Für die elektrische Leitfähigkeit des regenerierten Sandes konnten Werte unter 1000 µS/cm erzielt werden.

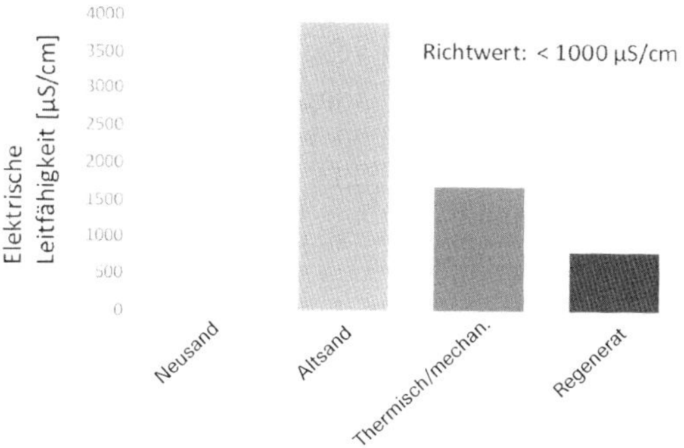

Bild 4:
Elektrische
Leitfähigkeit
im Vergleich

Darstellung Technologien [nach Weller, E.]

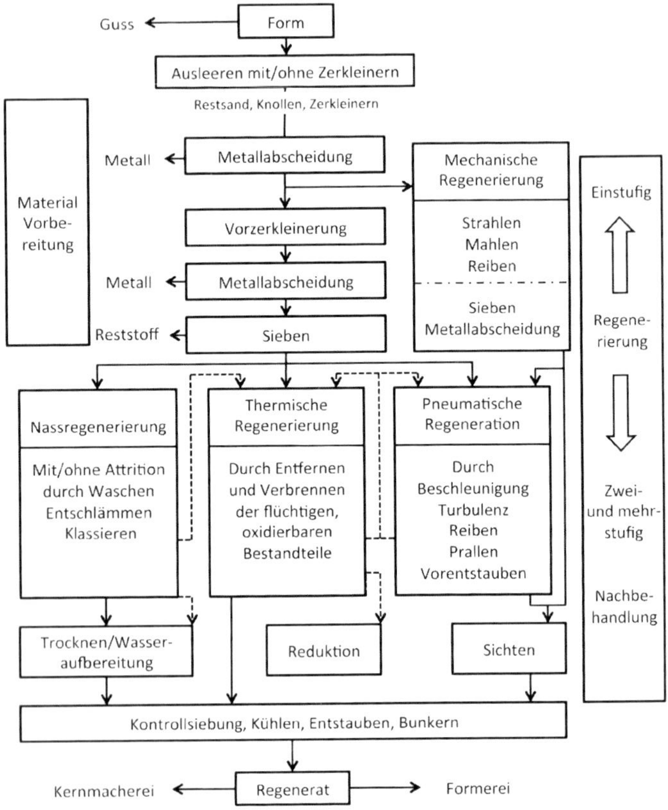

Regenerierungstechnologien für Monosandsysteme [21]

Formstoffart	Regenerierungstechnologie	Hauptelemente der Regenerierung	Anwendung	Grenzbedingungen	Minimal-Leistung [t/h]
Anorganische Monosysteme					
Grünsand	**mechanisch**	Schleuderreiben Rührreiben	Auffrischungssand für Grünsandkreislauf	Vortrocknung notwendig Verwertung von Feinanteilen	0,75
	pneumatisch	pneumatisches Reiben			
Wasserglas-Formstoff	**mechanisch**	Schleuderreiben Rührreiben	Nur zur Form- und Kernherstellung im Wasserglasverfahren	Versprödung der Binderbrücken bei 200 °C	0,5
	pneumatisch	pneumatisches Reiben			
Organische Monosysteme					
Kaltharzformstoff	**mechanisch (pneumatisch)**	reiben, schlagen, pneumatisches Scheuern	Kaltharzformherstellung	mechanisch: Binderhüllen sind beim Gießen spröde	1,5
	thermisch	Luftbett, Fließbett, Drehofen	Neusandersatz für Kaltharzkerne	Zielgrößen für Regeneratqualität schwierig zu treffen	
Cold-Box, SO_2, Hot-Box und Croning	**mechanisch (pneumatisch)**	Schleuderreiben, pneumatische Reiben, Fließbettscheuern	Neusandersatz in der Kernherstellung	mechanisch: Binderhüllen sind beim Gießen spröde	7,5
	thermisch	Fließbett, Drehofen		Zielgrößen für Regeneratqualität schwierig zu treffen	

Regenerierungstechnologien für Mischsandsysteme [21]

Formstoffart	Regenerierungstechnologie	Hauptelemente der Regenerierung	Verwendung des Regenerats	Eingangsbedingungen	Minimal-Leistung [t/h]
Mischsande aus organischen Systemen	**mechanisch**	pneumatisches Reiben Schleuderreiben Schlagen	Neusandersatz in der Kernherstellung (Anteile an Regenerat: 50–100 %)	mechanische Regenerierung nur, wenn die Binderhüllen vor der Regenerierung durch Erwärmung oder Trocknung versprödet wurden. Periodische Prüfung P_2O_5, PbO und anderer gefährlicher Elemente im Sand. Einstellung der notwendigen Reinheit der Regenerate, die Qualität sollte der des Neusandes vergleichbar sein. Verwertung des Staubs aus thermischer Regenerierung.	0,75
	thermisch	Luftbett Fließbett Impulsbett Drehofen			
	kombiniert	Rotationsschleifen im erwärmten fluidisierten Sandbett oder erwärmten Impulsbett			
Mischsande aus Grünsand und Kernresten aus organischen Verfahren	**mechanisch**	pneumatisches Reiben Schleuderreiben mit und ohne Schlag-Rührreiben	Regenerat zum Wiedereinsatz im gleichen Formverfahren	Vorheriges Trocknen des Sandes bei 150–200 °C, Vor- und Nachentstaubung Notwendigkeit der Wiedernutzung des aktiven Bentonits Periodische Kontrolle des Oolithisierungsgrades und der Staubanteile	0,75
	kombiniert	Rührreiben in einem erwärmten fluidisierten Sandbett oder erwärmten Impulsbett	Regenerat für die Kernherstellung (Regeneratanteile bis 50 %)		

[1] Recknagel, U.: Das Sinterverhalten von Formgrundstoffen; GIESSEREI PRAXIS (2012) 9, S. 349
[2] Tilch, W., Polzin, H., Franke, M.: Praxishandbuch bentonitgebundener Formstoff; Fachverlag Schiele & Schön 2019
[3] Brown, J. R.: Foseco Ferrous Foundryman's Handbook; Elsevier Butterworth Heinemann 2005
[4] Tilch, W; Polzin, H.: Vorlesungsunterlagen TU Freiberg, Gießerei-Institut 2013
[5] Polzin,H.; Kooyers,T; Anorganisches Kernbindersystem für den Eisenguss, Peak Deutschland GmbH, Nossen
[6] Polzin, H.: Anorganische Binder zur Form- und Kernherstellung in der Gießerei; Fachverlag Schiele & Schön 2013
[7] Firmenmitteilung Hüttenes-Albertus Chemische Werke GmbH
[8] P. Irmscher, bentonitgebundene Formstoffe, Clariant SE Foundry Additives, 2017/2019.
[9] Clariant Produkte (Deutschland) GmbH, Zusammenstellungen Geko-Service-Labor, D-85368 Moosburg
[10] Böhnke, S., Podobed, O., Brune, J., Eilhard, M.: Auffrischung, Verstaubung und Oolithisierung bentonitgebundener Formstoffe und deren Einflussnahme auf die Formstoffeigenschaften und Gussqualität; GIESSEREI PRAXIS (2014) 1–2, S. 26–32
[11] Grefhorst, C., Böhnke, S.: Rückgewinnung von Bentonit aus Gießereistäuben; Giesserei-Rundschau 61 (2014) 3/4, S. 88–92
[12] Engelhardt, T.: Aktivierung, Deaktivierung und Aufbereitungsverhalten von Gießereibentoniten; Clariant, BU Functional Minerals Application Development EMEA, Sept. 2013
[13] Ernst, W.: Kühlen von bentonitgebundenem Formstoff – das Kühlerdiagramm zur Luftbedarfsbestimmung, Fachbericht, DATEC Dosier- und Automationstechnik GmbH, (2016)
[14] Podobed, O., Böhnke, S., Wanski, W., Winter, E., Wojtas, H.-J.: Altsandvorbefeuchtung als wirksamer Beitrag zum qualitativen Formstoff; GIESSEREI PRAXIS (2012) 7–8, S. 313–316

[15] Firmeninformation Maschinenfabrik Gustav Eirich GmbH & Co. KG, Hardheim

[16] Levelink, H.G., van den Berg, H., Frank, E.: Steuerung der Sandqualität bei modernen Formanlagen; GIESSEREI 62 (1975) 5, S. 93–99

[17] Engelhardt, T.: Neue Konzepte zur Emissionsminderung aus bentonitgebundenen Formstoffen; GIESSEREI PRAXIS (2010) 4, S. 93–100

[18] Kerber, H.: Zusammenstellung elektronisch gesteuerte Formstoffprüfung, Österreichisches Gießerei-Institut, Leoben

[19] Polzin, H., Ranft, D., Tilch, W., Grefhorst, C., Böhnke, S.: Das Hochtemperatur-Verformungsverhalten von bentonitgebundenen Formstoffen und Möglichkeiten seiner Beeinflussung – Neue Ergebnisse; GIESSEREI PRAXIS(2015)3, S. 93–98.

[20] Langenbuch, O.: Modulare Schlichteaufbereitung für multiple Prozesse in der Gießereiindustrie; GIESSEREI PRAXIS (2014) 7–8, S. 310–314

[21] Dańko J, Dańko R, Łucarz M (2007) Processes and devices for reclamation of used moulding sands; Monography, AKAPIT Ed, Krakow

[22] Recknagel, U., Dahlmann, M.: Spezialsande – Formgrundstoffe für modernen Kern- und Formherstellung, Hüttenes-Albertus Chemische Werke GmbH, 2008.

[23] Kerber, H.; Jakesch, P.; Stelzer, L.; Schindelbacher, G.; Heißprüfungen von Kern- und Formsanden zur Beurteilung des Erweichungs- und Verfestigungsverhaltens bis 700 °C; Österreichisches Gießerei-Institut, Leoben

[24] Zimmermann, St.: Regenerierung wasserglasgebundener Formstoffe: GIESSEREI PRAXIS 2020, Heft 5–6, S. 41–43

Spezielle Hinweise zu Arbeitssicherheit und Umweltschutz:

DGUV Regel 109-604 (Mai 2019)
Branche Metallhütten
Grundlagen für den Arbeitsschutz
Arbeitsplätze und Tätigkeiten: Gefahren und Maßnahmen

DGUV Regel 109-608 (August 2020)
Branche Gießerei
Sachgebiet Hütten-, Walzwerksanlagen, Gießereien und Hebetechnik des Fachbereichs Holz und Metall der DGUV, https://publikationen.dguv.de/

Der direkte Kontakt mit feuerflüssigen Massen (FFM) oder extreme Hitzestrahlung durch FFM können zu schwersten, lebensgefährlichen Verbrennungen von Haut und Augen führen. Hoher Sachschaden ist außerdem oft unvermeidlich. Die Gefahren bei Tätigkeiten mit feuerflüssigen Massen machen die Erstellung von individuellen Betriebsanweisungen erforderlich. Sie enthalten die im Rahmen der Gefährdungsbeurteilung festgelegten Maßnahmen.

DGUV Vorschrift
66 „Sprengkörper und Hohlkörper im Schrott"

DGUV Regel
109-011 „Umgang mit Magnesium"

DGUV Informationen:
209-018 Prüfung von Pfannen

Staatliche Vorschriften zum Umgang mit Gefahrstoffen
Verordnung zum Schutz vor Gefahrstoffen – GefStoffV

Technische Regel für Gefahrstoffe
TRGS 800 Brandschutzmaßnahmen
TRGS 900 Arbeitsplatzgrenzwerte

Staatliche Vorschriften zur Gestaltung von Arbeitsstätten
Arbeitsstättenverordnung – ArbStättV
Arbeitsstättenregeln – ASR

Grenzleistungen für das elektrische Schmelzen im Tiegelofen und Energieverbrauchsrichtwerte [1-5]

Werkstoffgruppe	Grenzleistung [kW/t]	Frequenzbereich [Hz]	spez. Energieverbrauch [kWh/t]
Stahl und Gusseisen	300–350	50	580–600
	1000 (<8 t-Ofen)	125–250	
	800 (>8 t-Ofen)	125–250	
Kupfer/ Kupferlegierungen	500–2000 *)	500–1000	340–380
Aluminium-Legierungen	500	150	485–525

*) Schmelzanlagen bis 2200 kg Chargengewicht

Gesamtwirkungsgrad von Schmelzöfen [1-7]

Werkstoffgruppe	Wirkungsgrad in %					
	Induktionsöfen			brennstoffbeheizte Öfen		
	Rinnenofen	Netzfrequenz-Induktionsofen	Mittelfrequenz-Induktionsofen	Kupolofen	Tiegelofen	Schachtofen
Eisen-Werkstoffe	80	70–75	75–80	40–60		
Kupfer/Kupferlegierungen	80–88	50	56		20–40	
Aluminiumlegierungen	76–83	60–65	65		20–40	40–60
Zink	85					

Enthalpie bezogen auf jeweilige Schmelztemperatur reiner Stoffe und Legierungen und Überhitzungsenthalpie [1]

Reine Stoffe	Schmelz-temperatur [°C]	Enthalpie [kWh/t]	Überhitzungsenthalpie [kWh/(t·K)]
Fe	1600	375	0,23
Ni	1500	317	0,20
Si	1500	877	0,27
Cu	1150	195	0,14
Mg	700	320	0,39
Al	700	310	0,31
Zn	500	88	0,13

Legierungen	Schmelz-temperatur [°C]	Enthalpie [kWh/t]	Überhitzungsenthalpie [kWh/(t·K)]
GX20Cr14 (0,2 % C, 14 % Cr)	1600	373	0,23
GJS	1400	368	0,23
	1480	385	0,23
GJL leg. (22 % Ni)	1400	367	0,23
Ferrosilizium (75 % Si)	1400	621	0,26
Messing (Cu 63 %, Zn 37 %)	1000	149	0,14
Al-Legierung (6 % Si, 4 % Cu)	700	320	0,31
Al-Legierung (5 % Mg)	700	307	0,33
Al-Legierung (12 % Si)	650	323	0,32

Energieflussbild Mittelfrequenz-Induktions-Tiegelofen [1,5–8]

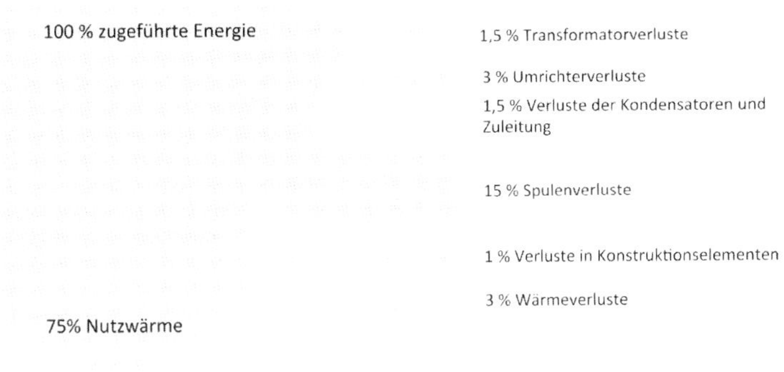

Potenzial für Energieeffizienzsteigerungen nach dem Stand der Technik der Induktionsofentechnologie

Unterschied im Energieverbrauch zwischen Mittelfrequenz- und Netzfrequenztechnik für Gusseisen [8]

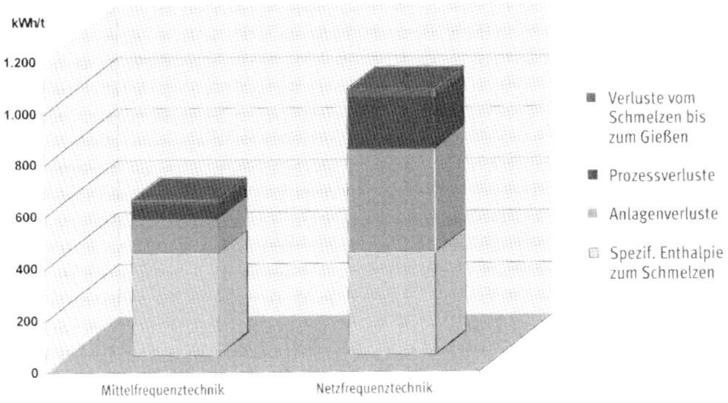

Wirkungsgrad von Mittelfrequenz-Induktions-Tiegelöfen

Das größte Optimierungspotential zur Steigerung der Effizienz eines Induktionstiegelofens ist bei den Spulenverlusten gegeben. So kann durch eine Verringerung der Dicke der feuerfesten Zustellung (Verringerung des Koppelspalts) um 20 mm der Wirkungsgrad der Spule um circa 2,4 % verbessert werden. Durch die Verringerung der Dicke der feuerfesten Zustellung ergibt sich zusätzlich eine größere Tonnage und kürzere spezifische Schmelzzeit. Ein sicherer Ofenbetrieb ist auch mit dünnerer feuerfester Zustellung möglich, ein entsprechendes Restwandstärkemesssystem verwendet oder eine Überwachung der Spulentemperatur durchgeführt wird. [10]

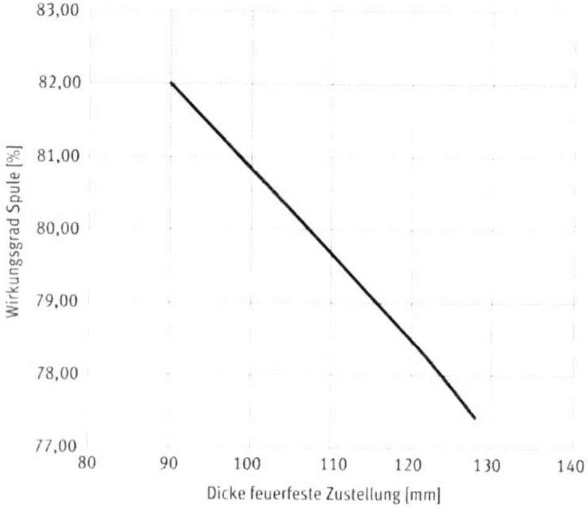

Der Wirkungsgrad der Ofenspule in Abhängigkeit von der Dicke der feuerfesten Zustellung [9]

Energieflussbild Kaltwind-Kupolofen [6]

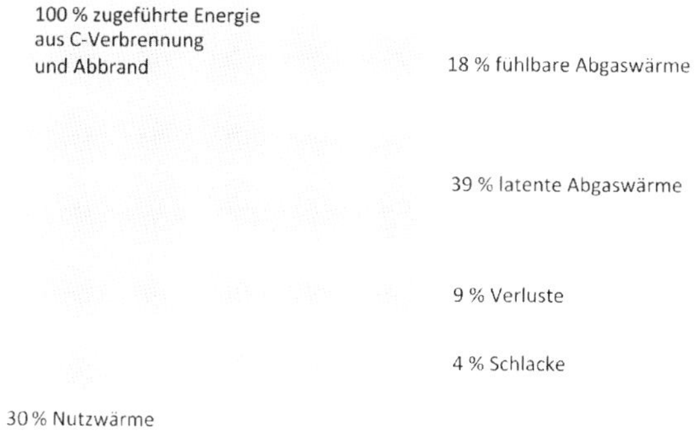

Energieflussbild Heißwind-Kupolofen-Anlage mit Wärmerückgewinnung [6, 11]

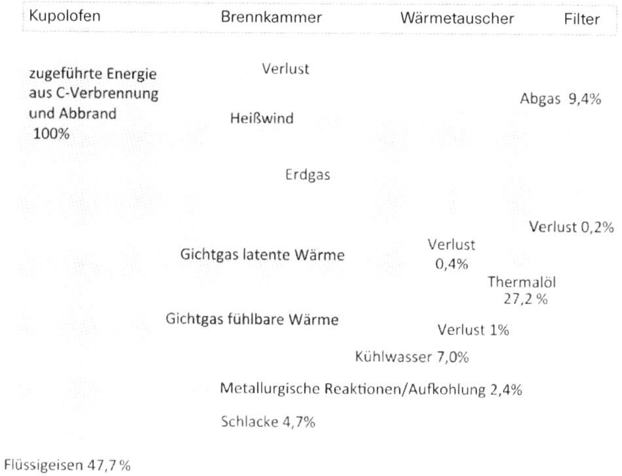

Energieverbrauchsanteile von Gießereien mit Serienfertigung und hoher Mechanisierung (Sandguss) [30]

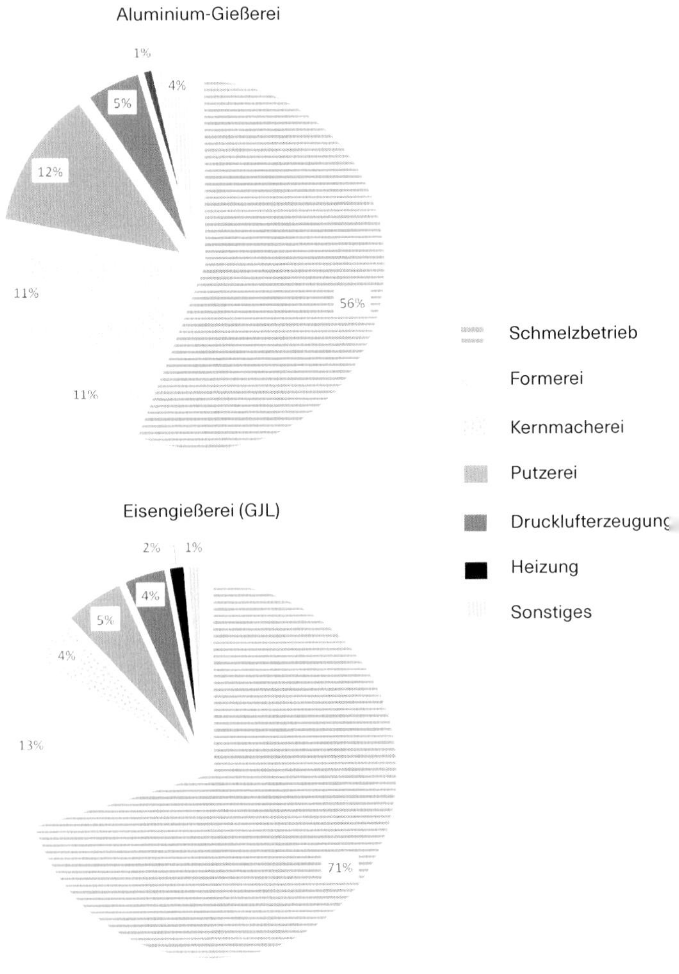

Zusammenstellung der Umrechnungsfaktoren zwischen End- und Primärenergie sowie endenergiebezogener CO_2-Emissionen für verschiedene Energieträger [2]

Umrechnungsfaktoren verschiedener Endenergieträger	Verhältnis Endenergie zu Primärenergie	Endenergiebezogener CO_2-Emissionsfaktor [kg/kWh]
Strom, Deutschland	0,327	0,615
Strom, westliche Welt	0,540	0,293
Steinkohle	0,933	0,406
Steinkohlenkoks	0,897	0,473
Braunkohle	0,963	0,413
Erdgas	0,932	0,227
Heizöl, leicht	0,913	0,301
Heizöl, schwer	0,878	0,318
Flüssiggas	0,878	0,268
Dieselkraftstoff	0,884	0,301

Zusammenstellung der CO_2-Emissionsfaktoren für Strom

	Endenergiebezogener CO_2-Emissionsfaktor [2] [kg/kWh]	CO_2-Emissionsfaktor für Strommix **) [kg/kWh]
Strom, westliche Welt	0,293	-
Strom, Deutschland (1996)	0,615	0,685
Strom, Deutschland (2007)	0,509	0,622
Strom, Deutschland (2020) *)	0,345 *)	0,375

*) Branchenprognose 2020 nach [2]
**) Umweltbundesamt/©Statista 2022-10.11.2022

Anhaltswerte für Gießtemperaturen

Gießwerkstoffbezeichnung	Gießtemperatur [°C] dickwandig-dünnwandig
Aluminium-Gusslegierungen	620 bis 730
Magnesium-Gusslegierungen	620 bis 730
Kupfer G-Cu	1150 bis 1290
Kupfer-Chrom-Gusslegierung G-CuCr	1200 bis 1260
Kupfer-Beryllium-Gusslegierung G-CuBe0,5 G-CuBe0,5Ag G-CuBe2Co(Ni)	 1180 bis 1260 1120 bis 1230 1010 bis 1120
Kupfer-Zinn-Gusslegierung G-CuSn12 G-CuSn10,G-CuSn7ZnPb, G-CuSn5ZnPb	 1060 bis 1260 1050 bis 1230
Kupfer-Blei-Zinn-Gusslegierung G-CuPb10Sn, G-CuPb15Sn	 1010 bis 1150
Kupfer-Aluminium-Gusslegierung G-CuAl10Fe, G-CuAl10Ni, G-CuAl11Ni	 1120 bis 1260
Kupfer-Zink-Gusslegierung G-CuZn33Pb G-CuZn35Al1, G-CuZn15Si4 G-CuZn33Al2, G-CuZn25Al5	 1040 bis 1160 980 bis 1140 960 bis 1120
Kupfer-Nickel-Gusslegierung G-CuNi10 G-CuNi30	 1350 bis 1430 1370 bis 1450
Nickel-Kupfer-Gusslegierung G-NiCu30Nb, G-NiCu30Si3	 1370 bis 1500
Gusseisen unlegiert und niedriglegiert	 1340 bis 1480
Stahlguss unlegiert und niedriglegiert hochlegiert	 1560 bis 1700 1500 bis 1640
Titan-Gusslegierung	1700 bis 1800
Zink-Gusslegierung GD-ZnAl4, GD-ZnAl4Cu1 (Druckguss) G-ZnAl4Cu3 GD-ZnAl8Cu1 (ZA-8) (Druckguss) GD-ZnAl12Cu1 (ZA-12) (Druckguss) GD-ZnAl27Cu2 (ZA-27) (Druckguss)	 420 bis 440 420 bis 480 420 bis 440 475 bis 530 525 bis 580

Edelmetall-Thermoelemente

Messbereich	positiver Schenkel	negativer Schenkel
-270 bis -230 °C	Cu	AuFe0,02at %
-270 bis 0 °C	Cu	AuCo2,1at %
0 bis 700 °C	PtIr10	AuPd40
0 bis 1200 °C	PtPd12,5	AuPd46
0 bis 1200 °C	Pd83Pt14Au3	AuPd35
850 bis 1 600 °C	PtRh10	Pt
1 000 bis 1 800 °C	PtRh30	PtRh6
1 000 bis 2 200 °C	RhIr60	Ir

Gebräuchliche Thermopaare

Typ	Bezeichnung	Legierung	Temperaturbereich in °C	Thermospannung in µV/K	Farbcode nach IIEC 60584-3 2022-02
S	Platin-Platin-Rhodium	(+) Pt (–) PtRh 10 %	0 bis 1500	10,5	(+) orange (-) weiß (Mantel) orange
K	Nickel-Chrom/ Nickel-Aluminium	(+) NiCr 10 % (Si, Mn, Fe) (–) NiAl 2 % (Si, Mn)	0 bis 1100	41,3	(+) grün (-) weiß (Mantel) grün
J	Eisen/ Kupfer-Nickel	(+) Fe (–) CuNi 45 % (Si, Mn, Fe)	+20 bis 700	54	(+) schwarz (-) weiß (Mantel) schwarz
T	Kupfer/ Kupfer-Nickel	(+) Cu (–) CuNi 45 % (Si, Mn, Fe)	-200 bis 300	52	(+) braun (-) weiß (Mantel) braun

Schmelzpunkte und -bereiche sowie Dichte und Abkühlziffern für verschiedene Metalle und Legierungen

Metall/Legierung	Richtzusammensetzung in %	Schmelzpunkt/ -bereich [°C]	Dichte [g/cm³]	Abkühlziffer *) K
Al				
Aluminium	100 Al	658	2,70	+18,0 ± 2
Calcium-Aluminium	73 Al; 26 Ca	900–1080	2,4	
Ferroaluminium	35 Al; 65 Fe	1230–1270	5,1	-17,3 ± 2
Ferroaluminium	50 Al; 50 Fe			-15,9 ± 2
Titan-Aluminium	95 Al; 5 Ti	665–1095	2,1	
Titan-Aluminium	90 Al; 10 Ti	665–1195	2,2	
Titan-Aluminium	40 Al; 60 Ti	1440–1470	3,9	-15,7 ± 3
Be				
Aluminium-Beryllium	5 Be; 95 Al	650–880	2,7	
Kupfer-Beryllium	4 Be; 96 Cu	865–890	8,25	
Nickel-Beryllium	6 Be; 94 Ni	1160–1190		
Bi				
Wismut-Metall	100 Bi	272	9,80	
Blei-Wismut	30 Bi; 70 Pb	185–220		
B				
Bor	100 B	ca. 2300	2,34	
Ferrobor	15 B; 2 Al; 1 Si; 82 Fe	1450–1500	ca. 6,7	-16,2 ± 6
Ferrobor	20 B; 2 Al; 1 Si; 77 Fe	1500–1540	ca. 6,5	-11,9 ± 5
Nickel-Bor	15 B; 1 Fe; 84 Ni	1020–1250	ca. 7,1	
Ca				
Calcium-Aluminium	26 Ca; 7,3 Al	900–1080	2,4	
Calcium-Silizium	31 Ca; 62 Si	980–1200	2,5	
Calcium-Silizium-Aluminium	27 Ca; 55 Si; 10 Al	900–970	2,4	

Schmelzpunkte und -bereiche sowie Dichte und Abkühlziffern für verschiedene Metalle und Legierungen

Metall/Legierung	Richtzusammensetzung in %	Schmelzpunkt/ -bereich [°C]	Dichte [g/cm³]	Abkühlziffer *) K
Calcium-Silizium-Aluminium	22 Ca; 53 Si; 18 Al	880–940	2,5	
Calcium-Silizium-Aluminium	18 Ca; 38 Si; 37 Al	830–880	2,6	
Calcium-Silizium-Magnesium	28 Ca; 53 Si; 10 Mg	1000–1250	2,3	
Cr				
Chrom	100 Cr	ca. 1900	7,2	-21,5 ± 2
Elektrolytchrom	99,9 Cr	ca. 1875	7,2	
Chrom, aluminothermisch	99,4 Cr	ca. 1850	7,2	
Ferrochrom suraffiné	72 Cr; 0,01 C; 0,6 Si; 26 Fe	1660–1690	7,35	-19,4 ± 3
Ferrochrom suraffiné	72 Cr; 0,10 C; 0,6 Si; 26 Fe	1600–1650	7,35	-19,4 ± 3
Ferrochrom suraffiné	72 Cr; 0,5 C; 0,6 Si; 25 Fe	1590–1650	7,35	-19,7 ± 3
Ferrochrom affiné	70 Cr; 1 C; 0,6 Si; 27 Fe	1580–1610	7,34	
Ferrochrom affiné	70 Cr; 2 C; 0,6 Si; 26 Fe	1400–1500	7,31	
Ferrochrom carburé	69 Cr; 4 C; 0,6 SI; 25 Fe	1360–1420	7,2	
Ferrochrom carburé	69 Cr; 6 C; 0,6 SI; 24 Fe	1350–1500	7,1	
Ferrochrom carburé	64 Cr; 6 C; 0,6 SI; 28 Fe			-24,9 ± 4
Ferrochrom carburé	63 Cr; 5,5 C; 0,6 SI; 23 Fe	1400–1500	6,7	

Schmelzpunkte und -bereiche sowie Dichte und Abkühlziffern für verschiedene Metalle und Legierungen

Metall/Legierung	Richtzusammensetzung in %	Schmelzpunkt/-bereich [°C]	Dichte [g/cm³]	Abkühlziffer *) K
Ferrochrom-Stickstoff	70 Cr; 3,8 N; 0,04 C; 0,75 Si	1425–1515	7,34	
Silico-Chrom 40	42 Cr; 42 Si; 16 Fe	1300–1400	5,3	-16,9 ± 4
Silico-Chrom 60	61 Cr; 23 Si; 16 Fe	1500–1600	5,8	-22,7 ± 4
Co				
Kobalt	100 Co	1495	8,9	-14,0 ± 1
Cu				
Kupfer	100 Cu	1083	8,96	
Kupfer-Titan	70 Cu; 30 Ti	875–900	7,3	
Kupfer-Zirkon	65 Cu; 35 Zr	ca. 1115		
Kupfer-Zirkon	50 Cu; 50 Zr	890–900		
Mg				
Magnesium	100 Mg	650	1,74	
Nickel-Magnesium	15 Mg; 85 Ni	1050–1130	ca.6,1	
Ferronickel-Magnesium	15 Mg; 69 Ni; 15 Fe	1050–1070	ca. 6,0	
Ferrosilizium-Magnesium	5 Mg; 47 Si; 45 Fe	950–1275	ca. 4,3	
Ferrosilizium-Magnesium	10 Mg; 45 Si; 42 Fe	950–1245	ca. 3,8	
Ferrosilizium-Magnesium	30 Mg; 55 Si; 12 Fe	900–1000	ca. 2,5	
Calcium-Silizium-Magnesium	10 Mg; 55 Si; 39 Ca	900–1100	ca. 2,2	
Mn				
Mangan, elektrolyt.	99,9 Mn	ca. 1240	7,4	-18,3 ± 1
Mangan	96 Mn; 3 Fe; 0,5 Si	ca. 1230	ca. 7,8	-18,3 ± 1
Ferromangan suraffiné	85 Mn; 1,5 Si; 13,5 Fe	ca. 1240	ca. 7,3	-18,3 ± 1

Schmelzpunkte und -bereiche sowie Dichte und Abkühlziffern für verschiedene Metalle und Legierungen

Metall/Legierung	Richtzusammen-setzung in %	Schmelz-punkt/ -bereich [°C]	Dichte [g/cm³]	Abkühl-ziffer *) K
Ferromangan affiné	80 Mn; 1,5 Si; 1,5 C; 17 Fe	1150–1190	ca. 7,4	-18,7 ± 2
Ferromangan carburé	78 Mn; 1 Si; 7 C; 14 Fe	1070–1260	ca. 7,3	
Silico-Mangan	70 Mn; 20 Si; 1 C; 8 Fe	1130–1235	ca. 6,3	-18,4 ± 3
Silico-Mangan	63 Mn; 33 Si; 0,05 C; 3 Fe	ca. 1275		-16,9 ± 2
Mo				
Molybdän	100 Mo	ca. 2620	10,2	
Ferromolybdän	70 Mo; 0,5 Si; 29 Fe	1800–1900	ca. 9,4	-10,8 ± 3
Ferromolybdän	62 Mo; 1 Si; 36 Fe	1800–1900	ca. 9,0	-10,8 ± 3
Ni				
Nickel	100 Ni	1454	8,9	-10,3 ± 1
Ferronickel	51 Ni; 0,5 Co; 48 Fe	ca. 1430	ca. 8,3	
Nickel-Bor	84 Ni; 15 B; 1 Fe	1020–1250	ca. 7,1	
Nickel-Magnesium	85 Ni; 15 Mg	1050–1130	ca. 6,1	
Nickel-Niob	42 Ni; 56 Nb; 1 Al; 1 Fe	1280–1360	ca. 8,8	
Nb				
Ferroniob	65 Nb; 1 Al; 1 Si; 32 Fe	1530–1580	ca. 8,1	-10,7 ± 3
Ferroniob-Tantal	63 Nb; 5,5 Ta; 2 Al; 28 Fe	1530–1600	ca. 8,4	
P				
Ferrophosphor	24 P; 1 Si; 73 Fe	1250–1350	ca. 6,4	
Si				
Siliziummetall	99 Si	1410–1440	ca. 2,3	+17,0 ± 3
Ferrosilizium	45 Si; 54 Fe	1215–1300	ca. 5,1	-10,0 ± 3
Ferrosilizium	75 Si; 24 Fe	1210–1315	ca. 2,8	+ 4,9 ± 3
Ferrosilizium	90 Si; 9 Fe	1210–1380	ca. 2,4	+12,4 ± 3

Schmelzpunkte und -bereiche sowie Dichte und Abkühlziffern für verschiedene Metalle und Legierungen

Metall/Legierung	Richtzusammen-setzung in %	Schmelz-punkt/-bereich [°C]	Dichte [g/cm³]	Abkühl-ziffer *) K
Ti	30 Ti; 4 Al; 3 Si; 62 Fe			
Ferrotitan		1315–1500	ca. 6,2	-16,4 ± 4
Ferrotitan	40 Ti; 6 Al; 2 Si; 51 Fe	1335–1480	ca. 5,9	-16,3 ± 4
Ferrotitan	70 Ti; 0,5 Al; 28 Fe	1070–1135	ca. 5,4	-12,3 ± 3
Titan-Aluminium	10 Ti; 90 Al	665–1195	ca. 2,2	
Titan-Aluminium	60 Ti; 40 Al	1440–1470	ca. 3,9	-15,7 ± 3
V				
Vanadium-Metall	99,8 V	ca. 1900	ca. 6,1	
Ferrovanadium	60 V; 1,5 Al; 37 Fe	1550–1600	ca. 6,9	-18,1 ± 5
Ferrovanadium	80 V; 1 Al; 1 Si; 17 Fe	1690–1770	ca. 6,4	-17,7 ± 5
Vanadium-Aluminium	50 V; 49,5 Al	1450–1670	ca. 4,0	
Vanadium-Aluminium	85 V; 14,5 Al	1840–1860	ca. 5,2	
W				
Wolfram-Metall	100 W	ca. 3410	ca. 19,3	
Ferro-Wolfram	80 W; 1 C; 17 Fe	ca. 3410	ca. 15,4	-6,5 ± 3
Melting Base	30 W; 1 C; 2 Cr; 65 Fe			
Zr				
Ferrozirkon	85 Zr; 15 Fe	935–1000		
Kupfer-Zirkon	35 Zr; 65 Cu	ca. 1115		
Kupfer-Zirkon	50 Zr; 50 Cu	890–900		
Ferrosilizium-Zirkon	38 Zr; 50 Si; 11 Fe	1250–1340	ca. 3,5	

*) Die Abkühlziffern geben die Temperaturänderungen in K an, die eine Stahlschmelze von 1600 °C erfährt, wenn 1 % einer Legierung oder eines Metalls dem Stahl zugegeben wird. Die Abkühlziffern sind anwendbar bei Zusätzen bis ca. 10 %.

Übersicht der Aufkohlungsmittel für das elektrische Schmelzen [1, 13, 14]

Aufkohlungsmittel	Aschegehalt [%]	Wassergehalt [%]	Stickstoffgehalt [%]	Wasserstoffgehalt [%]	Schwefelgehalt [%]	Flüchtige Bestandteile [%]	Kohlenstoffgehalt [%]	mittlere Schüttdichte [kg/m³]
synthetischer Graphit	0,50	0,30	0,01	–	0,04	0,10	99,00	840
Naturgraphit	11,00	0,70	0,02	–	0,10	1,00	87,30	–
Elektrodengraphit	0,20	–	< 0,1	< 0,1	0,05	< 0,2	99,20	–
calcinierter Petrolkoks mit hohem Schwefelgehalt	0,40	0,40	0,60	0,15	1,50	0,30	98,90	770
calcinierter Petrolkoks mit niedrigem Schwefelgehalt	0,05	0,10	0,07	0,04	0,10	0,20	99,55	800
getrockneter metallurgischer Koks	9,00	0,30	1,00	–	1,00	1,00	89,70	640
Acethylenkoks	0,15–0,4	0,25	0,05	0,20	0,30	0,40	99,25	–
Pechkoks	0,50	0,50	0,70	0,20	0,40	0,50	98,00	550
verkokte Braunkohle	2,50	2,00	0,60	1,10	0,25	3,50	92,00	640
Koksgruss	9,00	–	1,00	–	1,00	1,00	88,00	–
Kohlenstoffpellets	0,10	0,10	0,50	–	0,70	1,00	98,80	–
elektrisch calcinierter Anthrazit	4,00	0,20	0,40	–	0,25	0,25	95,50	900

Auswahl von Rein- und Reinsteisen als Einsatzmaterial

Massengehalte in % max.	C	Mn	P	S	N	Cu	Co	Si
Sorte								
Armco Güte1	0,020	0,20	0,015	0,015	0,007	0,06	n.b.	0,010
Armco Güte2	0,010	0,20	0,010	0,008	0,006	0,03	n.b.	0,010
Armco Güte3	0,010	0,08	0,010	0,005	0,005	0,03	n.b.	0,010
Armco Güte4	0,010	0,06	0,005	0,003	0,005	0,03	0,005	0,005
Abmessungen	Knüppel/Vorblöcke 80 bis 120 mm vierkant, Längen 300 bis 8000 mm Rohblock 320 x 320, Längen 1000 bis 9000 mm							

[15]

Massengehalte in % max.	C	Mn	P	S	N	Cu	Co	Si
Sorte								
EFP II ULC	0,003	0,080	0,005	0,005	0,004	n.b.	n.b.	0,010
EFP V	0.006	0,100	0,008	0,008	0,010	n.b.	n.b.	0,010
EFP C	0,004	0,040	0,002	0,002	0,004	n.b.	n.b.	0,010
Abmessungen	Knüppel Standard 80 x 80 x 300 mm							

[16]

Formlinge für den Kupolofeneinsatz

	Si	Mn	Al (metallisch)	Fe	C	Bindemittelzusatz
FeSi	50–75 %	–	max. 1,5 %	18–20 %	-	Portlandzement 15–20 %
FeMn	–	50–70 %	max. 0,3 %	12–15 %	4–6 %	Portlandzement 15–20 %
SiC	30–45 %	–	max. 0,3 %	max. 1,5 %	25–33 %	Portlandzement 15–20 %
Lieferform:		Formlinge in kubischen Formaten (Kubus, Hexagonal, Zylinder)				

Siliziumcarbid SiC für den metallurgischen Einsatz in Elektroschmelzöfen und als Ausgangsmaterial für feuerfeste Produkte

	SiC	Fe	C	Korngröße in mm	Kornform	Schüttgewicht kg/dm^3
SiC	min. 90 %	max. 0,5 %	max. 3 %	0–1 1–3 3–5 1–10 1–20	scharfkantig	1,30–1,50
Lieferform:	Sackware, BigBag, Silofahrzeug					

Spiegeleisen und Hochofen-Ferrosilizium

Sorte	Massengehalte in %				
	Si	Mn	P	S	C_{ges}
Spiegeleisen	max. 1,0	6 bis 30[1]	0,10 bis 0,15	max. 0,04	4,0 bis 5,0[2]
Hochofen-Ferrosilizium	8 bis 13	0,4 bis 0,7	0,10 bis 0,15	0,02 bis 0,04	1,6 bis 2,5

[1] In Stufen von 2 % für ≤ 18 % Mn und in Stufen von 4 % für > 18 % Mn
[2] Je nach Höhe des Mn-Gehaltes

Hämatitroheisen – Richtwerte der chemischen Zusammensetzung

Sorte	Chemische Zusammensetzung in %					
	Si		Mn	P	S	C_{ges} Richtwerte
	Spezifikation	Einteilung				
Sondersorte	1,50–2,00		0,7–1,0	max. 0,12	max. 0,04	3,9–4,4
Standardsorte	2,00–2,50	2,00–2,30	0,7–1,0	max. 0,12	max. 0,04	3,8–4,2
		2,20–2,50				
	2,50–3,00	2,50–2,80	0,7–1,0	max. 0,12	max. 0,04	3,7–4,1
		2,70–3,00				
Sondersorte	3,00–3,50		0,7–1,0	max. 0,12	max. 0,04	3,6–4,0

Gießereiroheisen – Richtwerte der chemischen Zusammensetzung

Sorte	Chemische Zusammensetzung in %					
	Si		Mn	P	S	C_{ges} Richtwerte
	Spezifikation	Einteilung				
Sondersorte	1,50–2,00		0,6–0,9	0,5–0,7	max. 0,04	3,7–4,1
Standardsorte	2,00–2,50	2,00–2,30	0,6–0,9	0,5–0,7	max. 0,04	3,7–4,1
		2,20–2,50				
	2,50–3,00	2,50–2,80	0,6–0,9	0,5–0,7	max. 0,04	3,6–4,0
		2,70–3,00				
Sondersorte	3,00–3,50		0,6–0,9	0,5–0,7	max. 0,04	3,5–3,9

Schlacke und Staubanfall beim Schmelzen von Eisengusswerkstoffen im Kupolofen [17]

Schlacke	Staubauswurf	
Schlackenmenge 4–8 %/40–80 kg/t_{Fe}	Staubmenge	5–13 kg/t_{Fe}
Schlackenanalyse	Staubanalyse	
45–55 % SiO_2	Eisenoxid (Fe_2O_3 u. a.)	30–60 %
25–40 % CaO	SiO_2 (auch als Fe_2SiO_4)	ca. 25 %
8–20 % Al_2O_3	Koksabrieb/Kohlenstoff (auch Glühverlust)	3–15 %
1–3 % MgO	MnO	3–10 %
1–4 % MnO	Al_2O_3	1–3 %
1–6 % FeO	MgO	1–3 %
–1 % Ca+FeS+MnS	CaO	< 1 %
–1 % TiO_2	ZnO (je nach Einsatz)	bis 3 % (max. 20 %)
–1% ZnO	PbO und Schwermetalle	< 1 %
	Schwefel	bis 2 %
	wasserlösliche Alkalioxide Na_2O, K_2O (aus Koksasche)	0,3–5 %
	wasserlösliche Sulfate	0,3–5 %
	Korngröße < 10 µm	Kaltwind-Kupolofen 20 % Heißwind-Kupolofen 30 %
	Korngröße < 100 µm	Kaltwind-Kupolofen 50 % Heißwind-Kupolofen 70 %
	Korngröße ZnO	0,01–3 µm

Beispiele typischer Schlackeanalysen [19]

Kupolofen	**1**	**2**	**3**	**4**	**5**	**6**
Werkstoff	GJS/ GJL	GJS/ GJL	GJS/GJL	GJL	GJL	GJMW/ GJMB
Inhaltsstoffe						
Al_2O_3	7,77	12,57	7,74	9,52	8,28	5,89
SiO_2	53,97	46,61	52,26	43,44	48,30	54,13
Fe_2O_3	1,36	3,87	0,24	1,49	1,13	5,56
TiO_2	0,34	0,51	0,31	0,40	0,42	0,20
CaO	31,49	26,57	35,00	38,85	38,4	27,29
MgO	0,91	8,53	1,19	0,9	1,16	0,85
K_2O	0,24	0,39	0,31	0,33	0,18	0,27
Na_2O	0,24	0,31	0,30	0,35	0,19	0,18
Mn_3O_4	3,31	0,45	2,47	3,55	1,66	5,46
Cr_2O_3	0,11	<0,01	<0,01	0,10	0,07	0,03
P_2O_5	<0,01	0,03	0,01	0,02	0,01	0,01
ZnO_2	0,03	0,03	0,03	0,04	0,10	0,03
SrO	0,09	0,03	0,05	0,05	0,06	0,03
BaO	0,15	0,10	0,08	0,12	0,11	0,08
Basizität	0,60	0,75	0,69	0,92	0,82	0,52
Fe_2O_3/Mn_3O_4	0,41	8,62	0,10	0,42	0,68	1,02
Alkalimetalle	0,48	0,70	0,61	0,68	0,37	0,45

Feuerfestwerkstoffe – Grundlagen

Feuerfeste Werkstoffe werden von den Grundoxiden SiO_2, Al_2O_3, MgO, CaO, Cr_2O_3 , ZrO_2 und deren Verbindungen und in Kombination mit Kohlenstoff bestimmt.

Grundstoffpyramide mit der Lage der feuerfesten Werkstoffe nach Barthel [18]:

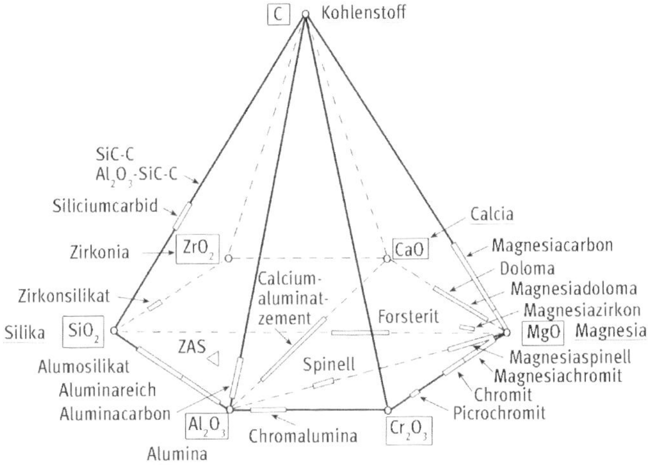

Hochschmelzende Oxide als Grundlage von Feuerfestmaterialien

Formel	**Name**	**Trivialname**	**Schmelzpunkt**
SiO_2	Siliziumoxid	Kieselsäure	1720 °C
Al_2O_3	Aluminiumoxid	Tonerde	2050 °C
CaO	Kalziumoxid		2620 °C
MgO	Magnesiumoxid	Magnesia	2800 °C
Cr_2O_3	Chromoxid		2600 °C
ZrO_2	Zirkoniumoxid	Zirkonia	2700 °C

Feuerfestwerkstoffe in Kupolöfen

Spezifische Anforderungen [19]:

- gute Verarbeitbarkeit bei Neuzustellung und bei Reparaturarbeiten,
- geeignet für Trocknungs- und Aufheizprozesse in kürzester Zeit mit heißen Gasen,
- Thermoschockresistenz besonders beim Vorblasen und Niederschmelzen durch starke Flammenbildung bis zur Ringkammer,
- chemische Resistenz besonders gegenüber Kohlenmonoxid; beim Beginn des Schmelzvorganges werden nach dem Boudouard-Gleichgewicht ständig Kohlenmonoxid und Kohlendioxid erzeugt, die einen intensiven Kontakt mit dem Feuerfestmaterial haben und chemisch reaktionsfähig sind.
- ausreichende mechanische Beanspruchbarkeit durch das Einsatzmaterial beim Durchwandern der einzelnen Ofenzonen,
- chemischer Resistenz gegenüber der sich bildenden Schlacke, besonders bei großen Schlackemengen,
- gutes Ausbruchverhalten zur Entlastung der Mitarbeiter,
- keine Verwendung von pechhaltigen und chromhaltigen Massen.

Kaltwind-Kupolofen

Aufbau des Feuerfestmaterials im Schacht mit zwei Futterschichten [19]:

Hinterfutter:
hochtonerdehaltige, zementarme Spritzbetone.

Verschleißfutter:
Gemisch aus Quarz und Ton (klassische Klebsande)

Standzeit des Verschleißfutters: meist nur ein Tag.

Beispiel für den Verbrauch an Feuerfestmaterial:
Für den Schacht eines Kaltwind-Kupolofens mit einer Tagesschmelzleistung von 80 bis 120 t Flüssigeisen werden für die tägliche Reparatur ca. 2,5 t Spritzmassen benötigt; d. h. ca. 20–30 kg Feuerfestmaterial pro Tonne Flüssigmetall.

Arbeitsaufwand pro Tag: ca. 16 Mannstunden

Material- und Arbeitskosten der Feuerfestauskleidung:
15–25 €/t Flüssigmetall.

Zum Vergleich:
Verbrauch an Feuerfestmaterial bei Heißwindkupolöfen (gegossener Zustellung):
0,4–1,2 kg Feuerfestmaterial pro Tonne Flüssigmetall.

Wassergekühlter Heißwind-Kupolofen

Beim Heißwind-Kupolofen wird durch die wassergekühlten Düsen der rekuperativ gewonnene Heißwind in das Zentrum des Ofenherdes geblasen. Die gesamte Herdfläche steht zum Schmelzen zur Verfügung. Bei optimaler Auslegung der Prozessparameter ist eine Randgängigkeit des Ofens kaum zu beobachten. Der Verschleiß des Feuerfestmaterials ist gering [19].

Thermische Belastungen:
Das flüssige Metall erreicht vor den Düsen (mit Sauerstoffanreicherung des Windes) bis zu 2 200 °C. Im Koksbett liegt das flüssige Eisen bei 1 650 °C.

Feuerfestmaterial für diese Belastung: SiC-haltige Stampf- und Gießmassen, die die Wärme in das Kühlwasser gut ableiten können.

Chemische Reaktionen:
Nach der Schlackenbasizität werden die Gehalte an SiC im feuerfesten Baustoff eingestellt. Je höher die Basizität desto geringer sollte der SiC-Gehalt gewählt werden und umgekehrt.

Richtwerte:

SiC-Gehalt [%]	Basizität =(CaO+Mg0)/SiO_2
10	1,0–1,10
15	0,8–0,99
20	0,7–0,79
25	0,6–0,69
30	0,5–0,59

Langzeit-Heißwind-Kupolofen mit gefuttertem Schacht

Zum Schutz des Kupolofenschachtes vor mechanischem Abrieb und thermischer Beanspruchung haben sich gefutterte Öfen bewährt.
Das Futter muss eine hohe thermische Wechselbeständigkeit und Verschleißbeständigkeit aufweisen [19].

Feuerfestmaterial für diese Belastung:
hochtonerdehaltige Massen.

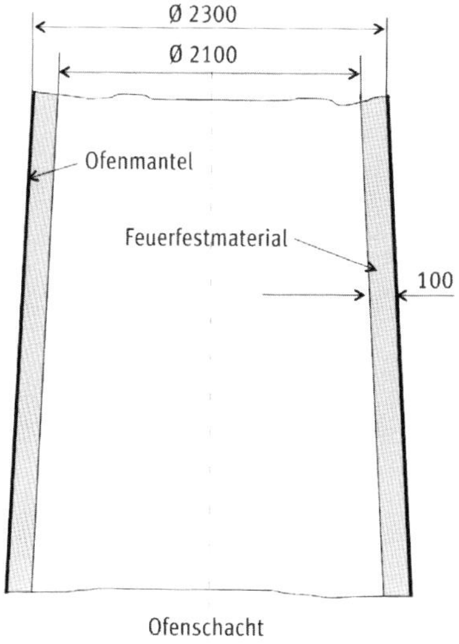

Verarbeitung bei erster Zustellung in der Regel als Gießbeton.
Zwischenreparaturen mit Spritzbeton.

Standzeit der Auskleidung liegt zwischen einem und vier Jahren.

Beispiel für den Verbrauch an Feuerfestmaterial:
Für den Schacht eines Kupolofens mit einer Schmelzleistung von 20 t/h werden Standzeiten des Schachtfutters zwischen 100.000 und 280.000 t kalter Satz erreicht.
Ca. 5–7 t Feuerfestmaterial wird für die Erstzustellung benötigt.

Feuerfestmaterialien in den einzelnen Ofenbereichen [19]

Schacht:

Material auf Basis Andalusit:
gute Thermoschockbeständigkeit

Material auf Basis Bauxit:
widerstandfähig gegen mechanischem Verschleiß

Entwicklungstrend:
trockene Gießbetone auf Bauxitbasis mit hoher Widerstandsfähigkeit gegenüber Thermoschocks und hoher mechanischer Verschleißfestigkeit.

Anwendung:
Verarbeitung der Materialien als Spritzbeton für Reparaturzwecke ist Praxis. Jedoch unterliegen Spritzbetone einem höheren Verschleiß (offene Gemengestruktur).

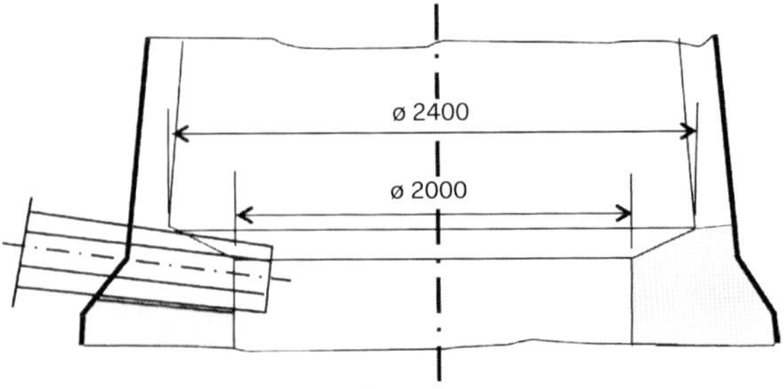

Schmelzzone

Schmelzzone:
Es werden Massen mit hohen SiC-Gehalten gewählt, um die hohen Temperaturen über den Stahlmantel in das Kühlwasser abzuleiten.

Verarbeitung: in der Regel Gießzustellung

Feuerfestmaterialien in den einzelnen Ofenbereichen [19]

Herd (Zone des Koksbettes):

Die Schlackenzusammensetzung, die von Kalk- und Kieselsteineinsatz, dem Aschegehalt des Kokses und von den oxydischen Anteilen im metallischen Einsatz abhängt, bestimmt weitgehend die Standzeit des Herdes.
Entwicklungstrend: Feuerfestmaterialien auf Basis Tabulartonerde, Korund und SiC.

Ofenherd
1 Feuerfester Beton oder Stampfmasse mit ca. 19 % SiC
2 Stampfmasse mit ca. 19 % SiC um das Mannloch zu verschliessen.

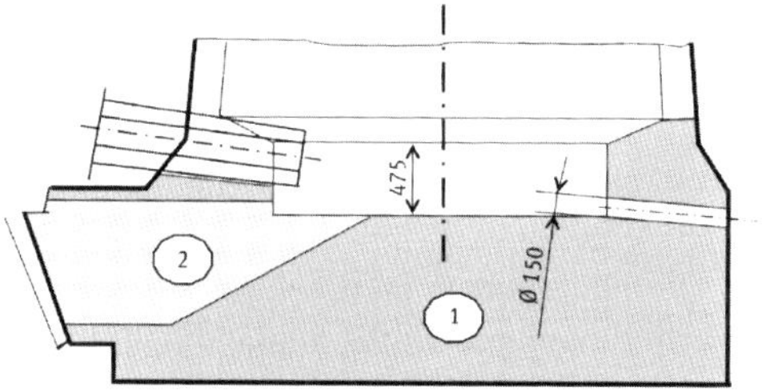

Die Massen werden im Zwangs- bzw. Pumpmischer mit Trinkwasser mit ca. drei bis vier Minuten Mischzeit verarbeitet. Bei Pumpmischern ist die Förderbarkeit der Massen sehr wichtig. Die Verarbeitungszeit dieser Mischungen liegt je nach Temperatur und Wasserzugabe bei 10 bis 60 Minuten. Eine gute Verdichtung mittels Rüttelflasche ist extrem wichtig.

Ansicht eines neu zugestellten Ofenherdes

Feuerfestmaterialien in den einzelnen Ofenbereichen [19]

Drucksiphon:

Hoher Verschleiß hauptsächlich am Schlackesteiger. Die Standzeiten liegen in der Praxis zwischen einer und drei Wochen.

Entwicklungstrend: schnell zu trocknende, zementfreie Betone, die sich bereits in der Praxis bewährt haben.

Eine Alternative zu Betonen sind harzgebundene Stampfmassen, die jedoch beim Aufheizen zur Geruchsbildung neigen.

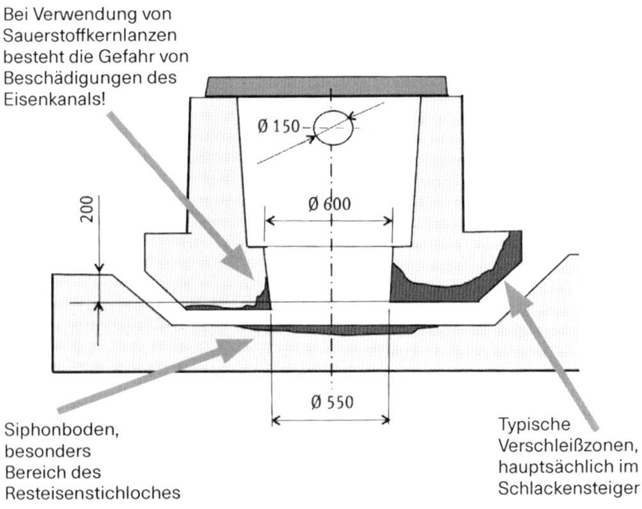

Überwachungsmöglichkeit in einzelnen Ofenbereichen

Grundsätzlich ist eine Überwachung des Feuerfestmaterials innerhalb eines Kupolofens möglich, so existiert z. B. die Möglichkeit der Hotspotmessung auf der Ofeninnenwand mit angekoppelter Berechnung der verbleibenden Restwandstärke im Temperatur-Hotspot [20].

Feuerfestwerkstoffe Rinneninduktionsöfen

Allgemeine Anforderungen [21]:

- Senkung der Trocknungszeiten
- Reduzierung des Energieverbrauches zum Trocknen
- Verbesserte Lebensdauer
- Kostenreduzierung

Zielstellung für das Feuerfestmaterial:

- Reduzierung des Kristallwassers im zu verarbeitenden Material

=> Ausgangszustand

Die Aufheizkurve wird von Kristallwasserabgabe bestimmt, um Explosionen infolge von Wasserstoffbildung zu vermeiden

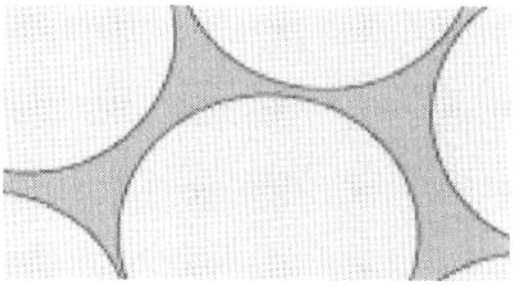

1. Lösung von Schamotte, Zement und Wasser

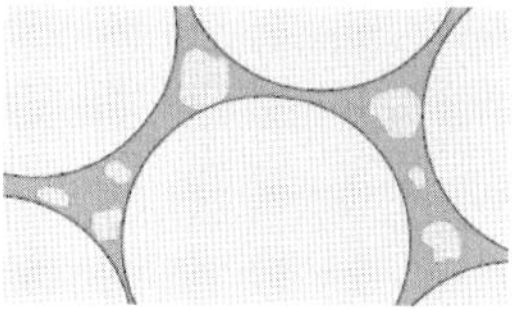

2. Zementhydrat,
Expansionen blockieren Poren

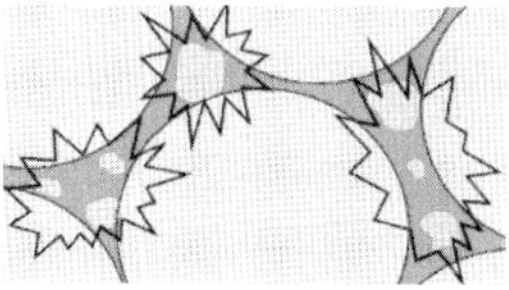

3. Freies Wasser entsteht unter hohem Druck

=> QD-Material (Quick Dry)

60–80 % des Wassers können bei einer Temperatur <250 °C ausgetrieben werden

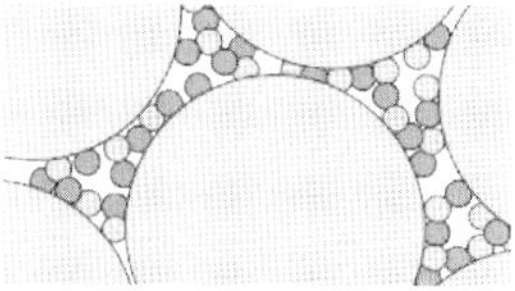

1. Schamotte und Spezialbindermischung

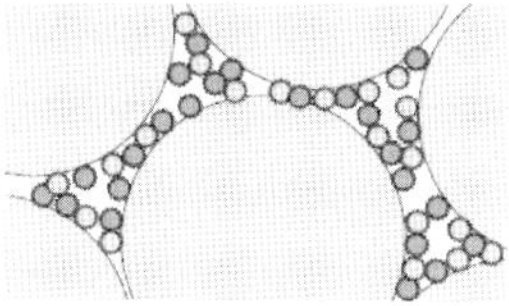

2. Wasserbrücken
nur an der Oberfläche

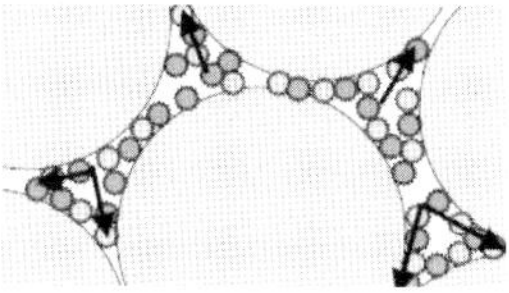

3. Freies Wasser
unter geringem Druck

Feuerfestwerkstoffe Rinneninduktionsöfen

Aufheizkurve des Feuerfestmaterials für einen 115 t Rinneninduktionsofen [21]:

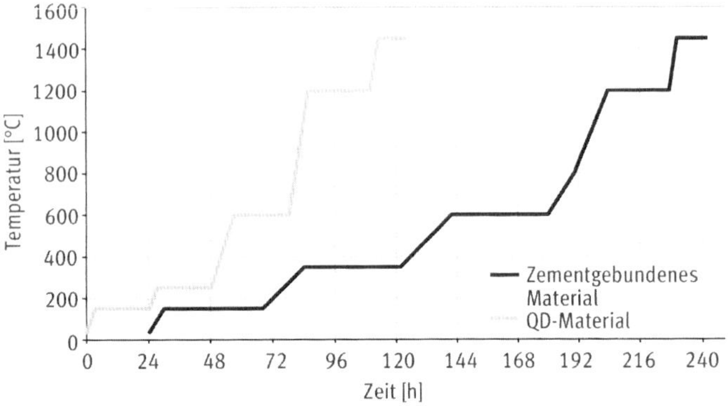

Ergebnisse beim Einsatz des QD-Materials.

Zeitreduzierung
- Aufheizkurve bis zu 100 °C/h
- schnelle Trocknung
- Zeitreduzierung um 100 h im Praxisbeispiel

Energieeinsparung
- um ca. 40 % geringerer Gasverbrauch für die Aufheizung

Kostenreduzierung
- schnellere Verfügbarkeit des Ofens infolge kürzerer Reparaturzeiten

Weitere Einsatzgebiete:
- Druckgiessöfen
- Kupolofen
- Vorherd

LC Low-cement => ULC Ultra-low-cement => QD Quick-dry

	1	2-3	4	5	6	7	8	9-10	11	12	13	14	15	16-17	18
Entfernen des Induktors, Gießschnauzen, Abheben des Deckels															
Entfernen des Deckels und Abkühlen mit Wasser															
Ausbruch															
Mechanische Reparatur und Saveway															
Einbau Feuerfest															
Entfernen der Schalung, Montage von Gießschnauzen und Brenner															
Aufheizen										X	X	X	X	X	
Anflanschen des Induktors und erste Befüllung															
Produktionsbeginn															
Anzahl der Tage	**1**	**2-3**	**4**	**5**	**6**	**7**	**8**	**9-10**	**11**	**12**	**13**	**14**	**15**	**16-17**	**18**

	1	2-3	4	5	6	7	8	9-10	11	12	13	14	15	16-17	18	19	20	21	22	23	24
Entfernen des Induktors, Gießschnauzen, Abheben des Deckels																					
Entfernen des Deckels und Abkühlen mit Wasser																					
Ausbruch																					
Mechanische Reparatur und Saveway																					
Einbau Feuerfest																					
Entfernen der Schalung, Montage von Gießschnauzen und Brenner																					
Lufttrocknung																					
Aufheizen											X	X	X	X	X	X	X	X			
Anflanschen des Induktors und Befüllung																					
Produktionsbeginn																					
Anzahl der Tage	**1**	**2-3**	**4**	**5**	**6**	**7**	**8**	**9-10**	**11**	**12**	**13**	**14**	**15**	**16-17**	**18**	**19**	**20**	**21**	**22**	**23**	**24**

Gegenüberstellung der Zustellzeiten des Warmhalteofens bei der Verarbeitung von QD-Beton (oben) und ULC-Beton (unten) [22].

Feuerfestwerkstoffe Rinneninduktionsöfen

Anwendungsbeispiel QuickDry(QD)-Material [21]:

115 t Rinneninduktionsofen/Induktor 1.200 KW

Gusswerkstoff:	GJS/GJL
Zustellungszeit:	18 Tage
Zustellungsmaterial:	52 t/Ofen
Haltbarkeit:	300.000 t Flüsseisendurchsatz in 24 Monaten
Brenner zum Aufheizen:	1.200 KW Brennerleistung
Energieverbrauch zum Aufheizen:	60.000 KWh
Einsparung Energie gegenüber herkömmlichen Feuerfestwerkstoffen:	43.000 KWh (41 %)

Verarbeitete Wassermenge zur Zustellung: 1780 l entspricht 4,84 % Wasser

Verarbeitung in 3 Stufen:

Erste Stufe: Die ersten Mischungen wurden mit der innerhalb der Wasserzugabe zulässigen Maximalmenge gefördert (Befeuchtung von Pumpen und Förderschläuchen, ca. 10 % der Fördermenge)

Zweite Stufe: Nach ausreichender Befeuchtung des Ausrüstungen im Einsatz, Wasserzugabe im mittleren Bereich. (ca. 10 % der Fördermenge)

Dritte Stufe: Förder- und Fließfähigkeit sind auch mit Minimalzugabe von Wasser völlig ausreichend
Verarbeitungshinweis: Wichtig ist ein steter Zustrom frischen Materials um vorzeitiges Abbinden, Kavernen oder Ähnliches zu verhindern.
Für den Einsatzfall ist die Verwendung von zwei 800-kg-Pumpmischern sehr zu empfehlen, um eine zügige und reibungslose Zustellung zu erreichen.

Aufheizung:

Temperatur 150 °C–250 °C:

In diesem Temperaturbereich tritt bereits das erste freie Wasser aus dem Kornverband aus und verursacht hohe Drücke. Hier ist besondere Aufmerksamkeit auf eine exakte Temperaturführung gemäß Vorgabe zu leisten, um keine Abplatzungen und Risse zu riskieren. Sobald die Zustellung wasserfrei ist, kann mit 100 °C/h hochgeheizt werden. Keine weiteren Haltepunkte mehr notwendig.

Überwachungsmöglichkeiten der feuerfesten Zustellung im Rinneninduktionsofen

Im Rinneninduktionsofen sollten folgende kritische Bereiche überwacht werden:
- Induktor (Kühlzylinder, Rinne)
- Flansch
- Halsbereich
- Ein- und Ausguss
- Kessel

Die Überwachung der kritischen Bereiche eines Rinneninduktionsofens kann je nach zu überwachendem Bereich durch folgende Verfahren erfolgen:
- Erdschlussüberwachung
- Auswertung der elektrischen Kennwerte (Rinnenofendiagramm, cos φ Auswertung)
- Punktuell durch Thermoelemente
- Thermovision
- Laservermessung
- Temperatur Hotspot-Messung mit Anzeige der Restwandstärke im Hotspot [20]

Anwendbarkeit verschiedener Messverfahren zur Überwachung eines Rinneninduktionsofens [20]

	Induktor	**Anflansch-spalt**	**Hals-bereich**	**Ein- und Ausguss**	**Kessel**
Erdschluss-überwachung	Ja (nur Kühlzylinder)	Nein	Nein	Nein	Nein
Rinnenofen-diagramm	Ja	Begrenzt	Nein	Nein	Nein
cos φ Auswertung	Ja	Begrenzt	Nein	Nein	Nein
Thermo-elemente	Ja	Ja	Ja	Ja	Ja
Thermovision	Begrenzt	Begrenzt	Begrenzt	Ja	Ja
Laservermes-sung	Nein	Nein	Begrenzt	Begrenzt	Begrenzt
Temperatur Hotspot-Messung mit Anzeige der Restwand-stärke im Hotspot	Ja	Ja	Ja	Ja	Ja

Feuerfestwerkstoffe Mittelfrequenz-Induktionsofen

Praxisbeispiel 2 x 12 t-MFO Tandem [23]:

Anlagendaten:

– Fassungsvermögen:	2 x 12 t Tandem
– max. Schmelzleistung Tandem:	14 t/h
– Elektrische Leistung:	8,4 MW
– Spannung:	3000 V
– Frequenz:	180 Hz
– Spezifischer Energieverbrauch:	600 KWh/t
– Tiegelstandzeiten (Chargen):	380–420
– Gusswerkstoff:	GJL
– mittlere jährliche Nutzung der maximalen Schmelzleistung:	75 %

Verbrauch Feuerfestmaterial für eine Zustellung:

- 3 t Trockenstampfmasse auf SiO_2-Basis mit 0,8 % Borsäurehydrid
- 0,8 t Feuerfestbeton für Ofenkopf und Ausgussrinne
- 20 m² Isoliermatte mit Glimmer und Kernkleber

Verarbeitung mit Bodenrüttler, Dreizackenlüftungseisen und Kleinrüttler

Ofenpflege beim Produktionsunterbrechungen (z. B. Wochenende)

- Erneuerung der Tiegeloberkante bis ca. 200 bis 250 mm unter der Oberkante (Ersatz der sauren Stampfmasse durch Feuerfestbeton am ersten Wochenende nach der Neuzustellung. An folgenden Produktionsunterbrechungen Nachbetonieren des Ofenkragens nach Verschleißzustand)
- Verbrauch Feuerfestbeton für erste Reparatur: 300–600 kg

Feuerfestwerkstoffe Mittelfrequenz-Induktionsofen

Überwachungsmöglichkeiten des Verschleißes im Induktionstiegelofen:

Die Erfassung eines Verschleißes des Feuerfestmaterials kann durch verschiedene Verfahren erfolgen:
- Restwandstärkemessung
- Erdschlussüberwachung
- Auswertung der elektrischen Kennwerte
- Temperaturmessverfahren
- Kontinuierliche Restwandstärkemessung [9]

Praxisbeispiel 2 x 12 t-MFO Tandem [23]:
Kennlinie des Konstantleistungsumrichters für den Lasteintrag P und den elektrischen Widerstand des Schmelzgutes R mit der Bewertung des Tiegelzustandes:

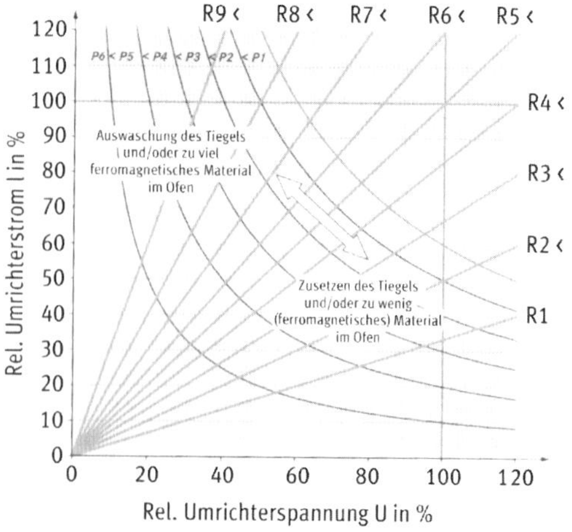

Mit der Flexibilität von Spannung und Strom wird eine konstante Nennleistung für die Beaufschlagung des Ofens erreicht, die im Bereich von

60 % Nennspannung bei 100 % Nennstrom bis
100 % Nennspannung mit 60 % Nennstrom

geregelt wird.

Der Kopplungsspalt zwischen Spule und Schmelzgut beeinflusst die Energieübertagung. Die Trends zur Lage der Arbeitsbereiche zeigen die Verschleißentwicklung des Feuerfestmaterials.

Checkliste für wöchentliche Kontroll- und Reparaturarbeiten zur Anlagen- und Ofenpflege:

Anlagenteil	**durchzuführende Arbeiten**
Keller	Besenrein fegen
Fluchtweg	auf Begehbarkeit prüfen und aufräumen
Mechanik	Hubzylinder des Ofens auf Leckage prüfen
Mechanik	Hubzylinder der Absaughauben auf Leckage prüfen
Elektrik	Spule und Pakete reinigen/absaugen und visuell prüfen
Feuerfestmaterial	oberen Tiegelrand gestampft/geschliert/betoniert
Restwandstärke-messung	maximale Anzeigewerte prüfen
Ofen	Übergang zwische Rinne und Tiegel prüfen
Ofen	Tiegelflächen auf Risse und Auswaschungen prüfen
Ofen	Tiegeldurchmesser und -tiefe messen
Ofendeckel	Feuerfestmaterial überprüfen
Ofenbühne, Gießflur	aufräumen und besenrein fegen
Bereich Chargierung	aufräumen und besenrein fegen
Sintern	Reserve Thermoelement vorhanden
Reparaturmassen	Verbrauch der Reparaturmassen dokumentieren

Feuerfestmaterial für Induktionstiegelöfen, welche zinkhaltige Einsatzstoffe verarbeiten [24]

Grundlagen:
Zink (Zn) und Zinkoxid (ZnO)

Metallisches Zink hat einen niedrigen Schmelzpunkt bei 407 °C und einen sehr niedrigen Siedepunkt bei 920 °C. Bei einem Zusammentreffen mit Luft bildet es schnell ZnO.

Als Konsequenz können sich schnell Zn/ZnO-Dämpfe bilden, soweit Zn in der Metallschmelze vorhanden ist. Das ist oftmals der Fall, wenn Zinkplatten oder metallische Zinkstücke als Schrotte verwendet werden.

Im Frühstadium greifen die Zn/ZnO-Dämpfe, die sich in der Metallschmelze gebildet haben, die offenen Poren der Auskleidung an. Es handelt sich hierbei um eine äußerst heftige Reaktion, da sich gleichzeitig noch keine vollständige Sinterschicht gebildet hat.

Die Zn/ZnO-Dämpfe schreiten sehr schnell bis in den hinteren Bereich der Auskleidung voran und infiltrieren das Feuerfestmaterial mit Eisen und Schlacke.

Diese Penetration durch Zn/ZnO-Dämpfe hat die folgenden Auswirkungen:

- Die Zn/ZnO-Einlagerungen in den Poren machen eine gute Sinterung unmöglich, da das Zn/ZnO einen guten Kontakt zwischen den Körnern verhindert.
- Später wird das geschmolzene Eisen das Zn/ZnO auflösen und die Auskleidung infiltrieren.
- Die Zn/ZnO-Dämpfe wandern zum kälteren Bereich des Ofens und kondensieren zu Zn oder ZnO. Im schlimmsten Fall erreichen sie die Spule und lösen einen Kurzschluss aus.

Zn-Ablagerungen am Spulenputz können durch die Restwandstärkenüberwachung nach Saveway detektiert werden. Weitere Hinweise zum Schmelzen verzinkter Schrotte können der BDG-Richtlinie R 11 [25] entnommen werden.

Anwendungsbeispiel

Traditionell ist der einzige Weg, diese Probleme zu umgehen eine undurchlässig gesinterte (glasige) Schicht zu bilden, was bedeutet, dass während der ersten Chargen kein mit Zink beschichteter Schrott verwendet werden darf.

Ein speziell für diese Anwendung entwickelter Schutzanstrich bildet bei niedriger Temperatur eine undurchlässige, glasartige Schicht, die als Coating bezeichnet wird. Dieses Coating hat die Aufgabe, eine Barriere gegen Zn-Dämpfe bei niedriger Temperatur zu bilden. Es kann deshalb eine stabile Sinterung der DVM (Trockenvibrationsmasse) erfolgen.

Labortests

Dieser Schutzanstrich wurde auf 50 % der verlorenen Schablone angebracht, getrocknet und letztendlich mittig im Ofen platziert. Danach wurde Trockenvibrationsmasse (DVM) um die Schablone herum eingefüllt und verdichtet. Tests im Labor-Induktionsofen wurden ohne Schlacke durchgeführt. Es wurde bei 1.600 °C mit ca. 8 kg Gusseisen und 800 g Zink (Zn AS <100) 3 Stunden lang gesintert. Bild 1 (Mitte) zeigt die hellgraue Farbe auf der kalten Seite der Auskleidung, typisch für eine saure Zustellung, die durch Zn-Dämpfe infiltriert wurde, welche zu Zn/ZnO-Ablagerungen um die Silica-Körnung und in die offenen Poren führen. Auch die Sinterung im hinteren Bereich der Auskleidung ist nicht gut verlaufen, was ein Effekt der Zn-Ablagerungen ist.

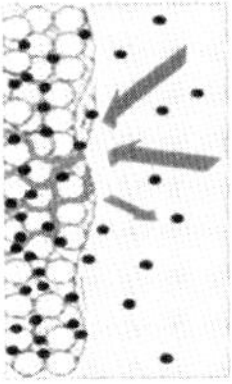

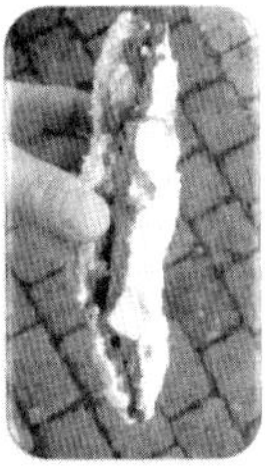

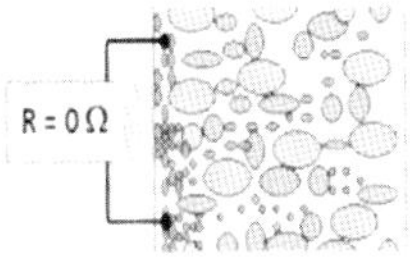

Bild 1: Verhalten von Zn zu Beginn der Ofenreise

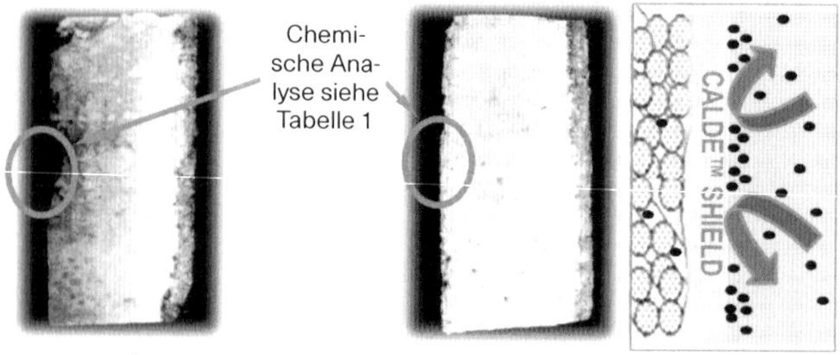

a) b)

Bild 2: Vergleich nach dem Sintern
a) ausschließlicher Einsatz von Trockenvibrationsmasse
b) Kombination von Trockenvibrationsmasse mit Spezialschutzanstrich

Wie im Vergleich Bild 2 zu sehen ist, zeigt sich unter Verwendung des Spezialschutzanstriches eine saubere und gute Struktur. Diese Beobachtung deckt sich mit der chemischen Analyse. Das Beispiel ohne Spezialschutzanstrich zeigt ein übermäßiges Vorkommen von Zn/ZnO und liegt damit 55-mal höher als die Standardwerte. (Tabelle 1).

Ergebnisse:

- Einfache Anwendung, kein zusätzliches Montageequipment erforderlich
- Optimale Sinterung von Trockenstampfmassen auch bei ungünstigen Bedingungen
- Schutz des Ofenfutters vor Verunreinigungen, was zu einer längeren Lebensdauer und Verfügbarkeit der Ofenanlage führt.

Tabelle 1: Chemische Analyse: Beispiele aus dem hinteren Bereich

	a) Trockenvibrationsmasse	**b) Trockenvibrationsmasse plus Spezialschutzanstrich nach dem Sintern**
% SiO_2	98	98
% ZnO/Zn	0,2682	0,0049
% Al_2O_3	0,66	0,65

Feuerfestmaterial und dessen Verarbeitung im Nicht-Eisenbereich, vorwiegend für Aluminiumlegierungen [26]

Feuerfeste Auskleidungen von Aluminiumschmelzöfen mit ungeformten feuerfesten Erzeugnissen werden gemäß ihrem spezifischen Beanspruchungsprofil konzipiert:

- Badtemperatur, Temperatur im Oberofen, besondere Temperaturwechsel-Beanspruchungen,
- mechanische und dynamische Lastbeanspruchungen und
- chemische Einflüsse – resultierend aus Reaktionen mit den diversen Legierungskomponenten der Schmelze, Einwirkung von Alkali durch Salze und anderen chemischen Reaktionen.

Tabelle 1: Kurzbeschreibung ausgewählter feuerfester Rohstoffe

Bezeichnung	**Al_2O_3-Gehalt in %**	**Herstellungsart**	**Hauptkomponenten**	**Anwendungsbereich in Feuerfest-Erzeugnissen**
Zuschlagstoffe				
Edelkorund	> 99	Schmelzen	α-Al_2O_3	> 1800 °C
Normalkorund	≈ 96	Schmelzen	α-Al_2O_3, TiO_2	> 1600 °C
Tabulartonerde	> 99	Sintern	α-Al_2O_3	> 1800 °C
Feuerfester Bauxit	ca. 86	Sintern	α-Al_2O_3, TiO_2	> 1600 °C
Mullit	72–75	Sintern/ Schmelzen	$3\,Al_2O_3 \cdot SiO_2$	1500–1600 °C
Andalusit	55–60	Natürlich	$Al_2O_3 \cdot SiO_2$	dto.
Schamotte	32–45	Natürlich/ Sintern	$3\,Al_2O_3 \cdot SiO_2$, SiO_2	~1500 °C
Bindemittel				
Feuerfeste Tone	32–45	Natürlich	Kaolinit	> 1500 °C
Tonerdezemente	36–80	Sintern/ Schmelzen	div. Ca-Aluminate	> 1800 °C je Qualität und Menge

Verwendete Rohstoffe

Ungeformte feuerfeste Erzeugnisse sind Mischungen aus Zuschlagstoffen in verschiedenen Körnungen und Bindemitteln. Die Zu-schlagstoffe gehören überwiegend zur Gruppe der Alumosilikate (Tabelle 1):

Zu Erhöhung der Antibenetzbarkeit der Feuerfestmaterialien im Bereich der Aluminium-Schmelze werden ergänzende Zusatzstoffe mit Mengenanteilen < 10 % verwendet (Tabelle 2).

Tabelle 2: Eigenschaften der Antibenetzungsmittel

Name	Formel	Dichte	Handelsname	thermisches Verhalten
Bariumsulfat	$BaSO_4$	4,25–4,5	Schwerspat	Zersetzung > 1100 °C
Calciumfluorid	CaF_2	3,18	Flussspat	Schmelzpunkt 1403 °C Siedepunkt 2513 °C

Wasserlösliche Additive ergänzen neben den flüssigen Bindemitteln wie Phosphaten und Silikaten die Einsatzstoffe. Sie dienen zur Reduzierung des Anmachwassers, der Erhöhung der Dichte bei Feuerbetonen und als Verflüssiger, Abbindeverzögerer oder -beschleuniger in geringen Zusatzmengen

Produktarten und Verarbeitung

In den Öfen der Aluminiumindustrie finden 4 Produktgrundtypen der ungeformten feuerfesten Erzeugnissen Verwendung:

- dichte und isolierende Feuerbetone für die Zustellung durch Betonieren (Stochern, Vibrieren, Selbstfließen usw.),
- spritzbare Erzeugnisse mit meistens hydraulischer Bindung (= Feuerbetone) zur Pflege, aber auch für Neuzustellungen, die im Trockenspritzverfahren oder auch durch Nassspritzen eingebracht werden können,

- Rammmassen und plastische Massen, die durch Stampfen vorwiegend in Tiegelöfen, Induktoren und Brennermuffeln verarbeitet werden und
- Trockenmassen, die in Induktionsöfen Anwendung finden.

Das Abbindung bzw. Erhärtung erfolgt durch eine hydraulische Bindung mit Wasser.

Eine Ausnahme bilden hier Reparaturmaterialien mit Phosphorsäure oder Wasserglas als Bindephase.

Entwicklungstrends

Bindesysteme mit rein chemischer Abbindung über Säure- und Base-Reaktion ohne Wasser. Hauptsächlich wird eine schwache Phosphorsäure als Bindephase verwendet. Phosphorsäure ist von Natur aus von flüssigem Aluminium nicht, oder nur sehr schwer benetzbar.

Auch werden Bindungen auf Sol-Gel Basis verwendet.

Verarbeitung von Gießbetonen: Aus dem österreichischen Tunnelbau kommt ein Spritzverfahren auch in der feuerfesten Welt zum Einsatz. Ein Gießbeton wird mit einer chemischen Komponente und Wasser über eine Spritzmaschine an die Wand gebracht. Die chemische Komponente bewirkt eine äußerst schnelle Abbindung, so dass der Beton an der Wand kleben bleibt. Dieses Spraycast-Verfahren kommt vorwiegend auf großen Flächen zum Einsatz.

Einsatzgebiete der verschiedenen Materialarten

Die häufig geometrisch komplizierte Bauweise der Öfen, die Art der zu erschmelzenden oder warm zu haltenden Legierungen, eventuelle Salzbehandlungen usw. bringen oftmals verschiedenartige Anforderungsprofile mit sich. Das hat automatisch eine Materialvielfalt zur Folge, damit ein Ofen auch unter ökonomischen Aspekten sach- und fachgerecht ausgekleidet wird.

Beispielsweise ist in der Decke und im Oberofen die relativ hohe Temperatur der wichtigste Parameter, während im Füll-Schacht ein Material benötigt wird, das mit Schlagbeanspruchung und Abrieb besonders gut umgehen kann. Die Temperatur spielt hier keine wesentliche Rolle. Im Badbereich ist das Eindringen von flüssigem Aluminium oder anderen Metallen und Legierungen ins feuerfeste Material der beherrschende Faktor. Aber auch im Oberofen kann die jeweilige Legierung durch Spritzer beim Chargieren, beim Reinigen aber auch durch Kriechvorgänge angreifen.

Tabelle 3: Materialtypen und Einsatzgebiete in NE-Öfen

	Feuerbetone	**Spritzmassen**	**Plastische Massen, Stampfmassen**	**Trockenmassen**	**Rohstoff**
Bad-, Wandbereich	X*)				Korund/Bauxit
Wände im Oberofen	X		X		Bauxit/Schamotte
Brenner			X		Bauxit
Ovale Gefäße	X, X*)	X, X*)			div.
Transporttiegel	X, X*)		X		Schamotte/Bauxit
Chargierschacht	X				Bauxit/Andalusit
Abgaskanal	X				Schamotte
Tiegelofen	X		X,		Bauxit/Schamotte
Induktionstiegelofen			X, X*)	X*)	Korund/Bauxit
Induktoren			X*)		Bauxit/Korund
Türbereiche	X, X*)				Andalusit/Mullit
Rinnen	X, X*)				SiC/Schamotte/ Andalusit/Bauxit

*): mit Antibenetzung, also Additiven, die das Eindringen von flüssigem Metall in die Auskleidung verhindern

Diese Verschiedenartigkeit der Anforderungen erzwingen besonders in kleinen Öfen generell mehr Kompromisse. Daraus resultiert ein universeller Einsatz hochwertigen Materials.

Tabelle 3 beinhaltet einen groben Überblick über Ofenbereiche, Materialtypen, und wesentliche Rohstoffkomponenten:

Im Badbereich werden allgemein dichte, verflüssigte Feuerbetone mit sehr feiner Porengrößenverteilung und ggf. Antibenetzungsmitteln eingesetzt, während im Oberofen eher konventionelle Produkte üblich sind. Schwierig sind die kritischen Zonen im Bereich des Badspiegels, wo feste, flüssige und gasförmige Phasen auftreten.

Verschleißmechanismen

Während der Angriff von Temperatur und mechanischer Belastung noch relativ einfach in den Griff zu bekommen sind, stellt der Angriff von flüssigem Aluminium nach wie vor das wichtigste Problem dar. Flüssige Aluminiumlegierungen haben eine niedrige Viskosität und dringen daher in alle Poren, die ihm das feuerfeste Material anbietet. Hier, aber auch als Anhaftung auf der Wand, kommt es durch Reaktion mit Sauerstoff zu oftmals verheerenden Reaktionen. Diese Reaktion wird als „Korundierung" bezeichnet, wobei der entstehende Stoff nicht einem reinen Korund, sondern eher einem Gemenge aus Korund, Übergangstonerden, Spinellen und Glasphasen entspricht. Der Vorgang ist mit lokalen Dehnungs- und Schwindungsvorgängen verbunden, deren Folge Rissbildungen sind und so einer weiteren Infiltration, bzw. weiteren Volumenänderungen Vorschub geleistet wird.

Im Wesentlichen spielen zwei chemische Reaktionen eine Rolle. Zum einen kann der notwendige Sauerstoff aus der Ofenatmosphäre oder aber aus dem feuerfesten Material stammen. Hierbei wird SiO_2 als Bestandteil des feuerfesten Werkstoffes reduziert.

Die Korundbildung stellt sich wie folgt dar:

(1) $4\,Al + 3\,O_2 \rightarrow 2\,Al_2O_3$

(hier stammt der Sauerstoff aus der Ofenatmosphäre)

(2) $4\,Al + 3\,SiO_2 \rightarrow 2\,Al_2O_3 + 3\,Si$

(hier stammt der Sauerstoff aus dem Zustellmaterial)

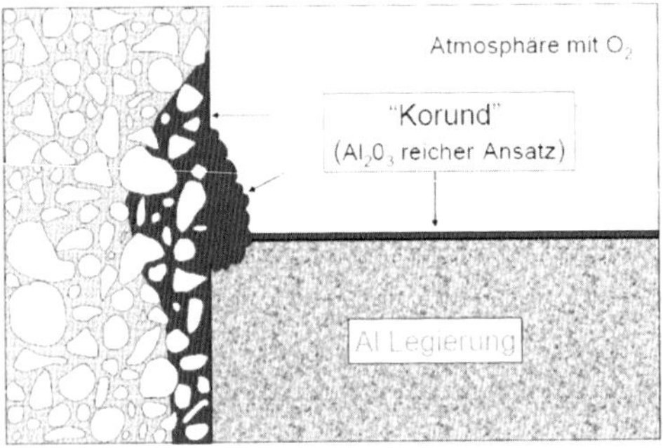

Bild 1: Mechanismus der „Korundierung" im Bereich des Badspiegels

Die zweite Gleichung ist im feuerfesten Sinne wesentlich intensiver, da sie eine aluminothermische Reaktion darstellt, die zu örtlich sehr hohen Temperaturen führt. Beide Reaktionen treten nicht getrennt voneinander auf sondern finden meistens parallel – oft im Bereich des Badspiegels – statt. Begünstigt werden sie durch den Nachschub an O_2 aus der Ofenatmosphäre, den reduzierbaren Oxiden aus dem feuerfesten Baustoff und natürlich auch durch andere Legierungsbestandteile wie z. B. Mg, das mit dem Feuerfestfutter ebenfalls exotherm reagiert.

Das Prinzip der oben beschriebenen Vorgänge wird in Bild 1 skizziert.

Empfehlungen

Um die oben genannten Erscheinungsformungen des Verschleißes zu minimieren sollten folgende Gesichtspunkte berücksichtigt werden:

- Es sollte eine selektive Materialauswahl getroffen werden. Sofern es Ofengröße und sonstige Randbedingungen zulassen sollte für jede Verschleißart der optimale Werkstoff gewählt werden.

- Der Ofenbetrieb sollte möglichst kontinuierlich sein. Ständiges Auf- und Abheizen führt zur Materialermüdung.
- Häufige Legierungswechsel verstärken die chemischen Umsetzungen bzw. fördern die Korundierung. Falls möglich sollte jeder Ofen nur eine Legierung fahren.
- Die Ofengröße ist an die zu erwartende Produktion anzupassen. Ein zu großer Ofen kostet mehr Energie, ein zu kleiner Ofen wird überbeansprucht, was zu lokalen Überhitzungen führt.
- Das Aggregat sollte zu etwa 90 % ausgelastet sein. So können Produktionsspitzen abgefangen und der Ofen schonend gefahren werden.
- Die Arbeitstemperatur soll möglichst konstant gehalten werden. Ein kurzfristiges Erhöhen zwecks schnelleren Aufschmelzens verstärkt den Angriff auf die Feuerfestauskleidung enorm. Außerdem kann hierbei ein negativer Effekt für die Reinheit der Schmelze entstehen.
- Undichtigkeiten sollten vermieden werden, deshalb Türen und Öffnungen immer geschlossen halten. Türdichtungen rechtzeitig auswechseln bzw. pflegen. Aufgeplatzte Schweißnähte ggf. verschließen.
- Große Fallhöhen für Masseln und Kreislauf, aber auch für flüssige Legierungen vermeiden.
- Sehr wichtig ist das regelmäßige Reinigen und Befreien von Anhaftungen. Dies sollte einmal pro Schicht geschehen. Unterlässt man dies für nur kurze Zeit, ist der entstandene Korund nicht mehr zu entfernen. An ihm wächst unweigerlich weiterer Korund.
- Regelmäßige Ofenkontrolle durch Fachpersonal um notwendige Reparaturen planen zu können.

Feuerfestmaterial für Stahlguss-Gießpfannen bis 45 kg Flüssigmaterial [27]

Design-Konzept:

Kleine Gießpfannen besitzen ein großes Oberflächen/Volumen-Verhältnis.

Eine kurze Haltezeit des Flüssigmetalls in der Pfanne führt zu kleinen Mengen aggressiver Schlacken, so dass thermischen Eigenschaften der Feuerfestauskleidung im Vordergrund stehen.

Die Wärmeleitfähigkeit sinkt mit zunehmender Porosität der Auskleidung und führt zu zwei gegenläufigen Hauptanforderungen:

- Maximierung der gesamten Porosität zur Verringerung der Temperaturleitfähigkeit
- Vermeidung offener Porosität, um Penetration der Schmelzer zu verhindern.

Typische Feuerfestmaterialien für Gießpfannen [27]

Feuerfest-material	Chemische Zusammensetzung	Dichte [g/cm³]	Schmelz-temperatur [°C]	Wärme-leitfähig-keit [W/mK]
Quarzsand	96 Gew% SiO_2	1,6	1715	1,2–1,5
Feuerfestton	50–90 Gew% Al_2O_3	2,4	1871	1,4
Magnesium-oxid Hartfa-serplatte	≥ 90 Gew% MgO	1,4	2193	0,7–0,9
Aluminium-oxid	≥ 90 Gew% Al_2O_3	2,4	2048	2,2–2,9
Cenospheres	50–60 Gew% SiO_2 28 Gew% Al_2O_3	0,42 *)	1400–1425	0,07
Quarzsand + Cenospheres	12 % Cenospheres	1,28 *)		0,15

*) Schüttdichte

Verwendung von Cenospheres (leichte Hohlkugeln):

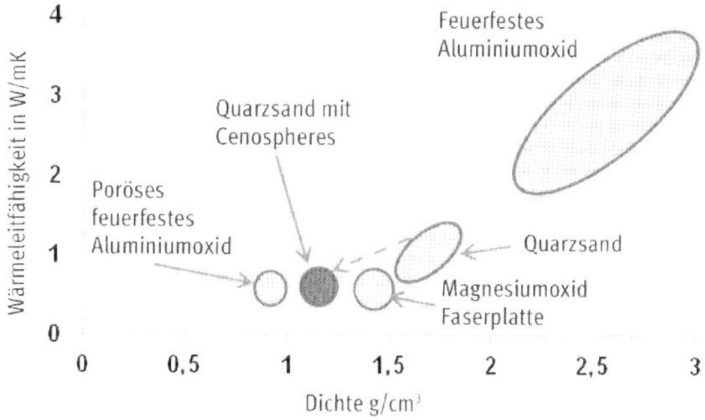

Darstellung der Wärmeleitfähigkeit im Verhältnis zur Dichte von verschiedenen Feuerfestmaterialien bei Raumtemperatur [27]

Zugabe von Cenospheres zu Quarzsand um die Porosität zu erhöhen ohne offene Poren zu erzeugen. Zugabe von 12 % Cenospheres zum Quarzsand führt zu einer Masse mit einer Schüttdichte von 1,28 g/cm³ und einer Wärmeleitfähigkeit von 0,15 W/(m·K)

Feuerfestmaterial für Aluminium-Transportpfannen [28]

Optimierung des Behälterdesign und der Feuerfestauskleidung

Spezialbehälter mit einem Fassungsvermögen von 4–6 t bzw. 15 t Flüssigaluminium zum Transport auf öffentlichen Straßen
Wirtschaftliche Zielstellung:

- Einsparung von Schmelzenergie in der Gießerei (700–120 kWh/t Aluminium)
- Reduzierung der Metallverluste (Abbrand, Oxidation, Umfüllen): 2–5 %
- Einsparung eigener Schmelzkapazitäten in der Gießerei
- CO_2-Reduzierung (141–242 kg/t Aluminium)

Erreichte Ergebnisse:

Temperaturverlust von 6°C /h mit folgenden Randbedingungen:

- Tiegelvorheizung vor der Befüllung: 780 °C Feuerfesttemperatur
- Tiegelbefüllung mit 6 t Flüssigaluminium: 775 °C Schmelzetemperatur
- Transport 10 h per LKW, trockenes Wetter: 0 °C Außentemperatur
- Temperaturmessung am Zielort: 715 °C Schmelzetemperatur

Sicherheitstechnische Anforderungen:

- ADR – Europäisches Übereinkommen über die internationale Beförderung gefährlicher Güter auf der Straße
- GGVSEV Gefahrstoffverordnung Straße, Eisenbahn und Binnenschifffahrt
- DIN EN ISO 3834-2 Schweißfachbetrieb
- AD 2000 HP 0 Druckbehälterbau

Straßen-Transportbehälter für Flüssig-Aluminium [28]

Aluminiumhaltige Einsatzmaterialien für Schmelzwerke [29]

Material	Ausbeute	Wandstärke	Oxidanteil	organischer Anteil
blanke Bleche	92–98 %	0,2–8 mm	< 1 %	< 1 %
lackierte Bleche	85–90 %	0,2–8 mm	< 1 %	1-3 %
aufbereitete Späne	85–94 %	0,06–3 mm	< 1%	< 1 %
unaufbereitete Späne	70–85 %	0,06–3 mm	< 1%	1–10 %
Profile blank	92–98 %	1–10 mm	< 1%	< 1 %
ISO-Profile	80–85 %	1–10 mm	< 1%	5–10 %
anodisierte Profile	83–88 %	1–10 mm	2–3%	< 1 %
Folien blank	85–90 %	0,006–0,05 mm	< 1%	< 1 %
Folien farbig	70–80 %	0,006–0,05 mm	< 1%	10–15 %
ISO-Shredder	90–92 %	1–10 mm	< 1 %	1–3 %
Blechshredder	85–90 %	0,2–8 mm	< 1 %	1–3 %
Gussshredder	88–94 %	5–50 mm	< 1 %	1–3 %
Dosenshredder	55–75 %	0,1–0,5 mm	< 1 %	10–20 %
Drahtschrott blank	92–96 %	0,5–5 mm	< 1 %	< 1 %
Drahtschrott ölig	85–90 %	0,5–5 mm	< 1 %	1–5 %
Al-Granulat	92–96 %	0,5–5 mm	< 1 %	< 1 %
Geschirr Sammelschrott	80–87 %	0,5–30 mm	< 1 %	4–10 %
Ausläufer	60–85 %	5 cm–1,5 m	5–30 %	< 1 %
Krätze	40–60 %	1 cm–0,5 m	30–50 %	< 1 %
Gröbe aus SSL-Aufb. und Krätze-Aufb.	5–75 %	0,5–50 mm	15–40 %	< 1 %
Bohnen und Slippen und Gussabfälle	65–85 %	0,5–100 mm	1–5 %	5–15 %
Abgüsse, Blöcke	96–98 %	0,7–1,5 m	< 0,5 %	< 1 %

Ofentypen in Schmelzwerken der Aluminiumindustrie [29]

Ofentyp	Einsatzmaterial	Vorteile	Nachteile
Herdschmelzofen (teilweise mit Magnetrührer)	Grobstückige, saubere Kreislaufschrotte, ev. Späne und Granulate	flexibel, kostengünstig	Org. Bestandteile < 1 %
Mehrkammerofen mit Schrottvorwärmturm	lackierte Bleche und Profile, Schrotte mit Kunststoffanhaftungen, ölige, dünnwandige Schrotte	niedriger Abbrand, niedriger Energieverbrauch, aluminiumhaltige Einsatzmaterialien	Sumpf, höhere Investition, höhere Instandhaltung
Drehtrommelofen	stark verunreinigte Schrotte, Krätzen, Späne, Shredder	niedriger Abbrand	hohe Entsorgungskosten (Salzschlacke)
kippbarer Drehtrommelofen	Krätze, stark verunreinigte Schrotte	niedrigere Entsorgungskosten	Ofengröße begrenzt
Induktionsöfen	trockene Späne	niedriger Abbrand	hohe Energiekosten

[1] Dötsch, E.: Induktives Schmelzen und Warmhalten; Vulkan-Verlag 2009
[2] Baake, E.: CO_2-Reduktion durch effiziente elektrothermische Prozesstechnik; Elektrowärme International (2010)1, S. 25–32
[3] Trauzeddel, D.: Prozessoptimierte Induktionsöfen zum Schmelzen und Gießen von Kupferwerkstoffen; Elektrowärme International (2010)2, S. 103–110
[4] Schmitz, W., Trauzeddel, D.: Energiesparendes Schmelzen von Kupferwerkstoffen in modernen Induktionsöfen; GIESSEREI PRAXIS (2007)1–2, S. 39.
[5] Rinnhofer, H., Baake, E., Trauzeddel, D.: Energiesparpotenzial beim induktiven Schmelzen und Erwärmen von Metallen durch Verringerung der Spulenverluste; Elektrowärme International (2011)2, S. 141–145
[6] Energieeffizienter Giessereibetrieb; Fachbericht IfG 2009
[7] GIESSEREI LEXIKON
[8] Rische, M., Dötsch, E.: Höhere Wirtschaftlichkeit im Schmelzbetrieb durch moderne Induktionstechnologie; GIESSEREI PRAXIS (2013)6, S. 237–240
[9] E. Baake: VDG-Akademie – Seminar am 10./11. Okt. 2011
[10] M. Hopf: The refractory wear measurement system SAVEWAY – increase of process safety and service life of lining – Proceedings of EMC 2001
[11] Enzenbach, T.: Abwärmenutzung bei Kupolofenschmelzanlagen mit dem Einsatz von Thermalöl als Wärmeträger; GIESSEREI 96 (2009)10, S. 68–74
[12] Energiesparwunder – neue Effizienzklasse bei Aluminium-Schmelzöfen; GIESSEREI PRAXIS (2011)12, S. 608
[13] Abel, A.: Verwendung von Aufkohlungsmitteln; GIESSEREI PRAXIS (2008)6, S. 228–230
[14] GIESSEREI LEXIKON; Verlag Schiele & Schön
[15] AK Steel International B.V., Niederlassung Deutschland https://www.aksteel.de/
[16] Allied Metals Corporation-hochreine Metalle; https://alliedmet.com/de/
[17] Neumann, F.: Gusseisen: Schmelztechnik, Metallurgie, Schmelzbehandlung; Expert-Verlag, 2. Auflage 1999

[18] Routschka, G., Wuthnow, H.: Taschenbuch feuerfeste Werkstoffe; 4. Auflage, Vulkan Verlag 2007
[19] Zusammenstellung: K. Stinzing, Calderys Refractory Solutions
[20] M. Hopf: „Sicherheits- und Überwachungseinrichtungen für Tiegel- und Rinnenöfen" – „Hot-Spot-Erkennung durch SAVELINE Sensor"; Saveway GmbH & Co. KG; 6. ewi-Praxistagung Induktives Schmelzen & Gießen von Eisen- und Nichteisen-metallen, Essen, 23.–25.11.2015
]21] Stinzing, K.: Refractory innovations permitting time, energy and cost savings in foundry meltshop applications; Advantages wiht quick dry – refractory; 71. World Foundry Congress 2014 Bilbao
[22] Fowler, A,. Holland, D., Greibig, R.: Zustellung eines 100 t-Induktionsrinnenofens mit QD-Material; GIESSEREI 99 (2012) 6, S. 58–60
[23] Ament, A., Dötsch, E.: Induktionsofentandem bewährt sich seit über 12 Jahren im Schmelzbetrieb; GIESSEREI 101 (2014) 5, S. 112–117
[24] Fowler, A., Techer, R.: Firmenmitteilung Calderys 2015
[25] BDG-Richtlinie R 11: Einsatz verzinkter Schrotte im Induktionsofen
[26] Trippelsdorf, F.: Firmenmitteilung Calderys Deutschland GmbH, 2015
[27] Biswas, S.: Neuartiges Quarz-Feuerfestmaterial für kleine Stahlguss-Gießpfannen; GIESSEREI PRAXIS (2015)3, S. 79–86
[28] Produktinformation: Transportbehälter, Kippstationen, Heizstationen etc.; 29.01.2015, Bartz Maschinenbau GmbH 2015
[29] Suppan,H.: Umweltfreundliche Schmelzöfen in der Aluminiumindustrie; GIESSEREI PRAXIS (2008) 9, S. 301–303
[30] Ohm&Häner Metallwerk GmbH & Co. KG und Buderus Guss GmbH

Auswahl Normen für Gussstücke und Legierungen
Eisenwerkstoffe, Nichteisenmetalle, Stahlguss und Feinguss

TECHNISCHE LIEFERBEDINGUNGEN:

DIN EN 1559-1 (2011-05)
Giessereiwesen – Technische Lieferbedingungen
Teil 1: **Allgemeines**

DIN EN 1559-2 (2014-12)
Giessereiwesen – Technische Lieferbedingungen
Teil 2: Zusätzliche Anforderungen an **Stahlgussstücke**

DIN EN 1559-3 (2012- 01)
Gießereiwesen – Technische Lieferbedingungen
Teil 3: Zusätzliche Anforderungen an **Eisengussstücke**

DIN EN 1559-4 (2015-05)
Gießereiwesen – Technische Lieferbedingungen
Teil 4: Zusätzliche Anforderungen an Gussstücke aus **Aluminiumlegierungen**

DIN EN 1559-5 (2017-05)
Gießereiwesen – Technische Lieferbedingungen
Teil 5: Zusätzliche Anforderungen an Gussstücke aus **Magnesiumlegierungen**

DIN EN 1559-6 (1999-01)
Gießereiwesen – Technische Lieferbedingungen
Teil 6: Zusätzliche Anforderungen an Gussstücke aus **Zinklegierungen**

EISENWERKSTOFFE:

DIN EN 1560 (2011-05)
Gießereiwesen – Bezeichnungssystem für Gusseisen
Werkstoffkurzzeichen und Werkstoffnummern

DIN EN 1561 (2012-01), (2024-03)
Gießereiwesen – **Gusseisen mit Lamellengraphit**
Eigenschaften von unleg. und niedriglegierten
Gusseisen mit Lamellengraphit

DIN EN 1562 (2019-06)
Gießereiwesen – **Temperguss**
Sorten und zugehörige Anforderungen an Temperguss

DIN EN 1563 (2019-04)
Gießereiwesen – **Gusseisen mit Kugelgraphit**
Gruppen von Gusseisen mit Kugelgraphit

DIN EN 1564 (2012-01)
Gießereiwesen – **Ausferritisches Gusseisen mit Kugelgraphit**
Einteilung und Festlegung von Sorten und Eigenschaften von
ausferritischem Gusseisen

DIN EN 12513 (2011-05)
Gießereiwesen – **Verschleißbeständige Gusseisen**
Einteilung und Festlegung von Sorten von
verschleißbeständigen weißen Gusseisen.

DIN EN 13835 (2012-04)
Gießereiwesen – **Austenitische Gusseisen – Sorteneinteilung**

ISO 16112 (2017-02)
Gusseisen mit Vermiculargraphit – Klassifikation
Compacted (vermicular) graphite cast irons – Classification

DIN EN 16079 (2024-03)
Gießereiwesen – **Gusseisen mit Vermiculargraphit**
Festlegung von Sorten und Anforderungen an Gusseisen mit Vermiculargraphit

DIN EN 16124 (2012-02)
Gießereiwesen – **Niedriglegiertes ferritisches Gusseisen** mit Kugelgraphit für Anwendungen bei höheren Temperaturen

STAHLGUSS:

DIN EN 10293 (2015-04)
Stahlguss für allgemeine Anwendungen

DIN EN 10340 (2008-01)
Stahlguss für das Bauwesen
Dokument wurde berichtigt: 2008-11

DIN EN 10349 (2010-02)
Stahlguss – Austenitischer Manganstahlguss

DIN EN 10213 (2016-10)
Stahlguss für Druckbehälter

DIN EN 10283 (2019-06)
Korrosionsbeständiger **Stahlguss**

DIN EN 10295 (2003-01)
Hitzebeständiger **Stahlguss**

NICHTEISENWERKSTOFFE:

DIN EN 1706 (2021-10)
Aluminium und Aluminiumlegierungen – Gussstücke
Chemische Zusammensetzung und mechanische Eigenschaften

DIN EN 12258-1 (2012-08)
Aluminium und Aluminiumlegierungen – Begriffe –
Teil 1: Allgemeine Begriffe

DIN EN 1780 (2003-01)
Aluminium und Aluminiumlegierungen
Bezeichnung von legiertem Aluminium in Masseln,
Vorlegierungen und Gussstücken:
- Teil 1: Numerisches Bezeichnungssystem
- Teil 2: Bezeichnungssystem mit chemischen Symbolen
- Teil 3: Schreibregeln für die chemische Zusammensetzung

DIN EN 1676 (2020-06)
Aluminium und Aluminiumlegierungen
Legiertes Aluminium in Masseln – Spezifikationen
Anforderungen an die Sorten von legiertem Aluminium in
Masseln (zum Wiedereinschmelzen)

EN 576 (2004-01)
Aluminium und Aluminiumlegierungen –
Unlegiertes Aluminium in Masseln — Spezifikationen

DIN EN 601 (2004-07)
Aluminium und Aluminiumlegierungen – Gussstücke
Chemische Zusammensetzung von Gussstücken,
die in Kontakt mit Lebensmitteln kommen

DIN EN 1753 (2019-12)
Magnesium und Magnesiumlegierungen
Blockmetalle und Gussstücke aus Magnesiumlegierungen

DIN EN 1754 (2015-10)
Magnesium und Magnesiumlegierungen
Bezeichnungssystem für Anoden, Blockmetalle und Gussstücke

DIN 17851 (2023-10)
Titanlegierungen
Chemische Zusammensetzung

DIN 17865 (1990-11), wurde ersetzt durch DIN 17851:2023-10
Gußstücke aus Titan und Titanlegierungen
Feinguss, Kompaktguss

DIN EN 1774 (1997-11)
Zink und Zinklegierungen – Gußlegierungen
In Blockform und in flüssiger Form

DIN EN 12844 (1999-01)
Zink und Zinklegierungen – Gußstücke
Spezifikationen

DIN EN 12441-1 (2004-10)
Zink und Zinklegierungen
Teil 1–11

DIN EN 1412 (2017-01)
Kupfer und Kupferlegierungen
Europäisches Werkstoffnummernsystem

DIN EN 1976 (2013-01)
Kupfer und Kupferlegierungen
Gegossene Rohformen aus Kupfer

DIN EN 1982 (2024-12)
Kupfer und Kupferlegierungen –
Blockmetalle und Gussstücke

DIN 17730 (1971-07)
Nickel- und Nickel-Kupfer-Gußlegierungen
Gußstücke

ISO 12725 (2019-03)
Gussteile aus Nickel und Nickellegierungen

ASTM A 494/A 494M-2024
Casting, Nickel and Nickel Alloy

ASTM A 560/A 560/M-2012
Casting, Chromium-Nickel Alloy

ISO 16468 (2015-10)
Feinguss (Stahl, Nickel- und Cobaltlegierungen)
Allgemeine technische Anforderungen

DIN 17640-1 (2004-02)
Bleilegierungen für allgemeine Verwendung

DIN 1742 (1971-07)
Zinn-Druckgußlegierungen; Druckgußstücke

DIN EN 611-1 (1995-09)
Zinn und Zinnlegierungen – Zinnlegierungen und Zinngerät – Teil 1: Zinnlegierungen

DIN EN 611-2 (1996-08)
Zinn und Zinnlegierungen – Zinnlegierungen und Zinngerät – Teil 2: Zinngerät

DIN EN 1179 (2003-09)
Zink und Zinklegierungen – Primärzink

Weltproduktion der Gusserzeugnisse

Werkstoff	Produktion in Mio. t				
	2011 [1]	2017 [2]	2018 [2]	2019 [3]	2020 [4]
Gusseisen mit Lamellengra-	45,87	49,0	49,4	51,2*)	49,5
phit	24,78	26,4	28,1	23,8	23,6
Gusseisen mit Kugelgraphit	10,84	11,3	11,7	10,1	10,3
Stahlgusslegierungen	1,8	1,8	12,0	2,0	1,9
Kupferlegierungen	13,20	19,1	18,9	17,3	16,0
Aluminiumlegierungen	0,18	0,2	0,3	0,1	0,1
Magnesiumlegierungen	0,51	0,7	0,7	0,6	0,4
Zinklegierungen	0,53	0,4	0,5	1,7	0,8
übrige NE-Metalllegierungen					

Größte Produktionsmengen der Länder nach Werkstoffen

Gusseisen mit Lamellengraphit	Produktion in Mio. t				
	2011 [1]	2017 [2]	2018 [2]	2019 [3]	2020 [4]
China	19,68	21,15	20,65	20,40	21,75
Indien	6,80	8,44	9,41	7,72	7,91
USA	2,96	3,33	4,0	8,8*)	7,61*)
Deutschland	2,54	2,42	2,44	2,19	1,62
Japan	2,19	2,20	2,10	2,20	1,60

Gusseisen mit Kugelgraphit	Produktion in Mio. t				
	2011 [1]	2017 [2]	2018 [2]	2019 [3]	2020 [4]
China	10,38	13,75	14,15	13,95	15,30
USA	3,84	2,63	3,33	*)	*)
Deutschland	1,70	1,59	1,64	1,43	0,96
Japan	1,64	1,40	1,69	1,36	1,17
Indien	1,09	1,23	1,31	1,22	1,07

Stahlgusslegierungen	Produktion in Mio. t				
	2011 [1]	2017 [2]	2018 [2]	2019 [3]	2020 [4]
China	5,40	5,55	5,75	5,90	6,35
Indien	1,14	1,03	1,22	1,14	0,91
USA	0,98	1,26	0,93	*)	0,304
Russland	0,73	0,86	1,13	1,13	1,13
Ukraine	0,28	0,30	0,58	k.A.)	k.A.)

Aluminuimgusslegierungen	Produktion in Mio t				
	2011 [1]	2017 [2]	2018 [2]	2019 [3]	2020 [4]
China	4,15	7,3	7,15	6,85	6,80
USA	1,53	1,68	1,61	1,80	1,43
Japan	1,27	1,49	1,51	0,44	0,34
Indien	0,90	1,31	1,40	1,36	1,34
Deutschland	0,84	1,14	1,02	1,00	0,65

*) USA-Angaben für GJL, GJS und GS zusammen
k.A.) keine Angaben

Übersicht Eisenwerkstoffe [5]

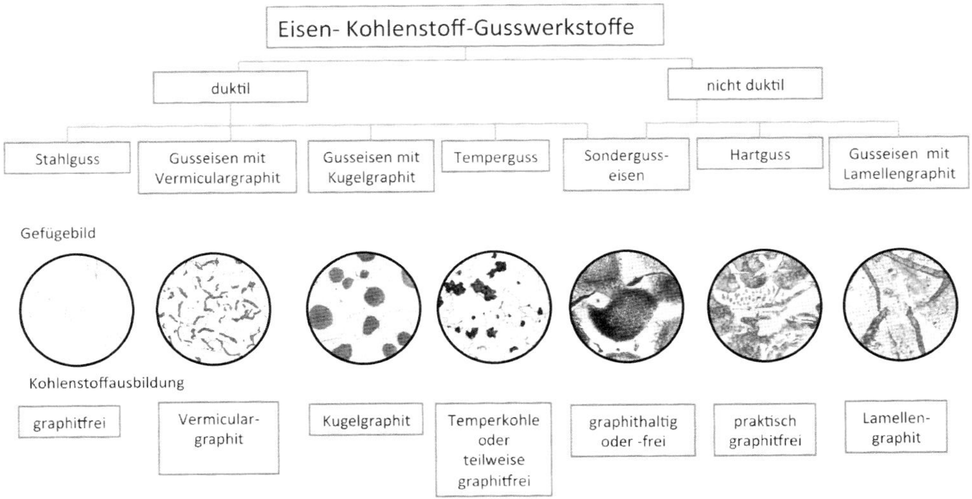

Eisen-Kohlenstoff-Diagramm

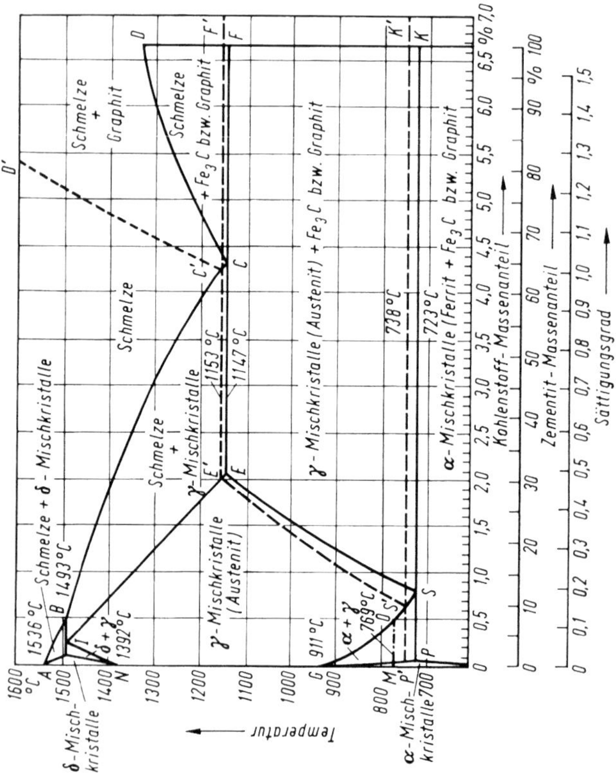

Quasi-binärer Schnitt durch das Fe-C-Si-System bei einem konstanten Siliziumgehalt von 2,4 % [6]

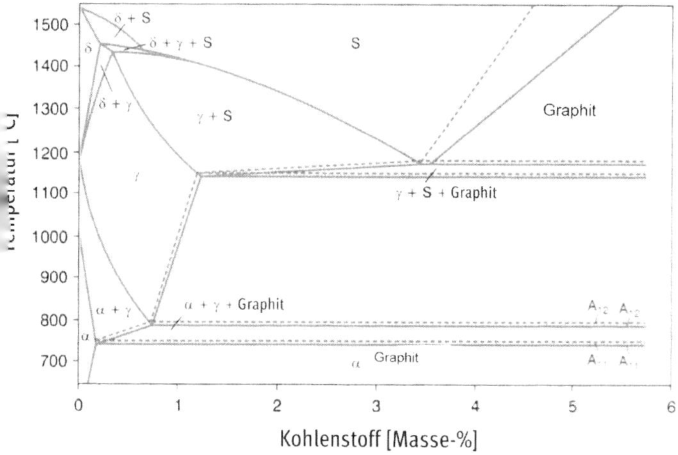

Kohlenstoffäquivalent (engl.: Carbon Equivalent) CE

$$CE = C[\%] + \frac{Si[\%] + P[\%]}{3}$$

CE = 4,3 entspricht der eutektischen Zusammensetzung

Sättigungsgrad S_c – Kennwert zur Lage zum eutektischen Punkt

$$S_c = \frac{\text{C-Gehalt } [\%]}{4{,}23 - 0{,}31 \cdot Si[\%] - 0{,}33 \cdot P[\%] + 0{,}07 \cdot Mn\,[\%]}$$

S_c = 1,0 eutektische Zusammensetzung

S_c > 1,0 übereutektische Zusammensetzung
S_c < 1,0 untereutektische Zusammensetzung

Erstarrungsverhalten von Gusseisen [8]

Keimbildung:

Hypothesen
- Graphit, Eigenkeime und Cluster: der Kohlenstoff ist in der Schmelze nicht echt gelöst und statistisch verteilt, sondern in Clustern vorliegen, aus denen Graphitkristalle entstehen und wachsen,
- Fremdkeime verschiedener Art, insbesondere Silikate,
- Salzartige Carbide (vor allem von Strontium, Barium, Calcium) wirken als Fremdkeime,
- Mangansulfid wirkt als Fremdkeim,
- Mehrstufige Fremdkeimbildung, wonach Fremdkeime, insbesondere Oxide, erst in der Schmelze entstehen, wofür andere Fremdkeime, u.a. Sulfide, verantwortlich und erforderlich sind.

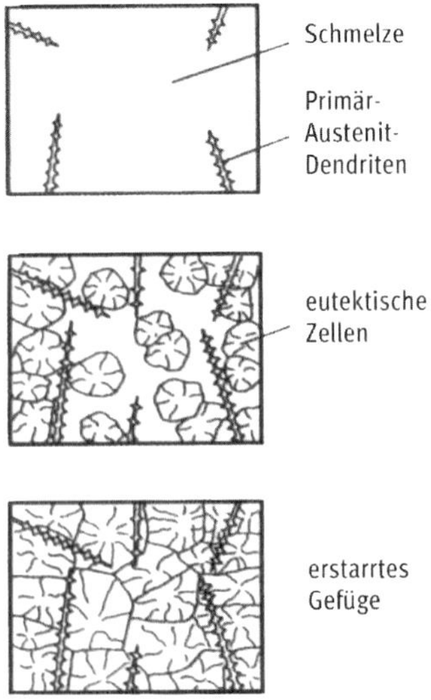

Schema des Erstarrungsablaufes eines untereutektischen Gusseisens mit Lamellengraphit [8]

Grundlagen der Gefügebildung und des Legierens [6, 7]

Kristallgitter von Eisen

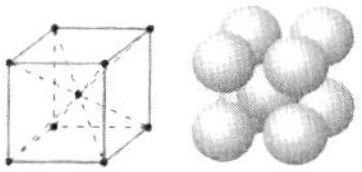

kubisch-raumzentriertes Kristallgitter:
- α-Eisen (Ferrit)
- Gitterkonstante bei 20 °C: 0,286 nm
- Maximaler Gehalt an Kohlenstoff: 0,02 % bei 723 °C

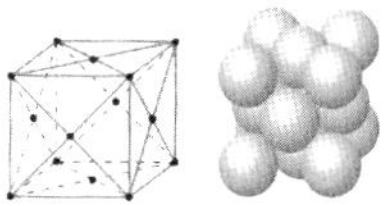

kubisch-flächenzentriertes Kristallgitter:
- γ-Eisen (Austenit)
- Gitterkonstante bei 910 °C: 0,364 nm
- Maximaler Gehalt an Kohlenstoff: 2,06 % bei 1147 °C

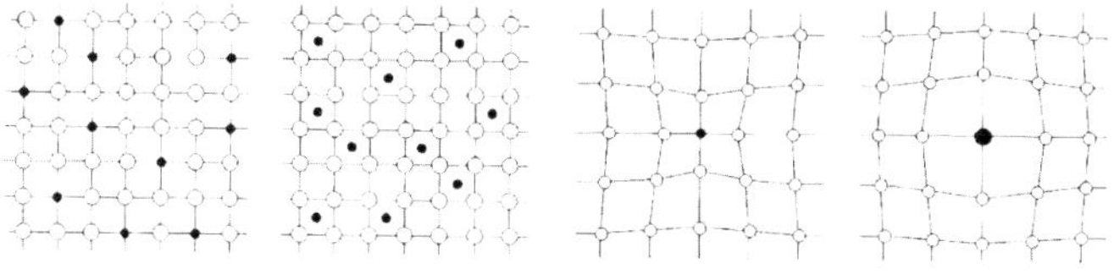

a) b) c) d)

a) schematische Darstellung von Austauschmischkristallen
b) schematische Darstellung von Einlagerungsmischkristallen
c) und d) Gitterverzerrungen durch unterschiedliche Atomgrößen

Thermophysikalische Eigenschaften von Gusseisen [12]

Physikalische Eigenschaft	Bei Raumtemperatur	Bei Solidustemperatur	Im Erstarrungsintervall	Im flüssigen Bereich
Wärmeleitfähigkeit [W/(m · K)]	30–50	25–30	ziemlich konstant	25–35
Wärmekapazität [J/kg · m³]	460–700	850–1050	fallend	800–950
Dichte [kg/m³]	6900–7400	6750–7350	schrumpfend/expandierend	6700–7300
Zähigkeit [mm²/s]	∞		sehr stark abnehmend	0,5–0,8
Elastizitätsmodul [GPa]	80–160	60–100	verschwindend	
Thermische Ausdehnung [µm/(m . K)]	11–14	17–22	plötzlich ansteigend	
Schmelzenthalpie [kJ/kg]			180–240	

Werkstoff: Reineisen [13]

Temperatur [° C]	Temperaturleitfähigkeit a [cm²/s]	spezifische Wärme c_p [J/(g · k)]	Dichte ρ [g/cm³]	Wärmeleitfähigkeit λ [W/(m · K)]
20	0,220	0,42	7,80	71,80
100	0,188	0,45	7,77	65,22
200	0,156	0,48	7,74	57,70
300	0,129	0,53	7,70	52,62
400	0,107	0,58	7,67	47,45
500	0,087	0,65	7,63	43,28
600	0,069	0,74	7,60	38,76
700	0,051	0,88	7,56	33,77

Legieren von Gusseisen – Eisen-Kohlenstoff-Legierung – praktische Einteilung der Legierungselemente [6]

Eisenbegleiter – normale Bestandteile:	**Legierungselemente** von mehr als 0,1 %:	**Mikro-Legierungselemente** (Spurenelemente):	**Elemente** zur Beeinflussung der **Graphitausbildung**:
Silizium	Chrom	Zinn	Magnesium
Mangan	Kupfer	Titan	Cer
Schwefel	Nickel	Aluminium	Selten-Erd-Metalle
Phosphor	Molybdän	Niob	Kalzium
Stickstoff	Vanadium	Antimon	Strontium
Sauerstoff		Arsen	Zirkonium
		Bor	Wismut
		Blei	Barium

Wechselwirkung zwischen den Legierungselementen –
Einfluss von Legierungselementen auf die Stickstofflöslichkeit [9, 11]

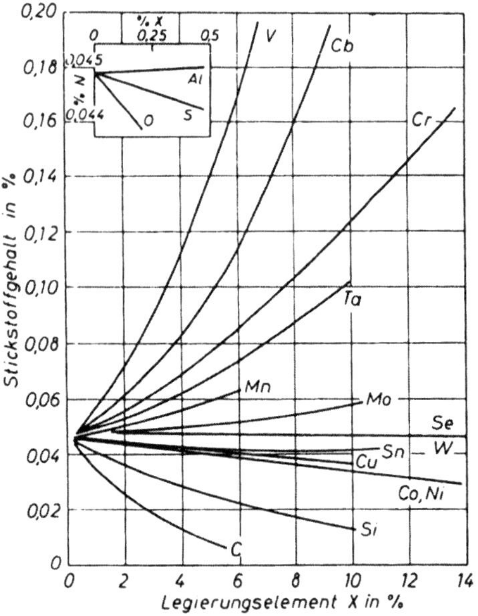

Einfluss von Legierungselementen auf die Stickstofflöslichkeit in flüssigem Eisen bei 1600 °C [9, 11]

Stickstoffgehalte in Gusseisenschmelzen: 60–150 ppm

Kohlenstoff und Silizium senken die Löslichkeit von Stickstoff erheblich.

Starke Nitridbildner binden den Stickstoff, so dass höhere Stickstoffgehalte in der Schmelze verkraftbar sind.

Besonders wirksam ist Titan.

Wechselwirkung zwischen den Legierungselementen –
Einfluss von Legierungselementen auf die Wasserstofflöslichkeit [9, 11]

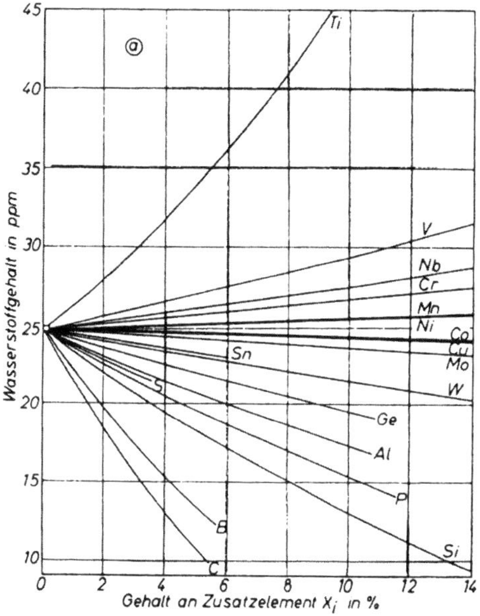

Einfluss von Legierungselementen auf die Wasserstofflöslichkeit in flüssigem Eisen bei 1600 °C [9]

Wasserstoffgehalte üblicher Gusseisenschmelzen: 1–4 ppm

Gusseisen – Impfen

Das Ziel des Impfens von Gusseisenschmelzen ist es, die Erstarrungsvorgängen zu beeinflussen, sodass

- eine stabile Grauerstarrung erfolgen kann und eine karbidische Weißeinstrahlung vermieden wird,
- ein möglichst gleichmäßiger Gefügeaufbau im Gussstück auch bei unterschiedlichen Wanddicken erzeugt wird und
- sichere Festigkeits- und technologische Eigenschaften wie beispielsweise eine gute Bearbeitbarkeit erreicht werden.

Im Impfprozess wird ein ausgewähltes Impfmittel zugegeben. Die Zugabe des Impfmittels zur Schmelze erfolgt unmittelbar vor dem Gießen (Tabelle 3).

Die Ausscheidung des Graphits geht von Kristallisationszentren aus: In einer Gusseisenschmelze schwimmende Einschlüsse von Oxid, Silikat, Sulfid und Stickstoff sind für die Kristallisation von Graphit nicht attraktiv. Aber darauf abgeschiedene Impfelemente in Form komplexer Verbindungen

(z.B.: $SrO \cdot Al_2O_3 \cdot 2SiO_2$, $BaO \cdot Al_2O_3 \cdot 2SiO_2$, $CaO \cdot 2SiO_2$, $MnO \cdot 2SiO_2$)

stellen bevorzugte Orte für die Anlagerung von Kohlenstoffatomen dar. Anschließend reichern sich weitere Kohlenstoffpartikel der Schmelze an bereits existierenden Graphitlamellen/-kugeln an. Zwischen den verzweigenden Graphitblättern erstarrt Austenit (GJL) oder die Graphitkugeln werden von einer Austenithülle umschlossen (GJS). Eine große Anzahl von Keimen verkürzt den Diffusionsweg der im Schmelze gelösten Kohlenstoffatome zur wachsenden Graphitausscheidung und wirkt der Unterkühlung entgegen.

Die Anzahl der insgesamt in der Schmelze von Impfmittel vorhandenen Kristallisatoren liegt um eine Großordnung höher als die Anzahl Graphitkeime. Das bedeutet, dass die Volumen nichtmetallischer Einschlüsse mit Impfmittelmenge wachsen. Die Wirkung eines jeden Impfmittels ist temperaturabhängig und zeitlich begrenzt; es ist ein Abklingeffekt zu beobachten. Die optimale Impfmittelmenge, um die erforderlichen Festigkeitseigenschaften zu erhalten, ist höher als die optimale Impfmittelmenge um

Schwindungsfehler zu vermeiden; diese überschüssige Menge des Impfmittels kann den Speiserbetriebsbereich verkürzen und unerwünschten Einfluss auf den Wirkungsbereich des Anschnittsystem haben.

Impflegierungen sind direkt aus Schmelzfluss auf den gewünschten Korngrößenbereich gemahlen bzw. klassiert. Sie bestehen aus einem Trägerstoff (meistens Ferrosilizium – FeSi) dem eine geringe Menge (0,5–3,0 %) an kristallisationsbildenden und den Keimhaushalt stabilisierenden Substanzen zugegeben wurden.

Von größter Bedeutung für eine hohe Prozessstabilität ist eine gleichmäßige Gusseisenschmelze mit Sauersoff-, Schwefel-, Stickstoff- und Aluminiumgehalten in begrenzen Bereichen (Tabelle 1).

Tabelle 1: Richtwerte Werte im Basiseisen

Element	GJL	GJS
S	0,035–0,065 %	0,006–0,012 %
Al	0,005–0,008 %	0,005–0,020 %
N	0,003 –0,008 %	
O	0,0006–0,002 %	

Mit der Verwendung von Aufkohlungsmittel und/oder Roheisen sowie SiC kann eine gute Impfwirkung erreicht werden, was insbesondere bei Verwendung variabler Gattierung und nicht rhythmischer Gießprozesse wichtig ist. Nach längeren Abstehzeiten (beispielsweise Wochenende) ist mit einer Aufkohlung der Schmelze wieder eine gute Impfwirksamkeit zu erreichen.

Abhängig von den Anforderungen und den örtlichen Bedingungen der Gießerei, u. a. Verfügbarkeit der Schmelz- und Warmhalteöfen, der Qualitäten von Stahlschrott und Kreislaufmaterial sowie der technischen Ausrüstung, wird entweder ein einzelnes Impfen oder eine Kombination von Vorimpfen und Spätimpfen angewendet.

Tabelle 2: Verfahrensübersicht Impfen

	Pfanne	Gießstrahl	
Skizze	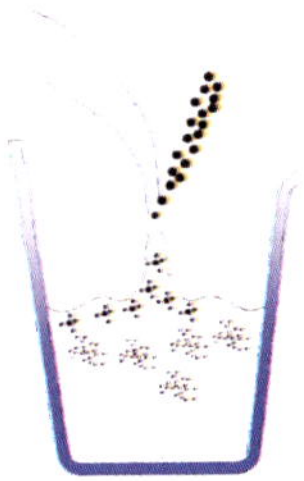	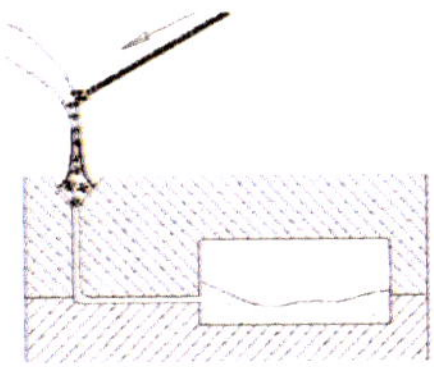	
Verfahren	Beim Abstich der Schmelze wird das Impfmittel mit dem weiteren Füllen der Pfanne in den Gießstrahl eigebracht.	Beim Abguss in den Gießstrahl geblasen, praktisch ohne Abklingen der Impfwirkung Geringe Zugabemenge und exakte Dosierung. Leicht zu automatisieren*) und gute Nachverfolgbarkeit.	
Bewertung	Leicht zu mechanisieren, gute Impfwirkung im gesamten Pfannenvolumen, Abklingeffekt bei langen Abstehzeiten der Pfanne, hoher Impfmittelverbrauch	Zu feines Impfmittel hat Neigung zu Anbackungen auf Strahloberfläche, kein Staubanteil im Impfmittel	

*) Die Vorrichtung erfordert eine sorgfältige Überwachung.

**) Bei großen Gießformen sind die Blockimpfmittel im Gießbecken platziert.

***) Abhängigkeit der Löslichkeit der Formlinge von der Temperatur begrenzt die Verwendung dieser Methode.

Fülldraht	Einstreuen in die Pfanne	Form**)
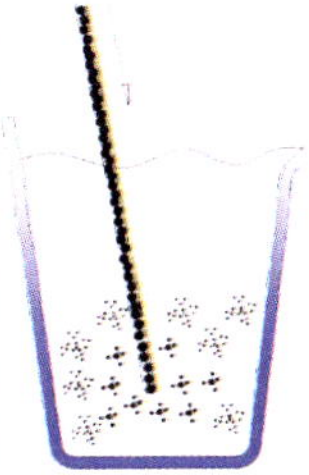	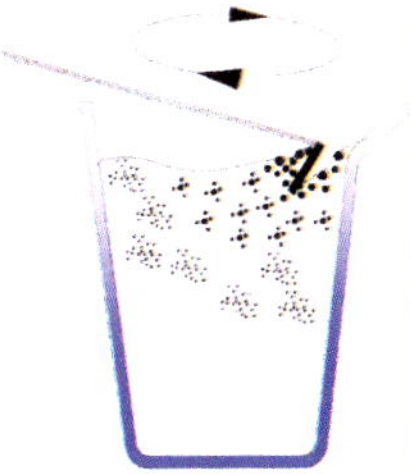	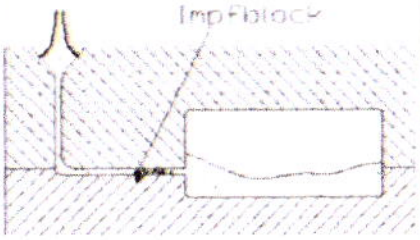
Ein mit dem Impfmittel gefülltes dünnwandiges Stahlrohr wird mit entsprechender Geschwindigkeit in die Pfanne eingeführt.	Aufstreuen der Impfmittel auf Metalloberfläche einer vollgefüllten Pfanne, meist nach Magnesium-Behandlung, anschließend intensives manuelles Mischen des Bades erforderlich.	Im Anschnittsystem der Form wird ein Impfblock (Formling) eingelegt. Formlinge für GJS mit RE; für GJL mit Mn.
Exakte Dosierung, leicht zu automatisieren und gute Nachverfolgbarkeit. Der Drahtstahlmantel senkt die Prozesstemperatur, verlängerte Verfahrenszeit. Der Einsatz dieses Verfahrens in der Gießrinne zwischen Warmhalteofen und Form minimiert diese negativen Auswirkungen.	Keine Zusatzkosten, ungleichmäßige Impfwirkung im Pfannenvolumen, großer Impfmittelverbrauch, aufwendige Handhabung und Abklinggefahr.	Spätimpfverfahren, oft für größere Flüssigmetallmengen eingesetzt. Mögliches Überimpfen der vergossenen Ausgangsformen aus der Pfanne. ***)

Tabelle 3: Kristalisationsbildende Elemente

Element	Gehalt % *)	Beschreibung
Si	GJL**) 1,8–2,6% GJS**) 1,8–3,0%	Fördert Graphitisierung, verfeinert Austenitdendriten.
Al	0,03 %	Ergänzt den Gehalt an Al der Schmelze, starker Ferritförderer, desoxidierend.
Ca	GJL 0,01 % GJS 0,001 %	Reduziert stark die Neigung zur Weißeinstrahlung, beschleunigt die Auflösung des Impfmittels insbesondere bei hohen Temperaturen, stark reduzierend.
Mn	GJL **) 0,3–1,3 % GJS **) 0,1–1,0 %	Senkt die Wirkungstemperatur des Impfmittels, perlitisierend, desoxidierend schwächer als Al.
Sr	0,003 %	Unterdrückt stark die Weißerstarrung, lange und über einen weiten Temperaturbereich vorhandene Impfwirkung. Fördert breiartige Erstarrung.
Zr	0,01 %	Senkt die Schmelzpunkt des Impfmittels, bildet Stickstoffkeime, verstärkt die Gusshaut.
Ba	0,003 %	Dichte ähnlich der des Gusseisens, so bleibt es lang in der Schmelze, fördert stark die Graphitisierung, reduziert das Abklingen, verflüssigt die Schlacke.
Cer/RE	Cer – 0,012 % aber wenn Chunky-Risiko max. 0,003 %	Neutralisiert den Gehalt an schädlichen Elementen in der Schmelze, unterstützt die Kugelgraphitbildung, reduziert das Abklingen, fördert die breiartige Erstarrung.
La	0,006 %	Neutralisiert den Gehalt an schädlichen Stoffen in der Schmelze, unterstützt die Kugelgraphitbildung, blockiert das Wachstum von Dendriten, verringert die Neigung zu Schrumpffehlern.
Bi	0,003 %	Starke Impfwirkung, ergibt viele und kleine Graphitkugeln, stark verringerte Neigung zu Weißeinstrahlung, verträgt schlechteres Impfbereitschaftsniveau der Schmelze.

*) max. Gehalt in der Schmelze
**) empfohlene Gehalte im Gussteil für unlegierte Gusseisensorten, wanddickenabhäng
***) RE Seltenerdmetalle

Empfehlungen	Bemerkungen
Impfträgerstoff, Gehalte von 45–85 % – je weniger desto länger die Impfwirkung	FeSi allein zeigt schwache Impfwirkung bei GJL, praktisch keine bei GJS
Für dünnwandige Gusstücke. Keimhaushaltstabilisierendes Hilfselement.	Erhöht die Neigung zu Schlackeneinschlüssen, Überschussgefahr
Besonders kristallisationsbildend bei Kokillenguss GJL im Gießstrahlprozess, Hilfssubstanz, Ersatzelement für RE ***).	Erhöht die Neigung zu Schlackeneinschlüssen, Gasporositäten und Chunkygraphit, schneller Abklingeffekt.
Für höhere Schwefelgehalte, Hilfssubstanz in der Giessstrahlimpfung.	Schneller Abklingeffekt, nicht empfohlen für ferritische Sorten von GJS
Für lange Gießzeiten, dünnwandige Gussteile, toleriert höhere Schwefelgehalte. Geeignet für GJS, wenn wenig RE in der Magnesiumvorlegierung.	In großen Wanddicken, mögliche Ursache für Gas- und Lunkerfehler
Vielseitig, toleriert Überschuss, gutes Zusammenwirken mit Ca und Bi. Toleriert niedrige Schwefelgehalte auch zum Vorimpfen.	Für mittlere Wanddicken, Abklingeffekt schneller als bei Sr.
Für lange Gießzeiten, kleine Gusswanddicke, auch als Vorimpfen, besonders später Abklingeffekt.	In großen Wanddicke können Gas- und Lunkerfehler verursacht werden, Überschussgefahr, kann Schlackeanhaftungen in Ofenkanälen und im Ofensiphonen bilden.
Für GJS mit reiner Magnesiumbehandlung, nicht für große Wanddicken geeignet.	Ausbildung ungleichmäßiger Graphitkugelgrößen möglich, kann zu Gasfehlern und Weißeinstrahlung führen, ein großes Chunkygraphit-Risiko.
Für GJS, große Wanddicken, beispielsweise für Kurbelwellen.	Kann zu Weißeinstrahlung und zu Pinholes führen.
Für GJS, für niedrigere Prozesstemperaturen. Im Impfmittel empfohlene Kombination mit RE und Al, geringere Zusätze von 0,35–0,4 %. Auch wirksam in einer Mischung mit einem Zr-Impfmittel.	Es sammelt sich im Kreislaufschrott, verringert das Magnesiumausbringen, große Überschussgefahr, in Gussteilen von Grünsand können Oberflächenfehler (kraterförmige Vertiefungen) entstehen.

Wärmebehandlung von Gusseisen

Carbidzerfallsglühen

Carbidzerfallsglühen	Gusseisen mit Lamellengraphit	Gusseisen mit Kugelgraphit
Aufheizgeschwindigkeit	50 bis 100 K/h	
Glühtemperatur	850 bis 950 °C	850 bis 920 °C
Haltezeit je Wanddicke	2 h bis 25 mm + 1 h je weitere 25 mm	
Abkühlung	an der Luft oder im Ofen (40 bis 60 K/h), falls kein Ferritisieren angeschlossen wird (bei Ofenabkühlung kann es zu Ferritisierung kommen)	
Glühkurve	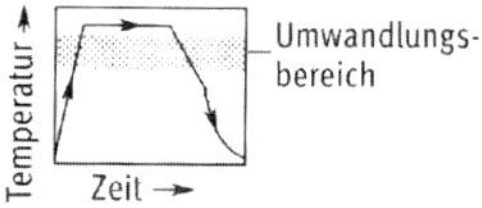	

Ferritisieren

Ferritisieren	Ferritisieren im Umwandlungsbereich	Unterkritisches Ferritisieren
Aufheizgeschwindigkeit	50 bis 100 K/h	
Glühtemperatur	740 bis 780 °C	680 bis 700 °C
Haltezeit	4 bis 12 h	4 bis 24 h
Abkühlung	an der Luft oder im Ofen (40 bis 60 K/h)	im Ofen (20 bis 50 K/h) auf 580 °C, dann Abkühlung an der Luft oder im Ofen (50 bis 60 K/h)
Glühkurve	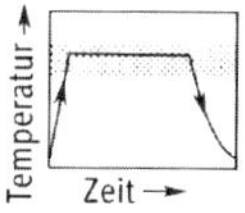	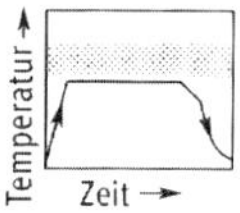

Wärmebehandlung von Gusseisen

Weichglühen

Weichglühen Carbidzerfallsglühen + Ferritisieren	Mit Ferritisieren im Umwandlungsbereich	Mit unterkritischem Ferritisieren
Aufheizgeschwindigkeit	50 bis 100 K/h	
Glühtemperatur, 1. Stufe	850 bis 920 °C	
Haltezeit je Wanddicke, 1. Stufe	2 h bis 25 mm + 1 h je weitere 25 mm	
Abkühlung und 2. Stufe	im Ofen (50 bis 100 K/h), bis zur Obergrenze des Umwandlungsbereiches, dann mit 30 bis 50 K/h bis 650 °C, anschließend Luftabkühlung	im Ofen (40 bis 60 K/h), auf 680 bis 700°C, 4 bis 24 h Haltezeit, dann Ofenabkühlung (20 bis 50 K/h) auf 580 °C, anschließend Luftabkühlung
Glühkurve	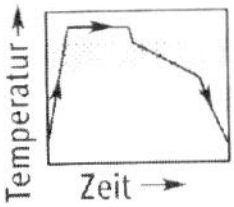	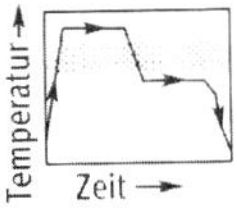

Normalglühen

Normalglühen (Perlitglühen)	Gusseisen mit Lamellengraphit, Gusseisen mit Kugelgraphit
Aufheizgeschwindigkeit	50 bis 100 K/h
Glühtemperatur	820 bis 920 °C
Haltezeit je Wanddicke	2 h bis 25 mm + 1 h je weitere 25 mm
Abkühlung	Luftsturz
Glühkurve	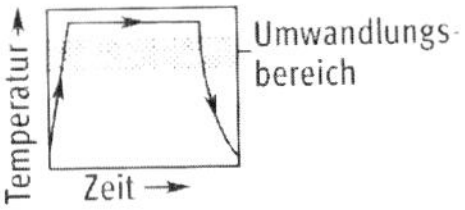

Wärmebehandlung von Gusseisen

Spannungsarmglühen

Spannungsarmglühen	Gusseisen mit Lamellengraphit			Gusseisen mit Kugelgraphit		
	unlegiert	niedriglegiert	hochlegiert	ferritisch	unlegiert, perlitisch	legiert, perlitisch
Aufheizgeschwindigkeit	50 bis 100 K/h					
Glühtemperatur [°C]	500–575	550–600	600–650	550–650	500–550	500–580
Haltezeit je Wanddicke	2 h bis 25 mm + 1 h je weitere 25 mm					
Abkühlung	im Ofen (20 bis 40 K/h) bis 250 °C; unter 250 °C Abkülung an der Luft					
Glühkurve	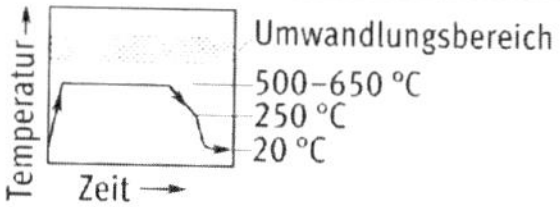					

Vergüten

Vergüten	Gusseisen mit Lamellengraphit, Gusseisen mit Kugelgraphit		
Aufheizgeschwindigkeit	50 bis 100 K/h		
Härtetemperatur	830 bis 920 °C		
Haltezeit je Wanddicke auf Härtetemperatur	1 h bis 25 mm + 1 h je weitere 25 mm		
Abschrecken	im Öl		im Salzbad
	von 20 bis 100 °C Ölhärten	von 100 bis 240 °C Warmbadhärten	von 200 bis 450 °C Zwischenstufenvergüten
Anlassen	400 bis 600 °C, 2 bis 4 h		–
Glühkurve	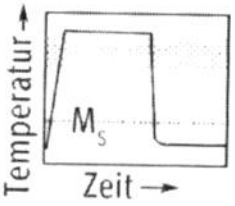	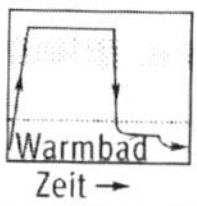	

Volumenänderungen im Verlauf der Wärmebehandlung von unlegiertem Gusseisen mit Kugelgraphit [15]

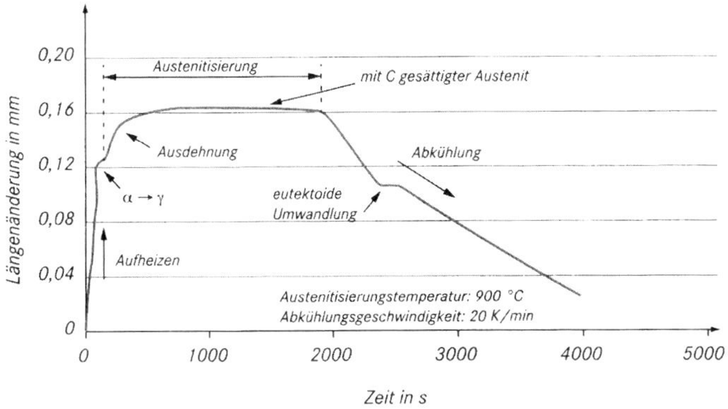

Typische Temperatur-Längenänderungskurve (Dilatometer-Kurve) von unlegiertem Gusseisen mit Kugelgraphit, das mit einer Geschwindigkeit von 600 K/min auf 900 °C erhitzt, bei 900 °C 30 min austenitisiert und mit 20 K/min abgekühlt wurde.

Die unterschiedlichen Ausdehnungskoeffizienten von Ferrit und Austenit führen zu deutlichen Volumeneffekten. Die Ferrit-Austenit-Umwandlung beim Aufheizen tritt bei deutlich höherer Temperatur ein.

Die Löslichkeit von Kohlenstoff im Austenit beträgt bei eutektoider Temperatur 0,8 %, im Ferrit nur 0,02 %.

Übersicht der wichtigsten Gusseisensorten [6]

Sorte	Kurzzeichen	Charakteristik	Norm	Häufigste handelsübliche Bezeichnungen (Deutsch/Englisch)
Gusseisen mit Lamellengraphit	GJL	Lamellengraphit	EN 1561, ASTM A48, ISO 185	Grauguss, GGL/Grey Cast Iron
Gusseisen mit Kugelgraphit	GJS	Kugelgraphit	EN 1563, ASTM A536, ISO 1083	GGG, Sphäroguss, GmK, Kugelgraphitguss/Ductile Cast Iron, Spheroidal Graphite Iron, SG-Iron
Temperguss	GJMW	Entkohlt, kein Graphit	EN 1562, ASTM A47, A220, ISO 5922	Weißer Temperguss, White Heart Malleable Iron
	GJMB	Temperkohle		Schwarzer Temperguss/ Blackheart Malleable Iron
Gusseisen mit Vermiculargraphit	GJV	Vermiculargraphit	EN 16079, ASTM A842, ISO 16112	GGV/CG Iron
Austenitisches Gusseisen	GJLA GJSA	Austenitische Grundmasse, Lamellen- und Kugelgraphit	EN 13835, ASTM A436, A439, ISO 2892	Ni-Resist, Nodumag

Übersicht der wichtigsten Gusseisensorten [6]

Sorte	Kurzzeichen	Charakteristik	Norm	Häufigste handelsübliche Bezeichnungen (Deutsch/Englisch)
Niedriglegiertes ferritisches Gusseisen für Anwendungen bei höheren Temperaturen	GJS GJV	2,3–5,2 % Si, 0,4–1,1 % Mo, ferritisch, Kugel- oder Vermiculargraphit	EN 16124	SiMo, Hitzebeständiges Silicium-Gusseisen
Ausferritisches Gusseisen mit Kugelgraphit	GJS	Ausferritische Grundmasse, Kugelgraphit	EN 1564 ASTM A 897, ISO 17804	Ausferritisches Gusseisen/ Austempered Ductile Iron ADI Bainitisches Gusseisen
Karbidisches Gusseisen – Verschleißbeständiges legiertes Gusseisen	GJN-HB	Karbide, kein Graphit	EN 12513, ASTM A533, ISO 21988	Hartguss, Weißes Gusseisen, Ni-Hard, Chromgusseisen/ Abrasion Resistant Cast Iron, Chilled Cast Iron, White Cast Iron

Wirkung von Legierungselementen bei Gusseisen mit Lamellengraphit

Element	Gehalt [%]	Einfluss auf das Gefüge	Einfluss auf die Eigenschaften	Bemerkungen
Aluminium	bis 3	vermindert stark die Weißerstarrung: 1 % Al entspricht 0,8 % Si; stark ferritisierend	Verbesserung der Zunderbeständigkeit; Festigkeitssteigerung bei schlackenfreiem Gefüge	starke Gefahr von Schlackenfehlern und -einschlüssen sowie Pinholes
Chrom	0,2 bis 1,0	fördert die Weißerstarrung: 1 % Cr entspricht -1 % Si; Perlitstabilisierung	Steigerung von Festigkeit, Härte, Wachstums- und Zunderbeständigkeit sowie Warmfestigkeit	Gefahr von Bearbeitungsproblemen durch freie Carbide und Kantenhärte, Neigung zu Mikroporosität
Kupfer	0,4 bis 2,0	vermindert die Weißerstarrung: 1 % Cu entspricht 0,3 % Si; unterdrückt die Ferritisierung	Steigerung von Festigkeit, Härte, u. U. Korrosionsbeständigkeit, verminderter Wanddickeneinfluss; höhere Härtbarkeit	Überschüssige Kupfermenge kann dazu führen, dass sich an den Korngrenzen Kupfertropfen bilden
Mangan	0,3 bis 1,3	bindet den Schwefel, danach schwach perlitisierend	leichte Steigerung von Festigkeit und Härte; höhere Härtbarkeit	Gefahr von Schlackenfehlern bei nicht abgestimmtem Si-Gehalt
Molybdän	0,2 bis 1,0	bei der Weißerstarrung etwa neutral, kann schwach ferritisierend oder perlitisierend wirken, bei hohen Gehalten Bainit- und Martensitbildung	starke Steigerung der Festigkeit, Steigerung der Warmfestigkeit und Temperaturwechselbeständigkeit; höhere Härtbarkeit	starke Gefahr durch Mikroporosität, vor allem in Kombination mit Cr und höheren P-Gehalten; bei hohen Gehalten Gefahr von Bainitbildung in dünnen Querschnitten

Fortsetzung

Element	Gehalt [%]	Einfluss auf das Gefüge	Einfluss auf die Eigenschaften	Bemerkungen
Nickel	0,5 bis 3,0	vermindert schwach die Weißerstarrung: 1 % Ni entspricht 0,25 % Si, schwach perlitisierend, fördert die Bainit- und Martensitbildung	Steigerung von Festigkeit, Härte und u. U. Zähigkeit; Anwendung vor allem in Kombination mit Cr und Mo; steigert die Korrosionsbeständigkeit in Alkalien; höhere Härtbarkeit	bei hohen Gehalten Gefahr von Bainitbildung in dünnen Querschnitten
Silizium	1,0 bis 6,0	vermindert stark die Weißerstarrung, wirkt ferritisierend	Steigerung der Festigkeit bei gleichem Gefüge, starke Verbesserung der Zunderbeständigkeit	in hohen Gehalten versprödend, Senkung der Wärmeleitfähigkeit
Stickstoff	bis 0,016	perlitisierend	starke Steigerung von Festigkeit und Härte	bei Überschreiten der Löslichkeit Gasblasenbildung im Gussstück
Titan	bis 0,1	mindert Neigung zur Weißerstarrung, ferritisierend	verbesserte Verschleißbeständigkeit durch TiC	Gefahr von Schlackenfehlern und Pinholes
Vanadium	0,1 bis 0,6	fördert stark die Weißerstarrung; 1 % V entspricht -2 % Si; Ausscheidung von V-Carbiden	Steigerung von Festigkeit, Härte und vor allem der Verschleißbeständigkeit durch V-Carbide	verminderte Bearbeitbarkeit durch harte V-Carbide, die den Werkzeugverschleiß erhöhen
Zinn	bis 0,3	unterdrückt stark die Ferritisierung auch in Gegenwart von D-Graphit	Steigerung von Härte und Verschleißbeständigkeit	bei Überschreiten des zur Perlitisierung gerade nötigen Gehalts starke Versprödung

Werkstoff: GJL-150 (perlitisch) [14]

Temperatur °C	Temperaturleitfähigkeit a cm²/s	spezifische Wärme c_p J/(g · K)	Dichte ρ g/cm³	Wärmeleitfähigkeit λ W/(m . K)	Wärmeausdehnungskoeffizient Bereich in °C	Wärmeausdehnungskoeffizient α 10^{-6}/K	Zugfestigkeit R_m N/mm²	0,2%-Dehnung $R_{p0,2}$ N/mm²	Bruchdehnung A_t %	E-Modul E_0 kN/mm²
20	0,182	0,45	7,04	57,16			143	113	0,82	75
100	0,153	0,47	7,03	50,91	20-100	5,72	140	109	0,82	71
200	0,127	0,51	7,00	45,12	100-200	10,66	136	106	0,88	70
300	0,107	0,56	6,98	41,61	200-300	13,07	132	100	1,09	65
400	0,093	0,59	6,95	38,37	300-400	14,10	128	96	1,46	63
500	0,081	0,69	6,92	38,93	400-500	14,26	110	84	1,4	62
600	0,069	0,77	6,89	36,82	500-600	14,15	66	56	1,34	50
700	0,054	0,86	6,86	31,91	600-700	14,75	36	32	1,47	41
800							23	22	1,7	29

Werkstoff: GJL-250 [14]

Temperatur °C	Temperaturleitfähigkeit a cm²/s	spezifische Wärme c_p J/(g · K)	Dichte ρ g/cm³	Wärmeleitfähigkeit λ W/(K · m)	Wärmeausdehnungskoeffizient Bereich in °C	 α 10^{-6}/K	Zugfestigkeit R_m N/mm²	0,2%-Dehnung $R_{p0,2}$ N/mm²	Bruchdehnung A_t %	E-Modul E_0 kN/mm²
20	0,160	0,44	7,13	50,57			274	213	0,94	128
100	0,139	0,48	7,12	47,88	20 -100	5,94	262	203	1,06	121
200	0,119	0,53	7,10	45,10	100-200	10,92	255	194	1,04	117
300	0,104	0,59	7,07	43,12	200-300	13,55	257	195	0,96	113
400	0,092	0,64	7,04	41,71	300-400	14,56	245	176	1,56	99
500	0,081	0,71	7,01	40,31	400-500	14,87	186	141	1,58	96
600	0,069	0,79	6,98	37,93	500-600	14,82	114	93	1,62	78
700	0,054	0,95	6,94	35,52	600-700	15,04	56	48	2,33	29
800										

Eigenschaften

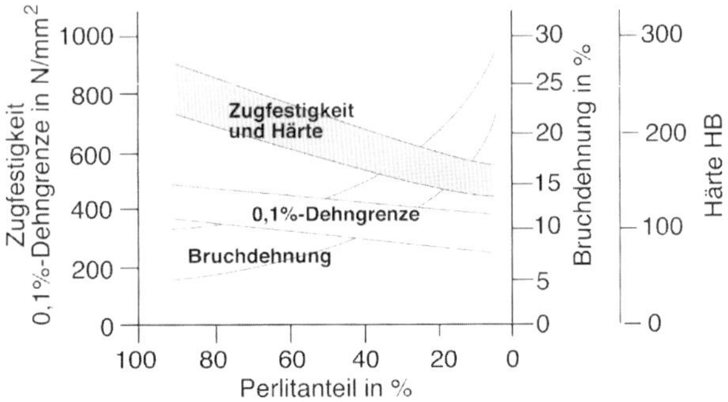

Abhängigkeit der mechanischen Eigenschaften von Gusseisen mit Kugelgraphit vom Perlitgehalt [16]

Die Werkstoffsorten GJS-500-7 und GJS-600-3 haben ein Mischgefüge aus Ferrit und Perlit.

Der Perlitgehalt übt einen erheblichen Einfluss auf die mechanischen Eigenschaften aus. Die gezielte Einstellung der Grundmasse kann erfolgen durch

- Veränderung der chemischen Zusammensetzung,
- Beeinflussung von Form, Ausbildung und Verteilung des eutektischen Graphits,
- Steuerung der Abkühlungsgeschwindigkeit aus der Gießhitze im eutektoiden Umwandlungsbereich,
- Wärmebehandlung.

Gehalte der Stör- und Begleitelemente bei Gusseisen mit Kugelgraphit im Vergleich in % [17, 18]

Ergebnisse der steigenden Verwendung von mikrolegierten Stahlsorten im Recyclingprozess

Element	1967		1997	
	min.	max.	min.	max.
Aluminium		<0,014	0,008	0,03
Antimon	0,002	0,009	0,001	0,008
Arsen	0,001	0,038	0,002	0,02
Blei		<0,005	0,001	0,005
Bor			0,0008	0,001
Cer			0,005	0,01
Chrom	0,002	0,08	0,006	0,1
Kobalt	0,0007	0,012	0,004	0,04
Molybdän		<0,05	0,006	0,05
Nickel	0,001	0,07	0,01	0,1
Niob			0,002	0,004
Tellur		<0,005		0,0095
Titan	0,01	0,2	0,001	0,04
Vanadium	0,005	0,11	0,002	0,12
Wismut		0,0009	0,001	0,004
Wolfram		<0,012	0,005	0,011
Zink	0,0005	0,006	0,001	0,0015
Zinn		<0,012	0,001	

Wirkung von Legierungselementen bei Gusseisen mit Kugelgraphit

Element	Gehalt [%]	Einfluss auf das Gefüge	Einfluss auf die Eigenschaften und Anwendung	Bemerkungen
Aluminium	bis 3	stark ferritisierend; stört die Kugelgraphitbildung	zur Verbesserung der Zunderbeständigkeit; selten verwendet	starke Gefakr von Schlackefehlern und Pinhole
Chrom	bis 0,1	fördert die Weißerstarrung und Korngrenzencarbide; Perlitstabilisierung	zur Steigerung der Streckgrenze; selten verwendet	Perlit und Korngrenzencarbide schwer beim Glühen zu beseitigen
Kupfer	0,4 bis 1,5	unterdrückt die Ferritbildung; verstärkt die Wirkung von Störelementen	Steigerung der Streckgrenze; höhere Härtbarkeit; häufig zur Perlitisierung für GJS-500 bis GJS-1000 und Steigerung der Härtbarkeit	erschwertes Ferritisierungsglühen, u.U. leichte Versprödung des Ferrits; Versprödung bei zu hohen Gehalten (Überlegieren)
Mangan	0,1 bis 1,0	perlitisierend, Bildung von Korngrenzencarbiden	höhere Härtbarkeit; zur Perlitisierung für GJS-500 bis GJS-700	Korngrenzencarbide und -perlitsäume beim Glühen schwer zubeseitigen; Versprödung bei bainitischem Gefüge
Molybdän	0,2 bis 1,0	Bildung von Korngrenzencarbiden, kann schwach ferritisierend oder perlitisierend wirken, bei hohen Gehalten Bainit- und Martensitbildung	Steigerung der Streckgrenze und Warmfestigkeit; zum Steigern von Warmfestigkeit und Temperaturwechselbeständigkeit sowie der Härtbarkeit, meist zusammen mit Ni oder Cu	stabile Korngrenzencarbide, vor allem in höheren Wanddicken; bei hohen Gehalten Gefahr von Bainit oder Martensit in dünnen Querschnitten

Element	Gehalt [%]	Einfluss auf das Gefüge	Einfluss auf die Eigenschaften und Anwendung	Bemerkungen
Nickel	0,5 bis 3,0	fast kein Einfluss auf die Perlitisierung, fördert die Bainit- und Martensitbildung	Steigerung der Streckgrenze ohne wesentliche Versprödung des Ferrits; zum Ersatz von Si bei GJS-350 und GJS-400, zum Erhöhen der Härtbarkeit meist zusammen mit Mo und/oder Cu für GJS-800 bis GJS-1000 und vergütete Sorten sowie zum Verbessern der Korrosionsbeständigkeit in Wasser und Alkalien	bei hohen Gehalten Gefahr von Bainit oder Martensit in dünnen Querschnitten
Silicium	1,0 bis 6,0	vermindert stark die Weißerstarrung, wirkt ferritisierend	Steigerung der Streckgrenze bei ferritischem Gefüge, zum Verbessern der Hitzebeständigkeit	Versprödung des Ferrits; verminderte Wärmeleitfähigkeit
Vanadium	0,1 bis 0,3	führt zur Ausscheidung von Vanadium-Carbiden	zum Verbessern der Verschleißbeständigkeit durch V-Carbide (selten)	erhöhter Werkzeugverschleiß durch harte V-Carbide; diese sind durch Glühen nicht zu beseitigen
Zinn	bis 0,1	unterdrückt stark die Ferritisierung, stört u. U. die Kugelgraphitbildung	zur Perlitisierung (selten)	Verspödung; Perlitreste durch Glühen kaum zu beseitigen

Typische Gehalte von Begleit- und Spurenelementen im unbehandelten und ungeimpften Gusseisen mit Kugelgraphit und deren Auswirkungen auf die Gefügeausbildung [19]

		Wirkungen					
Element	üblicher Höchstgehalt in %	Störelement für Kugelgraphit-bildung	ambivalente Wirkung auf die Kugelgraphit-bildung	Behinderung der Ferritisierung	Korngrenzen-seigerungen	Karbidbildung, Förderung der Weißerstarrung	Ferritisierung
Nickel	0,1*)						
Kupfer	0,1*)			X			
Molybdän	0,1*)				X	X	
Zinn	0,015*)	X			X		
Titan	0,07	X			X	X	
Vanadium	0,07			X	X	X	
Kobalt	0,06						
Chrom	0,05			X	X		
Phosphor	0,03				X		
Arsen	0,03			X			
Zink	0,025	X		X	X	X	
Aluminium	0,015*)		X				
Antimon	0,0145*)	X	X	X			
Wismut	0,0025		X				
Niob	0,002				X	X	
Bor	0,002*)					X	X
Zirkonium	0,002	X			X		
Tellur	0,001	X				X	
Blei	0,001	X			X	X	

*) wenn nicht als Legierungselement zugesetzt

Elemente, die die Ferritisierung behindern (oder perlitisierende Wirkung besitzen) sind technisch besonders zu beachten.
Der Hauptanteil an GJS kommt mit ferritischer Grundmasse zum Einsatz, die aus wirtschaftlichen Gründen möglichst im Gusszustand erzeugt werden sollte.

Ausgewählte mechanische und physikalische Eigenschaften von Gusseisen mit Vermiculargraphit [20]

Werkstoffsorte		Temp.	GJV-300	GJV-350	GJV-400	GJV-450	GJV-500
Zugfestigkeit R_m 1)	N/mm²	23 °C	300–375	350–425	400–475	450–525	500–575
0,2% Streckgrenze $R_{p0,2}$ 2)	N/mm²	23 °C	210–260	245–295	280–330	315–365	350–400
Bruchdehnung A	%	23 °C	2,0–5,0	1,5–4,0	1,0–3,5	1,0–2,5	0,5–2,0
E-Modul	kN/mm²	23 °C	130–145	135–150	140–150	145–155	145–160
Querkontraktionszahl			0,26	0,26	0,26	0,26	0,26
Thermische Leitfähigkeit	W/(m · K)	23 °C	47	43	39	38	36
Thermischer Ausdehnungskoeffizient	µm/(m · K)	100 °C	11	11	11	11	11
Spez. Wärmekapazität	J/(g · K)	100 °C	0,475	0,475	0,475	0,475	0,475

1) Wandstärke 15 mm, Modul M = 0,75
2) Sekantenmodul (230–300 N/mm²)

Verfahren zur Herstellung von Gusseisen mit Vermiculargraphit [1

Gegenüberstellung und Bewertung

Verfahren	Vorteile	Nachteile
Behandlung Flüssigeisen mit Legierungen, die sowohl kugel-graphitfördernde Elemente (Magnesium, seltene Erden) als auch kugelgraphitstörende Elemente (Titan, Aluminium) enthalten	– stabile Vermiculargraphitausbildung durch Einsatz von Titan bzw. anderen – möglicher Einsatz von Ausgangseisen mit einem breiten Bereich im Schwefelgehalt	– Auftreten von Titankarbiden mit der Folge der schlechteren Bearbeitbarkeit – unbedingte Trennung des titanhaltigen Kreislaufmaterials von anderen Gusseisensorten
Behandlung Flüssigeisen mit seltenen Erden	– leichte Auflösung von Ce-Mischmetall, kein Pyroeffekt – begünstigte Graphitverteilung – verfeinertes Primärgefüge und primäre Dendritäste – möglicher Einsatz minderwertiger Einsatzstoffe	– Notwendigkeit der Vorentschwefelung oder extrem niedriger Ausgangsschwefelgehalt – Berücksichtigung des Sauerstoffgehaltes und des Keimzustandes der Schmelze – rascher Abklingeffekt
Gezielte Unterbehandlung des Flüssigeisens mit Magnesium oder magnesiumhaltigen Vorlegierungen	– relativ gute Ergebnisse in der Erzeugung von GJV in dünnen Wanddicken – Kugelanteil unter 20 % zeigt sich bei Wanddicken über 6 mm	– Verhältnis Magnesium zu Schwefel muss in sehr engen Grenzen gehalten werden – rascher Abklingeffekt
Ausgewogenen Behandlung von gewöhnlichen, hochschwefelhaltigen Gusseisenschmelzen mit Magnesium und seltenen Erden bzw. einem Schwefelzusatz nach der Behandlung	– niedrigere Ausgangsmaterialkosten – kein Zusatz von Spurenelementen – Möglichkeit der Anwendung vorhandener Form- und Kühlstrecken wie für GJL	– Behandlungstemperatur hat einen großen Einfluss auf die Verfahrenstreffsicherheit – Gefahr der Lamellengraphitbildung bei größeren und dickwandigeren Gussstücken – verstärkte Gefahr der Bildung von Schlackefehlern und Dross – erhöhtes Ausschussrisiko

Eigenschaftsvergleich zwischen GJV und GJL bzw. GJS

Im Vergleich zu GJL hat GJV
- eine höhere Festigkeit ohne besondere Legierungselemente
- eine wesentlich höhere Qualität und Zähigkeit sowie Sicherheit gegen Bruch
- eine geringere Oxidationsneigung und weniger Wachsen bei hohen Temperaturen
- eine geringere Wanddickenabhängigkeit der Eigenschaften (Gewichtseinsparung durch geringere Wanddicke)

Im Vergleich zu GJS hat das GJV
- einen niedrigeren E-Modul
- einen niedrigeren Ausdehnungskoeffizienten
- eine höhere Wärmeleitfähigkeit
- ein besseres Temperaturwechselverhalten (Thermoschockverhalten)
- eine geringere Verzugsneigung beim Einsatz in höheren Temperaturbereichen
- ein besseres Dämpfungsvermögen
- eine bessere Qualität

Vermicularität

Kenngröße zur Bewertung der Vermiculargraphitstruktur im Gusseisen mit Vermiculargraphit nach DIN EN 16079.
Die Bestimmung der Graphitausbildung erfolgt im ungeätzten Schliff mit einer Vergrößerung von 100 : 1. Zur Klassifizierung der Vermicularität X_{vermic} wird die Anzahl der Graphitteilchen im Schliffbild nach folgender Gleichung bewertet:

$$X_{vermic} = \frac{N_{vermic}}{N_{graphite,tot}} \cdot 100\ \%$$

mit

N_{vermic} Anzahl der Graphitpartikel der Form III nach DIN EN ISO 945-1

$N_{graphite,tot}$ Gesamtzahl der Graphitpartikel mit einer Größe > 10 µm

Mechanische und physikalische Eigenschaften von Gusseisen mit Vermiculargraphit in Anhängigkeit von der Temperatur (nach DIN EN 16079:2012-02)

Eigenschaft	Zugfestigkeit R_m [1) in N/mm^2			0,2%-Dehngrenze $R_{p0,2}$ [1) in N/mm^2			E-Modul [1) in GPa		
Temperatur	23 °C	100 °C	400 °C	23 °C	100 °C	400 °C	23 °C	100 °C	400 °C
Werkstoff									
EN-GJV-300	300–375	275–350	225–300	210–260	190–240	170–220	130–145	125–140	120–135
EN-GJV-350	350–425	325–400	275–350	245–295	220–270	195–245	135–150	130–145	125–140
EN-GJV-400	400–475	375–450	300–375	280–330	255–305	230–280	140–150	135–145	130–140
EN-GJV-450	450–525	425–500	350–425	315–365	290–340	265–315	145–155	140–150	135–145
EN-GJV-500	500–575	475–550	400–475	350–400	325–375	300–350	145–160	140–155	135–150

[1) Wanddicke 15 mm, Modul M = 0,75

Eigenschaft	Wärmeleitfähigkeit in W/(m · K)			Thermischer Längenausdehnungskoeffizient in µm/(m · K)		Spezifische Wärmekapazität in J/(g · K)	Matrixstruktur	Richtwerte Brinellhärte HBW
Temperatur	23 °C	100 °C	400 °C	100 °C	400 °C	100 °C		
Werkstoff								
EN-GJV-300	47	45	42	11	12,5	0,475	überwiegend ferritisch	140–210
EN-GJV-350	43	42	40	11	12,5	0,475	ferritisch-perlitisch	160–220
EN-GJV-400	39	39	38	11	12,5	0,475	ferritisch-perlitisch	180–240
EN-GJV-450	38	37	36	11	12,5	0,475	überwiegend perlitisch	200–250
EN-GJV-500	36	35	34	11	12,5	0,475	vollständig perlitisch	220–260

Eigenschaften von GJV bei einem Kugelgraphitanteil von 10 bis 30 % [22]

Eigenschaft	Maßeinheit	GJV-300 Ferrit	GJV-400 Perlit/ Ferrit	GJV-500 Perlit
Zugfestigkeit	N/mm^2	min. 300	min. 400	min. 500
0,2 %-Dehngrenze	N/mm^2	min. 240	min. 300	min. 340
Bruchdehnung	%	min. 1,5	min. 1,0	min. 0,5
Druckfestigkeit	N/mm^2	min. 600	min. 800	min. 1000
Härte HB 30		140–210	190–250	240–280
Biegewechselfestigkeit	N/mm^2	min. 160	min. 200	min. 250
Zug-Druck-Wechselfestigkeit	N/mm^2	min. 100	min. 135	min. 175
Kerbwirkungszahl $ß_k$		1,4	1,3	1,2
E-Modul (Zug)	kN/mm^2	min. 140	min. 160	min. 170
E-Modul (Druck)	kN/mm^2	min. 140	min. 160	min. 170
Querkontraktion		0,25	0,25	0,25
Dichte	g/cm^3	7,0	7,0–7,1	7,0–7,1
Wärmeleitfähigkeit	W/(m · K)	45	40	35
Lineare Wärmedehnzahl	µm/(m · K)	11	11	11
Spezifische Wärmekapazität	J/(g · K)	0,50	0,50	0,50

Eigenschaftsvergleich (Mindestwerte) zwischen GJL-250, GJV500 und GJS-700 bei einem Erstarrungsmodul M = 0,75 (Wanddicke 15 mm) [23]

Eigenschaft	Kurzzeichen	Maßeinheit	GJL-250	GJV-500	GJS 700-2
Zugfestigkeit	R_m	N/mm²	250	500	700
0,2 %-Dehngrenze	$R_{p0,2}$	N/mm²	–	340	400
Bruchdehnung	A	%	0,3	1,0	2,0
Elastizitätmodul	E	kN/mm²	103	170	177
Biegewechselfestigkeit	σ_{bW}	N/mm²	120	250	340
Zug-Druck-Wechselfestigkeit	σ_{zdW}	N/mm²	60	175	245
Dichte	ρ	g/cm³	7,2	7,1	7,1
Wärmeleitfähigkeit	λ	W/(m · K)	45	40	30
Lineare Wärmedehnzahl	α	µm/(m · K)	11,7	11,0	10
Spezifische Wärmekapazität	c	J/(kg · K)	460	500	540

Zusammenhang zwischen gebundenem Kohlenstoff und Microhärte des Perlits im Gusseisen

(3,7 % C, 2 % Si, 0,4 % Mn, 1 % Cu) [24]

	GJL-150	GJV-500	GJS-700
% C_{geb}	0,59	0,71	0,76
HB30	175	230	270
HV; P=100 g	248	282	303
HV – HB	73	52	33

Zugfestigkeit und 0,2%-Dehngrenze von Gussseines mit Vermiculargraphit in Abhängigkeit von der Temperatur, nach [21]

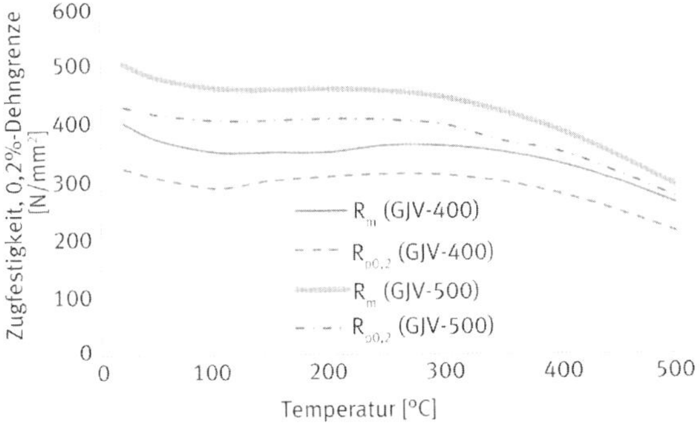

Wärmeleitfähigkeit von Gusseisen mit Vermiculargraphit in Abhängigkeit von der Temperatur

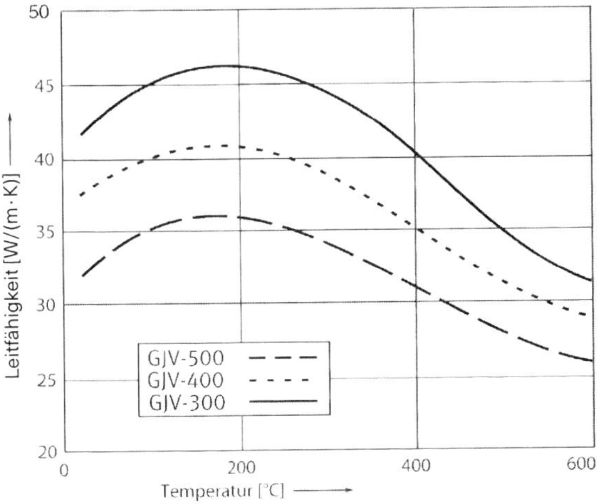

ADI Gusseisen

ADI **A**ustempered **D**uctile **I**ron
(wärmebehandeltes Gusseisen mit Kugelgraphit, auch Ausferritisches Gusseisen (DIN EN 1564/ – früher Bainitisches Gusseisen)

Durch die Variation der Wärmebehandlungsparameter lassen sich für den Anwendungsfall Zugfestigkeitswerte von
800 N/mm² bei 10 % Dehnung bis
1600 N/mm² mit 1 % Dehnung erzielen.
Gegenüber Stahlguss werden bessere Dämpfungseigenschaften erreicht.

Vergleich der Eigenschaften der Gusseisensorten [25]

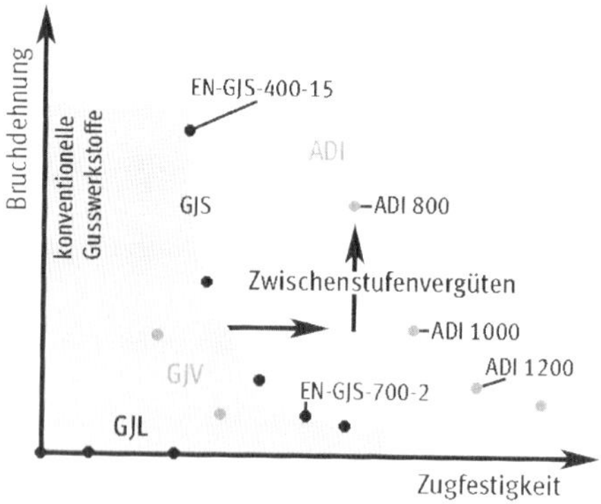

Wärmebehandlung von ADI Gusseisen [25]

Mehrstufige Wärmebehandlung mit dem Ziel, nadeligen Ferrit in einer von Kohlenstoff übersättigten Austenitmatrix zu erzeugen. Der hohe Kohlenstoffgehalt lässt den Austenit bei Raumtemperatur und tieferen Temperatur stabil bleiben.
Der Begriff **Ausferrit** wurde für diese Gefügeart geprägt.

Prinzipielle Wärmebehandlungsstufen [25, 26, 27]

1. Vollständige Austenitisierung bei 840–950 °C
2. Schnelle Abkühlung (im bewegten Salzbad) auf Umwandlungstemperatur 235–425 °C
3. Abkühlung auf Raumtemperatur

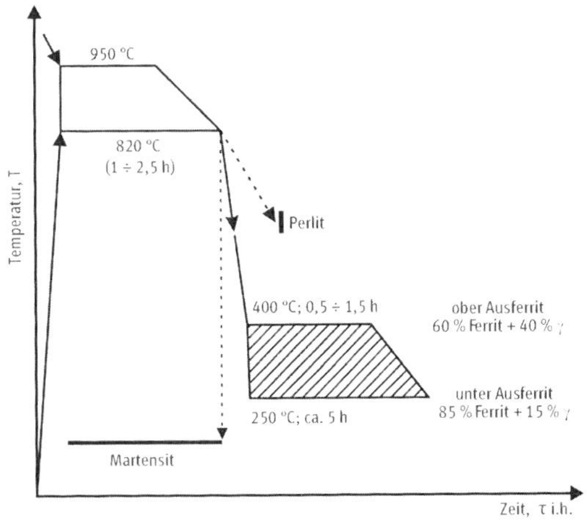

Diagramm der Härtung mit Temperaturfeldern
zur Erzeugung von ADI mit oberen und unteren Ausferrit [27]

Werkstoffdatenauswahl nach DIN EN 1564 und DIN EN 1563 zum Vergleich [26]

Vergleich ausgewählter Werkstoffdaten

Werkstoff Kurzzeichen	Zugfestigkeit Rm [N/mm²]	0,2%-Dehngrenze $R_{p0,2}$ [N/mm²]	Bruchdehnung A_5 [%]	Härte HB 30
Gusseisen mit Kugelgraphit				
EN-GJS-350-22-LT	> 350	> 220	22	110–150
EN-GJS-400-15	> 400	> 250	5	135–185
EN-GJS-700-2	> 700	> 420	2	235–285
ADI Gusseisen – Ausferritisches Gusseisen – Bainitisches Gusseisen				
EN-GJS-800-10	> 800	> 500	> 10	260–320
EN-GJS-1050-6	> 1050	> 700	> 5	300–360
EN-GJS-1200-3	> 1200	> 850	> 3	340–440
EN-GJS-1400-1	> 1400	> 1100	> 1	380–480

Vergleich der Gefügeausbildung von Gusseisensorten [26]

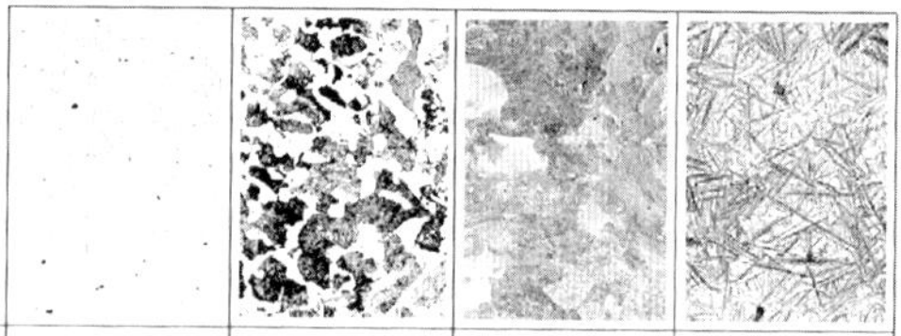

Gusseisen mit	Ferrit	Ferrit/Perlit	Perlit	Ausferrit
Lamellengraphit	GJL 150	GJL 200	GJL 350	„AGI“
Kugelgraphit	GJS 400	GJS 500	GJS 700	ADI 1000-5

AGI – **A**ustempered **G**rey **I**ron

ADI-Gusseisen; Konstruktionswerkstoff für Temperaturwechselbeanspruchung

Chemische Analyse und Eigenschaften der ADI-Abgüsse der Qualität EN-GJS-800-8 und EN-GJS-1200-2 [27]

C	Si	Mn	P	S	Ni	Mo	Cu	Mg
3,56	2,40	0,20	0,04	0,014	1,4	0,31	0,6	0,04

Eigenschaften der ADI-Abgüsse der Qualitäten EN-GJS-800-8 und EN-GJS-1200-2

Eigenschaften der ADI-Güsse: EN-GJS-800-8				
HB	R_m [MPa]	$R_{p0,2}$ [MPa]	A_5 [%]	KV[J]
311	1001	772	7,9	n.b.
Eigenschaften der ADI-Güsse: EN-GJS-1200-2				
HB	R_m [MPa]	$R_{p0,2}$ [MPa]	A_5 [%]	KV[J]
388	1361	1110	4,6	n.b.

Änderung der Härte von ADI-Guss (EN-GJS-1200-4) durch thermische Ermüdung [27]

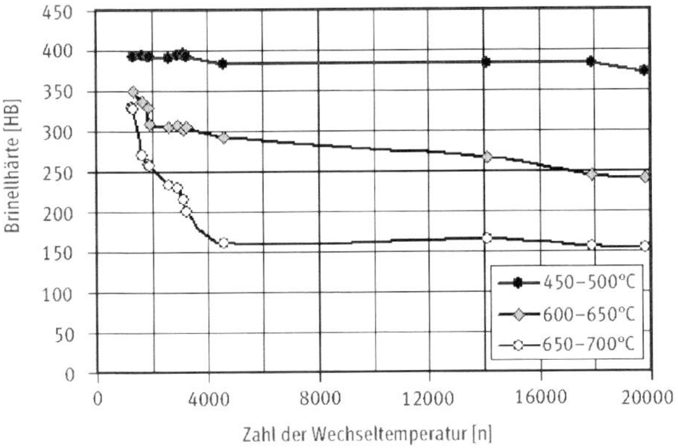

Austenitisches Gusseisen

Charakteristische Merkmale:
- Stabiles austenitisches Grundgefüge
- Hauptlegierungselement: Nickel

Handelsname:
- Ni-Resist (austenitisches Gefüge durch Ni bestimmt; Gehalte von mehr als 15 %)

Bestimmende Eigenschaften:
- hohe Warmfestigkeit
- gute Zunderbeständigkeit
- Korrosionsbeständigkeit gegenüber Meerwasser und alkalischen Medien
- Erosionsbeständigkeit
- nicht magnetisierbar
- hohe Bruchdehnung

Werkstoffgruppe genormt in DIN EN 13835: 2012-04

Mechanische Eigenschaften von austenitischen Gusseisen – Normalsorten nach DIN EN 13835, 2012 (EN 13835)

Graphitform	Werkstoffbezeichnung		Zugfestigkeit R_m	0,2 % Dehngrenze $R_{p0,2}$	Bruchdehnung A	Mittelwert für die Kerbschlagarbeit aus 3 Versuchen an Charpy-V-Proben nach EN 10045-1
	Kurzzeichen	Nummer	N/mm² min.	N/mm² min.	% min.	J min.
lamellar	EN-GJLA-XNi-CuCr15-6-2	5.1500	170	–	–	–
kugelig	EN-GJSA-XNiCr20-2	5.3500	370	210	7	13*
	EN-GJSA-XNiMn23-4	5.3501	440	210	25	24
	EN-GJSA-XNiCrNb20-2	5.3502	370	210	7	13*
	EN-GJSA-XNi22	5.3503	370	170	20	20
	EN-GJSA-XNi35	5.3504	370	210	20	–
	EN-GJSA-XNi-SiCr35-5-2	5.3505	370	200	10	–

* Freigestellte Anforderung nach Vereinbarung zwischen Hersteller und Käufer

Mechanische Eigenschaften von austenitischen Gusseisen – Sondersorten nach DIN EN 13835, 2012 (EN 13835)

lamellar	EN-GJLA-XNiMn13-7	5.1501	140	–	–	–
kugelig	EN-GJSA-XNiMn13-7	5.3506	390	210	15	16
	EN-GJSA-XNiCr30-3	5.3507	370	210	7	–
	EN-GJSA-XSiCr30-5-5	5.3508	390	240	–	–
	EN-GJSA-XNiCr35-3	5.3509	370	210	7	–

Eigenschaften und Anwendungen der austenitischen Gusseisensorten nach DIN EN 13835, 2012 (EN 13835)

Werkstoffbezeichnung		Eigenschaften	Anwendungen
Kurzzeichen	**Nummer**		
		Normalsorten	
EN-GJLA-XNi-CuCr15-6-2	5.1500	Gute Korrosionsbeständigkeit, insbesondere gegen Alkalien, verdünnte Säuren, Meerwasser und Salzlösungen; verbesserte Hitzebeständigkeit, gute Gleiteigenschaften, hoher Ausdehnungskoeffizient, bei niedrigem Chromgehalt nicht magnetisierbar.	Pumpen, Ventile, Ofenbauteile, Buchsen, Kolbenringe für Leichtmetallkolben, nicht magnetisierbare Gussstücke.
EN-GJSA-XNiCr20-2	5.3500	Gute Korrosions- und Hitzebeständigkeit. Gute Gleiteigenschaften, hoher thermischer Ausdehnungskoeffizient. Bei nie-drigem Chromgehalt nicht magnetisierbar. Erhöhte Warmfestigkeit bei Zugabe von 1 % Mo (Massenanteil).	Pumpen, Ventile, Kompressoren, Buchsen, Turbolader-Gehäuse, Abgaskrümmer, nicht magnetisierbare Gussstücke.
EN-GJSA-XNiMn23-4	5.3501	Besonders hohe Duktilität. Bleibt zäh bis -196 °C. Nicht magnetisierbar.	Gussstücke für die Kältetechnik für den Einsatz bis -196 °C.
EN-GJSA-XNiCrNb20-2	5.3502	Geeignet für Fertigungsschweißungen, die anderen Eigenschaften wie EN-GJSA-XNiCr20-2	Wie EN-GJSA-XNiCr20-2.

Fortsetzung

Werkstoffbezeichnung		Eigenschaften	Anwendungen
Kurzzeichen	**Nummer**		
Normalsorten			
EN-GJSA-XNi22	5.3503	Hohe Duktilität. Geringere Korrosions- und Hitzebeständigkeit als EN-GJSA-XNiCr20-2. Hoher Ausdehnungskoeffizient. Bleibt zäh bis -100 °C. Nicht magnetisierbar.	Pumpen, Ventile, Kompressoren, Buchsen, Turbolader-Gehäuse, Abgaskrümmer, nicht magnetisierbare Gussstücke.
EN-GJSA-XNi35	5.3504	Geringste thermische Ausdehnung von allen Gusseisensorten. Thermoschockbeständigkeit.	Maßbeständige Teile für Werkzeugmaschinen, wissenschaftliche Instrumente. Glasformen.
EN-GJSA-XNiSiCr35-5-2	5.3505	Besonders hitzebeständig. Höhere Duktilität und höhere Kriechfestigkeit als EN-GJSA-XNi35.	Gehäuseteile für Gasturbinen, Abgaskrümmer, Turbolader-Gehäuse.
Sondersorten			
EN-GJLA-XNiMn13-7	5.1501	Nicht magnetisierbar.	Nicht magnetisierbare Gussstücke, z. B. Druckdeckel für Turbogeneratoren, Gehäuse für Schaltanlagen, Isolierflansche, Klemmen, Durchführungen.

Fortsetzung

Werkstoffbezeichnung		Eigenschaften	Anwendungen
Kurzzeichen	Nummer		
Sondersorten			
EN-GJSA-XNiMn13-7	5.3506	Nicht magnetisierbar, ähnlich wie EN-GJLA-XNiMn13-7, jedoch mit verbesserten mechanischen Eigenschaften.	Nicht magnetisierbare Gussstücke, z. B. Druckdeckel für Turbogeneratoren, Gehäuse für Schaltanlagen, Isolierflansche, Klemmen, Durchführungen.
EN-GJSA-XNiCr30-3	5.3507	Ähnliche mechanische Eigenschaften wie EN-GJSA-XNiCrNb20-2, aber bessere Korrosions- und Hitzebeständigkeit, mittlerer Ausdehnungskoeffizient, besonders thermoschockbeständig und gute Warmfestigkeit mit Zugabe von 1 % Mo (Massenanteil).	Pumpen, Kessel, Ventile, Filterteile, Abgaskrümmer, Turbolader-Gehäuse.
EN-GJSA-XNi-SiCr30-5-5	5.3508	Besonders hohe Beständigkeit gegen Korrosion, Erosion und Hitze. Mittlerer Ausdehnungskoeffizient.	Pumpen, Fittings, Abgaskrümmer, Turbolader-Gehäuse, Gussstücke für Industrieöfen.
EN-GJSA-XNiCr35-3	5.3509	Ähnlich wie EN-GJSA-XNi35, jedoch mit erhöhter Warmfestigkeit, insbesondere bei Zugabe von 1 % Mo (Massenanteil).	Gehäuseteile für Gasturbinen, Glasformen.

Verschleißbeständiges weißes Gusseisen

Charakterisierung
- weißes, karbidisch erstarrtes Gusseisen
- graphitfreies Gusseisen
- Eisen- und /oder Chromkarbide als Hartstoffe

Merkmale der wichtigsten verschleißbeständigen weißen Gusswerkstoffe [19]

Werkstoff-gruppe	Typische Legierungs-elemente	Härte (HB) Richtwerte	Grund-masse	Carbidart	Handels-name
Perlitischer Hartguss (un- oder niedrig-legiert)	–	bis 480	Perlit	Fe_3C	–
Marten-sitisches weißes Gusseisen (legiert)	Ni, Cr	bis 700	Martensit, Austenit	M_3C	Ni-Hard 1 und 2
Chrom-gusseisen	Cr, Ni, Si,	bis 700	Martensit, Austenit	M_7C_3, M_3C	Ni-Hard 4
	Cr, Mo, Ni, Cu	bis 850	Martensit, Austenit	Cr-Sonder-karbide	
Sonder-gusseisen	Cr, Mo, Ni, Cu, Nb, V, W	bis 900	Martensit, Austenit, Ferrit	Sonder-karbide	–

einfache(M_3C) und komplexe (M_7C_3, M_3C) eutektische Carbide; M = Fe,Cr

Werkstoffgruppe genormt in DIN EN 12513

Verschleißbeständiges Gusseisen, chemische Zusammensetzung und Brinellhärte nach DIN EN 12513

Werkstoffbezeichnung		Brinellhärte HBW min.	Chemische Zusammensetzung in %								
Kurzzeichen	Nummer		C	Si	Mn	P	S	Ni	Cr	Mo	Cu
unlegiertes oder niedriglegiertes verschleißbeständiges Gusseisen											
EN-GJN-HB340	5.5600	340	2,4 bis 3,9	0,4 bis 1,5	0,2 bis 1,0				max. 2,0		
EN-GJN-HB400	5.5601	400	2,4 bis 3,9	0,4 bis 1,5	0,2 bis 1,0				max. 2,0		
verschleißbeständiges Chrom-Nickel-Gusseisen											
EN-GJN-HB480	5.5602	480	2,5 bis 3,0	max. 0,8	max. 0,8	max. 0,10	max. 0,10	3,0 bis 5,5	1,5 bis 3,0		
EN-GJN-HB500	5.5603	500	2,4 bis 2,8	1,5 bis 2,2	0,2 bis 0,8	0,06	0,06	4,0 bis 5,5	8,0 bis 10,0		
EN-GJN-HB510	5.5604	510	3,0 bis 3,6	max. 0,8	max. 0,8	max. 0,10	max. 0,10	3,0 bis 5,5	1,5 bis 3,0		
EN-GJN-HB555	5.5605	555	2,5 bis 3,5	1,5 bis 2,5	0,3 bis 0,8	max. 0,8	max. 0,8	4,5 bis 6,5	8,0 bis 10,0		
EN-GJN-HB630	5.5606	630	3,2 bis 3,6	1,5 bis 2,2	0,3 bis 0,8	0,06	0,06	4,0 bis 5,5	8,0 bis 10,0		
verschleißbeständiges Gusseisen mit hohem Chromgehalt											
EN-GJN-HB555 (XCr11)	5.5607	550	> 1,8 bis 3,6	max. 1,0	0,5 bis 1,5	max. 0,08	max. 0,08	max. 2,0	11,0 bis 14,0	max. 3,0	max. 1,2
EN-GJN-HB555 (XCr14)	5.5608	550							14,0 bis 18,0		
EN-GJN-HB555 (XCr18)	5.5609	550							18,0 bis 23,0		
									23,0 bis 30,0		

Anhaltswerte für die physikalischen Eigenschaften der ledeburitisch-martensitischen weißen Gusseisen Ni-Hard 1 und 2 (EN-GJN-HB510/EN-GJN-HB480)

Linearer Wärmeausdehnungskoeffizient [µm/(m · K)] zwischen 10 und 95 °C zwischen 10 und 260 °C zwischen 10 bis 425 °C	 8,1 bis 9,0 11,3 bis 11,9 12,2 bis 12,8
Wärmeleitfähigkeit [W/(m · K)] bei 100 °C bei 450 °C	 14,0 18,8
Dichte [g/cm^3]	7,7

Anhaltswerte für die mechanischen Eigenschaften der ledeburitisch-martensitischen weißen Gusseisen

Werkstoffsorte	Härte	Zugfestigkeit [N/mm^2]	Biegefestigkeit [N/mm^2]	Durchbiegung*) [mm]	E-Modul [kN/mm^2]	Risszähigkeit K_{IC} [MN/m$^{3/2}$]
EN-GJN-HB510 (Ni-Hard 1)						
Sandguss	550 bis 650	280 bis 350	500 bis 620	2,0 bis 2,8	165 bis 180	19 bis 26
Kokillenguss	600 bis 725	350 bis 420	560 bis 850	2,0 bis 3,0		n. b.
EN-GJN-HB480 (Ni-Hard 2)						
Sandguss	525 bis 625	320 bis 390	560 bis 680	2,5 bis 3,0	165 bis 180	n. b.
Kokillenguss	575 bis 675	420 bis 530	575 bis 675	2,5 bis 3,0		n. b.

*) 30 mm Ø, 300 mm Auflagerentfernung

Sondergusseisen mit hohem Siliziumgehalt und legiert mit Molybdän: SiMo

Charakterisierung:
- Gusseisen mit Kugelgraphit und überwiegend ferritischem Grundgefüge
- Siliziumgehalt: (2,5)- 4–6 %
- hohe Warmfestigkeit und Oxidationsbeständigkeit
- hohe Temperaturwechselbeständigkeit
- geeignet für dünnwandige Teile

Mechanische Eigenschaften bei Raumtemperatur und chemische Zusammensetzung ausgewählter Sorten nach DIN EN 16124

Werkstoffbezeichnung		Chemische Zusammensetzung		Zugfestigkeit (min.) R_m N/mm²	0,2%-Dehngrenze (min.) $R_{p0,2}$ N/mm²	Dehnung (min.) A %	Brinell-Härte[1] HBW
Kurzzeichen	Werkstoffnummer	Si in %	Mo in %				
EN-GJS-SiMo25-5	5.3111	2,3–2,7	0,4–0,6	420 [2]	260[2]	12 [2]	140–210
EN-GJS-SiMo35-5	5.3113	3,3–3,7	0,4–0,6	440 [2]	330[2]	8 [2]	160–230
EN-GJS-SiMo40-6	5.3114	3,8–4,2	0,5–0,7	480	380	8	190–240
EN-GJS-SiMo40-10	5.3115		0,8–1,1	510	400	6	190–240
EN-GJS-SiMo45-6	5.3116	4,3–4,7	0,5–0,7	520	420	7	200–250
EN-GJS-SiMo50-6	5.3118	4,8–5,2	0,5–0,7	580	480	4	210–260
EN-GJS-SiMo50-10	5.3119		0,8–1,1	600	500	3	210–260

[1] gemessen am Gussstück; Richtwerte [2] Richtwerte

Mechanische Eigenschaften in Abhängigkeit von der Temperatur im Werkstoffvergleich GJS-400 und GJS-400-SiMo [29]

	GJS-400		GJS-400SiMo	
Temperatur °C	0,2%-Dehngrenze $R_{p0,2}$ N/mm²	Zugfestigkeit R_m N/mm²	0,2%-Dehngrenze $R_{p0,2}$ N/mm²	Zugfestigkeit R_m N/mm²
20	240	370	300	420
100	211	347	263	395
200	192	336	250	379
300	185	332	238	356
400	174	285	224	311
500	135	204	194	243
550	94	140	157	201

Ausgewählte physikalische Eigenschaften von GJS-SiMo-Werkstoffen (niedrig legiert, ferritisch) in Abhängigkeit von der Temperatur

[28, 29, DIN EN 16124]

Eigenschaft	Einheit	Temperatur	Wert
Dichte	g/cm³		6,8 bis 7,1
Spezifische Wärmekapazität	J/(kg · K)	10–100 °C	500 bis 720
Wärmeleitfähigkeit	W/(m · K)	100 °C	22 bis 26
		400 °C	25 bis 30
		800 °C	26
Thermischer Längenausdehnungskoeffizient	µm/(m · K)	20–200 °C	11 bis 13
		20–800 °C	13 bis 14
Elastizitätsmodul	GPa	20 °C	160 bis 180
		800 °C	110

Mechanische Eigenschaften von entkohlend geglühtem Temperguss nach DIN EN 1562

Werkstoffbezeichnung		Nenndurchmesser der Probe [1]	Zugfestigkeit R_m	0,2 %-Dehngrenze $R_{p0,2}$	Dehnung $A_{3,4}$	Brine… här… (nur in… mati…
Kurzzeichen	Nummer	d [mm]	[N/mm²] min.	[N/mm²] min.	[%] min.	HB… ma…
EN-GJMW-350-4	5.4200	6	270	[1]	10	23…
		9	310	–	5	
		12	350	–	4	
		15	360	–	3	
EN-GJMW-360-12-W[2]	5.4201	6	280	[1]	16	20…
		9	320	170	15	
		12	360	190	12	
		15	370	200	8	
EN-GJMW-400-5	5.4202	6	300	[1]	12	22…
		9	360	200	8	
		12	400	220	5	
		15	420	230	4	
EN-GJMW-450-7	5.4203	6	330	[1]	12	25…
		9	400	230	10	
		12	450	260	7	
		15	480	280	4	
EN-GJMW-450-4	5.4204	6	–	[1]	–	25…
		9	490	310	5	
		12	550	340	4	
		15	570	350	3	

[1] Wegen der Schwierigkeit der Bestimmung der Dehngrenze von kleinen Proben müssen die Werte und die Messmethode zwischen Hersteller und Käufer zum Zeitpunkt der Annahme der Bestellung vereinbart werden.

[2] Der zum Schweißen geeignetste Werkstoff

Mechanische Eigenschaften von nichtentkohlend geglühtem Temperguss nach DIN EN 1562

Werkstoffbezeichnung		Nenndurchmesser der Probe d [mm]	Zugfestigkeit R_m [N/mm²] min	0,2 %-Dehngrenze $R_{p0,2}$ [N/mm²] min	Dehnung $A_{3,4}$ [%] min	Brinellhärte (nur informativ) HB
Kurzzeichen	Nummer					
EN-GJMB-300-6	5.4100	12 oder 15	300	-	6	150 max.
EN-GJMB-350-10	5.4101	12 oder 15	350	200	10	150 max.
EN-GJMB-450-6	5.4205	12 oder 15	450	270	6	150 bis 200
EN-GJMB-500-5	5.4206	12 oder 15	500	300	5	165 bis 215
EN-GJMB-550-4	5.4207	12 oder 15	550	340	4	180 bis 230
EN-GJMB-600-3	5.4208	12 oder 15	600	390	3	195 bis 245
EN-GJMB-650-2	5.4300	12 oder 15	650	430	2	210 bis 260
EN-GJMB-700-2	5.4301	12 oder 15	700	530	2	240 bis 290
EN-GJMB-800-1	5.4302	12 oder 15	800	600	1	270 bis 310

0,2%-Dehngrenze in Abhängigkeit von der Zugfestigkeit für schwarzen Temperguss (luftvergütet und ölvergütet) im Vergleich zu Gusseisen mit Kugelgraphit (R^2-Bestimmtheitsmaß) [30]

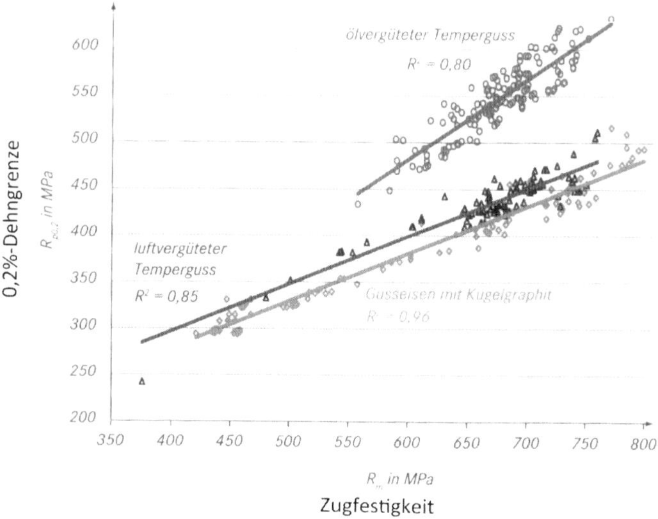

Superlegierungen

sind Hochtemperaturwerkstoffe und untergliedern sich in drei Gruppen:

Eisenbasislegierungen	Kobaltbasislegierungen	Nickelbasislegierungen

Eigenschaften:
- Hochtemperaturfestigkeit (z. B. gegen thermische Ermüdung durch raschen Temperaturwechsel)
- Hohe Beständigkeit gegen Hochtemperaturkorrosion (z. B. gegen oxidative Schädigungen heißer Gase)
- Gute Duktilität
- Hohe Kriechfestigkeit bei höheren Temperaturen (z. B. für Eigengewicht und Fliehkraft belasteter Komponenten)

Wichtige Anwendungsgebiete:
- Turbinenschaufeln für Triebwerke und Kraftwerksturbinen
- Turbolader
- Brennkammern in der Raumfahrt
- Ofenbau
- stationäre Energieanlagen wie Gasturbinen für Gaskraftwerke

Superlegierungen

Die Eigenschaften der Superlegierungen basieren auf einem vielschichtigen und komplexen Zusammenspiel von bis zu 15 Legierungselementen.
Superlegierungen lassen sich pulver- und schmelzmetallurgisch verarbeiten.

Wirkung der wichtiger Legierungselemente [31]

Wirkung/Effekte	Fe-Basis-Legierungen	Co-Basis-Legierungen	Ni-Basis-Legierungen
Mischkristal-härter	Cr, Mo	Cr, Mo, Ni, W, Ta	Co, Cr, Mo, W, Ta, Re, Al
Karbidbildner	Ti, Cr, Mo, C	Ti, Cr, Mo, W, C	W, Ta, Ti, Mo, Nb
γ'-Bildner	Al, Ni, Ti		Al, Ti, Ta
Beständigkeit gegen Oxidation und Korrosion	Cr, Y	Al, Cr, Y	Al, Cr
Korngrenzenak-tive Elemente	B	B, Zr	B, C, Zr, Hf
Dichte der Legie-rungen [g/cm³]	7,9–8,3	8,3–9,4	7,8–8,9
Härtungsmecha-nismen für die gute Kriechfes-tigkeit	In Stählen erfolgt die Festigkeits-steigerung im Wesentlichen durch Karbide. Einen weiteren Beitrag liefert die Mischkristall-härtung.	Die Teilchen-härtung basiert in Co-Basis-legierungen vorwiegend auf Karbiden. Die Mischkristallhär-tung wird über die Refraktärmetalle erreicht.	Die Teilchenhär-tung durch die γ'-Phase (interme-tallische Phase) ist der dominante Härtungs-mechanismus. Die Mischkristall-härtung erfolgt durch die Refrak-tärmetalle.

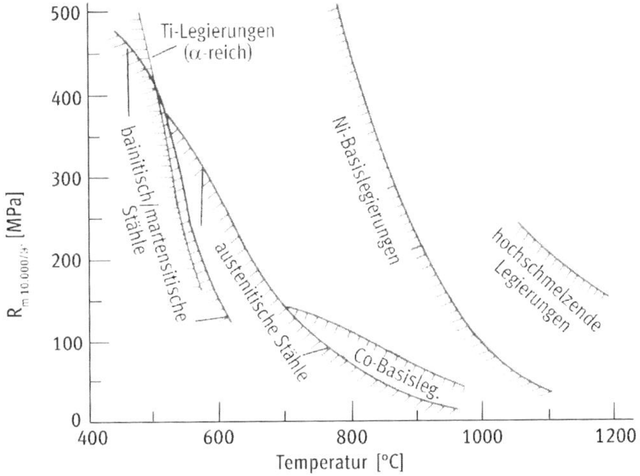

10^4 h-Zeitstandfestigkeit für verschiedene Hochtemperatur-Werkstoffgruppen in Abhängigkeit von der Temperatur [32]

Definition Zeitstandfestigkeit:
Die Zeitstandfestigkeit gibt an, wann ein Werkstoff bei konstanter Last und konstanter Temperatur versagt (Maß für die Kriechfestigkeit bei hohen Temperaturen).

Beispiel: 10^4 h rupture strength = 10^4 h Zeitstandfestigkeit = 10^4 h bis zum Versagen. Die entsprechende Last und die dazugehörige Temperatur ergeben sich aus dem Diagramm (ASM).

Nominelle Zusammensetzung und typische Anwendungen von geschmiedeten und gegossenen Nickelbasis-Superlegierungen [33]

Legierung	% Ni	% Cr	% Co	% Mo	% Al	% Ti	% Nb	% C	% B	% Zr	% Andere	Typische Anwendungen
Knetlegierung												
Inconel X-750	73	15	...	...	0,8	2,5	0,9	0,04	...		6,8 Fe	Gasturbinenteile
Udimet 500	53,6	18	18,5	4,0	2,9	2,9		0,08	0,006	0,05		Gasturbinenteile
Udimet 700	53,4	15	18,5	5,2	4,3	3,5		0,08	0,03	...		Flugturbinenteile
Hastelloy	58,3	19,5	13,5	4,3	1,3	3,0		0,08	0,005	0,05		Flugturbinenschaufeln
Astroloy	55,1	15,0	17,0	5,2	4,0	3,5		0,05	0,01			Schmiedestücke für hohe Temperaturen
René 41	55,3	19,0	11,0	10,0	1,5	3,1		0,09	0,005			Flugturbinenschaufeln und -teile
Nimonic 80 A	74,7	19,5	1,1	...	1,3	2,5		0,05	...			Flugturbinenteile
Nimonic 90	57,4	19,5	18,0	...	1,4	2,4		0,07	...			Flugturbinenteile
Nimonic 105	53,3	14,5	20,2	5,0	1,2	4,5		0,20	...			Flugturbinenteile
Nimonic 115	57,3	15,0	15,0	3,5	5,0	4,0		0,15	...			Flugturbinenteile
Gusslegierung												
B-1900	54	5,0	10,0	6,0	6,0	1,0	...	0,10	0,015	0,1	4,0 Ta	Flugturbinenschaufeln
MAR-M200	60	9,0	10,0	...	5,0	2,0	1,0	0,13	0,015	0,05	12 W	Flugturbinenschaufeln
Inconel 738	61	16,0	8,5	1,7	3,4	3,4	0,9	0,12	0,01	0,10	1,7 Ta, 2,6 W	
René 77	58	14,6	15,0	4,2	4,3	3,3	...	0,07	0,016	0,04	...	Flugturbinenteile
René 80	60	14,0	9,5	4,0	3,0	5,0	...	0,17	0,015	0,03	4,0 W	Turbinenschaufellegierung

Chemische Zusammensetzung von Nickelbasis-Superlegierungen

		Chemische Zusammensetzung (Rest Nickel) in %														
Verfahren	Legierung	Co	Cr	Mo	W	Al	Ti	Nb	Ta	Hf	Re	C	B	Zr	Andere	Generation
CC	IN 738	8,5	16	1,7	2,6	3,4	3,4	–	1,7	–	–	0,17	0,01	0,1	–	–
	IN 792	9	12,4	1,9	3,8	3,1	4,5	–	3,9	–	–	0,12	0,02	0,2	–	–
	René 80	9,5	14	4	4	3	5	–	–	–	–	0,17	0,015	0,03	–	–
	MarM247	10	8,5	0,7	10	5,6	1	–	3	–	–	0,16	0,015	0,04	–	–
	TM-321	8,2	8,1	–	12,6	5	0,8	–	4,7	–	–	0,11	0,01	0,05	–	–
DS	GTD111	9,5	14	1,5	3,8	3	4,9	–	2,8	–	–	0,1	0,01	–	–	1st
	MGA1400	10	14	1,5	4	4	3	–	5	–	–	0,08	–	0,03	–	1st
	CM247LC	9	8	0,5	10	5,6	0,7	–	3,2	1,4	–	0,07	0,015	0,01	–	1st
	TMD-5	9,5	5,8	1,9	13,7	4,6	0,9	–	3,3	1,4	–	0,07	0,015	0,015	–	1st
	PWA1426	12	6,5	1,7	6,5	5	–	–	4	1,5	3	0,1	0,015	0,03	–	2nd
	CM186LC	9	6	0,5	8,4	5,7	0,7	–	3,4	–	3	0,07	0,015	0,005	–	2nd
	TMD-103	12	3	2	6	5	–	–	6	0,1	5	0,07	0,015	–	–	3rd
	TMD-107	6	3	3	6	5	–	–	6	0,1	5	0,07	0,015	–	–	4st
SC	PWA1480	5	10	–	4	5	1,5	–	12	–	–	–	–	–	–	1st
	René N4	8	9	2	6	3,7	4,2	0,5	4	–	–	–	–	–	–	1st
	CMSX-2	4,6	8	0,6	8	5,6	1	–	9	–	–	–	–	–	–	1st
	TMS-6	–	9,2	–	8,7	5,3	–	–	10,4	–	–	–	–	–	–	1st
	MC2	5	8	2	8	5	1,5	–	6	–	–	–	–	–	–	1st
	MDSC-7M	4,5	10	0,7	6	5,4	2	–	5,4	–	0,1	–	–	–	–	1st

(Fortsetzung)

		Chemische Zusammensetzung (Rest Nickel) in %														
Verfahren	**Legierung**	**Co**	**Cr**	**Mo**	**W**	**Al**	**Ti**	**Nb**	**Ta**	**Hf**	**Re**	**C**	**B**	**Zr**	**Andere**	**Generation**
	TMS-26	8,2	5,6	1,9	10,9	5,1	–	–	7,7	–	–	–	–	–	–	2nd
	PWA1484	10	5	2	6	5,6	–	–	9	–	3	–	–	–	–	2nd
	René N5	8	7	2	5	6,2	–	–	7	0,2	3	–	–	–	–	2nd
	CMSX-4	9	6,5	0,6	6	5,6	1	–	6,5	0,1	3	–	–	–	–	2nd
	TMS-82+	7,8	4,9	1,9	8,7	5,3	0,5	–	6	0,1	2,4	–	–	–	–	2nd
	YH 61	1	7,1	0,8	8,8	5,1	–	0,8	8,9	0,25	1,4	0,07	0,02	–	–	2nd
	René N6	12,5	4,2	1,4	6	5,75	–	–	7,2	0,15	5,4	0,05	0,004	–	0,01Y	3rd
	CMSX-10	3	2	0,4	5	5,7	0,2	0,1	8	0,03	6	–	–	–	–	3rd
	TMS-75	12	3	2	6	5	–	–	6	0,1	5	–	–	–	–	3rd
	MC 653	–	4	1	6	5,3	1	–	6,2	0,1	5	–	–	–	3Ru,0,1Si	4st
	TMS-138	5,8	2,8	2,9	6,1	5,8	–	–	5,6	0,05	5,1	–	–	–	1,9Ru	4st
	TMS-162	5,8	2,9	3,9	5,8	5,8	–	–	5,6	0,09	4,9	–	–	–	6,0Ru	4/5st
ODS	MA6000	2	15	2	4	4,5	2,5	–	2	–	–	0,05	0,01	0,15	1,1Y203	–
	TMO-20	8,7	4,3	1,5	11,6	5,5	1,1	–	6	–	–	0,05	0,01	0,05	1,1Y203	–

Eigenschaften von Aluminium-Gusswerkstoffen (Auswahl)

- günstiges Festigkeits-/Masseverhältnis
- gute chemische Beständigkeit, auch Witterungs- und Seewasserbeständigkeit
- hohe thermische Leitfähigkeit, gute elektrische Leiter
- umformbar und gut mechanisch bearbeitbar, schweißbar, beschichtbar
- nicht toxisch, nicht magnetisch
- gute Gießeigenschaften sowohl für Sandformguss, Kokillenguss, Feinguss und Druckguss

Auswahl physikalischer Werte von Aluminiumlegierungen

Dichte	2,7 bis 2,9 g/cm^3
Wärmeleitfähigkeit	80 bis 230 $W/(m \cdot K)$
Elektrische Leitfähigkeit	von 10–30 MS/m
Schmelzwärme	380 bis 480 kJ/kg
Schmelzpunkt Aluminium unlegiert	660 °C

Legierungsgruppen:

Aluminium-Silizium Gusslegierungen
(naheutektisch, eutektisch, übereutektisch)

Aluminium-Magnesium Gusslegierungen

Aluminium-Kupfer Gusslegierungen

Aluminium-Zink Gusslegierungen

Aluminium-Lithium Gusslegierungen

Bezeichnungen nach DIN EN 1706

entsprechend des Gießverfahrens gelten folgende Bezeichnungen:

S Sandguss; **D** Druckguss;
K Kokillenguss; **L** Feinguss.

Bezeichnung der Werkstoffzustände

- F Gusszustand;
- O weichgeglüht;
- T1 kontrollierte Abkühlung nach dem Guss und kaltausgelagert;
- T4 lösungsgeglüht und kaltausgelagert – wo anwendbar;
- T5 kontrollierte Abkühlung nach dem Guss und warmausgelagert oder überaltert;
- T6 lösungsgeglüht und vollständig warmausgelagert;
- T64 lösungsgeglüht und nicht vollständig warmausgelagert – Unteralterung;
- T7 lösungsgeglüht und überaltert (warmausgelagert) (stabilisierter Zustand).

Information zu DIN EN 1706 [1]

Aluminium und Aluminiumlegierungen / Gussstücke / Chemische Zusammensetzung und mechanische Eigenschaften

Diese Norm enthält Übersichten und Tabellen zu folgenden Themen (Auszug):

- Chemische Zusammensetzung der Gusslegierungen
- Mechanische Eigenschaften von Sandgusslegierungen für getrennt gegossene Probestäbe
- Mechanische Eigenschaften von Kokillengusslegierungen für getrennt gegossene Probestäbe
- Mechanische Eigenschaften von Feingusslegierungen für getrennt gegossene Probestäbe
- Mechanische Eigenschaften von Druckgusslegierungen
- Vergleich der Gießcharakteristika, der mechanischen und anderen Eigenschaften, gedacht als Leitfaden für Konstrukteure und Anwender
- Gegenüberstellung der Bezeichnungen der Aluminium-Gusslegierungen

Klassifizierung der Aluminiumgusslegierungen [2]

Primäraluminium: Direkt aus dem Rohstoff Bauxit und in der Verfahrensfolge aus Tonerde durch Schmelzflusselektrolyse gewonnenes Aluminium. Die Schmelzwerke wurden traditionell auch als Schmelzhütten bezeichnet, so dass das Primäraluminium auch als Hüttenaluminium bezeichnet wurde.

Primäraluminium ist Reinaluminium mit einem Reinheitsgrad von 99,7 % und Ausgangsmaterial für Legierungen und Reinstaluminium.

Umschmelzlegierung: Recycling-Gusslegierungen, aus Altmetallen durch Schmelzen und Reinigungsbehandlung hergestellte Legierung mit geringen Prozenten an Begleitelementen wie Eisen, Kupfer und Zink, geliefert in Blockform.

Eigenschaften von Aluminium-Silizium-Gusslegierungen

Hauptlegierungen für allgemeine Verwendung [3]

Chemische Zusammensetzung der Gusslegierungen (als Masseanteil in %)

VAR Legie-rung	Legierungsbezeichnung entsprechend „Euro-Norm"					
	numerisch	chemisch	Si	Fe	Cu	Mn
239	EN AC-43000	EN AC-Al Si10Mg(a)	9,0–11,0	0,55 (0,40)	0,05 (0,03)	0,45
239	EN AC-43100	EN AC-Al Si10Mg(b)	9,0–11,0	0,55 (0,45)	0,10 (0,08)	0,45
233	EN AC-43200	EN AC-Al Si10Mg(Cu)	9,0–11,0	0,65 (0,55)	0,35 (0,30)	0,55
230	EN AC-44100	EN AC-Al Si12(b)	10,5–13,5	0,65 (0,55)	0,15 (0,10)	0,55
230	EN AC-44200	EN AC-Al Si12(a)	10,5–13,5	0,55 (0,40)	0,05 (0,03)	0,35
225	EN AC-45000	EN AC-Al Si6Cu4	5,0–7,0	1,0 (0,9)	3,0–5,0	0,20–0,65
226	EN AC-46200	EN AC-Al Si8Cu3	7,5–9,5	0,8 (0,7)	2,0–3,5	0,15–0,65
231	EN AC-47000	EN AC-Al Si12(Cu)	10,5–13,5	0,8 (0,7)	1,0 (0,9)	0,05–0,55

EN = Europa-Norm
AC = Aluminium casting

Mg	Cr	Ni	Zn	PB	Sn	Ti	Andere Beimengungen[1)]		Aluminium
							einzeln	gesamt	
0,20–0,45 (0,25–0,45)		0,05	0,10	0,05	0,05	0,15	0,05	0,15	Rest
0,20–0,45 (0,25–0,45)		0,05	0,10	0,05	0,05	0,15	0,05	0,15	Rest
0,20–0,45 (0,25–0,45)		0,15	0,35	0,10		0,20 (0,15)	0,05	0,15	Rest
0,10		0,10	0,15	0,10		0,20 (0,15)	0,05	0,15	Rest
			0,10			0,15	0,05	0,15	Rest
0,55	0,15	0,45	2,0	0,30	0,15	0,25 (0,20)	0,05	0,35	Rest
0,05–0,55 (0,15–0,55)		0,35	1,2	0,25	0,15	0,25 (0,20)	0,05	0,25	Rest
0,35	0,10	0,30	0,55	0,20	0,10	0,20 (0,15)	0,05	0,25	Rest

1) „Andere Beimengungen" enthalten nicht die Elemente, die zur Kornfeinung oder Veredelung der Schmelze dienen.

Anmerkung: Zahlen in Klammern sind Massel-Zusammensetzungen, die sich von den Gussstück-Zusammensetzungen unterscheiden.

Eigenschaften von Aluminium-Silizium Gusslegierungen

Hauptlegierungen für allgemeine Verwendung [3]

Mechanische Eigenschaften für getrennt gegossene Probestäbe; Kokillenguss

VAR Legierung	Legierungsbezeichnung entsprechend „Euro-Norm“ numerisch	chemisch	Gießzustand[1] Werkstoffzustand	Zugfestigkeit R_m MPa min.	Dehngrenze $R_{p0,2}$ MPa min	Bruchdehnung A_{50} % min	Brinellhärte HBS min
239	EN AC-43000	EN AC-Al Si10Mg(a)	K F K T6 K T64	180 260 240	90 220 200	2,5 1 2	55 90 80
239	EN AC-43100	EN AC-Al Si10Mg(b)	K F K T6 K T64	180 260 240	90 220 200	2,5 1 2	55 90 80
233	EN AC-43200	EN AC-Al Si10Mg(Cu)	K F K T6	180 240	90 200	1 1	55 80
230	EN AC-44100	EN AC-Al Si12(b)	K F	170	80	5	55
230	EN AC-44200	EN AC-Al Si12(a)	K F	170	80	6	55
225	EN AC-45000	EN AC-Al Si6Cu4	K F	170	100	1	75
226	EN AC-46200	EN AC-Al Si8Cu3	K F	170	100	1	75
231	EN AC-47000	EN AC-Al Si12(Cu)	K F	170	90	2	55

Mechanische Eigenschaften für getrennt gegossene Probestäbe; Sandguss

VAR Legierung	Legierungsbezeichnung entsprechend „Euro-Norm“		Gießzustand Werkstoff-zustand	Zugfestigkeit R_m MPa min.	Dehngrenze $R_{p0,2}$ MPa min	Bruchdehnung A_{50} % min	Brinell-härte HBS min
	numerisch	chemisch					
239	EN AC-43000	EN AC-Al Si10Mg(a)	S F S T6	150 220	80 180	2 1	50 75
239	EN AC-43100	EN AC-Al Si10Mg(b)	S F S T6	150 220	80 180	2 1	50 75
233	EN AC-43200	EN AC-Al Si10Mg(Cu)	S F S T6	160 220	80 180	1 1	50 75
230	EN AC-44100	EN AC-Al Si12(b)	S F	150	70	4	50
230	EN AC-44200	EN AC-Al Si12(a)	S F	150	70	5	50
225	EN AC-45000	EN AC-Al Si6Cu4	S F	150	90	1	60
226	EN AC-46200	EN AC-Al Si8Cu3	S F	150	90	1	60
231	EN AC-47000	EN AC-Al Si12(Cu)	S F	150	80	1	50

[1] K = Kokillenguss
S = Sandguss
D = Druckguss
F = Gießzustand
T1 = kontrollierte Abkühlung nach Gießen und Auslagen bei RT

T4 = kältegehärtet
T5 = kontrollierte Abkühlung nach Gießen und Warmauslagern
T6 = wärmegehärtet
T64 = teilausgehärtet

Eigenschaften von Aluminium-Silizium Gusslegierungen

Hauptlegierungen für allgemeine Verwendung [3]

			Gießeigenschaft		
	Legierungsbezeichnung entsprechend „Euro-Norm"		Erstar-rungs-intervall	Gieß-tempera-tur	Fließver-mögen
VAR Legierung	numerisch	chemisch	ca. °C	ca. °C	
239	EN AC-43000	EN AC-Al Si10Mg(a)	600–550	680–750	ausge-zeichnet
239	EN AC-43100	EN AC-Al Si10Mg(b)	600–550	680–750	ausge-zeichnet
233	EN AC-43100	EN AC-Al Si10Mg(Cu)	600–530	680–750	ausge-zeichnet
230	EN AC-44100	EN AC-Al Si12(b)	580–570	680–750	ausge-zeichnet
230	EN AC-44200	EN AC-Al Si12(a)	580–570	680–750	ausge-zeichnet
225	EN AC-45000	EN AC-Al Si6Cu4	620–490	690–740 610–670	sehr gut
226	EN AC-46200	EN AC-Al Si8Cu3	600–490	690–740	ausge-zeichnet
231	EN AC-47000	EN AC-Al Si12(Cu)	580–530	680–750	ausge-zeichnet

EN = Europa-Norm
AC = Aluminium casting

		Dichte	Gebrauchs-/Bearbeitungseigenschaften			
Warm-rissbe-ständig-keit	**Schwind-maß ca. %**	**kg/dm³ Unge-fähr-werte**	**Festigkeit**	**Span-barkeit**	**Schweiß-barkeit**	**Polier-barkeit**
ausge-zeichnet	1–1,2 0,8–1	2,65	gut, ausgehär-tet sehr gut	sehr gut	ausge-zeichnet	gut
ausge-zeichnet	1–1,2 0,8–1	2,65	gut, ausgehär-tet sehr gut	sehr gut	ausge-zeichnet	gut
ausge-zeichnet	1–1,2 0,8–1	2,65	gut, ausgehär-tet sehr gut	sehr gut	ausge-zeichnet	gut
ausge-zeichnet	1–1,1 0,8–1	2,65	gut	gut	ausge-zeichnet	aus-reichend
ausge-zeichnet	1–1,1 0,8–1	2,65	gut	gut	ausge-zeichnet	aus-reichend
gut	1–1,2 0,8–1	2,75	gut	sehr gut	gut	gut
sehr gut	1–1,1 0,9–1,1	2,75	gut	sehr gut	sehr gut	gut
ausge-zeichnet	1–1,1 0,8–1	2,65	gut	gut	ausge-zeichnet	aus-reichend

Eigenschaften von Aluminium-Silizium Gusslegierungen

Hauptlegierungen für allgemeine Verwendung [3]

VAR Legierung	Legierungsbezeichnung entsprechend „Euro-Norm" numerisch	chemisch	Allgemeine Eigenschaften	Anwendungsbeispiele
239	EN AC-43000	EN AC-Al Si10Mg(a)	Naheutektische Legierung mit ausgezeichneten Eigenschaften, guter Warmrissbeständigkeit, guter Spanbarkeit und hoher chemischer Beständigkeit.	Schwierige und höchstbeanspruchte Maschinenteile, wie Zylinderköpfe, Kurbelgehäse, Bremsbacken, Teile für schnelllaufende vibrierende Motoren und Ventilatoren usw.
239	EN AC-43100	EN AC-Al Si10Mg(b)	Naheutektische Legierung mit ausgezeichneten Eigenschaften, guter Warmrissbeständigkeit, guter Spanbarkeit und hoher chemischer Beständigkeit.	Schwierige und höchstbeanspruchte Maschinenteile, wie Zylinderköpfe, Kurbelgehäse, Bremsbacken, Teile für schnelllaufende vibrierende Motoren und Ventilatoren usw.
233	EN AC-43200	EN AC-Al Si10Mg(Cu)	Naheutektische Legierung mit ausgezeichneten Eigenschaften, guter Warmrissbeständigkeit, guter Spanbarkeit und hoher chemischer Beständigkeit.	Schwierige und höchstbeanspruchte Maschinenteile, wie Zylinderköpfe, Kurbelgehäse, Bremsbacken, Teile für schnelllaufende vibrierende Motoren und Ventilatoren usw.

230	EN AC-44100	EN AC-Al Si12(b)	Eutektische Legierung mit ausgezeichnetem Formfüllungsvermögen, hoher Warmrissbeständigkeit und ausgezeichneten Gießeigenschaften bei hoher chemischer Beständigkeit.	Maschinenteile, stoß- und schwingungsbeanspruchte Teile,Zylinderköpfe- und Blöcke, Motoren-, Kurbel- und Pumpengehäuse, Flügelräder, Rippenkörper, dünnwandige Gehäuse, schwierige Montageböcke und -platten.
230	EN AC-44200	EN AC-Al Si12(a)	Eutektische Legierung mit ausgezeichnetem Formfüllungsvermögen, hoher Warmrissbeständigkeit und ausgezeichneten Gießeigenschaften bei hoher chemischer Beständigkeit.	Maschinenteile, stoß- und schwingungsbeanspruchte Teile,Zylinderköpfe- und Blöcke, Motoren-, Kurbel- und Pumpengehäuse, Flügelräder, Rippenkörper, dünnwandige Gehäuse, schwierige Montage-böcke und -platten.
225	EN AC-45000	EN AC-Al Si6Cu4	Gut gießbare Universallegierung. Sehr gut spanbar.	Maschinen- und Motorenteile für Fahrzeugindustrie, Elektrotechnik, Bergbau usw.
226	EN AC-46200	EN AC-Al Si8Cu3	Gut gießbare Universallegierung. Gekennzeichnet durch weniger Neigung zum Einfallen und zu Innenlunkern. Sehr gut spanbar.	Komplizierte Maschinen- und Motorenteile für Fahrzeugindustrie, Elektrotechnik, Bergbau usw., Kurbel- und andere Gehäuse, Elektromotorenteile, Lagerschilde und -böcke, Zylinderköpfe, Verkleidungen usw.
231	EN AC-47000	EN AC-Al Si12(Cu)	Eutektische Legierung mit ausgezeichnetem Formfüllungsvermögen, hoher Warmrissbeständigkeit und ausgezeichneten Gießeigenschaften.	Maschinenteile, stoß- und schwingungsbeanspruchte Teile, Zylinderköpfe- und Blöcke, Motoren-, Kurbel- und Pumpengehäuse, Flügelräder, Rippenkörper, dünnwandige Gehäuse, schwierige Montage-böcke und -platten.

EN = Europa-Norm
AC = Aluminium casting

Eigenschaften einiger Aluminiumlegierungen bei tiefen Temperaturen [4]

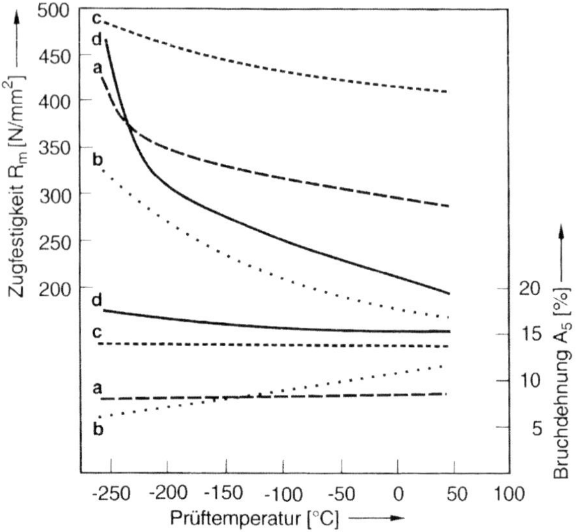

a	AlSi7Mg	T6	Kokillenguss, warmausgehärtet
b	AlSi11	F	Sandguss
c	AlCu4Ti	T64	Kokillenguss, teilausgehärtet bei 150 °C
d	AlMg3	F	Kokillenguss, Gusszustand

0,2 %-24 h-Zeitdehngrenze einiger Aluminiumlegierungen im Temperaturbereich von 20 bis 300 °C [4]

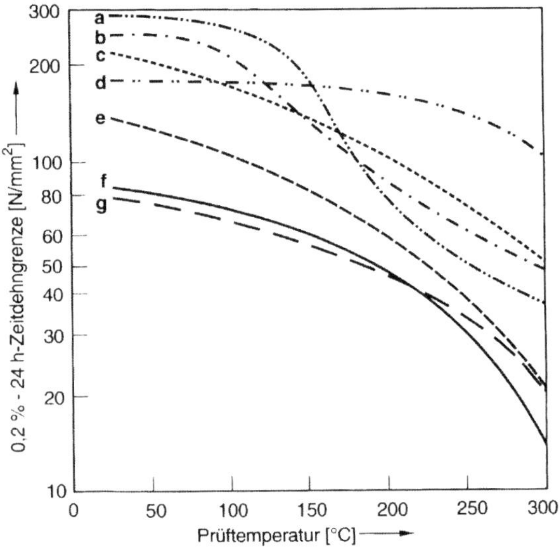

a	AlSi9Mg	T6	warmausgehärtet
b	AlZn10SiBMg	Ti	Selbstaushärtung
c	AlSi12CuNiMg	T5	stabilisiert
d	AlCu4NiMg	T4	kaltausgehärtet
e	AlSi9	F	Druckgusszustand
f	AlSi11	F	Gusszustand
g	AlMg3	F	Gusszustand

Einfluss der Legierungselemente [5]

Silizium

Gefüge – Das Eutektikum des Al-Si-Zweistoffsystems liegt bei 11,7 % Si und einer Temperatur von 577 °C. Im System gibt es keine Verbindung zwischen Aluminium und Silizium. Die Löslichkeit des Legierungselements ist im festen Aluminium begrenzt und beträgt im Gleichgewicht bei 577 °C 1,65 %, während bei 300 °C nur noch 0,22 % gelöst sind. Aufgrund der abnehmenden Löslichkeit im festen Zustand kommt es bei der Kristallisation zu Ausscheidung von Silizium im Aluminium-Mischkristall. Die Zugabe geringer Mengen Natriummetall oder natriumgebender Salze, auch Strontium, zu eutektischen oder naheutektischen A-Si-Legierungen führt zu einem besonders feinen Eutektikum und damit zu einer erheblichen Verbesserung der mechanischen Eigenschaften des Werkstoffs. Die kleinen Natriummengen von etwa 0,1 % bewirken eine Verschiebung der eutektischen Konzentration zu höheren Si-Gehalten und eine Unterkühlung durch Kristallisationsbehinderung, deren Umfang durch die Abkühlungsgeschwindigkeit bestimmt wird.

Gießeigenschaften – Silizium übt den günstigsten Einfluss im Vergleich zu sämtlichen Legierungselementen aus. Dabei wird insbesondere die Erstarrungsschrumpfung (sie beträgt bei der eutektischen Zusammensetzung nur etwa 3 % gegenüber 6,5 % bei Reinaluminium) betroffen. Auf diese Weise wird die Lunkerneigung und Schwindung positiv beeinflusst. Fließ- und Formfüllungsvermögen erfahren durch Siliziumbeimengungen erhebliche Veränderungen. Unter Fleißvermögen versteht man das Fließverhalten einer Schmelze beim Füllen einer Form. Vom reinen Metall aus nimmt das Fließvermögen der Al-Si-Legierungen bis zur maximalen Löslichkeit ab, steigt zum Eutektikum an und erfährt mit zunehmend übereutektischer Schmelze eine weitere Steigerung.

Diese gießtechnischen Besonderheiten sind von erheblichem Einfluss bei der Fertigung von dünnwandiger, konturenreicher, komplizierter Gussteile; deshalb liegt der Si-Gehalt im Bereich von 5 bis 12 %. Nur bei Kolbenlegierungen werden höhere Gehalte angetroffen.

Festigkeit – Gegenüber Rein-Al lassen sich mit steigendem Si-Gehalt erhebliche Festigkeitssteigerungen bei hoher Dehnung nachweisen. Geringe Magnesiumzusätze führen zu einer Bildung der intermetallischen Verbindung Mg_2Si, die eine Kalt- und Warmaushärtung erlaubt. Günstige Mg-Gehalte sind zwischen 0,2 bis 0,5 % Mg anzutrefffen. Daraus kann abgeleitet werden, dass bei hohen Dehnungsforderungen geringe Mg- und Fe-Gehalte günstig sind.

Bearbeitbarkeit – Die spanenden Bearbeitbarkeit von binären Aluminium-Silizium-Legierungen ist wohl besser als die von Reinaluminium, gilt aber dennoch nicht als gut. Zunehmende Si-Gehalte und gröbere Ausscheidungen dieses Legierungsbestandteils bewirken einen stärkeren Werkzeugverschleiß.

Korrosionsbeständigkeit – Silizium bewirkt wie alle anderen metallischen Beimengungen beständigungsvermindernd. Aus diesen Gründen sind die Legierungen im allgemeinen anfälliger als Reinaluminium. Bei einem Vergleich des Einflusses von Silizium gegenüber anderen Legierungselementen wie Eisen, Kupfer, Nickel u.a., lässt sich feststellen, dass die Einbuße an Beständigkeit bei den üblichen hohen Anteilen gering ist und sich nur bei extremen Beanspruchungsverhältnissen auswirkt. Diese günstige Beständigkeit wird auf die Passivierung zurückgeführt, die sich aufgrund der Feuchtigkeitseinwirkung einstellt. Damit ist jedoch eine Graufärbung der Oberfläche verbunden.

Oberflächenveredlung – Siliziumzusätze führen zu einer Verbesserung der Schleif- und Polierbarkeit. Eine anodische Qxydation zum Zweck der Erhöhung der Korrosionsbeständigkeit oder Verschleissfestigkeit kann vorgenommen werden.

Kupfer

Gefüge – Die maximale Löslichkeit (bei eutektischer Temperatur) von Kupfer im Mischkristall liegt bei 5,7 %. Die Löslichkeit geht mit sinkender Temperatur zurück und beträgt bei 300 °C noch rund 0,5 %. Nicht gelöstes Kupfer liegt im Geichgewichtszustand als Al_2Cu vor.

Gießeigenschaften – Die Gießeigenschaften werden durch Kupferzusätze nur unwesentlich verbessert. Aufgrund der eintretenden Erweiterung des Erstarrungsintervall mit steigenden Kupferanteilen vermindert sich die Neigung zu Innenlunkern, während sich die Erstarrungsschrumpfung stärker äußert. Aus dieser Erkenntnis ist auch zu erklären, weshalb dickwandige Gussteile günstiger unter Verwendung von kupferhaltigen Aluminium-Gusslegierungen fehlerfrei gefertigt werden können. Die bereits erwähnte Erweiterung des Erstarrrungsintervalls führt ausserdem zu einer Vergrößerung der Rissgefahr an Querschnittsübergängen.

Festigkeit – Kupferzusätze zu Aluminium bewirken immer eine bedeutende Steigerung der Festigkeit und Härte bei fallender Dehnung. Dieser Effekt wird durch andere, gleichzeitig anwesende Legierungsbestandteile wie Magnesium oder Zink noch verstärkt. Wegen der beschränkten abnehmenden Löslichkeit des Legierungselements bei fallender Temperatur sind weitere Festigungssteigerungen durch die Anwendung einer Warm- oder Kaltaushärtung möglich.
Obwohl diese Wärmebehandlung mit einem bedeutenden Abfall der Dehnungswerte verbunden ist, führt die Nachbehandlung zu einer Verbesserung der Belastbarkeit, besonders gegenüber dynamischer Beanspruchung.

Bearbeitbarkeit – Die spanende Bearbeitbarkeit wird durch Kupferzusätze günstig beeinflusst. Während die kupferfreien AlSi-Legierungen im unbehandelten Zustand in den meisten Fällen nicht zufriedenstellend bearbeitet werden können, gelingt dies bei den AlSiCu-Werkstoffen.

Korrosionsbeständigkeit – Von den gebräuchlichsten Legierungselementen hat Kupfer den negativsten Einfluss auf die Korrosionsbeständigkeit. Dieser Nachteil wird besonders bei den chloridhaltigen Korrosionsmedien, z. B. Seewasser, wirksam. Trotzdem ist festzustellen, dass auch kupferhaltige Legierungen für sehr viel Anwendungsfälle eine ausreichende chemische Beständigkeit aufweisen.

Oberflächenveredlung – Kupferzusätze führen zu einer verbesserten Schleif- und Polierbarkeit. Bei der elektrolytischen Oxydation stören Kupfergehalte über 5 % wegen der matten, dunkelgrau erscheinenden Flächen. Deshalb können kupferhaltige Legierungen nicht für dekorativ anodisch oxydierte Gussteile empfohlen werden.

Magnesium

Gefüge – Das System Al-Mg bildet bei etwa 34,5 % ein Eutektikum mit einer Temperatur von 449 °C. Für die standardisierten Legierungen interessiert nur der Bereich bis 10 % Magnesium.

Gießeigenschaften – Die binären AlMg-Legierungen zeigen von sämtlichen Gusswerkstoffen auf Aluminium-Basis wegen der großen Neigung zur Oxydation, zur Bildung von Mikrokunkern und der Gefahr der Warmrissbildung das ungünstigste gießtechnische Verhalten.

Festigkeit – Magnesiumzusätze steigern die Festigkeitseigenschaften in sehr bedeutendem Maße.

Bearbeitbarkeit – AlMg-Legierungen zeigen eine gute spanende Bearbeitbarkeit, obwohl mit einer Härte von ungefähr 60 HB niedrige Werte gegenüber anderen Gusslegierungen erreicht werden. Entsprechend dem erheblichen Einfluss des Magnesiumgehalts auf die Festigkeit, besonders auf die Härte der AlSi- und AlSiCu-Legierungen, tritt bereits bei geringen Zusätzen eine Verbesserung ein.

Korrosionsbeständigkeit – Aufgrund der geringen Potenzialdifferenz des Magnesiums zum Aluminium gewinnt dieses Legierungslement Bedeutung für Korrosionsbeanspruchungen, wie sie in der chemischen Industrie, im Schiffbau und in der Nahrungsmittelindustrie auftreten. Gegenüber Reinaluminium lässt sich bei den AlMg-Legierungen mit steigenden Zusätzen bei Alkali- und Seewasserbenetzung eine höhere Beständigkeit nachweisen.
Für Beschlagteile ist die ausgezeichnete Glanzhaltbarkeit der polierten Oberflächen ein besonderer Vorteil.

Oberflächenveredlung – Von den angebotenen Aluminium-Gusslegierungen eignen sich die Sorten mit Magnesium als Hauptlegierungsbestandteil hervorragend für dekorative Zwecke, insbesondere dann, wenn von einer dekorativen anodische Oxydation Gebrauch gemacht werden soll.

Warmrissneigung von Aluminium-Gusslegierungen

Warmrisse sind Werkstofftrennungen im flüssig-festen Zustand und entstehen in der Endphase der Erstarrung, besonders bei Legierungen mit breitem Erstarrungsintervall.

Die Warmrissbildung bei Aluminium-Gusslegierungen ist abhängig von
- der chemischen Zusammensetzung und dem daraus resultierenden Erstarrungsintervall
- Korngröße
- Seigerungen und intermetallischen Phasen an Korngrenzen

Bestimmung und Bewertung der Warmrissneigung
- Erstarrungsintervall – Thermal Freezing Range (TFR)

TFR ist der letzte Bereich des Erstarrungsintervalls in dem die Speisung des teilerstarten Gefüges stark behindert wird [7].
Die Berechnung erfolgt durch Erstarrungssimulation mit Thermo-Calc, wobei der Bereich mit einem Festanteil > 95 % ermittelt wird.

Thermo-Calc Ergebnis zur Berechnung TFR [6]

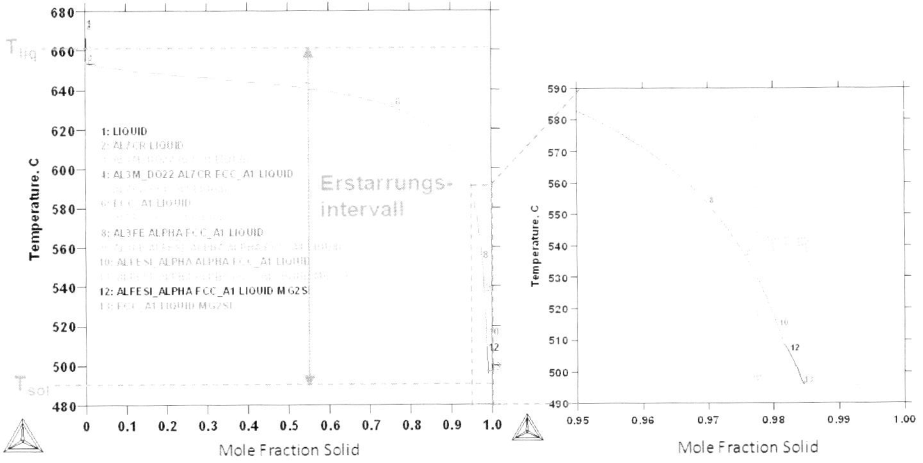

Bestimmung der Warmrissneigung nach Davies und Clyne – Warmrissempfindlichkeitskoeffizient CSC [7]

CSC = t_V /t_R = t(m_{fs} 0,99 – m_{fs} 0,90)/t (m_{fs} 0,90 – m_{fs} 0,40)
- t_V kritische Zeitperiode für die Warmrissentstehung
- t_R Relaxationszeit für die Speisung
- m_{fs} Masseanteil Feststoff

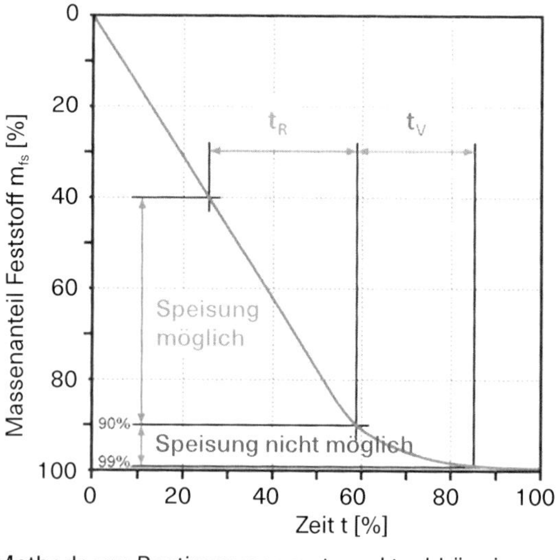

Methode zur Bestimmung von t_R und t_V abhängig von m_{fs} und der Zeit [6]

Zusammengefasste Ergebnisse der TFR- und CSC-Bestimmung [6]

Legierung	TFR [K]	CSC Sandformguss	CSC Kokillenguss
AlSi7Mg0,3	9,50	0,13	0,60
AlSi7Mg0,6	4,0	0,08	0,29
AlZn6Mg0,3	85,00	1,48	15,50
AlZn6Mg3	22,60	1,05	11,88
AlZn6Mg3Cu1	4,10	0,28	1,00

Zusammengefasste Ergebnisse der TFR- und CSC-Bestimmung [8]

Legierung	TFR [K]	CSC Sandform-guss	CSC Kokillen-guss	Warm-risszahl Kokillen-guss WRZ	Warmriss-empfind-lich-keit WER
AlSi7Mg0,1Cu0,5	45,00	0,69	7,30	0,80	gering
AlSi7Mg0,6Cu0,5	27,00	0,36	4,50	0,60	gering
AlSi7Mg0,1Cu0,05	17,00	0,33	3,70	0,30	keine
AlSi7Mg0,3Cu0,05	9,50			0,22	keine
AlSi7Mg0,6Cu0,05	4,00			0,01	keine

3D-Modell der Warmrissprobe der Sandabgüsse zur Bestimmung der Warmrissneigung [8]

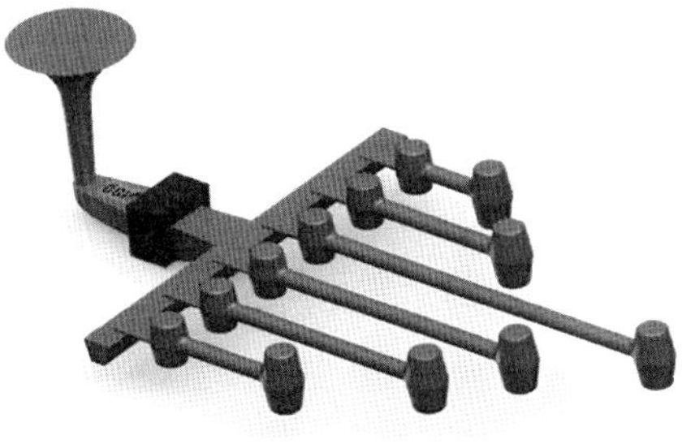

Zusammenhang zwischen den Theoretischen Berechnungen (TFR) und den praktisch ermittelten technologischen Eigenschaften (WRZ) für die fünf verwendeten Legierungsvarianten [8]

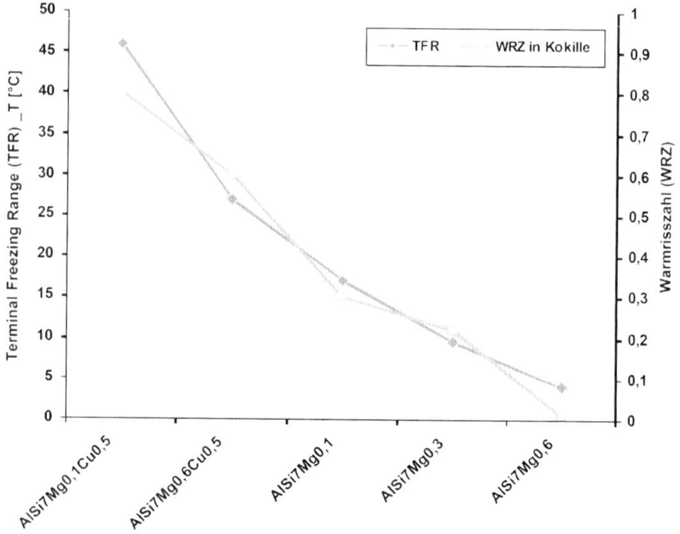

Einfluss von Schmelzebehandlungen auf das Gefüge der Aluminium-Gusswerkstoffe [2]

Kornfeinen im Grundgefüge (α-Mischkristall):

Maßnahme zur Erzielung eines relativ feinen Korns im Grundgefüge (α-Mischkristall). Durch Zugabe von Kornfeinungsmitteln wird die Anzahl wirksamer Kristallisationskeime erhöht. Diese der Schmelze vor dem Abguss zugegebenen Zusätze von Fremdelementen haben einen höheren Schmelzpunkt und erstarren bei der Abkühlung zuerst.

Besonders wichtig ist die Kornfeinung bei AlMg- und bei AlCu-Gusslegierungen, um die Warmrissneigung zu verringern. Kornfeinungsmittel für Al-Legierungen sind Titan und Bor.

Feinen durch Phosphorbehandlung (bei übereutektischen AlSi-Legierungen)

Bei der Erstarrung übereutektischer AlSi-Legierungen kristallisiert das Primärsilizium in Form „dünner Platten und Spieße". Infolge dieser kerbwirksamen Ausscheidungsform mindern diese Kristalle die Festigkeitseigenschaften.

Die Umwandlung des Primärsiliziums in eine feinkörnige Form erfolgt mittels Phosphor oder eines Phosphor abgebenden Präparates.

Veredeln (Feinen des Eutektikums)

Schmelzebehandlung zur Verhinderung einer anormalen Erstarrung bei eutektischen und untereutektischen Al-Si-Gußlegierungen. Durch den gezielten Einsatz von Veredelungssalzen wird eine
feinkristalline Erstarrung des eutektischen Siliziums erzwungen. Im Erstarrungsgefüge einer veredelten Legierung ist das eutektische Silizium in feingegliederter faseriger Form ausgeschieden, was eine beachtliche Verbesserung der mechanischen Eigenschaften bedeutet.

Veredlungswirkende Zusätze: Natrium oder Strontium, als Metall oder Salz gebunden

Beeinflussung von Materialeigenschaften durch Kornfeinungsbehandlung

Kornfeinung

- Gießeigenschaften
  - Fließverhalten
  - Warmrisse
  - Schrumpfung
  - Oberflächenqualität
- mechanische Eigenschaften
  - Festigkeit
  - Zähigkeit
  - Verformbarkeit
- physikalisch-chemische Eigenschaften
  - Korrosionseigenschaften
  - Leitfähigkeit

Gefügeausbildung einer übereutektischen Aluminium-Silizium-Legierung [15]

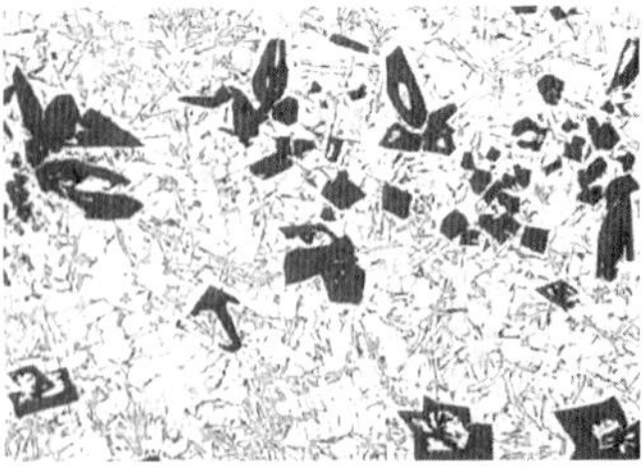

Gefüge im ungefeinten Zustand

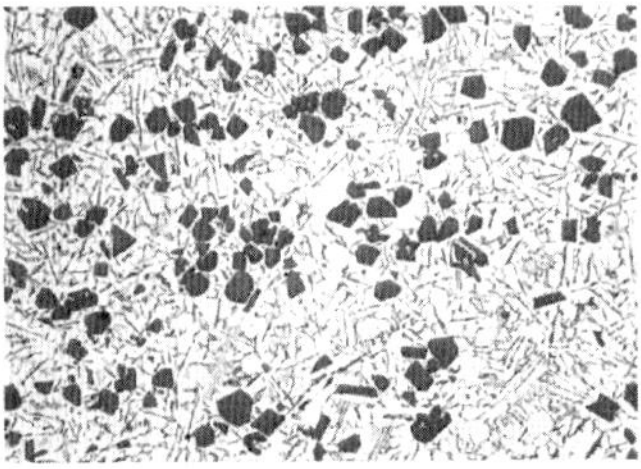

Gefüge nach erfolgter Kornfeinung mit Phosphor

Gefüge der eutektischen Legierung G-AlSi12 [2]

Veredlung mit Natrium

unveredelt mit grobkörnigen Siliziumkristallen

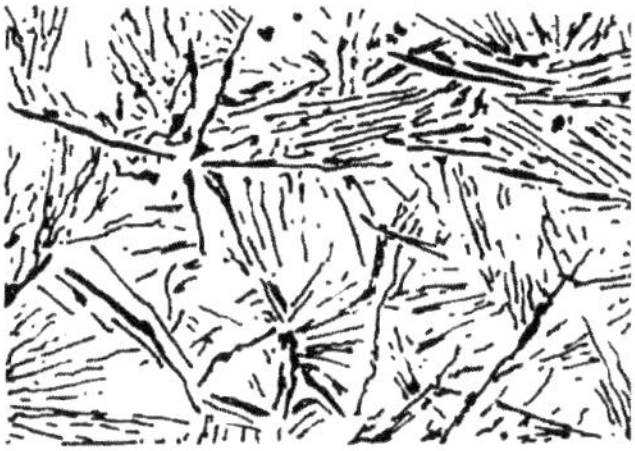

unveredelt mit lamellaren Siliziumkristallen

unterveredelt, mit Resten von größeren Siliziumkristallen

veredelt

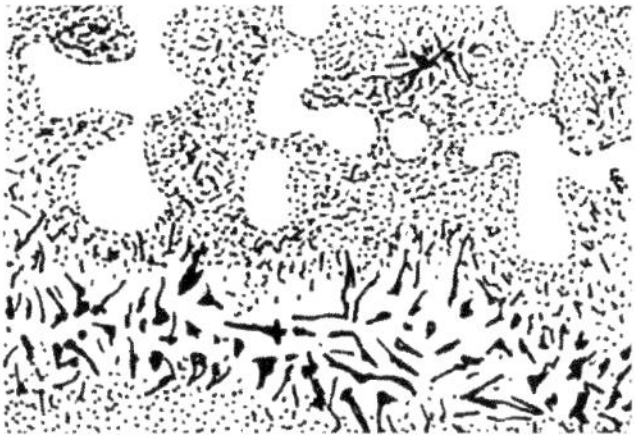

überveredelt, mit einer Überveredelungsader grober Siliziumausscheidungen

Gefügestruktur einer veredelten und unveredelten eutektischen Aluminium-Legierung im Vergleich [9]

veredeltes Gefüge | **unveredeltes Gefüge**

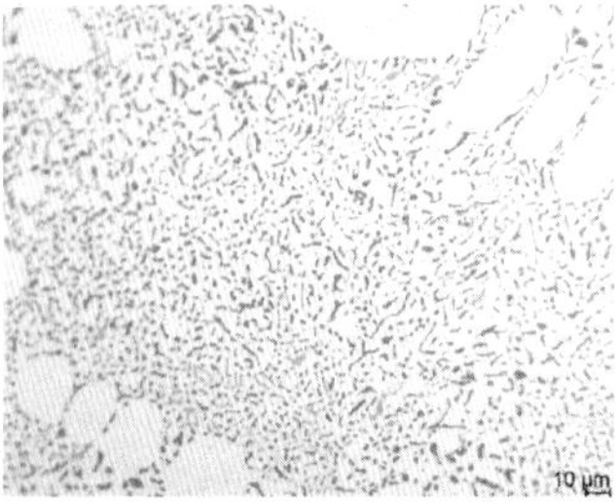

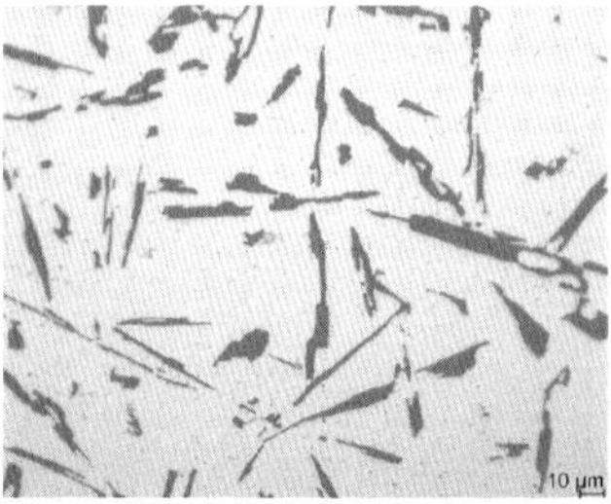

Vergrößerung 500fach

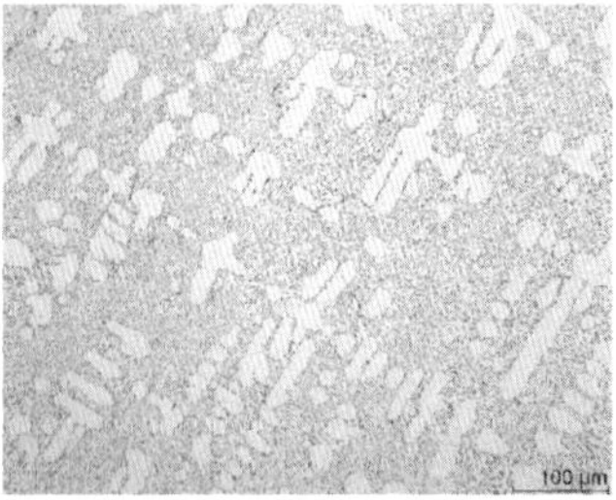

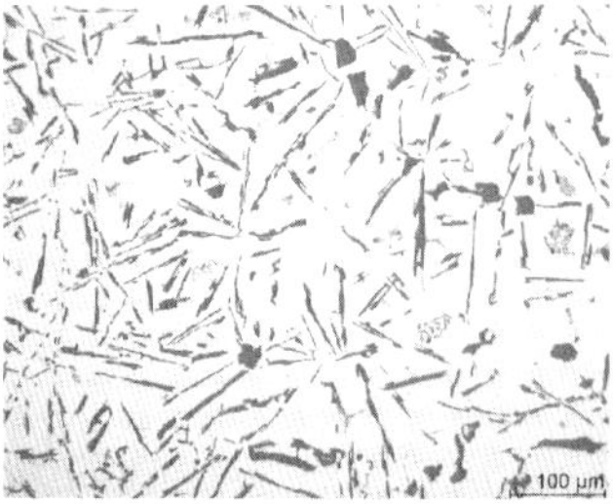

Vergrößerung 200fach

Mikrostruktur AlSi9Cu3-Legierung mit unterschiedlichen Abkühlungsgeschwindigkeiten [10]

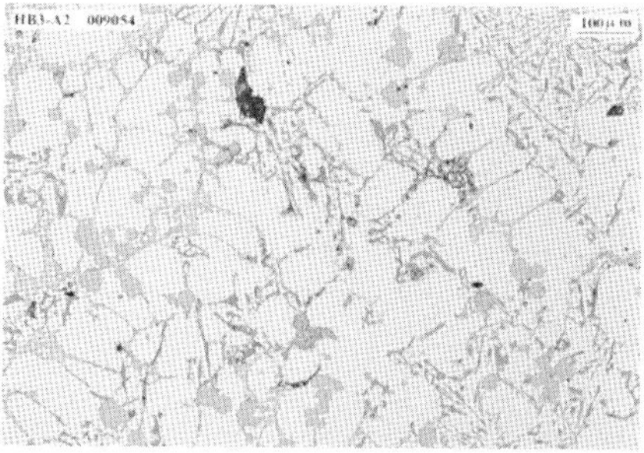

Sandguss
Polygonale Phasen und kleinere gerundete Gefügebestandteile. Die Dendriten haben eine semiglobulare Form

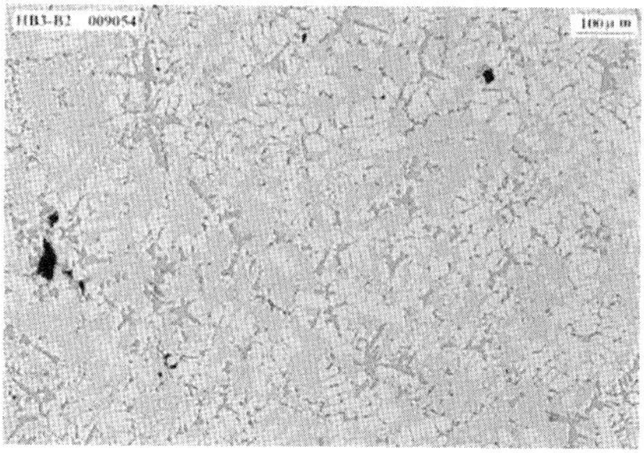

Kokillenguss
Sternförmige Ausscheidungen, ziemlich globulare Dendriten und eine sehr feine eutektische Phase. Mikroporosität ist erkennbar.

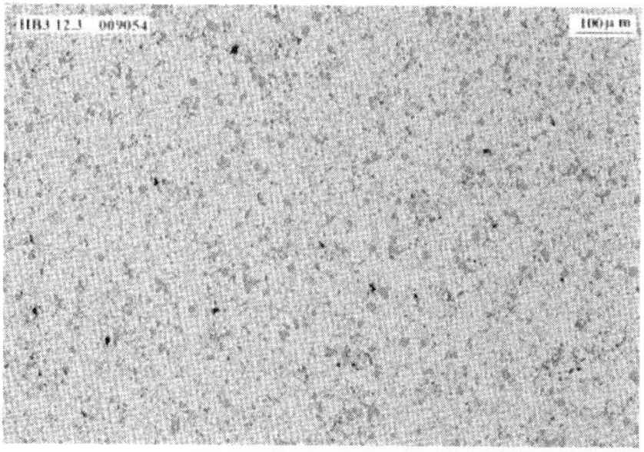

Druckguss
Sehr feine globulare Struktur mit gleichmäßig verteilten globularen Phasenbestandteilen. Das Eutektikum ist feinkörnig und gleichmäßig verteilt. Eine leichte Mikroporosität ist erkennbar.

Vergrößerung 100fach

AlSi-Legierungen zur Herstellung von Kolben (Kolbenlegierungen)

- Übereutektische bzw. quasi eutektische AlSi-Legierungen für Kolben von Verbrennungsmotoren, Motorengehäuse, Pumpen- und Ventilgehäuse
- Hauptbeanspruchungsprofil: Verschleiß- und Festigkeitsbeanspruchung bei erhöhten Temperaturen
- Verwendung von Legierungen nach DIN EN 1706:2013-12
  EN AC-AlSi12CuNiMg für Kokillenguss
  EN AC-AlSi17Cu4Mg für Druckguss
- Werkstoffcharakteristik von EN AC-AlSi12CuNiMg in Abhängigkeit der durchgeführten Wärmebehandlungen

Legierung	Zustand	Dichte g/cm³	Spezifische Wärme c_p J/(g · K)	Linearer Wärmeausdehnungskoeffizient α 10^{-6}/K	Zugfestigkeit R_m min. N/mm²	0,2%-Dehnung $R_{p0,2}$ N/mm²	Bruchdehnung A %	Brinellhärte HBW HBW5/250
EN AC-AlSi-12CuNiMg	Guss-zustand	2,68	0,90	20	200	190	< 1	90
	T5				200	185	< 1	90
	T6				280		< 1	100

- Werkstoffoptimierung durch Kornfeinungs- und Veredlungsbehandlung sowie nachfolgender Wärmebehandlung
  Untersuchte Legierungsvarianten der Legierung EN AC-AlSi12CuNiMg [11,12]

AlSi-Legierungen zur Herstellung von Kolben (Kolbenlegierungen)

Werkstoffoptimierung durch Kornfeinungs- und Veredlungsbehandlung sowie nachfolgender Wärmebehandlung
Untersuchte Legierungsvarianten der Legierung EN AC-AlSi12CuNiMg [11,12]

Beschreibung der Legierungsvarianten

Legierungsvariante	Beschreibung
A	Basis-Material (Kreislauf und Massel), leicht unterveredelt mit ca. 140 ppm Sr und einem Fe/Mn-Verhältnis von ca. 3,5, Kreislaufanteil 33 %
B	Hochfeste Variante, festigkeitssteigernde Legierungselemente Cu, Ni, Mg an der Obergrenze, Si jedoch an der Untergrenze der Norm, leicht korngefeint, vollveredelt mit über 250 ppm Sr, Fe/Mn-Verhältnis von ca. 3,5, hoher Kreislaufanteil mit 40 %
C	Nach Vorliegen der Ergebnisse der Prüfung von A und B als optimierte Legierungsvariante mit folgendem Hintergrund: leicht korngefeint und teilveredelt mit ca. 140 ppm Sr, ausgewogenes Fe/Mn-Verhältnis von 2,0, ausgewogene Zusammensetzung der festigkeitssteigernden Legierungselemente Cu, Ni und Mg, hoher Kreislaufanteil mit 45 %

AlSi-Legierungen zur Herstellung von Kolben (Kolbenlegierungen)

Werkstoffoptimierung durch Kornfeinungs- und Veredlungsbehandlung sowie nachfolgender Wärmebehandlung

Untersuchte Legierungsvarianten der Legierung EN AC-AlSi12CuNiMg [11,12]

Chemische Zusammensetzung der drei Legierungsvarianten A, B und C

Legierungs-bezeichnung Probe	Chemische Zusammensetzung in Massenanteilen in %															Fe/Mn	Be-merkung
	Si	Fe	Cu	Mn	Mg	Cr	Ni	Zn	Pb	Sn	ppm p	ppm Sr	Ti	Andere einzeln		Al		
A	12,46	0,55	0,95	0,15	0,95	0,02	0,81	0,09	0,01	0,01	20	143	0,08			Rest	3,7	30 % Kreislauf-anteil
B	11,85	0,56	1,55	0,16	1,55	0,02	1,21	0,1	0,01	0,01	10	282	0,10			Rest	3,5	40 % Kreislauf-anteil
C	12,50	0,54	1,21	0,27	1,11	0,02	0,95	0,12	0,01	0,02	15	140	0,09			Rest	2,0	45 % Kreislauf-anteil
EN AC-48000 EN AC-Al Si12 CuNiMg	10,5–13,5	max. 0,7	0,8–1,5	max. 0,35	0,8–1,5	–	0,7–1,3	max. 0,35	–	–	–	–	max. 0,25	0,1	0,2	Rest		
Werks-interne Norm f. AC-48000	12,0–12,8	max. 0,7	0,8–1,5	max. 0,35	0,8–1,5	–	0,7–1,3	max. 0,35	–	–	–	150–250	max. 0,25	0,1	0,2	Rest		

AlSi-Legierungen zur Herstellung von Kolben (Kolbenlegierungen)

Bewertung der Legierungsvarianten [12]
Durch eine Strontium-Veredelung weist die Legierung Al Si12CuNiMg hinsichtlich des Gießverhaltens und der Erstarrungsmorphologie ein ähnlich gutes Verhalten wie naheutektische Aluminium-Silizium-Legierungen auf und hat eine signifikant bessere Bearbeitbarkeit als übereutektische Legierungen.

Der Zusatz eines Kornfeinungsmittels bewirkt eine deutliche Verkleinerung der Korngröße.

Die für eine vollständige Kaltaushärtung benötigte Lagerdauer bei Raumtemperatur beträgt ca. 8 Tage.

Bei optimierter Zusammensetzung (Cu, Mg, Ni, Si) und geeigneter Wahl der Auslagerungstemperatur werden die höchsten Festigkeitseigenschaften und Oberflächenhärten bereits nach kurzer Auslagerungsdauer erzielt (Legierungsvariante C, 235 °C, 45 min).

Beschreibung der einzelnen Gefügephasen der Kolbengusslegierung AlSi 12CuNiMg in Abhängigkeit der Erstarrungskinetik [13]

Ätzungen mit Keller'scher Reagenzlösung (od 0,5 % HF)

AlSi12CuNiMg
dT/dt = 0,3 Cls
X560

AlSi12CuNiMg
dT/dt = 0,6 Cls
X560

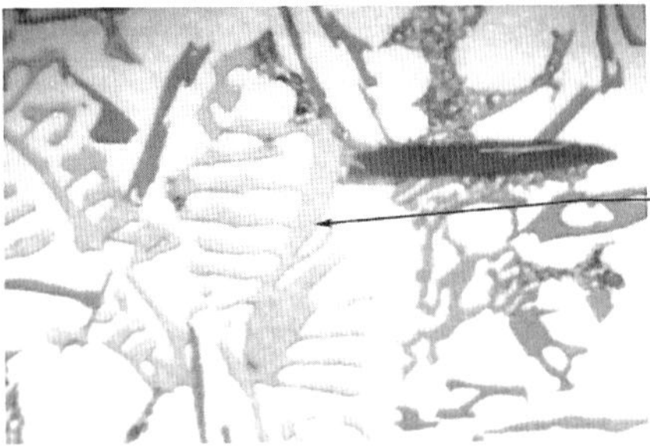

AlSi12CuNiMg
dT/dt = 4,0 Cls
X560

HIP-Behandlung von Aluminium-Gusslegierungen

Hot **I**sostatic **P**ressure (HIP) ist ein Verfahren zur Nachbehandlung von gegossenen oder gesinterten Werkstücken aus metallischen und keramischen Werkstoffen mit dem Ziel

- Reduzierung der Porosität durch Verschweißen der Poren und damit
- Steigerung der mechanischen Eigenschaften und
- Erzielen vergleichbarer Eigenschaften zu Schmiedewerkstoffen

Aluminium-Gussteile, gereinigt und unbearbeitet, werden bei Temperaturen oberhalb der Fließgrenze und bei sehr hohen Gasdrücken (z. B. mit Argon) im Autoklaven durch Auslösung von Kriechmechanismen im Werkstoff verdichtet. Es findet eine plastische Umformung statt. Das Material fließt zum Mittelpunkt der Poren; durch thermisch aktivierte Diffusionsvorgänge entstehen metallische Verbindungen und das Porenvolumen sinkt. [14]

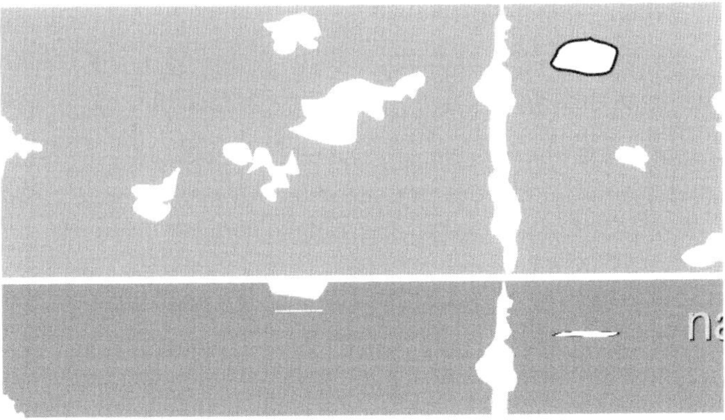

Prinzip des HIPens; Porenstruktur vor und nach der Behandlung [14]

HIP-Versuchsergebnisse EN AC-AlSi7Mg0,6 [14]

Untersuchungen an plattenförmigen Gussteilen der Legierung EN AC-AlSi7Mg0,6
Prozessparameter HIP: Behandlungstemperatur 500 °C
Druck: 1000 bar

Ergebnisse

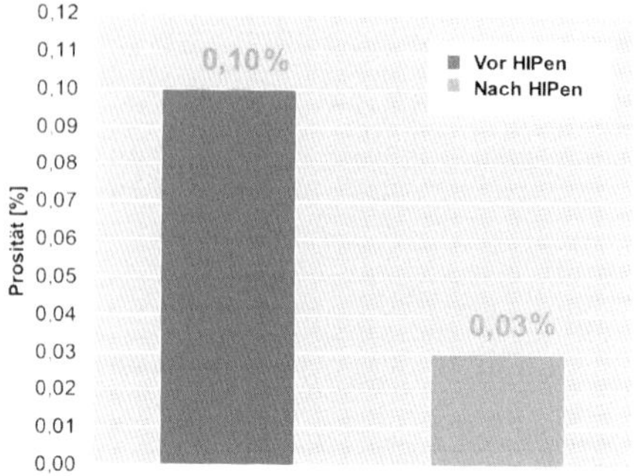

Verringerung der Porosität durch HIPen [14]

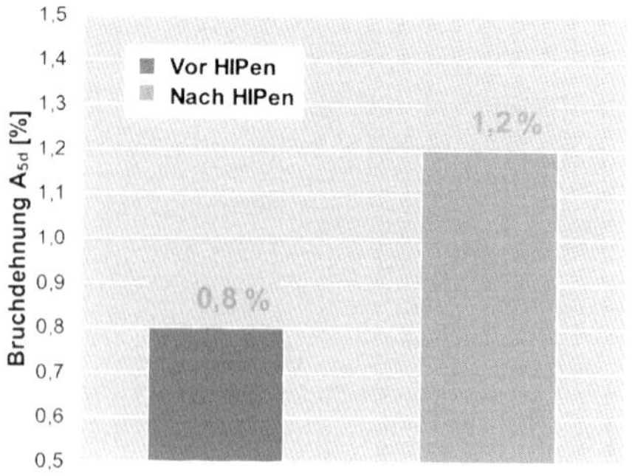

Steigerung der Bruchdehnung durch HIPen [14]

HIP-Versuchsergebnisse EN AC-AlSi7Mg0,6 [14]

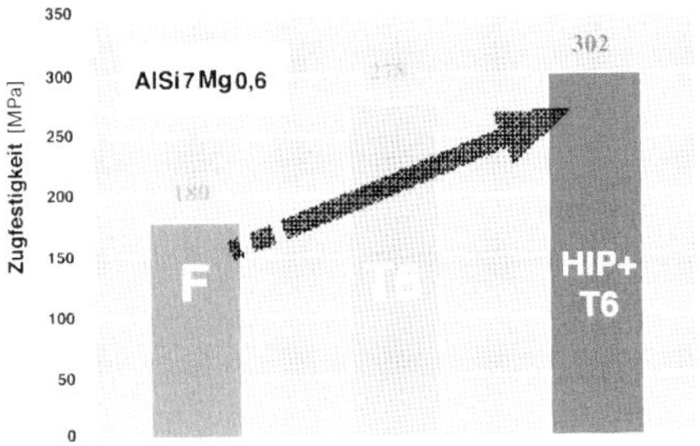

Zugfestigkeit in Abhängigkeit des Werkstoffzustandes [14]

Werkstoff:	EN AC -Al Si7MgO.6KT6	Prüfnummer:	WL0020
Probenform:	UBW -Probe	Prüfmaschine:	Schenk Rapid
Beanspruchung:	Umlaufbiegewechsel R= -1	Bemerkung:	

Nr.	Bezeichnung	HCF:	lg N =	a	+	k	lg	P / %	NK	LLF: A
1	gehipt		lg N =	19.60059	+	-6.39215	lg	50	4699373	105.33
2	ungehipt		lg N =	18.78914	+	-6.25391	lg	50	6365098	82.50

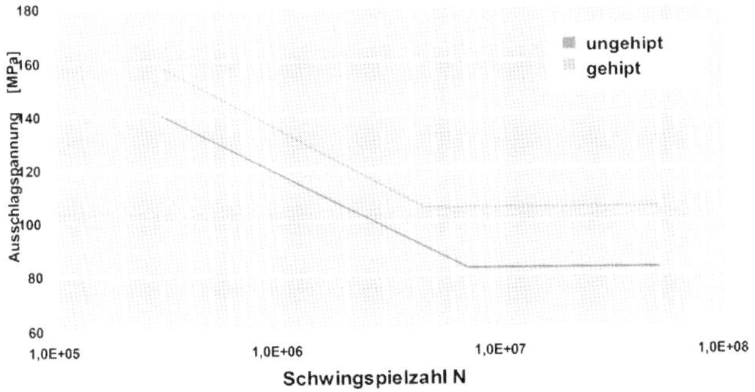

Vergleich der Wöhlerkurven (50 % Versagenswahrscheinlichkeit) für gehipte und ungehipte Proben [14]

Magnesium, Magnesiumlegierungen und deren Verwendung

Magnesiumvorkommen [1]

Erdkruste: 1,94 Gew.-% Mg

Seewasser: bis zu 0,14 Gew.-% Mg
(1 m^3 Seewasser enthält 1,4 kg Magnesium)

Totes Meer: 3,4 Gew.-% Mg (1 m^3 Wasser enthält 34 kg Magnesium)

Magnesium liegt wegen seiner Reaktionsfreudigkeit überwiegend als Kation gebunden vor:
Karbonate, Silikate, Chloride und Sulfate

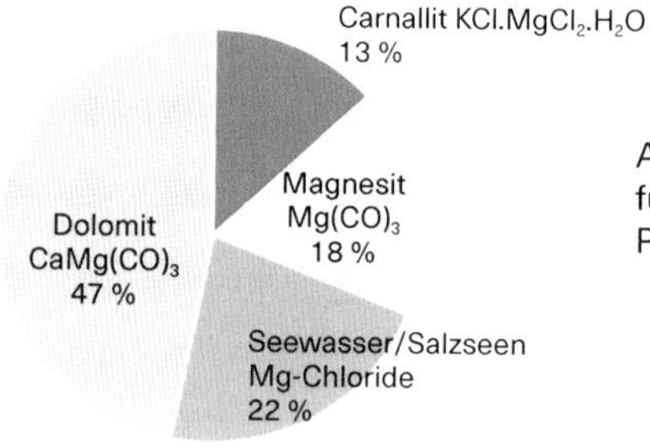

Ausgangsmaterialien für die Magnesium-Produktion [1]

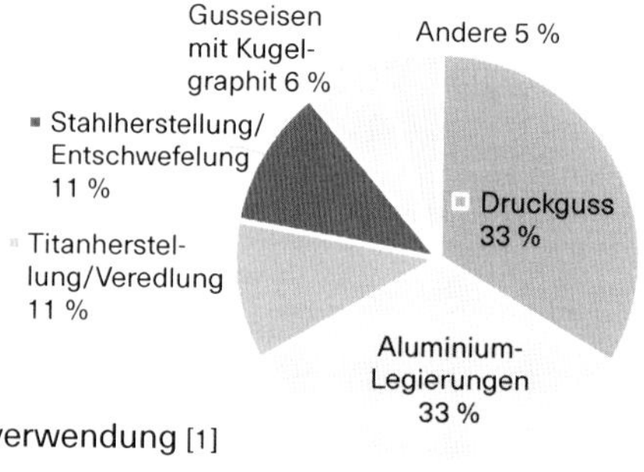

Magnesiumverwendung [1]

Physikalische Eigenschaften und Kristallstrukturen

Reinmagnesium im Vergleich [1]

	Magnesium	Aluminium	Eisen
Dichte RT 650 °C fest 650 °C flüssig	 1,74 g/cm³ 1,65 g/cm³ 1,58 g/cm³	2,70 g/cm³	7,87 g/cm³
Schmelzpunkt	650 °C	660 °C	1536 °C
Siedepunkt	1110 °C	2470 °C	3000 °C
Schmelzwärme	8,48 kJ/mol	10,7 kJ/mol	13,8 kJ/mol
Verdampfungs-wärme	128 kJ/mol	284 kJ/mol	354 kJ/mol
Kristallstruktur	hcp hexagonal 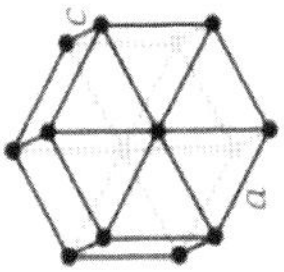	fcc kubisch flächenzentriert 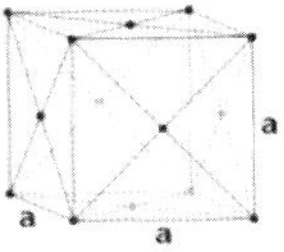	bcc kubisch raumzentriert 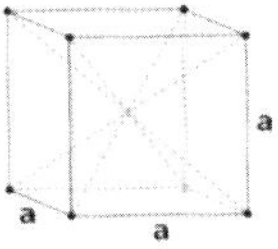
E-Modul	45 GPa	70 GPa	210 GPa
Streckgrenze	20 MPa	100 MPa	200 MPa
Poisson-Zahl	0,35	0,34	0,28
Thermische Leitfähigkeit	156 W/(m·K)	235 W/(m·K)	75 W/(m·K)

Legierungssysteme

Druckguss-legierungen	**Kokillen-legierungen**	**Sandguss-legierungen**	**Knetlegierungen**
MgAlZn MgZnMn MgAlSi MgAlSr MgAlRE	MgAlZn MgZnCu MgZnREZr MgREAgZr MgYREZr	MgALZn MgZnCu MgZnREZr MgREAgZr MgYREZr	MgMn MgAlZn MgZnMn MgZnZr

RE: seltene Erdmetalle (Nd, Ce, La, Gd etc.)

Normen (Auswahl)

DIN EN 1753:2019-12:
Magnesium und Magnesiumlegierungen – Blockmetalle und Gussstücke aus Magnesiumlegierungen; Deutsche Fassung EN 1753:2019

DIN EN 1754:2015-10:
Magnesium und Magnesiumlegierungen – Bezeichnungssystem für Anoden, Blockmetalle und Gussstücke – Werkstoffkurzzeichen und Werkstoffnummern; Deutsche Fassung EN 1754:2015

DIN EN 12421:2017-05:
Magnesium und Magnesiumlegierungen – Reinmagnesium; Deutsche Fassung EN 12421:2017

DIN EN 12438:2017-11
Magnesium und Magnesiumlegierungen – Magnesiumlegierungen für Gussanoden; Deutsche Fassung EN 12438:2017

Die wesentlichen Vorzüge von Magnesium:

- hohe spezifische Festigkeit, hervorragendes Leichtbaupotenzial
- nahezu unbegrenzte Verfügbarkeit
- sehr gute Bearbeitbarkeit
- sehr gute Recyclierbarkeit
- hohes Schwingungsdämpfungsvermögen
- gute Abschirmung gegenüber elektromagnetischer Strahlung

Binäre Zustandsdiagramme

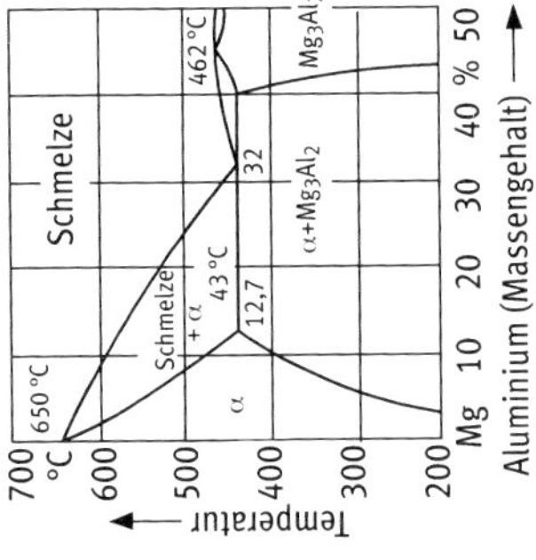

Zustandsschaubild Mg-Al

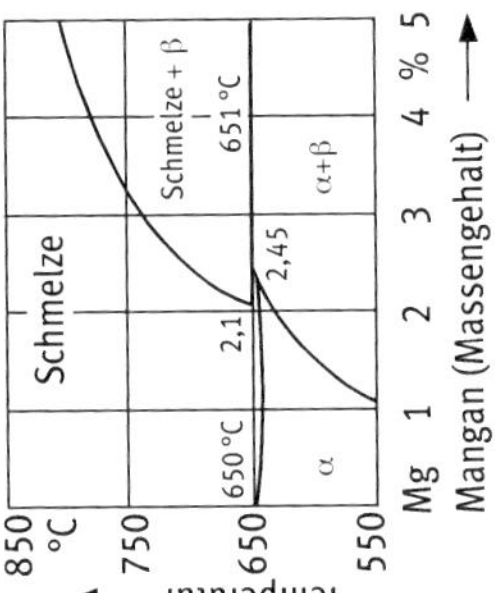

Zustandsschaubild Mg-Mn

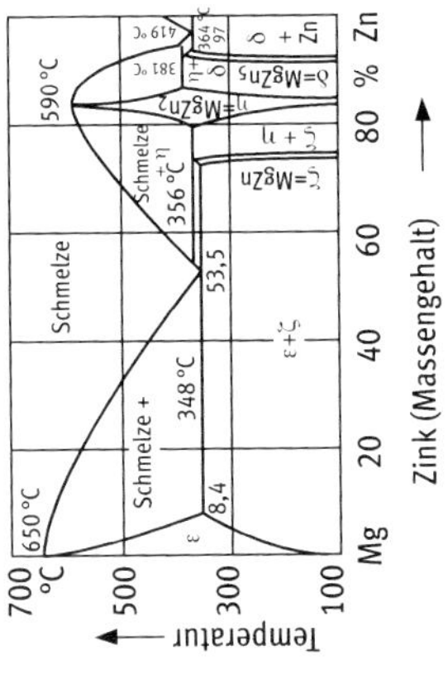

Zustandsschaubild Mg-Zn

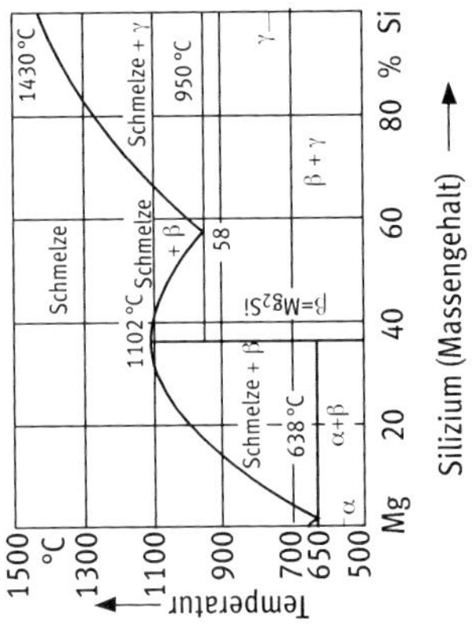

Zustandsschaubild Mg-Si

Zuordnung und mechanische Eigenschaften von Magnesium-Druckgusslegierungen (Auswahl) [2, 3]

Legierungs-gruppe	alte Werkstoff-bezeichnung	Werkstoffbezeichnung nach DIN EN 1753:2019-12		Wärmebe-handlung	Zugfestig-keit R_m	0,2%-Dehn-grenze $R_{p0,2}$	Bruchdeh-nung A	Härte HB
		Nummer	Kennzeichnung		N/mm²	N/mm²	%	
MgAlZn	AZ91	3.5316-D-F	EN-MCMgAl9Zn1(A)-D-F	F	200–260	140–170	1–6	65–85
MgAlMn	AM20	3.5320-D-F	EN-MCMgAl2Mn-D-F	F	150–220	80–100	8–18	40–55
	AM50	3.5321-D-F	EN-MCMgAl5Mn-D-F	F	180–230	110–130	5–15	50–65
	AM60	3.5322-D-F	EN-MCMgAl6Mn-D-F	F	190–250	120–150	4–14	55–70
MgAlSi	AS21	3.5325-D-F	EN-MCMgAl4Si-D-F	F	170–230	110–130	4–14	50–70
	AS41	3.5326-D-F	EN-MCMgAl2Si-D-F	F	200–250	120–150	3–12	55–80

Zuordnung und mechanische Eigenschaften von Magnesium-Sandgusslegierungen (Auswahl) [2, 3]

Legierungsgruppe	alte Werkstoffbezeichnung	Werkstoffbezeichnung nach DIN EN 1753:2019-12		Wärmebehandlung	Zugfestigkeit R_m	0,2%-Dehngrenze $R_{p0,2}$	Bruchdehnung A	Härte HB
		Nummer	Kennzeichnung		N/mm²	N/mm²	%	
MgAlZn	AZ91	3.5316-S-F	EN-MCMgAl9Zn1(A)-S-F	F	min. 160	min. 90	min. 2	55–70
		3.5316-S-T4	EN-MCMgAl9Zn1(A)-S-T4	T4	min. 240	min. 110	min. 6	55–70
		3.5316-S-T6	EN-MCMgAl9Zn1(A)-S-T6	T6	min. 240	min. 150	min. 2	60–90
MgZnCu	ZC63	3.5332-S-T6	EN-MCMgZn6 Cu3Mn-S-T6	T6	min. 195	min. 125	min. 2	55–65

Zuordnung und mechanische Eigenschaften von Magnesium-Kokillengusslegierungen (Auswahl) [2, 3]

Legierungsgruppe	alte Werkstoffbezeichnung	Werkstoffbezeichnung nach DIN EN 1753:2019-12		Wärmebehandlung	Zugfestigkeit R_m	0,2%-Dehngrenze $R_{p0,2}$	Bruchdehnung A	Härte HB
		Nummer	Kennzeichnung		N/mm²	N/mm²	%	
MgAlZn	AZ91	3.5316-K-F	EN-MCMgAl9Zn1(A)-K-F	F	min. 160	min. 110	min. 2	55–70
		3.5316-K-T4	EN-MCMgAl9Zn1(A)-K-T4	T4	min. 240	min. 120	min. 6	55–70
		3.5316-K-T6	EN-MCMgAl9Zn1(A)-K-T6	T6	min. 240	min. 150	min. 2	60–90
MgZnCu	ZC63	3.5332-K-T6	EN-MCMgZn6 Cu3Mn-K-T6	T6	min. 195	min. 125	min. 2	55–65

Mechanische Eigenschaften bei Raumtemperatur · Mechanische Eigenschaften als bauteilabhängige Richtwerte

Werkstoffdaten Magnesium-Legierungen [2–4]

Legierung	Chemische Zusammensetzung				Thermophysikalische Eigenschaften					
	Al [%]	Mn [%]	Zn [%]	Si [%]	Temperatur [°C]	Dichte [g/cm³]	Wärmeleitfähigkeit [W/mK]	Spezifische Wärmekapazität [J/kgK]	Thermische Längenänderung (bezogen auf 20 °C) [%]	Ausdehnungskoeffizient x10⁻⁶ (bezogen auf 20 °C) [1/°C]
AZ91HP *) EN-MCMgAl9Zn1	8,54	0,19	0,78	0,01	20	1,813				
					100	1,802	58,5	1066	0,201	
					150		63,8			
					200	1,787	68,4	1111	0,477	26,5
					250		72,4			
					300	1,772	75,8	1156	0,773	27,6
					350		78,7			
					400	1,755	81,2	1225	1,086	28,6
AM60HP *) EN-MCMgAl6Mn	5,77	0,30	0,002	0,01	20	1,782				
					100	1,771	68,8	1005	0,200	
					150		73,8			
					200	1,757	78,2	1100	0,479	26,6
					250		52,1			
					300	1,741	85,6	1145	0,777	27,8
					350		88,6			
					400	1,725	91,3	1191	1,092	28,7

Fortsetzung **Werkstoffdaten Magnesium-Legierungen** [2–4]

Legierung	Chemische Zusammensetzung				Thermophysikalische Eigenschaften					
	Al [%]	Mn [%]	Zn [%]	Si [%]	Temperatur [°C]	Dichte [g/cm³]	Wärmeleitfähigkeit [W/mK]	Spezifische Wärmekapazität [J/kgK]	Thermische Längenänderung (bezogen auf 20 °C) [%]	Ausdehnungskoeffizient x10⁻⁶ (bezogen auf 20 °C) [1/°C]
AS21HP *) EN-MCMgAlSi2	2,18	0,15	0,009	0,88	20	1,763				
					100	1,753	93,5	1061	0,198	
					150		98,7			
					200	1,738	102,9	1107	0,469	26,1
					250		106,2			
					300	1,723	108,8	1152	0,760	27,1
					350		110,8			
					400	1,708	112,1	1197	1,070	28,2
AE42HP *) (0,87%Ce, 0,43%La, 0,26%Nd)	3,74	0,22	0,003	0,01	20	1,792				
					100	1,781	90,7	1035	0,205	
					150		95,7			
					200	1,766	99,6	1078	0,484	26,9
					250		103,0			
					300	1,751	105,9	1122	0,779	27,8
					350		108,3			
					400	1,735	110,4	1166	1,091	28,7

*) HP-Legierungen: hochreine (high purity) Mg-Legierungen

Schmelzebehandlung

Warum sollten Mg-Schmelzen geschützt werden? [6]

- Magnesium ist sehr reaktiv
  - Mg fest: $2Mg + O_2 => MgO$
    <370 °C: dünner Schutzfilm
    >370 °C: dicker, poröser Film
    >425 °C: Magnesiumdampf
    Flammtemperatur 2800 °C
  - Mg-Partikel/Pulver: $Mg + H_2O => MgO + H_2$
  - Mg-Schmelze: $Mg + H_2O => MgO + H_2$
    $3Mg + Fe_2O_3 => 3MgO + 2Fe$
- Magnesium hat einen hohen Dampfdruck
- Pilling-Bedworth-Verhältnis (PBV) <1: poröse Oxidschicht => fortschreitende Oxidierung
  $2Mg + O_2 => MgO$ PBV = 0,81

	Gleichgewichtsdampfdruck [7]		
	am Schmelzpunkt [mmHg]	bei 680 °C [mmHg]	bei 720 °C [mmHg]
Mg	2,69 (650 °C)	4,65	9,14
Al	6×10^{-9} (660 °C)	$1{,}4 \times 10^{-8}$	$6{,}7 \times 10^{-8}$
Sn	$3{,}44 \times 10^{-23}$ (232 °C)	9×10^{-9}	$4{,}1 \times 10^{-8}$
Au	$6{,}17 \times 10^{-6}$ (1063 °C)	–	–
Pb	$3{,}6 \times 10^{-9}$ (328 °C)	$3{,}98 \times 10^{-3}$	$2{,}8 \times 10^{-2}$

PBV für ausgewählte Magnesiumverbindungen [6]

Oberflächenreaktion	PBV = Volumen des Oxides/Volumen des Metalls
$2Mg + O_2 => MgO$	0,81
$Mg + H_2O => MgO + H_2$	0,81
$3Mg + N_2 => Mg_3N_2$	0,79
$Mg + S => MgS$	1,26
$3Mg + SO_2 => MgS + 2MgO$	0,92
$Mg + CO => MgO + C$	1,08
$2Mg + CO_2 => 2MgO + C$	0,90
$Mg + CO_2 => MgO + CO$	0,81
$3Mg + 2BF_3 => 3MgF + 2B$	1,32
$Mg + HF => MgF_2 + H_2$	1,32
$3MgO + 2BF_3 => B_2O_3 + 3MgF_2$	3,10
$Mg + 2H_2O => Mg(OH)_2 + H_2$	1,74

Schmelzebehandlung [6, 7]

durch
- Abdeckung mit schmelzflüssigen Abdecksalzen
- Dotierung der Schmelze mit deckschichtbildenden, passivierenden Elementen
- Schmelzehandhabung unter Reaktivatmosphäre, Bildung dünner Schutzschichten
- Schmelzehandhabung unter Inertgasatmosphäre
- Einsatz von Schutzgasen (SO_2)

Hinweise für Magnesium-Schutzmaßnahmen:

DGUV Informationsschrift 209-090, Juni 2018 (www.bghm.de), Tätigkeiten mit Magnesium

VDS 3537 (2015-05): Umgang mit Magnesium – Gefahren und Schutzkonzepte

http://vds-global.com

Magnesium-Schutzmaßnahmen:

Zur Verarbeitung von Magnesium sind besondere Schutzmaßnahmen zu beachten. Die Grundlagen sind in der VDS 3537: Umgang mit Magnesium – Gefahren und Schutzkonzepte, festgelegt.

Magnesiumschmelzen müssen vor dem Kontakt mit Sauerstoff geschützt werden. Hierzu werden Schutzgase oder Abdecksalze verwendet, um einen geschlossenen Schutzfilm auf der Badoberfläche zu erzeugen. Dabei sollte die Badbewegung gering sein, sodass der Schutzfilm nicht zerstört wird.

Die Schutzwirkung ist für Schmelzetemperaturen von 650 bis 750 °C wirksam, wobei ab 700 °C die Wirkung nachlässt, sodass eine weitere Überhitzung vermieden werden sollte.

Zum Schutz der Magnesiumschmelzen wird die Badoberflächen mit Gasen oder trockenen Gasgemischen abgedeckt (Tabelle).

Die Verwendung des Schutzgases SF6 ist seit 2018 vollständig gesetzlich verboten.

Überblick zur Anwendung der möglichen Schutz- und Trägergase

Schutzgas	Trägergas	Bemerkungen
S		Elementarer Schwefel reagiert bei hohen Temperaturen mit Luft unter Bildung von SO_2
SO_2		SO_2 reagiert mit Magnesium und bildet einen Schutzfilm auf der Schmelzbadoberfläche
SO_2	Air/N_2/Ar	
SO_2 –CO_2	Air/N_2/Ar	
R-134a	Air/N_2/Ar/CO_2	R-134a: 1,1,1,2 Tetrafluorethan
R-134a – CO_2	N_2/Ar	

Korrosion

Einfluss der Legierungselemente auf das Korrosionsverhalten [8]

Korrosionsrate von binären Magnesiumlegierungen
(pot-dyn. Polarisation, 5 % NaCl, pH 11)

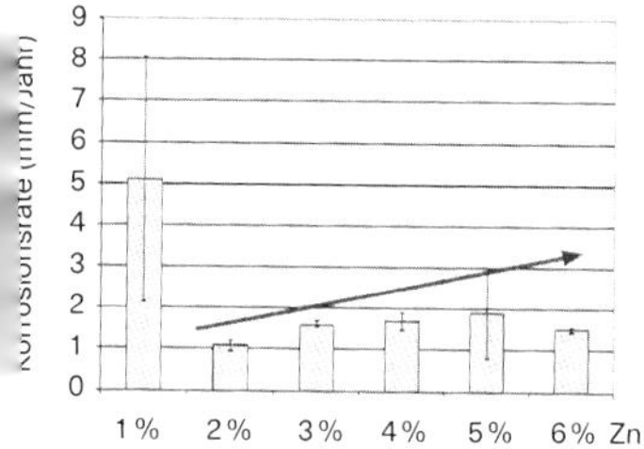

Mg-Zn

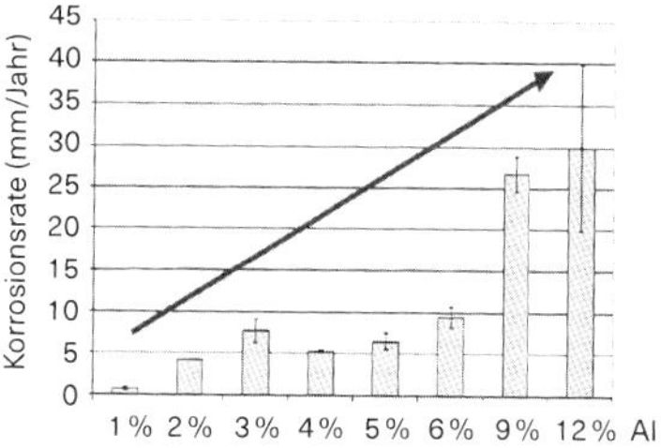

Mg-Al

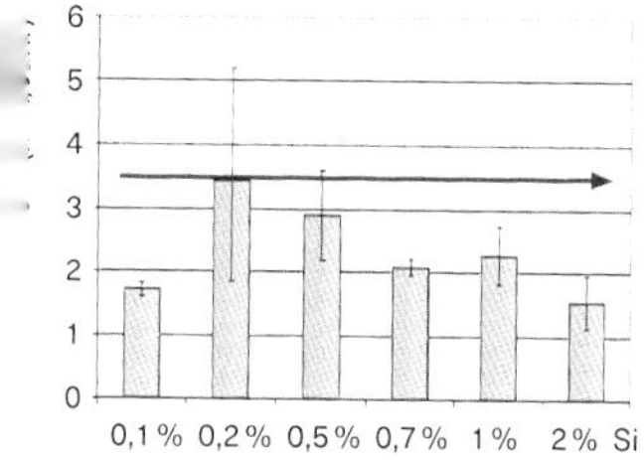

Mg-Si

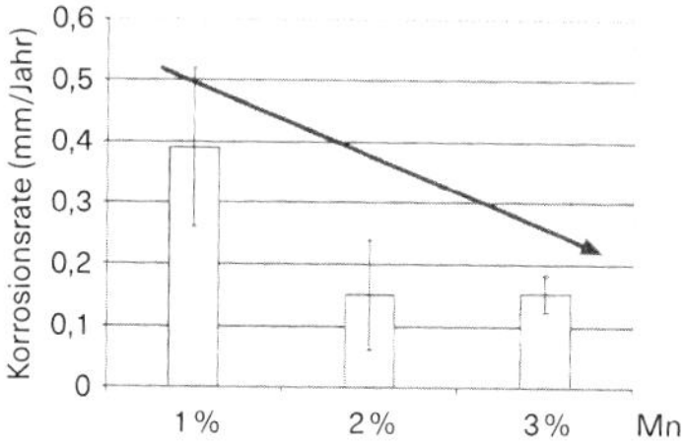

Mg-Mn

Einfluss der Wärmebehandlung [8]

am Beispiel AZ91

Zustand	Korrosionsrate [mg/ cm^2Tag]
Gusszustand	10
T4	11
T6 – ausgelagert bei 120 °C	6
T6 – ausgelagert bei 205 °C	1

Eine Wärmebehandlung kann die Größe, Menge und Verteilung der β-Phase in der Matrix stark ändern und somit das Korrosionsverhalten.

Lösungsglühen kann Verunreinigungen freisetzen, die einen negativen Einfluss auf das Korrosionsverhalten haben.

Korrosionsschutz – Beschichtungen [8]

Die Auswahl des Korrosionsschutzes sollte sich an den Anforderungen des Bauteils und seiner Verwendung richten.

Öl- und Wachsfilme werden zum temporären Schutz für Tranport und Lagerung verwendet.

Eine trockene Umgebung ist wichtig.

Reinigung in zwei Schritten:
- Alkalische Reinigung mit erhöhter Temperatur (Vorreinigung)
  - Entfernen von Ölen, Schierstoffen und anderen Verunreinigungen aus der Fertigung
  - Geringer Materialabtrag
- Saure Beize (Hauptreinigung und Oberflächenaktivierung)
  - Abtrag von Oberflächenmaterial (Schwermetallverunreinigungen, Oxide, Verformungen)
  - Vorbehandlung zur Konversationsbehandlung

Die Konversationsbehandlung erhöht die Kompatibilität und Haftung zu einer organischen Beschichtung.

Chemische und elektrochemische Methoden (Phosphatierung, anodische und kathodische Behandlung) werden zur Konversion von Magnesiumoberflächen verwendet.

Organische Schichten dienen als Barriere zwischen Metallsubstrat und Umgebung und bieten einen erhöhten Widerstand gegen Transport von Ionen, Wasser, Sauerstoff und Ladung durch die Schicht zur Metalloberfläche.

Wasserstoffentwicklung, Volumenzunahme durch Korrosionsprodukte und die starke Alkalität können die organischen Beschichtungen beschädigen.

Alkali-resistente Lacksysteme sollten verwendet werden (Epoxid-, Polyurethansysteme).

Eine gute Haftung der Schichten ist nötig, um Lackunterwanderung zu vermeiden.

Schichtaufbau zum Korrosionsschutz für Mg.

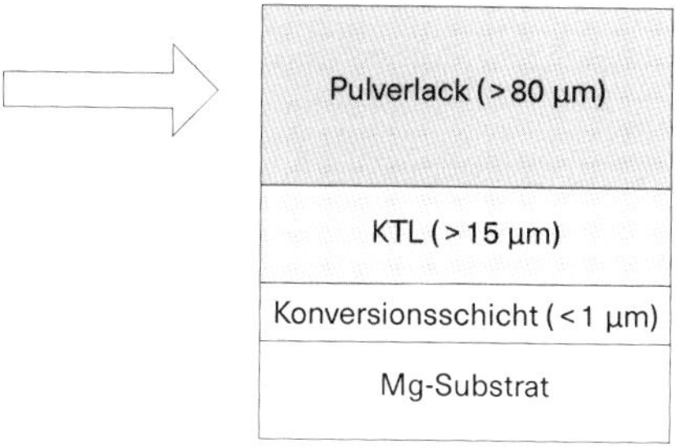

Kriechbeständige Magnesiumdruckgusslegierungen

Aluminiumhaltige Mg-Legierungen (3–10 % Al) haben eine gute Gießbarkeit, die auf die große Temperaturdifferenz zwischen Liquidus- und Solidustemperatur dieser Legierungen zurückzuführen ist. Es ergeben sich gute Nachspeisungsbedingungen bei rascher Abkühlung, die besonders beim Druckguss genutzt werden können.

Bei der Erstarrung dieser Legierungen bildet sich eine β-Phase Mg17Al12 aus, die einen Schmelzpunkt von 437 °C hat. Durch diese Phase wird eine schlechte Kriechbeständigkeit insbesondere bei höheren Einsatztemperaturen (bis ca. 200 °C) hervorgerufen.

Zur Vermeidung der Ausbildung dieser Phase wird angestrebt, das Aluminium in höher schmelzenden intermetallischen Phasen zu binden. Die Bindung des Aluminiums in intermetallischen Phasen mit möglichst hohen Schmelzpunkten kann durch Seltenerdmetalle (AE-Legierungen), Silizium (AS-Legierungen) oder Kalzium (AX-Legierungen, MRI-Legierungen) erfolgen.

Tabelle 1: Chemische Zusammensetzung der Magnesiumlegierungen [9,10,11]

Legierung	Chemische Zusammensetzung in Gew.-%								
	Al	Ba	Ca	Sr	Sn	Mn	Ce	La	Nd	Pr
AE42	3,45	-	-	-	-	0,31	1,45	0,60	0,41	0,1
AE44-2	3,95	-	-	-	-	0,15	2,82	1,32	-	-
AE44-4	3,73	-	-	-	-	0,30	2,47	1,21	0,51	0,1
MRI230D	6,49	-	2,00	0,43	0,95	0,28	-	-	-	-
Die-Mag211	2,01	1,01	0,97	-	-	-	-	-	-	-
Die-Mag422	4,05	1,82	1,79	-	-	-	-	-	-	-
Die-Mag633	6,54	2,76	2,71	-	-	-	-	-	-	-

Tabelle 2: Mechanische Eigenschaften der Magnesiumlegierungen bei Raumtemperatur und bei 150 °C [9,10,11]

Legierung	Kokillenguss	Druckguss								
					Raumtemperatur			150 °C		
	Dichte g/cm³	Dichte g/cm³	Porosität %	Korngröße µm	Zugfestigkeit R_m MPa	Streckgrenze $R_{p0,2}$ MPa	Dehnung %	Zugfestigkeit R_m MPa	Streckgrenze $R_{p0,2}$ MPa	Dehnung %
AE42	1,797	1,746	2,84	16,4	238	122	11,8	130	95	31,1
AE44-2	1,831	1,776	3,00	16,8	256	127	14,2	152	101	43,6
AE44-4	1,840	1,796	2,39	16,5	251	130	13,2	153	105	31,8
MRI230D	1,809	1,745	3,54	15,5	221	180	4,1	181	140	6,3
Die-Mag211	1,803	1,770	1,83	23,7	166	141	2,5	144	112	6,8
Die-Mag422	1,815	1,763	2,86	24,5	197	173	1,4	182	143	7,6
Die-Mag633	1,819	1,792	1,48	13,7	230	203	1,6	196	160	3,2

Neuere Legierungsentwicklungen haben das Ziel, auf Seltenerdmetalle aus Kosten- und Verfügbarkeitsgründen zu verzichten.

Es wurden Legierungen entwickelt, die die Elemente Aluminium, Barium und Kalzium im Verhältnis 2:1:1 enthalten (Tabelle 1). In diesen Legierungen bilden sich eine lamellare Al_2Ca-Phase und eine $Mg_21Al_3Ba_2$-Phase. Eine $Mg_{17}Al_{12}$-Phase ist wie auch in den AE- und MRI-Legierungen nicht im Gefüge zu sehen.

Die Druckkriechfestigkeit wurde in Druck-Kriechversuchen bei einer Temperatur von 200 °C und einer Spannung von 90 MPa ermittelt. Die beste Kriechfestigkeit und geringste Kriechrate weist die Legierungen DieMag633 auf. Die Verformung liegt nach 150 h bei ca. 3 % [9].

Die mechanischen Eigenschaften der ausgewählten Legierungen sind in der Tabelle 2 gegenübergestellt.

Eisengusslegierungen

[1] MODERN CASTING DEZ. 2012, S. 27

[2] GIESSEREI 106 (2019) 4, S. 84; nach Modern Casting /GIESSEREI 107 (2020) 3, S. 66; nach Modern Casting

[3] GIESSEREI 108 (2021) 6, S. 26; nach Modern Casting

[4] CASTING SOURCES JAN/FEB 2022, S. 38

[5] Hasse, S.: Die metallographische Untersuchung von Gusseisenlegierungen. GIESSEREI PRAXIS (2008) 6, S. 226

[6] Röhrig, K.: Legiertes Gusseisen, Teil 1; GIESSEREI PRAXIS (2012) 1–2, S. 14–21

[7] Schumann, H.: Metallographie; 13. Auflage 1991, Deutscher Verlag für Grundstoffindustrie

[8] Röhrig, K.: Legiertes Gusseisen, Teil 2; GIESSEREI PRAXIS (2012) 4, S. 119–127

[9] Röhrig, K.: Legiertes Gusseisen, Teil 8; GIESSEREI PRAXIS (2013) 6, S. 248–258

[10] Hilbrams, H., Bargel, H.-J., Hubner, K.-H.: Werkstoffkunde; Springer Verlag, 2008

[11] Neumann, F.: Gusseisen, Expert Verlag 1994

[12] Kaschnitz, E.; Pollhacker, M.: Thermophysikalische Eigenschaften von Gießwerkstoffen; GIESSEREI PRAXIS (2002) 1, S. 23–28.

[13] Merten, W.: Mikrostruktur von PKW-Bremsscheiben; Vortrag Metallographietagung Berlin 2003

[14] Franke, M.: Temperaturabhängige Werkstoffdaten als Basis für die Berechnung der thermischen und mechanischen Beanspruchung von Bremsscheiben; Vortrag Haus der Technik Essen, 1995

[15] Röhrig, K.: Legiertes Gusseisen, Teil 4; GIESSEREI PRAXIS (2012) 9, S. 362

[16] Röhrig,K.: Legiertes Gusseisen, Teil 18; GIESSEREI PRAXIS (2015) 7–8, S. 360–371

[17] Fachbuch Stahlrecycling; vom Rohstoff Schrott zum Stahl. Bundesvereinigung Deutscher Stahlrecycling- und Entsorgungsunternehmen e. V., Düsseldorf 1998

[18] Melnikowa, L.: Bestimmung der Wirkung der Spurenelemente im Einsatzmaterial bei der Herstellung von Gusseisen mit Vermiculargraphit; Diss. TU Bergakademie Freiberg 2004

[19] Röhrig, K.: Legiertes Gusseisen, Teil 6; GIESSEREI PRAXIS (2013) 1–2, S. 23–27

[20] Hasse, S.: GJV – der zukünftige Werkstoff für Motorenkomponenten in Nutzfahrzeugen; GIESSEREI PRAXIS (2010) 5, S. 128–134
[21] Lampic-Opländer, M.: Gusseisen mit Vermiculargraphit GJV, Teil 2; GIESSEREI PRAXIS (2001) 4, S. 145–152
[22] Lampic-Opländer, M.: Gusseisen mit Vermiculargraphit GJV Teil 3; GIESSEREI PRAXISs (2001) 5, S. 192–198
[23] Lampic-Opländer, M.: Gusseisen mit Vermiculargraphit GJV, Teil 1; GIESSEREI PRAXIS (2001) 1, S. 17–22
[24] Lampic-Opländer, M.: Gusseisen mit Vermiculargraphit GJV, Teil 4.1; GIESSEREI PRAXIS (2001) 8, S. 345
[25] Gründling, J.; Bartels, Ch.; Schliephake, U.: ADI-Leichtbau mit Gusseisen; Konstruktion (2003) 6
[26] Klöpper, C.; Bartels, Ch.; Schliephake, U.: Leichtbaupotenziale durch ADI nutzen; Konstruktion (2004) 7–8
[27] Zych, J.; Wrobel, J.: ADI – Ein Konstruktionswerkstoff mit Widerstandsfähigkeit gegen thermische Ermüdung; GIESSEREI PRAXIS (2011)10, S. 476–481
[28] Obermaier, S., Zeippner, L. Kauffmann, M.: SiMo1000 – Hochtemperaturbeständiger Gusswerkstoff als Innovation der Georg Fischer Automotive AG; GIESSEREI PRAXIS (2009) 7–8, S. 236–242
[29] Berger, Ch.; Roos,E.; Mao, T.; Kdoh, A.; Scholz, A.; Klenk, A.: Behaviour of ductile cast iron at high temperatures; Giessereiforschung 58(2006) 2, S. 18–28
[30] Köllner, M.: Umbau einer Temperofensteuerung zur Erzeugung von ferritischem und ölvergütetem schwarzen Temperguss; GIESSEREI 99(2012) 9, S. 22–29
[31] ASM Specialty Handbook; Nickel, Cobalt, and their Alloys; Edited by J. R. Davis 2007, USA
[32] Bürgel, R.: Handbuch Hochtemperaturwerkstofftechnik; Vieweg & Sohn Verlag, 2006
[33] El Bagoury, N.; Nofal, A.: Der Feinguss von Nickelbasis-Superlegierungen; GIESSEREI PRAXIS (2008) 6, S. 197–210

Aluminiumwerkstoffe

[1] Beuth Verlag Norm DIN EN 1706 Aluminium und Aluminiumlegierungen – Gussstücke – Chemische Zusammensetzung und mechanische Eigenschaften
[2] Gießerei-Lexikon, Verlag Schiele & Schön, 2008.
[3] Aluminium-Gusslegierungen; VAR Verband der Aluminiumrecycling-Industrie e. V.
[4] Informationscenter, Aluminium Rheinfelden GmbH http://www.rheinfelden-alloys.eu/
[5] Tabellenbuch Gusswerkstoffe; Deutscher Verlag für Grundstoffindustrie Leipzig, 1. Ausgabe ; Hilgenfeldt, W., Herfurth, K., Seite 155, Aluminium Gusswerkstoffe
[6] Stagl, S.; Pabel, T.; Bozorgi, S.; Faerber, K.; Kneißl, C.; Schumacher, P.: Charakterisierung der Heißrissempfindlichkeit von Aluminuim-Gusslegierungen; GIESSEREI PRAXIS (2012) 5, S. 192–196
[7] Clyne, T. W.; Davies, G. J.: The influence of composition on solidification cracking susceptibility in binary alloy systems; The British Foundryman 74(1981), S. 65–73
[8] Pabel, T.; Bozorgi, S.; Kneißl, C.; Haberl, K.; Schumacher, P.: Einfluss von Kupfer- und Magnesiumgehalte auf die Warmrissneigung bei AlSi7MgCu-Legierungen; GIESSEREI PRAXIS (2012) 12, S. 388–394
[9] TU Bergakademie Freiberg, Giesserei-Institut, Bildarchiv 2014
[10] Vicario, I. u. a.: Entwicklung von neuen Al-Si9Cu3-Legierungen für Druckgusskomponenten mit maßgeschneiderten Eigenschaften; GIESSEREI PRAXIS (2015) 1–2, S. 49–56
[11] Rockenschaub, H. W.; Gschwandtner, R.; Holzinger, A.; Mikota, J.; Topic, I.: Charakterisierung der Kolbengusslegierung Al Si12CuNiMg. Teil 1 GIESSEREI PRAXIS (2008) 1–2, S. 13–25
[12] Rockenschaub, H. W.; Gschwandtner, R.; Holzinger, A.; Mikota, J.; Topic, I.: Charakterisierung der Kolbengusslegierung Al Si12CuNiMg; Teil 2: GIESSEREI PRAXIS (2008) 3, S. 68–78
[13] Bäckerud, L.; Chai, G.; Tamminen, J.: Solification characteristics of aluminium alloys; Foundry allays, Vol. 2, Des Plaines: AFS/Skanaluminium, 1990
[14] Pabel, T.; Schindelbacher, G.: Verbesserung der mechanischen Eigenschaften von Aluminuimlegierungen durch den Nachfolgeprozess HIPen; GIESSEREI PRAXIS (2009) 3, S. 67–70
[15] Vogel, W.; Feinung von primär erstarrtem Silizium in übereutektischen Legierungen; GIESSEREI PRAXIS (2008) 6, S. 231–233

Magnesiumwerkstoffe

[1] Kainer, K.U.: „Magnesium-Werkstoffe“ – Einführung und Geschichte. Helmholtz-Zentrum Geesthacht 2015.
[2] Kaschnitz, E., Funk, W.: Thermophysikalische Eigenschaften von Magnesiumlegierungen – Teil 3: Spezifische Wärmekapazität. GIESSEREI PRAXIS (1997) 11, S. 260–261.
[3] DIN EN 1753:1997-08: Magnesium und Magnesiumlegierungen – Blockmetalle und Gußstücke aus Magnesiumlegierungen; Deutsche Fassung EN 1753:1997
[4] Kaschnitz, E., Funk, W.: Thermophysikalische Eigenschaften von Magnesiumlegierungen – Teil 1: Wärmeleitfähigkeit. GIESSEREI PRAXIS (1997) 7/8, S. 179–181.
[5] Kaschnitz, E., Funk, W.: Thermophysikalische Eigenschaften von Magnesiumlegierungen – Teil 2: Thermische Längenänderung und Dichte. GIESSEREI PRAXIS (1997) 9/10, S. 199–200.
[6] Hort, N.: Gießen von Mg-Legierungen Helmholtz-Zentrum Geesthacht, Zentrum für Material- und Küstenforschung, 2015.
[7] Wiese, B., Hort, N., Dieringa, H., Kainer, K. U.: Schutz von Magnesiumschmelzen. GIESSEREI PRAXIS (2015) Heft 12, S. 601–603.
[8] Blawert, C.: Korrosion und Korrosionsverhalten von Magnesiumlegierungen, Helmholtz-Zentrum Geesthacht, Zentrum für Material- und Küstenforschung, DGM Seminar Magnesium, Werkstoffwoche Dresden 2015.
[9] Dieringa, H., Kainer, K.U.: Neue kriechbeständige Magnesiumdruckgusslegierungen frei von Seltenen Erden. dialog Materialwissenschaft und Werkstofftechnik, Ausgabe 1/2019, 18–22
[10] Dieringa, H., Zander, D., Gibson, M.A.: Creep behavior under compressive stresses of calcium and barium containing Ma-Al based die casting alloys. Mat. Sci. Forum 765(2013), S. 69–73
[11] Zhu, S., Easton, M., Abbott, T.B., Nie. J-F., Dargusch, M.S., Hort, N., Gibson, M.A.,: Evaluation of magnesium die casting alloys for elevated temperature applications: Microstructure, tensile properties and creep resistance. Met. Trans. 46A (2015) 3543–3554

Zerstörende Werkstoffprüfung

Zerstörungsfreie Prüfung

Auswahl Normen für Zugversuch, -Zugproben und Zugversuch an ausgewählten Gusswerkstoffen

– Zugversuch

DIN EN ISO 6892-1 (2020-6)
Metallische Werkstoffe – Zugversuch
Teil 1: Prüfverfahren bei Raumtemperatur

DIN EN ISO 6892-2 (2018-09)
Metallische Werkstoffe – Zugversuch
Teil 2: Prüfverfahren bei erhöhter Temperatur

DIN EN ISO 6892-3 (2015-07)
Metallische Werkstoffe – Zugversuch
Teil 3: Prüfverfahren bei tiefen Temperaturen

– Zugproben

DIN 50125 (2022-08)
Prüfung metallischer Werkstoffe – Zugproben

– Zugversuch an ausgewählten Gusswerkstoffen

DIN EN 1561 (2024-03)
Gusseisen mit Lamellengraphit

DIN EN 1562 (2019-06)
Temperguss

DIN EN 1563 (2019-04)
Gusseisen mit Kugelgraphit

DIN EN 1564 (2012-01)
Ausferritisches Gusseisen mit Kugelgraphit

DIN 1742 (1971-07)
Zinn-Druckgusslegierungen

DIN 17730 (1971-07)
Ni- und Ni-Cu-Gusslegierungen

– Prüfmaschinen

DIN 51233 (2014-10)
Werkstoffprüfmaschinen – sicherheitstechnische Festlegungen – Allgemeine Festlegungen

Formelzeichen und Benennungen

Nummer [1]	Formelzeichen	Einheit	Benennung
Probe			
1	a_0	mm	Anfangsdicke einer Flachprobe oder Wanddicke eines Rohres
2	b_0	mm	Breite einer Flachprobe in der Versuchslänge oder eines Profildrahtes oder mittlere Breite einer Rohrstreifenprobe
3	d_0	mm	Probedurchmesser in der Versuchslänge einer Rundprobe oder Durchmesser eine Drahtes mit Kreisquerschnitt oder Innendurchmesser eines Rohres
4	D_0	mm	Außendurchmesser eines Rohres
5	L_0	mm	Anfangsmesslänge
6	L_c	mm	Parallele Länge
–	L_e	mm	Extensometer-Messlänge
7	L_t	mm	Gesamtlänge der Probe
8	L_u	mm	Messlänge nach dem Bruch
9	S_0	mm^2	Anfangsquerschnitt innerhalb der Versuchslänge
10	S_u	mm^2	Kleinster Probenquerschnitt nach dem Bruch
11	Z	%	Brucheinschnürung $\frac{S_o - S_u}{S_o} \cdot 100$
12	–	–	Probenköpfe

[1] siehe Bilder 1 bis 9 (Auszug)

nach DIN EN ISO 6892-1

Formelzeichen und Benennungen

Nummer [1]	Formel-zeichen	Einheit	Benennung
Verlängerung und Dehnung			
13	–	mm	Verlängerung nach dem Bruch: $L_u - L_0$
14	A	%	Bruchdehnung $\frac{L_u - L_0}{L_0} \cdot 100$
15	A_e	%	Streckgrenzen-Extensometer-Dehnung
16	A_g	%	Plastische Extensometer-Dehnung bei Höchstkraft F_m
17	A_{gt}	%	Gesamte Extensometer-Dehnung bei Höchstkraft F_m
18	A_t	%	Gesamte Extensometer-Dehnung beim Bruch
19	e_p	%	Vorgegebene plastische Extensometer-Dehnung
20	e_t	%	Vorgegebene gesamte Extensometer-Dehnung
21	e_r	%	bleibende Extensometer-Dehnung
Kraft			
22	F_m	N	Höchstkraft
Streckgrenze – Dehngrenze – Zugfestigkeit [2]			
23	R_{eH}	MPa	Obere Streckgrenze
24	R_{eL}	MPa	Untere Streckgrenze
25	R_m	MPa	Zugfestigkeit
26	R_p	MPa	Dehngrenze bei plastischer Extensometer-Dehnung
27	R_r	MPa	Grenzwert der Spannung für eine vorgegebene bleibende Dehnung
28	R_t	MPa	Dehngrenze bei gesamter Extensometer-Dehnung
	E	MPa	Elastizitätsmodul

[1] siehe Bilder 1 bis 9 (Auszug); [2] 1 N/mm^2 = 1 MPa — nach DIN EN ISO 6892-1

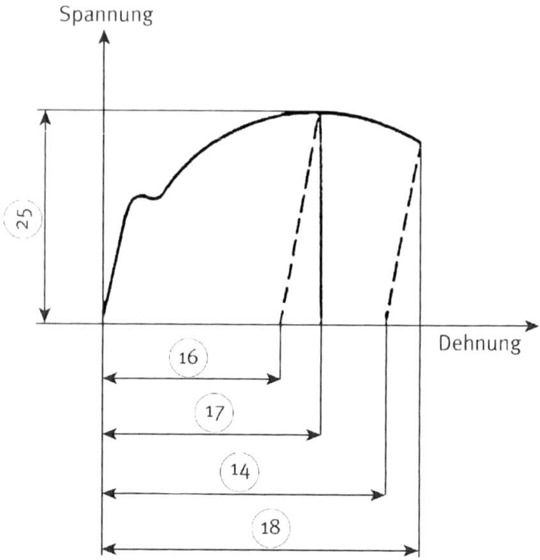

Bild 1: Begriffe der Spannung – Dehnung

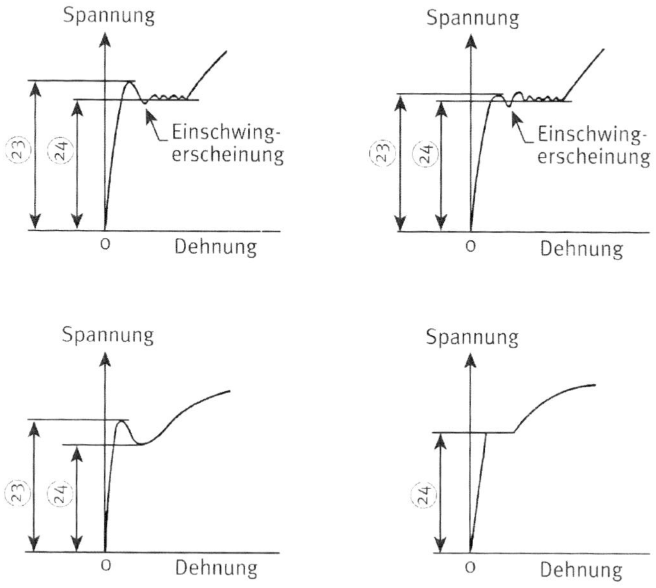

Bild 2: Beispiele für die obere und untere Streckgrenze
bei unterschiedlichen Formen der Spannung/Extensometer-Dehnungskurve

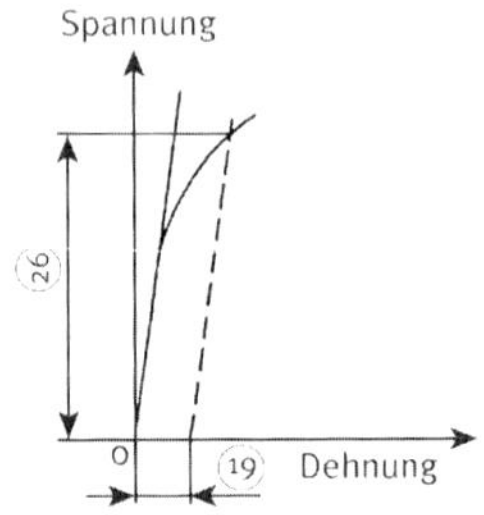

Bild 3: Dehngrenze bei plastischer Extensometer-Dehnung, R_p

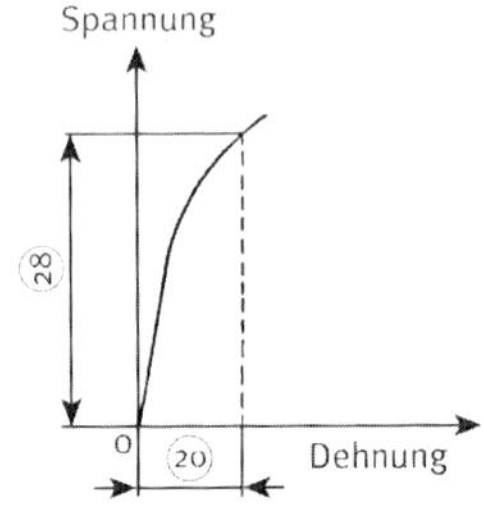

Bild 4: Dehngrenze bei gesamter Extensometer-Dehnung, R_t

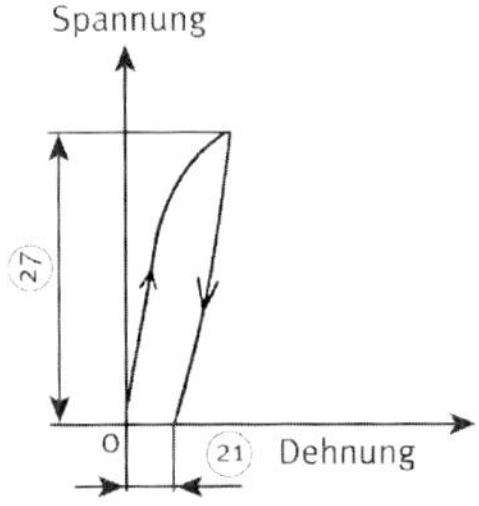

Bild 5: Dehngrenze der Spannung für eine vorgegebene bleibende Dehnung, R_r

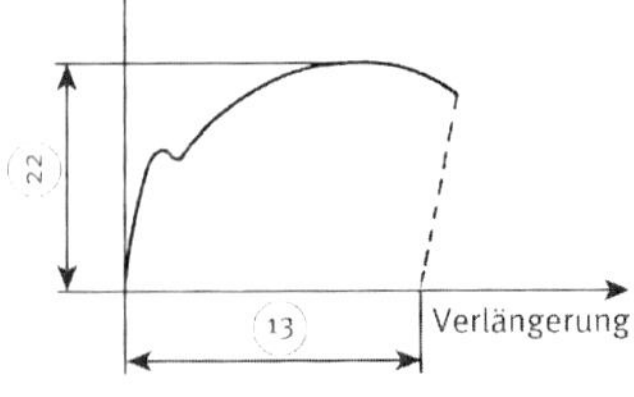

Bild 6:Höchstkraft, F_m

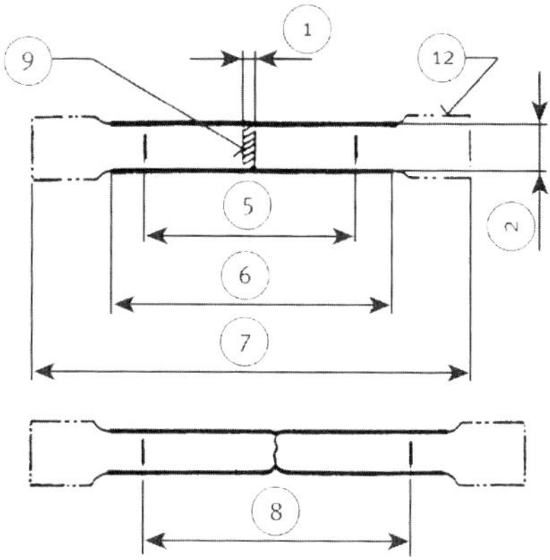

Bild 7: Bearbeitete Proben mit rechteckigem Querschnitt

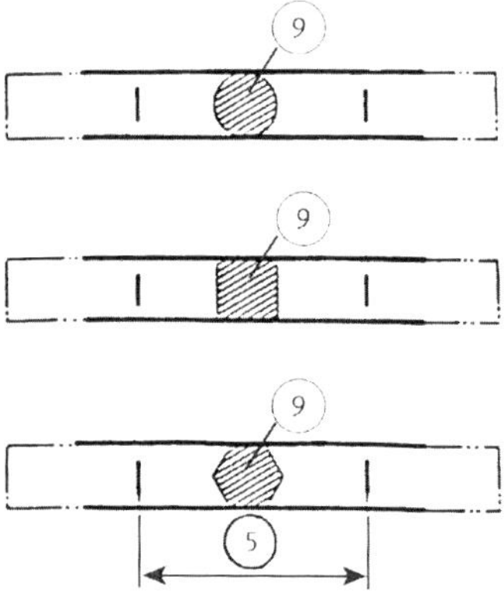

Bild 8: Aus einem unbearbeiteten Abschnitt des Erzeugnisses bestehende Proben

Anmerkung 1: Die gezeichnete Form der Probenköpfe ist als Beispiel zu verstehen
Anmerkung 2: Zur Erklärung der eingekreisten Nummern siehe Tabelle Seite 596/597

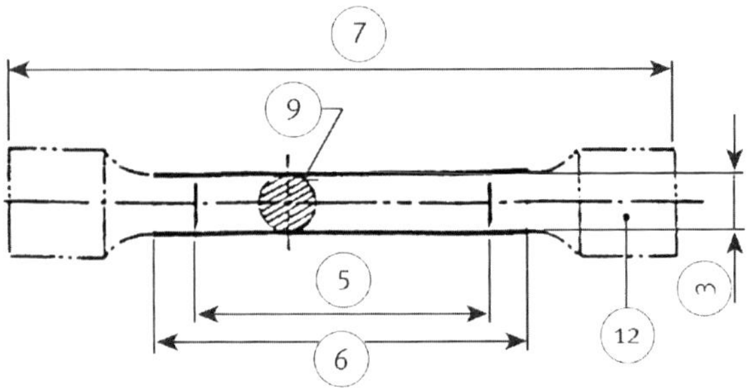

a) Vor dem Versuch

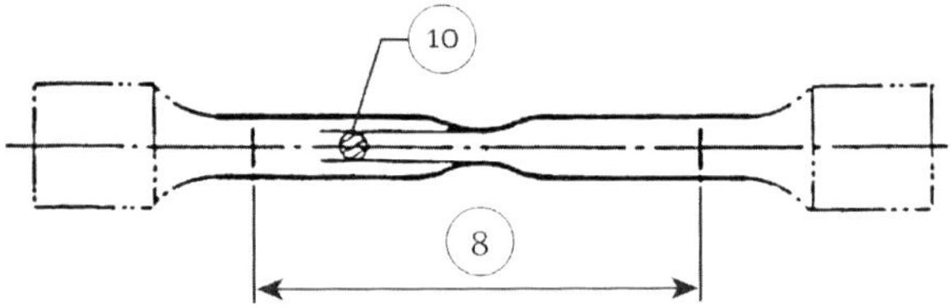

b) Nach dem Versuch

Bild 9: Bearbeitete Proben mit rundem Querschnitt

Anmerkung 1: Die gezeichnete Form der Probenköpfe ist als Beispiel zu verstehen
Anmerkung 2: Zur Erklärung der eingekreisten Nummern siehe Tabelle Seite 596/597

Zugversuch DIN EN 1561
zur Prüfung von Gusseisen mit Lamellengraphit

Der Zugversuch muss entsprechend den Anforderungen von DIN EN ISO 6892-1 unter Verwendung einer Probe entsprechend Bild 10 durchgeführt werden. [2]

Die Maße der Probe müssen den Maßen in Tabelle 1 entsprechen. Die Probenköpfe dürfen entsprechend der verwendeten Einspannvorrichtung entweder mit Gewinde ausgeführt oder glatt sein.

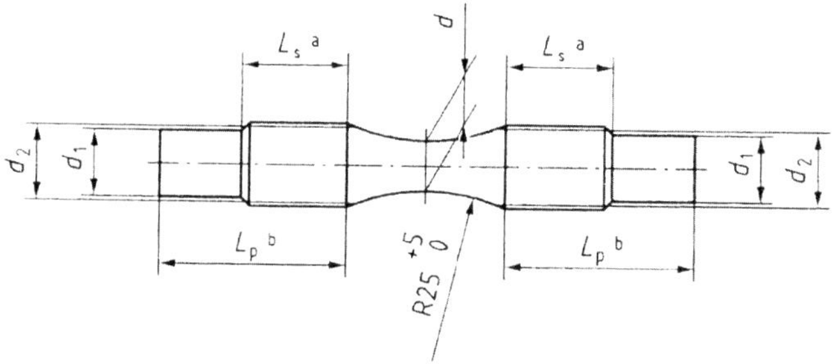

Bild 10: Probe für den Zugversuch
a) mit Gewinde
b) glatt

Zugversuch nach DIN EN 1561 zur Prüfung von Gusseisen mit Lamellengraphit [3]

Tabelle 1: Maße der Probe für den Zugversuch (Maße in mm)

Durchmesser d_a	Gewindetyp für Probe mit Gewinde d_2	Gewindelänge L_s	Durchmesser d_1 für glatte Enden	Gesamtlänge der Probe mit Gewinde
6 ± 0,1	M10	13	8	46
8 ±0,1	M12	16	10	53
10 ±0,1	M16	20	12	63
12,5 ±0,1	M20	24	15	73
16 ±0,1	M24	30	20	87
20 ±0,1	**M30**	**36**	**23**	**102**
25 ±0,1	M36	44	30	119
32 ±0,1	M45	55	40	143

Anmerkung 1: $L_p > L_s$, entsprechend der Einspannvorrichtung
Anmerkung 2: Die fett gedruckte Zeile gibt die bevorzugten Maße der Proben an.

Getrennt gegossene Probestücke

Die getrennt gegossenen Probenstücke zum Nachweis der Werkstoffsorte müssen senkrecht gegossen werden. Die Formen müssen entweder Sandformen oder Formen mit vergleichbarer Temperaturleitfähigkeit sein. Die Formen dürfen zum gleichzeitigen Gießen mehrer Probestücke hergestellt sein.

Angegossene Probestücke

Angegossene Probestücke sind repräsentativ für Gusstücke, an denen sie angegossen sind, und auch für alle weiteren Gussstücke mit einer ähnlichen maßgebundenen Wanddicke aus der gleichen Prüfeinheit.

Aus dem Gussstück entnommene Proben

Tabelle 2 zeigt Mindesterwartungswerte für die Zugfestigkeit von Proben, die aus einem Gussstück mit einheitlicher Wanddicke und einfacher Form entnommen wurden.

Tabelle 2: Zugfestigkeitseigenschaften des Gusseisens mit Lamellengraphit, gemessen an Proben, die aus gegossenen Probestücken durch mechanische Bearbeitung nach DIN EN 1561 hergestellt wurden.

Werkstoffbezeichnung		**Maßgebende Wanddicke** t mm		**Zugfestigkeit** [a] R_m einzuhaltende Werte in gegossenen Probestücken MPa
Kurzzeichen	Nummer	>	≤	min
EN-GJL-100	5.1100	5	40	**100**
EN-GJL-150	5.1200	2,5[b]	50	**150**
		50	100	130
		100	200	110
EN-GJL-200	5.1300	2,5[b]	50	**200**
		50	100	180
		100	200	160
EN-GJL-250	5.1301	5[b]	50	**250**
		50	100	220
		100	200	200
EN-GJL-300	5.1302	10[b]	50	**300**
		50	100	260
		100	200	240
EN-GJL-350	5.1303	10[b]	50	**350**
		50	100	310
		100	200	280

[a] Wenn die Zugfestigkeit als kennzeichnende Eigenschaft festgelegt ist, muss die Art der Probestücke auch in der Bestellung angegeben sein. Ist sie nicht angegeben, liegt es im Ermessen des Herstellers, die Art des Probestücks zu bestimmen.

[b] Dieser Wert ist als untere Grenze in den Bereich der maßgebenden Wanddicke eingeschlossen.

Anmerkung 1: Die Werkstoffbezeichnung ist unabhängig von der Art des gegossenen Probestücks.

Anmerkung 2: Für ein hohes Dämpfungsvermögen und eine hohe Temperaturleit-fähigkeit ist der Werkstoff EN-GJL-100 (5.1100) der Geeigneste.

Anmerkung 3: Die fettgedruckten Zahlen geben die Mindestzugfestigkeit an, der das Kurzzeichen der Sorte zugeordnet ist. Die Werte beziehen sich auf den Durchmesser eines Gussstückes im Rohgusszustand entsprechend dem zutreffenden Bereich der maßgebenden Wanddicke.

Anmerkung 4: Bei maßgebenden Wanddicken über 200 mm müssen sich der Hersteller und der Käufer auf die Art und die Größe des Probestücks sowie die zu erhaltenden Mindestwerte einigen.

Zugversuch DIN EN 1562 zur Prüfung von Temperguss

Probe für den Zugversuch

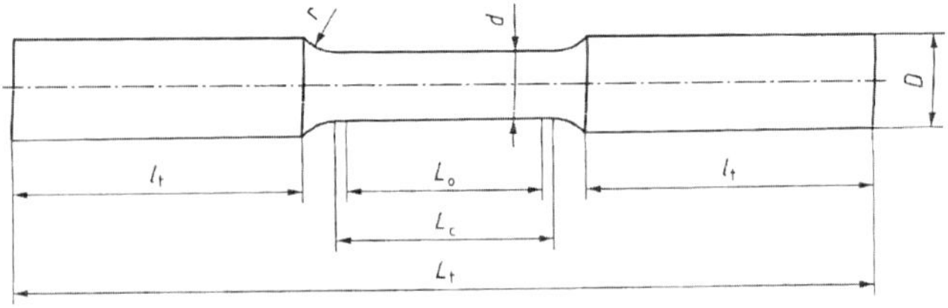

Maße der Proben für den Zugversuch (siehe Bild)

Durchmesser d mm	Grenzabweichungen für den Durchmesser mm	Anfangs-querschnittsfläche S_0 mm²	Anfangsmesslänge $L_0 = 3{,}4\sqrt{S_0}$ L_0 mm	Versuchslänge L_c mm	Übergangsradius r min. mm	Bevorzugte Maße des Schaftes (nur informativ) Durchmesser D mm	Länge l_t mm
6	± 0,5	28,3	18	25	4	10	30
9	± 0,5	63,6	27	30	6	13	40
12	± 0,7	113,1	36	40	8	16	50
15	± 0,7	176,7	45	50	8	19	60

Anmerkung: Die Dehnung $A_{3,4}$ wird an L_0 gemessen.

Zugversuch DIN EN 1562 zur Prüfung von Temperguss [4]

Die Proben müssen der Form und den Maßen nach dem Bild und der Tafel entsprechen und unbearbeitet sein.

Anmerkung: Es ist zuässig, die Maße des Schafts abzuändern, um sie mit den Haltevorrichtungen der Prüfmaschine abzustimmen und die Teilungslinie der Proben zu putzen.

Den Durchmesser d erhält man aus dem Mittel von zwei Messungen, die in derselben Ebene im rechten Winkel zueinander durchgeführt werden. Die zwei Werte dürfen sich nicht um mehr als 0,7 mm unterscheiden.

Der Probendurchmesser d darf über die Versuchslänge nicht mehr als 0,35 mm schwanken.

Bei entkohlend geglühtem Temperguss muss der Probendurchmesser d in Millimetern für die maßgebende Gussstückwanddicke repräsentativ sein. Um den Durchmesser der zu verwendenden Probe zu bestimmen, muss der Käufer bis zum Zeitpunkt der Annahme der Bestellung dem Hersteller angeben, welche die wichtigen Querschnitte sind. Liegt keine Anweisung des Käufers vor, darf der Hersteller den Durchmesser der zu verwendenden Probe wählen.

Der Zugversuch muss entsprechend DIN EN ISO 6892-1 durchgeführt werden, jedoch unter Verwendung einer unbearbeiteten Probe.

Zugversuch nach DIN EN 1563 für Gusseisen mit Kugelgraphit

Zugprobe

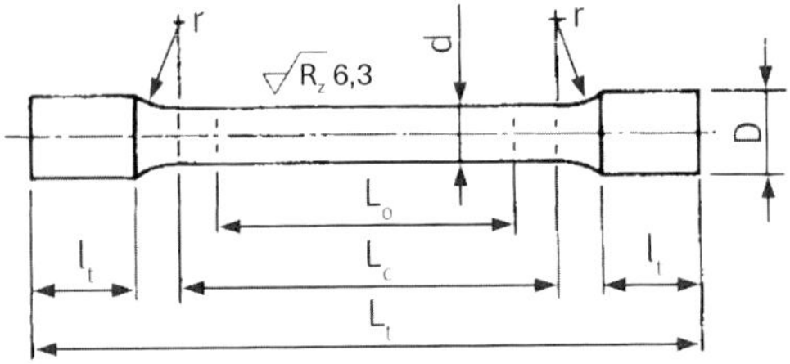

L_0	Anfangsmesslänge, d. h. $L_0 = 5 \times d$
d	Probendurchmessr in der Versuchslänge
L_0	Versuchslänge $L_c > L_0$ nach Vereinbarung zwischen Hersteller und Käufer (grundsätzlich $L_c - L_0 > d$)
L_t	Gesamtlänge der Probe, die von L_c und l_t abhängt
r	Übergangsradius, welcher min. 4 mm betragen muss
R_z	höchste Oberflächenrauheit

d mm	L_0 mm	L_c [1] min. mm
5	25	30
7	35	42
10	50	60
14 [2]	70	84
20	100	120

[1] grundsätzlich
[2] Vorzugsmaß für Probendurchmesser 25 mm

Zugversuch nach DIN EN 1563 für Gusseisen mit Kugelgraphit [5]

Getrennt gegossene Probestücke

Für den jeweiligen Werkstoff repräsentative Probestücke sind in einer Häufigkeit herzustellen, die mit der Qualitätssicherung während der Fertigung, welche der Hersteller anwendet, übereinstimmen.

Die Probestücke müssen zur gleichen Zeit wie die Gussstücke und mit den repräsentativen kugelgraphiterzeugenden und Impfbehandlungen getrennt in Sandformen gegossen werden.

Die Probestücke dürfen bei der Entnahme aus der Form keine höhere Temperatur aufweisen als die Gussstücke.

Wird die kugelgraphiterzeugende Behandlung in der Form (Inmold-Verfahren) durchgeführt, dann dürfen die Probestücke
- entweder Seite an Seite mit den Gussstücken mit einem gemein-samen Gießsystem gegossen werden
- oder getrennt gegossen werden, wobei in der Form für das Probestück ein ähnliches Behandlungsverfahren angewendet wird wie zur Herstellung des Gussstücks.

Falls eine Wärmebehandlung durchgeführt wird, dann müssen die Probestücke derselben Behandlung unterworfen werden wie die Gussstücke, die sie repräsentieren.

Angegossene Probestücke

Angegossene Probestücke sind repräsentativ für die Gussstücke, an denen sie angegossen sind, und auch für alle weiteren Gussstücke mit einer ähnlichen Wanddicke aus der gleichen Prüfeinheit oder für solche, die im gleichen Zeitabschnitt in Übereinstimmung mit dem Qualitätssicherungssystem des Herstellers während der Fertigung hergestellt werden.

Die Probestücke, aus denen die Zugproben und/oder Kerbschlagproben entnommen werden, werden an die Gussstücke oder das Gießsystem angegossen. Angegossene Probestücke sollten getrennt gegossenen Probestücken vorgezogen werden, wenn die Masse der Gussstücke gleich oder größer als 2 000 kg ist oder wenn die maßgebende Wanddicke zwischen 30 mm und 200 mm variiert.

Überschreitet die Masse des Gussstückes 2 000 kg und seine Dicke 200 mm, dann sind nur angegossene Probestücke zu verwenden. In diesem Fall sind die Maße des angegossenen Probestückes bis zum Zeitpunkt der Annahme der Bestellung zwischen Hersteller und Käufer zu vereinbaren.

Wenn die Gussstücke wärmebehandelt werden müssen, dann dürfen die angegossenen Probestücke erst nach der Wärmebehandlung von den Gussstücken abgetrennt werden, sofern nichts anderes vereinbart ist.

Aus dem Gussstück entnommene Probestücke

Zusätzlich zu den Anforderungen an den Werkstoff dürfen Hersteller und Käufer Eigenschaften vereinbaren, die an festgelegten Stellen im Gussstück gefordert werden. Diese Eigenschaften müssen durch Prüfung von an diesen Stellen aus dem Gussstück entnommenen und mechanisch bearbeiteten Proben ermittelt werden. Diese Proben sollten einen Durchmesser gleich 1/3 oder kleiner als 1/3 der Wanddicke des Gussstücks haben und größer sein als 1/5 der Wanddicke des Gussstücks. Bei großen Einzelgussstücken dürfen an vereinbarten Stellen im Gussstück, die anzugeben sind, hohlgebohrte Probestücke entnommen werden.

Die Stelle am Gussstück, an der das Probestück entnommen wird, muss in einem Bereich liegen, in dem die Gussstückwanddicke nahe der maßgebenden Wanddicke des Gussstücks ist.

Versuch

Der Zugversuch ist nach DIN EN ISO 6892-1 durchzuführen. Der bevorzugte Probendurchmesser beträgt 14 mm, jedoch darf aus technischem Gründen und bei Proben, die aus Gussstücken durch mechanische Bearbeitung entnommen werden, eine Probe mit einem anderen Durchmesser verwendet werden. In beiden Fällen muss die Anfangsmesslänge der Probe folgender Gleichung entsprechen:

$$L_0 = 5{,}65 \cdot \sqrt{S_0} = 5 \cdot d$$

mit

L_0 Anfangslänge;

S_0 Anfangsquerschnitt der Probe;

d Durchmesser der Probe in der Versuchslänge.

Falls diese Gleichung für L_0 nicht anwendbar ist, müssen Hersteller und Käufer über die Maße der Probe eine Vereinbarung treffen.

Zugversuch nach DIN EN 1563 für Gusseisen mit Kugelgraphit

Getrennt oder parallel gegossene Probestücke – U-Probestück

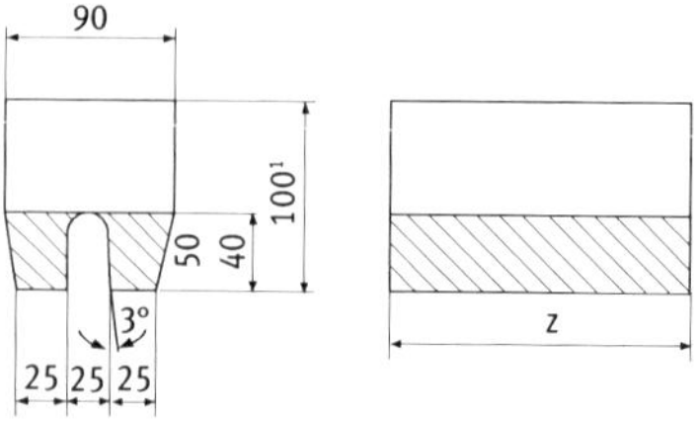

Zugversuch nach DIN EN 1563 für Gusseisen mit Kugelgraphit

Getrennt oder parallel gegossenes Probestück – Y-Probestück

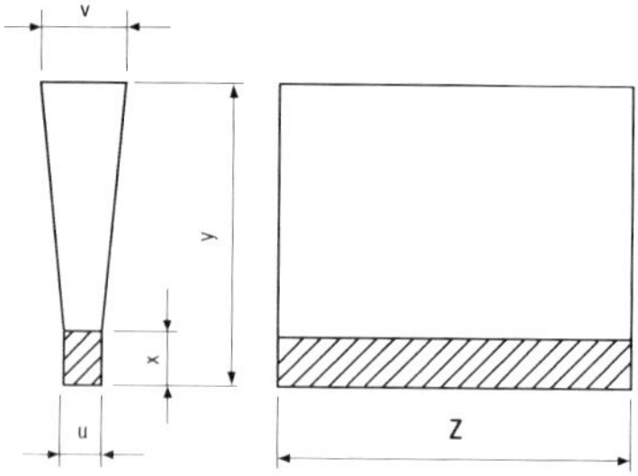

Maß	Typ			
	I	II	III	IV
u	12,5	25	50	75
v	40	55	100	125
x	25	40	50	65
y [1)]	135	140	150	175
z	ausreichend für eine normgemäße Zugprobe			

[1)] Nur zur Information (Maße in mm)

Zugversuch nach DIN EN 1563 für Gusseisen mit Kugelgraphit

Getrennt oder parallel gegossenes Probestück – Rundstab

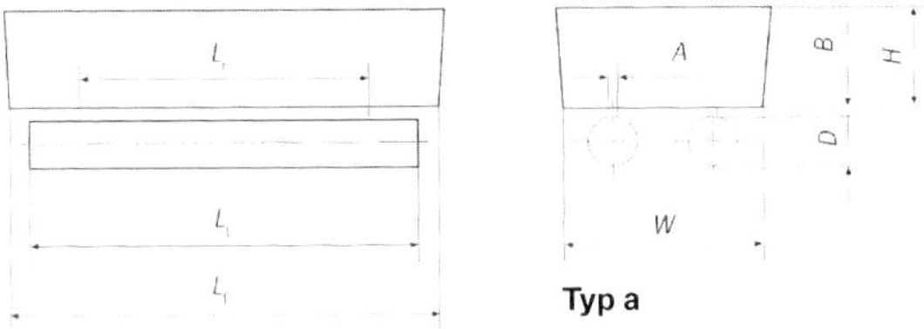

Typ a

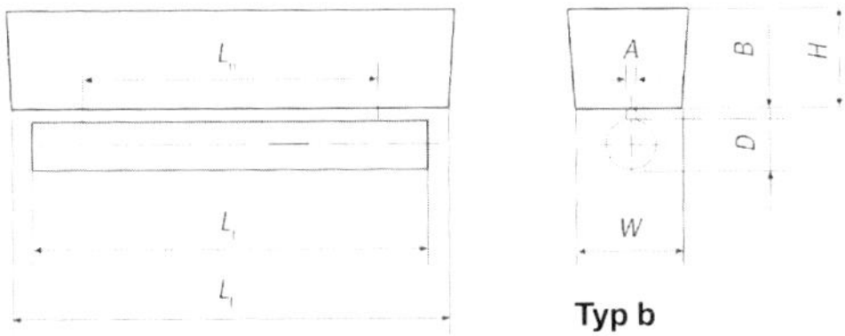

Typ b

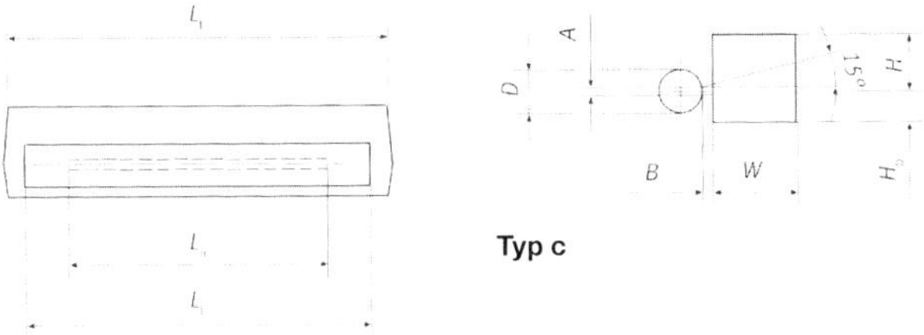

Typ c

Typ	A	B	D	H	H_b	L_f	L_n	W
a	4,5	5,5	25	50	-	L_t+20	L_t-50	100
b	4,5	5,5	25	50	-	L_t+20	L_t-50	50
c	4,0	5,0	25	35	15	L_t+20	L_t-50	50
L_t ausreichend für eine normgemäße Zugprobe								

Zugversuch nach DIN EN 1563 für Gusseisen mit Kugelgraphit

Angegossene Probestücke

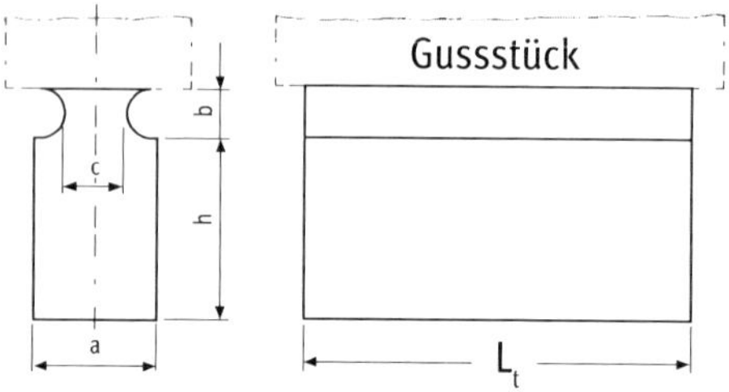

Maße in mm

Typ	Maßgebende Wanddicke von Gusstücken t	a	b max	c min	h
A	t ≤ 12,5	15	11	7,5	20 bis 30
B	12,5 < t ≤ 30	25	19	12,5	30 bis 40
C	30 < t ≤ 60	40	30	20	40 bis 65
D	60 < t ≤ 200	70	52,5	35	65 bis 105
L_t ausreichend für eine normgemäße Zugprobe					

Auswahl Normen für Härteprüfung

Härteprüfung nach Brinell:

DIN EN ISO 6506-1 (2015-02) und Entwurf (2023-11)
Metallische Werkstoffe – **Härteprüfung nach Brinell**
Teil 1: Prüfverfahren:
In diesem Teil von ISO 6506 ist das Verfahren für die Prüfung der Brinellhärte von metallischen Werkstoffen festgelegt. Er ist anwendbar für ortsgebundene und ortsveränderliche Härteprüfmaschinen.

DIN EN ISO 6506-2 (2015-02) und Entwurf (2023-11)
Metallische Werkstoffe – **Härteprüfung nach Brinell**
Teil 2: Überprüfung und Kalibrierung der Prüfmaschinen:
In diesem Teil von ISO 6506 sind die Verfahren für die direkte und indirekte Prüfung und Kalibrierung von Härteprüfmaschinen zur Bestimmung der Brinellhärte nach ISO/FDIS 6506-1:2014 festgelegt.

DIN EN ISO 6506-3 (2015-02) und Entwurf (2023-11)
Metallische Werkstoffe – **Härteprüfung nach Brinell**
Teil 3: Kalibrierung von Härtevergleichsplatten:
in diesem Teil von ISO 6506 ist das Verfahren für die Kalibrierung von Härtevergleichsplatten festgelegt, die bei der indirekten Überprüfung von Härteprüfmaschinen nach Brinell nach ISO 6506-2 verwendet werden.

DIN EN ISO 6506-4 (2015-02)
Metallische Werkstoffe – **Härteprüfung nach Brinell**
Teil 4: Tabelle zur Bestimmung der Härte
In diesem Teil von ISO 6506 ist eine Tabelle zur Bestimmung der Härte nach Brinell für die Prüfung auf ebenen Oberflächen enthalten.

Härteprüfung nach Vickers:

DIN EN ISO 6507-1 (2024-01)
Metallische Werkstoffe – **Härteprüfung nach Vickers**
Teil 1: Prüfverfahren: Verfahren für die Härteprüfung nach Vickers für metallische Werkstoffe festgelegt.

DIN EN ISO 6507-2 (2018-07)
Metallische Werkstoffe – **Härteprüfung nach Vickers**
Teil 2: Überprüfung und Kalibrierung der Prüfmaschinen

DIN EN ISO 6507-3 (2018-07)
Metallische Werkstoffe – **Härteprüfung nach Vickers**
Teil 3: Kalibrieren von Härtevergleichsplatten

DIN EN ISO 6507-4 (2018-07)
Metallische Werkstoffe – **Härteprüfung nach Vickers**
Teil 4: Tabellen zur Bestimmung der Härtewerte

Härteprüfung nach Rockwell

DIN EN ISO 6508-1 (2024-04)
Metallische Werkstoffe – **Härteprüfung nach Rockwell**
Teil 1: Prüfverfahren (Skalen A, B, C, D, E, F, G, H, K, N, T)
Verfahren zur Härteprüfung nach Rockwell für metallische Werkstoffe festgelegt.

DIN EN ISO 6508-2 (2024-04)
Metallische Werkstoffe – **Härteprüfung nach Rockwell**
Teil 2: Überprüfung und Kalibrierung von Prüfmaschinen und Eindringkörpern
(Skalen A, B, C, D, E, F, G, H, K, N, T)

DIN EN ISO 6508-3 (2024-04)
Metallische Werkstoffe – **Härteprüfung nach Rockwell**
Teil 3: Kalibrierung von Härtevergleichsplatten
(Skalen A, B,C, D, E, F, G, H, K, N, T)

Probenvorbereitung

Die Prüfung muss an einer glatten und ebenen Oberfläche vorgenommen werden, die frei von Zunder, Fremdkörpern und insbesondere frei von Schmierstoffen ist, wenn nichts anderes in einer Produktnorm festgelegt ist. Bei Vickers und Brinell muss die Probe eine Oberflächenbearbeitung aufweisen, die eine exakte Messung der Eindrucklänge/-diagonale gestattet.

Quelle: Norm 6506-1, 6507-1, 6508-1

Prüfabstände

Brinell:

Randabstand: ≥2,5 · d
Eindruckabstand: ≥3 · d

Vickers:

Randabstand:
Stahl, Kupfer: ≥2,5 · d
NE-Metalle, Blei, Zinn: ≥3 · d

Eindruckabstand:
Stahl, Kupfer: ≥3 · d
NE-Metalle, Blei, Zinn: ≥6 · d

Rockwell:

Randabstand: ≥2,5 · d
Eindruckabstand: ≥3 · d

Weiterführende Literatur
Robert Füllmann, Schmitz-Metallographie GmbH: Der Werkstoffprüfer

Härteprüfung nach Brinell [6]

Ein Eindringkörper (Hartmetallkugel mit dem Durchmesser D) wird mit der Prüfkraft F senkrecht in die Oberfläche eingedrückt, und der Eindruckdurchmesser d, der nach der Wegnahme der Prüfkraft F auf der Prüffläche entsteht, wird gemessen.

Die Brinellhärte ist proportional dem Quotienten aus der Prüfkraft und der gekrümmten Oberfläche des Eindrucks, die als kalottenförmig angenommen wird mit einem Krümmungsradius, der dem halben Durchmesser der verwendeten Kugel entspricht.

Prüfprinzip

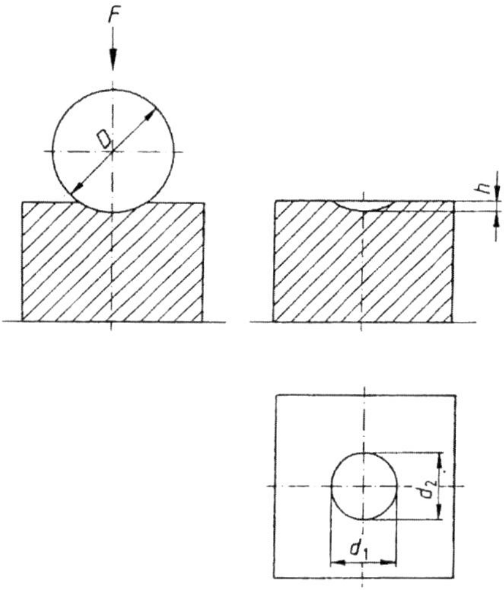

Härteprüfung nach Brinell

Symbole	Benennung
D	Durchmesser der Kugel in mm
F	Prüfkraft in N
d	Mittlerer Durchmesser des Eindruckes in mm $= \frac{d_1 + d_2}{2}$
h	Eindrucktiefe in mm $= \frac{D - \sqrt{D^2 - d^2}}{2}$
HBW	Brinellhärte $= \text{Konstante} \times \frac{\text{Prüfkraft}}{\text{Oberfläche des Eindrucks}}$ $= 0{,}102 \times \frac{2F}{\pi D\left(D - \sqrt{D^2 - d^2}\right)}$
Anmerkung:	$\text{Konstante} = \frac{1}{g_n} = \frac{1}{9{,}806\,65} = 0{,}102$

Härteprüfung nach Brinell

Zeichen für die Härte	Kugeldurchmesser D mm	Beanspruchungsgrad $\frac{0{,}102\,F}{D^2}$	Prüfkraft F Nennwert
HBW 10/3000	10	30	29,42 kN
HBW 10/1500	10	15	14,71 kN
HBW 10/1000	10	10	9,807 kN
HBW 10/500	10	5	4,903 kN
HBW 10/250	10	2,5	2,452 kN
HBW 10/100	10	1	980,7 N
HBW 5/750	5	30	7,355 kN
HBW 5/250	5	10	2,452 kN
HBW 5/125	5	5	1,226 kN
HBW 5/62,5	5	2,5	612,9 N
HBW 5/25	5	1	245,2 N
HBW 2,5/187,5	2,5	30	1,839 kN
HBW 2,5/62,5	2,5	10	612,9 N
HBW 2,5/31,25	2,5	5	306,5 N
HBW 2,5/15,625	2,5	2,5	153,2 N
HBW 2,5/6,25	2,5	1	61,29 N
HBW 1/30	1	30	294,2 N
HBW 1/10	1	10	98,07 N
HBW 1/5	1	5	49,03 N
HBW1/2,5	1	2,5	24,52 N
HBW 1/1	1	1	9,807 N

$$B = \frac{0{,}102\,F}{D^2}$$

B Beanspruchungsgrad
F Prüfkraft
D Kugeldurchmesser

Härteprüfung nach Brinell

Werkstoff	HBW	Beanspruchungsgrad 0,102 F/D²
Stahl; Nickel und Titanlegierungen		30
Gusseisen [1]	<140 ≥140	10 30
Kupfer und Kupferlegierungen	<35	5
	35 bis 200	10
	>200	30
Leichtmetalle und ihre Legierungen	<35	2,5
	35 bis 80	5
		10
		15
	>80	10
		15
Blei und Zinn		1
Sintermetalle	DIN EN ISO 4498	

[1] Für die Prüfung von Gusseisen muss der Nenndurchmesser der Kugel 2,5 oder 5 oder 10 mm betragen

Beispiel der Bezeichnung einer ermittelten Brinellhärte:

520 HBW2,5/187,5/20

520: Messergebnis
HBW: Härte nach Brinell
2,5: Prüfkugeldurchmesser
187,5: Prüfkraft in kp
20: Einwirkdauer der Prüfkraft in Sekunden, wenn nicht 10–15 s

Härteprüfung nach Vickers [7]

In DIN EN ISO 6507-1 ist das Verfahren für die Härteprüfung nach Vickers für metallische Werkstoffe festgelegt. Die Härteprüfung nach Vickers ist in Abhängigkeit von der angewendeten Prüfkraft in drei Bereiche eingeteilt (siehe Tabelle 1).

Tabelle 1: Prüfkraftstufung

Bereiche der Prüfkraft F [N]	Härtesymbol	frühere Bezeichnung (ISO 6507-1:1982)
F ≥ 49,03	≤ HV 5	Makrohärteprüfung
1,961 ≤ F < 49,03	HV 0,2 bis HV 5	Kleinkrafthärteprüfung
0,00987 ≤ F < 1,961	HV 0,001 bis HV 0,2	Mikrohärteprüfung

Eine gleichseitige Diamantpyramide mit einem Öffnungswinkel von 136° wird in die Oberfläche einer Probe eingedrückt, und die Diagonalen d_1 und d_2 des Eindruckes, der nach Rücknahme der Prüfkraft F auf der Prüffläche entsteht, werden gemessen.

Prüfprinzip

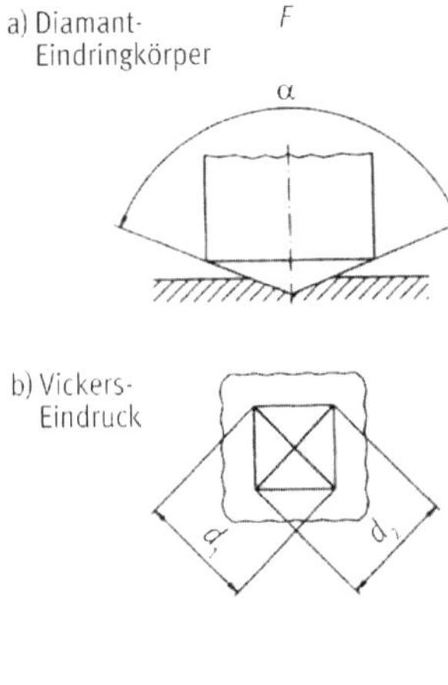

Die Vickershärte ist proportional dem Quotienten aus der Prüfkraft und der Oberfläche des Eindrucks, der als gerade Pyramide mit quadratischer Grundfläche und gleichem Winkel wie der Eindringkörper angenommen wird.

Härteprüfung nach Vickers

Tabelle 2: Symbole und ihre Benennung

Symbol	Benennung
α	Winkel zwischen gegenüberliegenden Flächen des pyramidenförmigen Eindringkörpers (136°)
F	Prüfkraft in N
d	arithmetischer Mittelwert der beiden Diagonalenlängen d_1 und d_2 (gemäß Prüfprinzip – Vickers-Eindruck) in mm
HV	Vickershärte $= \text{Konstante} \cdot \frac{\text{Prüfkraft}}{\text{Oberfläche des Eindrucks}} = 0{,}102 \cdot \frac{2F \sin\frac{136^\circ}{2}}{d^2} \approx 0{,}1891 \frac{F}{d^2}$

Anmerkung: Konstante = $1/g_n$ = 1/9,80665 = 0,102

Tabelle 3: Normstufen der Prüfkräfte

Makrohärtebereich		Kleinkraftbereich		Mikrohärtebereich [2]	
Härtesymbol	Prüfkraft F N	Härtesymbol	Prüfkraft F N	Härtesymbol	Prüfkraft F N
HV 5	49,03	HV 0,2	1,961	HV 0,01	0,09807
HV 10	98,07	HV 0,3	2,942	HV 0,015	0,147
HV 20	196,1	HV 0,5	4,903	HV 0,02	0,1961
Hv 30	294,2	HV 1	9,807	HV 0,025	0,2452
HV 50	490,3	HV 2	19,61	HV 0,05	0,4903
HV 100 [1]	980,7	HV 3	29,42	HV 0,1	0,9807

[1] Prüfkräfte >980,7 N dürfen angewandt werden.
[2] Die Prüfkräfte für den Mikrohärtebereich sind empfohlen.

Härteprüfung nach Vickers

Prüfungen auf gekrümmten Oberflächen

Die Durchführung erfolgt nach DIN EN ISO 6507-1 (2024-01) unter Anwendung von Korrekturwerten der Tabellen B.1 bis B.6.

Für die Prüfung mit instabilen Proben sind Aufnahmevorrichtungen erforderlich.

„Bei einer Probe mit kleinem Querschnitt oder von unregelmäßiger Form sollte entweder eine spezielle Aufnahmevorrichtung verwendet werden oder sie sollte auf ähnliche Weise an einem metallografischen Mikroabschnitt aus geeignetem Material angebracht werden, sodass sie adäquat unterstützt wird und sich während des Aufbringens der Prüfkraft nicht bewegt."

Tabelle 4: Übliche Prüfkräfte

Härteprüfung[a]		Härteprüfung im Kleinkraftbereich		Mikrohärteprüfung	
Härte-symbol	Nennwert der Prüfkraft F N	Härte-symbol	Nennwert der Prüfkraft F N	Härte-symbol	Nennwert der Prüfkraft F N
-	-	-	-	HV 0,001	0,0090807
-	-	-	-	HV 0,002	0,01961
-	-	-	-	HV 0,003	0,02942
-	-	-	-	HV 0,005	0,04903
HV 5	49,3	HV 0,2	1,961	HV 0,01	0,09807
HV 10	98	HV 0,3	2,942	HV 0,015	0,1471
HV 20	07	HV 0,5	4,903	HV 0,02	0,1961
HV 30	196,1	HV 1	9,807	HV 0,025	0,2452
HV 50	294,2	HV 2	19,61	HV 0,05	0,4903
HV 100[a]	980,7	HV 3	29,42	HV 0,1	0,9807

[a] Prüfkräfte größer als 980,7 N dürfen angewandt werden.

Prüftemperatur

Für die Prüftemperatur gilt: Durchführung unter Umgebungstemperaturen zwischen 10 °C und 35 °C, außerhalb dieses Bereiches ist eine dementsprechender Protokollierung vorzunehmen. Für die Durchführung unter kontrollierten Bedingungen gelten Temperaturen von 23 +/- 5 °C.

Prüfkraft

Die Prüfkräfte in Tabelle 4 sind üblich. Es dürfen auch andere Prüfkräfte verwendet werden, die größer als 980,7 N und nicht kleiner als 0,009 807 N sind. Prüfkräfte müssen so ausgewählt werden, dass sich Diagonaleindrücke größer als 0,020 mm ergeben.

ANMERKUNG Bei Hartmetallen ist die bevorzugte Prüfkraft 294,2 N (HV 30)

Beispiel der Bezeichnung einer ermittelten Vickershärte

675 HV10/20

675: Messergebnis
HV: Härte nach Vickers
10: Prüfkraft in kp
20: Einwirkdauer der Prüfkraft in Sekunden, wenn nicht 10–15 s

Härteprüfung nach Vickers

Mikrohärteprüfung

Bei Prüfkräften unterhalb von 1,9 N spricht man vom Mikrohärtebereich. Im Gegensatz zur Makro- und Kleinlasthärte, wo ein inte-graler Härtewert über große Bereiche des untersuchten Werkstoffes gemessen wird, liefert die Mikrohärte Härtewerte lokaler Gefügebestandteile. Damit ergeben sich z. B. folgende Anwendungsgebiete:

- Prüfung dünner Bleche, Folien und Schichten
- Ermittlung von Härteverläufen im Querschnitt dünner Schichten (z. B. Einsatzhärteschichten, galvanische Überzüge, Oxidschichten)
- Härtevergleich einzelner Gefügebestandteile
- Untersuchungen von Diffusionsvorgängen
- Orientierungsbestimmungen und Ermittlung von Texturen
- Untersuchung von Kriechprozessen

Eindringtiefe: $h \approx d/7$

Das Prinzip des Prüfablaufes einer Mikrohärtemessung ist den einer Makrohärtemessung analog. Meist wird eine Vickerspyramide als Prüfkörper verwendet, aber auch Knoopindenter kommen zum Einsatz.

Besonderheiten

- Im Bereich der Mikrohärte ist der ermittelte Härtewert von der Prüfkraft abhängig, d. h. Härtewerte, die mit unterschiedlichen Prüfkräften am selben Werkstoff ermittelt wurden, sind nicht mehr vergleichbar.
- Für Mikrohärtemessungen ist eine sorgfältige metallografische Schliffpräparation unverzichtbar (feingeschliffener Oberflächenzustand der Probe, Minimierung von Verfestigungen und Erwärmungseinflüssen).
- Für Mikrohärtemessungen sind speziell dafür konzipierte Härteprüfmaschinen erforderlich (anderes Belastungssystem, besseres optisches Vermessungssystem).

Härteprüfung nach Vickers

Beispiele für Mikrohärteprüfungen

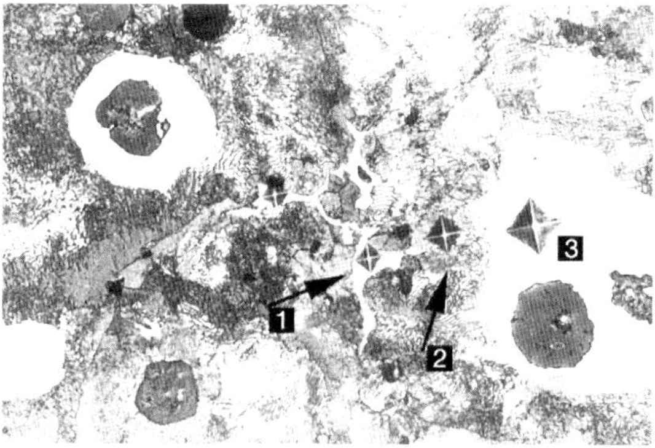

Bild 1: Mikrohärteeindrücke in verschiedene Gefügebestandteile von GJS [15] (1 – Carbid, 2 – Perlit, 3 – Ferrit)

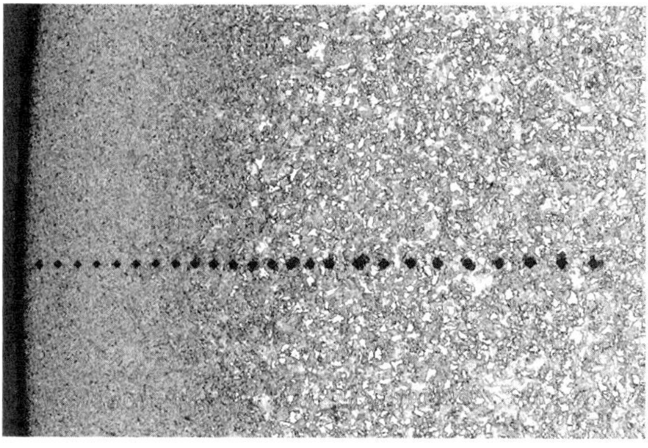

Bild 2: Mikrohärteeindrücke in die Randschicht eines einsatzgehärteten C15 [16]

Härteprüfung nach Rockwell [8]

Der Eindringkörper (Diamantkegel oder Stahlkugel) wird in zwei Stufen unter vorgegebenen Bedingungen in die Probe gedrückt. Die bleibende Eindringtiefe wird nach Rücknahme der Prüfzusatzkraft unter Prüfvorkraft gemessen.

Aus dem Wert von h und einem bekannten Zahlenwert N wird die Rockwellhärte nach folgender Gleichung berechnet (siehe Tafeln 1 und 2):

$$\text{Rockwellhärte} = \frac{N - h}{S}$$

Härteprüfung nach Rockwell (Skalen A, B, C, D, E, F, G H, K und Skalen 15 N, 30 N, 45 N, 15 T, 30 T und 45 T)

Die Rockwellhärte für die Skalen A, B, C, D, E, F, G, H und K wird angegeben durch das Symbol HR, dem der Härtewert vorangesetzt wird und dem ein Buchstabe, der die Skala bezeichnet, folgt.

Beispiel 1

59 HRC Die Rockwellhärte, gemessen in der Skala C, beträgt 59

Die Rockwellhärte für die Skalen N und T wird angegeben durch das Symbol HR, dem der Härtewert vorangesetzt wird und dem eine Zahl (Prüfgesamtkraft) und ein Buchstabe folgen, die zusammen die Skala bezeichnen.

Beispiel 2

70 HR30N Die Rockwellhärte, gemessen in der Skala 30 N mit einer Prüfgesamtkraft von 294,2 N, beträgt 70

Prinzip des Rockwell-Verfahrens

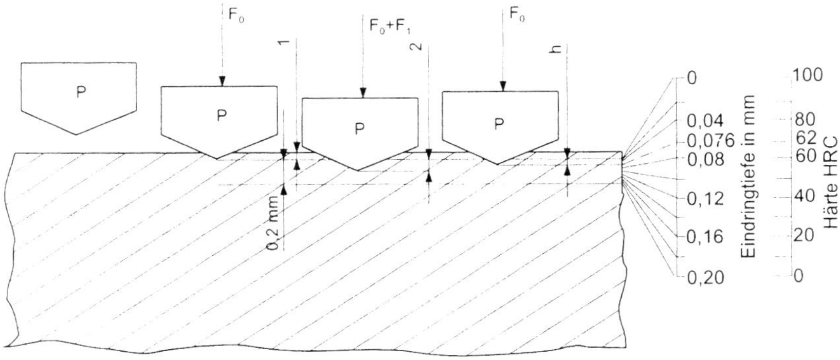

1 Eindringtiefe durch Prüfkraft F_0
2 Eindringtiefe durch Prüfzusatzkraft F_1
h bleibende Eindringtiefe
P Prüfkörper

Härteprüfung nach Rockwell

(Skalen A, B, C, D, E, F, G H, K und Skalen 15 N, 30 N, 45 N, 15 T, 30 T und 45 T)

Tabelle 1

Symbol	Benennung	Einheit
F_0	Prüfvorkraft	N
F_1	Prüfzusatzkraft	N
F	Prüfgesamtkraft	N
S	Skalenteilung, entsprechend der Skala	mm
N	Zahlenwert, entsprechend der Skala	
h	Bleibende Eindringtiefe unter Prüfvorkraft nach Rücknahme der Prüfzusatzkraft	mm

Symbol	Benennung
HRA, HRC, HRD	Rockwellhärte = 100 – (h/0,002)
HRB, HRE, HRF, HRG, HRH, HRK	Rockwellhärte = 130 – (h/0,002)
HRN, HRT	Rockwellhärte = 100 – (h/0,001)

Tabelle 2

Härte-skala	Symbol für die Härte	Art des Eindringkörpers	Prüfvor-kraft F_0 [N]	Prüfzu-satz-kraft F_1 [N]	Prüfge-samtkraft F [N]	Anwendungsbereich (Bereich der Rockwellhärte)
A	HRA	Diamantkegel	98,07	490,3	588,4	20 bis 88 HRA
B	HRB	Stahlkugel 1,587 mm	98,07	882,6	980,7	20 bis 100 HRB
C	HRC	Diamantkegel	98,07	1373	1471	20 bis 70 HRC
D	HRD	Diamantkegel	98,07	882,6	980,7	40 bis 77 HRD
E	HRE	Stahlkugel 3,175 mm	98,07	882,6	980,7	70 bis 100 HRE
F	HRF	Stahlkugel 1,587 mm	98,07	490,3	588,4	60 bis 100 HRF
G	HRG	Stahlkugel 1,587 mm	98,07	1373	1471	30 bis 94 HRG
H	HRH	Stahlkugel 3,175 mm	98,07	490,3	588,4	80 bis 100 HRH
K	HRK	Stahlkugel 3,175 mm	98,07	1373	1471	40 bis 100 HRK
15N	HR15N	Diamantkegel	29,42	117,7	147,1	70 bis 94 HR15N
30N	HR30N	Diamantkegel	29,42	294,2	294,2	42 bis 86 HR30N
45N	HR45N	Diamantkegel	29,42	411,9	441,3	20 bis 77 HR45N
15T	HR15T	Stahlkugel 1,587 mm	29,42	117,7	147,1	67 bis 93 HR15T
30T	HR30T	Stahlkugel 1,587 mm	29,42	264,8	294,2	29 bis 82 HR30T
45T	HR45T	Stahlkugel 1,587 mm	29,42	411,9	441,3	1 bis 72 HR45T

Instrumentierte Eindringprüfung

DIN EN ISO 14577-1 (2015-11) und Entwurf (2024-09)
Metallische Werkstoffe – Instrumentierte Eindringprüfung zur Bestimmung der Härte und anderer Werkstoffparameter
Teil 1: Prüfverfahren

DIN EN ISO 14577-2 (2015-11) und Entwurf (2024-09)
Metallische Werkstoffe – Instrumentierte Eindringprüfung zur Bestimmung der Härte und anderer Werkstoffparameter
Teil 2: Überprüfung und Kalibrierung der Prüfmaschinen

DIN EN ISO 14577-3 (2015-11) und Entwurf (2024-09)
Metallische Werkstoffe – Instrumentierte Eindringprüfung zur Bestimmung der Härte und anderer Werkstoffparameter
Teil 3: Kalibrierung von Referenzproben

DIN EN ISO 14577-4 (2017-04)
Metallische Werkstoffe – Instrumentierte Eindringprüfung zur Bestimmung der Härte und anderer Werkstoffparameter
Teil 4: Prüfverfahren für metallische und nichtmetallische Schichten

Instrumentierte Eindringprüfung: Verfahren

Bei diesem Prüfverfahren wird der Eindringvorgang eines Indenters in den Werkstoff erfasst, indem sowohl die Kraft als auch der Weg während der plastischen und der elastischen Verformung konti-nuierlich gemessen wird. Somit kann die Aufnahme und die Wiedergabe des gesamten Prüfvorganges in Form von Kraft – Eindringtiefe – Kurven erfolgen (Bild 1).

Aus diesen Kurven können zum einen Härtewerte ermittelt werden, die traditionellen Härtewerten äquivalent sind, zum anderen können weitere Eigenschaften eines Werkstoffes, wie z. B. dessen Eindringmodul ermittelt werden. Diese Werte werden ohne eine optische Vermessung des Eindruckes ermittelt. Als Eindringkörper können eine Diamant-Vickerspyramide, eine Diamantpyramide mit dreieckiger Grundfläche (modifizierte Berkovich-Indenter), Hartmetallkugeln oder ein kugeliger Diamanteindringkörper verwendet werden. Der Prüfvorgang kann entweder kraft- oder eindringtiefengeregelt durchgeführt werden. Die Prüfkraft F, die entsprechende Eindringtiefe h und die Zeit werden während der gesamten Prüfzeit aufgezeichnet.

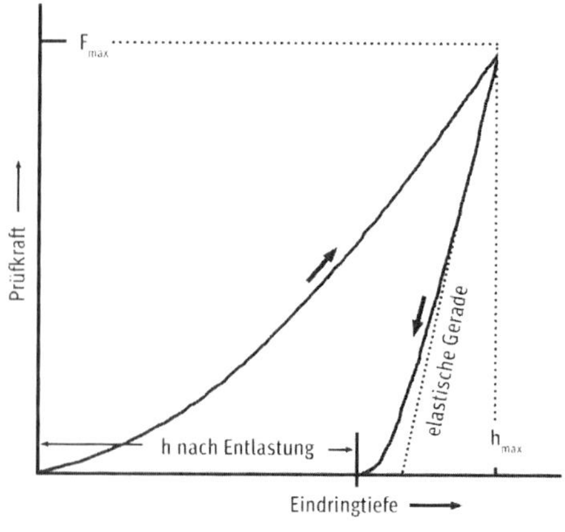

Bild 1:
Kraft-Eindringtiefe-Kurve [17]

Da die Tiefenmessung inzwischen mit einer Auflösung von < 0,1 nm beherrschbar ist, können Prüfungen im Ultramikrohärtebereich auch dann noch erfolgen, wenn die klassische Mikrohärteprüfung aufgrund von physikalischen Gründen nicht mehr einsetzbar ist.

Mit diesem Verfahren ist erstmals eine Vergleichbarkeit der Härte aller Werkstoffgruppen gewährleistet. Als Beispiele für den Einsatz des Verfahrens ist das Prüfen dünner Schichten, kleiner Gefügebestandteile und randentfestigter Proben genannt.

Kennwerte
Die Messwerte der instrumentierten Kraft – Eindringtiefe – Kurve können für die Bestimmung einer Vielzahl von Werkstoffparametern verwendet werden.

1. Martenshärte HM
- Bestimmung unter wirkender Prüfkraft, aus den Messwerten der Kraft-Eindringtiefe-Kurve während der Prüfkraftzunahme berechnet, bevorzugt nach Erreichen einer festgelegten Prüfkraft

2. Eindringhärte H_{IT}
- Maß für den Widerstand gegenüber einer bleibenden Verformung, Quotient aus der maximal wirkenden Kraft und der projizierten Kontaktfläche des Eindringkörpers mit der Probe

3. Eindringmodul E_{IT}
- berechnet aus der Steigung der Tangente, die zur Berechnung der Eindringhärte verwendet wird
- vergleichbar mit Elastizitätsmodul des Werkstoffes

4. Eindringkriechen C_{IT}
- Messung der Eindringtiefenänderung bei konstanter Prüfkraft
- Maß für das Kriechen des Werkstoffes

5. Eindringrelaxation R_{IT}
- Messung der Prüfkraftänderung bei einer konstanten Eindringtiefe
- Maß für die Relaxation eines Werkstoffes

6. Elastischer Anteil der Eindringarbeit η_{IT}
- Bestimmung von W_{Plast} (plastische Deformationsarbeit) und W_{elast} (elastische Rückverformung) aus der gemessenen Kraft-Eindringtiefe-Kurve

Härteprüfung nach Leeb [9]

DIN EN ISO 16859-1 (2016-02)
Metallische Werkstoff-Härteprüfung nach Leeb
Teil 1: Prüfverfahren

DIN EN ISO 16859-2 (2016-02)
Metallische Werkstoff-Härteprüfung nach Leeb
Teil 2: Überprüfung und Kalibrierung der Härteprüfgeräte

DIN EN ISO 16859-3 (2016-02)
Metallische Werkstoff-Härteprüfung nach Leeb
Teil 3: Kalibrierung von Härtevergleichsplatten

Härteprüfung nach Leeb [9]

Während der Prüfung schlägt ein Schlagkörper auf die Prüfoberfläche auf und prallt zurück. Die Aufprallenergie, der Durchmesser des Eindringkörpers und das Material des Eindringkörpers sind festgelegt (Tabelle 1). Die Geschwindigkeit des Schlagkörpers wird vor und nach dem Aufprall gemessen.

Berechnung des Härtewertes:

$$HL = \frac{V_R}{V_A} \cdot 100$$

V_R = Rückprallgeschwindigkeit
V_A = Aufprallgeschwindigkeit

Angabe der Leeb-Härte

Symbol „HL“ + ein oder mehrere Symbole die den Typ des Schlaggerätes benennen.

Beispiel: 570 HLD

Tabelle 1: Symbole, Einheiten, Benennungen und Nennwerte für die verschiedenen Leeb-Skalen entsprechend Schlaggeräte-Typ

Symbol	Einheit	Benennung	Nennwerte je Schlaggeräte-Typ[e]						
			D/DC	S	E	D+15	DL	C	G
E_A	mJ	Kinetische Aufprall-energie[a]	11,5	11,3	11,5	11,2	11,2	3,0	90,0
vA	m/s	Aufprall-Geschwindig-keit	2,0 bis 2,2	2,0 bis 2,2	2,0 bis 2,2	1,65 bis 1,8	1,65 bis 1,8	1,35 bis 1,45	2,9 bis 3,1
r	mm	Eindringkör-per, Radius	1,5 ± 0,05	1,5 ± 0,05	1,5 ± 0,05	1,5 ± 0,05	1,5 ± 0,05	1,5 ± 0,05	2,5 ± 0,05
		Eindringkör-per, Material	WC[b]	K[c]	PKD[d]	WC	WC	WC	WC
		Eindringkör-per, typische Härte	1600 HV 2	1600 HV 2	5000 HV 2	1600 HV 2	1600 HV 2	1600 HV 2	1600 HV 2
HL	–	Leeb-Härte	300 HLP bis 890 HLD	400 HLS bis 920 HLS	300 HLE bis 920 HLE	330 HLD+15 bis 890 HLD+15	560 HLDL bis 950 HLDL	350 HLC bis 960 HLC	300 HLG bis 750 HLG

a Prüfung in Richtung des Schwerefeldes, gerundete Werte
b Wolframcarbid-Cobalt Hartmetall
c Keramik
d polykristalliner Diamant
e in der Praxis übliche Herstellerbezeichnungen

Ultrasonic Contact Impedance: Neue Anwendungsgebiete für die mobile Härteprüfung

[18]

Die UCI-Härteprüfung (Ultrasonic Contact Impedance) ist ein sogenanntes vergleichendes Verfahren, das z. B. relativ zur klassischen Vickers-Härteprüfung sehr genau auf die Prüfaufgabe eingestellt werden kann (Validierung). Sie ist der „verlängerte Arm" der klassischen Messtechnik in der Produktion und in nahezu allen Industrien der Metallherstellung und -verarbeitung zu finden, und zwar von der Wareneingangskontrolle, der Überprüfung einzelner Prozessschritte bis zum Endprodukt (Bild 1).

Die UCI-Härteprüfung wird in Härtereien, an Schweißnähten im Kesselbau, Apparatebau, Rohrleitungen und im Stahlbau nach Anarbeiten von Schnittkanten (EN ISO 1090) eingesetzt. Die UCI-Prüfsonden sind punktgenau positionierbar, sodass eine Prüfung auf engem Raum an schwer zugänglichen Stellen möglich ist. Die Anwendung ist richtungsunabhängig.

Normen:
DIN 50159-1 (2022-06)
ASTM A1038-2019

Die Härteprüfgeräte bestehen aus einer Messsonde (Handmess-Sonde oder Motormess-Sonde) und einen Prüfgerät zur Auswertung und Speicherung der Daten.

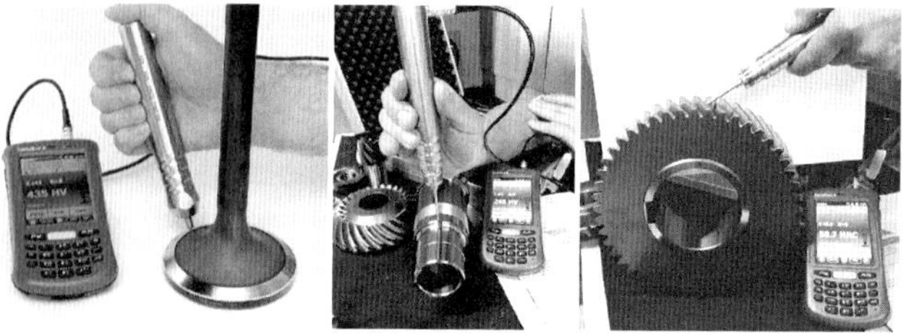

Bild 1: Prüfung der Oberflächenhärte mit UCI. Messung in jeder Richtung und bei engen Platzverhältnissen bzw. komplexer Geometrie (links: Ventilteller, Mitte: Glattwalzen, rechts: Zahnflanke).

Die Prüfkräfte reichen von 1 N (HV 0,1; 0,1 kgf) bis 8,6 N (HV 0,9; 0,9 kgf);
mit Motor-Mess-Sonden an empfindlichen Oberflächen im Tiefdruck bis zu 10 N (HV 1; 1 kgf);
mit manuell geführten Sonden 50 N (HV 5; 5 kgf) und 100 N (HV 10;10 kgf) an beispielsweise nitriergehärteten Werkstoffen, nach Induktionshärtung bzw. grobkörnigen, stark heterogenen Komponenten in Schmieden und Gießereien.

Messprinzip

Das UCI-Verfahren wertet den Vickers-Härteprüfeindruck unter Last bei definierter Kraft (Eindringkraft) aus und berechnet den Härtewert.

Im Gegensatz zum klassischen Verfahren wird der Härtewert jedoch über die dynamische Bestimmung der Koppelimpedanzen unter Belastung gemessen. Dazu wird ein mechanischer Resonator (stabförmiger Schwingstab) an dessen Ende sich der Eindringkörper befindet, zu Longitudinalschwingungen bei ca. 78 kHz angeregt und in das zu prüfende Material gedrückt. Durch die Materialankopplung des Vickersdiamanten entsteht ein Kontaktwiderstand, der eine Dämpfung der Schwingungsamplitude bewirkt und gleichzeitig die Schwingungsfrequenz in charakteristischer Weise ansteigt. Diese Frequenzverschiebung wird genau bei Erreichen einer vorgegebenen Prüfkraft bestimmt und daraus sofort die Vickershärte berechnet. Mit zunehmender Kraft beziehungsweise Kontaktfläche erhöht sich die Resonanzfrequenz des Schwingstabes. Bei konstanter Prüfkraft ist daher die Abweichung der Schwingfrequenz von der Ruhefrequenz in Luft daher eine indirekte Messgröße für die Härte eines Materials.

Durch den vollen Materialkontakt spielen Rückfedereffekte wie bei der optischen Vickers-Prüfung keine Rolle und die Messungen sind daher über den gesamten Härtebereich auch bei geringen Prüfkräften nahezu gleichbleibend genau. Ebenso können UCI-Messungen auf walzrauem Untergrund, geschliffenen Oberflächen oder auf dunklem Untergrund noch ausgeführt werden, wenn die klassische Vickers-Prüfung schon nicht mehr sinnvoll ist.

Selbst Bearbeitungsriefen stören in der höchsten Laststufe (100 N/HV 10) wenig, solange das Bauteil nicht gehärtet ist.

Um den Bezug zur klassischen Vickers-Härteprüfung herstellen zu können, werden die Sonden auf einem Satz MPA-kalibrierter Härtevergleichsplatten (6 bis 8) justiert. Beispielsweise erfolgt die Kalibrierung für Stahl zwischen ca. 150 und 900 HV mit E-Modul ca. 200–210 GPa. Dies entspricht dem größten Teil der technischen Stähle.

Eine Gerätejustierung auf Materialien mit abweichendem E-Modul (Gusseisen, Kupfer, Aluminium, Chrom) ist einfach über eine Vergleichsmessung möglich.

Prüfung an Gusseisen mit Kugelgraphit (EN-GJS-500)

Gusseisen ist ein stark heterogener Werkstoff, bei dem die Gefügebestandteile und Porosität für eine Härteprüfung zu berücksichtigen sind.

Bild 2: Bremssattel und Bremskomponenten aus Gusseisen mit Kugelgraphit (EN-GJS-500). Die Gusshaut an den Prüfflächen (Kreise) wurden abgetragen.

Beispielhaft wurden Bremssättel und andere Bremskomponenten mit geprüft (Bild 2). Zu Beginn wurde eine Kalibriermessung an einer Brinell-Härtevergleichsplatte mit 224 HB ausgeführt und die Funktionsfähigkeit der Sonde sichergestellt (228 HB). Anschließend wurden die Messungen an den Gussteilen ausgeführt. Über eine Referenzmessung mit einer Brinell-Härteprüfmaschine (5 mm-Kugel und 750 kgf Prüflast, Belastungsgrad 30) wurde die Geräteanzeige in HB justiert.

Die Oberfläche der Gussteile wurde vor der Messung präpariert. So wurde die Gusshaut um ca. 1–2 mm abgetragen und geglättet.

Es wurde die Umwertung von HV in HB aus der Tabelle A1 (EN ISO 18265) benutzt. Dabei sind die Einzelergebnisse in der Originalskala HV für Vergleichszwecke mitgeführt wie von der Norm DIN 50159-1 gefordert.

Zur besseren statistischen Sicherheit wurden zunächst 10 Messungen auf engem Raum gesetzt (ca. 5 mm Ø) und mit den Vergleichsmessungen mit der Brinell-Härteprüfmaschine verglichen. Zwei Messpunkte zeigen Härtewerte von 209 HB und 214 HB die einem Mittelwert der UCI-Messungen von 215 HB (UCI) gegenüberstanden (Bild 3).

Bild 3: Originalaufschrieb einer Messreihe von einem Produktionsteil. Die Vergleichsmessung mit der Brinell-Härteprüfmaschine ergab bei 209 HB bzw. 214 HB eine gute Übereinstimmung mit dem Mittelwert von 215 HB der UCI-Prüfsondenmessungen.

TIV (Through Indenter Viewing) [25a, 25b]

Normen: siehe Vickers

Beim TIV-Verfahren wird die Vickershärte mittels optischen Systems und CCD Kamera unter Prüflast, durch den Diamanten hindurch, ermittelt. So kann der Eindringvorgang direkt beobachtet werden. Die Laststufen HV1 und HV5 sind möglich, was auch Messungen dünner Schichten ermöglicht. Weiterhin können aufgrund der Transportierbarkeit des Gerätes auch große und sperrige Teile geprüft werden. Der Vorteil ist das durch den Optischen Messvorgang ohne zusätzliche Kalibrierung sämtliche Materialien gemessen werden können. Die Auswertung kann automatisiert, aber auch manuell erfolgen. Durch die Abbildung des Diamanten auf dem Display kann die Qualität des Eindrucks, aber auch der Zustand des Diamanten bewertet werden.

Bezeichnung der TIV Härte:

„456 HV5"

456: Messergebnis
HV: Härte nach Vickers
5: Prüfkraft in kp

Weiterführende Literatur

Härteprüfung an Metallen und Kunststoffen
Grundlagen und Überblick zu modernen Verfahren (2014), expert-Verlag GmbH

Mobile Härteprüfung Rockwell

Normen: siehe Rockwell

Das mobile Rockwellverfahren ist bereits seit vielen Jahren etabliert. Durch vielfältige Befestigungsmöglichkeiten sind unterschiedlichste Proben- und Werkstückgeometrien messbar. Die Kraftaufbringung erfolgt je nach Modell mechanisch oder elektromotorisch, so sind verschiedene Lasten möglich und normgerecht kalibrierbar. Über eine Tiefenmesseinrichtung wird der entsprechende Rockwell Härtewert ermittelt. Unterschieden wird in die zwei Hauptverfahren Rockwell (Vorlast 10 kp, Prüflast 60-100-150 kp) und Superrockwell (Vorlast 3 kp, Prüflast 15-30-45 kp). Gemessen wird wie bei stationären Geräten unter Aufbringung einer Vorlast, anschließend einer Hauptlast und nach Rücknahme der Last auf das Vorlastniveau wird die Eindringtiefe ermittelt.

Bezeichnung der mobilen Rockwellhärte

„59 HRC“

59: Messergebnis
HR: Härte nach Rockwell
C: Härteskala C

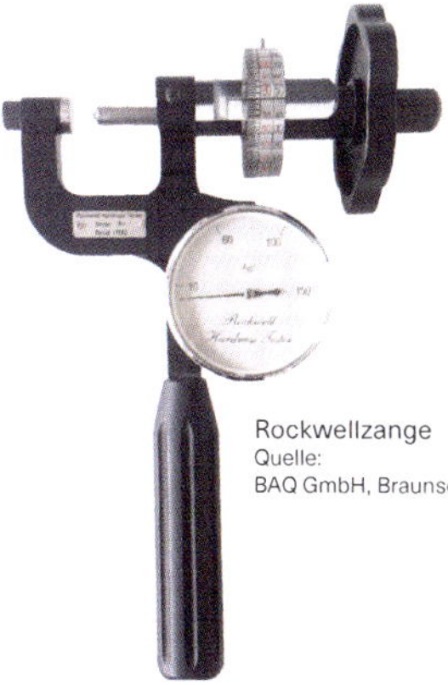

Rockwellzange
Quelle:
BAQ GmbH, Braunschweig

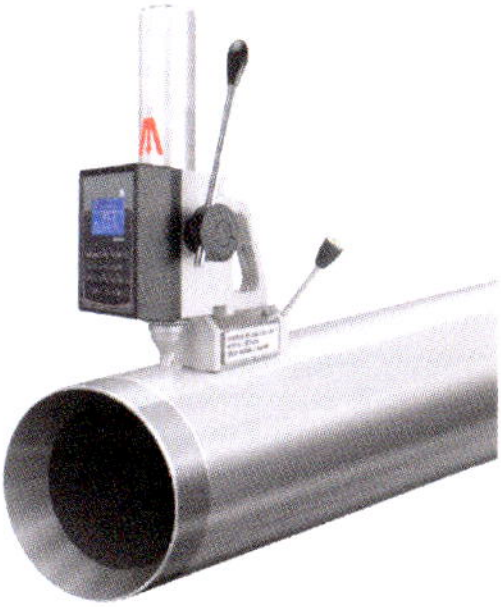

Mobiles Rockwellprüfgerät,
Typ RSDMAG, Konform nach ASTM E10 E18 E110 und ISO 6506 6508
Quelle: Fa. AFFRI, Italy

Beispiele für mobile Rockwellhärteprüfer:

Neben dem mobilen Rockwellverfahren gibt es auch die Härteprüfung mit **tragbaren Härteprüfgeräten**, mit mechanischer Eindringtiefenmessung und mit elektrischer Eindringtiefenmessung. Dabei wird bei der mechanischen, die Eindringtiefe eines Prüfkörpers unter Last gemessen und dann in bekannte Verfahren umgewertet. Bei der elektrischen wird ein Prüfkörper aus Diamant elektrisch leitend gemacht und über die Änderung des elektrischen Wiederstandes die Kontaktfläche bestimmt. Beide Verfahren sind genormt nach DIN 50157 T.1-2 und DIN 50158 T.1-2. Die Angabe des Härtewerts ist entweder:

„558 HMM HV“

558: Messergebnis
HMM: Prüfverfahren – Härte mobil mechanisch
HV: Härte nach Vickers – Verfahren in das umgewertet wurde

oder

„362 HME HV“

362: Messergebnis
HMM: Prüfverfahren – Härte mobil elektrisch
HV: Härte nach Vickers – Verfahren in das umgewertet wurde

Normen:

DIN 50157-1:2020-11
Metallische Werkstoffe – Härteprüfung mit tragbaren Härteprüfgeräten, die mit mechanischer Eindringtiefenmessung arbeiten – Teil 1: Prüfverfahren

DIN 50157-2:2020-11
Metallische Werkstoffe – Härteprüfung mit tragbaren Härteprüfgeräten, die mit mechanischer Eindringtiefenmessung arbeiten – Teil 2: Prüfung und Kalibrierung der Härteprüfgeräte

DIN 50158-1:2008-07
Metallische Werkstoffe – Härteprüfung mit tragbaren Härteprüfgeräten, die mit elektrischer Eindringtiefenmessung arbeiten – Teil 1: Prüfverfahren

DIN 50158-2:2008-04
Metallische Werkstoffe – Härteprüfung mit tragbaren Härteprüfgeräten, die mit elektrischer Eindringtiefenmessung arbeiten – Teil 2: Prüfung und Kalibrierung der Härteprüfgeräte

Umwertung von Härtewerten [10]

DIN EN ISO 18265
Metallische Werkstoffe – Umwertung von Härtewerten

Einführungsbeitrag:

Diese Internationale Norm legt die Grundlagen zur Umwertung von Härtewerten in äquivalente Werte anderer Härteskalen und in Näherungswerte für die Zugfestigkeit fest. Sie gibt allgemeine Informationen zur Anwendung von Umwertungstabellen für:

- unlegierte und niedriglegierte Stähle und Stahlguss,
- Vergütungsstähle,
- Kaltarbeitsstähle,
- Schnellarbeitsstähle,
- Werkzeugstähle,
- Hartmetallsorte sowie
- Nichteisenmetalle und -legierungen.

Folgende Aktualisierungen wurden vorgenommen:
a) Implementierung eines informativen Anhanges zur Untersuchung des Einflusses von Prüfparametern;
b) Integration von Werkzeugstählen in die Norm;
c) Spezifizierung der angewendeten Härteprüfverfahren;
d) redaktionelle Änderungen.

Warnung: Die bisherige Praxis bei der Umwertung von Härtewerten hat gezeigt, dass oft versucht wird, Härtewerte zweier verschiedener Skalen bzw. Zugfestigkeitswerte ohne die besondere Berücksichtigung der Werkstoffeigenschaften in eine feste Beziehung zu setzen. Das ist nicht möglich. Daher sollte der Anwender der Norm sorgfältig prüfen, ob alle Grundlagen für eine Umwertung erfüllt sind.

Auswahl Normen für Schlagbiegeprüfung

DIN EN ISO 14556 (2023-08)

Metallische Werkstoffe – Kerbschlagbiegeversuch nach Charpy (V-Kerb) – Instrumentiertes Prüfverfahren

DIN 51222 (2017-02)

Prüfung metallischer Werkstoffe – Kerbschlagbiegeversuch Besondere Anforderungen an Pendelschlagwerke mit einem Nennarbeitsvermögen <= 50 J und deren Prüfung

DIN EN ISO 148-1 (2017-05)

Metallische Werkstoffe

Kerbschlagbiegeversuch nach Charpy

Teil 1: Prüfverfahren (U- und V-Kerb) für metallische Werkstoffe zur Bestimmung der verbrauchten Schlagenergie.

DIN EN ISO 148-1 Beiblatt 1:2014-02

Metallische Werkstoffe – Kerbschlagbiegeversuch nach Charpy – Teil 1: Prüfverfahren; Beiblatt 1: Sonderprobenformen

DIN EN ISO 148-2 (2017-05)

Metallische Werkstoffe

Kerbschlagbiegeversuch nach Charpy

Teil 2: Überprüfung der Prüfmaschinen (Pendelschlagwerke)

Information: Neuausgabe, Berichtigung Formelzeichen

DIN EN ISO 148-3 (2017-04)

Metallische Werkstoffe
Kerbschlagbiegeversuch nach Charpy

Teil 3: Vorbereitung und Charakterisierung von Charpy-V-Referenzproben für die indirekte Prüfung der Prüfmaschinen

Kerbschlagbiegeversuch nach Charpy – Anordnung der Probe, Auflager und Widerlager [11]

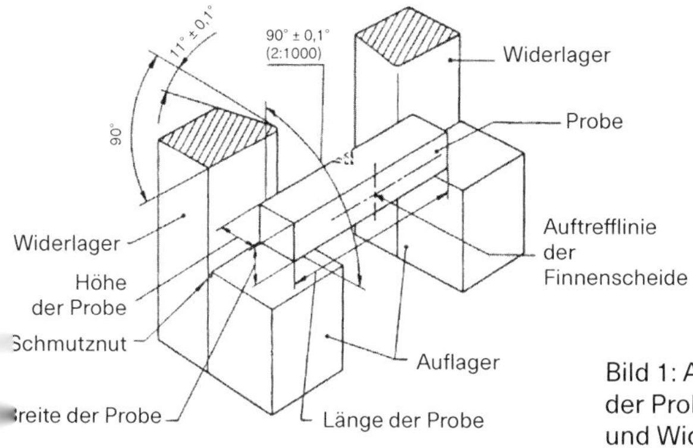

Bild 1: Anordnung der Probe, Auflager und Widerlager

Vergleichendes Verfahren der Werkstoffprüfung, benannt nach dem französischen Techniker und Materialwissenschaftler G. Charpy aus Montluçon, zur Beurteilung eines Materials hinsichtlich seiner Zähigkeitseigenschaften. Im Jahr 1909 anlässlich des V. Kongresses des Internationalen Verbandes für Materialprüfung der Technik wurden von Charpy für Schlagbiegeproben an eingekerbten Stäben die Einführung einheitlicher Formen der Probekörper und der Einkerbung vorgestellt und von der Kommission angenommen. Heute ist dieses Verfahren genormt nach DIN EN ISO 148 und als instrumentiertes Prüfverfahren nach DIN EN ISO 14556. Dabei wird die Kerbschlagbiegeprobe bei einer definierten Prüftemperatur von einem Pendelhammer mit einem Schlag zerbrochen oder gebogen und die verbrauchte Schlagenergie, ermittelt, welche dem Energieabsorbtionsvermögen des geprüften Werkstoffes entspricht. Die Kerbschlagbiegeprobe wird dabei so an zwei Widerlager angelegt, dass der Hammer auf der, der Kerbe abgewandten Seite aufschlägt. Zur Versuchsdurchführung werden Pendelschlagwerke verwendet.

Kerbschlagbiegeversuch nach Charpy –
Anordnung der Probe, Auflager und Widerlager [11]

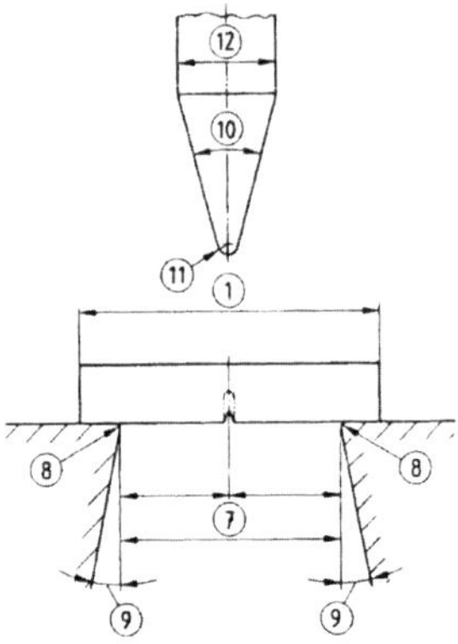

Charpy-U-Probe

Charpy-V-Probe

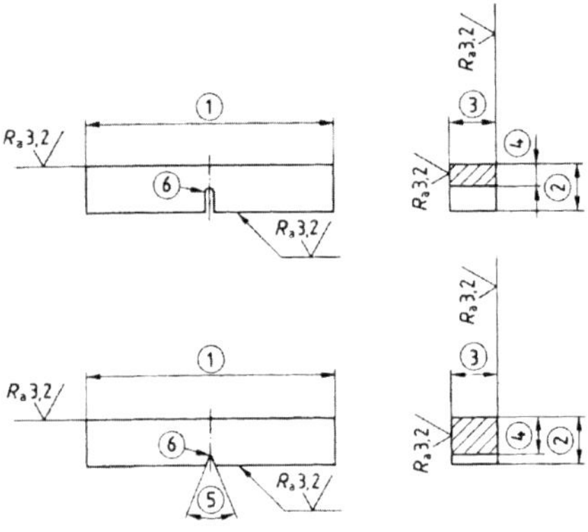

Bild 2: Kerbschlagbiegeversuch nach Charpy

Kerbschlagbiegeversuch nach Charpy

Tabelle 1: Benennungen

Nummer (Bild 2)	Benennung	Einheit
1	Länge der Probe	mm
2	Höhe der Probe	mm
3	Breite der Probe	mm
4	Höhe im Kerbgrund	mm
5	Kerbwinkel	Grad
6	Kerbradius	mm
7	lichter Abstand der Widerlager	mm
8	Rundungshalbmesser der Widerlager	mm
9	Hinterschnitt der Widerlager	Grad
10	Winkel des Finnenkeils	Grad
11	Rundungshalbmesser der Finnenschneide	mm
12	Hammerscheiben-Dicke	mm
	verbrauchte Schlagenergie KU oder KV	Joule

Tabelle 2: Zulässige Abweichungen der Probenmaße

Benennung	Probe mit U-Kerb			Probe mit V-Kerb		
	Nennmaß	Grenzabmaße		Nennmaß	Grenzabmaße	
			ISO[1]-Kurzzeichen			ISO[1]-Kurzzeichen
Länge der Probe	55 mm	± 0,60 mm	j_s 15	55 mm	± 0,60 mm	j_s 15
Höhe der Probe	10 mm	± 0,11 mm	j_s 13	10 mm	± 0,06 mm	j_s 13
Breite der Probe						
– Normal-Probe	10 mm	± 0,11	j_s 13	10 mm	± 0,11 mm	j_s 13
– Untermaß-Probe	–	–	–	7,5 mm	± 0,11 mm	j_s 13
– Untermaß-Probe	–	–	–	5 mm	± 0,06 mm	j_s 12
Kerbwinkel	–	–	–	45°	± 2°	–
Höhe im Kerbgrund	5 mm	± 0,09 mm	j_s 13	8 mm	± 0,06 mm	j_s 12
Kerbradius	1 mm	± 0,07 mm	j_s 12	0,25 mm	± 0,025	–
Abstand zwischen Kerbmitte und Stirnflächen der Probe [2]	27,5 mm	±0,42 mm	j_s 15	27,5 mm	± 0,42	j_s 15
Winkel zwischen Symmetrieebene des Kerbs und der Probenlängsachse	90°	± 2°	–	90°	± 2°	–
Winkel benachbarter Probenlängsflächen zueinander	90°	± 2°	–	90°	± 2°	–

[1] Nach ISO 286
[2] Für Pendelschlagwerke mit automatischer Positionierung der Proben wird ein Grenzabmaß von ± 0,165 anstelle von ± 0,42 empfohlen.

Bruchmechanik [12]

Die Bruchmechanik hat für Bauteile mit Anrissen oder rissähnlichen Fehlern Kriterien entwickelt, wie Risse unter äußerer Belastung wachsen und schließlich zum Bruch des Teils führen.

Linear-elastische Bruchmechanik (LEBM-Konzept)

Die linear-elastische Bruchmechanik (LEBM-Konzept) ermöglicht die quantitative Erfassung des Versagens rissbehafteter Bauteile als Folge instabiler Rissausbreitung bei statischer Beanspruchung beziehungsweise stabiler Rissausbreitung bei zyklischer Belastung. Voraussetzung dafür ist eine weitgehend linear-elastische Verformung bis zum Bruch. Es gilt das Spannungsintensitätskonzept. Ausgehend von dem Modell einer zugbeanspruchten Platte mit durchgehendem Mittelriss 2a (Bild 1) lässt sich das Spannungsfeld vor der Rissspitze durch den Spannungsintensitätsfakor K beschreiben. Für die Rissöffnungsart Modus 1 nach Bild 1 kann man die Spannungen vor der Rissspitze berechnen.

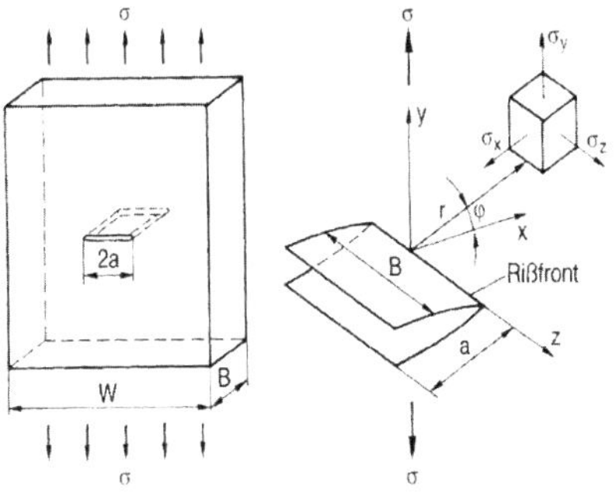

Bild 1:
Modell und Definition der Koordinaten sowie der Spannungskomponenten vor der Rissspitze

Der Spannungsintensitätsfaktor K_1 beschreibt die vor dem Innenriss in einer zugbeanspruchten Platte unendlicher Ausdehnung (2a << W) wirkende Beanspruchung:

$$K_1 = \sigma (\rho \cdot a)^{1/2}$$

Die endlichen Bauteilabmessungen und die Geometrie werden durch eine Korrekturfunktion f berücksichtigt, so dass die allgemeine Beziehung für den Spannungsintensitätsfaktor der Riss-öffnungsart 1 lautet

$$K_1 = \sigma (\rho \cdot a)^{1/2} \cdot f \ .$$

Die Dimension ist [MN/$m^{3/2}$] oder [N/$mm^{3/2}$].

Als Bruchkriterium ist der Beginn der instabilen Rissausbreitung eines zunächst ruhenden Risses (Risseinleitung) beim Erreichen eines kritischen Wertes des Spannungsintensitätsfaktors K_1 unter den Bedingungen des ebenen Dehnungszustandes definiert. Der kritische Wert wird als Bruchzähigkeit K_{1c} bezeichnet. Er charakterisiert als Werkstoffkennwert den Widerstand des Werkstoffs gegen die instabile, d. h. zum Sprödbruch führende Rissausbreitung.

Probeformen zur Ermittlung der Bruchzähigkeit zeigt Bild 2.

In ähnlicher Weise lässt sich bei schwingender Beanspruchung ein zyklischer Spannungsintensitätsfaktor ΔK bestimmen.
Das Konzept der LEBM wird ungültig, wenn sich der Werkstoff plastisch verhält, d. h., wenn vor der Rissspitze ausgedehnte Fießbereiche auftreten. In diesen Fällen helfen das CTOD-Konzept und das J-Integral-Konzept weiter.

Typ	Kurz-bezeich-nung	Merkmale	Probenform	Mindest-abmessungen
3-Punkt Biege-probe	3 PB	Quaderförmige Biegeprobe mit einseitigem Kerbgrundanriss an der längeren Schmalseite	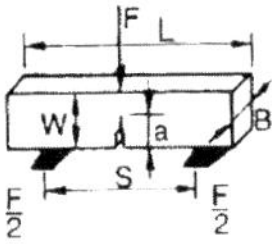	$a \geq 2{,}5$, $B \geq 2{,}5$, $W \geq 5.0$ $\left\} \cdot \left(\frac{K_{Ic}}{R_{eS}}\right)^2\right.$; $S = 4 \cdot W$; $L \geq 4{,}2 \cdot W$
Kom-pakt-Zug-probe, quadra-tisch	CT	Quaderförmige nahezu quadra-tisch begrenzte Zugprobe mit einseitigem Kerbgrundanriss und symmetrisch dazu angebrach-ten Krafteinlei-tungsbohrungen	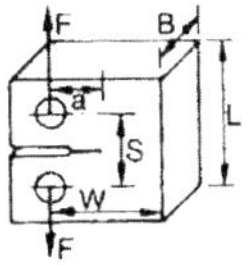	$a \geq 2{,}5$, $B \geq 2{,}5$, $W \geq 5{,}0$ $\left\} \cdot \left(\frac{K_{Ic}}{R_{eS}}\right)^2\right.$; $W = 2 \cdot B$; $L = 2{,}4 \cdot B$; $S = 1{,}1 \cdot B$
Kom-pakt-Zug-probe, rund	RCT	Zylinderför-mige Zugprobe mit radialem Kerbgrundanriss und symmetrisch dazu angebrach-ten Krafteinlei-tungsbohrungen	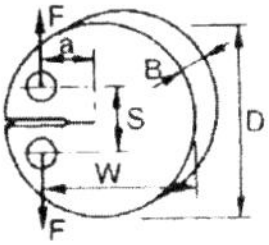	$a \geq 2{,}5$, $B \geq 2{,}5$, $W \geq 5{,}0$ $\left\} \cdot \left(\frac{K_{Ic}}{R_{eS}}\right)^2\right.$; $S = 0{,}41 \cdot D$; $D = 2{,}7 \cdot B$; $W = 0{,}74 \cdot D$

Bild 2: Probeformen zur Ermittlung der Bruchzähigkeit

CTOD-Konzept

Das CTOD-(crack tip opening displacement)Konzept beruht auf dem Vorgang, dass der Schädigungsmechanismus von einer kritischen plastischen Verformung an der Rissspitze kontrolliert wird. Ein Maß dafür ist der CTOD-Wert δ, der als Rissaufweitung an der ursprünglichen Rissspitze definiert werden kann (Bild 3).

Hier gilt für den Zusammenhang zwischen der Rissöffnung δ, der Bauteilspannung σ, der Fließspannung σ_F und der Risslänge a:

$\delta = (\pi \cdot \sigma^2 \cdot a)/(E \cdot \sigma_F)$.

Der Wert der Fließspannung kann aus der Streckgrenze bzw. der 0,2%-Dehngrenze und der Zugfestigkeit abgeleitet werden. Der Werkstoffkennwert δ_c charakterisiert den Werkstoffwiderstand gegen Risseinleitung, das heisst den Beginn der stabilen Rissausbreitung bei statischer Beanspruchung.

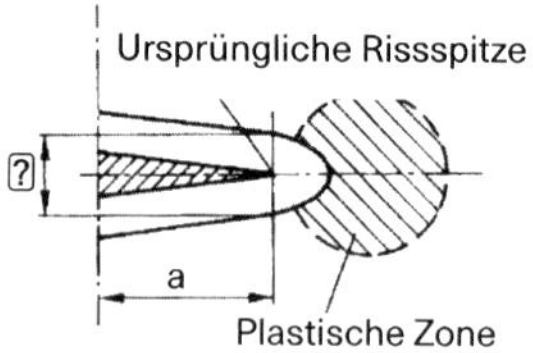

Bild 3: Definition der Rissspitzenöffnung δ als Rissweitung der ursprünglichen Rissspitze

J-Integral-Konzept

Das J-Integral-Konzept ist als Linienintegral bei geschlossenem Integrationsweg um die Rissspitze definiert und wird als technisches Bruchkriterium über die Änderung der Formänderungsenergie vor der Rissspitze, bezogen auf die sich bildende Rissfläche, bestimmt. Der Werkstoffkennwert J_c charakterisiert in Analogie zum CTOD-Konzept den Werkstoffwiderstand gegen Risseinleitung, d. h. den Beginn der stabilen Rissausbreitung bei statischer Beanspruchung.

Normung Schwingfestigkeitsversuch: DIN 50100

Durchführung und Auswertung von zyklischen Versuchen mit konstanter Lastamplitude für metallische Werkstoffproben und Bauteile.

Dauerschwingversuch [13, 14]

Der Versuch dient zur Ermittlung von Kennwerten für das mechanische Verhalten von Werkstoffen oder Bauteilen bei dauernder oder häufig wiederholter schwellender oder wechselnder Beanspruchung. Die Beamspruchung der Probe verläuft in Form eines Schwingungsvorganges (Bild 1).

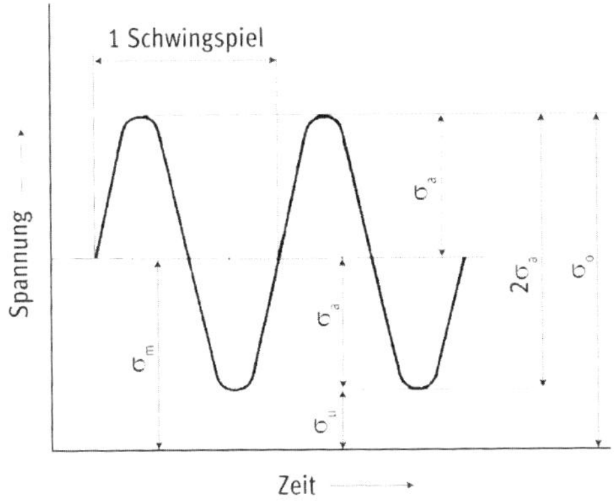

σ_o = Oberspannung
σ_m = Mittelspannung
σ_u = Unterspannung
σ_a = Spannungsausschlag
$2\sigma_a$ = Schwingbreite der Spannung

Bild 1: Spannungs-Zeit-Schaubild beim Dauerschwingversuch (schematisch)

Beanspruchungsbereiche

Zugbeanspruchungen gelten als positiv, Druckbeanspruchungen als negativ (Bild 2).

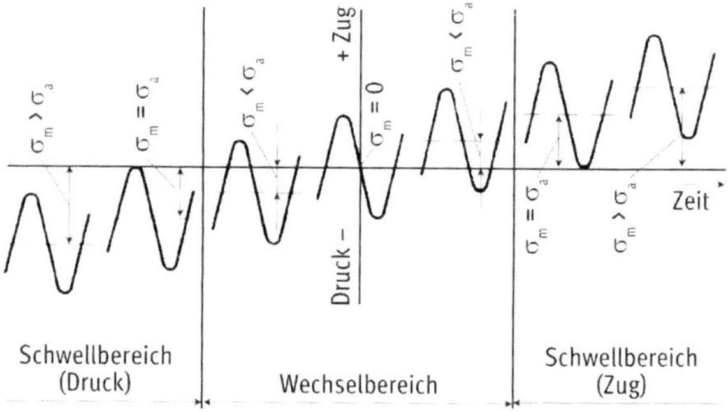

Bild 2: Bereiche der Schwingbeanspruchung

Zu unterscheiden ist zwischen

a) dem Zug-Schwellbereich, wenn σ_o und σ_u beide positiv sind
(σ_m ^ σ_a; s = σ_u / σ_o = 0 bis +1; r = σ_m / σ_o = +0,5 bis +1)

b) dem Wechselbereich, wenn σ_o und σ_u entgegengesetzte Vorzeichen haben
($\sigma_m < \sigma_a$; 0 > s ^ -1; +0,5 > r ^ 0)
und

c) dem Druck-Schwellbereich, wenn σ_o und σ_u beide negativ sind
(σ_m ^ σ_a; s = σ_u / σ_o = 0 bis +1; r = σ_m / σ_o = +0,5 bis +1)

Begriffe der Dauerschwingfestigkeit

Dauerschwingfestigkeit:

Die Dauerschwingfestigkeit (kurz Dauerfestigkeit) ist der um eine gegebene Mittelspannung schwingende größte Spannungsausschlag, den eine Probe „unendlich oft“ ohne Bruch und ohne unzulässige Verformung aushält.

Wechselfestigkeit:

Die Wechselfestigkeit ist der Sonderfall der Dauerfestigkeit für die Mittelspannung Null. Die Spannung wechselt zwischen gleich großen Plus- und Mittelwerten. Ihr Zahlenwert ist gleich dem der Ober- und Unterspannung.

Schwellfestigkeit:

Die Schwellfestigkeit ist der Sonderfall der Dauerfestigkeit für eine zwischen Null und einem Höchstwert an- und abschwellende Spannung; die Unterspannung ist Null, die Mittelspannung gleich dem Spannungsausschlag und die Schwellfestigkeit gleich der Schwingbreite.

Versuchsdurchführung

Wöhlerversuch

Am besten wird die Dauerfestigkeit nach dem Wöhlerverfahren ermittelt. Hierbei werden nacheinander 6 bis 10 hinsichtlich Werkstoff, Gestaltung und Bearbeitung völlig gleichwertige Proben gestaffelten Schwingbeanspruchungen unterworfen und die zugehörige Bruch- und Schwingspielzahlen festgestellt. Die für eine Probe zu Versuchsbeginn eingestellte Beanspruchung wird während der Prüfung nicht geändert. Dabei kann je nach dem Versuchsziel, dem zu prüfenden Werkstoff oder der Prüfmaschine entweder der Spannungs- oder der Verformungsausschlag gleichgehalten werden.

Je nach dem angestrebten Ergebnis (Wechselfestigkeit, Schwellfestigkeit, ...) wird σ_m oder σ_u für alle Proben einer Wöhlerreihe gleich gewählt.

σ_a oder σ_o wird von Probe zu Probe so gestaffelt, dass im Fortgang der Versuche schließlich jene größte Beanspruchung gefunden wird, die „unendlich oft“ ohne Bruch ertragen wird.

Die ermittelten Wertepaare Dauerbeanspruchung-Bruch-Schwingspielzahl werden in ein Schaubild mit logarithmisch geteilter Abszisse (Schwingspielzahl) und arithmetisch geteilter Ordinate (Dauerbeanspruchung) – in neuerer Literatur auch logarithmisch geteilt – eingetragen. Sie ordnen sich gesetzmäßig zu der sogenannten Wöhlerkurve an (Bild 3).

Versuchsauswertung Wöhlerschaubild, Wöhlerkurve [15]:

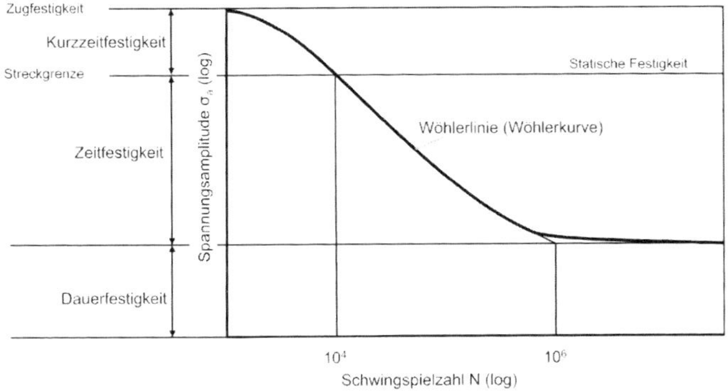

Bild 3: Spannungsamplitude σ_a in Abhängigkeit von der Bruchspielzahl N → Wöhlerkurve.

Dauerfestigkeitsschaubild

Das Dauerfestigkeitsschaubid ist die bildliche Darstellung aller aus einer Anzahl von Wöhlerkurven gewonnenen Werte der Dauerschwingfestigkeit für die verschiedenen Beanspruchungsbereiche (Wechselbereich und Schwellbereich). Es lassen sich für die gegebene Beanspruchungsart die Zusammenhänge, z. B. zwischen Mittelspannung, Spannungsausschlag, Oberspannung und Unterspannung, erkennen. Die weiteste Verbreitung hat in Deutschland das Dauerfestigkeits-Schaubild nach Smith (Bild 4) gefunden. In einem Achsenkreuz mit gleichen Maßstäben sind als Abzissen die Mittelspannungen σ_m und als Ordinaten die dazugehörigen Oberspannungen σ_o und Unterspannungen σ_u der Dauerfestigkeit aufgetragen, wodurch sich die obere und untere Begrenzungslinie des Diagramms (Grenzlinie der Oberspannung bzw. der Unterspannung) ergeben. Die unter 45° gezogene Mittellinie des Diagrammes enthält die Werte der Mittelspannungen. Der Spannungsausschlag der Dauerfestigkeit σ_A liegt also zwischen der 45°-Linie und den Grenzlinien der Ober- bzw. Unterspannung.

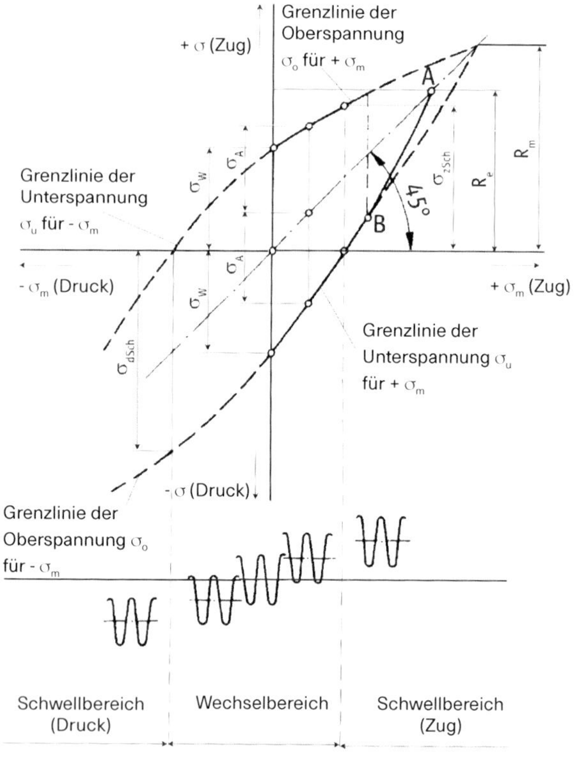

σ_m = Mittelspannung
σ_A = Spannungsausschlag
σ_o = Oberspannung
σ_W = Wechselfestigkeit
R_m = Zugfestigkeit

σ_{Sch} = Schwellfestigkeit
R_e = Streckgrenze
σ_u = Unterspannung

Bild 4: Dauerfestigkeits-Schaubild nach Smith (Schema)
Maßstäbe für Abzisse und Ordinate gleich [16]

Sichtprüfung [26]

Normen

DIN EN 13018 (2016-06): Sichtprüfung - Allgemeine Grundlagen

DIN EN 13927 (2003-05): Sichtprüfung Geräte

DIN EN 1330-10 (2003-10): Terminologie Teil 10: Begriffe für Sichtprüfung

DIN EN 1370 (2012-03): Gießereiwesen – Bewertung des Oberflächenzustandes

Die Sichtprüfung ist das Grundlegendste Verfahren der Zerstörungsfreien Werkstoffprüfung, es ist den meisten andern Verfahren vorangestellt und schnell und kostengünstig durchführbar. Die wichtigsten Voraussetzungen sind die Sehfähigkeit des Prüfers, die Belichtungsbedingungen am Prüfplatz, die Sauberkeit der Werkstücke und eine geringe Oberflächenrauheit. Oft verwendete Hilfsmittel sind unter anderem Lupen, Endoskope, Beleuchtungsgeräte, Spiegel und Skalen. Für den Prüfer müssen Merkmale vorgegeben werden auf die er während der Prüfung zu achten hat, Bedingungen festgelegt werden, welche eine Reproduzierbarkeit der Prüfung ermöglichen und Maßstäbe gesetzt werden, nach denen eine Bewertung erfolgen soll. Unterschieden wird in direkte (Auge, Lupen, Spiegel, Endoskope) und indirekte Sichtprüfung (Video- und Fotoaufzeichnung). Die wesentlichen Grenzen des Verfahrens liegen darin das der Fehler zur Oberfläche hin offen sein muss, die Sehfähigkeit des menschlichen Auges und die Prüfstelle muss frei zugänglich sein. Positiv ist die Einfachheit des Verfahrens, die Geschwindigkeit, die geringen Kosten und die Anwendbarkeit vor Ort am Prüfteil.

Weiterführende Literatur:
K. Schiebold, Zerstörungsfreie Werkstoffprüfung – Sichtprüfung, Springer-Verlag Berlin Heidelberg 2015

Durchstrahlungsprüfung mit Röntgen- und Gammastrahlen

Normen

DIN EN 13068 (2000-02): Radioskopische Prüfung

DIN EN ISO 19232 (2013-12): Bildgüte von Durchstrahlungsaufnahmen

DIN EN 12681-1 (2018-02): Gießereiwesen – Durchstrahlungsprüfung – Teil 1: Filmtechniken;

DIN EN 12681-2 (2018-02): Gießereiwesen – Durchstrahlungsprüfung – Teil 2: Technik mit digitalen Detektoren;

Die Europäische Norm DIN EN 12681 legt im Teil 1 die besonderen Vorgehensweisen für die industrielle Durchstrahlungsprüfung mit Röntgen- und Gammastrahlen zum Nachweis von Ungänzen mit NDT-Filmtechniken fest; Teil 2 die Anforderungen an die digitale Durchstrahlungsprüfung von Gussstücken entweder mit Computer-Radiographie oder mit digitalen Matrixdetektoren.

Das Verfahren

Röntgenstrahlen haben die Eigenschaft, dass sie Materie durchdringen. Diese Strahlen werden aber je nach Material und durchstrahlter Weglänge unterschiedlich stark abgeschwächt. Dies hängt im Wesentlichen von der Wellenlänge der Strahlung und der Kernladungszahl (Ordnungszahl) des Materials ab. Diese Eigenschaft ermöglicht es unterschiedliche Wandstärken, Materialien oder volumenhafte Defekte mit Hilfe eines Detektors abzubilden.

Das in der Gießerei verbreitete Verfahren ist die Durchstrahlungsprüfung mittels digitaler Radioskopie. Durch Bildverstärker, Flachbilddedektoren oder mit Röntgenkamerasystemen erfolgt die Anzeige eines Live-Bildes des untersuchten Teils auf einem Monitor, die digitale Weiterverarbeitung der Daten ist möglich. Das Verfahren ermöglicht insbesondere die Erkennung von Fehlstellen oder die Überprüfung von Kanälen auf Freigängigkeit. Eine exakte Lage und Größe jenseits der Durchstrahlungsrichtung kann mit der digitalen Radioskopie nicht einwandfrei bestimmt werden. Die Anwendung erfolgt bei der Prüfung von Gussteilen im Rahmen der Qualitätskontrolle in Form von Stichprobenprüfungen bis hin zur 100-%-Inline-Prüfung.

Die Computertomographie (CT) [19]

ist eine Erweiterung der digitalen Radioskopie. Von einem Objekt werden viele radioskopische Abbildungen (Projektionen) aus verschiedenen Perspektiven angefertigt. Aus diesen Projektionen wird dann von einer Software ein 3D-Volumendatensatz berechnet (Rekonstruktion). Das berechnete 3D-Volumen enthält die komplette präzise Erfassung des gesamten Prüfobjektes, es kann virtuell an jeder beliebigen Stelle angeschnitten werden, um die inneren Strukturen des Objekts zu analysieren und/oder zu messen. Die Analyse von Gefügen erfolgt, indem eine CT von einer Bauteilprobe mit einer Mikrofokusquelle und starker Vergrößerung der Abbildung angefertigt wird. Zur Darstellung von dendritischen Strukturen werden bei dieser Anwendung Ortsauflösungen von kleiner 1 µm angestrebt. Zur Anwendung kommen folgende Verfahren:

Fächerstrahl-CT mit Zeilendetektor

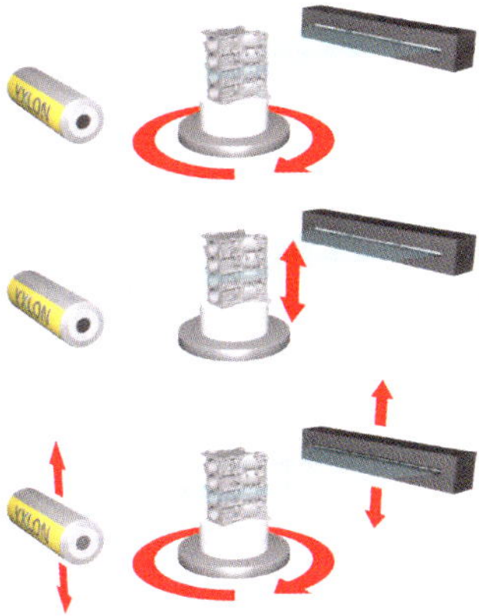

a)
b)
c)

Das Objekt dreht sich um 360°(a), wobei viele Projektionen aufgenommen werden, die dann zu einem 2D-Schichtbild rekonstruiert werden. Daher wird die Fächerstrahl-CT manchmal auch 2D-CT genannt. Verfährt nun das Objekt (b) oder Röhre und Detektor (c) ein kleines Stück vertikal, lässt sich anschließend ein weiteres 2D-Schichtbild aufnehmen. Dieser Vorgang kann so lange wiederholt werden, bis das gesamte Objekt gescannt wurde und man ein vollständiges 3D-Volumen erhält.

Kegelstrahl-CT mit Flächendetektor

Das Prüfteil dreht sich um 360° und der Detektor nimmt das Bild aus den verschiedenen Perspektiven jeweils vollständig auf. Dieses Verfahren ist wesentlich schneller als die Fächerstrahl-CT. Allerdings kann die Bildqualität durch störende Artefakte oder Streustrahlung stärker beeinträchtigt werden als bei der Fächerstrahl-CT.

Helix-CT

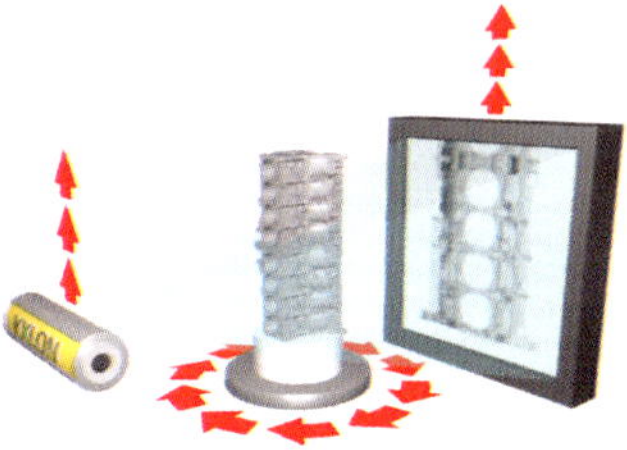

Die Helix-CT erlaubt das einfache Scannen von hohen Objekten, indem zwei Bewegungen kombiniert werden: Das Objekt dreht sich und gleichzeitig bewegen sich Röhre und Detektor vertikal, sodass effektiv eine Schraubenbewegung entsteht. Die Projektionen werden dabei in der Regel während der Bewegung aufgenommen und anschließend mit speziellen Algorithmen rekonstruiert.

Die CT-Technologie ermöglicht die präzise und vollständige Erfassung des zu prüfenden Teiles mit seinen inneren Strukturen und wenn vorhanden, der Lage und Größe von Defekten im Raum.

Es kann eine Prüfung der Maßhaltigkeit erfolgen, wie auch ein Soll-Ist-Vergleich mit den vorgegebenen CAD-Daten.

CT-Metrologie [20]

CT-Metrologie ist die Technologie des dimensionellen Messens mit Computertomografie. Je kompakter Bauteile gefertigt werden, desto wichtiger ist nicht nur eine genaue Fehleranalyse, sondern auch das präzise Bestimmen der äußeren und inneren Geometrien. Mit Hilfe der Computertomografie können diese Aufgaben erfolgreich gelöst werden, da sie auch dort Ergebnisse liefert, wo optische oder taktile Messmethoden an ihre Grenzen stoßen.

Im Gegensatz zu taktilen und optischen Messverfahren produziert die CT-Technologie Volumendaten, die sämtliche geometrische Informationen eines Prüfteils enthalten. Auf Basis dieser Daten kann eine große Bandbreite umfassender Analysen durchgeführt werden. Eine nahezu grenzenlose Anzahl von Referenzpunkten kann genutzt werden, um das komplette Teil zu messen sowie Kavitäten und Materialschnittstellen bei Baugruppen und Hybriden zu be-stimmen. Lufteinschlüsse und Fremdmaterial können nicht nur gefunden, sondern genauestens lokalisiert werden. Lunker- und Porenanalysen bewerten das Prüfteil anhand von vorgegebenen Toleranzen. Wandstärken können präzise überprüft und im Vergleich zu den CAD-Daten bewertet werden. Darüber hinaus können auf Grundlage der CT-Daten sogar die Konstruktionsdaten korrigiert und das Endprodukt optimiert werden (Reverse Engineering).

Grundlage für die Metrologiefähigkeit eines Computertomografiesystems ist die Optimierung der Bildkette entsprechend der Anforderungen an die Messergebnisse. Nicht nur eine leistungsstarke Röntgenröhre und ein hochauflösender Detektor, die für optimale Detailerkennbarkeit sorgen, sind Vorbedingung für dimensionelles Messen mit CT. Vielmehr ist die besondere Stabilität des Brennflecks eine wichtige Bedingung für zuverlässige und reproduzierbare Messergebnisse. Dies kann nur durch eine konstante Umgebungstemperatur gewährleistet werden, also eine maximale Kompensierung der durch die Erzeugung von Röntgenstrahlung produzierten Wärme. Eine wassergekühlte Röntgenröhre wie aus der YXLON Feinfocus FXE-Serie hat sich hier erfolgreich bewährt.

Stabilität muss auch für die Manipulation des Prüfteils gewährleistet sein. Es muss präzise und wiederholbar im CT-System eingespannt werden können. Dies wird durch spezielle Teilehalter und hochpräzise Maßverkörperungen unterstützt. Da Granit träge auf Wärmeeinflüsse reagiert, bildet er die beste Basis für einen langzeitstabilen und präzisen Manipulator. Die Möglichkeit, den Fokus-Detektor-Abstand und den Fokus-Objekt-Abstand frei zu wählen, ermöglicht optimale, detailreiche Bildqualität. Ein automatischer Crash-Schutz sichert die Verfahrwege des Prüfteils über die Software ab, die wesentlich präziser arbeitet, als Anwender es manuell mit optischer Kontrolle könnten. All diese Anforderungen und Erfahrungswerte konnten erfolgreich in den YXLON FF20/35 CT-Systemen umgesetzt werden.

Nachdem das Prüfteil komplett gescannt worden ist, werden sowohl die Rekonstruktion mit der entsprechenden Rekonstruktionssoftware als auch die diversen Messaufgaben mit der gewählten Auswertesoftware unabhängig vom CT-System und unabhängig vom Prüfteil durchgeführt. Je nach Anforderung wird die Genauigkeit der Messungen mit Hilfe von geeichten Prüfkörpern überprüft und nachgewiesen. Die Wiederholgenauigkeit muss regelmäßig überprüft und dokumentiert werden. Die Rückführbarkeit und Genauigkeit des Systems wird anhand der Technischen Richtlinie VDI/VDE 2630 überprüft und dokumentiert. Ziele des Einsatzes dieser Technologie sind die zukunftssichere Qualitätssicherung, die Entwicklung und Überprüfung neuer Produkte mit komplexen inneren Strukturen und die Optimierung der Produktionsprozesse.

Anwendungsbeispiel Zylinderkopf aus Aluminiumdruckguss:

Mittels CT-Metrologie kann die Produktsicherheit und die Funktionalität eines komplexen Zylinderkopfes, der in unserem Falle bereits endbearbeitet ist, überprüft und sichergestellt werden.

Im Rahmen der **Qualitätssicherung** können zum Beispiel Lufteinschlüsse, Poren und Risse in Gussteilen mit der CT-Metrologie einfach und sicher entdeckt und bewertet werden (Bild 1). Lage und Form des Defekts werden genau dargestellt und die Dimensionen präzise gemessen. Anhand vorgegebener Toleranzwerte führt die Softwareeine Defektanalyse durch, die je nach Anforderung am 3D-Volumen (Bild 4) als auch an 2D-Schnitten (Bild 5) dargestellt werden kann. Bei Feststellung von Tendenzen werden die Resultate an die Produktion zurückgemeldet, um erforderliche Optimierungen vorzunehmen.

Soll-Ist-Vergleiche werden mittels Computertomografie schnell und einfach durchgeführt, indem die CT-Daten direkt mit den CAD-Daten verglichen werden. Auch Ist-Ist-Vergleiche zur Überwachung des Fertigungsprozesses oder einzelner Chargen untereinander oder gegenüber einem abgemusterten Stand, können problemlos und ohne hohen Zeitaufwand abgeleitet werden. Abweichungen werden auf einen Blick erkannt und werden unter Berücksichtigung vorgegebener Toleranzen von der Software anhand von Farb- und Messskalen dargestellt und bewertet.

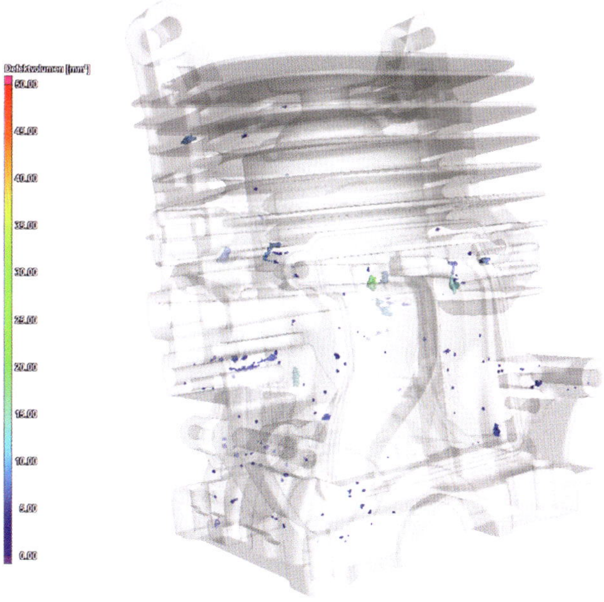

Bild 1: Verteilung der Ungänzen im Gussteil

Genaue **Messungen der Oberflächen** stellen die Sicherheit und die Funktionsfähigkeit des Prüfteils sicher (Bild 2 und 3). Sind die Wandstärken entsprechend der Vorgaben ausreichend, Durchgänge frei, Zylinder passgenau und Schraubengewinde in den korrekten Maßen?

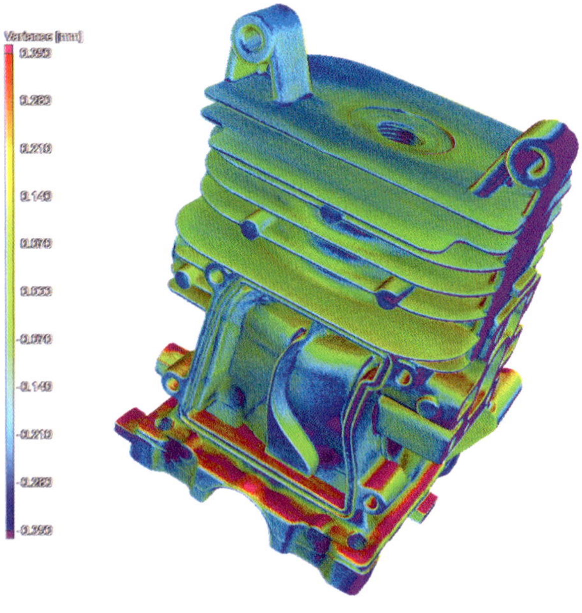

Bild 2: Farbliche Darstellung der Maßabweichungen

CT-Metrologie stellt die Funktionalität der äußeren und inneren Strukturen direkt nach der Produktion zerstörungsfrei sicher.

Mit der CT-Metrologie kann eine erweiterte Porositätsanalyse zuverlässig durchgeführt werden. Der Porositätsanteil besonders an kritischen Stellen wird analysiert, und es wird sichergestellt, dass ein definierter Wert nicht überschritten wird. Hohlräume können präzise ausgewertet und bewertet werden, so dass Aussagen zum Versagensrisiko des Bauteils abgeleitet werden können.

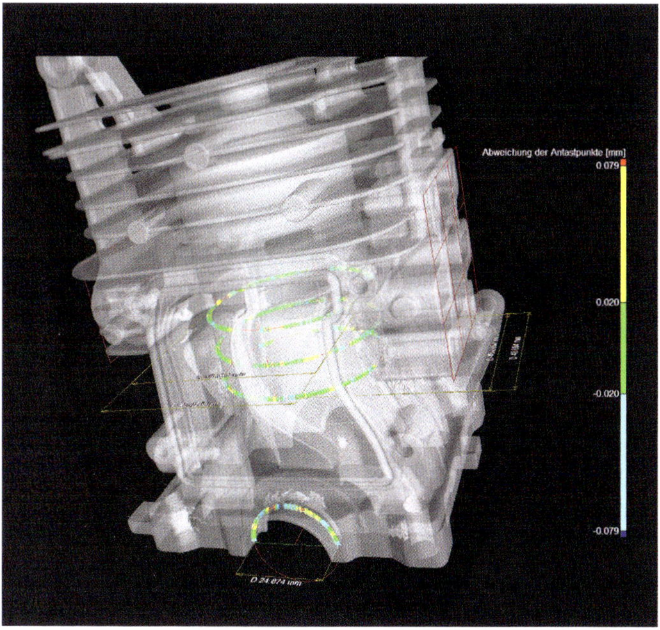

Bild 3: Toleranzdarstellung ausgewählter Konturen

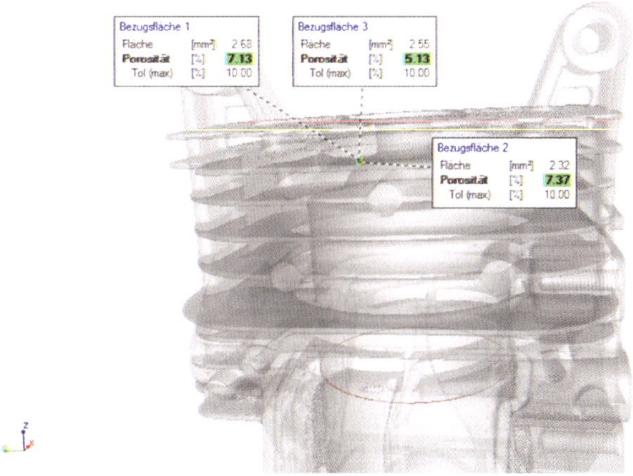

Bild 4: 3D-Volumen-Darstellung mit Fehlerquantifizierung

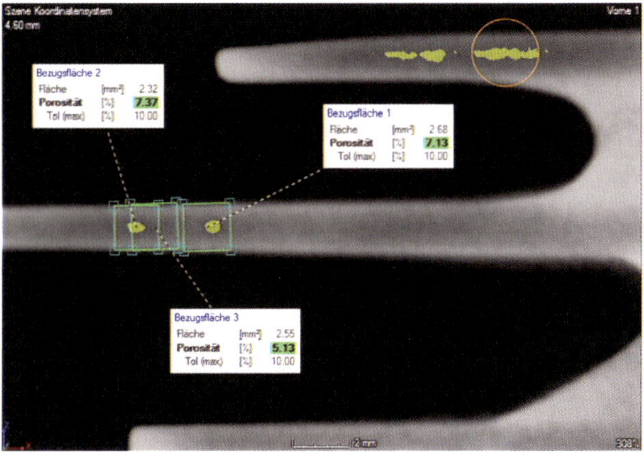

Bild 5: 2D-Schnitt im Fehlerbereich und Quantifizierung der Fehlstelle

Spektroskopie

Bezeichnet physikalische Methoden, die Strahlung nach bestimmten Eigenschaften wie Energie, Wellenlänge oder Masse zerlegt. Die erzeugten Spektrallinien oder Banden, sind für jedes Material einzigartig. Je nach Material und/oder der zu bestimmenden chemischen Elemente werden unterschiedliche Methoden angewandt. Im Nachfolgenden sind die in der Gießerei gängigen kurz erläutert:

OES (optische Emissionsspektrometrie oder Funken-Bogen-Spektrometrie)

Durch einen Lichtboden wird auf der elektrisch leitenden Probe Material verdampft, die dabei freigesetzten Atome und Ionen werden zur Emission von Strahlung angeregt. Über den direkten Lichtweg oder einen Lichtwellenleiter wird die Strahlung an Optische Komponenten geleitet und dort zerlegt. Anschließend wird mittels CCD/CMOS oder PMT das Licht erfasst, die Strahlungsintensität verhält sich proportional zur Konzentration des Elements.

Optische Spektren sind immer Materialspezifisch, sodass mit Standards kalibriert werden muss. Das Ergebnis wird in Prozent angegeben, nach Abgleich mit im Gerät gesicherten Kalibierdaten. Auch eine ausreichende Vorbereitung der Probenoberfläche ist nötig, um Verunreinigungen, welche die Messung stören könnten, zu entfernen.

OES-Geräte sind meist stationär für hohe Genauigkeiten, aber auch portabel erhältlich und werden da vorrangig zur Schrottsortierung bei Material oder Legierungselementen mit kleinen Ordnungszahlen verwendet.

Vorteile:

- Hohe Genauigkeit
- Schnell (3–10 Sekunden pro Messung)
- Kleine Ordnungszahlen (Li, B, C) können detektiert werden

Nachteile:

- Probenvorbereitung nötig
- Argon nötig
- Kalibrierung mit Standards nötig
- Brandfleck auf der Probe

Normen:

- DIN 51008-1 (2004-05): Optische Emissionsspektrometrie (OES) - Teil 1: Begriffe für Systeme mit Funken und Niederdruckentladungen
- DIN 51008-2 (2001-12): Optische Emissionsspektrometrie (OES) - Teil 2: Begriffe für Systeme mit Flammen und Plasmen
- DIN 5030-1 (2024-07): Spektrale Strahlungsmessung; Begriffe, Größen, Kennzahlen

Quellen:

- Bargel, Schulze: Werkstoffkunde, SpringerVieweg
- Schmidt: Optische Spektroskopie
- https://www.spektrometrie.info/files/oes-spektrometrie__grundlagen.pdf
- Kiauka: Optische Emissionsspektroskopie, Castell-Verlag

RFA (Röntgenfluoreszenzanalyse)

Über einen Röntgenstrahl wird im Material eine Röntgenfluoreszenzstrahlung angeregt, welche anschließend analysiert wird. Diese gibt Aufschluss über die Zusammensetzung der Probe. Dabei können die Elemente Fluor bis Uran detektiert werden, egal ob Pulver, Flüssigkeit, Paste oder Feststoff. Somit wird die RFA hauptsächlich für die Analyse von Leichtmetallen verwendet. Für die Materialbestimmung kommen meist mobile Geräte zum Einsatz, die Genauigkeit liegt bei etwa 0,05%. Die Messzeiten sind dabei mit unter 10 Sekunden sehr gering und es kann bei geringer bis keiner Probenvorbereitung, ohne Beeinflussung der Oberfläche, gemessen werden. Die im Gerät hinterlegten Datenbanken zeigen sofort das wahrscheinliche Material an. Neben Metallen ist die Analyse von sämtlichen anderen Stoffen möglich, wie z.B. Holz, Polymeren, Erzen oder Boden. Zu beachten ist die Einhaltung des Strahlenschutzes, da diese gemäß §3 RöV genehmigungspflichtig sind.

Vorteile:

- auch komplizierte Geometrien messbar
- keine Beeinflussung der Probenoberfläche
- schnelle Messung (3-10 Sekunden)
- Elemente ohne Vorkalibrierung detektierbar
- Mobil unkompliziert als „Mess-Pistole“ einsetzbar

Nachteile

- Genehmigungspflichtig, Strahlenschutz zu beachten
- keine Elemente kleiner F sicher auswertbar
- evtl. Probenvorbereitung nötig

Normen:

- DIN 51418-1 (2008-08)
- DIN 51418-2 (2015-03)

Quellen:

- Bargel, Schulze: Werkstoffkunde, Springer Vieweg
- Schramm: Röntgenfluoreszenzanalyse in der Praxis

LIBS (Laser induced breakdown spectroscopy)

Die laserinduzierte Plasmaspektroskopie ist ein Verfahren, welches sehr schnell und genau qualitativ sowie quantitativ messen kann. Dabei wird mittels Laser die Oberfläche der Probe im Milligramm-Bereich verdampft und in einen Plasmazustand überführt. Das dabei von den angeregten Ionen und Atomen emittierte Spektrum wird mittels CCD oder PMT aufgenommen und vom Gerät in Sekundenschnelle ausgewertet. Die Beeinflussung der Oberfläche ist minimal und Vorbereitungen dieser sind meist nicht nötig, da über im Gerät integrierte Funktionen die Oberfläche mittels Laser vorgereinigt werden kann. Verbaut werden Klasse-3B-Laser, wofür vom Betrieb ein Laserschutzbeauftragter gestellt werden muss.

Vorteile:

- Untersuchung von festen, flüssigen oder gasförmigen Zuständen möglich
- beliebige Geometrien messbar
- sehr schnelle Messung (ca. 1–2 Sekunden)
- hohe Genauigkeit
- wenig bis keine Probenvorbereitung nötig

Nachteile:

- teuer
- Laserschutz zu beachten
- sehr kleiner Spot, bei inhomogenen Materialien keine Aussage über die generelle Zusammensetzung möglich
- alle Elemente detektierbar, bei mobilen Anwendungen meist kein C, P, S und N sinnvoll messbar
- Kalibrierung mit Standards nötig

Normen:

- ASTM D 8182:2018 Standard Test Method for Alloy Classification of Wear Debris using Laser-Induced Breakdown Spectroscopy (LIBS)

Quellen:

- Demtröder: Laserspektroskopie 1&2
- https://www.analyticon.eu/de/libs.html

GDOES (Glow Discharge Optical Emission Spectroscopy)

Das GDOES-Verfahren wird vorrangig zum Messen von Schichten angewandt, findet aber bei der Bestimmung von Randschichten seine Anwendung. So können Randent- und Aufkohlung, Carbidbildung, aber auch Nitriteinlagerung zweifelsfrei und ohne Schliffpräparation festgestellt werden. Die Probe dient dabei als Kathode, je nach Gerät wird eine Gleich- oder Wechselspannung angelegt. Vorteil der Wechselspannung ist, dass auch nichtleitende Proben gemessen werden können. Die Probe wird mittels Kathodenzerstäubung durch Argonionen abgetragen und die im Plasma angeregten Atome emittieren charakteristische Wellenlängen, welche anschließend im Spektrometer detektiert werden können. So sind Abtragstiefen bis 200µm in wenigen Minuten möglich und Genauigkeiten im Bereich von 0,01% zu erreichen.

Vorteile:

- hohe Genauigkeit
- kleine Ordnungszahlen (Li, B, C, N) können detektiert werden
- schnelle Messung innerhalb weniger Minuten
- Verläufe in die Tiefe möglich

Nachteile:

- Probenvorbereitung nötig
- keine gewölbten Oberflächen messbar
- Argon nötig
- Kalibrierung mit Standards nötig
- tiefer Sputterfleck auf der Probe
- nicht direkt am Bauteil möglich

Normen:

- DIN ISO 14707 (2023-05): Chemische Oberflächenanalyse – Optische Glimmentladungs-Emissionsspektrometrie (GD-OES) – Einführung in die Anwendung
- DIN ISO 11505 (2018-02): Chemische Oberflächenanalyse – Allgemeine Verfahren zur quantitativen Tiefenprofilanalyse der Zusammensetzung mittels optischer Glimmentladungs-Emissionsspektrometrie

Quelle:

- https://www.spectruma.de/de/gdoes-theorie.html

Akustische Prüfverfahren

Anwendungsgebiete

	Prüfaufgabe	**Anwendungsbeispiele**
Akustische Materialprüfung	Gefügeprüfung von metallischen Bauteilen	Bremssattel, Bremshalter, Achsschenkel, Schwungscheiben, Anpressplatten
	Rissprüfung	Aluminiumgehäuse, Rotoren, Statoren, Synchronringe, Bremssattel, Bremshalter, Keramikbremsscheibe, Keramiksetter, Kettenräder, Tiefziehteile, Tondachziegel, Turbowellen-lager, Zahnriemenräder, Zahnstangen,
	Eigenfrequenzmessung	Bremsscheiben, Lenksäulen, Laufräder
Akustische Funktionsprüfung	Geräuschprüfung, Funktionsüberwachung	EC-Motoren, Schrittmotoren (Serie und Labor), Autositze, Schiebe-dachantriebe, Verdeckverschlüsse, Jalousieantriebe, Rolladenantriebe, elektrische Feststellbremsen, PKW-Wasserpumpen, Lagergeräusche (Lebensdauerüberwachung)
Akustische Prozesskontrolle	Schwingungsüberwachung, Prozessüberwachung	Knackgeräusche, Befüllung von Reifen, Verklebung von Glasscheiben,

Resonanzprüfung

Nutzung der physikalischen Eigenschaft der Eigenschwingungen der Bauteile:

Jeder frei schwingende Körper besitzt mehrere Eigenfrequenzen oder auch Schwingungsmoden. Die Art der Ausbreitung und die Richtung der Schwingung kennzeichnen diese Moden. In Festkörpern ist die die Überlagerung von Longitudinalwellen und Transversalwellen zu sehen. Die Schwingungen des Prüfkörpers, die von seiner gesamten Oberfläche ausgehen, regen die umgebende Luft an. Der entstehende Luftschall wird von den Sensoren erfasst.

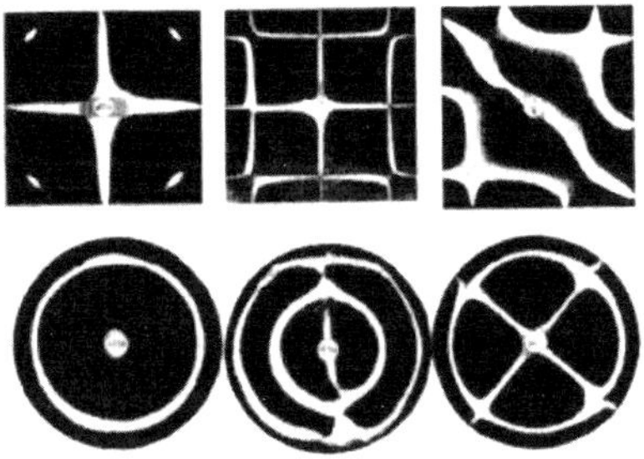

Chladnische Klangfiguren

Die Eigenschwingung kann durch eine Anregung stimuliert und deren Dämpfung ausgewertet werden.

Schwingsignale bestehen in der Regel aus vielen gleichzeitig auftretenden Frequenzen, so dass sich aus dem zeitlichen Verlauf nicht unmittelbar der Anteil der einzelnen Frequenzen ablesen lässt.

Die Eigenfrequenz eines schwingfähigen Systems ist die Frequenz, mit der das System nach einmaliger Anregung schwingen kann. Wird ein System von außen mit einer Frequenz angeregt, deren Frequenz mit der Eigenfrequenz übereinstimmt, reagiert das System mit einer besonders großen Amplitude, die man als Resonanz bezeichnet.

Die Eigenschwingungen werden von den Materialeigenschaften (Dichte, E-Modul, Gefügestruktur usw.) und der Bauteilgeometrie (z. B. Masse, Steifigkeit, Wanddicken) bestimmt. Bauteilfehler wie z. B. Risse, Faltungen, Lunker, Dichteabweichungen, fehlerhafte Verbindungen beim Schweißen und die Vollständigkeit eines Bauteils beeinflussen das Prüfergebnis.

Die akustische Resonanzprüfung (Klangprüfung) ist ein vergleichendes Prüfverfahren, das eine Gut-Schlecht-Trennung möglich macht.

Komplexe Baugruppen oder auch komplette Produkte können geprüft werden und führen zu Informationen über den Zustand eines Produktes.

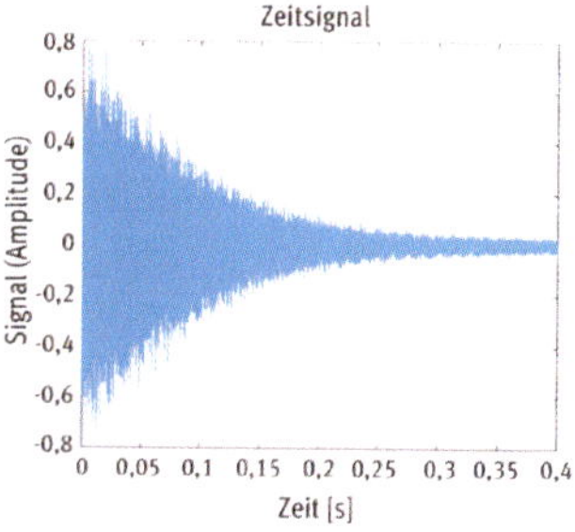

Zeitlicher Schwingungsverlauf nach der Anregung [22]

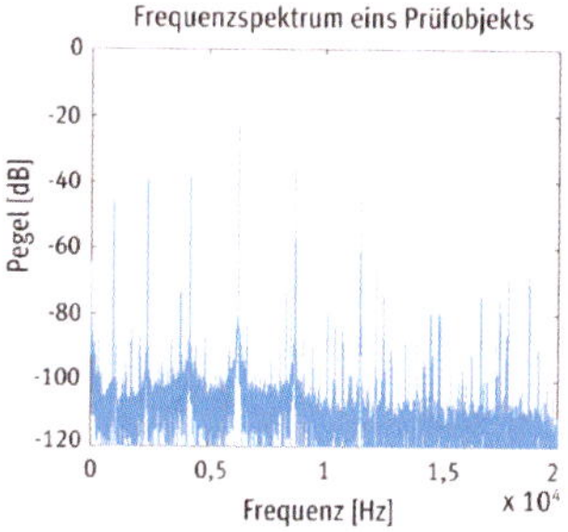

Frequenzspektrum: Transformation der Schwingung in Eigenfrequenzen zwischen 0 und 20.000 Hz [22]

Prüfaufbau der akustischen Materialprüfung

Positionierung

Für die Erzeugung reproduzierbarer Prüfergebnisse ist eine einheitliche, stabile Auflage der Bauteile sicherzustellen.

Schwingungsanregung

Die Schwingungsanregung muss reproduzierbar an der gleichen Stelle des Bauteils erfolgen. So sind die Aufnahmevorrichtungen des Bauteils nach den Toleranzen (Rohteil- oder Fertigteiltoleranz) in der Fertigungsstreuung auszulegen.

Schwingungsmessung

Die Position der Sensoren zur Signalaufnahme (vorzugsweise berührungslos arbeitende Sensoren wie z. B. Mikrofone oder Laservibrometer) muss für die Prüfung reproduzierbar festgelegt und fixiert sein.

Messwertauswertung

Das Signal des Sensors, der die Schwingungen berührungslos misst, wird digitalisiert und im Rechner über die Fast Fourier Transformation (FFT) in seine Frequenzbestandteile zerlegt.

Für die Auswertung ist die Kenntnis der Schwingungsmodi des Bauteils hilfreich:

- Erkennen der Sektoren des Bauteils die geprüft werden sollen,
- Anregung der wichtigen Schwingungsmodi und Messmöglichkeit der zugehörigen Eigenfrequenzen.

Grundjustierung der Messeinrichtung mit einer größeren Teilestückzahl zur Festlegung des Toleranzbereiches für IO-/NIO-Teile. Gegebenenfalls sind präparierte Fehlerteile zu verwenden.

Statistische Auswertungen der Prüfergebnisse von Prüflosen. Wiederholung der Justierung nach den Prüfergebnissen (Adaption der Auffälligkeitsgrenzen) und der Auswertung von Pseudofehlern.

Ausführungsbeispiel: Serienprüfung eines rotationssymmetrischen Werkstücks [23]

Akustische Prüfverfahren sind heute in der Lage, fertigungsintegriert Fehler an Komponenten und Baugruppen sowie Veränderungen im Fertigungsprozess oder den Bauteilen zu erkennen. Die Entscheidung über die Verwendbarkeit des geprüften Teiles kann sofort im Fertigungstakt erfolgen.

Häufige Anwendungen der Resonanzanalyse liegen bei der fertigungsintegrierten qualitativen Nodularitätsgradbestimmung von GJS vor.

Ein weiterer Einsatzfall ist die Resonanzprüfung vom Bremsscheiben zur Beurteilung der Toleranzlage kritischer Eigenfrequenzen für den späteren Zusammenbau.

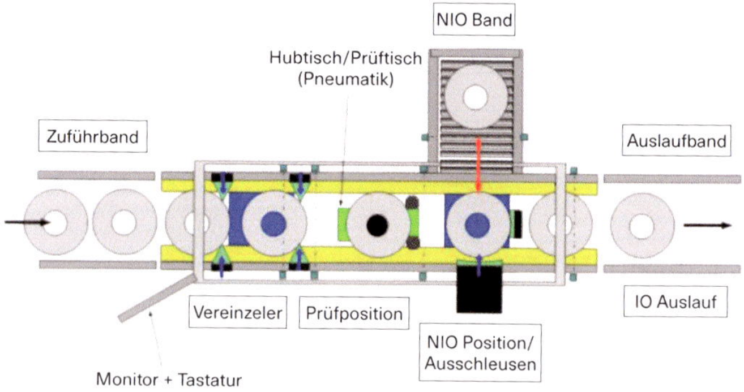

Die Werkstücke werden im Prüfstand vereinzelt und über einen Scharnierbandförderer zur Prüfposition transportiert. Stopper zen-trieren das Werkstück gemäß seinem Durchmesser mittig zur Prüf-station. Der Hubtisch der Prüfstation hebt das Teil in die Prüfposition. Dort wird das Teil zur Schwingungen angeregt und vermessen. Ein Prüfrechner bewertet in Sekundenbruchteilen das Ergebnis. NIO-Werkstücke werden automatisch auf eine NIO-Ablage ausgesteuert und IO-Teile können mit dem Ergebnishinweis markiert und weitertransportiert werden.

Ultraschallprüfung

Normen

DIN EN 12680-1 (2003-06) und Entwurf (2024-02)
Gießereiwesen – Ultraschallprüfung
Teil 1: Stahlgussstücke für allgemeine Verwendung

DIN EN 12680-2 (2003-06) und Entwurf (2024-02)
Gießereiwesen – Ultraschallprüfung
Teil 2: Stahlgussstücke für hoch beanspruchte Bauteile

DIN EN 12680-3 (2012-02) und Entwurf (2024-02)
Gießereiwesen – Ultraschallprüfung
Teil 3: Gussstücke aus Gusseisen mit Kugelgraphit

DIN EN ISO 9712 (2022-09)
Zerstörungsfreie Prüfung – Qualifizierung und Zertifizierung von Personal der zerstörungsfreien Prüfung

DIN EN 16090 (2020-02)
Kupfer und Kupferlegierungen – Bestimmung der mittleren Korngröße durch Ultraschall

Verfahren

Die Ultraschallprüfung wird eingesetzt, wenn Fehler in Bauteilen geortet und Fehlergrößen bestimmt werden sollen. In Gussteilen können das z. B. Inhomogenitäten, Lunker, Poren sein.

Bei dem Verfahren wird ausgenutzt, dass der Schall beim Durchgang durch ein Werkstück an Fehlern ganz oder teilweise reflektiert wird. Somit kann ein Echo erzeugt werden oder der Schall wird infolge der Abschattung durch den Fehler geschwächt. Dabei muss sich die Schallgeschwindigkeit des zu detektierenden Objektes von der des Grundmaterials unterscheiden.

Hauptsächlich kommt das Impuls-Echo-Verfahren zum Einsatz (Bild 1). Der verwendete Prüfkopf arbeitet gleichzeitig als Sender und Empfänger. Der Ultraschallimpuls wird vom Prüfkopf ausgesendet, vom Fehler reflektiert und vom Prüfkopf wieder empfangen. Aus der Höhe der Echoamplitude werden Rückschlüsse auf die Fehlergröße gezogen, aus der Zeit zwischen Senden und Empfang (bei bekannter Schallgeschwindigkeit) kann die Lage des Fehlers ermittelt werden (Bild 2). Neben Normalprüfköpfen mit senkrechtem Schallaustritt werden auch Winkelprüfköpfe verwendet.

Um eine ausreichende Schallübertragung zwischen Prüfkopf und Gussstück sicherzustellen, muss die Gussstückoberfläche ausreichend glatt sein (EN 583-1, EN 1570). Zur Ankopplung des Prüfkopfes an das Bauteil muss ein Koppelmittel verwendet werden.

Die Schallgeschwindigkeit ist der Quotient aus der doppelten Werkstoffdicke und der Laufzeit. Aus der Schallgeschwindigkeit kann man Rückschlüsse auf die Gefügequalität schließen (z. B. Kugelgröße und -anzahl bei GJS). Die Schallschwächung des Ultraschallsignales ist abhängig vom geprüften Material. Demzufolge variieren die durchschallbare Wandstärke und die detektierbare Fehlergröße des Bauteils bei den verschiedenen Gusswerkstoffen.

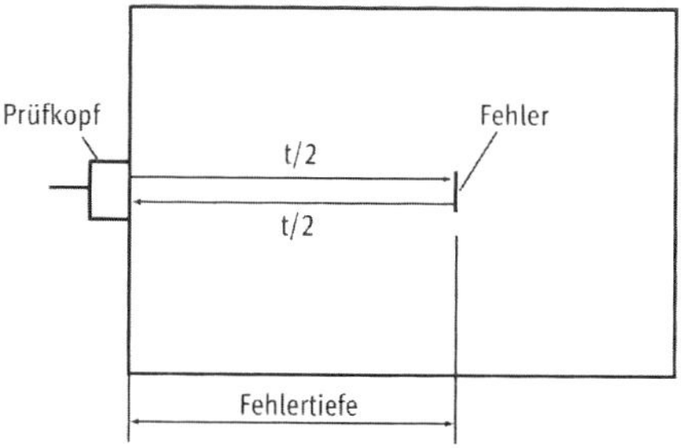

Bild 1: Impuls-Echo-Verfahren

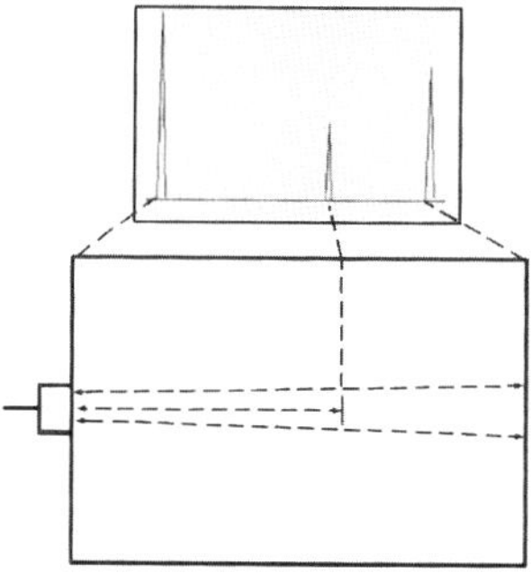

Bild 2: Schalllauf und Echoanzeigen beim Impuls-Echo-Verfahren

Weitere Ultraschallprüfverfahren sind:

- Durchschallverfahren
- Tofd Technik
- Tauchtechnik
- Tandem Technik
- Phase Array

Wirbelstromprüfung [26]

Normen

DIN EN ISO 15549 (2019-10): Zerstörungsfreie Prüfung – Wirbelstromprüfung – Allgemeine Grundlagen

DIN EN ISO 12718 (2019-12): Zerstörungsfreie Prüfung – Wirbelstromprüfung – Terminologie

DIN EN ISO 20339 (2017-08): Zerstörungsfreie Prüfung – Technische Ausrüstung für die Wirbelstromprüfung – Kenngrößen von Sensor-arrays und deren Verifizierung

DIN EN ISO 15548-1 (2014-03): Zerstörungsfreie Prüfung – Technische Ausrüstung für die Wirbelstromprüfung – Teil 1: Kenngrößen von Prüfgeräten und deren Verifizierung

DIN EN ISO 15548-2 (2014-03): Zerstörungsfreie Prüfung – Technische Ausrüstung für die Wirbelstromprüfung – Teil 2: Kenngrößen von Sensoren und deren Verifizierung

DIN EN ISO 15548-3 (2009-01): Zerstörungsfreie Prüfung – Technische Ausrüstung für die Wirbelstromprüfung – Teil 3: Kenngrößen des Systems und deren Verifizierung

Die Wirbelstromprüfung ermöglich eine Berührungslose Fehlerdetektion an elektrisch leitenden Oberflächen. Hierbei wird der Effekt ausgenutzt, dass eine mit Wechselstrom beaufschlagte Spule in Oberflächennähe ein Magnetfeld (Primärfeld) erzeugt, was zu kreisförmigen Wirbelströmen im Prüfling führt. Dieser Wirbelstrom erzeugt nun im Prüfteil ein eigenes Magnetfeld (Sekundärfeld), was dem Primärfeld entgegengesetzt wirkt und so den in der Spule fließenden Strom und die Spannung beeinflusst. Ungänzen zwingen die Wirbelströme zu Umwegen und somit einer Schwächung dieser, was sich messtechnisch erfassen lässt. Weiterhin ist es neben der Detektion von Fehlern auch möglich, mechanisch technologische Größen zu bestimmen wie z. B. Härte, Festigkeit, Gefügezustand, Beschichtungsstärken oder anhand der Geometrie oder des Materials sind auch reine Verwechslungsprüfungen möglich.

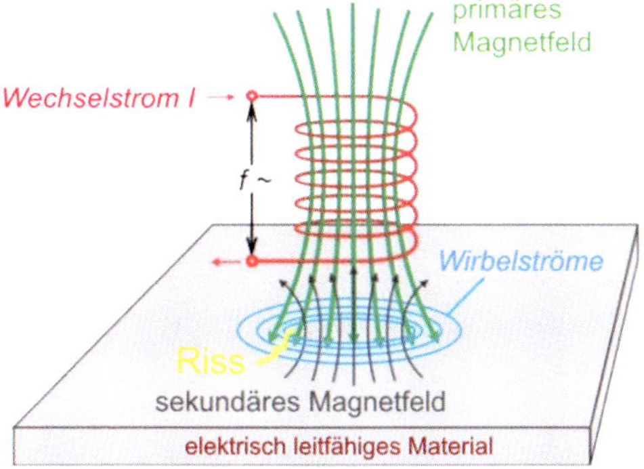

Verfahrenschemata Wirbelstromprüfung
Quelle: Rohmann GmbH, Frankenthal

Dabei handelt es sich um eine relative Prüfung, welche eine vorherige Kalibrierung mit Referenzproben erfordert. Vorteile sind die hohe Prüfgeschwindigkeit, die variable Eindringtiefe, auch Verschmutzte Oberflächen können geprüft werden, ein hoher Informationsgehalt der Messungen und die Möglichkeit der Vollautomatisierung, sowie die hohe Reproduzierbarkeit der Messung. Nachteilig ist das sehr kleine Fehler nur schwer detektierbar sind, nur elektrisch leitfähige Werkstoffe geprüft werden können und komplexe Strukturen sehr viel Erfahrung erfordern.

Eindringprüfung

Normen

DIN EN ISO 3452, Teile 1-6
Zerstörungsfreie Prüfung, Eindringprüfung

DIN EN 1371-1 (2012-02)
Gießereiwesen – Eindringprüfung – Teil 1: Sand-, Schwerkraftkokillen- und Niederdruckkokillengussstücke;

DIN EN 1371-2 (2015-04)
Gießereiwesen – Eindringprüfung – Teil 2: Feingussstücke;

DGZfP-EM 6:2012-01
Merkblatt über Betrachtungsplätze für die fluoreszierende Prüfung mit dem Magnetpulver- und Eindringverfahren – Ausrüstung und Schutzmaßnahmen bei Arbeiten mit UV-Strahlung

Farbeindringprüfung – Kapillarverfahren

Feststellung von Oberflächenrissen mit Hilfe von Flüssigkeiten, die in Folge der Kapillarwirkung in feinste Risse eindringen die zur Oberfläche des zu prüfenden Werkstoffs hin offen sind und nach Behandlung mit entsprechenden Entwicklern diese Risse durch deutlich sichtbare Färbung anzeigen. Mit dem Verfahren können noch Rissbreiten von < 0,001 mm nachgewiesen werden.

Fluoreszierende Eindringprüfung: Diese Prüfung wird mit Eindring-mitteln auf fluoreszierender Basis mittels Bestrahlung mit ultraviolettem Licht durchgeführt. Diese Prüfmittel besitzen eine höhere Empfindlichkeit als Farbeindringmittel und können so die Nachweisempfindlichkeit erhöhen.

Beide Verfahren eignen sich insbesondere für nichtmagnetisierbare Werkstoffe, da dort Methoden auf Basis Magnetwirkung nicht durchgeführt werden können.

Farbeindringprüfung: Schematische Darstellung einer Werkstückoberfläche mit Riss (Ungänze)

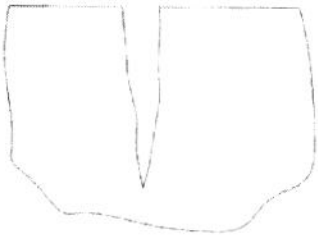

a) gereinigt

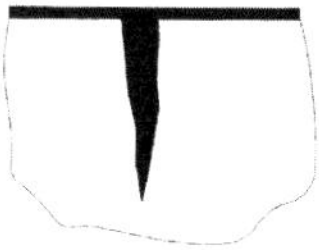

b) nach Aufbringen des Eindringmittels

c) nach Abwaschen
des Eindringmittels

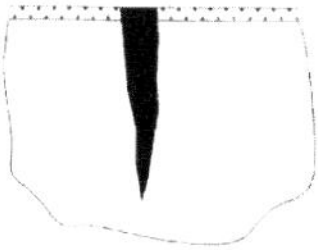

d) mit Fehleranzeige
in der Entwicklerschicht

Magnetpulverprüfung

Normenübersicht

DIN EN ISO 9934-1 (2017-03)
Zerstörungsfreie Prüfung – Magnetpulverprüfung –
Teil 1: Allgemeine Grundlagen

DIN EN ISO 9934-2 (2015-12)
Zerstörungsfreie Prüfung – Magnetpulverprüfung –
Teil 2: Prüfmittel

DIN EN ISO 9934-3 (2015-12)
Zerstörungsfreie Prüfung – Magnetpulverprüfung –
Teil 3: Geräte

DIN EN 1369 (2013-01)
Gießereiwesen – Magnetpulverprüfung;
Diese Europäische Norm legt die Magnetpulverprüfung an ferromagnetischen Eisen- und Stahlgussstücken fest.

Die Magnetpulverprüfung ist eine zerstörungsfreie Werkstoffprüfung für Gussteile und Werkstücke aus ferromagnetischen Werkstoffen. Es wird der physikalische Effekt benutzt, dass an den Grenzflächen zwischen Medien unterschiedlicher Permeabilität magnetische Feldlinien gebrochen werden.

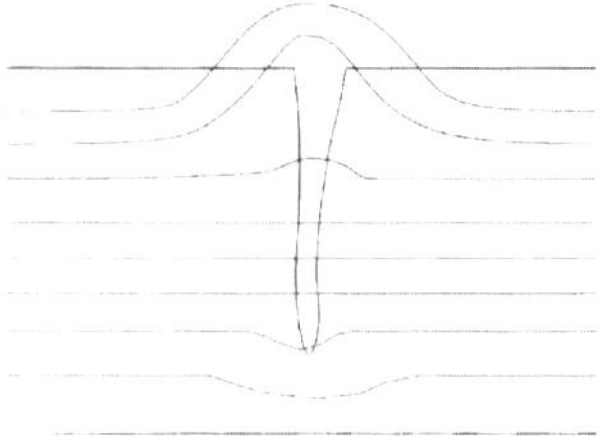
a)

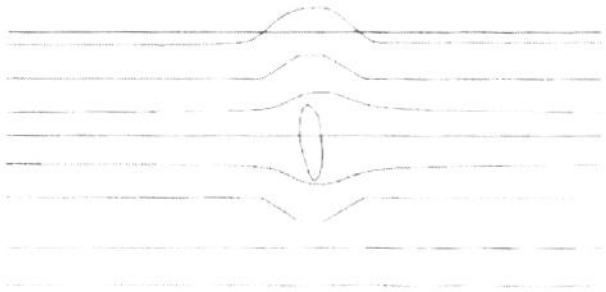
b)

Magnetisches Streufeld in der Umgebung
a) eines Oberflächenfehlers
b) eines oberflächennahen Fehlers

In den zu prüfenden Teilen wird ein Magnetfeld aufgebaut. Fehlstellen die in oder wenig unter der Oberfläche liegen erzeugen im Magnetfeld Streufelder. Mit dem Auftragen von Eisenpulver oder besprühen mit Prüfflüssigkeiten, die Eisenpartikel enthalten, wird die Fehlstelle mit einer deutlichen Pulverspur sichtbar.

Die Durchführung der Magnetisierung sollte so erfolgen, dass der mögliche Fehler senkrecht vom Magnetfeld durchdrungen wird. Mit der Verwendung Fluoreszierender Prüfflüssigkeiten und der Fehlerbeurteilung unter UV-Licht im abgedunkelten Raum ist die Erkennbarkeit am besten.

Die Dokumentation des Prüfergebnisses kann fotografisch oder über eine Klebefolie erfolgen. Nach der Prüfung müssen die Teile entmagnetisiert werden, z. B. mit einer Entmagnetisierungsspule (Tunnelspule).

Effiziente 3D-Digitalisierung eines großen Gussbauteils mithilfe eines Laserscanners [24]

Laserscanner erfassen große Messvolumen mittlerweile mit Submillimetergenauigkeit. Für eine vollständige Erfassung komplexer Bauteile sind mehrere Scans erforderlich. Diese diese sind entsprechend präzise und idealerweise vollautomatisch zusammenzusetzen. Am Beispiel einer Niederdruckdampfturbinengehäusehälfte (Siemens AG, Power and Gas Division, Steam Turbines) wird die Vorgehensweise erklärt und Ergebnisse präsentiert.

1 Das Messsystem Laserscanner

1.1 Genauigkeit

Terrestrische Laserscanner eignen sich aufgrund Ihrer Reichweite sehr gut für die Erfassung von großen Strukturen wie Gebäude, Straßenzüge, Landschaften, etc. sind jedoch meist zu ungenau für industrielle Anwendungen. Eine hohe Messgenauigkeit liefert die Modellreihe der Surphaser-Laserscanner. Diese sind bewusst auf kleinere Reichweiten optimiert und erreichen dabei Submillimeter-Genauigkeit. Die Surphaser liefern aufgrund ihres geringen Messrauschen von ca. 25 µm und der kleinen Messpunktgröße eine sehr hohe Datenqualität. Aufgrund des koaxialen Messaufbaus kann ein Laserscanner gegenüber triangulierenden Messverfahren (Streifenprojektion, Photogrammetrie, etc.) auch in sehr tiefe Löcher und Kavitäten messen und komplexe Bauteilgeometrien effizienter erfassen.

1.2 Referenzierung

Die vollständige Digitalisierung von komplexen Bauteilen und die Rundum-Digitalisierung erfordern mehrere Scans aus verschiedenen Standpunkten. Die 3D-Punkte aller Scans müssen dann zu einem Gesamtdatensatz zusammengesetzt werden.

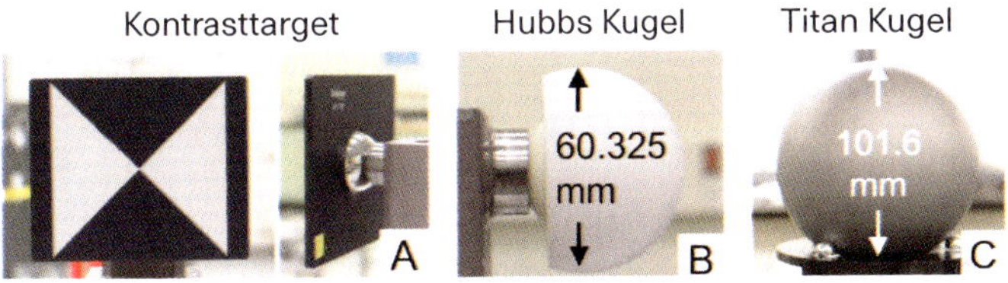

Bild 1: Referenzierungs-Targets

Für eine automatische Referenzierung (Registrierung) der Scans eignen sich Referenzobjekte wie Kugeln und Kontrasttargets (Bild 1).

Wissenschaftliche Untersuchungen (NIST, Boeing) haben gezeigt, dass die Wiederholgenauigkeit von Kontrasttargets (Bild 1 links) deutlich besser ist als bei Kugeltargets.

Mittels Kontrasttargets, die um das Bauteil verteilt werden, gelingt eine automatische Referenzierung, d. h. die Software rechnet alle Scans vollautomatisch zu einem gemeinsamen 3D-Datensatz.

Alternativ könnte man die Scans auch händisch bzw. über Best-Fit der Geometrie zusammenfügen. Dieser Prozess ist jedoch viel zeitaufwendiger.

2 Anwendungsbeispiel Dampfturbinengehäuse

Die 3D-Digitalisierung des Gussbauteils dient der dimensionellen Bauteilprüfung. Dadurch kann Verzug des Bauteils, lokaler Schwund und die optimale Ausrichtung für eine anschließende mechanische Bearbeitung ermittelt werden.

2.1 Scan-Konzept

Die Digitalisierung eines Dampfturbinengehäuses der Abmessung 5 x 6 x 4 m erfolgte aus 7 Scanpositionen um alle relevanten Bereiche zu erfassen. Bild 2 zeigt das Dampfturbinengehäuse mit dem Laserscanner in der Scanposition mittig unter dem Gehäuse.

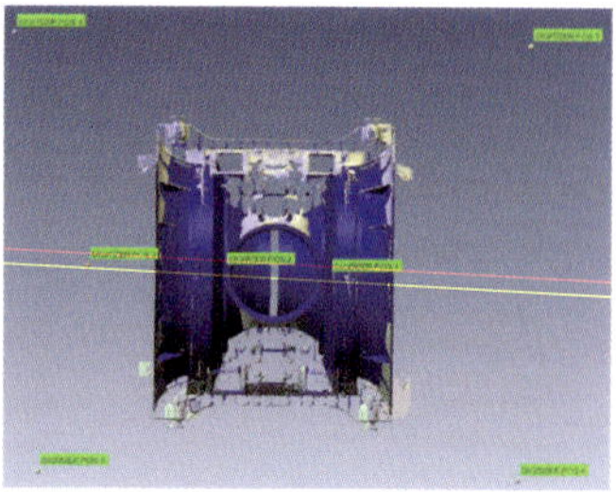

Bild 2: Digitalisierung eines Dampfturbinengehäuses mittels Surphaser 100HSX-SR.

Die Scanpositionen sind in Bild 2 rechts in der Aufsicht des Gesamtdatensatzes (90 Millionen Datenpunkte) visualisiert. Der Zeitaufwand für die 3D Datenerfassung einschließlich der automatischen Referenzierung dauerte ca. 90 Minuten.

Bild 3 zeigt beispielhaft zwei Scanbilder mit den detektierten Referenztargets.

Das Bild 4 zeigt eine perspektivische Ansicht des Gesamtdatensatzes.

Bild 3: Zwei der sieben Scanbilder mit detektierten (rot markierten) Kontrasttargets.

Bild 4: Perspektivische Ansicht des Gesamtdatensatzes.

3 Zusammenfassung

Mit einem Laserscanner wurde ein großes Dampfturbinengehäuse innerhalb von 90 Minuten rundum 3D digitalisiert. Der verwendete Laserscanner zeichnet sich durch unübertroffene Messgenauigkeit bei hoher Scangeschwindigkeit aus. Auch großvolumige Bauteile sind damit in kurzer Zeit mit wenig Zeitaufwand in Submillimetergenauigkeit erfasst. Durch die hohe Datenqualität entfällt eine aufwändige Datenbereinigung. Die Referenzierung des Scans erfolgte vollautomatisch mittels Kontrasttargets.

Verwendeter Scanner:	Surphaser HSX100-SR
Anzahl Scans:	7
Scanzeit:	90 Minuten
Objektgröße:	5 x 6 x 4 m
Datenpunkte:	90 Millionen
Punktedichte:	ca. 1 mm
Referenzierungsgenauigkeit:	0,1 mm RMS
Nachverarbeitung:	15 Minuten Rechenzeit für die vollautomatische Referenzierung

Bild 5: Zusammenfassung der 3D-Digitalisierung

[1] Riehle, M., Simmchen, E.: Grundlagen der Werkstofftechnik, Deutscher Verlag für Grundstoffindustrie Stuttgart, 2000
[2] DIN EN ISO 6892-1 (2017-02), Metallische Werkstoffe – Zugversuch
[3] DIN EN 1561 (2012-01), Gusseisen mit Lamellengraphit
[4] DIN EN 1562 (2012-05), Temperguss
[5] DIN EN 1563 (2012-03), Gusseisen mit Kugelgraphit
[6] DIN EN ISO 6501-1 (2015-02), Metallische Werkstoffe – Härteprüfung nach Brinell
]7] DIN EN ISO 6507-1 (2006-03), Metallische Werkstoffe – Härteprüfung nach Vickers
[8] DIN EN ISO 6508-1 (2016-12), Metallische Werkstoffe – Härteprüfung nach Rockwell
[9] DIN EN ISO 16859-1 (2016-02), Metallische Werkstoffe – Härteprüfung nach Leeb
[10] DIN EN ISO 18265 (2014-02), Metallische Werkstoffe – Umwertung von Härtewerten
[11] DIN EN ISO 148-1 (2017-05), Metallische Werkstoffe – Kerbschlagbiegeversuch nach Charpy
[12] Blumenauer, H., Pusch, G.: Technische Bruchmechanik, Wiley-VCH, 2003
[13] DIN 50100 (2016-12), Werkstoffprüfung – Dauerschwingversuch, Begriffe, Zeichen, Durchführung, Auswertung
[14] Simmchen, E.: Studienbrief der Technischen Universität Dresden „Werkstofftechnik“; 2. Studienbrief, Ausgabe 2009
[15] GIESSEREI LEXIKON, Schiele & Schön
[16] TU Dresden, IfWW, Bildarchiv, 2014
[17] Blumenauer, H.: Werkstoffprüfung; Deutscher Verlag für Grundstoffindustrie, Leipzig, Stuttgart, 1994
[18] Tietze, M.: Fachbericht NewSonic GmbH Reutlingen, 2015.
[19] Naujokat, G.: Firmenmitteilung Yxlon International GmbH, 2018
[20] Naujokat, G.: Fachbericht YXLON International GmbH, 2016.
[22] rte-Firmenmitteilung; Messung und Bewertung von Eigenfrequenze bei Komponenten und Baugruppen für Labor und Fertigung; 2011
[23] Infos zur akustischen Prüftechnik; Der Luchsletter 03/2013
[24] Lichtenberger, R., Wintjens, P.: Effiziente 3-D-Digitalisierung eines großen Gussbauteils; 2017
[25] a) Dr. Stefan Frank, DGZfP Jahrestagung 2002, Beitrag v18
b) Arnold Horsch, Vortrag auf dem Workshop des Arbeitskreis Metallografie Rein-Ruhr, 2014
[26] Steeb, Siegfried: Zerstörungsfreie Werkstück- und Werkstoffprüfung die Verfahren im Überblick, expert Verlag, Januar 2019

Auswahl von Normen zur Strukturanalyse
Quelle: https://www.dinmedia.de

DIN EN ISO 945-1 (2019-10)
Microstructure of cast irons
Part 1: Graphite classification by visual analysis
Focal points:
- Visual classification of graphite
- Specimen collection and preparation
- Graphite classification and evaluation
Test Results
- Comparative diagrams: Graphite shape, graphite distribution and graphite size
- Graphite designation systems for intermediate sizes, mixed forms, spheroidal number

DIN 50600 (2017-10)
Testing of metallic materials
Metallographic micrographs
Picture scales and formats

DIN EN ISO 2624 (1995-08)
Copper and copper alloys
Estimation of average grain sizes

DIN EN 16090 (2020-02)
Copper and copper alloys
Estimation of average grain size by ultrasound
Focal points:
- Process for determining the average grain size of products made of copper and copper alloys with ultrasound

DIN EN ISO 4499-1 (2020-11)
Hardmetals – Metallographic determination of the microstructure
Part 1: Photomicrographs and description
- Process for the metallographic determination of the microstructure
- Using photomicrographs

DIN EN ISO 4499-2 (2020-11)
Hardmetals – Metallographic determination of the microstructure
Part 2: Measurement the WC grain size
Focal points:
- Standard for sintered WC-/Co hard metals (also known as sintered hard metals or cermets)
- Measuring the hard metal grain size using metallographic processes
- Application of light or electron microscopy

DIN EN ISO 4499-3 (2016-10)
Hardmetals – Metallographic determination of microstructure
Part 3: Measurement of microstructural features in Ti (C, N) and WC/Cubic Carbide Based Hardmetals

DIN EN ISO 4499-4 (2016-10)
Hardmetals – Metallographic determination of microstructure
Part 4: Characterisation of Porosity, Carbon Defects and Eta-phase content

DIN EN 10247 (2017-09)
Micrographic examination of the non-metallic inclusion content of steels using standard pictures;
Focal points:
- Process for the microscopic determination of the form, size and type of non-metallic inclusions in steel using reference series

Spezielle Hinweise zu Arbeitssicherheit und Umweltschutz in der Metallografie:

Als Ätzmittel stehen eine große Anzahl Säuren, Basen, neutrale Lösungen, Lösungsgemische, Salzschmelzen usw. zur Verfügung. Beim Umgang mit diesen Chemikalien sind unterschiedliche Sicherheitsanforderungen in Bezug auf Handhabung, Lagerung und Entsorgung zu beachten.
Detaillierte Informationen zu Chemikalien sind in Datenbanken zu finden, beispielsweise in:

- der deutschen Stoffdatenbank der gesetzlichen Unfallversicherungsträger (Internet > **GESTIS**)
- im Gefahrstoffinformationssystem der Berufsgenossenschaft der chemischen Industrie (Internet > **GisChem**)
- International Chemikal Safety Cards (Internet > **ICSC**)

Ausführliche Informationen zu einzelnen Stoffen, z. B. Flusssäure, Pikrinsäure, Perchlorsäure usw. enthält das Sicherheitsdatenblatt, welches durch den Hersteller/Lieferanten bereitgestellt wird.

Global Harmonisierte System (GHS) in der EU
Einstufung und Kennzeichnung nach Verordnung (EG) Nr. 1272/2008 (CLP-VO) ,Stand Juli 2019

Staatliche Vorschriften zum Umgang mit Gefahrstoffen
Verordnung zum Schutz vor Gefahrstoffen – GefStoffV

Technische Regel für Gefahrstoffe:
TRGS 400 Gefährdungsbeurteilung für Tätigkeiten mit Gefahrstoffen
TRGS 500 Schutzmaßnahmen
TRGS 900 Arbeitsplatzgrenzwerte

DGUV Informationen:
213-850 „Sicheres Arbeiten in Laboratorien"
213-855 „Gefährdungsbeurteilung im Labor"

Einführung

Aufgabe der Metallografie ist die qualitative und quantitative Be-schreibung des Gefüges von metallischen Werkstoffen. Dazu werden

- Art
- Menge
- Größe
- Form
- örtliche Verteilung
- Orientierungsbeziehungen

aller im Werkstoff vorliegenden Gefügebestandteile mit Hilfe abbildender mikroskopischer Verfahren untersucht [1, 2]. Ziel einer umfassenden Gefügecharakterisierung ist es, Zusammenhänge zwischen der chemischen Zusammensetzung des Werkstoffes, seiner technologischen Vorgeschichte (Erzeugung, Nachbehandlung) und der Gefügeausbildung herzustellen. Auf dieser Grundlage können die Eigenschaften des Werkstoffes abgeleitet, erklärt und optimiert werden.

Metallische Werkstoffe können homogene (einphasige) Gefügebestandteile und heterogene (zusammengesetzte, mehrphasige) Gefügebestandteile enthalten. Diese liegen zumeist in Form von Kristalliten (Körnern) vor.

In Eisenwerkstoffen kommen beispielsweise abhängig von der chemischen Zusammensetzung, der Temperatur und den Abkühlbedingungen die homogenen Gefügebestandteile Ferrit, Austenit, Zementit, Graphit und Martensit vor. Die Phasen werden entsprechend als α-Mischkristall, γ-Mischkristall, Fe_3C, C bzw. α'-Mischkristall bezeichnet. Perlit, Ledeburit I und Ledeburit II sind hingegen heterogene, aus mehreren Phasen zusammengesetzte Gefügebestandteile:

- Perlit = α-Mischkristall + Fe_3C
- Ledeburit I = γ-Mischkristall + Fe_3C
- Ledeburit II = γ-Mischkristall + Fe_3C

0-, 1- und 2-dimensionale Gitterbaufehler wie Versetzungen, Korn- und Phasengrenzen, Ausscheidungen, Einschlüsse, Poren und Risse bilden das Gefüge.

Manchmal reichen lichtmikroskopische Untersuchungsverfahren – bis maximal 1000-fache Vergrößerung – nicht aus, um diese sichtbar zu machen. In diesen Fällen kommen höhervergrößernde und damit höherauflösende Elektronenmikroskope zum Einsatz.

Schliffpräparation

Metallische Werkstoffe sind opak, d. h. sie sind undurchlässig für einfallende sichtbare Lichtwellen. Die Gefügeuntersuchung am Lichtmikroskop ist daher nur im Auflichtmodus möglich.

Der Kontrast beruht auf dem unterschiedlichen Reflexionsvermögen der einzelnen Gefügebestandteile – etwa durch Unterschiede in der Lichtabsorption oder in der Oberflächenaufrauung. Eine deutliche Unterscheidung gelingt jedoch erst, Eine deutliche Unterscheidung gelingt jedoch erst, bei einem Reflexionsunterschied von mindestens 10 %.

Gefügeuntersuchungen am Lichtmikroskop erfordern daher sorgfältig präparierte Oberflächen. Auf die Probenvorbereitung (Probenahme, Kennzeichnen und Einbetten) folgt zunächst das Einebnen und Glätten der Schlifffläche (mehrstufiges Schleifen und Polieren). Um das Gefüge sichtbar zu machen, müssen die Proben meist noch kontrastiert werden.

Probenvorbereitung

Die Probenahme erfolgt dem Untersuchungsziel entsprechend systematisch – z. B. bei der Qualitätskontrolle – oder gezielt – z. B. bei der Aufklärung von Schadensfällen. Zu berücksichtigen ist vielfach die Probenlage (Längs-, Quer- oder Flachschliff bzw. Bauteilrand, Bauteilmitte). Insbesondere bei der Untersuchung von Schadensfällen empfiehlt es sich, vor der Entnahme der Proben Übersichtsaufnahmen vom Bauteil anzufertigen (s. Bild 1).

Bereits während der Probenahme besteht die Gefahr einer Gefügeverfälschung! Daher ist beim Heraustrennen der Probe aus dem Bauteil unbedingt darauf zu achten, dass Wärmeeintrag, zusätzliche Verformung und unerwünschte chemische Reaktionen weitgehend vermieden werden.

Das bedeutet im Falle eines mechanischen Trennverfahrens, dass die Probe ausreichend gekühlt werden muss, dass langsame Schnittgeschwindigkeiten zu wählen sind und dass die Zusammensetzung und die Härte des Trennwerkzeuges auf das zu trennende Material abgestimmt werden muss.

Besonders schonend arbeiten darüber hinaus auch elektrochemische und elektroerosive Verfahren bzw. das Wasserstrahlschneiden.

Nach dem Trennen werden die Proben üblicherweise gereinigt und gekennzeichnet (Bild 1).

Vor dem Schleifen und Polieren werden die Proben sehr oft eingebettet. Die Gründe hierfür sind vielfältig: etwa um handhabbare Proben gleicher Größe für die (halb)automatische Präparation zu erhalten, um empfindliche, poröse Proben zu schützen oder um eine randscharfe Präparation zu ermöglichen.

Als Einbettmittel weit verbreitet sind kaltaushärtende Kunststoffe oder – im Falle der Warmeinbettung – bei erhöhter Temperatur und erhöhtem Druck zu verarbeitende Kunststoffgranulate. Auch beim Einbetten sind Gefügeverfälschungen unbedingt zu vermei-

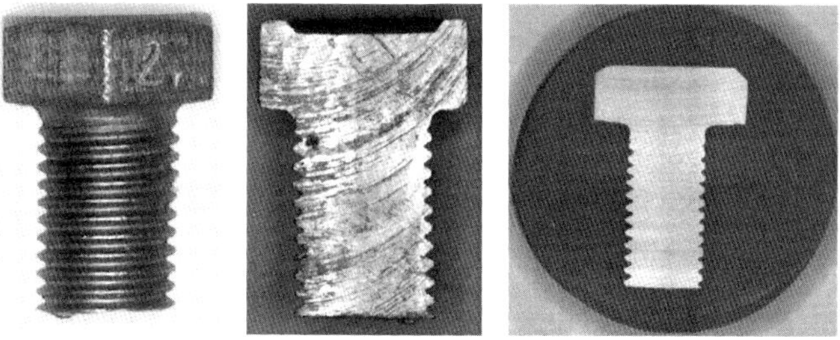

Bild 1: Vorbereitung der Proben am Beispiel verschiedener Stahlschrauben [3]
links: Übersichtsaufnahme einer gekennzeichneten Probe
Mitte: Übersichtsaufnahme einer Probenoberfläche mit groben Trennspuren
rechts: Übersichtsaufnahme einer eingebetteten Probe

den, d. h. Einbettverfahren und Einbettmittel sind hinsichtlich der Zusammensetzung, der Verarbeitung und der Härte auf die zu präparierende Probe abzustimmen.

Die Phasen der Probenvorbereitung für die nachfolgenden Präparationsschritte sind im Bild 1 am Beispiel verschiedener Stahlschrauben dargestellt.

Einebnen und Glätten

Nach dem Trennen weist die Probenoberfläche eine Bearbeitungsschicht (Beilby-Schicht) auf, die das wahre Gefüge zunächst überdeckt. Deshalb ist ein mehrstufiges Schleifen und Polieren unabdingbar, um die Bearbeitungsschicht weitestgehend zu entfernen (Bild 2).

Zum Schleifen werden im Allgemeinen SiC-Schleifpapiere verwendet. Bei besonders harten Proben kommen Diamantschleifscheiben zum Einsatz. Geschliffen wird von Hand oder (halb) automatisch unter Wasserkühlung mit immer feiner werdenden Körnungen, bis die groben Trennspuren auf der gesamten Probenoberfläche beseitigt sind oder ein gleichmäßig ausgebildetes – feineres – Kratzerbild vorliegt. Bei der Handpräparation empfiehlt es sich, die Probe bei jeder neuen Schleifkörnung jeweils um 90° zu drehen.

Auch das Polieren erfolgt von Hand oder (halb)automatisch mit immer feineren Körnungen. Im Gegensatz zum Schleifen werden hierbei die Abrasivstoffe in Form von Pasten oder Suspensionen zumeist auf relativ weiche, textile Unterlagen aufgebracht. Da die Abrasiva nicht fest auf der Unterlage gebunden sind, entstehen im Zuge des mehrstufigen Polierens sehr fein geglättete, nahezu kratzerfreie Schliffflächen. Erfolgt das Polieren von Hand, so wird die Probe kreisend über das Poliertuch bewegt. Als Abrasivstoffe werden feine Diamantteilchen oder verschiedene extrem feine Oxidteilchen (Al_2O_3, SiO_2, MgO oder Cr_2O_3) verwendet. Als Kühlmittel dienen handelsübliche Schmiermittel, Ethanol-Ethylengly-

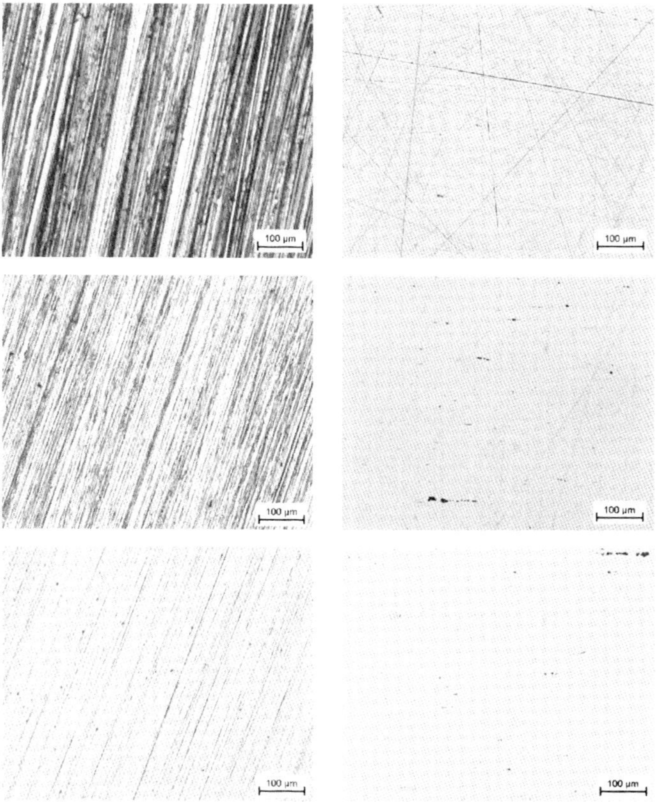

Bild 2: Präparationsfortschritt am Beispiel einer Stahlprobe [3]
links: von oben nach unten: mehrstufig geschliffen
mit SiC-Papier P80 – P600 – P1200
rechts: von oben nach unten: mehrstufig poliert
mit Diamantsuspension 6 µm – 3 µm – 1 µm

kol-Gemische oder im Falle der Oxidpolituren auch entionisiertes Wasser.

Für Sonderanwendungen kommen neben dem mechanischen Schleifen und Polieren weitere Präparationsverfahren in Frage.

So können Verbundwerkstoffe mit unterschiedlich harten Bestandteilen geläppt und nachfolgend poliert werden. Die auf harte Läppscheiben aufgesprühten, frei beweglichen Abrasiva sorgen für ein besonders randscharfes Präparationsergebnis.

Müssen die Schliffflächen – etwa für Kornorientierungsuntersuchungen mit EBSD – deformationsfrei präpariert sein, so kommt das chemische bzw. elektrochemische Polieren zum Einsatz. Der Abtrag erfolgt dann über (elektro)chemische Auflösungsprozesse an der Werkstoffoberfläche. Besonders gut geeignet ist diese Methode für weiche, einphasige und nicht zu grobkörnige metallische Werkstoffe.

Auch Kombinationsverfahren – z. B. das Elektro-Wischpolieren – sind geeignet, um bei weichen Werkstoffen möglichst kratzerfreie Schliffflächen herzustellen [1].

Außerdem empfiehlt sich das Vibrationspolieren zur Schliffpräparation für EBSD-Untersuchungen.

Dabei bewegen sich die eingebetteten, geschliffenen und eventuell vorpolierten Proben über einen längeren Zeitraum über ein weiches, vibrierendes Poliertuch in einer Oxidsuspension.

Die Auswahl der Präparationsmethode und die konkrete Abfolge der Präparationsschritte sind abhängig vom Präparationsziel und von dem zu präparierenden Werkstoff. So können bereits die verwendeten Schleifpapiere, Läppscheiben oder Poliertücher die Schliff-qualität und den Zeitaufwand bei der Schliffherstellung erheblich beeinflussen.

Zur Festlegung einer geeigneten Präparationsstrategie sei auf die Literatur verwiesen, in der werkstoffabhängig verschiedene Präparationsvorschläge zusammengefasst sind. Zur Orientierung geeignet erscheinen beispielsweise der Metalog Guide der Firma Struers [4] oder der SumMet der Firma Buehler [5]. Auch in verschiedenen Internetforen – z. B. im MetallografieForum des Lette- Vereins Berlin [6] und im DGM-Forum PetziDat [7] – oder auf der Website www.metallograph.de [8] sind Informationen zur Schliffpräparation der unterschiedlichsten Werkstoffe zu finden.

Es ist jedoch zu beachten, dass die vorgeschlagenen Präparationsschritte vor Ort auf die konkret zu untersuchenden Proben angepasst werden müssen.

Gefügeentwicklung

Bereits im polierten Zustand lohnt es sich oftmals, die Schlifffläche am Lichtmikroskop aufzunehmen. Besonders gut erkennbar sind hier vor allem Risse, Poren oder Lunker, deren Morphologie noch nicht durch die Einwirkung von Ätzmitteln verfälscht worden ist. Auch nichtmetallische Einschlüsse oder – im Falle des grauen Gusseisens – Lamellen- bzw. Kugelgraphit heben sich im polierten Schliff aufgrund ihrer Eigenfarbe besonders deutlich von der Matrix ab. Sie können daher mit bildanalytischen Verfahren sehr gut quantifiziert werden.

Das Bild 3 zeigt, dass **das Grundgefüge** des zu untersuchenden Materials jedoch vielfach erst nach der Kontrastierung erkennbar ist. Dazu werden die Proben nach gründlicher Reinigung im einfachsten Falle in einem geeigneten Ätzmittel tauchgeätzt. Dabei erfolgt in geringem Umfang ein gewollter Korrosionsangriff, der die Unterschiede im Reflexionsvermögen zwischen unterschiedlich orientierten Körnern, zwischen unterschiedlichen Gefügebestandteilen oder zwischen Kristalliten und Korngrenzen vergrößert.

Beim Tauchätzen können die Ätzmittel sehr unterschiedlich mit der Probenoberfläche reagieren. Einige Beispiele sind im Bild 4 für Werkstoffe mit einphasigem Gefüge dargestellt.

Mehrphasige Werkstoffe enthalten mindestens zwei Gefügebestandteile, die aufgrund des unterschiedlichen elektrochemischen Potentials vom Ätzmittel mit unterschiedlicher Geschwindigkeit angegriffen werden.

Die Ätzbedingungen (Zusammensetzung des Ätzmittels, Temperatur, Einwirkdauer, Vorbehandlung der Probe, Badbewegung) müssen beim Tauchätzen auf den zu untersuchenden Werkstoff und auf das Präparationsziel abgestimmt werden. Auch hier sei auf die Vielzahl von Ätzrezepturen hingewiesen, die in der Literatur zu finden sind [1, 5, 7–10].

In der Tabelle 1 wurden einige Beispiele für **Ätzmittel für Eisenwerkstoffe** zusammengefasst. Hier und in den Tabellen 2 bis 6 wurden die Ätzmittel mit aktuell gültigen Chemikalienbezeichnungen angegeben [1, 4–10].

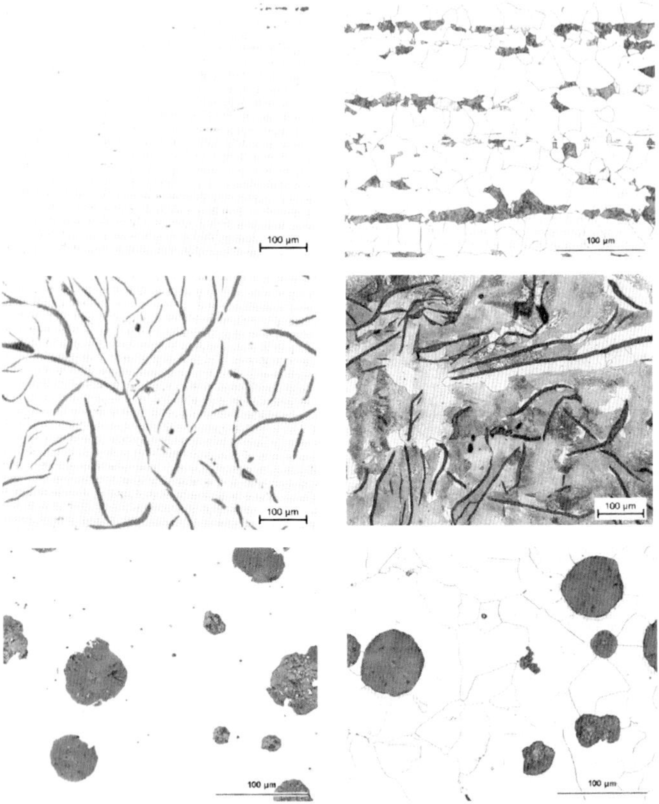

Bild 3: Polierte und geätzte Zustände im Vergleich [3]
oben: Stahl
Mitte: Gusseisen mit Lamellengraphit
unten: Gusseisen mit Kugelgraphit

Korngrenzenätzung ... mit Furchenbildung 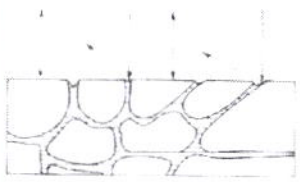 ... mit Böschungsbildung 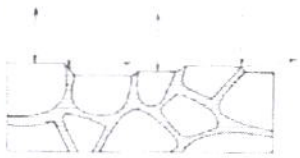	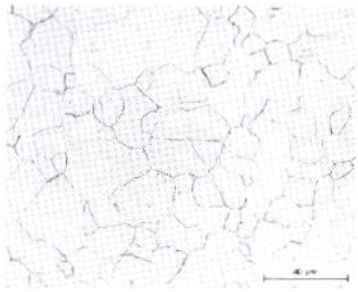	– das Ätzmittel greift entweder die Korngrenzen bevorzugt an, so dass Furchen gebildet werden – oder es trägt die Kornflächen gleichmäßig, aber mit unterschiedlicher Geschwindigkeit ab, dann entstehen Böschungen zum Ausgleich der Höhenunterschiede – an den Korngrenzen wird das einfallende Licht diffus gestreut, sie erscheinen im Auflicht-Hellfeld-Modus dunkel – an den glatten Kornflächen wird das einfallende Licht voll reflektiert, sie erscheinen hell
Kornflächenätzung ... mit undefiniertem Angriff 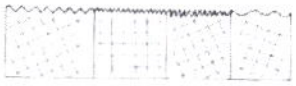 ... mit definiertem Angriff 		– die Kristallite werden vom Ätzmittel je nach Orientierung unterschiedlich aufgeraut – einfallendes Licht wird an den unterschiedlich aufgerauten Kornflächen unterschiedlich stark reflektiert – rauere Kornflächen erscheinen dunkler, glattere erscheinen hingegen heller
		– durch Einwirkung des Ätzmittels wird auf der Probenoberfläche eine Reaktionsschicht ausgebildet – diese ist orientierungsabhängig unterschiedlich dick – in der Hellfeldabbildung erscheinen die Kristallite daher in unterschiedlichen Farben

Bild 4: Erscheinungsformen des Ätzangriffs für einphasige Werkstoffe (schematisch Darstellungen nach [1, 2], Schliffbilder von Reineisenproben nach [3])

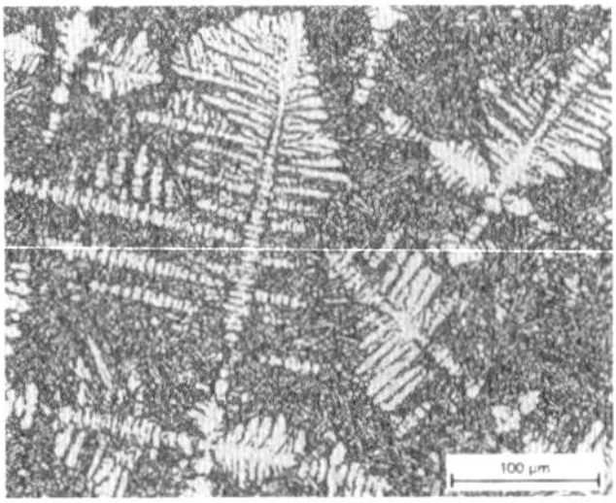

Bild 5: Makroätzung und Mikroätzung im Vergleich [3]
links: Makrogefüge einer Al-Gussprobe
rechts: Mikroätzung an Gusszustand AlSi12

Makroätzmittel sind hierbei zumeist konzentrierter und dienen der Sichtbarmachung grober Gefüge bzw. liefern Gefügeinformationen über größere Probenbereiche hinweg. Sie sind bereits mit bloßem Auge oder bei geringeren Vergrößerungen erkennbar. Milder angreifende Mikroätzmittel dienen hingegen der Gefügeuntersuchung im mikroskopischen Maßstab. Der Unterschied in der Wirkung von Makro- und Mikroätzmitteln ist im Bild 5 sehr gut zu sehen.

In der Tabelle 2 sind ausgewählte **Ätzmittel für Aluminiumwerkstoffe** aufgelistet [1, 4–10]. In der Literatur finden sich für Aluminiumwerkstoffe sehr viele flusssäurehaltige Ätzmittel, die jedoch aufgrund ihrer besonderen Aggressivität und Toxizität eine fachgerechte, sehr sorgfältige Handhabung und zudem eine äußerst gründliche Probenreinigung – 20 min unter fließendem Wasser spülen! – erfordern. Deshalb wird empfohlen, diese Ätzmittel möglichst nicht oder nur im Ausnahmefall zu verwenden und sich vor Gebrauch gründlich über den Umgang mit Flusssäure zu informieren.

Besondere Vorsicht gilt auch im Umgang mit Pikrinsäure, die z. B. zum Zementitnachweis in Gusseisen und Stählen verwendet wird (Tabelle 1). Es besteht Explosionsgefahr! Ähnliches gilt für

Perchlorsäure, die häufig in Elektrolyten für das elektrochemische Polieren und elektrochemische Ätzen enthalten ist. Ein Verzicht auf diese Chemikalien bzw. eine vorsichtige Handhabung im Ausnahmefall ist daher empfehlenswert. Siehe Hinweis Arbeits- und Umweltschutz.

Die Tabelle 3 enthält ausgewählte **Ätzmittel für Kupferwerkstoffe** [1, 4–10]. Neben der Tauchätzung kommt – insbesondere bei reinem Kupfer – auch das Ätzpolieren zur Anwendung. Hierbei wird das Ätzmittel tropfenweise auf ein chemikalienbeständiges Poliertuch gegeben, so dass das Gefüge bereits im letzten Polierschritt entwickelt wird.

In der Tabelle 4 sind ausgewählte **Ätzrezepturen für verschiedene Nichteisenmetalle** und ihre Legierungen zusammengestellt [1, 4–10]. Dabei sind die für Nickel, Zink, Blei und Magnesium angegebenen Ätzmittel relativ einfach zu handhaben.

Die Literatur enthält für **Titan und Titanlegierungen** in Tabelle 5 hingegen fast ausschließlich flusssäurehaltige Ätzmittel. Eine vielfach anwendbare Ätzrezeptur wurde deshalb in die Tabelle mit aufgenommen. Hier sei jedoch nochmals auf den besonders vorsichtigen Umgang mit Flusssäure hingewiesen (siehe entsprechende Hinweise für Arbeits- und Umweltschutz). Die Tabelle enthält auch zwei **flusssäurefreie Rezepturen** für die Gefügeentwicklung von Titan, deren Anwendbarkeit im konkreten Falle zu überprüfen wäre.

Außerdem kann das Gefüge von reinem Titan nach verformungsfreier Präparation bereits im polierten Zustand mit Hilfe des Polarisationskontrastes lichtmikroskopisch sichtbar gemacht werden. Nichtkubische Substanzen –also auch hexagonal dichtest gepackt kristallisierendes α-Titan – haben anisotrope optische Eigenschaften und bewirken damit eine Änderung im Polarisationszustand des einfallenden Lichtes. Dadurch leuchten sie bei gekreuzten Polaren im polarisierten Licht auf. Unter Verwendung eines λ-Plättchens erscheinen die unterschiedlich orientierten Kristallite des Titans ähnlich wie nach einer Kornflächen- bzw. Farbätzung in verschiedenen Farbtönen.

Auch eine Anlassätzung bei 500 bis 540 °C in normaler Ofenatmosphäre ist geeignet, um das Gefüge von reinem Titan und α-β-Titanlegierungen zu entwickeln. Nach beschleunigter Abkühlung der Probe auf einer Metallunterlage oder einem feuchten Tuch ist die α-Phase im Hellfeld-Modus blau gefärbt, die β-Phase erscheint hingegen gelblich [9].

Bereits im Falle des Titans wird deutlich, dass es neben dem Tauchätzen und dem Ätzpolieren noch weitere Möglichkeiten gibt, eine Gefügekontrastierung der polierten Schlifffläche vorzunehmen. Zu nennen wäre hier zunächst das elektrochemische bzw. das potentiostatische Ätzen, bei dem die Wirkung des Ätzmittels durch Anlegen einer äußeren Spannung ermöglicht oder verstärkt wird. Beim potentiostatischen Ätzen wird die äußere Spannung zusätzlich über die Ätzdauer konstant gehalten.

Darüber hinaus gibt es physikalische Kontrastierverfahren, z. B. das thermische Ätzen, das Ionenstrahlätzen sowie das Aufbringen von Interferenzschichten, die für die Sichtbarmachung des Gefüges geeignet sind. Diese kommen immer dann zum Einsatz, wenn sich die Proben chemisch oder elektrochemisch schwer anätzen lassen [1, 2, 9].

Tabelle 1: Ausgewählte Ätzmittel für Eisenwerkstoffe

unter Nutzung [1, 4–10]

Achtung! pikrinsäure-, oxalsäure- und fluoridhaltige Ätzmittel erfordern besondere Sichtheitsmaßnahmen

unlegierte Stähle, Gusseisen	90 ml Ethanol C_2H_5OH 10 ml HNO_3 65%ig wenige s bei RT ▶ Makroätzung, Sichtbarmachung von Seigerungen, aufgekohlten und entkohlten Oberflächen
unlegierte Stähle, niedriglegierte Stähle, mikrolegierte Stähle, Hartmanganstähle	100 ml H_2O dest. 10 g Ammoniumperoxodisulfat $(NH_4)_2S_2O_8$ geätzte Schlifffläche mit Watte kräftig abreiben ▶ Makroätzung, Schweißnähte
unlegierte und legierte Stähle, Gusseisen	Ätzmittel nach Oberhoffer 500 ml H_2O dest. 500 ml Ethanol C_2H_5OH 30 ml HCl 32%ig 30 g Eisen(III)chlorid $FeCl_3$ 0,5 g Zinn(II)chlorid $SnCl_2$ 0,1 g Kupfer(II)chlorid $CuCl_2$ Ätzung der polierten Oberfläche, s bis min bei RT, danach mit einem Ethanol-HCl-Gemisch (4:1) spülen ▶ Nachweis Phosphorseigerungen, Sichtbarmachung Faserverlauf, stärkerer Angriff der legierungsärmeren Bereiche – dunkel
legierte Stähle	Sauveur: 30 ml H_2O dest. 20 ml H_2SO_4 95–97%ig 10 ml HCl 32%ig ▶ Makroätzung
hochlegierte korrosionsbeständige Stähle	Adler: a) 25 ml H_2O dest. 3 g Ammoniumchlorocuprat (II) $(NH_4)_2CuCl_4 \cdot 2\,H_2O$ b) 50 ml HCl 32%ig 15 g Eisen(III)chlorid $FeCl_3$ Lösung b) zu Lösung a) geben; nach Ätzung Schlifffläche kräftig mit Watte abreiben ▶ Makroätzung, auch Kornflächenätzung

unlegierte und niedriglegierte Stähle, unlegierte und niedriglegierte Gusseisen	Heyn: 120 ml H_2O dest. 10 g Ammoniumchlorocuprat (II) $(NH_4)_2CuCl_4 \cdot 2\ H_2O$ 2 bis 10 min bei RT, Kupferbelag mit Watte unter Wasser entfernen ▶ Makroätzung, auch Mikroätzung (Korngrenzenätzung) Nachweis Phosphorseigerungen, Sichtbarmachung von Schweißnähten, Faserverläufen, Primärgefügen
reines Eisen, unlegierte, niedrig legierte und mikrolegierte Stähle, Gusseisen	Nital: 100 ml Ethanol C_2H_5OH 1 bis 5 ml HNO_3 65%ig wenige s bei RT, ggf. auch gekühlt ▶ Mikroätzung (Standard) Ferrit, Zementit nicht angegriffen – weiß, Ferrit mit Korngrenzen; Perlit – grau braun bis bläulich gefärbt, Lamellen; Graphit nicht angegriffen – schwarz
reines Eisen, unlegierte, niedrig legierte und mikrolegierte Stähle, auch gefügeoptimierte Stähle, Gusseisen	Pikral: 95 ml Ethanol C_2H_5OH 2 bis 5 g Pikrinsäure $C_6H_3N_3O_7$ s bis min bei RT ▶ Mikroätzung; Wirkung wie Nital, aber feiner
Stahl und Gusseisen	Fry: 95 bis 100 ml H2O dest. 30 ml Ethanol C_2H_5OH 30 bis 120 ml HCl 32%ig 1,5 bis 90 g Kupfer(II)chlorid $CuCl_2$ s bis mehrere min bei RT, evtl. Nachbehandlung in konz. HCl und 32%iger Ammoniaklösung NH_3 ▶ Mikroätzung, Korngrenzenätzung; variable Zusammensetzungen, auch ohne Ethanol, dann Makroätzung Nachweis Kraftwirkungslinien in Thomasstählen unter anderem kohlenstoffarmen N-haltigen Stählen, vorher bis zu 30 min bei 150 bis 200 °C anlassen
chromlegierte Stähle, korrosionsbeständige Cr-Ni-Stähle	Wallner: 16 g Eisen(III)chlorid $FeCl_3$, gelöst in 50 ml H_2O dest., 9 g Ammoniumperoxodisulfat $(NH_4)_2S_2O_8$, gelöst in 50 ml H_2O dest. 60 ml HCl 32%ig wenige s bei RT ▶ Mikroätzung

austenitische Cr-Ni-Stähle, nichtrostende Stähle	V2A-Beize: 100 ml H_2O, 100 ml HCl 32%ig, 10 ml HNO_3 65%ig, 0,3 ml Vogels Sparbeize mehrere s bis min bei 20 bis 50 °C ▶ Mikroätzung, Korngrenzenätzung, immer erst bei RT ätzen, ÄM nur erwärmen, wenn Angriff zu schwach ist
Gusseisen	Jurich: 10 ml H_2SO_4 konz., ca. 1 g H_3BO_3 kristallisiert 20 s bei RT, abpolieren, danach abwechselnd ätzen und polieren, bis Dendriten gut erkennbar sind ▶ Mikroätzung zur Sichtbamachung von Primärgefügen Primärdendriten – hell, Grundmatrix – dunkel
Gusseisen	100 ml H_2O dest., 10 g Ammoniumperoxodisulfat $(NH_4)_2S_2O_8$ 45 s bei RT, Lösg. 3 Wochen haltbar ▶ Nachweis Phosphidnetz, Phosphideutektikum – hell, Grundmatrix – schwarz
Gusseisen	Heiße Natriumpikrat-Lösung 75 ml H_2O dest., 25 g NaOH, danach 2 g Pikrinsäure $C_6H_3N_3O_7$ zugeben 3 bis 10 min bei 50 bis 60 °C mit frisch angesetzter Lösung ▶ Mikroätzung zum Nachweis von Zementit, Zementit – bräunlich bis schwarz; Ferrit, Chromkarbid, Phosphideutektikum – kein Angriff, weiß
unlegierte und niedrig legierte Stähle, Manganhartstähle, Gusseisen	Klemm I: 100 ml Natriumthiosulfatlösung $Na_2S_2O_3$, kalt gesättigt 2 g Kaliumdisulfit $K_2S_2O_5$ nass ätzen, 1 bis 5 min bei RT, abhängig vom Gehalt an P und S ▶ Mikroätzung, Farbätzung, auch Unterscheidung Zementit und Austenit – hell von Ferrit, Bainit, Martensit – dunkel; höher konzentriertes ÄM zur Sichtbarmachung eutektischer Zellen, Phosphideutektikum – hell Grundmatrix – dunkel

legierte Cr-Stähle, Gusseisen, auch hochlegierte Stähle und Gusseisen	Murakami: 100 ml H_2O dest., 10 g KOH oder NaOH, 10 g Kaliumhexacyanoferrat (III) $K_3(Fe(CN)_6)$ 2 bis 20 min bei 20 bis 50 °C mit frisch angesetzter Lösung ▶ Mikroätzung, Farbätzung; Nachweis Steadit (Fe-Fe_3C-Fe_3P); im Gusseisen: Ferrit nicht angegriffen, Fe_3P – sehr dunkel, Fe_3C – nicht gefärbt, $(Fe, Cr)_3C$ – leicht gefärbt; wenn höher konzentriert, dann auch Nachweis von Karbiden, σ-Phase und δ-Ferrit in hochleg. Stählen möglich
martensitische nichtrostende Stähle	Kalling I: 100 ml H_2O dest. 100 ml Ethanol C_2H_5OH 100 ml HCl 32%ig 5 g Kupfer(II)chlorid $CuCl_2$ s bis min bei RT ▶ Mikroätzung; Farbätzung zur Identifizierung von Gefügebestandteilen, Martensit – schwarz, Ferrit – farbig, Austenit – kein Angriff, weiß
nichtrostende (austenitische) Stähle	Kalling II: 100 ml Ethanol C_2H_5OH 100 ml HCl 32%ig 5 g Kupfer(II)chlorid $CuCl_2$ s bis min bei RT ▶ Mikroätzung; Farbätzung zur Identifizierung von Gefügebestandteilen; Ferrit – starker Angriff; Austenit – leichter Angriff, gefärbt; Karbide – kein Angriff, weiß
hochlegierte Stähle und Gusswerkstoffe	Lichtenegger und Bloech: 100 ml H_2O dest. 20 g Ammoniumhydrogendifluorid NH_4HF_2 0,5 g Kaliumdisulfit $K_2S_2O_5$ nass ätzen, s bis min bei RT ▶ Mikroätzung; Farbätzung zur Identifizierung von Gefügebestandteilen; Ferrit – weiß; Austenit – braun bis blau gefärbt

ferritische Cr-Stähle	Beraha II: 100 ml Stammlösung Beraha II 1 g Kaliumdisulfit $K_2S_2O_5$ Stammlösung Beraha II: 800 ml H_2O dest. 400 ml HCl 32%ig 48 g Ammoniumhydrogendifluorid NH_4HF_2 ▶ Mikroätzung Farbätzung zur Identifizierung von Gefügebestandteilen; Ferrit – stark gefärbt, Austenit – schwach gefärbt; Sigma-Phase – kein Angriff, weiß; ÄM ist nur 1 bis 2 h haltbar; Stammlösung in Kunststoffflasche aufbewahren
Cr- und Cr-Ni-Stähle	100 ml H_2O dest. 10 g Oxalsäure $C_2H_2O_7$ 5 bis 20 s bei RT, 1,5 und 3 V ▶ elektrolytische Mikroätzung, Grundgefüge entwickelt, Sigma-Phase herausgelöst, Karbide wenig angegriffen

Ausgewählte Ätzmittel für Aluminiumwerkstoffe unter Nutzung [1, 4–10]

Achtung! fluoridhaltige Ätzmittel erfordern besondere Sicherheitsmaßnahmen beim Ätzen

Werkstoffgruppe	**Zusammensetzung der Ätzmittel** **Bedingungen /** ▶ Wirkung, Bemerkungen
Reines Al und Al-Legierungen	100 ml H_2O dest. 100 ml HNO_3 65%ig 25 ml HCl 32%ig Reinaluminium bis 5 min bei RT Legierungen bis 30 min bei RT ▶ Makroätzung, frische Lösung verwenden
Reines Al und Al-Legierungen	100 ml H_2O dest. 10 ml HCl 3 bis 30 g/l Eisen(III)chlorid $FeCl_3$ 1 bis 10 min bei RT, vorher in verdünnter NaOH vorätzen ▶ Makroätzung, Kornflächenätzung
Al und Al-Legierungen	100 ml H_2O dest. 10 g NaOH, wenige s bis min bei RT ▶ Makroätzung, Mikroätzung, Standardverfahren, einfache Handhabung, Nachätzen möglich

Al und für die meisten Al-Legierungen	100 ml H_2O dest. bis zu 25 g NaOH 1 g Zink(II)chlorid $ZnCl_2$ wenige s bis min bei RT ▶ Mikroätzung mit 1 bis 2 g NaOH ▶ auch ohne Zinkchlorid anwendbar
Al-Si- und Al-Cu-Legierungen	60 ml H_2O dest. 10 g NaOH, 5 g Kaliumhexacyanoferrat (III) $K_3(Fe(CN)_6)$ 2 min bei RT ▶ Mikroätzung, Sichtbarmachung Korngrenzen, Ausscheidungen
Al und für die meisten Al-Legierungen, insbesondere für Cu-haltige Legierungen	75 ml H_2O dest. 25 ml HNO_3 65%ig 1–2 h bei RT, 40 s bei 70 °C ▶ Mikroätzung, Sichtbarmachung von AlZnMg-Ausscheidungen
Nachweis von Seigerungen in Gusslegierungen, Schweißnähte	Weck: 100 ml H_2O dest. 40 °C 4 g Kaliumpermanganat $KMnO_4$ 1 g NaOH 7 bis 20 s nicht aushärtbare Legierungen bis 45 s ▶ Mikroätzung, Farbätzung, frischer Ansatz ist nach ca. 30 min verwendbar, wirkt nur wenige Stunden
reines Al und Al-Legierungen, bedingt geeignet für Al-Cu-Mg-Legierungen	Barker: 200 ml H_2O dest. 5 ml Tetrafluoroborsäure HBF4 35%ig 1 bis 2 min bei 20 bis 40 V, Kathode aus V2A, Pb, Al ▶ Mikroätzung, Kornflächen im polarisierten Licht erkennbar
Al-Mg-Legierungen	Kawakami: a) 100 ml H_2O dest. 0,5 g Kupfersulfat Pentahydrat $CuSO_4 \cdot 5\ H_2O$ b) 95 ml H_2O dest. 5 ml HNO_3 65%ig Lösungen a) und b) zu gleichen Teilen mischen. ▶ Mikroätzung, Kristallarten unterscheidbar

Al-Cu-Zn-Legierungen	Köster und Moeller: 100 ml H_2O dest. 24 g Eisen(III)nitrat Nonahydrat $Fe(NO_3)_3 \cdot 9\ H_2O$ 5,5 g KOH Ansatz zum Gebrauch mit Wasser verdünnen, nachätzen in 0,5%iger alkoholischer HNO_3 ▶ Mikroätzung, Kristallarten unterscheidbar
Reines Al	100 ml H_2O dest. 0,3 bis 1 ml HF 40%-ig, s bis min bei RT ▶ Mikroätzung, unter HF-haltigen Ätzmitteln am einfachsten handhabbar, evtl. Zusatz von H_2O_2
Al und Al-Legierungen	Dix und Keith: 100 ml H_2O dest. 0,5 bis max. 10 ml HF 40%ig 10 bis 60 s bei RT, evtl. wiederholt abpolieren und ätzen ▶ Mikrogefüge, Korngrenzenätzung
Al und Al-Legierungen, nicht für Legierungen mit hohem Si-Gehalt	Dix und Keller: 95 ml H_2O dest. 2,5 ml HNO_3 65%ig 1,5 ml HCl 32%ig 1,0 ml HF 40 %ig 10 bis 30 s bei RT ▶ Mikrogefüge, Kornflächenätzung, frisch ansetzen, Zusammensetzung kann ggf. variiert werden
Al, Al-Mg-Si-Legierungen, Al-Mg-Mn-Legierungen	a) 90 ml H_2O dest. + 10 ml H_2SO_4 b) 95 ml H_2O dest. + 5 ml HF a) und b) zu gleichen Teilen mischen, 2 min bei RT ▶ Mikroätzung, Korngrenzen, Ausscheidungen

Tabelle 3: Ausgewählte Ätzmittel für Kupferwerkstoffe
unter Nutzung [1, 4–10]

Reinkupfer und Cu-Legierungen	30 ml H_2O dest., 70 ml HNO_3 konz., einige Tropfen Silber(I)nitratlösung $AgNO_3$ 10 bis 60 s bei RT ▶ Makroätzung, Kornflächenätzung
Messing, Co-haltiges Messing	100 ml H_2O dest. 25 g Ammoniumperoxodisulfat $(NH_4)2S_2O_8$ s bis min bei RT ▶ Makroätzung
Kupfer, Messing, Bronze	50 ml H_2O dest., 50 ml gesättigte Ammoniaklösung NH_3, 20 bis 50 ml H_2O_2-Lösung, 3%ig 10 bis 30 s bei RT Lösung frisch ansetzen ▶ Makroätzung, bei schwacher Ätzung/verdünnt auch für die mikroskopische Untersuchung geeignet für Messing evtl. etwas KOH 20%ig zusetzen
Kupfer, Messing, Bronze	120 ml Ethanol C_2H_5OH 30 ml HCl 32%ig, 10 g Eisen(III)chlorid $FeCl_3$ 5 bis 10 s bei RT ▶ Mikroätzung, Ätzpolieren – Korngrenzenätzung Tauchätzen – Kornflächenätzung Zusammensetzung variabel, oft auch mit H_2O als Lösungsmittel
Reinkupfer und Cu-Legierungen, Be-Bronzen	100 ml H_2O dest. 2–3 g Ammoniumperoxodisulfat $(NH_4)2S_2O_8$ bis zu 1 ml Ammoniaklösung NH_3 25%ig s bis min bei RT ▶ Mikroätzung, Korngrenzenätzung
Reinkupfer und Cu-Legierungen, Löt- und Schweißverbindungen mit Messing, alpha-beta-Messing	Klemm II: 100 ml Stammlösung Klemm 5 g Kaliumdisulfit $K_2S_2O_5$ Stammlösung Klemm: 300 ml H_2O dest. (40 °C) 1000 g Natriumthiosulfat $Na_2S_2O_3$ nass ätzen, s bis min bei RT ▶ Mikroätzung, Farbätzung, Kornflächen im polarisierten Licht besonders gut erkennbar

Reinkupfer und Cu-Legierungen, Bronzen, Al- und Be-Bronzen, alpha-beta-Messing	Klemm III: 100 ml H_2O dest. 11 ml Stammlösung Klemm 40 g Kaliumdisulfit K_2S_2O5 Stammlösung Klemm: 300 ml H_2O dest. 1000 g Natriumthiosulfat $Na_2S_2O_3$ nass ätzen, s bis min bei RT ▶ Mikroätzung, Farbätzung, Kornflächen im polarisierten Licht besonders gut erkennbar, Nachätzen nicht möglich

Tabelle 4: Ausgewählte Ätzmittel für weitere Nichteisenmetalle

unter Nutzung [1, 4–10]

Antimon und Bismut	Sb- und Bi-Werkstoffe 100 ml H_2O dest. 25 g Zitronensäure $C_6H_8O_7$ 10 g Ammoniumheptamolybdat $(NH_4)_6Mo_7O_{24} \cdot 4\ H_2O$ s bis min bei RT ▶ Makroätzung
Sb-Legierungen	Czochralski: 50 ml Natriumthiosulfatlösung $Na_2S_2O_3$, 16%ig 15 ml HCl 32%ig 13 ml H_2O dest ▶ Mikroätzung; Zusammensetzung variabel, auch ohne Eisen(III)chlorid
Sb- und Bi-Legierungen	100 ml H_2O dest., 30 ml HCl 32%ig, 2 g Eisen(III)chlorid $FeCl_3$ s bis min bei RT ▶ Mikroätzung, Zusammensetzung variabel, auch ohne Eisen(III)chlorid
Blei und Blei-legierungen	reines Pb, Schichten, Schweißnähte 80 ml H_2O dest. 20 ml HNO_3 65%ig Wischätzen 10 min bei RT ▶ Makroätzung, Kornflächenätzung
Pb-Sb-Legierungen	Rutherford: 3 ml Eisessig CH_3OOH 1 ml H_2O_2 30%ig 8 bis 15 min bei RT ▶ Mikroätzung, Korngrenzenätzung mit höherem Anteil an Eisessig, auch Makroätzung (Kornflächen)

Pb-Sb-Legierungen, Pb-reiche Weiß- und Letternmetalle	Nital: 1 bis 5%ige alkoholische HNO_3 1 bis 10 min bei RT, danach kurz in Leitungswasser legen ▶ Mikroätzung, auch für Makroätzung, Pb-haltige Mischkristalle – dunkel
Pb- und Pb-Sb-Legierungen	100 ml H_2O dest. 5 bis 10 g Silber(I)nitrat AgNO3 Wischätzen, s bis min bei RT ▶ Mikroätzung
Pb-Sb-Legierungen, Pb-haltige Weiß- und Letternmetalle	90 ml H_2O dest. 30 ml HCl 32%ig, 10 g Eisen(III)chlorid $FeCl_3$ 1 bis 10 min bei RT ▶ Mikroätzung, Zusammensetzung variabel, Wasser kann durch Ethanol ersetzt werden
Magnesium und Magnesiumlegierungen	
Mg und Mg-Legierungen	80 ml H_2O dest. 10 ml Eisessig CH_3OOH 10 ml gesättigte Weinsäurelösung $C_4H_6O_6$ ▶ Makroätzung
Mg und Mg-Legierungen	75 ml HNO_3 65%ig 25 ml Eisessig CH_3OOH frisch verwenden ▶ Makroätzung, Mikroätzung
Mg und Mg-Legierungen	Nital: 1 bis 2%ige alkoholische HNO_3 ca. 10 s bei RT ▶ Mikroätzung, höher konzentriert auch als Makro-ÄM verwendbar
wärmebehandelte Mg-Legierungen	2 bis 11%ige wässrige Zitronensäure $C_6H_8O_7$ Wischätzen bis 30 s bei RT, danach mit heißem Wasser abspülen ▶ Mikroätzung
Zink und Zinklegierungen	
reines Zn, Cu-freie Zn-Legierungen, Guss-WSt	50 ml H_2O dest. 50 ml HCl 32%ig 15 s bei RT, danach Niederschlag unter fließendem Wasser entfernen ▶ Makroätzung, auch HCl 32%ig oder HNO_3 65%ig ohne Wasserzusatz verwendbar

technisch reines Zn, Zn-Co- und Zn-Cu-Legierungen	100 ml H_2O dest. 10 g NaOH 1 bis 5 s bei RT ▶ Mikroätzung
Zn-Al- und Zn-Cr-Legierungen, galvanische Zn-Fe-Schichten auf Eisenwerkstoffen	Nital: 100 ml Ethanol C_2H_5OH 1 ml HNO_3 65%ig s bis min bei RT, ÄM nicht länger als 1 h verwendbar ▶ Mikroätzung
reines Zn, niedrig legiertes Zn	Klemm: 100 ml Stammlösung Klemm (s. Ätzmittel Cu) 2 g Kaliumdisulfit $K_2S_2O_5$ 30 s bei RT ▶ Mikroätzung, Farbätzung
Zinn und Zinnlegierungen	
reines Sn	100 ml Ethanol C_2H_5OH 1 bis 5 g HCl 32%ig s bis min bei RT ▶ Makroätzung
bleihaltige Sn-Legierungen, Sn-Schichten, Sn-haltige Lagermetalle	100 ml H_2O dest. 5 g Ammoniumperoxodisulfat $(NH_4)_2S_2O_8$ s bis mehrere min bei RT ▶ Mikroätzung, Korngrenzenätzung höher konzentriert auch als Makro-ÄM für reines Sn geeignet
reines Sn, bleifreie Sn-Legierungen, Sn-Bi-Legierungen	30 ml H_2O dest. 60 ml Ethanol C_2H_5OH 5 ml HCl 32%ig 2 g Eisen(III)chlorid $FeCl_3$ 1 Tropfen H_2O_2 30%ig auf 100 ml ÄM s bis min bei RT ▶ Mikroätzung; Zusammensetzung variabel, ohne Ethanol auch als Makro-ÄM anwendbar
reines Sn, Sn-Pb-, Sn-Cu, Sn-Cd, Sn-Sb- und Sn-Fe-Legierungen	Nital: 100 ml Ethanol C_2H_5OH 2 bis 5 ml HNO_3 65%ig s bis mehrere min bei RT, evtl. mit stärkerer Konz. nachätzen ▶ Mikroätzung

Tabelle 5: Ausgewählte Ätzmittel für Titanbasiswerkstoffe

unter Nutzung [1, 4–10]

Achtung! fluoridhaltige Ätzmittel erfordern besondere Sicherheitsmaßnahmen beim Ätz

Ti-Legierungen	50 ml H_2O dest. 50 ml HCl 32%ig s bis min bei RT ▶ Makroätzung, Unterscheidung α- und β-Titan ▶ Mikroätzung, Kornflächenätzung 1000 ml H_2O dest. 1 bis 5 ml HF s bis min bei R
Ti-Legierungen, Ti-Al-Mn-Legierungen	90 ml H_2O dest. 10 ml HF 40%ig bis 15 min RT ▶ Makroätzung; Fließlinien, Faserverlauf, variable Zusammensetzung
reines Ti, Ti-Legierungen	Weck: 100 ml H_2O dest. 50 ml Ethanol C_2H_5OH 2 g Ammoniumhydrogendifluorid NH_4HF_2 Trockenätzung, s bis min bei RT, Farbumschlag von braun in blau, zeigt gutes Ätzergebnis an ▶ Mikroätzung, Farbätzung; alpha- und beta-Phase – gefärbt, Hydride, Nitride, sauerstoffreiche Diffusionszone – weiß; auch Makroätzung, dann ÄM höher konzentriert und ohne Ethanol
reines Ti, alpha-Ti-Legierungen, Ti-Al-V-Sn-Legierungen, Ferrotitan	78 (20) ml H_2O dest. 15 (5) ml H_2O_2 30%ig 12 (10) ml KOH 40%ig Wischätzen 3 bis 20 s bei RT ▶ Mikroätzung; Zusammensetzung variabel
Sn-haltige Ti-Legierungen	100 ml H_2O dest., 10 g NaOH, 5 ml H_2O_2 3%ig s bis min bei RT, frisch ansetzen Mikroätzung ▶ Mikroätzung; unter HF-haltigen Ätzmitteln am einfachsten handhabbar; evtl. Zusatz von H_2O_2
Ti und Ti-Legierungen, Ti-Mn- und Ti-V-Cr-Al-Leg.	85 bis 96 ml H_2O dest., 2 bis 10 ml HF 40%ig, 2 bis 5 ml HNO_3 65%ig 3 bis 20 s bei RT ▶ Mikroätzung, Korngrenzenätzung

Tabelle 6: Ausgewählte Ätzmittel für Nickelbasiswerkstoffe

unter Nutzung [1, 4–10]

Achtung! fluoridhaltige Ätzmittel erfordern besondere Sicherheitsmaßnahmen beim Ätzen

Ni und Ni-Basislegierungen, Ni-Cu- und Ni-Cr-Fe-Legierungen, Korngrößenbestimmung in Superlegierungen	50 ml H_2O dest. 50 ml Ethanol C_2H_5OH 96%-ig, 50 ml HCl 32%-ig, 10 g Kupfer(II)sulfat $CuSO_4$ s bis min bei RT ▶ Makroätzung
Ni-Cr- und Ni-Fe-Cr-Legierungen (INCONEL), auch Ni-Nb-, Ni-Ta-, Ni-Si-, Ni-Au- und Ni-Co-Cr-Legierungen	20 bis 30 ml H_2O dest. 0 bis 20 ml HNO_3 65%-ig, 20 ml HCl 32%-ig, 10 ml H_2O_2 3%-ig 2 min bei RT, frisch ansetzen ▶ Makroätzung
Ni-Fe-, Ni-Cu- und Ni-Ag-Legierungen, Ni-haltige Superlegierungen, Monelmetall	Carapella: 98 ml Ethanol C_2H_5OH oder H_2O dest. 2 ml HCl 32%ig 5 g Eisen(III)chlorid $FeCl_3$ Wischätzen 5 bis 60 s bei RT ▶ Makroätzung; Zusammensetzung variabel
Gusslegierungen auf Ni-Basis	Adler: 25 ml H_2O dest. 50 ml HCl 32%ig 15 g Eisen(III)chlorid $FeCl_3$ 3 g Ammoniumchlorocuprat (II) $(NH_4)_2CuCl_4 \cdot 2\,H_2O$ min bis h bei RT ▶ Makroätzung; auch Mikroätzung für galvanische Schichten und Lötverbindungen aus Ni-WSt und Stahl, dann aber mit H_2O verdünnt und mit geringen Mengen an Kaliumdisulfit
reines Ni, Superlegierungen, Ni-Cu- und Ni-Fe-Legierungen	Marble: 50 ml H_2O dest. 50 ml HCl 32%ig 10 g Kupfer(II)sulfat $CuSO_4$ 5 bis 10 s bei RT ▶ Mikroätzung; auch Makroätzung für Monelmetall
Superlegierungen, Gamma-Phase, Karbide, Korngrenzen	100 ml HCl 32%ig, 2 bis 4 ml H_2O_2 3%ig oder 0,4 bis 1 g Natriumperoxid Na_2O_2 10 bis 50 s bei RT, frisch ansetzen ▶ Mikroätzung

Ni und Legierungen mit hohem Ni-Gehalt, Ni-Ti- und Ni-Cu-Legierungen	50 ml HNO_3 65%ig 25 ml Eisessig CH_3OOH 25 ml H_2O dest. 5 bis 30 s bei RT, frisch ansetzen ▶ Mikroätzung; Korngrenzenätzung; Zusammensetzung variabel
Gusswerkstoffe auf Ni-Basis	90 ml H_2O dest. 10 g Ammoniumperoxodisulfat $(NH_4)_2S_2O_8$ s bis min bei RT ▶ Mikroätzung; gesättigte Lösung für Korngrenzen-ätzung von Ni-Fe-Legierungen
Superlegierungen	V2A-Beize: 50 ml H_2O 50 ml HCl 32%ig 5 ml HNO_3 65%ig 0,2 ml Vogels Sparbeize max. 10 min bei 30 bis 70 °C ▶ Mikroätzung
Ni-Cu-Legierungen, Superlegierungen auf Ni-Basis	Kalling 2: 40 bis 80 ml Ethanol C_2H_5OH 40 ml HCl 32%ig 2 g Kupfer(II)chlorid $CuCl_2$ s bis min bei RT ▶ Mikroätzung; Farbätzung; Auflösung von Schutzschichten, Gamma-Strich-Phase, Eta-Phase wird nicht kontrastiert
Gusslegierungen auf Ni-Basis	Beraha III: 100 ml Stammlösung Beraha III 1 g Kaliumdisulfit $K_2S_2O_5$ Stammlösung Beraha III: 600 ml H_2O dest. 50 g Ammoniumhydrogendifluorid NH_4HF_2 400 ml HCl 32%ig Nassätzen 30 bis 5 min bei RT ▶ Mikroätzung; Farbätzung; ÄM nur 1 bis 2 h haltbar; Nachweis Seigerungen, Karbide, Ausscheidungen, Phi-Phase; Stammlösung in Kunststoffflaschen aufbewahren
Ni-Basislegierungen hohem Mo-Gehalt (>9 %), Hastalloy X, Hastalloy C	Beraha III, modifiziert: 50 ml H_2O dest. 7 g Ammoniumhydrogendifluorid NH_4HF_2 50 ml HCl 32%ig 0,5 g Kaliumdisulfit $K_2S_2O_5$ Nassätzen 5 bis 10 min bei 30 bis 40 °C ▶ Mikroätzung; Farbätzung; ÄM nur 1 bis 2 h haltbar

Lichtmikroskopische Gefügeuntersuchung

Nach erfolgreicher Gefügekontrastierung erfolgt die Untersuchung der Schliffprobe am Lichtmikroskop. Hierbei wird das zu untersuchende Objekt durch ein Linsensystem mehrstufig vergrößert. Für die Gesamtvergrößerung werden die Vergrößerung des Objektivs und die Vergrößerung des Okulars multipliziert.

Bei der lichtmikroskopischen Untersuchung sind Vergrößerungen von bis zu 1000 : 1 üblich. Unter Verwendung eines Immersionsöls, das zwischen Schlifffläche und Objektiv gebracht wird, kann bis maximal 1500 : 1 vergrößert werden. Die kleinste unterscheidbare Objektgröße – die laterale Auflösung – wird von der Wellenlänge des Lichtes und von der numerischen Apertur des verwendeten Objektivs bestimmt. Sie liegt im Bereich von 0,2 bis 0,5 µm.

Sollen kleinere Objekte sichtbar gemacht werden, sind topographische Aufnahmen von Bruchflächen gefordert oder benötigt man Zusatzinformationen über die örtliche chemische Zusammensetzung der Proben, so kommen die Rasterelektronen-(REM) oder die Transmissionselektronenmikroskopie (TEM) zum Einsatz.

Metallographische Schliffe werden im Lichtmikroskop mit dem Auflicht-Modus betrachtet, da die Proben undurchlässig für sichtbares Licht sind. Das Bild 6 zeigt die vier gebräuchlichsten Mikroskopiertechniken zur Gefügeuntersuchung am Beispiel von Gefügebildern einer Ti-Al-V-Legierung.

Im Bild 7 werden die Wirkmechanismen der im Bild 6 dargestellten lichtmikroskopischen Arbeitstechniken etwas näher erläutert.

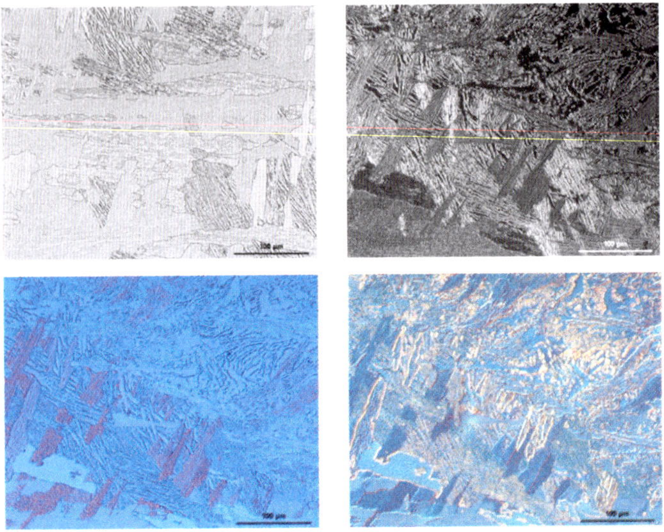

Bild 6: Gefügebilder einer Probe aus TiAl6V4 [3]

links oben: Hellfeld-Abbildung (HF)
links unten: Abbildung im polarisierten Licht (POL)
rechts oben: Dunkelfeld-Abbildung (DF)
rechts unten: differenzieller Interferenzkontrast (DIC)

<table>
<tr>
<td>Hellfeld-Abbildung (HF)
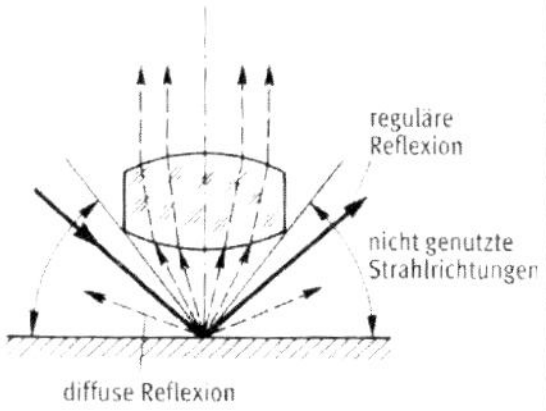
</td>
<td>- Standard-Verfahren
- einfallendes Licht tritt durch das Objektiv und trifft senkrecht auf die Probenoberfläche
- reguläre Reflexion an glatten, senkrecht zum Lichteinfall liegenden Oberflächenbereichen, sie erscheinen hell
- schräg liegende oder aufgeraute Bereiche bleiben dunkel, da das Licht diffus gestreut wird</td>
</tr>
<tr>
<td>Dunkelfeld-Abbildung (DF)
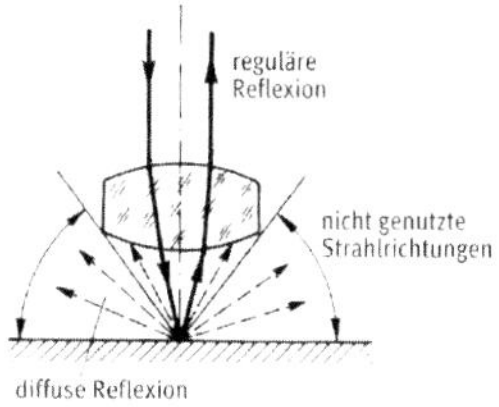
</td>
<td>- Sonderverfahren:
geeignet zur Beurteilung der Schliffqualität bzw. zum Nachweis von Cu(I)oxid, das im DF granatrot aufleuchtet
- einfallendes Licht trifft schräg auf die Probenoberfläche
- reguläre Reflexion an rauen oder schräg liegenden Oberflächenbereichen, sie erscheinen hell
- glatte Bereiche bleiben dunkel, hier diffuse Streuung</td>
</tr>
<tr>
<td>Abbildung im polarisierten Licht (POL)
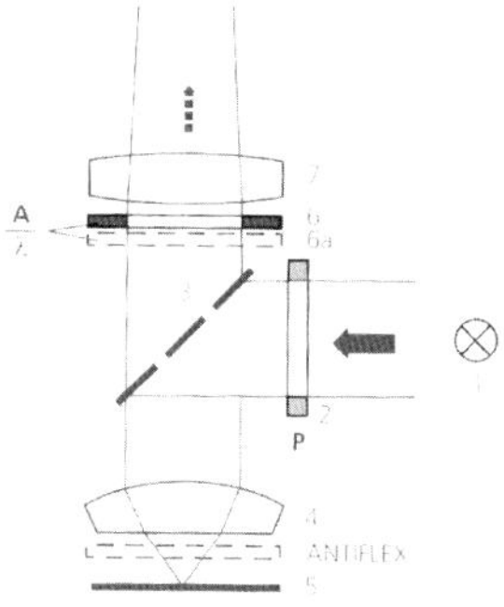
</td>
<td>- Sonderverfahren:
geeignet zur Präparationskontrolle bzw. zum Nachweis von nichtkubischen Substanzen
- einfallendes Licht trifft senkrecht auf die Probenoberfläche (5), durchläuft vorher jedoch einen Polarisator (2)
- nichtkubische (optisch anisotrope) Gefügestandteile ändern den Polarisationszustand des Lichtes, das reflektierte Licht tritt durch das Objektiv (4) und wird teilweise durch den Analysator (6) durchgelassen
- dadurch leuchten nichtkubische Substanzen auf, kubische Bereiche bleiben hingegen dunkel</td>
</tr>
</table>

Bild 7: Wirkprinzipien für ausgewählte lichtmikroskopische Untersuchungsmethoden nach [1, 2, 11]

Differenzieller Interferenzkontrast (DIC) 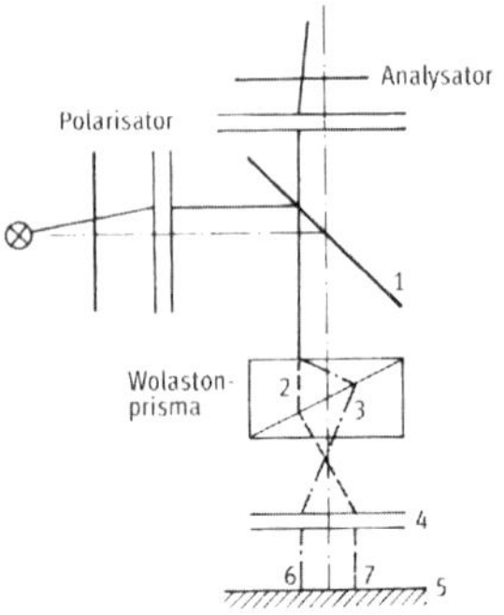	- Sonderverfahren: geeignet zur Sichtbarmachung kleiner Höhenunterschiede auf der Probenoberfläche - einfallendes polarisiertes Licht wird durch ein Wollaston-Prisma (2,3) in zwei Teilstrahlen zerlegt, diese gelangen versetzt auf Probenoberfläche (5), werden reflektiert und gelangen vom Objektiv (4) zum Wollsaton-Prisma (2,3) - Teilstrahlen, die von ebenen Flächen reflektiert werden, werden im Wollaston-Prima vereinigt, keine Interferenz - raue Probenbereiche verursachen Gangunterschiede zwischen den beiden Teilstrahlen, daher keine Vereinigung der Teilstrahlen im Wollaston-Prisma-Interferenz tritt auf, so dass das Relief sichtbar wird

Bild 7: Wirkprinzipien für ausgewählte lichtmikroskopische Untersuchungsmethoden nach [1, 2, 11]

Auf die Betrachtung der Gefüge am Lichtmikroskop folgen üblicherweise die Bildaufnahme, die Bilddokumentation und die Bildarchivierung. Die meisten Mikroskope sind dafür mit einer hochauflösenden Digitalkamera ausgestattet, die es erlaubt, Bilddateien in verschiedenen Speicherformaten unter Verwendung einer geeigneten Software zu generieren.

Die Bemaßung der Bilder erfolgt in Abhängigkeit von der Vergrößerung, der Kameraauflösung und Größe des erfassten Bildausschnittes zumeist automatisch. Voraussetzung hierfür ist eine entsprechende Kalibrierung.

Werden Bilddateien im tif- oder jpg-2000-Format abgespeichert, so besteht die Möglichkeit, die Gefügeaufnahme mit verschiedenen Zusatzinformationen – z. B. Bearbeiter, Werkstoff, Behandlungszustand – zu versehen, die eine Archivierung in einer Datenbank erleichtern.

Quantitative Gefügeanalyse

Ein weiteres wichtiges Arbeitsfeld auf dem Gebiet der Gefügeuntersuchung ist die Bestimmung von Gefügeparametern mit Hilfe bildanalytischer Analyseverfahren. Häufigste Anwendungsgebiete sind die Gefügequantifizierung in der Qualitätssicherung/-kontrolle sowie für die Modellierung und Simulation von werkstoff- und verfahrensabhängigen Gefüge-Eigenschafts-Beziehungen. Eine Auswahl von Quantifizierungsverfahren soll im folgenden Abschnitt vorgestellt werden.

Ziel der quantitativen Gefügeanalyse ist es, über geeignete Messverfahren am ebenen Schliff auf den Volumenanteil V_V der in einem Testvolumen enthaltenen Gefügebestandteile zu schließen. Darüber hinaus liefert sie statistisch abgesicherte Aussagen über die Größe, die Form und über die Verteilung der Bestandteile im Werkstoff. Diese können über die spezifische Grenzflächendichte S_V und über das Integral der mittleren Krümmung pro Volumeneinheit M_V angegeben werden [1, 2, 12, 13]. Die Teilchenanzahl N_V in einem Testvolumen wird hingegen nur selten mit Hilfe der lichtmikroskopischen Gefügeuntersuchung ermittelt.

Die stereologische Grundgleichung besagt, dass sich der Volumen-anteil eines Gefügebestandteils in einem heterogenen Werkstoff durch Punktanalyse, Linearanalyse oder Flächenanalyse aus dem ebenen Schliff ableiten lässt. Es gilt:

$$V_V = A_A = L_L = P_P$$

Das Volumen einer Phase bezogen auf ein Testvolumen (V/V_T) ergibt sich bei der Punktanalyse demnach aus der Anzahl der Messpunkte der Phase bezogen auf die Gesamtanzahl der Messpunkte eines Punktrasters (P/P_T). Bei der Linearanalyse ist der Volumenanteil einer Phase die Summe aller Sehnenlängen der Phase bezogen auf die gesamte Testlänge (L/L_T). Bei der Flächenanalyse resultiert der Volumenanteil einer Phase aus dem Verhältnis von Flächenanteil der Phase bezogen zur gesamten Testfläche (A/A_T).

Im Bild 8 wurden die Grundverfahren der quantitativen Gefügeuntersuchung – Punktanalyse, Linearanalyse und Flächenanalyse – am Beispiel einer Gusseisenprobe mit Kugelgraphit (GJS) zusammengestellt.

Die Ermittlung der Gefügekenngrößen erfolgt vielfach an bereits vorhandenen Bilddateien mit einer geeigneten Bildanalysesoftware. Eine statistische Absicherung der Messergebnisse ist allerdings erst bei Auswertung einer ausreichenden Anzahl von Messfeldern gegeben. Dafür sollten z. B. bei der Punktanalyse pro Probe mindestens 500 Messpunkte, bei der Linearanalyse mindestens 500 Sehnen herangezogen werden.

Alle drei Verfahren im Bild 8 sind gemäß der stereologischen Grundgleichung grundsätzlich für die Bestimmung des Volumenanteils einer Zweitphase in einem heterogenen Gefüge – z. B. des Graphits in einer GJS-Probe – geeignet. Punkt- und Flächenanalyse sind im Bildanalyseprogramm oft jedoch wesentlich einfacher zu handhaben als die Linearanalyse.

Die Punktanalyse ist immer dann vorteilhaft anwendbar, wenn eine schnelle, unkomplizierte Quantifizierung von V_V erfolgen soll. Insbesondere, wenn die Schliffqualität vom Idealzustand abweicht oder nur kontrastarme Gefügebilder vorliegen, ist diese Methode vorzuziehen, da die Messpunkte relativ einfach auch manuell ausgezählt werden können. Die Punktanalyse liefert jedoch ausschließlich Angaben zu den Volumenanteilen der einzelnen Gefügebestandteile im Werkstoff.

Mit Hilfe der **Flächen- bzw. der Linearanalyse** können Gefügebilder hingegen automatisch ausgewertet werden. Die Detektion der Phasen erfolgt hierbei über eine geschickt vorgegebene Grauwertschwelle. Voraussetzung sind allerdings sehr gut präparierte, kontrastreiche und mit gleichmäßiger Ausleuchtung aufgenommene digitale Gefügebilder. In einigen Fällen kann die Bildqualität für die Messung durch verschiedene Bildbearbeitungsfunktionen – z. B. durch Erodieren, Dilatieren oder Säubern – erhöht werden, dies kann jedoch im Einzelfall recht zeitaufwändig sein. Oft empfiehlt es sich, das Ergebnis der automatischen Phasendetektion vor der Messung bzw. vor der Auswertung nochmals kritisch anzusehen und bei Bedarf noch manuell zu korrigieren.

Neben den Gefügeanteilen liefern Flächen- und Linearanalyse auch Informationen über die **Korngröße, die Korngrößenverteilung und über die Kornform.** Grundformeln für die Berechnung des Volumenanteils der Phasen sowie für die Ermittlung der mittleren linearen Korngröße sind bereits im Bild 8 angegeben.

Punktanalyse (PA) 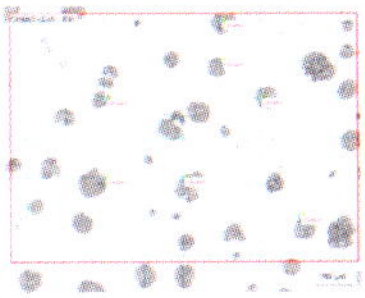	– geeignet zur Bestimmung des Volumenanteils einer Zweitphase im Matrixgefüge – Messprinzip: über das Gefügebild wird ein definiertes Punktraster gelegt, Zuordnung der Rasterpunkte zu den Phasen erfolgt manuell oder automatisch – Messergebnis: Volumenanteile der Phasen α und β im Gefüge $V_V(\alpha) = P_P(\alpha) = P(\alpha)/P_T$ $V_V(\beta) = P_P(\beta) = 1\text{-}P_P(\alpha) = P(\beta)/P_T$
Linearanalyse (LA) 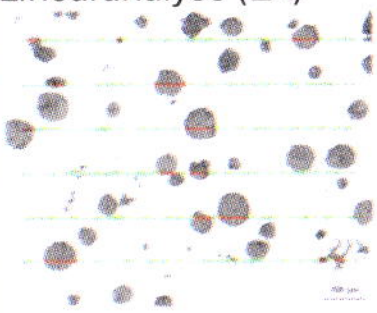	– geeignet zur Bestimmung der mittleren linearen Korngröße und der Korngrößenverteilung der Phasen, außerdem Bestimmung des Volumenanteils einer Zweitphase im Matrixgefüge – Messprinzip: über Gefügebild werden definierte Messlinien gelegt, danach werden Schnittpunkte der Messlinie mit Korn- bzw. Phasengrenzen markiert und den Phasen zugeordnet – danach automatische Bestimmung der Sehnenlängen, Klassifizierung, Aufsummierung – Messergebnis: **Volumenanteile** der Phasen α und β im Gefüge $V_V(\alpha) = L_L(\alpha) = \Sigma L(\alpha)/L_T$ $V_V(\beta) = L_L(\beta) = \Sigma L(\beta)/L_T$ **mittlere Sehnenlängen** der Phasen α und β im Gefüge $\underline{L}(\alpha) = \Sigma L(\alpha)/N_L(\alpha)$ sowie $\underline{L}(\beta) = \Sigma L(\beta)/N_L(\beta)$ dabei ist N_L die Sehnenzahl pro Gesamtlänge weitere Parameter enthält die Tabelle 5
Flächenanalyse (FA) 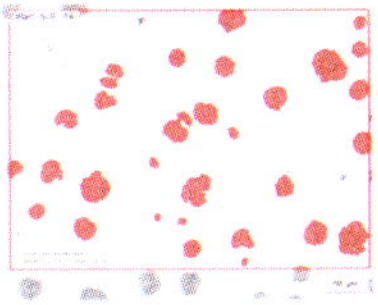	– geeignet zur Bestimmung des Volumenanteils einer Zweitphase im Matrixgefüge, außerdem Zusatzinformationen über Form, Größe und Größenverteilung der Phasen – Messprinzip: Grauwertanalyse am Gefügebild, anschließend Phasendetektion durch Festlegung eines geeigneten Schwellwertes in der Grauwertverteilung, danach Bildreinigung automatische Zuordnung der detektierten Flächen im Messfeld zu den Phasen entsprechend der gewählten Grauwertschwelle – Messergebnis: Volumenanteile der Phasen α und β im Gefüge $V_V(\alpha) = A_A(\alpha) = \Sigma A(\alpha)/A_T$ $V_V(\beta) = A_A(\beta) = \Sigma A(\beta)/A_T$ weitere Parameter enthält die Tabelle 5

Bild 8: Ausgewählte Messverfahren der quantitativen Gefügeuntersuchung für GJS nach [1–3, 12, 13]

Tabelle 7 : Weitere Gefügeparameter im Überblick nach [1, 2, 12, 13]

Name der Messgröße/ Verfahren	**Berechnungsformeln für den Gefügeparameter**
Linearanalyse	
mittlere Sehnenlänge, mittlere lineare Korngröße, auch Heynsche Korngröße	$\bar{L}(\alpha) = S\ L(\alpha) / N_L(a)$ $\bar{L}(\alpha) = L_T\ V_V(\alpha) / N_L(a) = 4\ V_V(a) / S_V(a)$ $\bar{L} = 4 / S_V = L_T / N_L = S\ L / N_L$
Verhältnis der Sehnenlängenquantile	$L(a)_{95}/L(a)_{50}$ (Gleichmäßigkeit der Korngröße)
Kornstreckung	$L(a)^{II} / L(a)^{\wedge}$
spezifische Korngrenzenfläche	$S_V^{KG} = 2\ N^{KG}/L_T$ für homogene Gefüge
Grenzflächendichte	$S_V^G = S_V^{KG} + S_V^{PG}$ für heterogene Gefüge dabei S_V^{KG} spez. Korngrenzenfläche, S_V^{PG} spez. Phasengrenzfläche $S_V^G = (2\ N^{KG}/L) + (2\ N^{PG}/L)$ auf Phasenvolumen bezogen $S_V^G = (2\ N^{KG}/L_T) + (2\ N^{PG}/L_T)$ auf gesamtes Testvolumen bezogen
Kontiguität	$C = 2\ S_V^{KG}/S_V^O = 2\ S_V^{KG}/(2\ S_V^{KG} + S_V^{PG})$ $= 2\ N^{KG}/(2\ N^{KG} + N^{PG})$ (Skelettbildungsgrad als Maß für die räumliche Phasenanordnung)
Orientierungsfaktor	$O = (N/L^{\wedge} - N/L^{II})/(N/L^{\wedge} + 0{,}273 N/L^{II})$, dabei $L^{\wedge}$ = Summe Sehnenlängen der Phase vertikal, LII = Summe Sehnenlängen der Phase horizontal, N = Gesamtanzahl Sehnen der Phase
Flächenanalyse	
mittlere Kornschnittflächengröße, auch Jeffries-Korngröße	$\bar{A} = S\ A/N_A = 2p/M_V$ dabei N_A = Anzahl aller innerhalb A_T liegenden Körner + 0,67 x Anzahl geschnittene Körner bei Kreisfläche bzw. + 0,5 x Anzahl geschnittene Körner bei Rechteckfläche
spezifische Linienlänge	L_A = Gesamtlänge der Grenzflächenlinien/A_T
spezifische Grenzfläche	$S_V = 4\ L_A/\pi$
Integral der mittleren Krümmung pro Volumeneinheit	$M_V = 2\ p\ N_A$
Kombination aus Linear- und Flächenanalyse	
Formfaktor	$F = 2\ (N^{KG})^2\ A_T/3\ p\ N_A\ L_T\ L$ (für einphasige Werkstoffe gilt $L = L_T$)

In der Literatur finden sich darüber hinaus weitere Parameter zur Gefügecharakterisierung [1, 2, 12, 13]. Einige Beispiele hierfür sind in der Tabelle 7 zusammengestellt.

Die Linearanalyse ist das genaueste Verfahren zur Korngrößenbestimmung. Die mittlere lineare Korngröße – in der Literatur auch als mittlere Sehnenlänge oder Heynsche Korngröße – bezeichnet, basiert auf stereologischen Parametern. Damit ist die Linearanalyse das einzige Messverfahren, bei dem der Befund vom ebenen Schliff auf das Gefüge im Werksoffvolumen übertragen werden kann.

Werden die gemessenen Sehnen der einzelnen Gefügebestandteile in vorgegebene Größenklassen eingeordnet, so lassen sich Aussagen über die Korngrößenverteilung ableiten. Aus der Anzahl der Sehnen in den einzelnen Größenklassen – bezogen auf die Gesamtanzahl aller gemessenen Sehnen – können Häufigkeitsschaubilder erstellt werden. Auf diese Weise kann z. B. mit Hilfe des Quantilverhältnisses L95/L50 die Homogenität der Korngröße im untersuchten Gefüge beurteilt werden. Dies ist im Bild 9 beispielhaft für die Linearanalyse an einer GJS-Probe dargestellt.

In der Literatur werden weitere, zum Teil ältere Verfahren zur Ermittlung der Korngrößen angegeben [1, 2, 12, 13]. Mit Hilfe der Flächenanalyse kann beispielsweise eine mittlere Kornschnittfläche – auch als Jeffries-Korngröße bezeichnet – bestimmt werden, die sich bei einphasig isotropen Gefügen sogar in eine mittlere Sehnenlänge umrechnen lässt (s. Tabelle 7).

Auch **die Korngrößenbestimmung über Gefügerichtreihen** ist möglich. Dabei werden bei einer vorgegebenen Vergrößerung tatsächlich vorliegende Gefüge mit standardisierten Bildern verglichen. Dies erlaubt bei gleichmäßig ausgebildeten, polyedrischen Gefügen eine schnelle Einordnung in Größenkategorien, die durch die durch Korngrößenkennzahlen ausgedrückt werden. Die Anwendung von Gefügerichtreihen ist auch geeignet, um Werkstoffzustände zu charakterisieren, die unregelmäßig geformte, schwer erkennbare oder in sehr geringen Anteilen vorliegende Gefügebestandteile aufweisen. Neben der Teilchen-

Ergebnisse der Linearanalyse

NIKON NIS 06/2012

Probe:	Demo GJS
Behandlung:	geätzt für die Bestimmung der Ferritkorngröße

ifWW

Messbedingungen	1 MF horizontal
Vergrößerung	*Epiphot 100x*
Kalibrierungsfaktor	*1,31 µm / px*
Linienabstand [µm]	*100 µm*

Kl.-Nr.	unt. Kl.-grenze	ob. Kl.-grenze	Anz. S. in Kl.	SH absolut	H relativ	SH relativ
1	0	0,5	0	0	0	0
2	0,5	0,67	0	0	0	0
3	0,67	0,89	0	0	0	0
4	0,89	1,19	0	0	0	0
5	1,19	1,58	0	0	0	0
6	1,58	2,11	0	0	0	0
7	2,11	2,81	0	0	0	0
8	2,81	3,75	0	0	0	0
9	3,75	5,00	3	3	2	2
10	5,00	6,67	5	8	4	6
11	6,67	8,89	7	15	5	11
12	8,89	11,9	11	26	8	19
13	11,9	15,8	18	44	13	31
14	15,8	21,1	17	61	12	44
15	21,1	28,1	18	79	13	56
16	28,1	37,5	21	100	15	71
17	37,5	50,0	15	115	11	82
18	50,0	66,7	17	132	12	94
19	66,7	88,9	7	139	5	99
20	88,9	119	1	140	1	100
21	119	158	0	140	0	100
22	158	211	0	140	0	100
23	211	281	0	140	0	100
24	281	375	0	140	0	100
25	375	500	0	140	0	100
Summe			140		100	

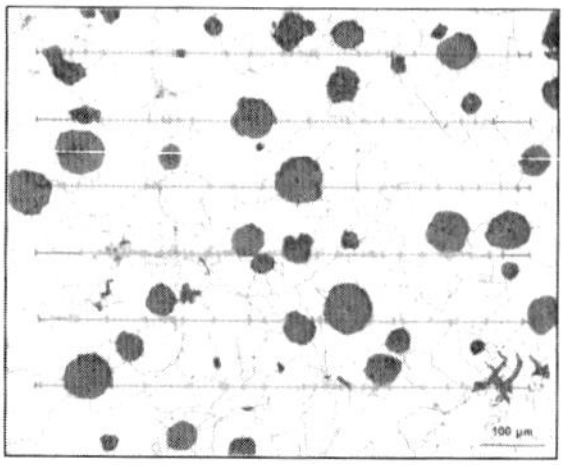

mittlere lineare Korngröße Ferrit-Matrix

Anzahl der Sehnen	140	
Min	3,92	µm
Max	102,94	µm
mittl. lineare Korngröße	29,34	µm
Stabw	19,70	µm

Sehnenlängenquantile Ferrit-Matrix

d_5	5,88	µm
d_{50}	24,77	µm
d_{95}	67,76	µm
d_{95}/d_{50}	2,74	

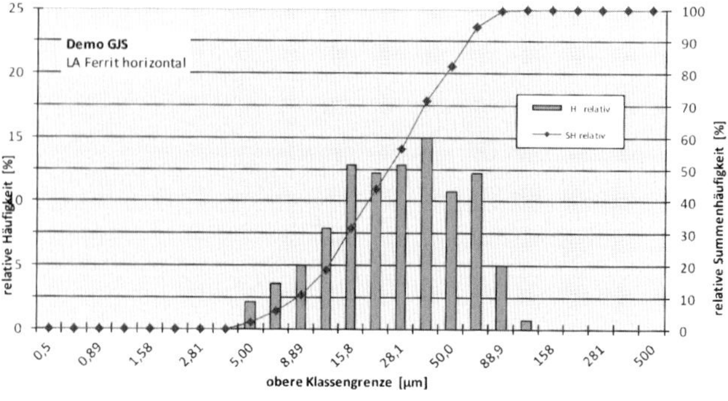

Bild 9: Korgrößenverteilung, ermittelt durch Linearanalyse am Beispiel einer Probe aus GJS [3] beachte! Demonstration an einem Messfeld – statistische Absicherung fehlt

größe liefern die Richtreihen dann auch Aussagen über die Form und die Verteilung der Gefügebestandteile im Werkstoff. Häufigstes Anwendungsgebiet ist die Qualitätssicherung, z. B. bei der Analyse verschiedener nichtmetallischer Einschlüsse im Stahl und im Gusseisen oder bei der Charakterisierung der Graphitausbildung im grauen Gusseisen.

Die Arbeit mit Richtreihen ist vielfach bereits am Computer möglich. Wird die automatische Phasendetektion mit einer geeigneten Bildanalysesoftware verknüpft, so erhält man schnell und einfach die gewünschten Aussagen zu Korngröße, Kornform und Kornverteilung. Die Bilder 10 und 11 zeigen Ergebnisse der quantitativen Gefügebewertung von Gusseisenproben mit Kugelgraphit (GJS) und mit Lamellengraphit (GJL) in Form von Screenshots. Es ist erkennbar, dass sich der Graphit in den polierten Schliffen sehr deutlich von der Matrix abhebt. Damit ist er mit Hilfe der Grauwertanalyse sehr gut detektierbar. Die markierten Flächen werden nun automatisch vermessen, gezählt, summiert und können außerdem noch in Größen- und Formklassen eingeteilt werden. Außer der mittleren Kornfläche wird somit auch die Größenverteilung für die gemessenen Flächen angegeben. Der Vergleich mit einer Richtreihendatenbank erlaubt außerdem auch die automatische Eingruppierung der untersuchten Proben in standardisierte Größen- und Formkategorien.

In vielen Gussgefügen liegt nach der Erstarrung ein dendritisches Gefüge vor. In diesem Falle hat die quantitative Gefügecharakterisierung die Aufgabe, die Ausbildung der Zellen bei geringer Vergrößerung und die Dendritenausbildung im mikroskopischen Bild zahlenmäßig zu erfassen. Im Bild 12 ist dies am Beispiel der Nickelbasislegierung IN738LC dargestellt.

Die Makroaufnahmen im Bild 12 zeigen die Ausbildung der Zellen in der untersuchten Gussprobe. Die Zellengröße kann sehr gut mit der Linearanalyse bei parallel verlaufenden Messlinien – d. h. über die mittlere Sehnenlänge – charakterisiert werden.

Für die **Beurteilung der Dendritenausbildung** im Gusswerkstoff wird vielfach der mittlere Dendritenarmabstand herangezogen. Gemessen wird hierbei oft der Abstand der Sekundärarme der Dendriten, der auch als sekundärer Dendritenarmanstand bezeichnet wird.

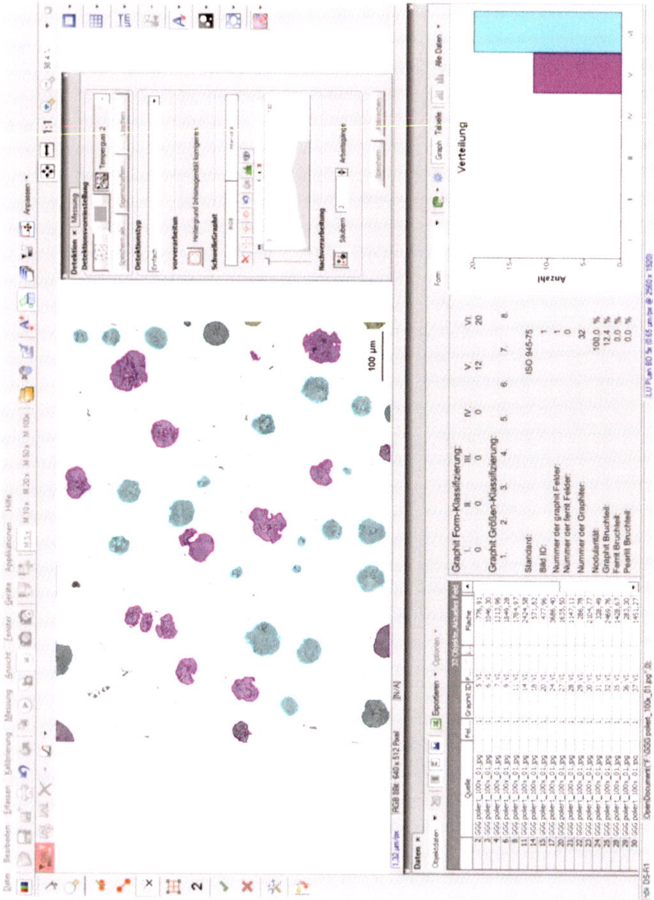

Bild 10: Beurteilung der Graphitausbildung an einer polierten Probe aus GJS mit Hilfe der Flächenanalyse [3] beachte! Demonstration an einem Messfeld – statistische Absicherung fehlt

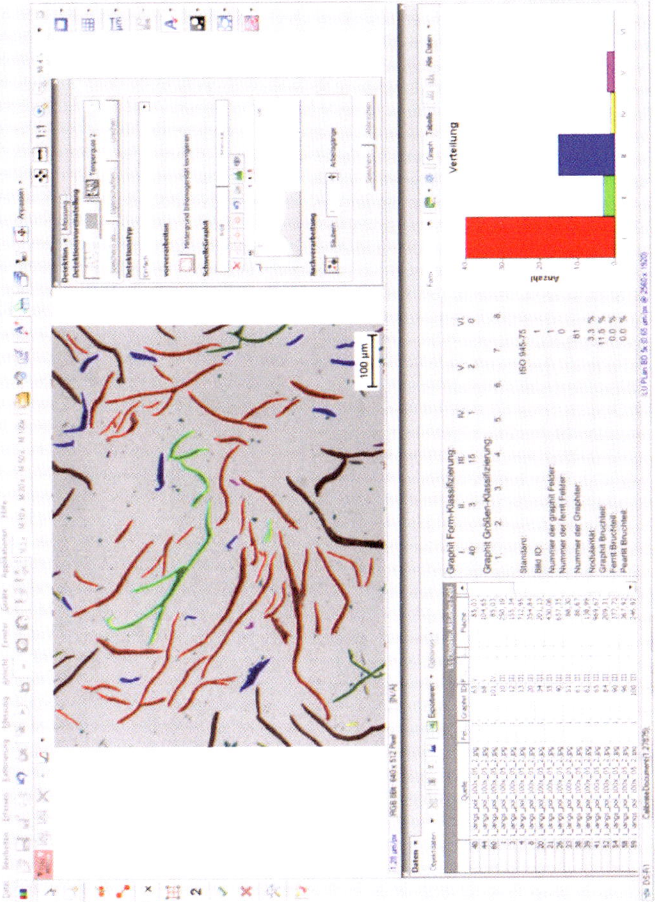

Bild 11: Beurteilung der Graphitausbildung an einer polierten Probe aus GJL mit Hilfe der Flächenanalyse [3] beachte! Demonstration an einem Messfeld – statistische Absicherung fehlt

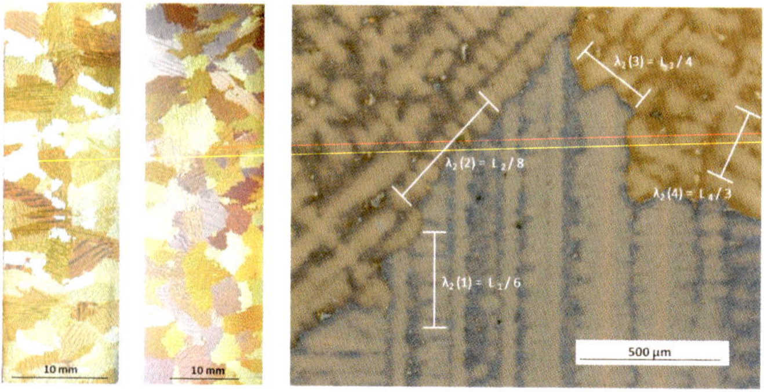

Bild 12: Quantitative Gefügeuntersuchung an einer Probe aus IN738LC [3]
links: Zellen in den Makroaufnahmen
rechts: Dendriten bei höherer Vergrößerung

Bei gerichtet und einkristallin erstarrenden Legierungen wird hingegen der Abstand der Dendritenstämme angegeben, den man auch als primären Dendritenarmabstand bezeichnet. Im Bild 12 ist das Messprinzip zur Bestimmung des mittleren sekundären Dendriten-armabstandes dargestellt. Im Gegensatz zur „herkömmlichen" Linearanalyse in den Bildern 8 und 9 verlaufen die Messlinien nicht parallel zueinander, sondern sind entsprechend der Orientierung der Dendriten in das Schliffbild hineingelegt. Der mittlere Dendritenabstand λ_2 ergibt sich im vorliegenden Beispiel aus dem Mittelwert von $\lambda_2(1)$ bis $\lambda_2(4)$.

Moderne digitale mikroskopische Bildaufnahme- und Bildanalysesysteme bieten vielfach die Möglichkeit, diese Messungen auf der Grundlage von Grauwertanalysen zu automatisieren.

Weiterführende Untersuchungemethoden in der Metallografie

Es gibt eine Vielzahl weiterführender Untersuchungsmethoden, die zur Gefügecharakterisierung herangezogen werden können. Diese kommen insbesondere dann zum Einsatz, wenn Vergrößerung und Auflösungsvermögen der Lichtmikroskopie nicht ausreichen, um feine Gefügedetails sichtbar zu machen, wenn die Tiefenschärfe des Lichtmikroskops keine Aussagen über die Oberflächentopogra-phie zulässt oder wenn die Identifizierung von Gefügebestandteilen durch einige Zusatzinformationen – etwa zur lokalen chemischen Zusammensetzung, zur Kristallstruktur oder zur Härte der Gefügebestandteile – abgesichert werden soll. Nachfolgend sollen einige wenige ergänzende Verfahren etwas genauer vorgestellt werden.

Elektronenstrahlbasierte Mikroanalyseverfahren

Breite Anwendung in der Metallografie finden die elektronenstrahlbasierten Untersuchungsverfahren, z. B. die Rasterelektronenmikroskopie (REM) und die Transmissionselektronenmikroskopie (TEM).

Im Bild 13 ist der prinzipielle Aufbau eines Rasterelektronenmikroskops dargestellt. Es ist erkennbar, dass die Probe mit einem feinfokussierten Elektronenstrahl – Strahldurchmesser ca. 10 nm – abgerastert wird. Die Fokussierung und Ablenkung des Elektronenstahls erfolgt über ein mehrstufiges magnetisches Linsensystem und eine nachgesetzte Ablenkeinheit. Die Probe reagiert auf die auftreffenden Primärelektronen mit vielfältigen Wechselwirkungs-signalen, die durch geeignete Detektoren registriert und nachfolgend zur Bilderzeugung und für Zusatzinformationen genutzt werden können.

Das Bild 13 zeigt außerdem, dass die Probe durch den Elektronenstrahl in einem bestimmten Volumenbereich angeregt wird, der seiner Form entsprechend als Anregungsbirne bezeichnet wird. Diese ist in Abhängigkeit von der Beschleunigungsspannung der Primärelektronen, von der Ordnungszahl der Elemente und von der Dichte der in der Probe enthaltenen Phasen unterschiedlich groß.

Bei geringer Beschleunigungsspannung entsteht eine kleinere Anregungsbirne, durch hohe Beschleunigungsspannungen wird hingegen ein größeres Probenvolumen angeregt. Mit steigender Ordnungszahl wird das Wechselwirkungsvolumen kleiner, es kann abweichend zu der im Bild 13 dargestellten Anregungsbirne sogar eher halbkugelförmig ausgebildet sein.

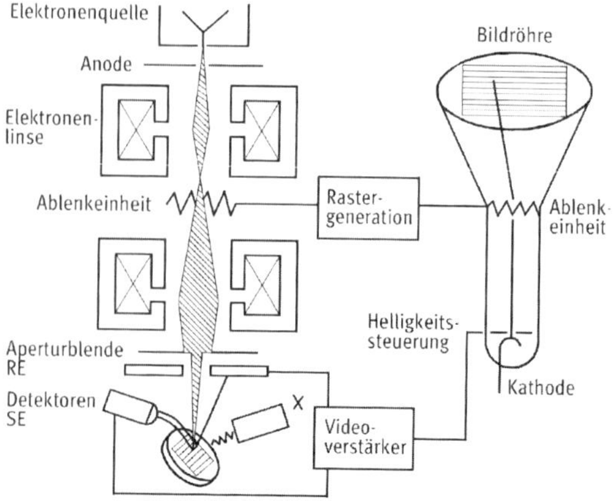

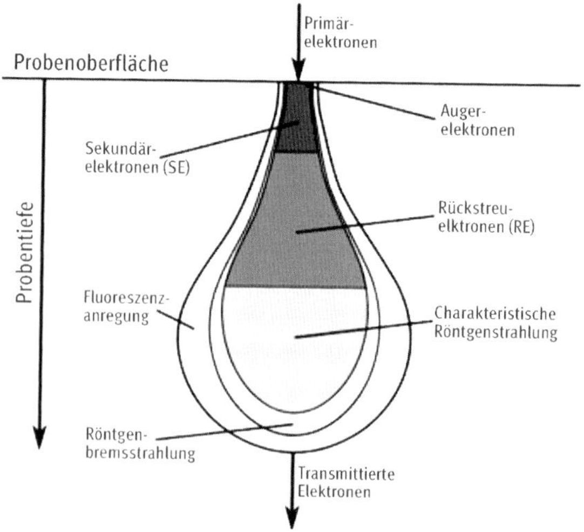

Bild 13: Messprinzip der REM-Untersuchung
oben: Prinzipskizze vom Aufbau eines REM nach [14]
unten: Wechselwirkung zwischen Probe und Elektronenstrahl und zugehörige Informationstiefe nach [15]

Die Abschätzung des angeregten Probenvolumens über die Dichte der enthaltenen Elemente ist komplizierter und nur im Zusammenhang mit der Beschleunigungsspannung möglich.

Wichtig ist, dass die unterschiedlichen Wechselwirkungssignale aus unterschiedlichen Zonen der Anregungsbirne stammen und damit für unterschiedliche Untersuchungsziele genutzt werden können. Die Tabellen 8 und 9 enthalten genauere Informationen über die gebräuchlichsten elektronenstrahlbasierten Messverfahren im Vergleich zur Lichtmikroskopie. Die Einordnung erfolgt hinsichtlich ihres Wirkprinzips und ihrer Leistungsfähigkeit. Außerdem sind hier die Anwendungsbereiche und die Besonderheiten der Verfahren zusammengefasst.

Für die Abbildung der Gefüge am REM werden entweder Sekundärelektronen (SE) oder rückgestreute Elektronen (RE, engl. BSE) genutzt. Dabei sind die Sekundärelektronen sehr gut für die Darstellung der Topographie geeignet, mit rückgestreuten Elektronen lassen sich hingegen Unterschiede in der chemischen Zusammensetzung sichtbar machen. Leichtere Elemente und Verbindungen erscheinen im BSE-Modus dunkler, schwerere Elemente und Verbindungen erscheinen heller. Daher ist die Abbildung mit rückgestreuten Elektronen besonders gut geeignet, wenn in heterogenen Gefügen unterschiedliche Probenbereiche für eine nachfolgende Elementanalyse ausgewählt werden sollen.

Beim Auftreffen des Elektronenstrahls entsteht auch charakteristische – d. h. elementspezifische – Röntgenstrahlung. Diese kann wellenlängendispersiv (REM-WDX) oder energiedispersiv (REM-EDX) detektiert werden und wird zur Bestimmung der lokalen chemischen Zusammensetzung in Mikrobereichen verwendet (s. Tabelle 8 und 9). Hierbei ist jedoch zu beachten, dass das ausgewertete Röntgensignal bei massiven Proben aus einem wesentlich größeren Probenvolumen – aus der Anregungsbirne – stammt. Es ist in seiner lateralen Ausdehnung etwa 100-mal größer ist als der Durchmesser des fokussierten Elektronenstrahls! Messfehler können insbesondere bei der Untersuchung von kleinen Teilchen oder von dünnen Schichten auftreten, weil dann natürlich auch die umgebende Matrix zum Messergebnis beiträgt.

Tabelle 8: Mikroanalytische, elektronenstrahlbasierte Untersuchungsmethoden im Überblick – Teil 1 – Probenarten, Wirkungsweise [16], modifiziert

Gerät	Probenarten	Wirkungsweise
1. Lichtmikroskop	alle Arten von Proben	Kombination aus zwei Linsensystemen
2. Rasterelektronenmikroskop (REM)	elektrisch leitende massive Proben mit glatten und rauen Oberflächen	– Elektronenstrahl wird rasterförmig über die Probe bewegt – Abbildung erfolgt über ein Detektor- und Verstärkersystem am Bildschirm mit synchroner Abrasterung
3. Transmissionselektronenmikroskop (TEM)	Oberflächenabdrücke isolierte Teilchen auf Trägerfolien gedünnte Metallfolien	– im Transmissionsmode höhere Auflösung als im REM
4. wellenlängen- oder energiedispersives Spektrometer (WDX bzw. EDX) als Zusatz für das REM auch TEM-EDX	elektrisch leitende massive Proben mit glatten Oberflächen EDX auch an einzelnen Teilchen oder bei geringer Topographie möglich, jedoch nicht an Oberflächenabdrücken	– durch Beschuss mit hochenergetischen Elektronen wird Röntgenstrahlung erzeugt – diese wird spektral analysiert durch Spektrometerkristall und Zählrohr (WDX) oder einen Halbleiterdetektor (EDX) – durch Auswertung der für jedes chemische Element charakteristischen Röntgenstrahlung kann die qualitative und quantitative Zusammensetzung der Probe in Mikrobereichen gefunden werden
5. Auger-Mikrosonde	elektrisch leitende massive Proben mit glatten und mikrorauen Oberflächen dünne Schichten frische Bruchflächen Halbleiterpräparate aus der Mikroelektronik Oberflächen vorher reinigen (Heizen, Sputtern)	– durch Elektronenbeschuss wird ein Elektron aus einer inneren Schale eines Atoms herausgeschlagen – Leerstelle wird mit einem Elektron aus einer äußeren Schale aufgefüllt – freiwerdende Energie wird auf ein Auger-Elektron übertragen – Auger-Elektron wird mit einer charakteristischen Energie aus dem Atom emittiert

Zweiphasige nanaokristalline Werkstoffe sind daher mit REM-EDX und REM-WDX gar nicht analysierbar. Sollen Phasen identifiziert werden, so muss das Messergebnis mit weiteren Analysemethoden – z. B. mit Röntgendiffraktometrie, mit Elektronenbeugungsuntersuchungen am TEM oder mit Mikrohärtemessungen – abgesichert werden.

Wesentlich genauere Ergebnisse im Hinblick auf die räumliche Auflösung liefert die Auger-Elektronenmikroskopie. Die Elementanalyse erfolgt mit Hilfe von Auger-Elektronen (AE), die nur in den äußersten Oberflächenschichten entstehen (s. Tabelle 8 und 9). Hierfür ist jedoch ein spezielles AE-Mikroskop erforderlich. Außerdem ist zu beachten, dass relative Fehler bei der Angabe der Elementzusammensetzung der einzelnen Phasen größer sind als bei REM-EDX-Untersuchungen.

Sehr dünne – meist weniger als 100 nm dicke – Proben sind durchlässig für Elektronenstrahlen. Kleinste Bereiche dieser speziell und sehr aufwändig präparierten Proben lassen sich daher mit Hilfe der Transmissionselektronenmikroskopie (TEM) charakterisieren. Dabei werden die transmittierten Elektronen detektiert und für die Bildgebung, für die Elementanalyse sowie zur Identifizierung von Kristallstrukturen genutzt. Informationen über die lokale chemische Zusammensetzung liefern die charakteristische Röntgenstrahlung (TEM-EDX) sowie der elementspezifische Energieverlust der Elektronen beim Durchgang durch die Probe (TEM-EELS). Für die Identifizierung von Kristallstrukturen werden die Elektronenbeugungsreflexe ausgewertet.

In den Bildern 14 bis 16 sind einige Beispiele für die Nutzung der Rasterelektronenmikroskopie in der Metallografie zusammengestellt.

Das Bild 14 zeigt auf der linken Seite Detailaufnahmen von einer GJS-Probe mit ferritisch-perlitischem Grundgefüge [17] und auf der rechten Seite REM-Bilder von einer Gussprobe aus IN738LC. Die Bilder wurden im SE-Modus aufgenommen, so dass die Aufrauung der geätzten Probenoberflächen besonders gut zur Geltung kommt.

Tabelle 9: Mikroanalytische, elektronenstrahlbasierte Untersuchungsmethoden im Überblick – Teil 2 – Auflösung, Vergrößerung, Nachweisgrenzen [16], modifiziert

Gerät	**laterale Auflösung**	**Vergrößerung**	**Nachweisgrenzen**	**Bemerkungen**
1. Lichtmikroskop	bis 280 nm	bis 1500		geringe Tiefenschärfe
2. Rasterelektronenmikroskop (REM)	10 nm	bis 100.000, je nach Probe		große Tiefenschärfe
3. Transmissionselektronen mikroskop (TEM)	0,5 bis 1 nm	bis 200.000		– Analyse kleinster Einschlüsse – auch Ermittlung der Kristallstruktur durch Elektronenbeugung
4. wellenlängen- oder energiedispersives Spektrometer (WDX bzw. EDX) als Zusatz für das REM auch TEM-EDX	1 bis 3 µm (s. Anregungsbirne)	wie REM und TEM	0,1 m-% im Routinebetrieb	– Nachweis chemischer Elemente ab OZ = 5 (Bor) – spektrale Auflösung bei WDX besser als bei EDX – relativer Fehler bei Hauptelementen ca. 2 % – bei Nebenelementen (ca. 1 % abs.) ca. 20 % – bei Spurenelementen > 20 %
5. Auger-Spektrometer als Zusatz für das REM (AES)	ca. 10 nm sowohl im SE- als auch AE-Bild	bis 100.000	0,5 m-% im Routinebetrieb bei einer Eindringtiefe von max. 10 Monolagen (ca. 2 nm)	– analysierter Bereich 500 nm – Nachweis chemischer Elemente in obersten Monolagen möglich – gute Nachweisbarkeit von leichten Elementen (außer H und He) – Ultrahochvakuum erforderlich

Der lamellare Aufbau des Perlits im grauen Gusseisen ist mit wachsender Vergrößerung immer deutlicher erkennbar. Im vorliegenden Beispiel wurde bei einer Vergrößerung von 20.000 : 1 der Abstand der Zementitlamellen bestimmt.

Auf der rechten Seite sind Detailaufnahmen einer Gussprobe aus IN738LC zusammengestellt. Diese zeigen die Gefügeausbildung innerhalb der einzelnen Dendriten (vgl. Bild 12). Gut erkennbar ist die feine, etwas dunklere γ'-Phase, die im Zuge der Erstarrung aus der Nickel-Mischkristall-Matrix (γ) der Legierung ausgeschieden wurde. Rechts oben liegt außerdem ein abweichendes Eutektikum im Gefüge vor, welches sich im interdendritischen Bereich befindet. Rechts unten sind hingegen außer den γ'-Ausscheidungen und der γ-Matrix auch einige etwas größere, unregelmäßig geformte Karbidteilchen zu sehen.

Im Bild 15 sind lichtmikroskopische Bilder und REM-SE-Bilder gegenübergestellt. Untersucht wurde hier die Graphitausbildung in unterschiedlichen Graugussproben. Der Graphit wurde zuvor mit Hilfe einer Tiefenätzung freigelegt. Die dabei verwendeten Säuren – z. B. 10%-ige alkoholische HNO_3 oder ein Gemisch aus 3 Teilen 65%-iger HNO_3 und einem Teil 32%-iger HCl – lösen die umgebende Matrix auf, die Graphitteilchen bleiben stehen.

Auf der linken Seite sind im Bild 15 die lichtmikroskopischen Aufnahmen von verschiedenen Gusseisenzuständen zusammengestellt. Die Bilder wurden mit einer Vergrößerung von 150 : 1 an einem Digitalmikroskop mit besonderer Tiefenschärfe aufgenommen. Das Gesamtbild wurde aus mehreren Einzelaufnahmen zusammengesetzt, bei denen jeweils auf andere Tiefenbereiche fokussiert wurde (Z-Stapel-Modus). Somit entsteht bereits in der lichtmikroskopischen Aufnahme ein gewisser räumlicher Eindruck, der zur Beurteilung der Graphitausbildung genutzt werden kann. Die Gefügebeispiele zeigen neben kleinen Graphitkugeln auch unerwünschte Graphitformen.

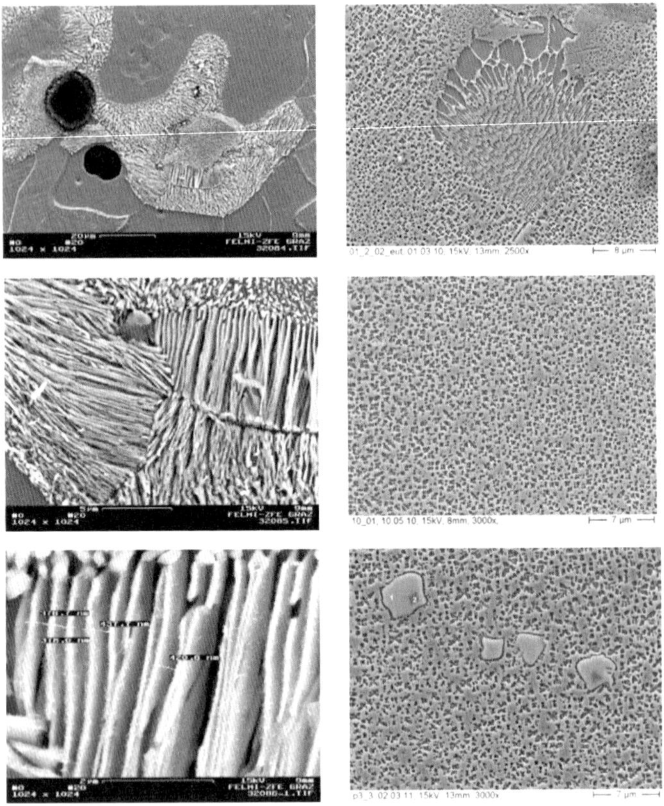

Bild 14: Untersuchung von Gefügedetails am REM
links: Vergrößerungsserie einer GJS-Probe mit ferritisch-perlitischem Grundgefüge [17]
rechts: γ'-Ausscheidungen und Karbidteilchen in einer IN738LC-Legierung

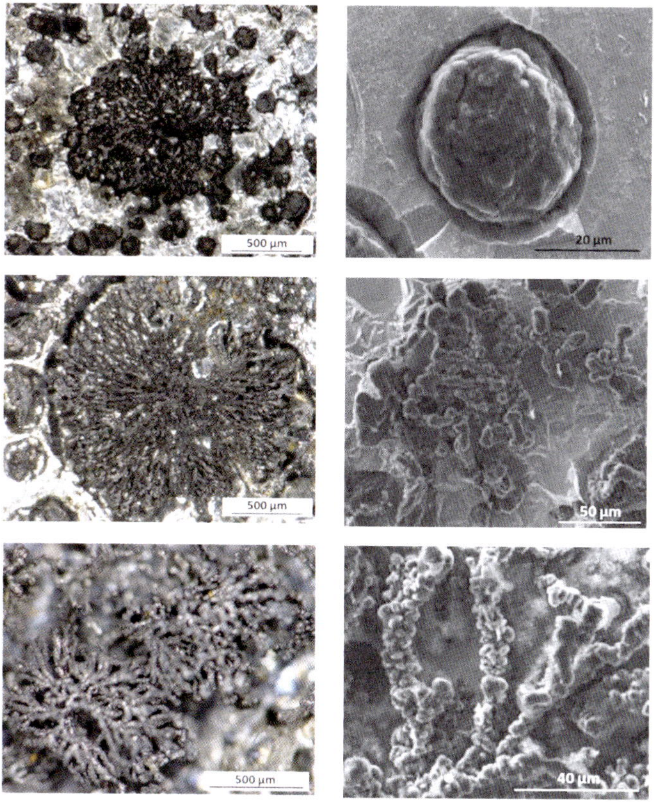

Bild 15: Oberflächentopographie am Lichtmikroskop und am REM im Vergleich
links: Graphitausbildung im Gusseisen nach Tiefätzung am Lichtmikroskop
rechts: Graphitausbildung im Gusseisen nach Tiefätzung am REM [17, 18]

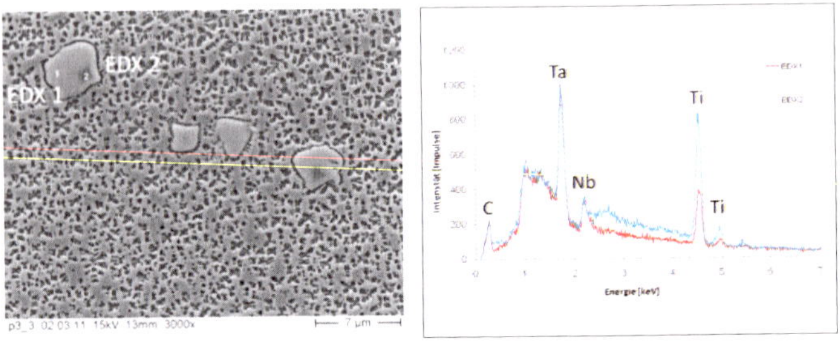

Bild 16: Lokale chemische Zusammensetzung mit REM-EDX am Beipiel einer Probe aus IN738LC [3]
links: γ'-Ausscheidungen und Karbidteilchen in der REM-Übersichtsaufnahme
rechts: REM-EDX-Spektren der untersuchten Karbidteilchen

Im Bild 15 rechts sind REM-SE-Aufnahmen verschiedener Gusseisenproben zusammengestellt [17, 18].

Der durch Tiefenätzung freigelegte Graphit liegt hier in Form von Kugeln, in Form von Vermikeln bzw. auch unerwünschten Formen vor. Der Vorteil der REM-Untersuchung im Vergleich zur Lichtmikroskopie ist auch in diesem Beispiel sehr deutlich erkennbar. Es kann wesentlich höher vergrößert werden, die Tiefenschärfe ist außerdem viel höher.

Das Bild 16 zeigt am Beispiel einer Probe aus IN738LC die Möglichkeiten der REM-EDX-Untersuchung. Die Aufgabe bestand darin, die Zusammensetzung der Karbide mit Hilfe der qualitativen EDX-Punktanalyse zu ermitteln. In der REM-SE-Übersichtsaufnahme ist erkennbar, dass die größeren Karbidteilchen einen kleinen, etwas dunkler erscheinenden Kern aufweisen, der von einem relativ breiten helleren Rand umgeben ist. Mit der REM-EDX-Analyse war nun zu überprüfen, ob dies auf unterschiedliche Elementgehalte innerhalb des Teilchens zurückgeführt werden kann.

Das Bild 16 enthält die EDX-Spektren für die beiden untersuchten Stellen innerhalb des Karbidteilchens. In beiden Fällen konnten die Peaks den Elementen Kohlenstoff, Tantal, Niob und Titan zugeordnet werden. Die analysierten Bereiche des Karbidteilchens unterscheiden sich vor allem im Titan-Gehalt. Der Randbereich – EDX1, rote Kurve – enthält weniger Titan. In der Mitte – EDX2, blaue Kurve – ist mehr Titan nachweisbar. Konkrete Elementgehalte wurden in diesem Falle jedoch nicht angegeben, weil im Spektrum EDX2 mit hoher Wahrscheinlichkeit auch die charakteristische Röntgenstrahlung vom Teilchenrand bzw. von der unter dem Teilchen liegenden Matrix – aufgrund der Anregungsbirne – mitdetektiert wurde. Außerdem ist die Quantifizierung der Elementgehalte im Karbidteilchen unter Berücksichtigung des leichten Elementes Kohlenstoff sehr stark fehlerbehaftet. Ein tendenzieller Vergleich der lokalen Zusammensetzung zwischen Rand und Kern des Karbidteilchens ist jedoch möglich.

Die REM-EDX-Analyse kann nicht nur für die Charakterisierung der chemischen Zusammensetzung an einzelnen Messpunkten verwendet werden. Wird die Intensität der charakteristischen Röntgen-strahlung entlang einer Linie im interessierenden Probenbereich erfasst, so erhält man die Elementverteilung in Form von EDX-Line-Scans.

Wird die charakteristische Röntgenstrahlung in einer definierten Messfläche gemessen, so können sogenannte EDX-Mappings generiert werden. Mit Hilfe einer Falschfarbendarstellung kann die Elementverteilung innerhalb des untersuchten Messfeldes sichtbar gemacht werden. So ist erkennbar, ob die Legierungselemente gleichmäßig im Messfeld verteilt sind oder ob innerhalb des untersuchten Probenbereiches an einzelnen Stellen Elementanreicherungen vorliegen. Beachtet werden muss wiederum, dass sich die Röntgensignale aufgrund der angeregten Volumina überlagern. Sichtbar gemacht werden können daher nur ausreichend große Unterschiede im Elementgehalt in ausreichend großen Gefügebestandteilen.

Mikrohärtemessungen

Aussagen über die im untersuchten Gefügebereich vorliegenden Phasen sollten beispielsweise durch Mikrohärtemessungen abgesichert werden. Dabei kommen das Verfahren nach Vickers oder – bei dünnen, im Querschliff präparierten Schichten – das Verfahren nach Knoop zur Anwendung. Messprinzipien, Wirkungsweise und

Tabelle 10: Härte der Gefügebestanteile in Eisengusswerkstoffen nach [19]

Gefügebestandteil	**Härte in HV**
Ferrit	70 ... 200
Perlit (unlegiert)	250 ... 320
Perlit (legiert)	300 ... 460
Martensit	500 ... 1010
Zementit (Fe_3C)	840 ... 1100
Chromkarbid (Cr_7C_3)	1200 ... 1600
Molybdänkarbid (Mo_2C)	1500
Wolframkarbid (WC)	2400
Vanadiumkarbid (VC)	2800
Titankarbid (TiC)	3200
Borkarbid (B_4C)	3700

Anwendungsbereiche der genannten Verfahren sind im Kapitel 9 **(Werkstoff- und Gussteilprüfung)** ausführlich dargestellt. Es sei an dieser Stelle darauf hingewiesen, dass für die Härtemessung an einzelnen Gefügebestandteilen natürlich sehr geringe Prüflasten bzw. Prüfkräfte zu wählen sind. Sie liegen vielfach im Bereich von unter 10 g bzw. 0,1 N. Die Härteeindrücke werden am Lichtmikroskop bzw. am REM bei hohen Vergrößerungen ausgemessen. Sie müssen so gesetzt werden, dass nur der Gefügebestandteil selbst erfasst wird, nicht aber die benachbarten Gefügebereiche.

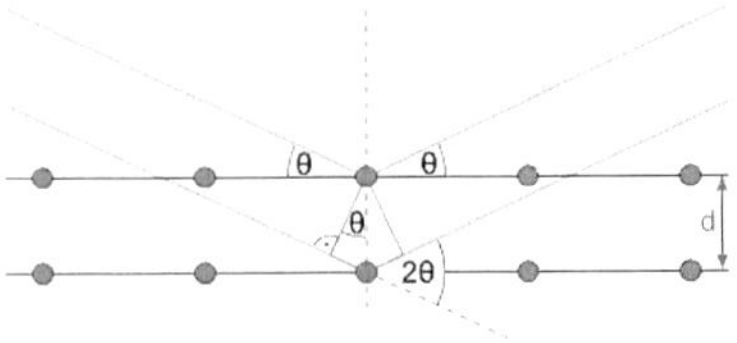

Bild 17: Beugung einfallender Röntgenwellen an den Gitterebenen der kristallinen Probe nach [20]
Intensitätsmaxima der gebeugten Strahlung gemäß der Braggschen Gleichung

$$n\lambda = 2d \cdot \sin\theta$$

dabei λ – Wellenlänge der Röntgenstrahlung,
d – Abstand der Gitterbenenen,
θ – Glanzwinkel (BRAGG-Winkel)

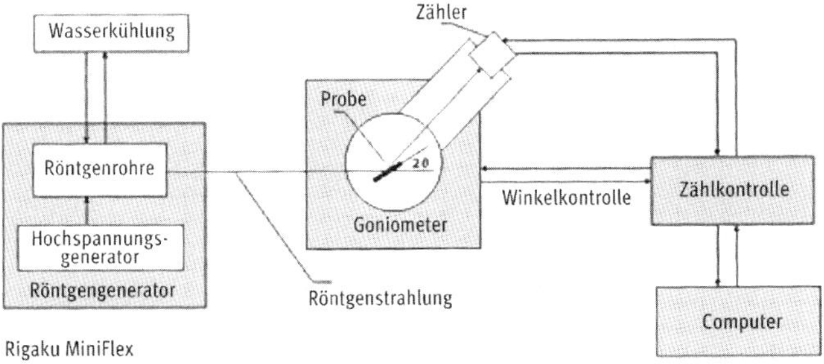

Bild 18: Messprinzip für die röntgendiffraktometrische Phasenanalyse nach [21]

In der Tabelle 10 sind Härtewerte verschiedener, in Eisengusswerkstoffen vorkommender Gefügebestandteile zusammengestellt [19]. Da hier die Angaben zu den konkreten Prüfbedingungen – z. B. zur Prüflast/Prüfkraft und zur Einwirkzeit – fehlen, dienen sie ausschließlich der groben Orientierung.

Phasenidentifizierung mit Hilfe der Röntgendiffraktometrie (XRD)

Eine sichere und reproduzierbare Methode zur Identifizierung der Gefügebestandteile ist die Röntgendiffraktometrie (XRD). Sie beruht darauf, dass einfallende Röntgenstrahlen mit einer definierten Wellenlänge – z. B. Co-Kα- oder Cu-Kα-Strahlung – an kristallinen Proben den vorliegenden Kristallgittern entsprechend gebeugt werden. Es gilt das Braggsche Gesetz (vgl. Bild 17).

Das Braggsche Gesetz besagt, dass monochromatische Röntgenstrahlen – mit der Wellenlänge λ – bei definierten Einfallwinkeln Θ an den Netzebenen der untersuchten Probe – mit dem Netzebenen-abstand d – gebeugt werden. Benachbarte gebeugte Röntgenstrahlen können unter bestimmten Voraussetzungen miteinander interferieren, nämlich immer dann, wenn zwischen ihnen ein Gangunterschied von $n\lambda$ auftritt.

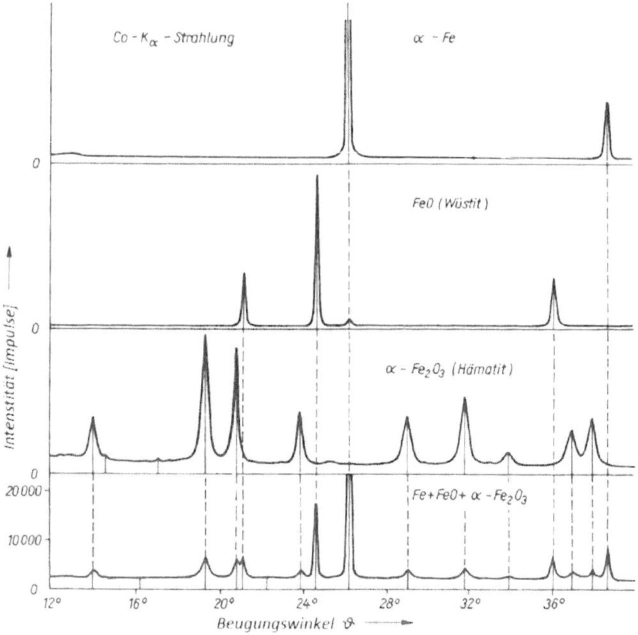

Bild 19: Prinzip der Signalauswertung bei der XRD-Phasenanalyse, [1], modifiziert Standarddiffraktogramme für Eisen, Wüstit und Hämatit (oben) und einer untersuchten Probe (unten)

Das Messprinzip der XRD-Untersuchung ist im Bild 18 schematisch dargestellt. Bei der XRD-Untersuchung von massiven Proben oder auch von Pulverpräparaten wird zumeist die Anordnung nach Bragg und Brentano verwendet. Im Bild 18 liegt die Θ-2Θ-Geometrie vor, bei der die Röntgenquelle stationär bleibt. Die ebene Probe – z. B. der metallographische Schliff – befindet sich in der Mitte des Goniometerkreises. Um die charakteristischen Beugungsreflexe der Gefügebestandteile zu erhalten und zu registrieren, muss der Einfallswinkel des Primärstahls, aber auch die Lage des Detektors systematisch verändert werden. Unterschiedliche Einfallswinkel werden über die Drehung der Probe um den Winkel Θ realisiert. Das Detektorsystem erfasst die gebeugte Strahlung, indem der Zähler gleichzeitig mit der Probe – jedoch um den Winkel 2Θ – entlang des Goniometerkreises bewegt wird.

Kristalline Präparate unterscheiden sich im Gittertyp und in den Gitterparametern – d. h. auch in den Netzebenenabständen – voneinander. Damit entstehen in Abhängigkeit von der vorliegenden Kristallstruktur und dem Einfallswinkel der verwendeten Röntgenstrahlung charakteristische Diffraktogramme, die über einen Datenbankabgleich mit Standarddiffraktogrammen zur Phasenidentifizierung genutzt werden können. Die Diffraktogramme unterscheiden sich durch die Reflexlage (Glanzwinkel), durch die Reflexhöhe (maximale Intensität der Reflexe), durch die integrale Intensität der Reflexe (Fläche unter der Intensitätsverteilung ohne Untergrund) sowie durch die Reflexbreite (integrale Intensität bezogen auf die maximale Intensität) [1].

Im Bild 19 ist das Prinzip der Signalauswertung für die XRD-Phasenanalyse dargestellt. Im vorliegenden Beispiel wurde ein Vergleich von mehreren Diffraktogrammen – von Standards und von einem zu untersuchenden Präparat – vorgenommen [1]. Es ist sehr gut erkennbar, dass sich die Röntgenbeugungsreflexe von α-Eisen sowie von den Eisenoxiden Wüstit (FeO) und Hämatit (α-Fe_2O_3) im unteren Diffraktogramm der untersuchten Probe überlagern. Bereits anhand der Lage der Beugungsreflexe können die in der Probe vorliegenden Phasen identifiziert werden. Aus der Reflexhöhe bzw. aus der intgralen Intensität können außerdem unter Berücksichtigung von entsprechenden, in einer Datenbank abgespeicherten Standardwerten die Volumenanteile von α-Eisen, Wüstit und Hämatit in der Probe ermittelt werden [1].

Die Reflexbreite – ermittelt bei leicht veränderter Messmethodik – wird beispielsweise für die röntgenographische Korngrößenbestimmung oder für die Bestimmung der Versetzungdichte herangezogen [1].

Eine röntgenographische Phasenidentifizierung ist jedoch nur möglich, wenn der Volumenanteil der untersuchten Phasen der konkreten Probenbeschaffenheit entsprechend mindestens 0,5 bis 5 Vol-% beträgt. Außerdem muss eine Mindestteilchengröße von 10 bis 100 nm vorliegen, damit – selbst bei ausreichendem Volumenanteil – die Kristallite messbare Beugungsreflexe liefern. Bei geringeren Teilchengrößen – kleiner als 10 nm – treten im Diffraktogramm keine Beugungsreflexe auf, die zu identifizierende Phase ist röntgenamorph.

Tomographie in der Werkstoffcharakterisierung [22, 23, 24]

Mit Hilfe der Tomographie können Form und räumliche Anordnung von Gefügebestandteilen in speziell präparierten Werkstoffproben und/oder in ganzen Bauteilen sichtbar gemacht werden. Dazu muss die Probe mehrfach durchleuchtet oder definiert schichtweise abgetragen werden. Von jeder einzelnen Ebene wird zunächst ein Bilddatensatz erzeugt. Zur Gewinnung der räumlichen Information werden nachfolgend alle Dateien eines Bildstapels zu einem Gesamtvolumen zusammengesetzt. Besonders geeignet ist diese Methode zur Defektanalyse und zur Darstellung dreidimensionaler Objekte.
Für die tomographische Untersuchung stehen zerstörungsfreie und zerstörende Verfahren zur Verfügung. Durchstrahlungsverfahren unter Nutzung von Ultraschallwellen, Röntgen- oder Elektronenstrahlen eignen sich insbesondere für den Nachweis von Hohlräumen, wie z.B. von Poren, Lunkern, Rissen und Bindefehlern. Metallographische Serienschnitte liefern darüber hinaus Informationen über die Form und Verteilung von Gefüge-

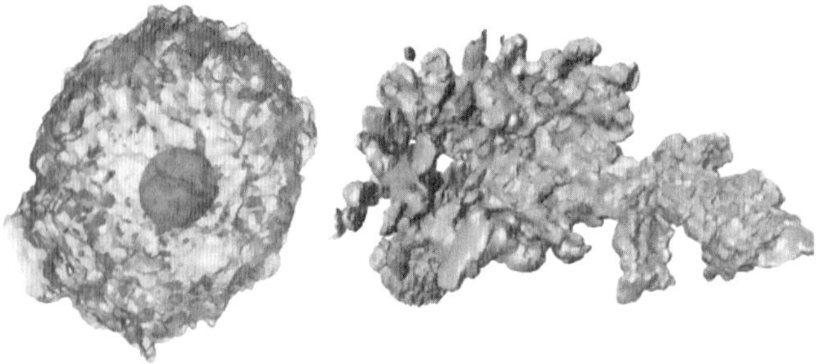

Bild 20: Graphitteilchen nach 3D-Konstruktion nach [22];
links: Kugelgraphitteilchen mit Keim und Einschlüssen;
rechts: Vermiculargraphitteilchen

bestandteilen. Die Proben werden hierbei mit einem Mikrotom, durch klassische manuelle oder automatisierte Schliffpräparation oder durch Einwirkung energiereicher Ionen (FIB) mit festgelegter Abtragshöhe abgeschichtet und bei Bedarf kontrastiert.
Objekte im makroskopischen, im mikroskopischen und im submikroskopischen Bereich können mit Hilfe der Tomographie abgebildet werden. Das untersuchte Probenvolumen muss jedoch auf die Größe der in der Probe vorliegenden Hohlräume oder Gefügebestandteile abgestimmt sein. Die jeweils notwendige Abtragshöhe kann, je nach Proben- und Objektgröße, im Bereich von einigen Nanometern bis hin zu Millimetern variieren. Außerdem ist die Größe des betrachteten Volumens abhängig von den verwendeten Untersuchungs- und Bildaufnahmeverfahren. Analysen im Elektronenmikroskop liefern neben den Bilddateien auch Aussagen zur chemischen Zusammensetzung (z.B. REM-EDX), zur Kornorientierung bzw. zur Kristallstruktur (REM-EBSD). Dies ermöglicht zusätzlich, die vorliegenden Gefügebestandteile zu identifizieren.
Bild 20 zeigt beispielhaft das Ergebnis einer REM-FIB-Gefügetomographie. Untersucht wurden ausgewählte Graphitteilchen in einem grauen Gusseisen. Die Teilchenmorphologien des Kugelgraphits und des Vermiculargraphits unterscheiden sich demnach deutlich voneinander.
Die chemische Zusammensetzung von Keimen und Einschlüssen innerhalb der Graphitteilchen kann mit Hilfe der REM-EDX-Analyse bestimmt werden, der Volumenanteil der Einschlüsse ergibt sich aus der Grauwertanalyse der Bilddatensätze. Die Grauwertunterschiede zwischen Graphit, Einschlüssen und Keimen sind bei dem Kugelgraphitteilchen im Bild 20 links besonders deutlich erkennbar. Die große Anzahl an Einschlüssen stört das Wachstum der Graphitkugeln und führt zu einer rauen Oberfläche der Teilchen. Das Bild 20 rechts zeigt, dass die Graphitstrukturen des Vermiculargraphits zunächst kugelförmig zu wachsen beginnen, sich dann aufgrund einer hohen Anzahl von Einschlüssen stärker verzweigen und schließlich eine korallenförmige Morphologie ausbilden.

Fachliche Beratung zu Tomographie in der Werkstoffcharakterisierung:
Herr Dr. Stefan Enghardt (TUD, IfWW)

[1] H. Schumann, H. Oettel: Metallografie; 14. Auflage, Wiley-VCH Verlag GmbH, 2004
[2] W. Schatt, H. Worch: Werkstoffwissenschaft; 9. Auflage, Wiley-VCH Verlag GmbH, 2003
[3] Bildarchiv des Instituts für Werkstoffwissenschaft, Technische Universität Dresden
[4] Metalog Guide Struers auf http://www.struers.de; Recherchestand 06-2018
[5] SumMet Buehler auf http://www.buehler-met.de; Recherchestand 06-2018
[6] Metallographieforum Lette-Verein Berlin auf http://www.lette-verein.de/Metallografie-Werkstoffanalyse%2B-%2BForum Recherchestand 06-2012
[7] DGM-Forum PetziDat neu auf http://www.materialography.net/index.php?id=39 Recherchestand 06-2012
[8] Informationsseite für Metallografen (Eisenwerkstoffe) auf http://www.metallograph.de Recherchestand 06-2012
[9] G. Petzow: Metallographisches, keramographisches, plastographisches Ätzen; 6. Auflage, Metallkundliche Reihe 1, Gebrüder Bornträger Verlag Berlin; Stuttgart, 1994
[10] M. Beckert, H. Klemm: Handbuch der metallographischen Ätzverfahren; 3. Auflage, VEB Deutscher Verlag für Grundstoff-industrie Leipzig, 1962
[11] H. G. Kapitza: Mikroskopieren von Anfang an; Carl Zeiss Oberkochen, 1994
[12] H. Exner, P. Hougardy: Einführung in die quantitative Metallographie; DGM Informationsgesellschaft Verlag Oberursel, 1986
[13] J. Ohser, U. Lorz: Quantitative Gefügeanalyse, Theoretische Grundlagen und praktische Anwendungen; Freiberger Forschungshefte B276, Deutscher Verlag für Grundstoffindustrie Leipzig, Stuttgart, 1994
[14] http://www.uni-ulm.de/elektronenmikroskopie/P2002_bild1.jpg Google-Recherche – Stichwort Bilder Aufbau REM – Stand 06-2012

[15] Pear_interaction_SEM_german.svg
auf http://www.commons.wikimedia.org
Google-Recherche – Stichwort Bilder Anregungsbirne REM – Stand 06-2012
[16] nach H. Cerjak, aus Vorlage Taschenbuch Gießereitechnik 2011 übernommen
[17] nach S. Hasse, aus Vorlage Taschenbuch Gießereitechnik 2011 übernommen
[18] nach G. Geier, aus Vorlage Taschenbuch Gießereitechnik 2011 übernommen
[19] Liesenberg, O.; Köchling, H.: Stahlguss- und Gusseisenlegierungen; Deutscher Verlag für Grundstoffindustrie, 1992
[20] 4806.png auf http://www.lp.uni-goettingen.de
Google-Recherche – Stichwort Bilder Braggsche Gleichung – Stand 06-2012
[21] http://www.uni-leipzig.de/~geologie/Ausstattung/Diffrak.html
Google-Recherche – Stichwort Bilder Messprinzip XRD – Stand 06-2012
[22] https://automobilkonstruktion.industrie.de/wissen/forschung/ganz-tief-drinnen
[23] Mücklich, F., Engstler, M.: Gefügetomografie mit Ionen- und Elektronenstrahlen: ein Werkzeug zur Aufklärung komplexer Gefügebildung und lokaler Degradation; Journal of Heat Treatment and Materials, 64 (2009) 5, pp. 262–269
[24] J. Bauch, R. Rosenkranz: Physikalische Werkstoffdiagnostik. Ein Kompendium wichtiger Analytikmethoden für Ingenieure und Physiker. Springer-Verlag GmbH Deutschland, 2017, ISBN 978-3-662-53951-4 (Printausgabe), ISBN 978-3-662-53952-1 (e-Book)

Aluminium und Aluminiumlegierungen

Aluminiumgusslegierungen

RHEINFELDEN
Solutions thru Innovation

Aluminium Rheinfelden Alloys GmbH
Bukheinstraße 2
79618 Rheinfelden
Tel.: +49 7623 93 490
E-Mail: alloys@rheinfelden-alloys.eu
Internet: www.rheinfelden-alloys.eu

Hersteller von spezialisierten Gusslegierungen für alle Gießverfahren – von Feinguss bis Gigacasting

Aluminiumrecycling/Aluminiumschrott

MHG

Metallhandelsgesellschaft Schoof & Haslacher mbH & Co. KG
Haidelweg 22c
81241 München
Tel.: +49 89 8291330
info@m-h-g.eu
www.metallhandelsgesellschaft.de

Alle gängigen Primär- und Sekundärlegierungen sind zur prompten Lieferung verfügbar.
Umfang: 1–25 t/Lieferung.
Gerne lassen wir Legierungen nach Kundenvorschrift fertigen.
Wir sind spezialisiert auf das Recycling bzw. die Umarbeitung von Gießerei-Schrotten und Reststoffen. Sprechen Sie uns an!
Zertifikate: ISO 9001:2015 Entsorgungsfachbetrieb gem. §§ 56 und 57 KrWG

Hüttenaluminium und Hüttenaluminiumlegierungen

Aluminium Rheinfelden Alloys GmbH
Bukheinstraße 2
79618 Rheinfelden
Tel.: +49 7623 93 490
E-Mail: alloys@rheinfelden-alloys.eu
Internet: www.rheinfelden-alloys.eu

Hersteller von spezialisierten Gusslegierungen für alle Gießverfahren – von Feinguss bis Gigacasting

Primäraluminium und Primäraluminiumlegierungen in Blockform

Metallhandelsgesellschaft Schoof & Haslacher mbH & Co. KG
Haidelweg 22c
81241 München
Tel.: +49 89 8291330
info@m-h-g.eu
www.metallhandelsgesellschaft.de

Alle gängigen Primär- und Sekundärlegierungen sind zur prompten Lieferung verfügbar.
Umfang: 1–25 t/Lieferung.
Gerne lassen wir Legierungen nach Kundenvorschrift fertigen.
Wir sind spezialisiert auf das Recycling bzw. die Umarbeitung von Gießerei-Schrotten und Reststoffen. Sprechen Sie uns an!
Zertifikate: ISO 9001:2015 Entsorgungsfachbetrieb gem. §§ 56 und 57 KrWG

Recyclinglegierungen

Aluminium Rheinfelden Alloys GmbH
Bukheinstraße 2
79618 Rheinfelden
Tel.: +49 7623 93 490
E-Mail: alloys@rheinfelden-alloys.eu
Internet: www.rheinfelden-alloys.eu

Hersteller von spezialisierten Gusslegierungen für alle Gießverfahren – von Feinguss bis Gigacasting

Sekundärgusslegierungen sowie Vorlegierungen/ Master Alloys

Metallhandelsgesellschaft Schoof & Haslacher mbH & Co. KG
Haidelweg 22c
81241 München
Tel.: +49 89 8291330
info@m-h-g.eu
www.metallhandelsgesellschaft.de

Alle gängigen Primär- und Sekundärlegierungen sind zur prompten Lieferung verfügbar.
Umfang: 1–25 t/Lieferung.
Gerne lassen wir Legierungen nach Kundenvorschrift fertigen.
Wir sind spezialisiert auf das Recycling bzw. die Umarbeitung von Gießerei-Schrotten und Reststoffen. Sprechen Sie uns an!
Zertifikate: ISO 9001:2015 Entsorgungsfachbetrieb gem. §§ 56 und 57 KrWG

Aus- und Weiterbildung

MAGMA GmbH / MAGMAacademy
52072 Aachen
Tel.: +49 241 88901 99
Internet: www.magmasoft.de/de/academy

Cold-Box-Kernfertigung

Hüttenes-Albertus Chemische Werke GmbH
Wiesenstraße 23
40549 Düsseldorf
Tel.: +49 211 5087 0
E-Mail: info@ha-group.com
Internet: www.ha-group.com

Fortschrittliche Gießereichemie und umfassender Service: Die modernen anorganischen und organischen Bindersysteme und Gießereihilfsstoffe von der internationalen HA-Gruppe.

Ohm & Häner Metallwerk GmbH & Co KG
Im Grüntal 1
57462 Olpe
Tel.: +49 2761 921 300
Fax: +49 2761 921 555
E-Mail: info@ohmundhaener.de
Internet: www.ohmundhaener.de

Ohm & Häner Metallwerk zählt zu den führenden Kundengießereien für NE-Werkstoffe in Europa. Wir fertigen auf drei vollautomatischen HWS-Formanlagen, mit teilautomatisierten Formtechniken und im Handformguss Einzel- und Serienteile bis zu einer Stückzahl von 50.000 Stück/Jahr und mit Stückgewichten von bis zu 1.500 kg in fast allen genormten und nichtgenormten Al- und Cu-Werkstoffen. Wir bieten hochspezialisierten Al-Schwerkraftkokillenguss an und haben weitreichende Möglichkeiten der CNC-Bearbeitung.

Druckguss

ANDREAS STIHL AG & Co. KG
Magnesium Druckguss
Andreas-Stihl-Straße 3
54595 Weinsheim
Tel.: +49 6551 13 0
Fax: +49 6551 13 1107
E-Mail: magnesium@stihl.de
Internet: www.magnesium.stihl.de

Mg-Druckguss inkl. Bearbeitung, Beschichtung und Montage, Stückgewichte von 0,010 bis 3,0 kg, eigener Werkzeugbau, Zertifizierungen: IATF 16949, ISO 9001, ISO 14001, ISO 45001, ISO 50001, Kapazität: 8.500 t gegossene Tonnage/Jahr, CO_2-neutral Scope 1+2

Engineering

MAGMA Gießereitechnologie GmbH
Kackertstraße 16-18
52072 Aachen
Tel.: +49 241 88901 0
Internet: www.magmasoft.de

Entgraten/Gussputzen

Sterr & Eder Industrieservice GmbH
Waldkirchener Straße 12
84030 Landshut
Tel.: +49 871 974819 0
Fax: +49 871 974819 20
E-Mail: info@sterr-eder.de
Internet: www.sterr-eder.de

Sterr & Eder Industrieservice bietet Gussteil-Nachbehandlung aus einer Hand.
Unsere Dienstleistungen sind: Gussputzen, Imprägnieren, Strahlen, Rissprüfen, Wärmebehandlung, Röntgen, Waschen.

Feuerfeste Erzeugnisse

Elektroofen-Stampfmassen

Dörentrup Feuerfestprodukte GmbH & Co. KG
Lemgoer Straße 9
32694 Dörentrup
E-Mail: info.dfp@doerentrup.de
Internet: www.doerentrup-feuerfest.de

Wir sind Pioniere bei der Produktion feuerfester Erzeugnisse für die Gießerei-Industrie.
We are pioneers in the production of refractory products for the foundry industry.

Fertigbauteile

Dörentrup Feuerfestprodukte GmbH & Co. KG
Lemgoer Straße 9
32694 Dörentrup
E-Mail: info.dfp@doerentrup.de
Internet: www.doerentrup-feuerfest.de

Wir sind Pioniere bei der Produktion feuerfester Erzeugnisse für die Gießerei-Industrie.
We are pioneers in the production of refractory products for the foundry industry.

Feuerbeton

Dörentrup Feuerfestprodukte GmbH & Co. KG
Lemgoer Straße 9
32694 Dörentrup
E-Mail: info.dfp@doerentrup.de
Internet: www.doerentrup-feuerfest.de

Wir sind Pioniere bei der Produktion feuerfester Erzeugnisse für die Gießerei-Industrie.
We are pioneers in the production of refractory products for the foundry industry.

Feuerfestbau

Dörentrup Feuerfestprodukte GmbH & Co. KG
Lemgoer Straße 9
32694 Dörentrup
E-Mail: info.dfp@doerentrup.de
Internet: www.doerentrup-feuerfest.de

Wir sind Pioniere bei der Produktion feuerfester Erzeugnisse für die Gießerei-Industrie.
We are pioneers in the production of refractory products for the foundry industry.

Frittmassen

Dörentrup Feuerfestprodukte GmbH & Co. KG
Lemgoer Straße 9
32694 Dörentrup
E-Mail: info.dfp@doerentrup.de
Internet: www.doerentrup-feuerfest.de

Wir sind Pioniere bei der Produktion feuerfester Erzeugnisse für die Gießerei-Industrie.
We are pioneers in the production of refractory products for the foundry industry.

Gestellmassen

Dörentrup Feuerfestprodukte GmbH & Co. KG
Lemgoer Straße 9
32694 Dörentrup
E-Mail: info.dfp@doerentrup.de
Internet: www.doerentrup-feuerfest.de

Wir sind Pioniere bei der Produktion feuerfester Erzeugnisse für die Gießerei-Industrie.
We are pioneers in the production of refractory products for the foundry industry.

Isoliermaterial, -steine

Dörentrup Feuerfestprodukte GmbH & Co. KG
Lemgoer Straße 9
32694 Dörentrup
E-Mail: info.dfp@doerentrup.de
Internet: www.doerentrup-feuerfest.de

Wir sind Pioniere bei der Produktion feuerfester Erzeugnisse für die Gießerei-Industrie.
We are pioneers in the production of refractory products for the foundry industry.

Konverter-Stampf- und-Flickmassen

Dörentrup Feuerfestprodukte GmbH & Co. KG
Lemgoer Straße 9
32694 Dörentrup
E-Mail: info.dfp@doerentrup.de
Internet: www.doerentrup-feuerfest.de

Wir sind Pioniere bei der Produktion feuerfester Erzeugnisse für die Gießerei-Industrie.
We are pioneers in the production of refractory products for the foundry industry.

Pfannenmassen/Pfannenauskleidung

Dörentrup Feuerfestprodukte GmbH & Co. KG
Lemgoer Straße 9
32694 Dörentrup
E-Mail: info.dfp@doerentrup.de
Internet: www.doerentrup-feuerfest.de

Wir sind Pioniere bei der Produktion feuerfester Erzeugnisse für die Gießerei-Industrie.
We are pioneers in the production of refractory products for the foundry industry.

Siphonmassen

Dörentrup Feuerfestprodukte GmbH & Co. KG
Lemgoer Straße 9
32694 Dörentrup
E-Mail: info.dfp@doerentrup.de
Internet: www.doerentrup-feuerfest.de

Wir sind Pioniere bei der Produktion feuerfester Erzeugnisse für die Gießerei-Industrie.
We are pioneers in the production of refractory products for the foundry industry.

Stampfmassen (allgemein)

Dörentrup Feuerfestprodukte GmbH & Co. KG
Lemgoer Straße 9
32694 Dörentrup
E-Mail: info.dfp@doerentrup.de
Internet: www.doerentrup-feuerfest.de

Wir sind Pioniere bei der Produktion feuerfester Erzeugnisse für die Gießerei-Industrie.
We are pioneers in the production of refractory products for the foundry industry.

ULCC- und LCC-Gießmassen

Dörentrup Feuerfestprodukte GmbH & Co. KG
Lemgoer Straße 9
32694 Dörentrup
E-Mail: info.dfp@doerentrup.de
Internet: www.doerentrup-feuerfest.de

Wir sind Pioniere bei der Produktion feuerfester Erzeugnisse für die Gießerei-Industrie.
We are pioneers in the production of refractory products for the foundry industry.

Form- und Kernherstellung

Hüttenes-Albertus Chemische Werke GmbH
Wiesenstraße 23
40549 Düsseldorf
Tel.: +49 211 5087 0
E-Mail: info@ha-group.com
Internet: www.ha-group.com

Fortschrittliche Gießereichemie und umfassender Service: Die modernen anorganischen und organischen Bindersysteme und Gießereihilfsstoffe von der internationalen HA-Gruppe.

Exotherme Erzeugnisse – Minispeiser

Chemex Foundry Solutions GmbH
Maschstraße 16
31073 Delligsen
Tel.: +49 5187 940 10
Fax: +49 5187 9401 22
E-Mail: info@ chemex.de www.chemex.de

Wir beliefern Gießereien weltweit mit innovativen Speisersystemen. Als Mitglied der HA-Gruppe und globaler Technologieführer bieten wir individuelle Lösungen – immer in enger Zusammenarbeit mit unseren Kunden.

Exotherme Erzeugnisse – Speisereinsätze

Chemex Foundry Solutions GmbH
Maschstraße 16
31073 Delligsen
Tel.: +49 5187 940 10
Fax: +49 5187 9401 22
E-Mail: info@ chemex.de www.chemex.de

Wir beliefern Gießereien weltweit mit innovativen Speisersystemen. Als Mitglied der HA-Gruppe und globaler Technologieführer bieten wir individuelle Lösungen – immer in enger Zusammenarbeit mit unseren Kunden.

Speiser-Isoliereinsätze

Chemex Foundry Solutions GmbH
Maschstraße 16
31073 Delligsen
Tel.: +49 5187 940 10
Fax: +49 5187 9401 22
E-Mail: info@ chemex.de www.chemex.de

Wir beliefern Gießereien weltweit mit innovativen Speisersystemen. Als Mitglied der HA-Gruppe und globaler Technologieführer bieten wir individuelle Lösungen – immer in enger Zusammenarbeit mit unseren Kunden.

Formstoffe

Gießereisande – Formsande

Quarzsand GmbH Nudersdorf
Kirchstraße 8
06889 Lutherstadt Wittenberg, Nudersdorf
Tel.: +49 34929 20244
Fax: +49 34929 20248
E-Mail: info@qsnudersdorf.de
Internet: www.qsnudersdorf.de

WOLFF & MÜLLER Quarzsande GmbH
Am Kieswerk 2
04932 Röderland, Haida
Tel.: +49 3533 604 0
Fax: +49 3533 604 11
E-Mail: anfragen@wm-quarzsande.de
Internet: www.wm-quarzsande.de

WOLFF & MÜLLER Quarzsande GmbH ist ein leistungsstarker Partner für hochwertige mineralische Rohstoffe – Quarzsand und -kies – für Gießereien, Wasseraufbereitung, Bauchemie, Verkehrsbetriebe sowie Sport- und Spielstättenbau oder Terrarien und Aquarien.

Gießereisande – Kernsande

Quarzsand GmbH Nudersdorf
Kirchstraße 8
06889 Lutherstadt Wittenberg, Nudersdorf
Tel.: +49 34929 20244
Fax: +49 34929 20248
E-Mail: info@qsnudersdorf.de
Internet: www.qsnudersdorf.de

WOLFF & MÜLLER Quarzsande GmbH
Am Kieswerk 2
04932 Röderland, Haida
Tel.: +49 3533 604 0
Fax: +49 3533 604 11
E-Mail: anfragen@wm-quarzsande.de
Internet: www.wm-quarzsande.de

WOLFF & MÜLLER Quarzsande GmbH ist ein leistungsstarker Partner für hochwertige mineralische Rohstoffe – Quarzsand und -kies – für Gießereien, Wasseraufbereitung, Bauchemie, Verkehrsbetriebe sowie Sport- und Spielstättenbau oder Terrarien und Aquarien.

Gießereisande – Quarzsande

Quarzsand GmbH Nudersdorf
Kirchstraße 8
06889 Lutherstadt Wittenberg, Nudersdorf
Tel.: +49 34929 20244
Fax: +49 34929 20248
E-Mail: info@qsnudersdorf.de
Internet: www.qsnudersdorf.de

WOLFF & MÜLLER Quarzsande GmbH
Am Kieswerk 2
04932 Röderland, Haida
Tel.: +49 3533 604 0
Fax: +49 3533 604 11
E-Mail: anfragen@wm-quarzsande.de
Internet: www.wm-quarzsande.de

WOLFF & MÜLLER Quarzsande GmbH ist ein leistungsstarker Partner für hochwertige mineralische Rohstoffe – Quarzsand und -kies – für Gießereien, Wasseraufbereitung, Bauchemie, Verkehrsbetriebe sowie Sport- und Spielstättenbau oder Terrarien und Aquarien.

Gattier-, Schmelz- und Gießtechnik

Gießvorrichtungen

ABP Induction Systems GmbH
Kanalstraße 25
44147 Dortmund
Tel.: +49 231 997 0
E-Mail: info@abpinduction.com
Internet: www.abpinduction.com

ABP ist ein führender Hersteller von Induktionsanlagen für den Bereich induktives Schmelzen und Erwärmen für die Metall- und metallverarbeitende Industrie. Mit Standorten weltweit ist ABP der verlässliche Partner für Gießereien, Schmieden und Stahlwerke.

Gusserzeuger

Behringer GmbH Maschinenfabrik und Eisengießerei
Industriestraße 23
74912 Kirchardt
Tel.: +49 7266 207 0
Fax: +49 7266 207 500
E-Mail: info@ behringer.net
Internet: http://www.behringer.net

- Maschinenfabrik und Eisengießerei, hochwertige Gussteile aus Grauguss, Sphäroguss sowie legiertem Gusseisen in kleineren und mittleren Losgrößen
- Eigener Modellbau, eigene Bearbeitung, eigene Oberflächenbehandlung
- Zertifiziert nach EN ISO 9001 und EN ISO 50001

Handformguss

Ohm & Häner Metallwerk GmbH & Co KG
Im Grüntal 1
57462 Olpe
Tel.: +49 2761 921 300
Fax: +49 2761 921 555
E-Mail: info@ohmundhaener.de
Internet: www.ohmundhaener.de

Ohm & Häner Metallwerk zählt zu den führenden Kundengießereien für NE-Werkstoffe in Europa. Wir fertigen auf drei vollautomatischen HWS-Formanlagen, mit teilautomatisierten Formtechniken und im Handformguss Einzel- und Serienteile bis zu einer Stückzahl von 50.000 Stück/Jahr und mit Stückgewichten von bis zu 1.500 kg in fast allen genormten und nichtgenormten Al- und Cu-Werkstoffen. Wir bieten hochspezialisierten Al-Schwerkraftkokillenguss an und haben weitreichende Möglichkeiten der CNC-Bearbeitung.

Imprägnieranlagen für poröse Gussstücke und Zubehör

Sterr & Eder industrieservice GmbH
Waldkirchener Straße 12
84030 Landshut
Tel.: +49 871 974819 0
Fax: +49 871 974819 20
E-Mail: info@sterr-eder.de
Internet: www.sterr-eder.de

Sterr & Eder Industrieservice bietet Gussteil-Nachbehandlung aus einer Hand. Unsere Dienstleistungen sind: Gussputzen, Imprägnieren, Strahlen, Rissprüfen, Wärmebehandlung, Röntgen, Waschen.

Kokillenguss

Ohm & Häner Metallwerk GmbH & Co KG
Im Grüntal 1
57462 Olpe
Tel.: +49 2761 921 300
Fax: +49 2761 921 555
E-Mail: info@ohmundhaener.de
Internet: www.ohmundhaener.de

Ohm & Häner Metallwerk zählt zu den führenden Kundengießereien für NE-Werkstoffe in Europa. Wir fertigen auf drei vollautomatischen HWS-Formanlagen, mit teilautomatisierten Formtechniken und im Handformguss Einzel- und Serienteile bis zu einer Stückzahl von 50.000 Stück/Jahr und mit Stückgewichten von bis zu 1.500 kg in fast allen genormten und nichtgenormten Al- und Cu-Werkstoffen. Wir bieten hochspezialisierten Al-Schwerkraftkokillenguss an und haben weitreichende Möglichkeiten der CNC-Bearbeitung.

Kundengießerei

Ohm & Häner Metallwerk GmbH & Co KG
Im Grüntal 1
57462 Olpe
Tel.: +49 2761 921 300
Fax: +49 2761 921 555
E-Mail: info@ohmundhaener.de
Internet: www.ohmundhaener.de

Ohm & Häner Metallwerk zählt zu den führenden Kundengießereien für NE-Werkstoffe in Europa. Wir fertigen auf drei vollautomatischen HWS-Formanlagen, mit teilautomatisierten Formtechniken und im Handformguss Einzel- und Serienteile bis zu einer Stückzahl von 50.000 Stück/Jahr und mit Stückgewichten von bis zu 1.500 kg in fast allen genormten und nichtgenormten Al- und Cu-Werkstoffen. Wir bieten hochspezialisierten Al-Schwerkraftkokillenguss an und haben weitreichende Möglichkeiten der CNC-Bearbeitung.

Lohn-Kernfertigung

Kalte Verfahren

Kohlisch GmbH & Co. KG
An der Knorr-Bremse 9
58300 Wetter-Volmarstein
Tel.: +49 2335 681833
Fax: +49 2335 681088
E-Mail: info@kohlisch.de
Internet: www.kohlisch.de

Wir produzieren mit modernsten Maschinen, die eine Kapazität von 10–50 l haben. Wir beraten Sie bei gießtechnischen Problemen. Ihre Kerne werden transportgerecht in Gitterboxen verpackt, kontrolliert und einsatzbereit an Sie geliefert.

Maschinen- und Anlagentechnik

Gießereianlagen, -Einrichtungen

ABP Induction Systems GmbH
Kanalstraße 25
44147 Dortmund
Tel.: +49 231 997 0
E-Mail: info@abpinduction.com
Internet: www.abpinduction.com

ABP ist ein führender Hersteller von Induktionsanlagen für den Bereich induktives Schmelzen und Erwärmen für die Metall- und metallverarbeitende Industrie. Mit Standorten weltweit ist ABP der verlässliche Partner für Gießereien, Schmieden und Stahlwerke.

Manipulatoren

Henschel Industrietechnik GmbH
Henschelplatz 1
34127 Kassel
Tel.: +49 561 801 6800
Fax: +49 561 801 5775
Internet: www.andromat.de

Mechanische Bearbeitung

Ohm & Häner Metallwerk GmbH & Co KG
Im Grüntal 1
57462 Olpe
Tel.: +49 2761 921 300
Fax: +49 2761 921 555
E-Mail: info@ohmundhaener.de
Internet: www.ohmundhaener.de

Ohm & Häner Metallwerk zählt zu den führenden Kundengießereien für NE-Werkstoffe in Europa. Wir fertigen auf drei vollautomatischen HWS-Formanlagen, mit teilautomatisierten Formtechniken und im Handformguss Einzel- und Serienteile bis zu einer Stückzahl von 50.000 Stück/Jahr und mit Stückgewichten von bis zu 1.500 kg in fast allen genormten und nichtgenormten Al- und Cu-Werkstoffen. Wir bieten hochspezialisierten Al-Schwerkraftkokillenguss an und haben weitreichende Möglichkeiten der CNC-Bearbeitung.

Modell- und Formenbau

Behringer GmbH Maschinenfabrik und Eisengießerei
Industriestraße 23
74912 Kirchardt
Tel.: +49 7266 207 0
Fax: +49 7266 207 500
E-Mail: info@ behringer.net
Internet: http://www.behringer.net

- Maschinenfabrik und Eisengießerei, hochwertige Gussteile aus Grauguss, Sphäroguss sowie legiertem Gusseisen in kleineren und mittleren Losgrößen
- Eigener Modellbau, eigene Bearbeitung, eigene Oberflächenbehandlung
- Zertifiziert nach EN ISO 9001 und EN ISO 50001

NE-Metallgießerei (Al- und Cu-Basis)

OHM&HÄNER METALLWERK

Ohm & Häner Metallwerk GmbH & Co KG
Im Grüntal 1
57462 Olpe
Tel.: +49 2761 921 300
Fax: +49 2761 921 555
E-Mail: info@ohmundhaener.de
Internet: www.ohmundhaener.de

Ohm & Häner Metallwerk zählt zu den führenden Kundengießereien für NE-Werkstoffe in Europa. Wir fertigen auf drei vollautomatischen HWS-Formanlagen, mit teilautomatisierten Formtechniken und im Handformguss Einzel- und Serienteile bis zu einer Stückzahl von 50.000 Stück/Jahr und mit Stückgewichten von bis zu 1.500 kg in fast allen genormten und nichtgenormten Al- und Cu-Werkstoffen. Wir bieten hochspezialisierten Al-Schwerkraftkokillenguss an und haben weitreichende Möglichkeiten der CNC-Bearbeitung.

NE-Schmelztechnik

Blei-Schmelzkesselöfen

Balzer & Co GmbH

Balzer & Co. GmbH
Untere Wiesen 1
76669 Bad Schönborn
Tel.: +49 7253 80294 10
Fax: +49 7253 80294 30
E-Mail: info@balzer-co.de
Internet: www.balzer-co.de

- Hersteller von Schmelz und Warmhalteöfen und Wärmebehandlungsanlagen
- Für Aluminium-, Kupfer-Bronze- und Blei-/Zinn-/Zinklegierungen

Schachtschmelzöfen

Balzer & Co GmbH

Balzer & Co. GmbH
Untere Wiesen 1
76669 Bad Schönborn
Tel.: +49 7253 80294 10
Fax: +49 7253 80294 30
E-Mail: info@balzer-co.de
Internet: www.balzer-co.de

- Hersteller von Schmelz und Warmhalteöfen und Wärmebehandlungsanlagen
- Für Aluminium-, Kupfer-Bronze- und Blei-/ Zinn-/Zinklegierungen

Tiegelschmelzöfen (öl-, gas- und widerstandsbeheizt)

Balzer & Co GmbH

Balzer & Co. GmbH
Untere Wiesen 1
76669 Bad Schönborn
Tel.: +49 7253 80294 10
Fax: +49 7253 80294 30
E-Mail: info@balzer-co.de
Internet: www.balzer-co.de

- Hersteller von Schmelz und Warmhalteöfen und Wärmebehandlungsanlagen
- Für Aluminium-, Kupfer-Bronze- und Blei-/ Zinn-/Zinklegierungen

Planung, Beratung, Coaching

Gießereiberatungen

MAGMA Gießereitechnologie GmbH
Kackertstraße 16-18
52072 Aachen
Tel.: +49 241 88901 0
Internet: www.magmasoft.de

Gießereiplanungen

ABP Induction Systems GmbH
Kanalstraße 25
44147 Dortmund
Tel.: +49 231 997 0
E-Mail: info@abpinduction.com
Internet: www.abpinduction.com

ABP ist ein führender Hersteller von Induktionsanlagen für den Bereich induktives Schmelzen und Erwärmen für die Metall- und metallverarbeitende Industrie. Mit Standorten weltweit ist ABP der verlässliche Partner für Gießereien, Schmieden und Stahlwerke.

Putzen, Strahlen, Nachbearbeiten

Behringer GmbH Maschinenfabrik und Eisengießerei
Industriestraße 23
74912 Kirchardt
Tel.: +49 7266 207 0
Fax: +49 7266 207 500
E-Mail: info@ behringer.net
Internet: http://www.behringer.net

- Maschinenfabrik und Eisengießerei, hochwertige Gussteile aus Grauguss, Sphäroguss sowie legiertem Gusseisen in kleineren und mittleren Losgrößen
- Eigener Modellbau, eigene Bearbeitung, eigene Oberflächenbehandlung
- Zertifiziert nach EN ISO 9001 und EN ISO 50001

Gussputzmanipulatoren

Henschel Industrietechnik GmbH
Henschelplatz 1
34127 Kassel
Tel.: +49 561 801 6800
Fax: +49 561 801 5775
Internet: www.andromat.de

Speiserbrechmaschinen

Henschel Industrietechnik GmbH
Henschelplatz 1
34127 Kassel
Tel.: +49 561 801 6800
Fax: +49 561 801 5775
Internet: www.andromat.de

Sandguss

Hüttenes-Albertus Chemische Werke GmbH
Wiesenstraße 23
40549 Düsseldorf
Tel.: +49 211 5087 0
E-Mail: info@ha-group.com
Internet: www.ha-group.com

Fortschrittliche Gießereichemie und umfassender Service: Die modernen anorganischen und organischen Bindersysteme und Gießereihilfsstoffe von der internationalen HA-Gruppe.

Ohm & Häner Metallwerk GmbH & Co KG
Im Grüntal 1
57462 Olpe
Tel.: +49 2761 921 300
Fax: +49 2761 921 555
E-Mail: info@ohmundhaener.de
Internet: www.ohmundhaener.de

Ohm & Häner Metallwerk zählt zu den führenden Kundengießereien für NE-Werkstoffe in Europa. Wir fertigen auf drei vollautomatischen HWS-Formanlagen, mit teilautomatisierten Formtechniken und im Handformguss Einzel- und Serienteile bis zu einer Stückzahl von 50.000 Stück/Jahr und mit Stückgewichten von bis zu 1.500 kg in fast allen genormten und nichtgenormten Al- und Cu-Werkstoffen. Wir bieten hochspezialisierten Al-Schwerkraftkokillenguss an und haben weitreichende Möglichkeiten der CNC-Bearbeitung.

Schlichten

Hüttenes-Albertus Chemische Werke GmbH
Wiesenstraße 23
40549 Düsseldorf
Tel.: +49 211 5087 0
E-Mail: info@ha-group.com
Internet: www.ha-group.com

Fortschrittliche Gießereichemie und umfassender Service: Die modernen anorganischen und organischen Bindersysteme und Gießereihilfsstoffe von der internationalen HA-Gruppe.

Schmelzen

Arbeitsschutz und Umweltschutz

Saveway GmbH & Co. KG
Wümbacher Landstraße 8
98693 Ilmenau
Tel.: +49 3677 8060 0
Fax: +49 3677 8060 99
E-Mail: saveway@saveway-germany.de
Internet: www.saveway-germany.de

Saveway ist ein internationales Unternehmen, das sich auf Mess- und Sicherheitssysteme spezialisiert hat. Wir fertigen und vertreiben Diagnosesysteme für feuerfeste Zustellungen und andere Komponenten von Schmelz-, Warmhalte- und Behandlungsöfen.

Feuerfestmaterial

Saveway GmbH & Co. KG
Wümbacher Landstraße 8
98693 Ilmenau
Tel.: +49 3677 8060 0
Fax: +49 3677 8060 99
E-Mail: saveway@saveway-germany.de
Internet: www.saveway-germany.de

Saveway ist ein internationales Unternehmen, das sich auf Mess- und Sicherheitssysteme spezialisiert hat. Wir fertigen und vertreiben Diagnosesysteme für feuerfeste Zustellungen und andere Komponenten von Schmelz-, Warmhalte- und Behandlungsöfen.

Gießen und Messen

Saveway GmbH & Co. KG
Wümbacher Landstraße 8
98693 Ilmenau
Tel.: +49 3677 8060 0
Fax: +49 3677 8060 99
E-Mail: saveway@saveway-germany.de
Internet: www.saveway-germany.de

Saveway ist ein internationales Unternehmen, das sich auf Mess- und Sicherheitssysteme spezialisiert hat. Wir fertigen und vertreiben Diagnosesysteme für feuerfeste Zustellungen und andere Komponenten von Schmelz-, Warmhalte- und Behandlungsöfen.

Simulation, Software, EDV-Systeme

EDV für Gießereien

TimeLine Business Solutions Group
Zentrale: Gebauer GmbH, Solingen
ERP-Branchenlösung für Gießereien
Tel.: +49 212 23035 0
E-Mail: info@timeline.de
Internet: www.timeline-erp.de

Maßgeschneiderte ERP-Lösungen für Ihren Unternehmenserfolg; jetzt TimeLine entdecken! Von Warenwirtschaft bis Controlling: TimeLine bietet alles aus einer Hand. Jetzt testen! 30 Jahre Erfahrung; vielfach ausgezeichnet

ERP-Software

TimeLine Business Solutions Group
Zentrale: Gebauer GmbH, Solingen
ERP-Branchenlösung für Gießereien
Tel.: +49 212 23035 0
E-Mail: info@timeline.de
Internet: www.timeline-erp.de

Maßgeschneiderte ERP-Lösungen für Ihren Unternehmenserfolg; jetzt TimeLine entdecken! Von Warenwirtschaft bis Controlling: TimeLine bietet alles aus einer Hand. Jetzt testen! 30 Jahre Erfahrung; vielfach ausgezeichnet

MES-Software

TimeLine Business Solutions Group
Zentrale: Gebauer GmbH, Solingen
ERP-Branchenlösung für Gießereien
Tel.: +49 212 23035 0
E-Mail: info@timeline.de
Internet: www.timeline-erp.de

Maßgeschneiderte ERP-Lösungen für Ihren Unternehmenserfolg; jetzt TimeLine entdecken! Von Warenwirtschaft bis Controlling: TimeLine bietet alles aus einer Hand. Jetzt testen!
30 Jahre Erfahrung; vielfach ausgezeichnet

Simulation

MAGMA Gießereitechnologie GmbH
Kackertstraße 16-18
52072 Aachen
Tel.: +49 241 88901 0
Internet: www.magmasoft.de

Wärmebehandeln und Härten

Induktions-Härte- und Erwärmungsanlagen

ABP Induction Systems GmbH
Kanalstraße 25
44147 Dortmund
Tel.: +49 231 997 0
E-Mail: info@abpinduction.com
Internet: www.abpinduction.com

ABP ist ein führender Hersteller von Induktionsanlagen für den Bereich induktives Schmelzen und Erwärmen für die Metall- und metallverarbeitende Industrie. Mit Standorten weltweit ist ABP der verlässliche Partner für Gießereien, Schmieden und Stahlwerke.

Wärmebehandlung (T5, T6, T7)

Sterr & Eder industrieservice GmbH
Waldkirchener Straße 12
84030 Landshut
Tel.: +49 871 974819 0
Fax: +49 871 974819 20
E-Mail: info@sterr-eder.de
Internet: www.sterr-eder.de

Sterr & Eder Industrieservice bietet Gussteil-Nachbehandlung aus einer Hand. Unsere Dienstleistungen sind: Gussputzen, Imprägnieren, Strahlen, Rissprüfen, Wärmebehandlung, Röntgen, Waschen.

Wärmebehandlungsanlagen zum Warmauslagern, Lösungsglühen etc.

Balzer & Co GmbH

Balzer & Co. GmbH
Untere Wiesen 1
76669 Bad Schönborn
Tel.: +49 7253 80294 10
Fax: +49 7253 80294 30
E-Mail: info@balzer-co.de
Internet: www.balzer-co.de

- Hersteller von Schmelz und Warmhalteöfen und Wärmebehandlungsanlagen
- Für Aluminium-, Kupfer-Bronze- und Blei-/Zinn-/Zinklegierungen